R. Schamschula

Spanende Fertigung

Verfahren, Werkzeuge und Maschinen der spanenden Bearbeitung

Springer-Verlag
Wien New York

Dipl.-Ing. Dr. techn. Rudolf Schamschula
Wien

Mit 563 Abbildungen

Library of Congress Cataloging in Publication Data. Schamschula, R. Spanende Fertigung. Includes index. 1. Metal-cutting. 2. Machine-tools. I. Title. TJ1185.S313. 671.5'3. 76-14444

ISBN-13:978-3-211-81360-7 e-ISBN-13:978-3-7091-8434-9
DOI: 10.1007/978-3-7091-8434-9

Vorwort

Dieses Buch, das sich mit der *spanenden Fertigung* befaßt, ist eine Fortsetzung des im gleichen Verlag erschienenen Buches ,,Mechanische Technologie", das die Werkstoffkunde, Werkstoffprüfung und spanlose Fertigung behandelt.

Es soll Studierende technischer Lehranstalten und Ingenieure der Praxis über den Stand der spanenden Fertigungstechnik unterrichten. Es werden Verfahren, Werkzeuge und Werkzeugmaschinen mit den noch erforderlichen Einrichtungen und Vorrichtungen besprochen.

In den ersten drei Abschnitten Allgemeines, Bauteile der Werkzeugmaschinen und Steuerungstechnik werden die gemeinsamen Grundlagen, in den weiteren elf Abschnitten Drehen, Bohren, Fräsen, Schleifen, Feinstbearbeitung, Hobeln und Stoßen, Sägen, Räumen, Herstellung von Verzahnungen, elektroerosive und elektrochemische Metallbearbeitung, die speziellen Verfahren, im vorletzten Abschnitt Bearbeitungszentren, Baueinheiten und Maschinenstraßen und im letzten Abschnitt der Vorrichtungsbau behandelt.

Wegen des großen Umfanges dieses Gebietes wurde die Darstellung auf das Grundsätzliche und für die Theorie und Praxis Wesentliche beschränkt, wobei auf die wichtigsten Normen hingewiesen wird. An Stelle von Photos, deren Aussagekraft oft gering ist, wurden schematische Zeichnungen bevorzugt. Dabei wurden vielfach Vereinfachungen vorgenommen, um das Prinzip klarer hervortreten zu lassen.

Mit Absicht wurde auf eine umfangreiche Angabe von Zahlenwerten über zulässige Schnittgeschwindigkeiten und Größe von Werkzeugwinkeln verzichtet, da es für diese umfangreiche Tabellenwerke (VDI-Richtlinien), Auszüge daraus (Taschenbücher) und viele Angaben von werkzeugerzeugenden und -vertreibenden Firmen gibt.

Zur Erleichterung eines weiteren Studiums wurde an entsprechender Stelle auf neuere ergänzende Literatur hingewiesen.

Da dieses Buch auch als Lehrbuch für die höheren Abteilungen der berufsbildenden Schulen, Fachrichtung Maschinenbau, Kraftfahrzeugbau und Betriebstechnik, gedacht ist, wurde auf die betreffenden Lehrpläne weitgehend Rücksicht genommen. Allfällige Wünsche oder Hinweise für eine Neuauflage werden erbeten.

Schließlich obliegt es noch dem Autor, den Firmen für die zur Verfügung gestellten Unterlagen und dem Springer-Verlag in Wien für die gute Zusammenarbeit und die gute Ausstattung des Buches zu danken.

Wien, im Frühjahr 1976 Rudolf Schamschula

Inhaltsverzeichnis

1. Allgemeines

1,1 Grundbegriffe der Zerspanung

Durch Zerspanen werden von Werkstücken Späne abgetrennt, um eine bestimmte geometrische Gestalt zu erzielen, um die Oberflächenrauhigkeit zu vermindern oder unerwünschte Werkstoffteile zu entfernen.

Eine neue Werkstückoberfläche entsteht durch die Relativbewegung einer Werkzeugschneide zum Werkstück. Die Grundform aller bei den verschiedenen Bearbeitungsverfahren verwendeten Werkzeugscheiden ist der Keil.

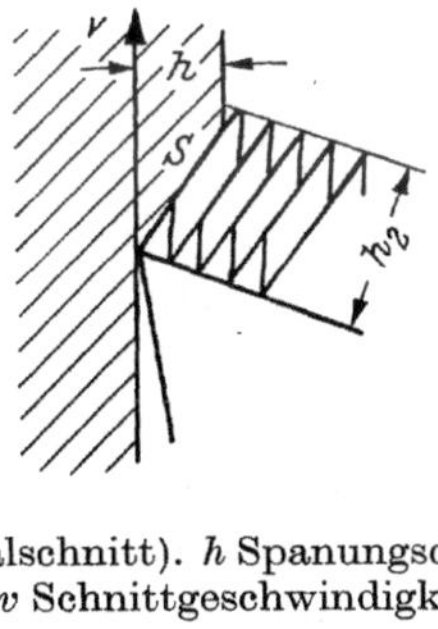

Abb. 1. Spanbildung (Orthogonalschnitt). h Spanungsdicke, h_2 Spandicke, S Scherebene, v Schnittgeschwindigkeit

1,11 Spanarten und Spanformen

Zur Vereinfachung betrachtet man die Spanbildung als zweidimensionalen Vorgang in einer Ebene senkrecht zur Schneide (Orthogonalschnitt, Abb. 1), wie dies angenähert beim Einstechen und beim Plandrehen von Rohren auftritt. Zunächst wird der Werkstoff an der Schneide gestaucht bis die Stauchkraft ausreicht, um eine Verschiebung in der Scherebene S zu bewirken. Je nach der Form der entstehenden Späne unterscheidet man Fließspäne, Lamellenspäne, Scherspäne und Reißspäne.

Der *Fließspan* (Abb. 2) ist zusammenhängend und regelmäßig. Er wird stetig durch die Schneide abgeschert und gestaucht, gleitet geschichtet ab und ergibt glatte und saubere Werkstückoberflächen. Der Fließspan bildet sich vor allem bei hohen Schnittgeschwindigkeiten, großem Spanwinkel γ, kleinen und mittleren Spanungsdicken h, wenn der Werkstoff eine ausreichende Verformungsfähigkeit (vergl. Spannungsdehnungsschaubild) und einen gleichmäßigen Gefügeaufbau im Spanbereich besitzt und keine Versprödungserscheinungen oder äußere Schwingungen auftreten.

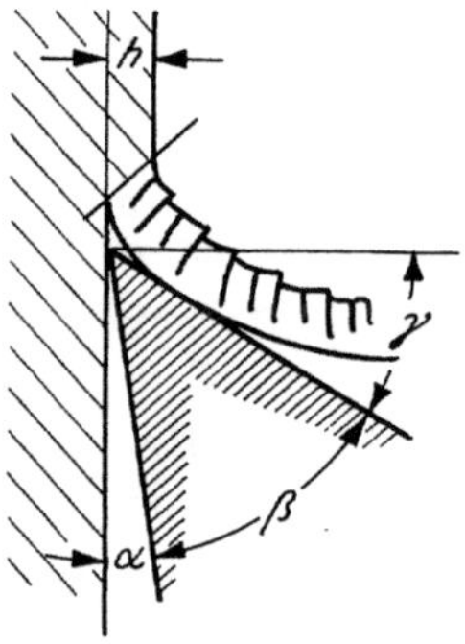

Abb. 2. Fließspan

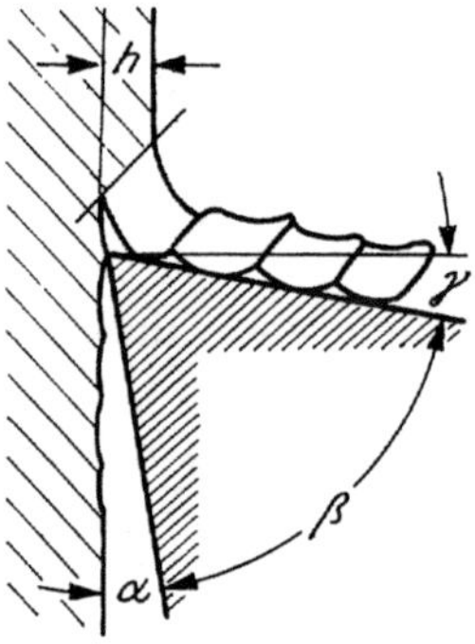

Abb. 3. Scherspan

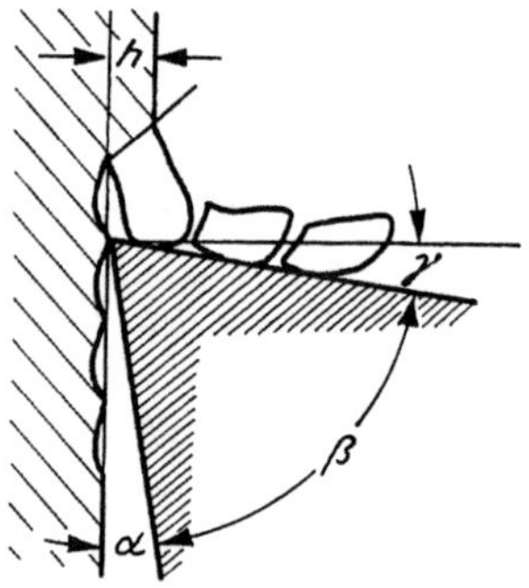

Abb. 4. Reißspan

h Spanungsdicke, α Freiwinkel, β Keilwinkel, γ Spanwinkel

Lamellenspäne entstehen bei Verminderung der Festigkeit des Werkstoffes mit der Verformung in der Scherebene, bei ungleichmäßigem Gefüge, Auftreten von Schwingungen und größeren Spannungsdicken.

Scherspäne (Abb. 3) sind eine Störungsform der Fließspäne und bestehen aus Spanteilen, die in der Scherebene vollkommen getrennt werden und dann wieder zusammenschweißen. Ihre Entstehung wird durch Ungleichmäßigkeiten im Werkstoff, in Werkzeugen und Werkzeugmaschinen, sowie durch nichtstabile Werkstücke begünstigt. Die Werkstückoberfläche wird dadurch wellig.

Reißspäne entstehen bei spröden Werkstoffen mit ungleichmäßigem Gefüge oder mit Gefügeeinlagerungen. Sie werden von der Oberfläche abgerissen (Abb. 4), so daß die Trennungsstelle unregelmäßig verläuft, die Oberfläche rauh wird und die Schnittkräfte stark schwanken.

Von den Spanarten unterscheiden sich die *Spanformen*[1].

Bruch- oder *Kurzspäne* bestehen aus kleinen Spanteilen und werden bevorzugt, wenn wenig Spanraum zur Verfügung steht oder die Späne

[1] VDI-3332 Spanleitstufen an hartmetallbestückten Drehmeißeln.

durch Schneidflüssigkeiten abgeführt werden sollen (Drehen auf Automaten, Tieflochbohrmaschinen). Sie entstehen bei spröden Werkstoffen (Zusätze von Schwefel, Phosphor oder Blei), bei kleinen oder negativen Spanwinkeln, geringen Schnittgeschwindigkeiten, großen Vorschüben und durch Anbringen von *Spanleitstufen* auf den Werkzeugen.

Außer den Bruchspänen sind auch *Wendelspäne* erwünscht, deren Ablaufrichtung vom Werkstück weg führt. Sie entstehen beim Drehen bei Einstellwinkeln von 45° und laufen in Richtung der größeren Schnittgeschwindigkeit ab.

Band- oder *Wirrspäne* sind unerwünscht, da sie viel Raum einnehmen, schlecht transportierbar sind und eine Unfallgefahr darstellen.

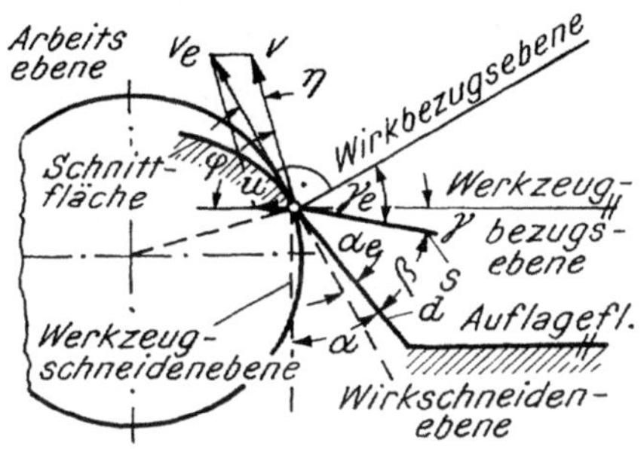

Abb. 5. Bewegungen, Bezugsebenen und Winkel beim Abstechen. d Freifläche, s Spanfläche, u Vorschubgeschwindigkeit, v Schnittgeschwindigkeit, v_e Wirkgeschwindigkeit, α Werkzeugfreiwinkel, β Keilwinkel, γ Werkzeugspanwinkel, α_e Wirkfreiwinkel, γ_e Wirkspanwinkel, η Wirkrichtungswinkel, φ Vorschubrichtungswinkel

1,12 Bewegungsverhältnisse, Bezeichnungen und Winkel am Schneidkeil

Die wichtigsten Bezeichnungen sind nach DIN 6580 und 6581 genormt.

Die Bewegungen bei einem Zerspanvorgang sind Relativbewegungen zwischen Werkstück und Werkzeugschneide und werden auf das ruhend gedachte Werkstück bezogen. Unmittelbar entstehen die Späne durch die *Wirkbewegung*, welche die resultierende Bewegung aus der Schnittbewegung und der Vorschubbewegung ist (z. B. Abstechen Abb. 5, Bohren Abb. 6 und Fräsen Abb. 7). *Schnittbewegung* ist diejenige Bewegung zwischen Werkstück und Werkzeug, die ohne Vorschubbewegung nur eine einmalige Spanabnahme während mehrerer Umdrehungen oder Hübe ermöglicht. Durch die *Vorschubbewegung* wird eine mehrmalige oder stetige Spanabnahme ermöglicht.

Durch die *Anstellbewegung* wird das Werkzeug an das Werkstück herangeführt, durch die *Zustellbewegung* die Dicke der abzunehmenden Schicht bestimmt und durch die *Nachstellbewegung* der Werkzeugverschleiß ausgeglichen.

Dementsprechend unterscheidet man zwischen Wirk-, Schnitt-, Vorschub-, Anstell-, Zustell- und Nachstellrichtung sowie Wirkge-

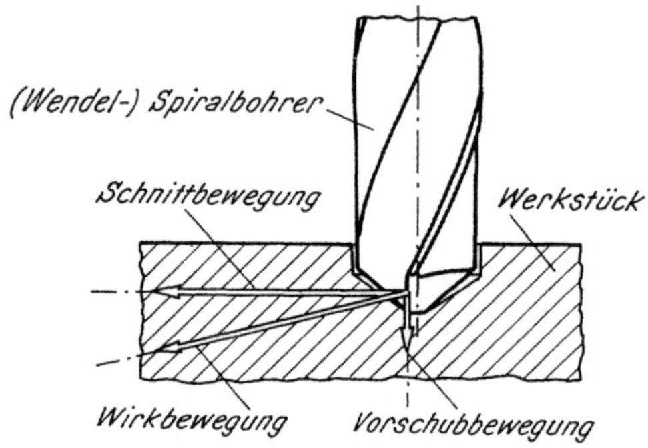

Abb. 6. Schnittbewegung, Vorschubbewegung und Wirkbewegung beim Bohren

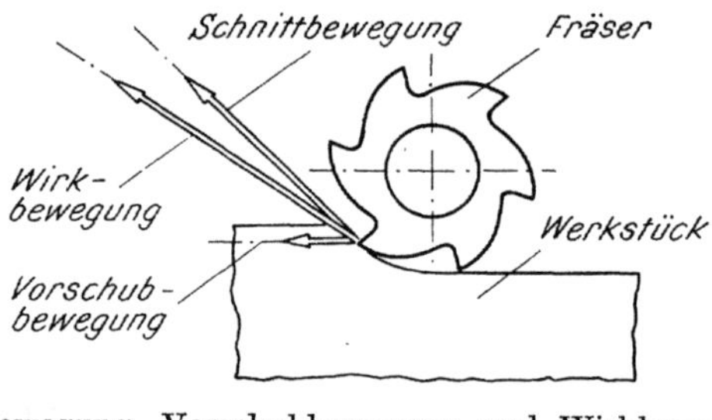

Abb. 7. Schnittbewegung, Vorschubbewegung und Wirkbewegung beim Fräsen

schwindigkeit v_e, Schnittgeschwindigkeit v, Vorschubgeschwindigkeit u, Anstell-, Zustell- und Nachstellgeschwindigkeit.

Arbeitsebene ist eine gedachte Ebene, die die Schnittrichtung und Vorschubrichtung enthält (Abb. 5). *Schnittflächen* sind die am Werkstück von den Schneiden momentan erzeugten Flächen, wobei z. B. beim Drehen (Abb. 8) die Hauptschnittfläche von der Hauptschneide und die Nebenschnittfläche von der Nebenschneide erzeugt wird.

Der Span entsteht am *Schneidkeil*. Die *Schneiden* ergeben sich als Schnittlinien der Span- und Freiflächen. *Spanfläche s* ist die Fläche, auf der der Span abläuft (Abb. 5 und 9). Die *Freiflächen* sind die Flächen, die den entstehenden Schnittflächen zugekehrt sind (Abb. 9). Man unterscheidet zwischen den *Hauptfreiflächen* an den Hauptschneiden und den

Nebenfreiflächen an den Nebenschneiden. Abb. 9 zeigt auch noch die *Spanflächenfase*, die *Freiflächenfasen* und die *Schneidenecke* mit Rundung.

Die *Hauptschneiden* sind Schneiden, deren Schneidkeil bei Betrachtung in der Arbeitsebene in Vorschubrichtung, die *Nebenschneiden* nicht in Vorschubrichtung weist (Abb. 9).

Für die Bestimmung der Winkel am Schneidkeil wird ein recht-

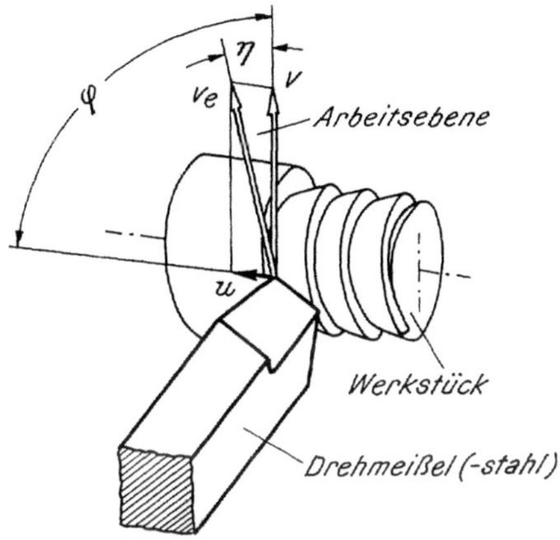

Abb. 8. Arbeitsebene, Vorschubrichtungswinkel φ und Wirkrichtungswinkel η beim Langdrehen. u Vorschubgeschwindigkeit, v Schnittgeschwindigkeit, v_e Wirkgeschwindigkeit

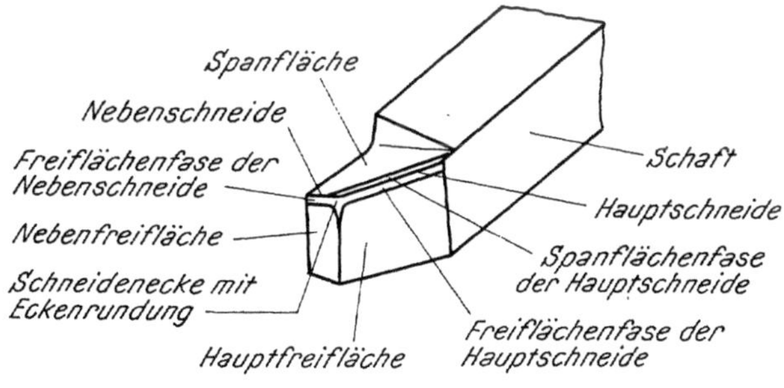

Abb. 9. Flächen, Schneiden und Schneidenecken am Dreh- und Hobelstahl(-meißel)

winkeliges *Bezugssystem* angewendet, das aus der *Bezugsebene*, der *Schneiden*ebene und der *Keilmeß*ebene besteht. Das *Wirk*-Bezugssystem (Index *e*) für das arbeitende Werkzeug ist für die Darstellung des Zerspanvorganges, das *Werkzeug*-Bezugssystem für das nicht im Einsatz befindliche Werkzeug ist für die Herstellung und Instandhaltung des Werkzeuges von Bedeutung. Im allgemeinen gelten alle Begriffe für die Hauptschneide, andernfalls sind die Kurzzeichen für die Begriffe der Nebenschneide mit dem Index n zu versehen.

Die *Wirk*-Bezugsebene geht durch den betrachteten Schneidenpunkt senkrecht zur Wirkrichtung, die *Werkzeug*-Bezugsebene durch den betrachteten Schneidenpunkt wird nach einer Ebene, Achse oder Kante des Werkzeuges ausgerichtet (Abb. 5 Drehstahl: parallel zur Auflagefläche). Die *Schneiden*ebene ist eine die Schneide enthaltende Ebene senkrecht zur jeweiligen Wirk- bzw. Werkzeug-Bezugsebene (Abb. 5).

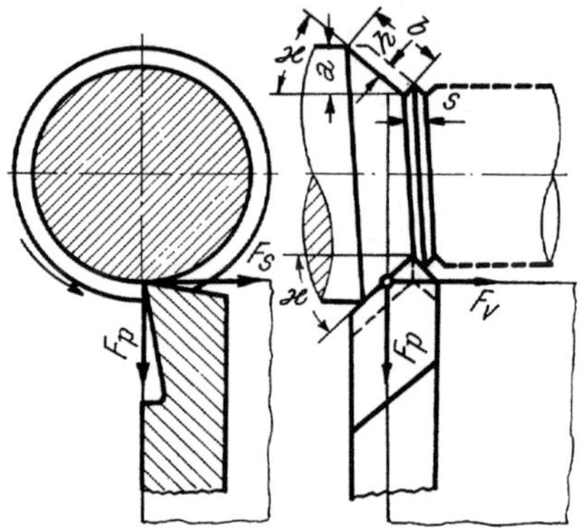

Abb. 10. Kräfte am Drehstahl(-meißel). a Schnittiefe, b Spanungsbreite, h Spanungsdicke, s Vorschub, $\varkappa$ Einstellwinkel, F_s Schnittkraft, F_v Vorschubkraft, F_p Passivkraft

Die *Keilmeß*ebene ist eine Ebene senkrecht zur Schneidenebene und senkrecht zur jeweiligen Wirk- bzw. Werkzeug-Bezugsebene. Bei den Winkeln unterscheidet man zwischen den Winkeln an der Haupt- und an der Nebenschneide und zwischen den Wirk- (Index e) und Werkzeugwinkeln.

Einstellwinkel $\varkappa$ (Abb. 10) ist der Winkel zwischen Schneidenebene und Arbeitsebene, gemessen in der Bezugsebene. *Eckenwinkel* ε ist der Winkel zwischen den Scheidenebenen von zusammengehörigen Haupt- und Nebenschneiden, gemessen in der Bezugsebene. *Neigungswinkel* λ (Abb. 155) ist der Winkel zwischen der Schneide und der Bezugsebene, gemessen in der Schneidenebene. Er ist positiv, wenn die Schneidenecke den anderen Schneidenpunkten in der Wirk- bzw. Schnittrichtung vorauseilt. Größere negative Neigungswinkel wählt man beim Fräsen (bis — 15°), Hobeln (bis — 20°) und Drehen mit unterbrochenem Schnitt (— 5 bis — 10°).

Freiwinkel α ist der Winkel zwischen Freifläche und Schneidenebene, *Keilwinkel* β zwischen Freifläche und Spanfläche und *Spanwinkel* γ zwischen Spanfläche und Bezugsebene, alle gemessen in der Keilmeßebene. Sind Fasen vorhanden, dann heißen die entsprechenden Winkel Fasenfreiwinkel α_f, Fasenkeilwinkel β_f und Fasenspanwinkel γ_f. Immer gilt $\alpha + \beta + \gamma = 90°$. Große Freiwinkel vermindern den Freiflächenverschleiß und vergrößern die Ausbruchsgefahr der Schneidkante. An Stechstählen wird der Freiwinkel an der Nebenschneide auf 2° herabgesetzt. Mit zunehmendem Keilwinkel steigen die Lebensdauer der Schneide, die Oberflächengüte des Werkstückes und die Schnittkraft. Der Spanwinkel muß kleiner als der Reibungswinkel an der Spanfläche sein,

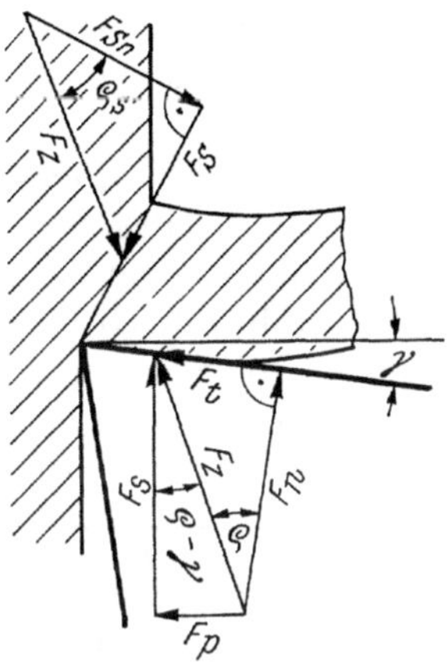

Abb. 11. Zerlegung der Zerspankraft im Orthogonalschnitt. F_z Zerspankraft, F_s Schnittkraft, F_p Passivkraft, F_n Normalkraft, F_t Tangentialkraft, F_S Scherkraft, F_{Sn} Normalkraft, γ Spanwinkel, ρ Reibungswinkel an der Spanfläche, ρ_S Reibungswinkel an der Scherfläche

damit das Werkzeug nicht in das Werkstück hineingezogen wird. Hartmetallfräs- und -hobelwerkzeuge für Stahl erhalten wegen der Schlagbeanspruchung beim Anschnitt Fasen mit negativem Spanwinkel. Profilwerkzeuge erhalten einen Spanwinkel Null, um Profilkorrekturen zu vermeiden. Elastische Werkstoffe (Weichgummi) erfordern große, sehr harte Werkstoffe (Hartguß, gehärteter Stahl, Glas, ...) sowie glatte Oberflächen (Feile, Schaber, Diamant, Schleifkorn) negative Spanwinkel.

1,2 Schnittkraft

Nach Abb. 10 werden die Komponenten der resultierenden *Zerspankraft* F_z in Richtung auf das Werkzeug wirkend betrachtet. Sie wird in die *Schnittkraft* F_s entgegen der Schnittrichtung, in die *Vorschubkraft* F_v entgegen der Vorschubrichtung und die *Passivkraft* F_p senkrecht zu den beiden zerlegt.

Für einen Orthogonalschnitt (Abb. 11) kann die Zerlegung der

Zerspankraft F_z in zwei zueinander senkrechte Komponenten auch nach den folgenden drei verschiedenen Gesichtspunkten erfolgen:

Bezogen auf die Schnittrichtung in Schnittkraft F_s und Passivkraft F_p,

bezogen auf die Spanfläche (bei Vernachlässigung der Kräfte auf die Freifläche) in Normalkraft F_n und Tangentialkraft F_t und

bezogen auf die Scherebene in Scherkraft F_S und Normalkraft F_{Sn}.

Die allein für die von der Werkzeugmaschine aufzubringende Schnittleistung maßgebende Schnittkraft F_s ist von der Art des Werkstoffes, von der Spanungsdicke h, der Spanungsbreite b und dem Einstellwinkel $\varkappa$ abhängig (Abb. 10). Sie kann durch Versuche mit Meßsupporten ermittelt werden.

Spanungsquerschnitt A ist der Querschnitt des abzunehmenden Spanes senkrecht zur Schnittrichtung. *Spanungsdicke* h ist die Dicke des abzunehmenden Spanes senkrecht zur Schnittrichtung, gemessen senkrecht zur Schnittfläche (Abb. 10). *Spanungsbreite* b ist die Breite des abzunehmenden Spanes senkrecht zur Schnittrichtung gemessen in der Schnittfläche (Abb. 10). Die Spanungsgrößen sind nicht identisch mit den Abmessungen der Späne (Spangrößen).

$$\boxed{A = b \cdot h = a \cdot s}$$

Für Werkzeuge mit geraden Schneiden und ohne Eckenabrundung ist:

$$\boxed{b = \frac{a}{\sin \varkappa}} \quad \text{und} \quad \boxed{h = s \cdot \sin \varkappa}$$

Die Spandicke h_2 ist durch die *Spanstauchung* größer als die Spanungsdicke h:

$$\text{Spanstauchung} \quad \boxed{\lambda_s = \frac{h_2}{h}}$$

Spezifische Schnittkraft k_s ist die auf 1 mm² Spanungsquerschnitt bezogene Schnittkraft[1].

$$\boxed{F_s = A \cdot k_s}$$

Die durch Versuche gewonnenen Werte der spezifischen Schnittkraft können in Form von Tabellen, in Form von Schaubildern oder Formeln aufgezeichnet werden. Von O. Kienzle stammt die Gleichung:

$$\boxed{k_s = k_{s\,1,1} \cdot h^{-z}}$$

---

[1] König, W., Essel, K.: Spezifische Schnittkraftwerte für die Zerspanung metallischer Werkstoffe. Düsseldorf: Verlag Stahleisen. 1973.

mit $k_{s\,1,1}$ als spezifischer Schnittkraft für eine Spanungsdicke von 1 mm und einer Spanungsbreite von 1 mm.

Für Schnittgeschwindigkeiten von 90 bis 125 m/min und Spanungsdicken von 0,05 bis 2,5 mm gibt Kienzle für das Drehen mit Hartmetallwerkzeugen mit Spanwinkeln von 6° für Stahl und 2° für Guß folgende Werte für z und $k_{s\,1,1}$ an.

Tabelle 1

	z	$k_{s1,1}$ (N/mm^2)
St 50	0,26	1952
St 70	0,30	2216
Ck 45	0,14	2177
Ck 60	0,18	2089
50CrV4	0,26	2177
55NiCrMoV6 vergütet	0,24	1883
GG 26	0,26	1138
Hartguß	0,19	2020

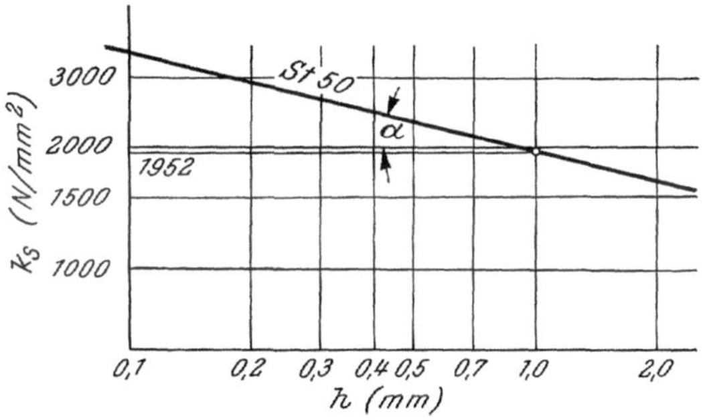

Abb. 12. Graphische Darstellung der Gleichung $k_s = k_{s\,1,1} \cdot h^{-z}$ (für St 50 ist $k_{s\,1,1} = 1952$ N/mm² und $z = \tan\alpha = 0{,}26$)

Durch Auftragen in einem logarithmischen Koordinatensystem erhält man eine lineare Abhängigkeit zwischen lg k_s und lg h (Abb. 12). Mit kleiner werdenden Spannungsdicken nimmt k_s progressiv zu, weil die Werkzeuge weniger schneiden und mehr reiben, wobei die Reibung einen Großteil der Schnittkraft aufzehrt. Dies ist besonders bei Feinbearbeitungsverfahren der Fall (Feindrehen, Feinschleifen, ...). Mit zunehmender Schnittgeschwindigkeit nimmt k_s nur wenig ab, je 1° zunehmendem Spanwinkel nimmt k_s um 1% zu. Bei gleichem Spanungsquerschnitt nimmt k_s mit zunehmender Spanungsdicke ab.

Außer für die Zerspanleistung P_z ist die Zerspankraft F_z noch für die Beanspruchung von Werkzeug, Maschine und Werkstück maßgebend.

Stabile Werkstücke sind infolge ihrer Gestalt den größten Schnittkräften gewachsen.

Halbstabile Werkstücke können nur bis zu einer bestimmten Schnittkraft belastet werden. Halbstabil sind Werkstücke, die auf einen Dorn gesteckt und nur durch Reibung mitgenommen werden, vorausgesetzt, daß der Außendurchmesser des Werkstückes höchstens das Vierfache und seine Breite auf dem Dorn mindestens 10 mm bzw. $^1/_6$ des Dorndurchmessers beträgt. Rohre und rohrartige Werkstücke gelten als halbstabil, wenn sie 5 mm Wanddicke haben. Alle anderen auf Dorne gesteckten, nur durch Reibung mitgenommenen Werkstücke gelten als nicht stabil.

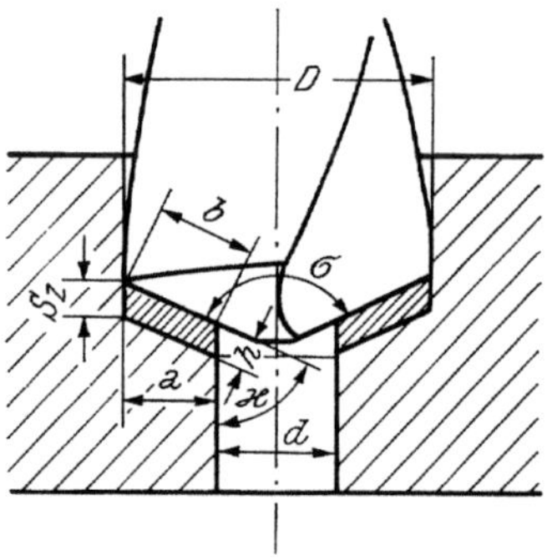

Abb. 13. Spanungsquerschnitt beim Wendel-(Spiral-)bohrer. Bezeichnungen im Text

Nichtstabile Werkstücke sind solche, die infolge ihrer geringen Starrheit und ihrer nachgiebigen Einspannung nur eine niedrige Beanspruchung durch die Schnittkraft aushalten. Das sind besonders dünnwandige oder solche mit weitausladenden zu bearbeitenden Flächen und diejenigen auf einen Dorn zu bearbeitenden oder rohrartigen Werkstücke, die die vorhin genannten Forderungen für halbstabile Werkstücke nicht erfüllen.

Die vorhin für das Drehen abgeleiteten Formeln gelten unverändert auch für das *Hobeln* und *Stoßen*.

Für das *Bohren* mit *Wendel-*(Spiral-)*bohrern* ergibt sich mit Abb. 13:

d (mm) ...... Durchmesser des vorgebohrten Loches,
D (mm) ..... Lochdurchmesser,
s_z (mm) ..... Vorschub je Schneide,
σ .... Spitzenwinkel (siehe Abschn. 5,2).

Spanungsquerschnitt $A = b \cdot h = a \cdot s_z$ (mm²)

$$a = \frac{D-d}{2} \qquad \varkappa = \frac{\sigma}{2},$$

Spanungsbreite $b = \dfrac{D-d}{2 \cdot \sin \sigma/2}$ (mm),

Spanungsdicke $h = s_z \cdot \sin \sigma/2$ (mm).

Die Schnittkraft einer Schneide ergibt sich aus:

$$F_{s\,1} = A \cdot k_s = b \cdot h \cdot k_{s\,1,1} \cdot h^{-z} = k_{s\,1,1} \cdot b \cdot h^{1-z}$$

$$\boxed{F_{s1} = k_{s\,1,1} \cdot \frac{D-d}{2 \cdot \sin \sigma/2} \cdot (s_z \cdot \sin \sigma/2)^{1-z}} \quad \text{(N)}$$

Das Drehmoment für eine Schneide ergibt sich aus:

$$M_{s1} = F_{s1} \cdot \frac{D+d}{4}$$

und das *gesamte Drehmoment für beide Schneiden*:

$$\boxed{M = F_{s1} \cdot \frac{D+d}{2}}$$

Richtwerte für Drehmomente und Vorschubkräfte beim Bohren mit Wendelbohrern ins Volle siehe Dubbel II.

Für das *Fräsen* mit *Walzenfräsern* und *Messerköpfen* ergibt sich nach Abb. 14:

h_m (mm) ..... mittlere Spanungsdicke,
s_z (mm) ..... Vorschub je Zahn,
z .... Zähnezahl des Fräsers.

Beim Fräsen mit dem Walzenfräser (siehe Abschn. 6,2) entstehen kommaförmige Späne. Schnittkraft F_s (siehe Abb. 338 und 339) und Spanungsdicke h ändern sich während des Zerspanvorganges. Die Spanungsbreite b bleibt konstant. Als Rechnungsgröße für die Schnittkraft und die Schnittleistung (siehe Abschn. 1,6) wird die mittlere Spanungsdicke h_m verwendet, die beim halben Eingriffswinkel vorliegt.

$$\varphi_s = \varphi_2 - \varphi_1 \text{ Eingriffswinkel}$$

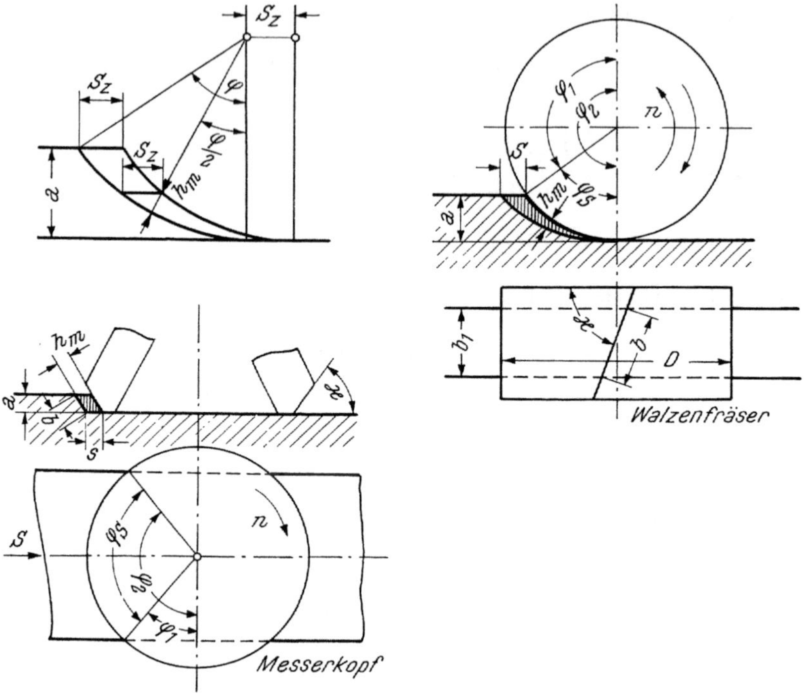

Abb. 14. Spanungsquerschnitt beim Fräsen mit Walzenfräsern und Messerköpfen. Bezeichnungen im Text

Beim Fräsen mit dem Messerkopf (Stirnfräsen) ist der Fräserdurchmesser größer als die Fräsbreite. Auch hier ist die Spanungsdicke h veränderlich, so daß mit einer mittleren Spanungsdicke h_m gerechnet werden muß. Diese ergibt sich für beide Fälle aus:

$$\boxed{h_m = \frac{360^\circ}{2\pi \cdot \varphi_s} \cdot s_z \cdot \sin \varkappa \cdot (\cos \varphi_1 - \cos \varphi_2)} \quad \text{(mm)}$$

Die mittlere Schnittkraft je Fräserzahn F_{msz} ergibt sich aus:

$$\boxed{F_{msz} = A \cdot k_s = b \cdot h_m \cdot k_{s\,1,1} \cdot h_m^{-z} = k_{s\,1,1} \cdot b \cdot h_m^{1-z}} \quad \text{(N)}$$

beim Stirnfräsen ist

$$b = \frac{a}{\sin \varkappa}$$

beim Fräsen mit dem Walzenfräser mit schraubenförmigen Nuten ist

$$b = \frac{b_1}{\sin \varkappa}$$

Für die Leistungsberechnung (siehe Abschn. 1,6) müssen noch die Anzahl der im Eingriff befindlichen Zähne z_e des Fräsers ermittelt werden:

$$z_e = \frac{z \cdot \varphi_s}{360°}$$

1,3 Werkzeugverschleiß, Standzeit und Schnittgeschwindigkeit

Mit zunehmender Schnittgeschwindigkeit verringern sich einerseits die Schnittzeit und die Lebensdauer der Schneide infolge mechanischer Beanspruchung und Wärmewirkung, andrerseits verbessert sich die Oberflächengüte.

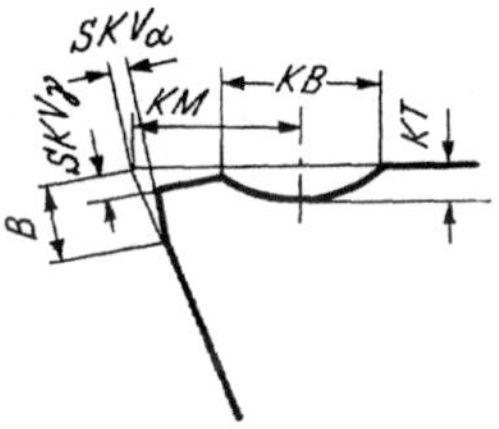

Abb. 15. Bestimmungsgrößen bei Verschleiß der Werkzeugschneide. B Verschleißmarkenbreite, KB Kolkbreite, KM Kolkmittenabstand, KT Kolktiefe, $SKV\alpha$ Schneidkantenversatz an der Freifläche, $SKV\gamma$ Schneidkantenversatz an der Spanfläche

An den Berührungsflächen zwischen Werkstück und Span einerseits und Werkzeug andrerseits tritt *Verschleiß* auf (Abb. 15). Man unterscheidet zwischen *Auskolkung*, *Freiflächenverschleiß* und *Schneidkantenversatz*. Bestimmungsgrößen sind die *Verschleißmarkenbreite* B, die *Kolktiefe* KT, die *Kolkbreite* KB, der *Kolkmittenabstand* KM und der *Schneidkantenversatz* $SKV\alpha$, $SKV\gamma$ und SKV.

Der mit der Einsatzzeit fortschreitende Verschleiß führt zur Unbrauchbarkeit der Werkzeuge und macht eine Aufbereitung erforderlich.

Die Schnittzeit zwischen zwei Anschliffen wird *Standzeit* T (angegeben in Minuten) genannt.

Eine Auswechslung des Werkzeuges kann erforderlich werden, wenn die Oberflächengüte des bearbeiteten Werkstückes nicht mehr genügt, das Werkzeug seine Schneidfähigkeit verliert, die zulässige Werkstücktoleranz infolge Werkzeugverschleiß nicht mehr eingehalten werden kann, der Schneidenverschleiß so groß ist, daß eine Beschädigung des Werkzeuges befürchtet werden muß oder der Verschleißzustand den Arbeitsablauf stört bzw. die Werkzeugmaschine in ihrer Funktion beeinträchtigt.

Neben einer Beschädigung der Schneidkante kann ein zu großer Freiflächen- oder Kolkverschleiß die Ursache für den Verlust der Schneidfähigkeit sein. Werkzeuge aus Werkzeug- und Schnellschnittstahl verlieren ihre Schneidfähigkeit bei großer Spanleistung plötzlich (*Blankbremsung*), weil die Schneide infolge erhöhter Temperatur erweicht. Bei Hartmetallwerkzeugen geht die Standzeit durch Freiflächenverschleiß oder Schneidkantenversatz zu Ende (Verschleißmarkenbreite 0,8 bis 2 mm). Sinteroxide dürfen nur bis zu einer Verschleißmarkenbreite von 0,5 mm abgenützt werden, weil sie ansonsten zerbrechen. Der Verschleiß an der Werkzeugspitze ist vor allem bei kleinen Eckenwinkeln größer als an der Hauptschneide, was zur Beendigung der Standzeit beiträgt. Erreichen Schneidkantenausbrüche oder Kammrisse eine Tiefe von etwa 0,5 mm, so sollen die Werkzeuge sofort nachgeschliffen werden. Dasselbe gilt, wenn bei verhältnismäßig geringer Abstumpfung die Schnittkraft stärker ansteigt (beim Räumen wird diese laufend gemessen) oder Rattern eintritt, das durch Ändern der Zerspanbedingungen nicht abgestellt werden kann. Bei kleinen Werkstücktoleranzen bestimmt der Schneidkantenversatz die Standzeit. Werkstücktoleranzen unter 0,01 mm ergeben immer unwirtschaftliche Standzeiten.

Die beste Oberflächengüte liegt beim Feindrehen mit Hartmetallwerkzeugen zwischen 6 und 10 μm und wird durch die Schneidenschartigkeit und Verschleißriefen an den Kontaktzonen beeinträchtigt. Bei Verwendung von Diamantwerkzeugen erhält man Rauhigkeiten von weniger als 2 μm. Die Standwege betragen bei Stahlbearbeitung mit Hartmetall 6 bis 20 km und mit Diamantwerkzeugen mehrere hundert km, während sie mit Sinteroxidwerkzeugen zwischen den beiden vorgenannten Werten liegen.

Verschleißursachen sind: Abtragung der Schneidkante durch mechanische Überlastung, Abrieb, Abscheren von Schweißstellen, Diffusion und Verzunderung. Alle diese Vorgänge überlagern sich und lassen sich in ihrer Wirkung und Ursache nicht trennen. Im Schneidkeil treten Druck- und wechselnde Biege- und Schubkräfte auf, durch welche Teilchen der Schneidkante ausbrechen können. Die Kantenfestigkeit sinkt mit kleinerem Keilwinkel β und Eckenwinkel ε des Werkzeuges. Bei Schneidstoffen großer Zähigkeit und geringen Verformungswiderstandes (nicht voll ausgehärtete Werkzeugstähle, Hartmetalle mit hohem Kobaltgehalt und bei hohen Temperaturen) wird die Schneidkante verformt und es entstehen Abrundungen. Bei spröden Schneidstoffen großer Härte und geringer innerer Bindefestigkeit (Sinteroxide, hochtitankarbidhältige Hartmetalle bei Bearbeitung spröder hochfester Werkstücke) splittern Schneidstoffteilchen ab oder brechen aus. Abrieb entsteht besonders durch einzelne harte Gefügebestandteile des Werkstoffes (Karbide, Oxide, ...), die den Schneidstoff anritzen. Atomare

Kräfte rufen Klebererscheinungen und Preßschweißungen zwischen Schneidstoff und Werkstück hervor. Durch metallische Reinheit der beiden an der Kontaktzone werden sie begünstigt. Die *Aufbauschneide* (Schneidenansatz) (Abb. 16) entsteht vor allem bei reinen Metallen unter dem Einfluß von Schnittkraft und Schnittemperatur an der Schneide des Werkzeuges, indem kleine Teilchen mit ihr verschweißt werden. Der Ansatz wächst solange, bis infolge der angreifenden Kräfte ein

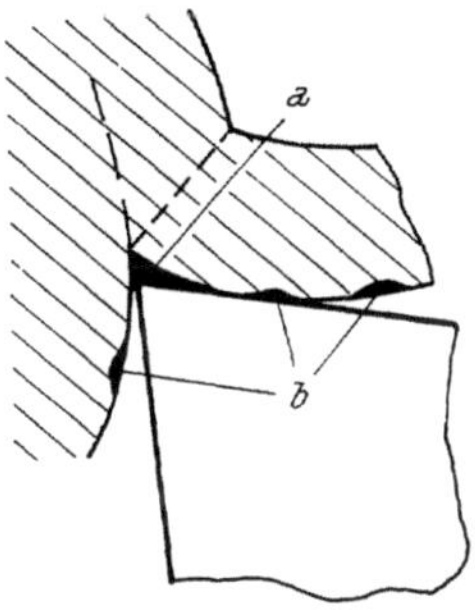

Abb. 16. Aufbauschneide. *a* Aufbauschneide, *b* Reste der abgewanderten Aufbauschneide

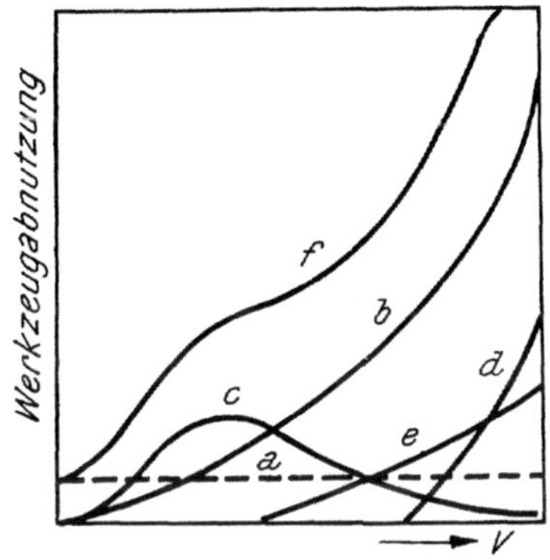

Abb. 17. Einfluß der Verschleißarten an der Werkzeugabnützung. *a* Umformung der Schneidkante, *b* Abrieb, *c* Abscheren von Schweißstellen, *d* Diffusion, *e* Verzunderung, *f* Gesamtverschleiß, *v* Schnittgeschwindigkeit

Stück abgerissen wird und mit dem Span abwandert. Es entsteht dadurch eine unregelmäßige Werkstückoberfläche, Werkzeugstahl und Schnellstahl neigen stark, titan- und tantallegierte Hartmetalle und Sinteroxide kaum zur Bildung von Aufbauschneiden. Diffusion und Verzunderung sind für Werkzeugstahl und Schnellstahl ohne Bedeutung, da diese bereits bei Temperaturen erweichen, bei denen noch keine Diffusion oder Verzunderung auftritt (Diffusionstemperatur = 0,35 bis 0,4fache Schmelztemperatur). Beim Zerspanen von Stahl und Guß mit Hartmetallen treten Temperaturen von 700 bis 1300° auf, so daß Diffusion und Verzunderung eine große Rolle spielen. Abb. 17 zeigt schematisch den Einfluß der einzelnen Verschleißarten an der Werkzeugabnutzung in Abhängigkeit von der Schnittgeschwindigkeit.

Die *Verschleiß-Schnittgeschwindigkeitskurven* (*V*—*v*-Kurven)[1] (Abb. 18) werden als Unterlagen zur Bestimmung des Verschleißverhaltens von Schneidstoffen und der Zerspanbarkeit von Werkstoffen

[1] Vieregge, G.: Zerspanung der Eisenwerkstoffe. Düsseldorf: Stahleisen. 1959.

herangezogen. Als Parameter dient die konstante Schnittzeit (*KT* ist die Kolktiefe, *B* die Verschleißmarkenbreite). Jeder Wendepunkt der Verschleißkurve zeigt an, daß sich ein Wechsel in der Verschleißursache vollzieht. Um ein Verschleißminimum zu erreichen, soll ausschließlich im Bereich *c* der Kurven zerspant werden.

Für den mittleren Teil des Bereiches *c* ergibt sich bei doppelt logarithmischer Darstellung ein geradliniger Verlauf der *Standzeit-Schnitt-*

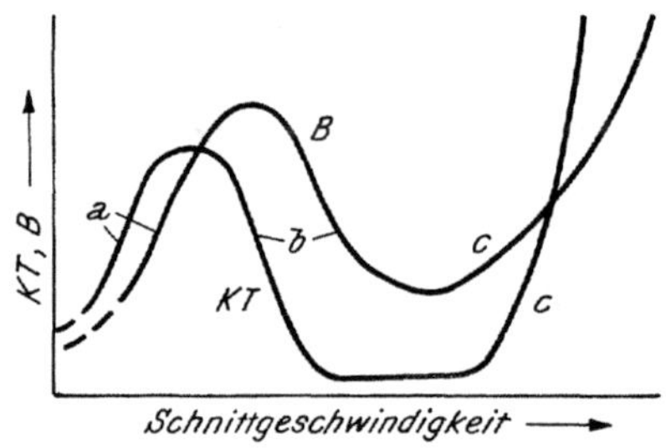

Abb. 18. V—v-Kurven. *B* Verschleißmarkenbreite, *KT* Kolktiefe, *a*, *b* zu vermeidender Bereich, *c* anzuwendender Bereich

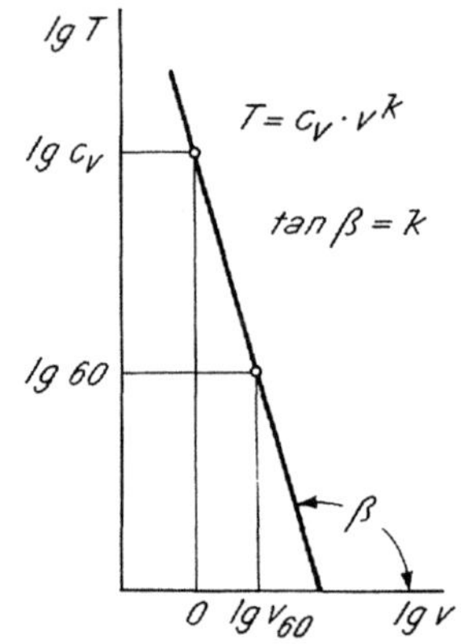

Abb. 19. T—v-Kurven. v Schnittgeschwindigkeit, T Standzeit, c_v Standzeit für eine Schnittgeschwindigkeit von 1 m/min

geschwindigkeits-(T—v-)Kurven (Abb. 19). Diese Kurven, die zuerst von Taylor angegeben wurden, lassen sich durch folgende Gleichung erfassen:

$$\boxed{T = c_v \cdot v^k}$$

An Stelle von c_v wird meist v_{60} herangezogen, welche die Schnittgeschwindigkeit ist, bei welcher die Standzeit 60 Minuten beträgt. Grundsätzlich verläuft die Standzeitgerade um so flacher, je größer der Temperatureinfluß auf die Standzeit ist. Die Standzeitgeraden für die Auskolkung und Blankbremsung verlaufen steiler ($\beta = 95$ bis $115°$, $k = -11$ bis $-2{,}7$) als für den Freiflächenverschleiß ($\beta = 105$ bis $135°$, $k = -3{,}5$ bis -1).

Große Spanmengen je Zeiteinheit bedingen kurze Standzeiten und häufigen Werkzeugwechsel. Damit fallen erhöhte Werkzeugkosten an. Lange Standzeiten lassen sich nur bei niedrigen Schnittgeschwindigkeiten und kleinen Vorschüben erzielen. Dabei sind die Maschinen aber nicht voll ausgenützt, wodurch die Lohn- und Maschinenkosten hoch liegen. Zwischen beiden Extremen befindet sich als *wirtschaftliches Optimum* die ***kostengünstigste Standzeit*** T_{opt}.

Außer der kostengünstigsten Standzeit unterscheidet man noch die *zeitgünstigste Standzeit* T_{topt}, für welche sich die günstigste Arbeitszeit ergibt. Sie ist kleiner (Abb. 20) als die kostengünstigste Standzeit. Die Ermittlung beider kann rechnerisch (siehe Betriebslehre) unter Ver-

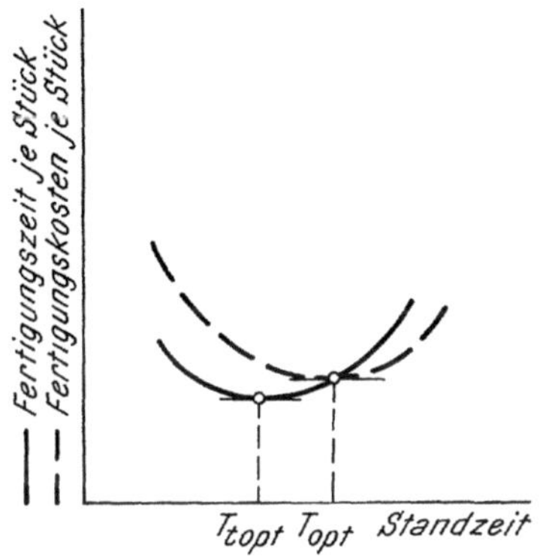

Abb. 20. Verlauf der Fertigungskosten und der Fertigungszeit je Stück in Abhängigkeit von der Standzeit (qualitativ). T_{opt} kostengünstigste Standzeit, T_{topt} zeitgünstigste Standzeit

wendung des T—v-Diagrammes des angewendeten Schneidstoffes, der werkzeuggebundenen Kosten (Werkzeug- und Werkzeugwechselkosten), der maschinengebundenen Kosten (Instandhaltung, Amortisation und Energieverbrauch), der Fertigungslöhne und Fertigungsgemeinkosten erfolgen[1].

---

[1] $$\boxed{T_{opt} = (-k-1)\cdot t_w + \frac{W_T}{L\cdot(1+r)}} \quad \text{(min)}$$

$$\boxed{T_{topt} = (-k-1)\cdot t_w} \quad \text{(min)}$$

T_{opt} erhält man durch Berechnung des Minimums der Gesamtkosten je Stück:

$$\boxed{K = \underbrace{K_M + t_n\cdot L\cdot(1+r)}_{\text{konstant}} + \underbrace{\frac{t_h}{T}\cdot[W_T + t_w\cdot L\cdot(1+r)]}_{\text{zunehmend mit } v} + \underbrace{t_h\cdot L\cdot(1+r)}_{\text{fallend mit } v}}$$

In diesen Formeln bedeuten:

$k = \tan\beta$ ..... Steigung der Standzeitgeraden (siehe Abb. 19)
t_w (min) ...... Werkzeugwechselzeit
K (S) .... Gesamtkosten je Stück
K_M (S) .... maschinengebundene Kosten

Auf Grund dieser Überlegungen arbeitet man bei NC-Maschinen vielfach mit v_{10} (kostengünstigste Standzeit 10 min). Bei Universalmaschinen häufig mit v_{60}, lediglich bei Automaten und Werkzeugmaschinen, bei denen die Neueinstellung der Werkzeuge mehr Zeit benötigt, wählt man Standzeiten von 240 (v_{240}) bzw. 480 (v_{480}) Minuten.

Die Schnittgeschwindigkeit v_{60} ist bei der Verwendung geeigneter Werkzeugmaschinen vom Werkstoff, vom Schneidstoff, von der Spanungsdicke h und der Spanungsbreite b, von den Werkzeugwinkeln und von der Verwendung einer Schneidflüssigkeit abhängig.

Anstelle der Standzeit T verwendet man auch den *Standweg* $L = v \cdot T$ (*m*). Dieser stellt den von der Schneide zurückgelegten Weg dar.

Dementsprechend versteht man unter *Standlänge* beim Bohren die Summe der Längen der einzelnen Bohrlöcher, die ohne Nachschleifen gebohrt werden können. Dabei ist zu beachten, daß tiefe Einzellöcher wegen höherer Reibung und schlechter Wärmeabfuhr die Standlänge herabsetzen. Als *wirtschaftliche Schnittgeschwindigkeit* $v_{L\,2000}$ bezeichnet man jene, bei der eine Gesamtlänge von 2000 mm erreicht wird.

Die Standzeit wird durch Versuche bestimmt. Man unterscheidet Kurzzeit- und Langzeitversuche unter verschiedenen Betriebsbedingungen. Dabei werden entweder die Verschleißgrößen KB, KT, B usw. unmittelbar, die Schneidentemperaturen (Werkstück und Werkzeug als Thermoelement wirkend) oder die Menge der radioaktiv gemachten Abriebteilchen mit dem Zählrohr gemessen. Bei den Versuchsergebnissen ist jedoch zu berücksichtigen, daß der geradlinige Verlauf der T—v-Linie in doppeltlogarithmischer Darstellung nur in einem beschränkten Bereich gültig ist, so daß Extrapolationen in andere Bereiche nicht statthaft sind.

Richtwerte für Verschleißmarkenbreiten B

Bearbeitungsart	B (mm)
Schruppdrehen größerer Werkstücke	1,0 bis 1,5
Schruppdrehen kleinerer Werkstücke	0,8 bis 1,0
Kopierdrehen	0,8
Schlichtdrehen	0,2 bis 0,3
Feindrehen	0,1 bis 0,2
Fräsen	0,2 bis 0,3
Räumen	unter 0,5

t_n (min) .... Nebenzeit
t_h (min) .... Hauptzeit (siehe Abschn. 2,23) t_h proportional $\frac{1}{v}$
L (S/min) ..... Lohnkosten
r .... restlicher Gemeinkostensatz
W_T (S) .... Werkzeugkosten je Standzeit
T (min) .... Standzeit

Siehe auch Preger, K.: Zerspantechnik. Braunschweig: Vieweg & So. 1965.

1,4 Schneidstoffe[1]

Schneidstoffe müssen hohe Härte, Druck-, Biege-, und Kantenfestigkeit, Zähigkeit, innere Bindefestigkeit, Warmfestigkeit, Zunderbeständigkeit und geringe Diffusions- und Klebneigung gegenüber den bearbeiteten Werkstoffen aufweisen. In der Reihenfolge zu höherer Verschleißfestigkeit finden Werkzeugstähle, Schnellarbeitsstähle, gesinterte Hartmetalle, Sinteroxide, Diamanten sowie verschiedene Schleifmittel Verwendung.

1,41 Werkzeugstahl

Die Werkzeugstähle besitzen in der Regel einen Kohlenstoffgehalt über 0,5%. Sie verdanken ihre Härte und Verschleißfestigkeit dem Martensit, welcher durch das Härten erzeugt wird.

Unlegierte Werkzeugstähle sind Wasserhärter, die ungelösten Zementit im Martensit aufweisen. Härte und Verschleißfestigkeit nehmen bei ihnen mit steigendem Kohlenstoffgehalt zu, die Zähigkeit nimmt jedoch ab, kann aber durch entsprechendes Anlassen verbessert werden. Wegen ihrer geringen Anlaßbeständigkeit und Warmfestigkeit sind sie nur dort einsetzbar, wo niedrige Schneidentemperaturen auftreten (Handwerkzeuge, schlagbeanspruchte Werkzeuge, Schruppwerkzeuge für hohe Spanungsquerschnitte bei niedriger Schnittgeschwindigkeit).

Mit Chrom, Wolfram, Molybdän oder Vanadium *legierte Werkzeugstähle* weisen höhere Verschleißfestigkeit, Warmhärte und Anlaßbeständigkeit auf.

Werkzeuge aus Werkzeugstahl werden vorwiegend als *Vollwerkzeuge* angewendet.

1,42 Schnellarbeitsstähle

Bei den *Schnellarbeitsstählen* haben die Legierungselemente Wolfram, Molybdän, Vanadium, Chrom und Kobalt die Aufgabe den Martensitzerfall zu höheren Temperaturen zu verschieben und durch Ausscheidung von feinstverteilten Sonderkarbiden die Warmhärte zu erhöhen. Gegenüber dem Werkzeugstahl besitzen sie daher höhere Warmhärte, Anlaßbeständigkeit, Verschleißfestigkeit und schlechtere Wärmeleitung. Die gebräuchlichsten Schnellarbeitsstähle besitzen einen C-Gehalt von 0,7 bis 1,4%, einen Cr-Gehalt von 4%, V-Gehalt von 1 bis 4%, bis 9% Mo, 2 bis 18% W und bis 15% Co. Sie besitzen ledeburitisches Gefüge, das einen Volumsanteil von 27 bis 33% an Karbiden im weichgeglühten Zustand aufweist.

---

[1] Bellmann, B., Sack, W.: Schneidstoffe — Entwicklungsstand und Anwendung. Werkst. u. Betr. *1975*, 257—271.

Schnellstähle besitzen eine Härtetemperatur von 1210 bis 1310 °C, werden in Öl oder Preßluft abgeschreckt und auf 540 bis 580 °C angelassen. Wegen des *hohen Gehaltes* an *Restaustenit* ist ein *mehrmaliges* Anlassen zum Erreichen der besten Eigenschaften unbedingt erforderlich. Bei diesem scheiden sich aus dem Restaustenit und Martensit Karbide aus und ein Teil des Restaustenites wandelt sich in Martensit um. Die Anlaßbeständigkeit wird durch die Karbidbildner Cr, Mo, W, V in der angeführten Reihenfolge erhöht; das in der Grundmasse gelöste Kobalt verhindert die Ausscheidung der Karbide. Außerdem verbessert Kobalt die Warmfestigkeit. Die Verschleißfestigkeit nimmt mit der Menge des sehr harten Vanadiumkarbides zu. Gegenüber den Hartmetallen besitzen die Schnellstähle eine höhere Zähigkeit, innere Bindefestigkeit und Kantenfestigkeit, so daß größere Schnittkräfte bei größeren Spanwinkeln aufgenommen werden können, ohne daß Schneidenausbrüche zu befürchten sind. Wegen der relativ niedrigen Schnittgeschwindigkeiten sind Aufbauschneiden nicht zu vermeiden. Werkzeuge aus Schnellarbeitsstahl werden als *Voll*werkzeuge (nur für kleine Werkzeuge) und als *Verbund*werkzeuge ausgeführt.

Kleine kompliziertere *Vollwerkzeuge* können außer durch spanende Verfahren auch nach dem *Feingußverfahren* oder durch *Sintern* aus Schnellstahlpulvern hergestellt werden.

Verbundwerkzeuge bestehen aus Tragkörpern von Stahl höherer Festigkeit und Zähigkeit sowie einem Schneidenteil aus Schnellarbeitsstahl. Ausgeführt werden:

An Baustahlschäfte *stumpfgeschweißte* Schneidenteile aus Schnellarbeitsstahl (Drehwerkzeuge, Bohrer, Senker, Reibahlen),

in Haltern aus Baustahl *nachstellbar befestigte* gezogene *Profile* (*Drehlinge*) aus Schnellarbeitsstahl (Abstech-, Gewinde- und Innendrehwerkzeuge),

auf Baustahlgrundkörper *feuer-*, *stumpfgeschweißte* oder mit niedrigschmelzendem *Silberlot aufgelötete Plättchen* (Dreh-, Hobelwerkzeuge; Schneidplatten aus Schnellarbeitsstahl für Dreh- und Hobelstähle in rechteckiger, rhombischer und dreieckiger Form sind nach DIN 771 genormt).

Auf Baustahl-, Stahlguß- oder Graugußgrundkörper durch Schrauben, Kegelstifte, Keile, hydraulisch oder andere Weise *geklemmte Platten* (Fräsköpfe),

auf Baustahlgrundkörper durch elektrische oder autogene *Auftragsschweißung* von Schnellarbeitsstahl hergestellte Großwerkzeuge.

Die *Schneidleistung* von Werkzeugen aus Schnellarbeitsstahl kann durch eine Reihe von Sonderverfahren noch erhöht werden:

Durch *Anlassen mit Heißdampf* bei Temperaturen von 530 °C erreicht man infolge Oxydation der Oberfläche und Herabsetzung der

Klebneigung einen ungehemmten Spanabfluß sowie eine Erhöhung der Standzeit (vor allem bei Bohrwerkzeugen angewendet),

durch *Hartverchromen* und

durch *Badnitrieren* und *Karbonitrieren* erhält man sehr harte Oberflächenschichten, welche die Freß- und Verschleißneigung der Werkzeuge herabsetzen. Angewendet werden diese Verfahren bei feinzahnigen Profilwerkzeugen, bei denen nur verhältnismäßig kleine Schnittkräfte auftreten (Reibahlen, Gewindestrehler, Gewindebohrer und Gewindefräser).

1,43 Gesinterte Hartmetalle

Gesinterte Hartmetalle bestehen aus Mischkristallen von Karbiden der Metalle Wolfram, Titan, eventuell Tantal und Vanadium, die durch Kobalt miteinander verbunden sind. Sie besitzen hohe Härte, Warm- und Verschleißfestigkeit, gute Wärmeleitfähigkeit, geringe Wärmedehnung und geringere Biegefestigkeit als die Schnellarbeits- und Werkzeugstähle. Zu ihrer Herstellung werden die Karbide und Kobalt gemischt, gemahlen, in Matrizen gepreßt, bei 900 bis 1100 °C vorgesintert, mechanisch bearbeitet und bei 1250 bis 1500 °C fertiggesintert (doppelsintern). Bei großen Serien wird durch Pressen in Formen die gebrauchsfertige Gestalt erzeugt und anschließend gesintert. Lange stabförmige Teile werden stranggepreßt und anschließend fertiggesintert. Beim Sintern wird Wolframkarbid vom Kobalt aufgelöst und beim Abkühlen wieder ausgeschieden. Titan- und Mischkarbide hingegen sind im Kobalt schwer löslich. Hochwolframkarbidhaltige Hartmetalle besitzen die größte Verschleißfestigkeit, jedoch geringe Zähigkeit, Biege- und Druckfestigkeit. Die Zähigkeit nimmt mit steigendem Kobaltgehalt zu, die Härte ab. Wegen der geringen Diffusionsneigung des Titankarbides wird durch dieses die Warmverschleißfestigkeit erhöht und die Zähigkeit und Kantenfestigkeit verschlechtert. Mit zunehmendem Titankarbidgehalt steigen die anwendbaren Schnittgeschwindigkeiten und die Sprödigkeit. Nach DIN 4990, die mit den internationalen Normen (ISO) übereinstimmt, werden drei Zerspanungshauptgruppen unterschieden, die durch Kennbuchstaben und Kennfarben bezeichnet werden:

Kennbuchstabe	Zerspanungshauptgruppe	Kennfarbe
P	plastische Werkstoffe (Stahl, Stahlguß, langspanender Temperguß, ...)	blau
M	Mehrzwecksorten (Stahl, Manganhartstahl, Automatenstahl, Stahlguß, Grauguß, Temperguß, Nichteisenmetalle, ...)	gelb

Kennbuchstabe	Zerspanungshauptgruppe	Kennfarbe
K	kurzspanende Werkstoffe (Grauguß, kurzspanender Temperguß, Kokillenhartguß, Nichteisenmetalle, Stahl niedriger Festigkeit, gehärteter Stahl, Kunststoffe, Holz, Nichtmetalle . . .)	rot

Diese Zerspanungshauptgruppen sind in Zerspanungsanwendungsgruppen unterteilt, die durch Kennummern unterschieden werden, z. B. P 10, P 20, P 30, usw. Die Reihe der Kennummern weist innerhalb der betreffenden Zerspanungshauptgruppen auf die Zähigkeit und Verschleißfestigkeit hin (die Sorten mit der höchsten Verschleißfestigkeit entsprechen der niedrigsten Kennummer, die Sorten mit der höchsten Zähigkeit der höchsten Kennummer).

Werkzeuge aus gesintertem Hartmetall werden fast ausschließlich als *Verbundwerkzeuge* hergestellt, die aus einem Grundkörper aus hochfestem Stahl mit aufgelöteter oder festgeklemmter Platte aus Hartmetall bestehen.

Die *gelöteten Werkzeuge* haben den Nachteil größerer Wärmespannungen, da die Wärmedehnung von Hartmetall nur etwa halb so groß wie jene von Stahl ist. Um geringe Spannungen beim Löten zu erhalten sind folgende Hinweise zu beachten:

Man läßt die Platten nur ein Drittel ihrer Dicke in den Schaft ein (sie bleiben rückenfrei).

Rundungen im Schaft müssen kleineren Halbmesser als an der Platte aufweisen.

Die Dicke der Lotschicht soll so bemessen werden, daß sie spannungsausgleichend wirkt (etwa 0,1 bis 0,2 mm). Zu dicke Lotschichten werden jedoch bei hohen Drücken herausgequetscht.

Bei großen Platten, bei sehr hohen Schnittkräften oder sehr empfindlichen Hartmetallsorten sind Lötzwischenlagen zu verwenden. Nickel-, Kupfer- oder verzinkte Stahldraht-Diagonalgewebe mit einem Drahtdurchmesser von etwa 0,1 bis 0,15 mm, die vor dem Einlegen flachgewalzt werden, sind hiefür geeignet.

Damit Überhitzen und Lötspannungen gering bleiben, müssen die Lote bei ausreichender Festigkeit möglichst tiefen Schmelzpunkt aufweisen. Für höchstbeanspruchte Werkzeuge sind Kupfer-Nickel-Lote (Schmelzpunkt etwa 1150 °C) angezeigt. In vielen Fällen wird reines Elektrolytkupfer (Schmelzpunkt etwa 1080 °C) verwendet. Silberlote fließen leicht und sind sehr anpassungsfähig (Schmelzpunkte von 620 bis 860 °C), haben geringe Lötspannungen und werden für weniger beanspruchte Werkzeuge verwendet.

Unmittelbare Einwirkung der Flamme auf Hartmetall ist zu vermeiden. Um Oxydation zu vermeiden ist in reduzierender Atmosphäre (Gasüberschuß) oder unter Schutzgas (Wasserstoff, Ammoniakspaltgas) zu löten. Das Abkühlen nach dem Löten soll sehr langsam vor sich gehen. Dies kann in vorgewärmter trockener Asche, in Holzkohlenpulver oder Elektrodenkohlenpulver, eventuell auch im Ofen selbst erfolgen. Abkühlen in Wasser ist unbedingt zu vermeiden.

Schneidplatten aus Hartmetall zum Auflöten auf Dreh- und Hobelwerkzeuge sind nach ÖNORM M 4370 (DIN 4950, 4966), für Bohrer, Spitzenwinkel 115° für große Schnittkräfte nach DIN 8010, für Reibahlen, Senker und Schaftfräser nach DIN 8011 und für Bohrer, Spitzenwinkel 85° für kleine Schnittkräfte nach DIN 8013 genormt.

Die Nachteile der Löt- und anderen Wärmespannungen vermeidet man durch Verwendung von *Klemmhaltern* mit mechanischer Klemmung der Schneidplatte. Dadurch wird es auch möglich, daß man zur Erzielung größerer Schnittgeschwindigkeiten sprödere Hartmetalle mit höherer Standzeit einsetzen kann. Man verwendet hiebei *Wendeschneidplatten*, die nicht nachgeschliffen werden (*Wegwerfplatten*). Nach Ablauf der Standzeit einer Schneide wird durch Drehen und Wenden im Haltersitz eine neue Schneide zum Einsatz gebracht, ohne daß der Klemmhalter ausgebaut werden muß (Verkürzung der Werkzeugwechsel- und Maschinenstillstandszeit). Nach Verbrauch aller Schneiden werden die Platten weggeworfen (Abb. 159).

Wendeschneidplatten für Dreh- und Fräswerkzeuge sind nach ÖNORM M 4385 (DIN 4968, Bl. 1 und 3) als dreieckige und quadratische Platten mit und ohne Werkzeugfreiwinkel genormt.

Platten *ohne Werkzeugfreiwinkel* besitzen einen Keilwinkel β von 90° und besitzen doppelt soviel einsatzfähige Schneiden wie die Platten mit Werkzeugfreiwinkel. Die ersteren werden auf Klemmhaltern für negative Wirkspanwinkel (Abb. 21, 159) verwendet. Die Klemmhalter *d* besitzen für die Wendeplatte *a* eine harte Auflageplatte *b* und harte, meist einstellbare Spanformer *c*.

Der wirtschaftliche Vorteil der Platten ohne Werkzeugfreiwinkel kann jedoch bei weichen und nichtstabilen Werkstücken, und weniger starren Werkzeugmaschinen nicht ausgenützt werden. In diesen Fällen verwendet man Klemmhalter mit positiven Wirkspanwinkeln (Abb. 22, 159). Um mit einem Halter für Platten ohne Freiwinkel auch für diese Fälle auskommen zu können, werden Wendeschneidplatten mit eingesinterter oder eingeschliffener Spanleitstufe bzw. Werkzeugspanfläche (Abb. 23) verwendet. Bei beiderseits eingeschliffenen Spanleitstufen bzw. Werkzeugspanflächen (Abb. 24) sind dann doppelt so viele Schneiden einsetzbar.

Außer den genormten Wendeschneidplatten werden für bestimmte

Zwecke noch Sonderformen (z. B. für Kopierdrehwerkzeuge, Abb. 234) erzeugt. Der Vorschub soll bei dreieckigen und rhombischen Wendeschneidplatten nicht größer als etwa der halbe Eckenradius bzw. bei quadratischen nicht größer als der 0,7-fache Eckenradius sein.

Hartmetalle und Platten werden von vielen Firmen hergestellt und kommen unter folgenden Handelsnamen zum Verkauf: Böhlerit (Böhler,

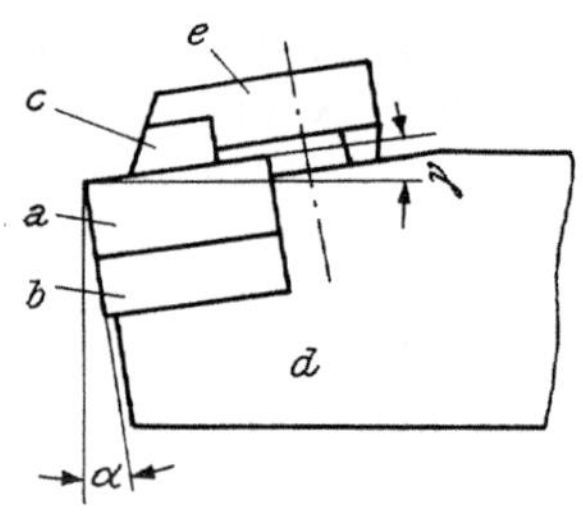

Abb. 21. Klemmhalter für negative Wirkspanwinkel

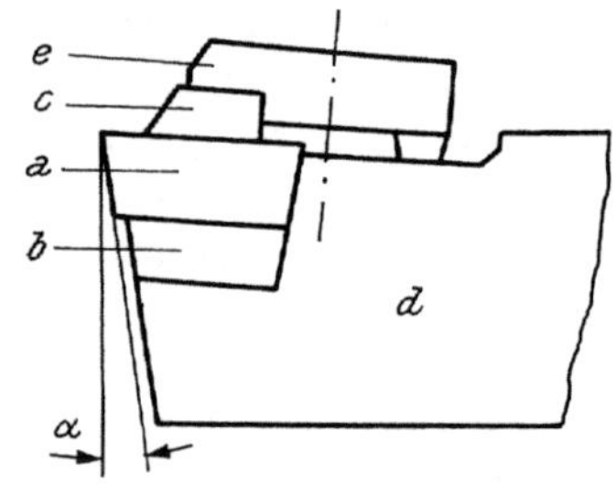

Abb. 22. Klemmhalter für positive Wirkspanwinkel

a Wendeplatte, *b* Auflageplatte, *c* Spanformer, *d* Klemmhalter, *e* Klemmpratze, α Freiwinkel, γ Spanwinkel

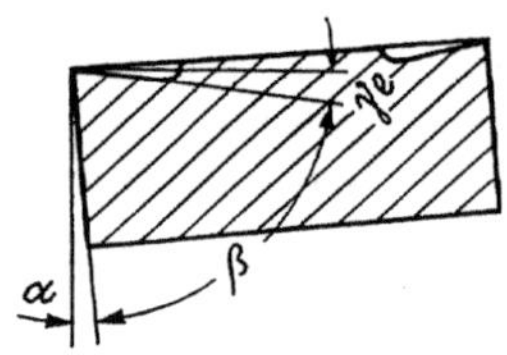

Abb. 23. Wendeschneidplatte mit eingesinterter oder eingeschliffener Spanleitstufe. α Freiwinkel, β Keilwinkel, γ_e Wirkspanwinkel

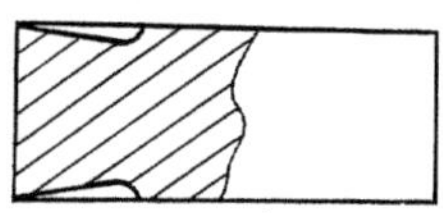

Abb. 24. Wendeschneidplatte mit beiderseits eingesinterter oder eingeschliffener Spanleitstufe

Kapfenberg), Carboloy (General Electric, USA), Coromant (Sandvik, AB, Sandviken, Schweden) Danit (A/S Dansk Hartmetal), Phönixit (Schöller-Bleckmann, Ternitz), Titanit (Deutsche Edelstahlwerke, Düsseldorf), Tizit (Metallwerke Plansee) und Widia (Krupp, Essen).

Neuerdings erzielt man durch Beschichtung der Platten mit dünnen Schichten aus TiC, TiN oder deren Mischkristallen[1] eine Oxydationsbeständigkeit bis 1400 °C, geringere Neigung zu Diffusionsreaktionen (niedrige Klebneigung), geringere Reibung (dadurch geringere Erwärmung) und höhere Verschleißfestigkeit. Dadurch wird die Standzeit wesentlich hinaufgesetzt. Wegen der Dünnheit der Schichten ist ein

[1] Bräuning, H.: Eine besondere Titankarbidbeschichtung von Hartmetallwendeschneidplatten für Fräswerkzeuge. ZVdI *1974*, 878–882. – ZVdI *1973*, 361.

Nachschleifen nicht möglich, so daß diese Verbesserung nur bei Wendeschneidplatten möglich ist.

Eine Verbesserung der Standzeit erzielt man auch noch durch Aufsintern von 0,5 bis 0,8 mm dicken Schichten aus kubischem Bornitrid (Borazon, Handelsname von General Electric).

Um ein klagloses Arbeiten mit Hartmetallwerkzeugen zu gewährleisten, müssen diese genügend starr sein (kräftige Schäfte, kurze Einspannung), immer bei voller Schnittgeschwindigkeit angesetzt werden und dürfen nie im Schnitt stehen bleiben. Die verwendeten Werkzeugspindeln müssen sehr ruhigen Lauf und kleines Lagerspiel besitzen. Werkzeuge bzw. Werkstücke müssen schlagfrei laufen und es muß entweder vollkommen trocken oder mit reichlicher Kühlmittelzufuhr gearbeitet werden (unterbrochene Kühlmittelzufuhr verursacht Rißbildung).

1,44 Diamanten [1]

Für die Zerspanung werden in der Natur vorkommende, nicht als Schmucksteine geeignete (Arbeitsdiamanten) und synthetisch hergestellte Diamanten verwendet. Der Diamant besitzt infolge seines besonderen Atomgitters (kubisches Diamantgitter) die größte Härte und den größten Verschleißwiderstand aller Schneidstoffe, hohe Wärmeleitfähigkeit, geringe Wärmedehnung, wandelt sich bei Temperaturen über 1300 °C in Graphit um und verbrennt bei Gegenwart von Sauerstoff bei 800 °C. Er bildet keine Aufbauschneide, seine Schneide rundet unter der Schnittkraft nicht ab und die Reibung in der Kontaktzone ist so niedrig, daß keine große Erwärmung auftritt und ein glatter Spanabfluß erfolgt. Arbeitsdiamanten sind jedoch stoßempfindlich, sehr teuer und besitzen geringe Schub- und Druckfestigkeit. Sie werden ausschließlich zur Feinstbearbeitung von Nichteisenmetallen und Kunststoffen bei kleinen Spanquerschnitten mit hoher Schnittgeschwindigkeit verwendet und ermöglichen sehr kleine Toleranzen und hohe Oberflächengüten mit Rauhigkeiten unter 2 μm (Kollektoren, Leichtmetallkolben, Lager, Gummiwalzen, Schleifscheiben, ...). Der Diamant erhält eine runde oder facettenförmige Schneide (Abb. 25) mit möglichst großem Eckenwinkel ε (160°) und Keilwinkel β (84 bis 86°). Der Spanwinkel wird mit 0° und der Freiwinkel mit 4 bis 6° ausgeführt. Die Fassung des Diamanten erfolgt durch Harteinlöten, Eingießen, Einsintern oder Festklemmen des teilweise oder vollkommen bearbeiteten Kristalles. Um Beschädigungen der nichtschneidenden Diamantkanten und der Werkstückoberfläche zu vermeiden, sollen die Späne abgesaugt werden.

Die zur Verwendung gelangenden Werkzeugmaschinen müssen voll-

---

[1] Grodzinski, P.: Diamond Technology. London: NAG Press. 1953. — Industrial Diamant Review.

kommen schwingungsfrei laufen. Dies erfordert Antriebe mit Seiden- oder Kunststoffriemen (keine Zahnräder), genaue spielfreie Lager und Schlittenführungen, Vorschub durch Kolben und Zylinder (hydraulisch) oder Spindel und Mutter, große Starrheit und stabile Werkstücke.

Neuerdings werden auch *polykristalline* Diamanten, die auf Hartmetall aufgesintert werden, verwendet. Die Platten, die auf üblichen Klemmhaltern verwendet werden, besitzen einen Keilwinkel von 90° und sind relativ unempfindlich.

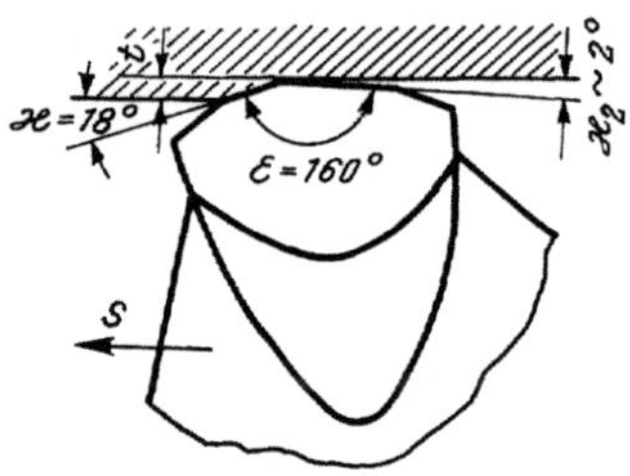

Abb. 25. Diamantwerkzeug mit facettenförmiger Schneide. ε Eckenwinkel, ϰ Einstellwinkel, *s* Vorschubrichtung, *t* Schnittiefe

1,45 Oxidkeramische Schneidstoffe (Sinteroxide)

Diese bestehen vorwiegend aus Aluminiumoxid (Al_2O_3), dem fallweise Metallkarbide (Wolframkarbid, Molybdänkarbid und Vanadiumkarbid), Oxide und reine Metalle (Wolfram, Molybdän und Vanadium) beigesetzt werden. Der Anteil an reinen Metallen, die eine weiche Bindemasse bilden, wird gering gehalten, um die Verschleißeigenschaften nicht zu beeinträchtigen.

Aus Bauxit hergestellte reinste, feinkörnige kristallisierte Tonerde (Korngrößen unter 5 µm) wird mit oder ohne Zusätze durch Sintern bei 1500 bis 2000 °C zu Schneidplättchen verarbeitet.

Sinteroxide besitzen geringe Wärmeleitfähigkeit, hohe Warmhärte, hohe Erweichungstemperatur, große Reaktionsträgheit gegenüber anderen Werkstoffen (sehr geringe Kolkung, keine Oxydation möglich) und geringe mechanische Belastbarkeit. Die Schneiden sollen nur auf Druck und nicht auf Biegung oder Schub belastet werden, weshalb mit negativen Spanwinkeln gearbeitet wird. Gegen Schwingungsbeanspruchung sind sie besonders empfindlich, so daß sie nur bei stabilen Werkstücken und starren sehr genau rundlaufenden Werkzeugmaschinen eingesetzt werden können. Infolge ihrer hohen Warmfestigkeit tritt auch bei hohen Temperaturen nur ein geringer Verschleiß an der Span- und Freifläche auf, weshalb sie sich für die Herstellung von Werkstücken mit kleinen Toleranzen besonders eignen.

Sinteroxide verwendet man vorwiegend in *Klemmhaltern* (Abb. 160) in Form von *Wegwerfplatten*, die zwischen geschliffenen Hartmetall- oder Schnellstahlplatten geklemmt werden (ähnlich den Klemmhaltern für Hartmetallplatten). Sie sind als dreieckige, quadratische und rhombische Platten nach DIN 4969 genormt und besitzen einen Keilwinkel β von 90° und 6 oder 8 einsetzbare Schneiden.

Für eine einwandfreie Spanabführung werden Spanleitstufen angewendet. Man arbeitet mit geringen Schnittiefen und wendet bei Grauguß oder Stahl Schnittgeschwindigkeiten bis 400 m/min an. An Stelle der Klemmung können in Sonderfällen die Schneidplatten auf den Trägerwerkstoff auch aufgeklebt (wegen geringer Erwärmung zulässig) oder aufgelötet (Metallisierung der Plättchen erforderlich) werden.

1,46 Sonstige Schneidstoffe

Ein neuer Schneidstoff ist das synthetisch aus dem hexagonalen Bornitrid unter höchsten Drücken hergestellte *kubische Bornitrid* (mit Diamantgitter), das in seiner Härte dem Diamant am nächsten kommt, jedoch eine höhere Arbeitstemperatur (in Luft bis 1900 °C) verträgt und als Schleifmittel und zur Beschichtung von Hartmetall verwendet wird (Borazon, Handelsname von General Electric). Als Schleifmittel verwendet man noch die in der Natur vorkommenden Quarz, Korund, Schmirgel usw. und vor allem die künstlich hergestellten Elektrokorund, Siliziumkarbid und Borkarbid.

1,5 Schneidflüssigkeiten

Die Schneidflüssigkeiten haben die Aufgabe, die an der Schneide entstehende Wärme abzuführen, durch Schmieren Reibung und Verschleiß herabzusetzen und gegebenenfalls die Späne abzuführen und die Schneide vor Oxydation zu schützen. Durch das *Kühlen* ergibt sich bei Werkzeugen mit geringer Warmfestigkeit (Schnellstahl und Werkzeugstahl) eine Erhöhung der Standzeit bzw. bei gleicher Standzeit eine Erhöhung der zulässigen Schnittgeschwindigkeit. Eine besonders wirksame Kühlung erzielt man durch Verwendung tiefgekühlter Schneidflüssigkeiten, durch Hochdruckkühlung, bei welcher die Schneidflüssigkeit unter hohem Druck entweder zwischen Freifläche und Werkstück gespritzt oder durch das Werkzeug an die Schnittstelle gebracht wird, und Kühlung mit flüssigem CO_2, wobei die zum Verdampfen erforderliche Wärme teilweise der Schneide entzogen wird. Praktisch wird von diesen Möglichkeiten jedoch wenig Gebrauch gemacht. Durch die *Schmier*wirkung der Schneidflüssigkeiten erzielt man nicht nur eine Verbesserung der Oberflächengüte (durch die Bildung von Fließspänen arbeitet das Werkzeug ruhiger), sondern auch eine Verringerung des Kraftbedarfes.

Die Schneidflüssigkeiten werden eingeteilt in wäßrige Lösungen, Kühlmittelöle und Schneidöle. In der angeführten Reihenfolge sinkt die Kühlwirkung und steigt die Schmierwirkung.

Zu den *wäßrigen Lösungen* gehören Wasser mit Sodazusatz und anderen korrosionshemmenden Zusätzen, Seifenwasser, Chromat- und Natriumfluoridlösungen für die Zerspanung von Aluminiumlegierungen usw. Sie werden in erster Linie dann angewendet, wenn die Zerspanwärme von Werkzeug und Maschine ferngehalten werden soll. Wasser besitzt eine hohe spezifische Wärmekapazität, eine hohe Verdampfungswärme und eine höhere Wärmeleitfähigkeit als Öl.

Kühlmittelöle (*Bohröle*) sind Emulsionen von Mineralölen und Wasser mit einem Mischungsverhältnis von 1 : 10 bis 1 : 100. Bei diesen werden Emulgatoren verwendet, welche die Grenzflächenspannung von Mineralöl gegen Wasser herabsetzen. Dabei wird die Oberflächenspannung des Wassers stärker erniedrigt als die des Öles. Das Wasser bildet daher die umschließende, das Öl die innere disperse Phase. Je höher der Emulgatorgehalt, desto kleiner werden die Öltröpfchen. Bei ca. 30% Emulgator werden die Öltröpfchen kleiner als die Wellenlänge des Lichtes und die Emulsion wird transparent. Als Emulgatoren werden heute organische Stickstoffverbindungen verwendet. Weitere Zusätze dienen der Enthärtung des Wassers, als Rostschutz und zur Verhinderung von Gärungen.

Schneidöle sind reine Mineralöle, Mineralöle mit Zusatz von fetten Ölen oder fette Öle. Für schwere Zerspanvorgänge erhalten diese Zusätze wie Schwefel-, Chlor- und Phosphorverbindungen, die mit den Schneidstoffen oder Werkstücken reibungs- und verschleißmindernde Oberflächenschichten bilden. Schneidöle gelangen in erster Linie dort zur Verwendung, wo die Reibung vermindert werden soll, wie beim Gewindeschneiden, Tieflochbohren, Reiben, Verzahnen usw.[1]

Eine Verringerung der Reibung an hochbeanspruchten Werkzeugstellen ist auch durch Verwendung von *Feststoffschmiermitteln* wie Graphit, Molybdändisulfid usw. möglich.

Die verwendeten Schneidflüssigkeiten sollen vor Rost schützen, gut benetzen, nicht verharzen, nicht eindicken, nicht schäumen, durchsichtig und lange lagerfähig sein und dürfen keine gesundheitschädliche Wirkung besitzen. Durch Erwärmen auf 80 °C können sie bakterienfrei gemacht werden.

Werkzeuge und Werkzeugbefestigungen sind so auszuführen, daß eine möglichst wirksame Kühlmittelzufuhr möglich ist.

---

[1] Zwingemann, G.: Kühlmittel- und Schmierstoffe für die Metallbearbeitung. Shell, Technischer Dienst.

1,6 Schnittleistung und Ausnützung der Werkzeugmaschinen

Die *Leistung an der Schneide* P_s ergibt sich aus dem Produkt von Schnittgeschwindigkeit v und Schnittkraft F_s:

$$\boxed{P_s = \frac{F_s \cdot v}{1000}} \quad \text{(kW)} \qquad F_s\,(N),\ v\,(m/s)$$

Die *Vorschubleistung* P_v wird entsprechend

$$\boxed{P_v = \frac{F_v \cdot v_v}{1000}} \quad \text{(kW)}$$

Die *Antriebsleistung* der Werkzeugmaschine P setzt sich aus der Schnittleistung P_s, der Vorschubleistung P_v und der Leerlaufleistung P_l zusammen:

$$\boxed{P = P_s + P_v + P_l = \frac{P}{\eta_{\text{ges}}}} \quad \text{(kW)}$$

Mit Werkzeugen aus Werkzeugstahl können die modernen Maschinen mit ihrer hohen Antriebsleistung nur bei sehr großen Spanungsquerschnitten ausgenützt werden. Das in der Zeiteinheit zerspante Volumen ist allerdings bei ihnen am größten.

Die höhere Genauigkeit der jetzt hergestellten Guß-, Schmiede- und Preßteile ermöglicht wegen der verringerten Bearbeitungszugaben eine Ausnützung der neuzeitlichen Werkzeugmaschinen nur mehr mit Werkzeugen aus Schnellstahl oder Hartmetall.

Bei den einzelnen Arbeitsverfahren ergeben sich mit Hilfe der in Abschnitt 1,2 abgeleiteten Beziehungen folgende Ausdrücke für die Schnittleistung, wobei die Werte für die Schnittgeschwindigkeiten den entsprechenden Unterlagen[1] zu entnehmen sind:

Die Faktoren 1,2 und 1,1 berücksichtigen die besonderen Verhältnisse bei den einzelnen Arbeitsverfahren.

Drehen von Wellen

$$\boxed{P_s = \frac{F_s \cdot v}{1000} = 0{,}001\, v \cdot k_{s\,1,1} \cdot b \cdot h^{1-z}} \quad \text{(kW)} \qquad v(m/s).$$

[1] Dubbel, II. Band, Verfahren und Maschinen der Metallbearbeitung III/C, D und F. — VDI-3206 Richtwerte für das Längsdrehen im nichtunterbrochenen, trockenen Schnitt. — VDI-3207 Richtwerte für das Bohren metallischer Werkstoffe mit Wendel-(Spiral-)bohrern aus Schnellarbeitsstahl. — VDI-3208 Richtwerte für das Tiefbohren mit Einlippenbohrern. — VDI-3229 Maschinelles Reiben zylindrischer Bohrungen. — VDI-3334 Maschinelles Gewindebohren.

Drehen von Bohrungen

$$\boxed{P_s = 0{,}0012 \cdot v \cdot k_{s\ 1,1} \cdot b \cdot h^{1-z}} \qquad (\mathrm{kW}) \qquad v(m/s).$$

Hobeln und Stoßen

$$\boxed{P_s = 0{,}0011 \cdot v \cdot k_{s\ 1,1} \cdot b \cdot h^{1-z}} \qquad (\mathrm{kW}) \qquad v(m/s).$$

Bohren mit dem Wendel-(Spiral-)bohrer

$$P_s = M \cdot \omega \qquad \omega = \frac{\pi \cdot n}{30} \qquad \mathrm{n(U/min)}$$

$$\boxed{P_s = 0{,}001 \left[\frac{D+d}{2} \cdot \frac{D-d}{2 \sin \sigma/2} \cdot (s_z \cdot \sin \sigma/2)^{1-z} \cdot k_{s\ 1,1}\right] \cdot \omega} \qquad (\mathrm{kW}).$$

Bei Hartmetallbohrern, die mit wesentlich größeren Geschwindigkeiten arbeiten wird $P_{sh} \doteq 0{,}85 \cdot P_s$.

Fräsen ebener Flächen mit Walzenfräsern und Messerköpfen

$$\boxed{P_s = 0{,}0012 \cdot v \cdot k_{s\ 1,1} \cdot b \cdot h_m{}^{1-z} \cdot z_e} \qquad (\mathrm{kW}) \qquad v(m/s).$$

1,7 Einteilung der Werkzeugmaschinen

Die zerspanend arbeitenden Werkzeugmaschinen kann man nach verschiedenen Gesichtspunkten einteilen.

Nach dem *Anwendungsbereich* unterscheidet man Universalmaschinen, Mehrzweckmaschinen und Einzweck-, Spezial- oder Sondermaschinen.

Universalmaschinen finden Anwendung zur Fertigung von Einzelstücken (bei Reparaturen) oder kleinen Stückzahlen und ermöglichen die Ausführung aller einschlägigen Arbeiten (z. B. Leit- und Zugspindeldrehmaschinen). Sie werden durch Facharbeiter bedient und benötigen umfangreiche Getriebe zur Erzielung eines großen Drehzahl- und Vorschubbereiches, um sie den, bei den verschiedenen Werkstücken auftretenden Anforderungen anpassen zu können. Sie besitzen keine aufwendigen Steuerungen, ergeben hohe Nebenzeiten und sind bei größeren Stückzahlen unwirtschaftlich.

Mehrzweckmaschinen finden in der Serienfertigung Verwendung. Sie besitzen aufwendige Steuerungen und werden von angelernten Arbeitnehmern (Revolverdrehmaschinen) bedient oder arbeiten vollautomatisch (Drehautomaten). Sie können durch Einrichtungen für Speicherung und Transport der Werkstücke miteinander verbunden werden (*lose Verkettung*). Eine Umstellung auf andere Werkstücke ist mit entsprechendem Aufwand möglich.

Einzweckmaschinen werden für die Massenfertigung gleicher Werkstücke verwendet. Sie werden vielfach aus einzelnen Bauteilen zusammengestellt, besitzen einfache Getriebe und aufwendige Steuerungen, ergeben sehr kleine Nebenzeiten und arbeiten meist vollautomatisch. Sie können (höchste Stufe der Mechanisierung) zu vollautomatischen *Transferstraßen* mit selbstätigen Transport der Werkstücke von Maschine zu Maschine (*starre Verkettung*) zusammengestellt werden. Eine Umstellung auf andere Werkstücke ist meist nur unter sehr großem Aufwand möglich.

Nach der *Art* der *Schnittbewegung* unterscheidet man Werkzeugmaschinen mit *kreisender* Schnittbewegung, zu denen alle Arten von Dreh-, Bohr-, Fräs-, Schleifmaschinen und Kreissägen gehören und Werkzeugmaschinen mit *hin-* und *hergehender* Schnittbewegung. Zu diesen gehören die Hobel- und Stoßmaschinen, Bügelsägen, Räummaschinen, usw.

Nach der *Form der erzeugten Werkstücke* unterscheidet man Werkzeugmaschinen zur Herstellung von *Wellen* (Wellenschälmaschinen, spitzenlose Schleifmaschinen, usw.), Werkzeugmaschinen zur Herstellung *ebener Flächen* (Plandrehmaschinen, Flachschleifmaschinen, Hobelmaschinen, Fräsmaschinen, usw.), Maschinen zur Herstellung von *Bohrungen* (Bohrmaschinen, Revolverdrehmaschinen, Innenschleifmaschinen usw.), Werkzeugmaschinen zur Herstellung von *Gewinden* (Revolverdrehmaschinen, Drehautomaten, Gewindeschneid-, Gewindefräs- und Gewindeschleifmaschinen) und Werkzeugmaschinen zur Herstellung von *Verzahnungen* (Zahnradfräs-, Zahnradstoß-, Zahnradschleif-, Zahnradschabe-, Zahnradläppmaschinen, usw.).

1,8 Antriebsarten der Werkzeugmaschinen

Beim *Einzelantrieb* wird für jede Werkzeugmaschine ein besonderer Motor verwendet. Dieser kann sofort abgeschaltet werden, so daß keine Leerlaufverluste entstehen. Durch Druckknopfsteuerungen ergibt sich eine einfache Bedienung der Maschine von vielen Arbeitsstellen. Die Freizügigkeit in der Aufstellung der Maschine ist besonders in der Fließfertigung von großem Vorteil. Weitere Vorteile gegenüber dem Transmissionsantrieb sind Helligkeit, Reinlichkeit und Übersichtlichkeit. Demgegenüber sind als Nachteile die höheren Anschaffungskosten und der schlechtere Leistungsfaktor mehrerer kleiner Motoren gegenüber einem großen Motor anzuführen.

Große Werkzeugmaschinen erhalten für jede Bewegung einen besonderen Motor (*Mehrmotorenantrieb*), wodurch sich einfachere Getriebe ergeben.

1,9 Transport, Aufstellung und Prüfung der Werkzeugmaschinen

Beim *Transport* müssen Stöße und Erschütterungen vermieden werden. Nach dem Auspacken dürfen Kranhaken, Seile und andere Hebeeinrichtungen nur an den dafür vorgesehenen Stellen (Angaben der Lieferfirmen) und nicht etwa an vorstehenden Wellen oder Konsolen angebracht werden.

Nur kleine bzw. leichte Werkzeugmaschinen, an die keine besonderen Genauigkeitsansprüche gestellt werden, können ohne besonderem Fundament aufgestellt werden. Die Größe der sonst erforderlichen Betonfundamente richtet sich nach der Maschine und dem vorhandenen Untergrund. Für normalen Baugrund werden entsprechende Angaben bereits von der Lieferfirma der Werkzeugmaschine gemacht. Große Werkzeugmaschinen können nicht in Stockwerken, sondern nur auf gewachsenem Boden aufgestellt werden. Genau arbeitende Maschinen sind vor Wärmestrahlung durch die Sonne oder in der Nähe befindliche Heizkörper zu schützen. Bei besonderen Genauigkeitsansprüchen (Koordinatenbohrwerke) muß durch Aufstellung in vollklimatisierten Räumen für eine konstante Temperatur über alle Jahreszeiten gesorgt werden.

Ist das Fundament fertiggestellt und hat der Beton genügend abgebunden, so wird die Maschine mittels Wasserwaage auf ihm ausgerichtet. Zu diesem Zweck stellt man sie auf eine Anzahl von Doppelkeilen, deren Anzug gegeneinander gerichtet ist und verändert deren Stellung so lange bis die Wasserwaage längs und quer einspielt. Denselben Erfolg erreicht man durch Druckschrauben in den Maschinen, die auf Stahlplatten drücken, die sich im Fundament befinden. Hierauf wird der Zwischenraum zwischen Fundament und Maschine mit Beton ausgegossen. Für besonders genaue Maschinen soll ein Nachrichten auch später noch möglich sein. Die Befestigung der Maschine erfolgte früher mit Ankerschrauben, die in nach unten sich erweiternden Löchern einbetoniert waren. Zweckmäßiger ist es jedoch entsprechende Muttern einzubetonieren, in die die Schrauben nach dem Aufstellen der Maschine leicht eingeschraubt werden können. Dabei braucht man die Maschine nicht über die Schrauben zu heben. Um die Werkzeugmaschinen vor Schwingungen, die von anderen Maschinen herrühren bzw. die Umgebung vor durch die Werkzeugmaschinen hervorgerufenen Schwingungen zu schützen, verwendet man Unterlagen mit dazwischen einvulkanisiertem Gummi, die in verschiedener Ausführung erzeugt werden (Abb. 26).

Nach dem Aufstellen werden die Maschinen von Schmutz und aufgebrachten Rostschutzmitteln gereinigt und die blanken Stellen mit säurefreiem Öl vor Korrosion geschützt.

Bereits im Herstellerwerk erfolgt eine Prüfung der *Herstellungsgenauigkeit*. Die Ergebnisse dieser Prüfungen werden in besonderen Prüfkarten festgehalten. Abnahmebedingungen für Drehmaschinen sind nach DIN 8605, 8606 und 8607, für Revolverdrehmaschinen nach DIN 8610 und für Mehrspindeldrehautomaten nach DIN 8613 genormt.

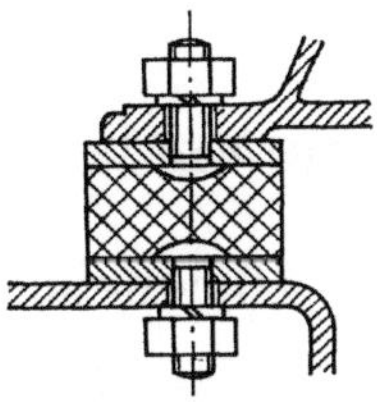

Abb. 26. Gummipuffer (Continental, Hannover)

Zweckmäßig ist es, diese Prüfung nach der Aufstellung der Maschine zu wiederholen, um eine gewisse Sicherheit zu erlangen, daß Transport und Aufstellung einwandfrei erfolgt sind. Außer der Herstellgenauigkeit ist die *Arbeitsgenauigkeit* zu überprüfen, was durch Herstellen von Probewerkstücken erfolgen kann.

2. Besondere Bauteile an Werkzeugmaschinen[1]

2,1 Allgemeines

Die verschiedenen Werkzeugmaschinen bestehen aus Bauteilen, die wegen ihrer Gemeinsamkeiten in einem besonderen Abschnitt behandelt werden.

Getriebe wandeln die Bewegung des Antriebsmotors in die verschiedenen Wirkbewegungen der Spindeln und Schlitten um.

Maschinenständer, Betten und vielfach die Spindelstöcke stehen fest. Auf ihnen verschieben sich die Schlitten auf besonderen Führungen und laufen die Spindeln in besonderen Lagern.

2,2 Die Getriebe der Werkzeugmaschinen

2,21 Allgemeines

Beim Einzelantrieb werden an den Getriebekasten angeflanschte oder im Fuß der Maschine untergebrachte Elektromotoren verwendet. Flanschmotore haben den Nachteil, daß durch die nach dem Auswuchten zurückbleibende Unwucht (Restunwucht) Schwingungen auf die Werkzeugmaschine übertragen werden. Bei dem im Fuß der Maschine untergebrachten Motoren ist eine gegen Schwingungen isolierende Aufstellung möglich. Die zur Kraftübertragung in diesem Fall verwendeten endlosen Riemen übertragen ebenfalls keine Schwingungen.

Von der Antriebswelle der Werkzeugmaschine müssen durch Getriebe im allgemeinen folgende Arbeitsbewegungen erzeugt werden (DIN 6580):

Schnittbewegung ist diejenige Bewegung zwischen Werkstück und Werkzeug, die ohne Vorschubbewegung nur eine einmalige Spanabnahme während einer Umdrehung oder eines Hubes bewirken würde.

Vorschubbewegung ist diejenige Bewegung zwischen Werkstück und

---

[1] Saljé, E.: Elemente der spanenden Werkzeugmaschinen. München: Hanser. 1968.

Werkzeug, die zusammen mit der Schnittbewegung eine mehrmalige oder stetige Spanabnahme während mehrerer Umdrehungen oder Hübe ermöglicht. Sie kann schrittweise oder stetig vor sich gehen.

Wirkbewegung ist die resultierende Bewegung aus Schnitt- und gleichzeitig ausgeführter Vorschubbewegung.

Anstellbewegung ist diejenige Bewegung zwischen Werkstück und Werkzeug, mit der das Werkzeug vor dem Zerspanen an das Werkstück herangeführt wird.

Zustellbewegung ist diejenige Bewegung zwischen Werkstück und Werkzeug, die die Dicke der jeweils abzunehmenden Schicht im voraus bestimmt.

Nachstellbewegung ist eine Korrekturbewegung zwischen Werkstück und Werkzeug, die z. B. den Werkzeugverschleiß ausgleichen soll.

Die folgenden Überlegungen beziehen sich auf Werkzeugmaschinen mit kreisender Hauptbewegung (insbesondere auf Drehmaschinen). Man bezeichnet als:

v (m/min) ... Schnittgeschwindigkeit,
n (U/min) ... Relativdrehzahl zwischen Schneide und Werkstück,
d (mm) ..... Durchmesser des Werkstückes oder Werkzeuges.

Für die Schnittgeschwindigkeit besteht dann folgende Beziehung:

$$v = \frac{d \cdot \pi \cdot n}{1000}$$

Die zulässige Schnittgeschwindigkeit ist von der gewünschten Standzeit und Oberflächenbeschaffenheit, dem verwendeten Schneidstoff, dem bearbeiteten Werkstoff, der Spanungsdicke und Spanungsbreite und der verwendeten Schneidflüssigkeit abhängig. Die Festlegung des Arbeitsbereiches der Drehmaschine gibt den größten und den kleinsten Drehdurchmesser der Werkstücke, die bearbeitet werden sollen. Die Festlegung der bearbeiteten Werkstoffe, der verwendeten Schneidstoffe und Schneidflüssigkeiten, der anzuwendenden Standzeit, der größten und kleinsten Spanungsdicke und Spanungsbreite ergibt eine größte und kleinste erforderliche Schnittgeschwindigkeit. Mit diesen Angaben liegt der erforderliche Drehzahlbereich der Maschine fest. Die größte erforderliche Drehzahl n_{max} ergibt sich beim kleinsten Drehdurchmesser d_{min} und der größten erforderlichen Schnittgeschwindigkeit v_{max}:

$$\boxed{n_{max} = \frac{1000 \cdot v_{max}}{\pi \cdot d_{min}}}$$

Die kleinste erforderliche Drehzahl $n_{\min}$ ergibt sich beim größten Drehdurchmesser $d_{\max}$ und der kleinsten Schnittgeschwindigkeit $v_{\min}$:

$$n_{\min} = \frac{1000 \cdot v_{\min}}{\pi\, d_{\max}}$$

Bei den *stufenlosen Getrieben* läßt sich jede Drehzahl in diesem Bereich einstellen, bei den *gestuften Getrieben* nur eine begrenzte Zahl von Zwischendrehzahlen.

Ähnliche Überlegungen kann man bei den Getrieben für hin- und hergehende Hauptbewegungen und bei Vorschubgetrieben anstellen.

Bei den Drehmaschinen ergibt sich die Schnittzeit beim Bearbeiten eines zylindrischen Werkstückes aus der Beziehung:

$$t_h = \frac{L \cdot i}{s \cdot n}$$

Darin bedeuten:

t_h (min) ...... Schnittzeit,
L (mm) ...... Werkstücklänge,
i .... Zahl der Schnitte,
s (mm/U) ... Vorschub des Drehstahles,
n (U/min) ... Drehzahl des Werkstückes.

Die Schnittzeit wird somit um so kleiner, je größer der Vorschub und je größer die Drehzahl gewählt werden. Der größte zulässige Vorschub ist durch die Antriebsleistung der Werkzeugmaschine gegeben, die größte zulässige Drehzahl durch den Drehdurchmesser und die größte zulässige Schnittgeschwindigkeit. Da diese Werte nur bei den *stufenlosen* Getrieben jeweils genau eingestellt werden können, ergeben diese die *kürzeste Schnittzeit.* Bei den gestuften Getrieben muß jeweils der nächst kleinere vorhandene Vorschub eingestellt werden, um die Maschine nicht zu überlasten und die nächst kleinere vorhandene Drehzahl gewählt werden, um das Werkzeug nicht zu überlasten. Diese Werte ergeben aus der Formel für die Schnittzeit größere Werte. Um diese Werte zu begrenzen, müssen diese Getriebe möglichst feinstufig gewählt werden.

Das stufenlose Getriebe stellt somit die wirtschaftlichste Lösung dar. Die Wahl des zu verwendeten Getriebes wird natürlich noch von seiner Betriebssicherheit, seinem Preis, seinem Wirkungsgrad, seinem ruhigen Lauf und seiner sonstigen Vorteile beeinflußt.

In den folgenden Abschnitten werden in erster Linie die Getriebe für rotierende Bewegung und Drehzahländerung besprochen. Die anderen nur dann, wenn sie mit diesen sehr eng zusammenhängen, wie bei den Flüssigkeitsgetrieben. Vorschubgetriebe, Wendegetriebe und Getriebe zur Umwandlung rotierender Bewegung in hin- und hergehende Bewegung werden jeweils bei den Werkzeugmaschinen, bei denen sie Anwendung finden, besprochen.

2,22 Stufenlose Getriebe

Stufenlose Getriebe haben neben dem bereits erwähnten Vorteil der kürzesten Schnittzeit den Vorteil, daß man bei ihnen die *Drehzahl auch unter Last* (im Schnitt) verstellen kann, wodurch die Werkzeugschneide geschont wird.

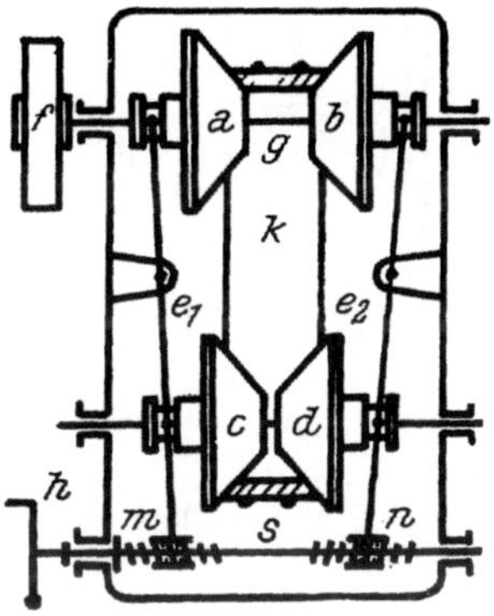

Abb. 27. Zugorgangetriebe (schematisch). *a*, *b*, *c*, *d* Kegelscheiben, e_1, e_2 Hebel, *f* Antriebsscheibe, *g* Antriebswelle, *h* Handrad, *i* getriebene Welle, *k* Keilriemen, *m*, *n* Mutter mit Rechts- und Linksgewinde, *s* Gewindespindel mit Rechts- und Linksgewinde

Nach ihrem Aufbau unterscheidet man mechanische Getriebe, Flüssigkeitsgetriebe und elektrische Getriebe.

2,221 Mechanische Getriebe

Mechanische stufenlose Getriebe finden in zahlreichen verschiedenen Ausführungen für kleinere Leistungen und kleinere Regelbereiche Verwendung. Sie sind meist einfacher und billiger als die anderen stufenlosen Getriebe, weisen jedoch häufig eine größere Abnützung auf.

Nach der Bauweise unterscheidet man die Zugorgangetriebe und die Reibradgetriebe.

Abb. 27 zeigt schematisch ein *Zugorgangetriebe*. Auf der treibenden Keilwelle *g* sitzen zwei gemeinsam verschiebbare Kegelscheiben *a* und *b*, welche über einen besonders ausgeführten Keilriemen *k* zwei Kegelscheiben *c* und *d* mitnehmen. Diese sitzen auf der getriebenen Keilwelle *i* und sind ebenfalls gemeinsam axial verschiebbar. Die axiale Verschiebung der Kegelscheiben *a*, *b*, *c* und *d* erfolgt durch zwei symmetrisch angeordnete Hebel e_1 und e_2, die zwangsläufig durch je eine Mutter *m* und *n* betätigt werden. Diese Betätigung erfolgt durch Drehen der Spindel *s*, deren linker Teil mit Linksgewinde und deren rechter Teil mit Rechtsgewinde versehen ist. Durch das gemeinsame Verschieben der Kegelscheibenpaare *a*, *b* bzw. *c* und *d* ergibt sich eine stufenlose Veränderung der Übersetzung zwischen treibender und getriebener Welle.

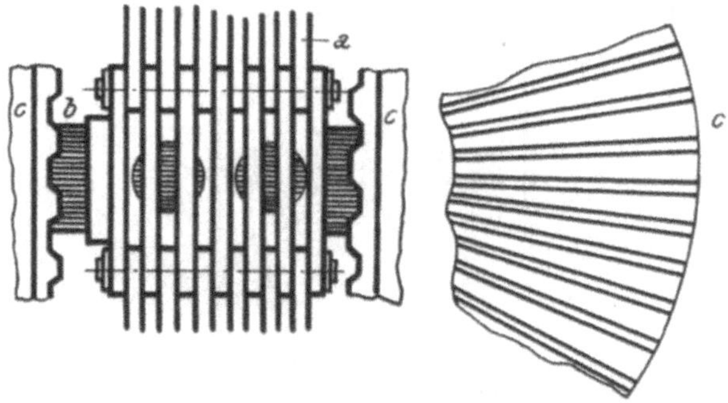

Abb. 28. Als Kette ausgebildetes Zugorgan (PIV-Getriebe, System A). *a* Kettenglieder, *b* Stahllamellen, *c* Kegelscheiben

Bei dem *PIV*-Getriebe System A ist das Zugorgan als Kette ausgebildet, in deren Gliedern sich je ein Paket gehärteter Stahllamellen befindet, die sich so verschieben lassen, daß sie teils in dem Zahngrund, teils auf dem Zahnkopf, der als Zahnscheibe ausgebildeten Kegelscheiben aufruhen (Abb. 28). Die Kegelscheibenpaare sind auf ihren Wellen so angeordnet, daß jedem Zahn der einen Kegelscheibe eine Lücke der anderen gegenübersteht. Dieses Getriebe wird angewendet, wenn es auf höchste Einstellgenauigkeit ankommt, da es als Verzahnungsgetriebe das eingestellte Übersetzungsverhältnis zuverlässig einhält.

Bei dem *PIV*-Getriebe System R ist das Zugorgan als Zylinderrollenkette ausgebildet, die in glatten, gehärteten und geschliffenen Laufflächen der Kegelscheiben *c* und *d* (Abb. 29) eingreift. Das Drehmoment wird durch ruhende Reibung übertragen. Die Kette enthält in jedem Glied ein Paar gehärtete und geschliffene Rollen *a*, die sich in Kettenlaufrichtung an den sie käfigartig umschließenden Gelenklaschen *b* abstützen. Quer zur Laufrichtung können sie sich frei um ihre Achse drehen. Diese Getriebe eignen sich für höhere Drehzahlen und Verstellbereiche und kleinere Leistungen.

Bei den *Reibradgetrieben* gibt es eine Vielzahl verschiedener Ausführungen.

Bei den *Stirnreibradgetrieben* mit *Planscheibe* wird entweder das Stirnrad (Abb. 30) oder die Planscheibe (Abb. 31) angetrieben. Die Drehzahlregelung erfolgt in beiden Fällen durch Verschieben des Stirn-

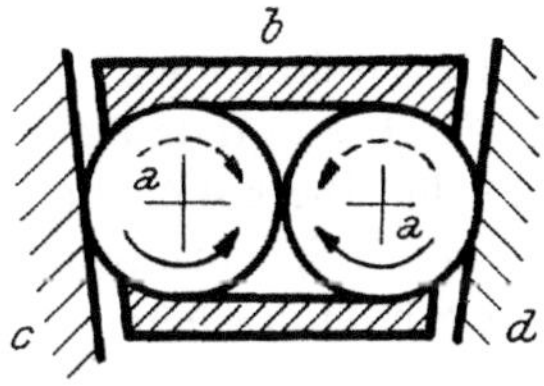

Abb. 29. Zylinderrollenkette (PIV-Getriebe, System R). *a* gehärtete Rollen, *b* Gelenklaschen, *c*, *d* Kegelscheiben

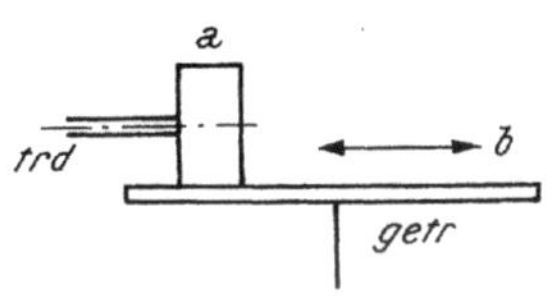

Abb. 30

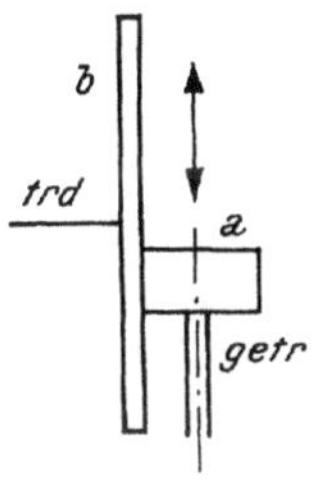

Abb. 31

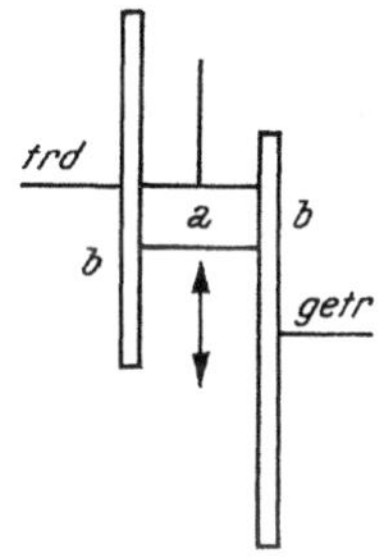

Abb. 32

Abb. 30, 31 und 32. Reibradgetriebe. *a* Stirnrad, *b* Planscheibe

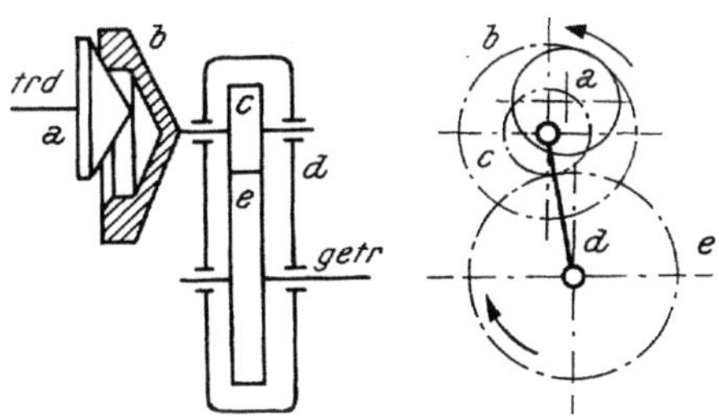

Abb. 33. PK-Tieb. *a* Hartgußkegel, *b* Innenkegelscheibe, *c* Ritzel, *d* Schwinge, *e* Zahnrad

rades. Abb. 32 zeigt schematisch ein Reibradgetriebe mit Antriebs- und Abtriebsplanscheibe, wie es bei stufenloser Vorschubregelung eines Automaten verwendet wird. Getriebe mit angetriebenem Hohlrad besitzen geringere Reibungsverluste und werden daher hauptsächlich verwendet.

Der *PK-Trieb* ist ein Innenkegelgetriebe, das schematisch in Abb. 33 dargestellt ist. Er besteht aus dem mit dem Motor axial verschiebbaren Kegel *a* (Hartguß), der auf der Innenkegelscheibe *b* (Kunststoff) abrollt. Auf der Welle des Innenkegels *b* sitzt ein Ritzel *c*, das mit einem Zahnrad *e* kämmt. Die beiden Zahnräder *c* und *e* sind in einer Schwinge *d* gemeinsam gelagert. Zur Änderung der Drehzahl wird der Motor mit dem Kegel *a* axial verschoben. Die Anpreßkraft des Kegels *a* auf den Innenkegel *b* wird durch das Drehmoment der Zahnräder erzeugt und steuert sich daher selbsttätig. Die anfängliche Anpreßkraft bei Leerlauf entsteht durch das Gewicht der überhängenden Schwinge. Zur Umsteuerung des Getriebes wird die Drehrichtung des Motors umgekehrt und die Schwinge auf die andere Seite umgelegt.

2,222 Flüssigkeitsgetriebe[1]

Flüssigkeitsgetriebe werden wegen ihrer Vorteile in erster Linie zur Regelung und Erzeugung hin- und hergehender Haupt- und Vorschubbewegungen, seltener für rotierende Haupt- und Vorschubbewegungen verwendet (Hauptantrieb von Hobel-, Stoß-, Shaping- und Räummaschinen, Vorschubantrieb von Schleifmaschinen, Bohrmaschinen, Drehmaschinen, Kreissägen, usw.).

Sie besitzen stoß- und erschütterungsfreien Lauf, geringe Abnützung, Bruchsicherheit bei Überlastungen (die vorhandenen Sicherheitsventile gestatten die Verwendung fester Anschläge), große Regelfähigkeit unter Vollast und gute Umsteuerbarkeit, jedoch hohen Preis und ungünstigen Wirkungsgrad bei kleinen Leistungen.

Flüssigkeitsgetriebe bestehen aus einer Flüssigkeitspumpe, die mechanische Energie in Druckenergie umwandelt, den erforderlichen Rohrleitungen und Steuerorganen und einem Flüssigkeitsmotor, der die Druckenergie in mechanische Arbeit umsetzt.

Als Flüssigkeit wird bei diesen Getrieben wegen des Rostschutzes, der Selbstschmierung und der relativ guten Dichtungsmöglichkeit ausschließlich Öl verwendet.

Als *Flüssigkeitspumpen* werden Zahnradpumpen, Schraubenpumpen, Flügelzellenpumpen und Kolbenzellenpumpen verwendet.

Abb. 34 zeigt schematisch eine außen beaufschlagte *Zahnradpumpe*, die mit zwei gehärteten und geschliffenen Zahnrädern arbeitet. Bei dieser wird die im Saugraum befindliche Flüssigkeit durch die Zahnlücken nach dem Druckraum befördert. Dabei tritt stets ein kleiner Rest aus dem Druckraum in den Saugraum zurück, da der Zahn die Zahnlücke nicht voll ausfüllt. Damit die Zahnradpumpen gut ansaugen

[1] VDI-Richtlinie 2152 Hydrostatische Getriebe.

können, werden sie meist unmittelbar in den Ölbehälter eingebaut. Die Fördermenge der Zahnradpumpen ist nicht regelbar. Durch Verwendung von Schraubenrädern (*Schraubenpumpen* besitzen lange Räder kleinen Durchmessers) erzielt man einen gleichmäßigeren Flüssigkeitsstrom.

Abb. 35 zeigt den grundsätzlichen Aufbau einer *außen beaufschlagten Flügelzellenpumpe.* In einem Gehäuse *a* dreht sich das von außen angetriebene Flügelrad *b*, das eine Anzahl von Flügeln *c* trägt, die radial in Schlitzen beweglich sind. Die Flügel führen sich an der kreisförmigen

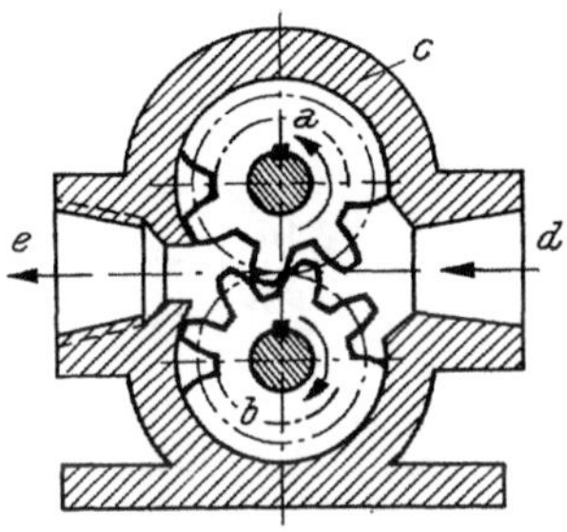

Abb. 34. Zahnradpumpe. *a*, *b* Zahnräder, *c* Gehäuse, *d* Eintritt, *e* Austritt

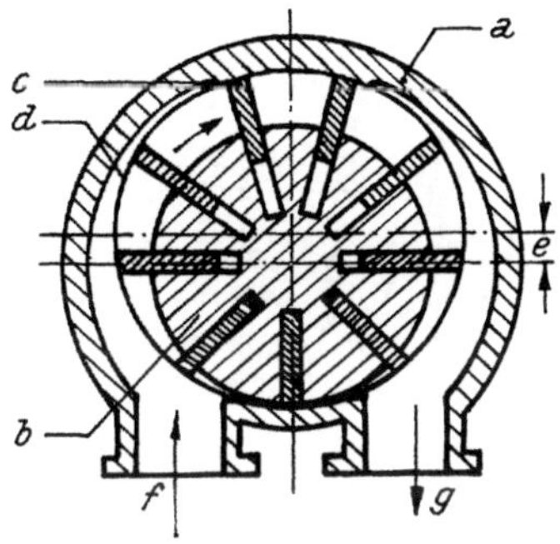

Abb. 35. Flügelzellenpumpe (außen beaufschlagt, schematisch). *a* Pumpengehäuse, *b* Rotor, *c* Flügel, *d* Gehäusewand, *e* Exzentrizität, *f* Eintritt, *g* Austritt

Gehäusewand *d*, die gegenüber dem Flügelrad um das Maß *e* exzentrisch angeordnet ist. Bei Umlauf in der Pfeilrichtung strömt das Öl bei *f* zu und bei *g* ab, wobei die von zwei Flügeln gebildete Zelle die Flüssigkeit vom Saugraum in den Druckraum fördert. Durch Änderung der Exzentrizität *e* kann man die Fördermenge ändern. Man bezeichnet diese Verstellung als Pumpenverstellung. Bei $e = O$ wird nichts gefördert, weil die ganze Flüssigkeit aus dem Druckraum wieder in den Saugraum zurückkehrt.

Bei den *innen beaufschlagten* Flügelzellenpumpen läuft der ganze verstellbare Pumpenkörper mit um, wodurch die Flügelreibung vermindert wird.

Kolbenzellenpumpen werden mit radialer Kolbenanordnung (Sternbauart) und axialer Kolbenanordnung (Trommelbauart) ausgeführt. Eine Kolbenpumpe der Trommelbauart zeigt Abb. 36 (Jahn-Thoma). Sie besitzt mehrere (5, 7, 9 oder 11) Kolben, um einen gleichmäßigen Ölstrom zu erzielen. Die Kolben *f* werden durch Pleuelstangen *g* bewegt, die mit Kugelgelenken an einen Triebflansch *b* angeschlossen sind. Die Zylinder *d* befinden sich in einer Trommel *h* im Schwenkrahmen *e*, mit je einem Kanal für Ölzu- und -abfuhr und die durch eine Kardanwelle *c* vom Triebflansch *b* angetrieben wird. Im Steuerkörper *e* befinden sich auch die Ein- und Auslaßschlitze für die Saug- oder Druckflüssigkeit. Die Fördermenge wird durch Änderung des Neigungswinkels α des Schwenkkörpers geregelt. Bei der Drehung des Triebflansches bewegen sich die Kolben von der untersten Lage im Zylinder nach der obersten und saugen so die Flüssigkeit an und drücken sie bei der nächsten halben Umdrehung in die Druckleitung.

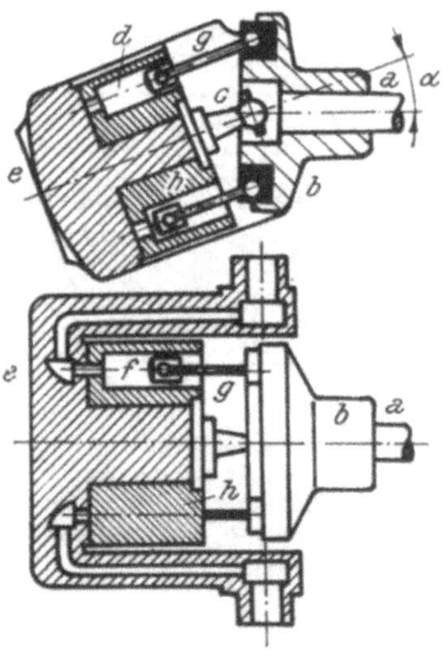

Abb. 36. Kolbenzellenpumpe in Trommelbauart (schematisch). *a* Antriebswelle, *b* Triebflansch, *c* Kardanwelle, *d* Zylinder, *e* Schwenkrahmen, *f* Kolben, *g* Schubstangen, *h* umlaufende Trommel, α Neigungswinkel

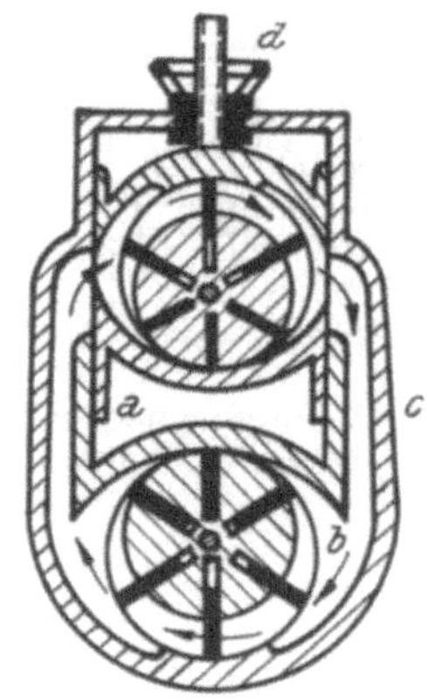

Abb. 37. Flüssigkeitsgetriebe bestehend aus Flügelzellenpumpe *a* und Flügelzellenmotor *b* in gemeinsamen Gehäuse *c*. *d* Handrad zur Verstellung der Exzentrizität der Pumpe *a*

Als *Flüssigkeitsmotoren* verwendet man für die hin- und hergehende Bewegung Kolben und Zylinder und für die rotierende Bewegung die Umkehrung der Flüssigkeitspumpen.

Die Drehzahländerung des Flüssigkeitsgetriebes kann erfolgen:

durch Änderung der Exzentrizität der Pumpe (Änderung der Fördermenge),

durch Änderung der Exzentrizität des Motors (Änderung der Schluckmenge),

durch Verbundverstellung (gleichzeitige Änderung der Exzentrizität der Pumpe *und* des Motors),

durch Verstellung einer Meßpumpe oder
durch Verstellung eines Drosselorganes.

Für rotierende Arbeitsbewegung ist der Motorteil grundsätzlich dem Pumpenteil gleichartig und meistens mit diesem (Enor-Getriebe, Sturm-Getriebe) in einem gemeinsamen Gehäuse zusammengebaut (Abb. 37). Durch Verschieben des beweglichen Teiles a über die Mittellage hinaus ändert sich die Richtung des Flüssigkeitsstromes der Pumpe und damit die Drehrichtung des Motors (Abb. 37, Pumpenverstellung). Man kann aber auch das Pumpengehäuse fest und das Motorgehäuse verstell-

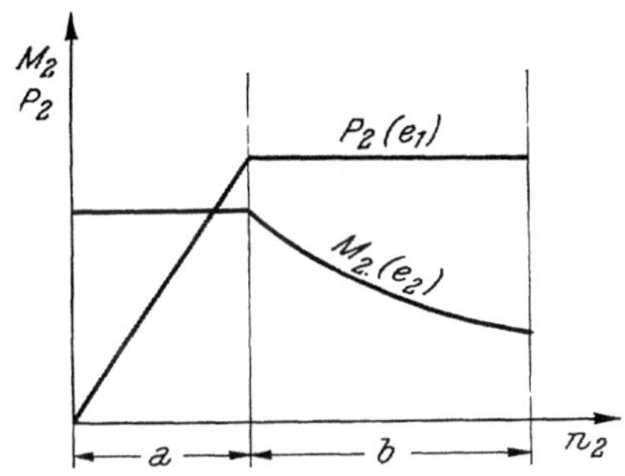

Abb. 38. Abhängigkeit von Leistung und Drehmoment eines Flüssigkeitsgetriebes von der Motordrehzahl bei Pumpen- und Motorregelung. a Bereich der Pumpenregelung, b Bereich der Motorregelung, e_1 Exzentrizität der Pumpe, e_2 Exzentrizität des Motors, M_2 Motordrehmoment, n_2 Motordrehzahl, P_2 Motorleistung

bar ausführen. Bei dieser sogenannten Motorverstellung wird diesem stets die gleiche Druckölmenge zugeführt. Bei zu kleiner Exzentrizität bleibt der Motor infolge Selbstsperrung stehen. Eine Drehrichtungsumkehr ist also durch bloße Motorverstellung nicht möglich. Bei der Verbundverstellung verwendet man Doppelenergatoren, bei denen sich Pumpe und Motor in einem gemeinsamen Gehäuse befinden, das zur Drehzahländerung verstellt wird. Man arbeitet also mit Motor- *und* Pumpenverstellung.

Oft verstellt man die Pumpe zur Erzeugung niedriger Drehzahlen, bei denen hohe Drehmomente erforderlich sind, und den Motor zur Erzeugung hoher Drehzahlen, bei denen die Leistung konstant bleiben soll. Diese Verhältnisse zeigt die Abb. 38, bei der Drehmoment M_2 und Leistung P_2 als Funktion der Drehzahl n_2 dargestellt sind. Bei Pumpenverstellung (Bereich a, Veränderung von e_1) bleibt M_2 konstant und P_2 nimmt linear mit n_2 zu. Bei Motorverstellung (Bereich b, Veränderung von e_2) bleibt P_2 konstant und M_2 nimmt mit der Drehzahl n_2 ab. Erreicht M_2 das Reibungsmoment, so bleibt der Motor stehen. Da dadurch Schaden entstehen kann, muß die einstellbare Exzentrizität des Motors e_2 nach unten begrenzt werden, falls nicht ein Sicherheitsventil vorgesehen werden kann.

Abb. 39 zeigt den konstruktiven Aufbau einer Flügelzellenpumpe. Die Flügel *c* tragen an beiden Seiten einen Zapfen *h*, auf dem je ein Lenkstück *i* sitzt. Durch diese Lenkstücke *i*, die in Laufringen des Gehäuses *a* umlaufen, werden die Flügel konzentrisch zur Zylinderachse bewegt, wobei die Zentrifugalkraft von den Zylinderwänden fernge-

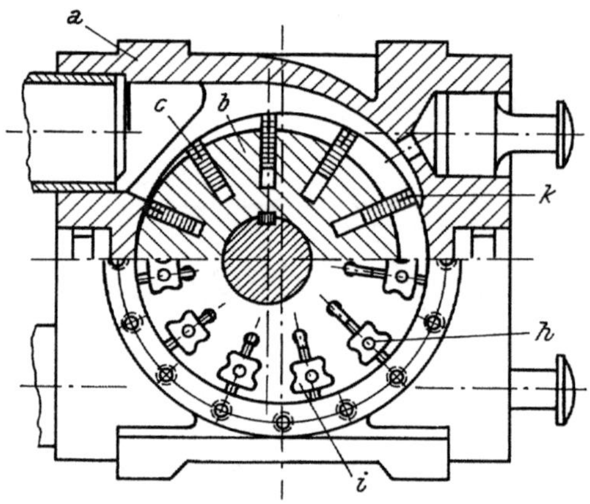

Abb. 39. Flügelzellenpumpe. *a* Gehäuse, *b* Rotor, *c* Flügel, *h* Zapfen, *i* Lenkstück, *k* Dichtungsband

halten und die Reibung ausgeschaltet wird. Die Abdichtung erfolgt durch Dichtungsbänder *k*, die infolge ihres geringen Gewichtes die Zylinderwand nur leicht berühren.

Am häufigsten findet der Flüssigkeitsantrieb für hin- und hergehende Bewegungen Verwendung. Man verwendet für diese verstellbare und nicht verstellbare Pumpen und unterscheidet zwischen offenem und geschlossenem Ölkreislauf. Abb. 40 zeigt schematisch den *offenen Ölkreislauf mit verstellbarer Pumpe*. Die Flügel- oder Kolbenzellenpumpe *a* liefert Öl in den Zylinder *c*, in welchem sich der Kolben *b* befindet. Bei einer Bewegung nach rechts fließt das rechts vom Kolben befindliche Öl durch die Rückleitung zum Sammelbehälter *d*. Sinkt der auf den Kolben wirkende Widerstand, so besteht die Gefahr, daß der Kolben infolge des verringerten Schlupfes und der Elastizität des Öles sowie der Gefäßwände vorschnellt. Diese Erscheinung kann man durch Anwendung eines Drosselventiles *e* vermeiden, durch welches eine regelbare Gegenkraft in der Rückleitung erzeugt wird. Um den Druck vor dem Kolben zu begrenzen, muß zwischen Kolben und Pumpe ein Sicherheitsventil f in die Leitung eingebaut werden.

Abb. 41 zeigt schematisch die Anordnung eines *offenen Ölkreislaufes* bei Verwendung einer *nicht verstellbaren Pumpe a*. Hier wird die Geschwindigkeit des im Zylinder c gleitenden Kolbens b durch Verstellen des Drosselorganes e geregelt. Bei Verringerung des Querschnittes steigt der Druck vor dem Drosselorgan und ein Teil des von der Pumpe gelieferten Öles wird durch das Überlaufventil f (Sicherheitsventil) abge-

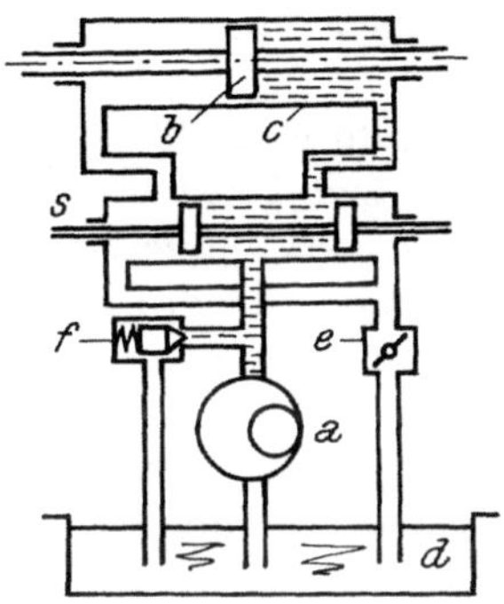

Abb. 40. Offener Ölkreislauf mit verstellbarer Pumpe

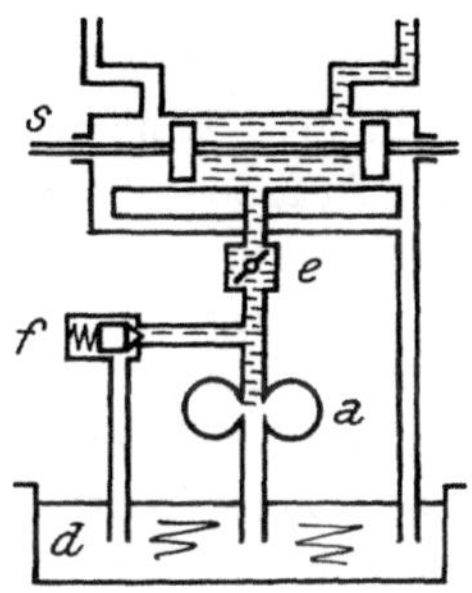

Abb. 41. Offener Ölkreislauf mit nicht verstellbarer Pumpe

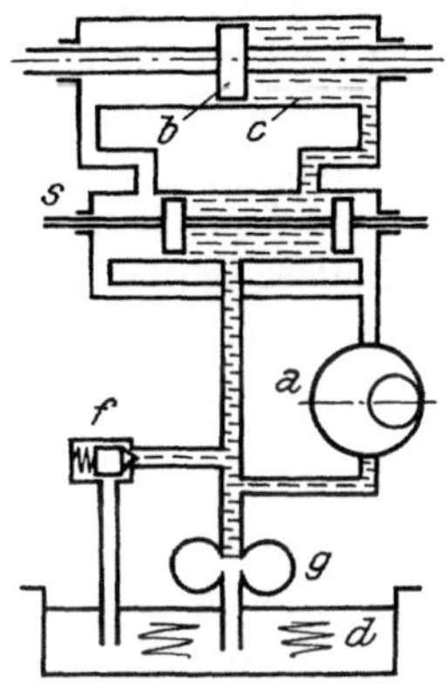

Abb. 42. Geschlossener Ölkreislauf

a Pumpe, b Kolben, c Zylinder, d Ölbehälter, e Drosselventil, f Sicherheitsventil, g Leckölpumpe, s Kolbenschieber

leitet. Durch Verwendung einer nicht regelbaren Pumpe (Zahnradpumpe) wird die Anlage einfach und billig, arbeitet jedoch bei kleinen Geschwindigkeiten mit schlechtem Wirkungsgrad, da die Pumpe stets mit Vollast arbeitet. Die Anlage mit regelbarer Pumpe besitzt besseren Wirkungsgrad, aber höhere Anschaffungskosten. Beim offenen Ölkreislauf befindet sich ein großer Teil des umlaufenden Öles stets im Behälter, wo er Zeit zur Abkühlung hat, so daß die Erwärmung des Öles in mäßigen Grenzen bleibt. Da die Flüssigkeit nie ganz frei von Luft ist, sind Entlüftungseinrichtungen notwendig.

Bei Verwendung einer nicht regelbaren Förderpumpe kann die Geschwindigkeit des Kolbens auch durch eine *Meßpumpe*, einer kleinen verstellbaren Kolbenpumpe, die in die Rückleitung des Triebmittelstromes geschaltet wird, verändert werden.

Beim *geschlossenen Ölkreislauf* (Abb. 42) bilden regelbare Pumpe a, Hinleitung, Zylinder c und Rückleitung einen geschlossenen Kreislauf.

Die Leckölpumpe g dient zur Deckung der Leckverluste und zum Ausgleich der bei Verwendung einer einseitigen Kolbenstange unterschiedlichen Zylinderräume. Durch das Überlaufventil f wird überschüssiges Öl abgeleitet. Beim geschlossenen Ölkreislauf kühlt sich das Öl schlecht ab, hingegen ist die Gefahr des Einsaugens von Luft gering. Er zeichnet sich durch guten Gleichgang aus, hat jedoch eine schlechte Anpassungsfähigkeit.

Die Bewegungen der Werkzeugmaschinen müssen in der Regel umkehrbar sein. Die Umkehrung der Drehrichtung oder Vorschubrichtung wird als *Umsteuerung* bezeichnet. Diese kann durch Hähne, Ventile oder Schieber und bei regelbaren Pumpen durch Verschieben des Gehäuses über die Mittellage in die entgegengesetzte Stellung erfolgen.

Bei Antrieben für hin- und hergehende Bewegung durch Kolben und Zylinder werden am häufigsten Kolbenschieber s zur Umsteuerung verwendet. Diese haben die Aufgabe, die Druckflüssigkeit abwechselnd auf beide Seiten des Vorschubkolbens zu bringen und die drucklose Flüssigkeit wieder frei in den Sammelbehälter abfließen zu lassen. Diese Kolbenschieber müssen durch Anschläge, die an den hin- und hergehenden Teilen der Werkzeugmaschinen angebracht sind und den Hub begrenzen, gesteuert werden. Eine direkte Betätigung des Kolbenschiebers durch die Anschläge führt jedoch in dessen Mittellage zu vollständigem Stillstand des bewegten Teiles, wenn nicht durch Wirkung der bewegten Masse die Totlage überbrückt wird. Zur sicheren Überbrückung dieser Totlage benötigt man demnach eine zusätzliche Energie, die durch Federn oder einen Servomotor geliefert werden muß (siehe Abschnitt 3,4).

2,223 Elektrische Getriebe

Aus wirtschaftlichen Gründen wird die stufenlose Regelung durch eine feinstufige Regelung ersetzt. Zum Antrieb der Werkzeugmaschinen können Gleich- oder Drehstrommotoren verwendet werden.

Bei *Gleichstrommotoren* hängt die Drehzahl n von der Klemmenspannung U, dem Kraftfluß ϕ, dem Ankerwiderstand R_a und dem Ankerstrom I_a ab:

$$\boxed{n = \frac{U - I_a \cdot R_a}{k \cdot \phi}}$$

Wegen des sehr kleinen Ankerwiderstandes R_a kann das Glied $R_a \cdot I_a$ für praktische Fälle vernachlässigt werden:

$$\boxed{n = \frac{U}{k \cdot \phi}}$$

Die Drehzahl kann demnach durch Änderung der Klemmenspannung U und des Kraftflusses ϕ geändert werden. Da bei Werkzeugmaschinen eine lastunabhängige Drehzahl verlangt wird, kommen nur *Nebenschlußmotoren* zur Verwendung.

Die Klemmenspannung könnte man durch Vorschalten eines Widerstandes R_v verringern:

$$U = U_{\text{netz}} - I_a \cdot R_v$$

Wie man aus dieser Formel ersieht, würde dann die Drehzahl mit zunehmender Belastung I_a sinken. Außerdem würde im Vorschaltwiderstand R_v

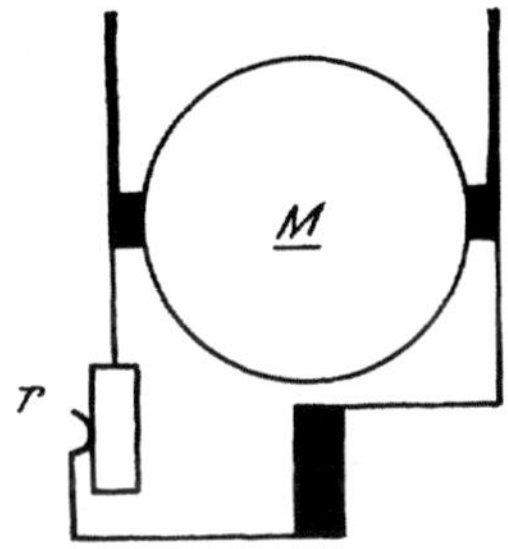

Abb. 43. Drehzahländerung durch Feldschwächung. r Vorschaltwiderstand im Feldkreis, M Nebenschlußmotor

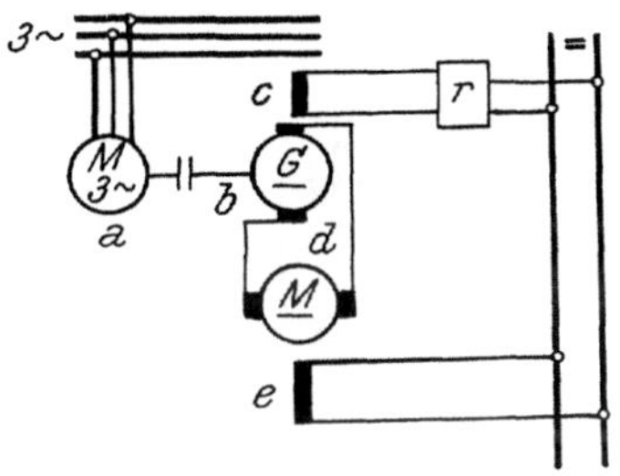

Abb. 44. Ward-Leonard-Anlage. a Drehstromantriebsmotor, b Gleichstromgenerator, c Erregerwicklung zu b, d Gleichstromantriebsmotor, e Erregerwicklung zu d, r Regler

eine größere Energiemenge $R_v \cdot I_a^2$ verlorengehen, so daß diese Art der Drehzahländerung bei Werkzeugmaschinen nicht angewendet wird.

Durch Verwendung eines verstellbaren Vorschaltwiderstandes r im Feldkreis (Abb. 43) kann der Erregerstrom in der Nebenschlußwicklung und dadurch das Feld ϕ geschwächt werden. Aus wirtschaftlichen Gründen ist auf diese Weise eine Drehzahländerung nur bis zum Verhältnis 1 : 4 möglich. Diese Drehzahländerung ist einfach, praktisch unabhängig von der Belastung, mit geringen Verlusten verbunden und wird daher häufig angewendet.

Bei der *Ward-Leonard-Anlage* wird die Klemmenspannung U eines fremderregten Gleichstrommotors in weitem Bereich nahezu verlustfrei geändert. Sie besteht (Abb. 44) aus einem Drehstromantriebsmotor a, einem von diesem angetriebenen Gleichstromgenerator b und dem Gleichstromantriebsmotor d. Falls keine Gleichspannung vorhanden ist, wird noch eine Erregermaschine benötigt. Drehstrommotor a und Gleichstromgenerator b laufen dauernd im gleichen Drehsinn. Der Strom der Erregerwicklung c des Gleichstromgenerators b wird durch einen Regler r in Größe und Richtung geändert, so daß die Klemmenspannung zwischen U_{max} und $-U_{max}$ verändert werden kann. Man erhält auf diese Weise eine Drehzahländerung des Gleichstrommotors d zwischen n_{max} und $-n_{max}$ (meist bis 1 : 10). Dem Nachteil der hohen Anlagekosten stehen die Anschlußmöglichkeit an das Drehstromnetz, die geringen Verluste und der große Drehzahlbereich als Vorteile gegenüber. Durch zusätzliche Feldregelung des Gleichstrommotors d kann der Drehzahlbereich bis auf 1 : 30 ausgedehnt werden.

Großer Drehzahlbereich und Anschluß an das Drehstromnetz ist auch bei Verwendung gasgefüllter, gittergesteuerter Gleichrichterröhren

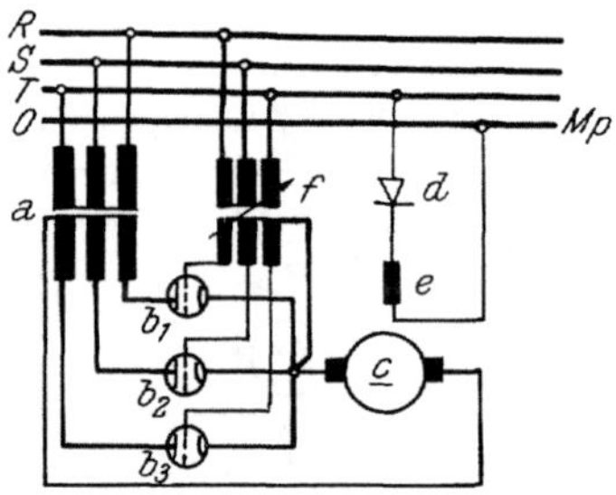

Abb. 45. Drehzahlregelung mit Thyratrons. a Transformator, b_1, b_2, b_3 Thyratrons, c Gleichstromantriebsmotor, d Gleichrichter, e Erregerwicklung zu c, f Drehtransformator

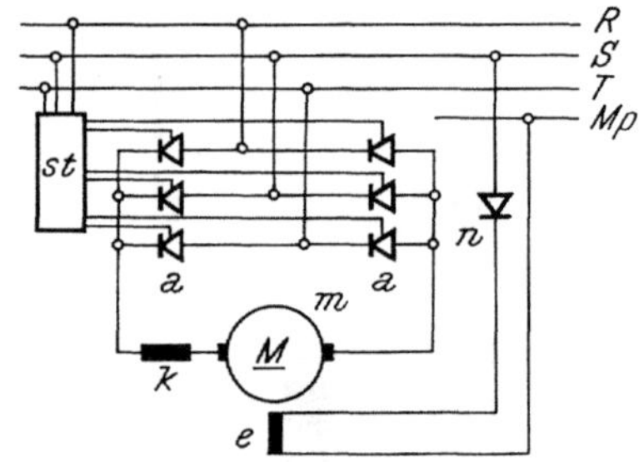

Abb. 46. Thyristorsteuerung. a Thyristoren, e Erregerwicklung, k Glättungsdrossel, m Gleichstromantriebsmotor, n Gleichrichter, st Ansteuerung

(*Stromtore, Thyratrons*) möglich (Abb. 45). Der Anker des Gleichstrommotors c liegt an drei durch einen Trafo a gespeisten Thyratrons b_1, b_2 und b_3, die durch einen Drehtrafo f gesteuert werden. Die Erregerwicklung e liegt über einem Trocken-Gleichrichter d am Netz. Diese Anlage besitzt keine bewegten Teile und hohen Wirkungsgrad bei Teillasten.

In der Weiterentwicklung traten an die Stelle von Thyratrons in zunehmendem Maße Halbleiterelemente, in denen ohne Vakuum und ohne Heizung ähnliche elektronische Erscheinungen auftreten. Diese *Thyristoren* sind klein und besitzen lange Lebensdauer (Abb. 46).

Die Möglichkeiten der Drehzahlregelung von *Drehstrommotoren* sind weitaus geringer als bei Gleichstrommotoren.

Die Drehzahl eines *Asynchronmotors* ist abhängig von der Polpaarzahl p, der Frequenz f und vom Schlupf s:

$$\boxed{n = (1 - s) \cdot \frac{60\,f}{p}} \quad \text{U/min}$$

Eine Vergrößerung des *Schlupfes* durch Vorschalten eines Widerstandes in den Läuferkreis von *Schleifringläufermotoren* ist mit Verlusten verbunden und kann daher für größere Drehzahländerungen nicht angewendet werden.

Eine Änderung der *Polpaarzahl* p bei polumschaltbaren Motoren ermöglicht nur eine grobstufige Drehzahlregelung.

Eine Änderung der *Frequenz* f bei Kurzschlußläufermotoren erfordert einen *Frequenzumformer*. Sie wird vor allem dort angewendet, wo bei einer größeren Zahl gleichartiger Motoren Drehzahlen über 3000 U/min ohne zusätzliche Getriebe gewünscht werden (Handbohrmaschinen für kleine Lochdurchmesser).

Drehstromnebenschlußkommutatormotoren sind bis zum Drehzahlverhältnis 1 : 4 regelbar, werden aber wegen ihres hohen Preises und ihrer großen Abmessungen nur selten verwendet.

Wegen dieser geringeren Fähigkeit der Drehzahländerung der Drehstrommotoren gegenüber den Gleichstrommotoren ist es zweckmäßig für schwere Werkzeugmaschinen in den Werkstätten Gleichstromnetze zu verwenden, da man bei jenen mit dem Drehzahlbereich der anderen angewendeten Getriebe nicht das Auslangen findet. Abschließend soll noch erwähnt werden, daß man für Einzelantriebe als Motoren konstanter Drehzahl in der Regel Drehstromkurzschlußläufermotoren (bei großen Leistungen mit Stern-Dreieckanlasser) verwendet, da diese die geringsten Anschaffungskosten bei höchster Betriebssicherheit aufweisen.

2,23 Drehzahlstufung

Die Drehzahlen bilden zwischen der größten $n_{\max}$ und der kleinsten erforderlichen Drehzahl $n_{\min}$ eine Reihe. Von den vorgeschlagenen Stufungen dieser Reihe, der arithmetischen, geometrischen und logarithmischen Stufung kommt nur die *geometrische* Stufung zur Anwendung. Nur diese ist durch den gesetzmäßigen Aufbau der später angeführten Getriebe auf einfache Weise zu verwirklichen. Außerdem ergibt sich nur bei ihr innerhalb des ganzen Durchmesserbereiches der zu bearbeitenden Werkstücke eine konstante Größtabweichung von der zulässigen wirtschaftlichen Schnittgeschwindigkeit.

Für die Aufeinanderfolge der Drehzahlen erhält man allgemein:

$$n_1,\ n_2 = \varphi \cdot n_1,\ n_3 = \varphi^2 \cdot n_1,\ \ldots,\ n_z = \varphi^{z-1} \cdot n_1$$

φ nennt man den *Stufensprung*. Es ist dabei $n_1 = n_{\min}$ und $n_z = n_{\max}$. Bei Verwendung eines genormten Stufensprunges ergibt sich die *Stufenzahl* z aus:

$$\boxed{z = \frac{\log n_{\max} - \log n_{\min}}{\log \varphi} + 1}$$

Ist jedoch wegen Verwendung eines bestimmten Getriebes die Stufenzahl z gegeben, so erhält man den *Stufensprung* φ aus:

$$\boxed{\varphi = \sqrt[z-1]{\frac{n_{max}}{n_{min}}}}$$

Stufensprünge und *Lastdrehzahlen* sind im Interesse einer wirtschaftlichen Erzeugung der Getriebe und einer Vereinfachung der Arbeitszeitberechnung nach DIN 804 *genormt* (siehe Seite 51). Die Drehzahlnormung geht von den *Normzahlen* aus. Diese bilden eine geometrische Reihe mit dem Stufensprung $\varphi = \sqrt[k]{10}$, wobei k eine ganze Zahl ist. *Grundreihe* ist die Reihe R 20 mit $k = 20$. Abgeleitete Reihen bildet man aus der Grundreihe durch Entnahme jedes zweiten (R 20/2), dritten (R 20/3), vierten (R 20/4) oder sechsten Gliedes (R 20/6). Ausgangspunkt der Drehzahlfolgen sind die Lastdrehzahlen der Elektromotoren 1400 oder 2800 U/min. Für die Berechnung der Getriebe ist eine Toleranz von $\pm$ 2% der Drehzahlen zulässig.

Die Reihen R 20, R 20/2 und R 20/4 können nach unten und oben durch Teilen oder Vervielfachen mit 10, 100 usw. fortgesetzt werden. Die Reihen R 20/3 und R 20/6 sind für drei Dezimalbereiche angegeben, weil sich ihre Zahlen erst in jedem vierten Dezimalbereich wiederholen.

Beispiel 1. Für eine Drehmaschine mit 6 Drehzahlen und einem Arbeitsbereich von 20 bis 56 mm Drehdurchmesser und einer kleinsten bzw. größten Schnittgeschwindigkeit von 31,4 bzw. 62,8 m/min soll der Stufensprung und die Drehzahlreihe festgelegt werden.

$$n_{max} = \frac{1000 \cdot v_{max}}{\pi \cdot d_{min}} = \frac{1000 \cdot 62{,}8}{\pi \cdot 20} = 1000 \text{ U/min}$$

$$n_{min} = \frac{1000 \cdot v_{min}}{\pi \cdot d_{max}} = \frac{1000 \cdot 31{,}4}{\pi \cdot 56} = 180 \text{ U/min}$$

$$\varphi = \sqrt[z-1]{\frac{n_{max}}{n_{min}}} = \sqrt[5]{\frac{1000}{180}} = \sqrt[5]{5{,}55} = 1{,}4$$

Aus der Reihe der genormten Lastdrehzahlen erhält man somit:
$n_1 = 180$, $n_2 = 250$, $n_3 = 355$, $n_4 = 500$, $n_5 = 710$ und $n_6 = 1000$ U/min.

Zur übersichtlichen Darstellung der Abweichungen vom Idealfall der stufenlosen Getriebe und zur Bestimmung der für einen bestimmten

Tabelle 2. *Stufensprünge und Lastdrehzahlen nach DIN 804*

Grundreihe R 20	Nennwerte U/min – Abgeleitete Reihen: R 20/2	R 20/3 (. . 2800)			R 20/4 (. . 1400) (. . 2800)		R 20/6 (. . 2800)			Grenzwerte in U/min der Grundreihe R 20 mit Toleranz		
$\varphi = 1{,}12$	$\varphi = 1{,}25$	$\varphi = 1{,}4$			$\varphi = 1{,}6$	$\varphi = 1{,}6$	$\varphi = 2$			− 2%	+ 2%	+ 4,5%
1	2	3			4	5	6			7	8	10
100				1000						98	102	105
112	112	11,2				112	11,2			110	114	117
125			125							123	128	132
140	140			1400	140				1400	138	144	148
160		16								155	162	166
180	180		180			180		180		174	181	186
200				2000						196	204	209
224	224	22,4			224		22,4			219	228	234
250			250							246	256	262
280	280			2800		280			2800	276	287	294
315		31,5								310	323	330
355	355		355		355			355		348	362	371
400				4000						390	406	418
450	450	45				450	45			438	456	470
500			500							491	511	524
560	560			5600	560				5600	551	574	588
630		63								618	643	659
710	710		710			710		710		694	722	740
800				8000						778	810	830
900	900	90			900		90			873	909	931
1000			1000							980	1020	1045

Drehdurchmesser bei vorgegebener Schnittgeschwindigkeit einzustellenden Drehzahl verwendet man das *Sägendiagramm* (Abb. 47).

Aus der Gleichung $v = d \cdot \pi \cdot n/1000$ erhält man für eine bestimmte Drehzahl n_i mit $C_i = \pi \cdot n_i/1000$: $v = C_i \cdot d$. Das ist in einem Koordinatensystem mit dem Werkstückdurchmesser d als Abszisse und der Schnittgeschwindigkeit v als Ordinate die Gleichung einer Geraden durch den Ursprung. Zeichnet man außer allen Drehzahlen noch die wirtschaftliche Schnittgeschwindigkeit $v_{\max}$ ein, so erhält man den dick ausgezogenen Linienzug, aus dem das Absinken der jeweils vorhandenen Schnittgeschwindigkeit beim Übergang zur nächst niedrigeren Drehzahl

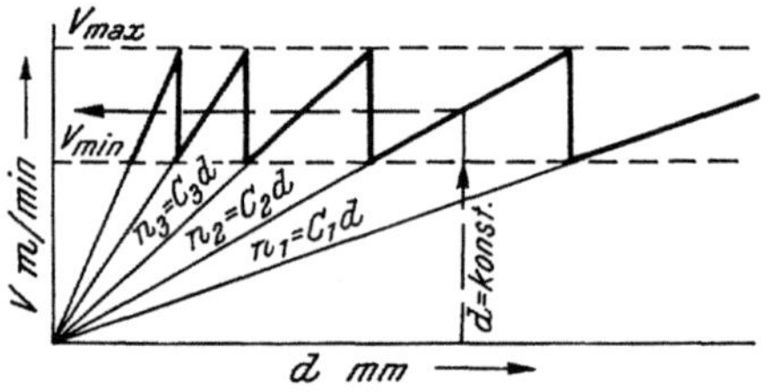

Abb. 47. Sägendiagramm. d Drehdurchmesser, n_1, n_2, n_3 Drehzahlen, v Schnittgeschwindigkeit

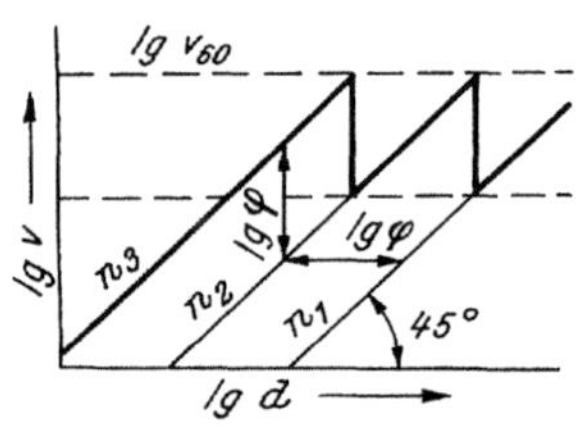

Abb. 48. Logarithmisches Sägendiagramm. d Drehdurchmesser, n_1, n_2, n_3 Drehzahlen, v Schnittgeschwindigkeit, φ Stufensprung

zu ersehen ist. Zum Einzeichnen der Drehzahllinien benötigt man außer dem Ursprung einen zweiten Punkt, zu dessen Bestimmung folgende Beziehungen benützt werden:

$$\text{für } d = 1000/\pi = 318{,}7 \text{ mm wird } v = n$$
$$\text{und für } v = 10\,\pi \text{ m/min wird } d = 10\,000/n.$$

Bei gegebenem Drehdurchmesser d findet man die einzustellende Drehzahl n_i durch eine Lotrechte d = konst. bis zum dick ausgezogenen Linienzug. Die Zacken des dick ausgezogenen Linienzuges sind bei einer geometrisch gestuften Drehzahlreihe alle gleich groß.

Wegen der Zusammendrängung der Drehzahllinien bei kleinen Durchmessern verwendet man vorteilhafter das logarithmische Sägendiagramm. Bei diesem wird als Ordinate $\lg v$ und als Abszisse $\lg d$ aufgetragen.

Durch Logarithmieren der Gleichung $v = C_i \cdot d$ erhält man:

$$\lg v = \lg d + \lg C_i.$$

Die Drehzahllinien (Abb. 48) sind somit parallele Gerade, die gegen die Abszisse einen Winkel von 45° einschließen. Ihren gegenseitigen Abstand erhält man aus:

$$\lg C_{i+1} - \lg C_i = \lg n_{i+1} - \lg n_i = \lg \varphi.$$

Bilden die Drehzahlen eine geometrische Reihe, so ist ihr Abstand konstant.

Beispiel 2. Für eine Drehmaschine mit der Drehzahlreihe nach Beispiel 1 soll das logarithmische Sägendiagramm entworfen werden (Abb. 49).

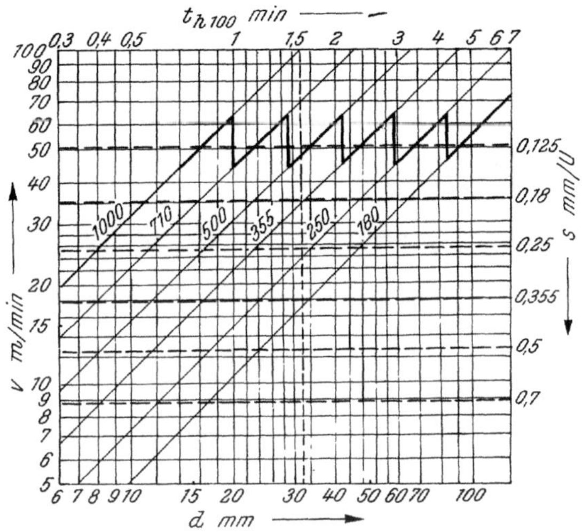

Abb. 49. Maschinenkarte. d Drehdurchmesser, s Vorschub, v Schnittgeschwindigkeit, t_{h100} Schnittzeit für 100 mm Drehlänge

Das Einzeichnen der Drehzahllinien erfolgt unter Benützung der Beziehung: für $d = 100/\pi = 31{,}87$ ist $v = n/10$.
Durch die so erhaltenen Punkte zieht man 6 Linien unter 45° gegen die Waagrechte.

Das logarithmische Sägendiagramm enthält meist eine Erweiterung zur Bestimmung der *Hauptzeit* (*Schnittzeit*) für eine Drehlänge von 100 mm bei gegebener Drehzahl n und gegebenem Vorschub s.

Es ist

$$\boxed{t_{h100} = \frac{100}{s \cdot n}}$$

Logarithmiert man diese Gleichung, so erhält man:

$$\lg t_{h\,100} = 2 - \lg n - \lg s.$$

In einem Koordinatensystem mit $\lg t_{h\,100}$ als Abszisse und $\lg s$ als Ordinate schließen die Drehzahllinien mit der Abszisse einen Winkel von 135° ein (Abb. 50). Um nun diese Drehzahllinien mit denen des logarithmischen Sägendiagramms zur Deckung zu bringen, muß man lg s nach abwärts positiv auftragen (Abb. 51).

Das logarithmische Sägendiagramm mit dieser Erweiterung zur Bestimmung der Hauptzeit nennt man *Maschinenkarte*. Sie ist ein wertvolles Hilfsmittel der Vorkalkulation. Die Festlegung der Vorschubskala bei freier Wahl der Laufzeitskala wird im folgenden Beispiel gezeigt.

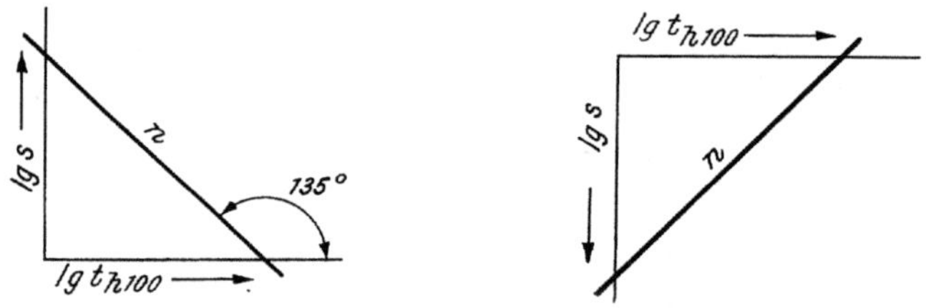

Abb. 50 Abb. 51

Abb. 50 und 51. Bestimmung der Schnittzeit. n Drehzahl, s Vorschub, $t_{h\,100}$ Schnittzeit für 100 mm Drehlänge

Beispiel 3. Für eine Drehmaschine mit den Drehzahlen nach Beispiel 1 und 2 und den Vorschüben 0,125, 0,18, 0,25, 0,355, 0,5 und 0,71 mm/U soll die Maschinenkarte entworfen werden.

Die Skala für $t_{h\,100}$ wird mit $d = 20 \cdot t_{h\,100}$ festgelegt. Dann ergibt sich die Skala für s aus folgender Rechnung:

$$s = \frac{100}{t_{h100} \cdot n} \qquad t_{h100} = \frac{d}{20} \qquad n = \frac{1000 \cdot v}{d \cdot \pi} \qquad s = \frac{2\,\pi}{v}$$

Man erhält für

$s =$	0,125	0,18	0,25	0,355	0,5	0,71
$v =$	50,24	34,89	25,12	17,69	12,56	8,85

Mit diesen Werten wurden in Abb. 49 die strichlierten Vorschublinien eingetragen. Außerdem wurde für $v_{max} = 62{,}8$ m/min das Sägendiagramm dick ausgezogen.

Zur Bestimmung der Laufzeit $t_{h\,100}$ muß die betreffende Drehzahllinie mit der entsprechenden strichlierten Vorschublinie zum Schnitt gebracht und der Schnittpunkt auf die $t_{h\,100}$ Skala gelotet werden.

Beispiel 4. Welche Schnittzeit ergibt sich beim Längsdrehen einer 800 mm langen Welle aus St 50 mit einem Vorschub von 0,45 mm/U und einer Drehzahl von 230 U/min auf einer Drehmaschine mit stufenloser Drehzahl- und Vorschubregelung und einer Drehmaschine mit Drehzahlen und Vorschüben nach Abb. 49?

$$t_h = \frac{L \cdot i}{s \cdot n} = \frac{800}{0{,}45 \cdot 230} = 7{,}73\,min$$

Bei der Drehmaschine nach Abb. 49 ist die nächstkleinere Drehzahl von 180 U/min und der nächst kleinere Vorschub von 0,355 mm/U zu wählen, um Werkzeug und Maschine nicht zu überlasten.

$$t_{h2} = \frac{800}{0{,}355 \cdot 180} = 12{,}5\,min$$

oder mit Hilfe der Maschinenkarte: Die Linie $s = 0{,}355$ mit der Drehzahllinie $n = 180$ zum Schnitt gebracht und den Schnittpunkt hinaufgelotet ergibt $t_{h\,100} = 1{,}6$ min. Somit $t_h = 1{,}6 \cdot 8 = 12{,}8\,min$.

Aus diesem Beispiel sieht man deutlich die Überlegenheit der stufenlosen Getriebe in Hinblick auf die Hauptzeit.

Für die *Hauptzeiten* der anderen Bearbeitungsverfahren erhält man ähnliche Beziehungen:

Beim *Bohren* wird

$$\boxed{t_h = \frac{l + l_s}{s_z \cdot z_e \cdot n}} \quad \text{(min)}$$

l (mm) . . . Bohrtiefe
l_s (mm) . . . Länge der Bohrerspitze
s_z (mm) . . . Vorschub je Schneide
z_e . . . Schneidenzahl
n (U/min). . . Drehzahl des Bohrers.

Beim *Fräsen* mit dem *Walzenfräser* wird nach Abb. 52

$$\boxed{t_h = \frac{L \cdot i}{s}} \quad \text{(min)}$$

$L = l + l_a + l_e$ (mm) . . . Fräserweg
l (mm) . . . Werkstücklänge
l_a, l_e (mm) . . . Anlauf- und Auslaufweg
i . . . Anzahl der Schnittfolgen
s (mm/min) . . . Vorschubgeschwindigkeit
$s = s_z \cdot z \cdot n$
z . . . Zähnezahl des Fräsers

$e, l_e = 1$ mm
$l_a = \sqrt{d\,(a + 1) - (a^2 - 1)}$
n (U/min) . . . Fräserdrehzahl

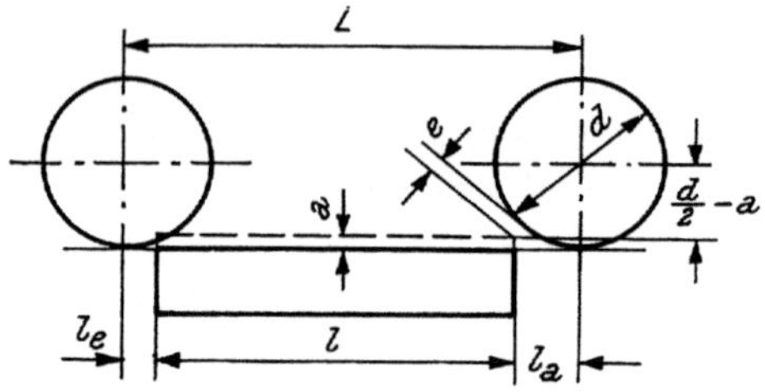

Abb. 52. Bestimmung der Hauptzeit beim Walzenfräsen. a Spandicke, d Fräserdurchmesser, e Sicherheitsabstand ($\sim$ 1 mm), l Werkstücklänge, l_a Anfahrweg, l_e Überlaufweg ($\sim$ 1 mm), L Fräserweg

Beim *Fräsen* mit dem *Messerkopf* (*Stirnfräsen*) wird nach Abb. 53 $L = l + 2e + d$.

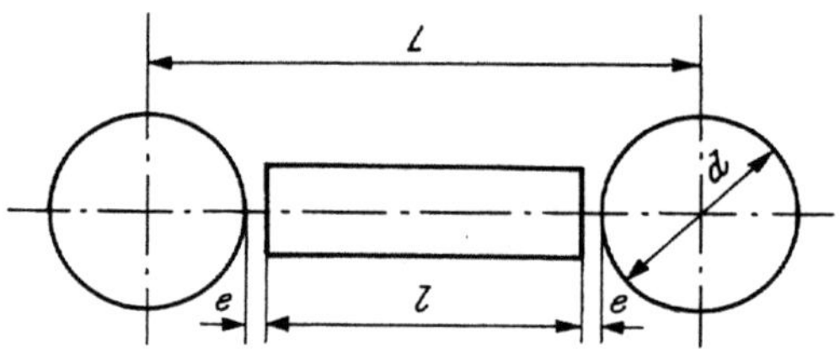

Abb. 53. Bestimmung der Hauptzeit beim Schlichten mit dem Stirnfräser. d Fräserdurchmesser, e Sicherheitsabstand ($\sim$ 1,5 mm), L Fräserweg, l Werkstücklänge

Beim *Rundvorschubschleifen* wird nach Abb. 54

$$\boxed{t_h = \frac{L \cdot i}{n_w \cdot s}} \quad \text{(min)}$$

L (mm) . . . Weg der Schleifscheibe
$i = i_v + i_f$ . . . Anzahl der Zustellungen (Schnitte)
i_v . . . Anzahl der Zustellungen beim Vorschleifen

$$i_v = \frac{A}{2t}$$

A (mm) . . . Schleifzugabe je Durchmesser minus Schlichtzugabe
t (mm) . . . Zustelltiefe je Hub

i_f ... Anzahl der Zustellungen beim Fertigschleifen und Ausfeuern, abhängig von angestrebter Herstellgenauigkeit:

	IT 7	IT 6	IT 5	IT 4
$i_f =$	4	8	16	32

n_w (U/min) ... Drehzahl des Werkstückes
s (mm/U) ... Vorschub der Schleifscheibe bzw. des Werkstückes
$L = l + 2 \cdot l_ü - B = l + 2\,(B - s) - B = l + B - 2 \cdot s$
$l_ü = B - s$ (mm) ... Überlauf

$$n_w = \frac{1000 \cdot v_w}{\pi \cdot d}$$

v_w (m/min) ... Vorschubgeschwindigkeit (10 bis 16 m/min).

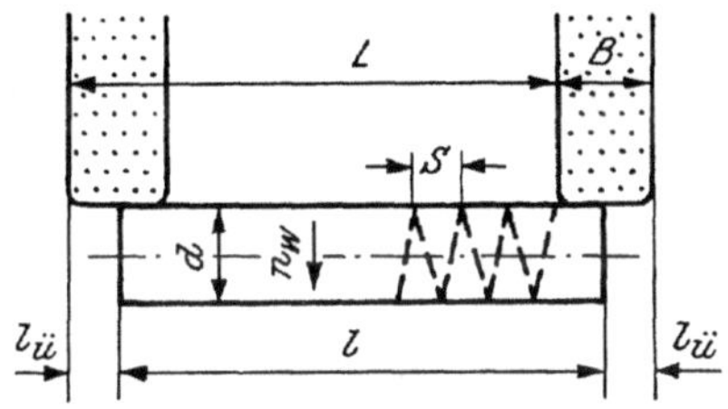

Abb. 54. Bestimmung der Hauptzeit beim Rundvorschubschleifen. B Breite der Schleifscheibe, d Werkstückdurchmesser, l Länge des Werkstückes, L Weg der Schleifscheibe, $l_ü$ Überlaufweg der Schleifscheibe, s Vorschub des Werkstückes, n_w Drehzahl des Werkstückes

Beispiel 5. Es ist die Schleifzeit für eine Welle von 50 f7 Durchmesser aus St 60 von 600 mm Länge zu berechnen. Rohmaß 50,4 mm, Schlichtzugabe 0,05 mm, $B = 80$ mm, $t = 0{,}015$ mm/Hub, $s = 0{,}5 \cdot B = 40$ mm.

$L = l + B - 2 \cdot s = 600 + 80 - 80 = 600$ mm
$A = 0{,}4 - 0{,}05 = 0{,}35$ mm
$$i_v = \frac{A}{2t} = \frac{0{,}35}{2 \cdot 0{,}015} = 12$$
$i_f = 4$ für IT 7
$i = 12 + 4 = 16$

für Schruppen und Schlichten $v_w = 12$ m/min

$$n_w = \frac{1000 \cdot v_w}{\pi \cdot d} = \frac{1000 \cdot 12}{\pi \cdot 50} = 76 \text{ U/min} \qquad \text{gewählt } 80 \text{ U/min}$$

$$t_h = \frac{L \cdot i}{n_w \cdot s} = \frac{600 \cdot 16}{80 \cdot 40} = 3\,min$$

2,24 Gestufte Getriebe

2,241 Elektrische Getriebe

Bei diesen können dieselben Anordnungen wie bei den stufenlosen bzw. feinstufigen Getrieben verwendet werden. Bei Drehstromasynchronmotoren wird die *Polumschaltung* wegen ihrer Einfachheit für grobstufige Regelung viel verwendet. Diese Motoren werden schwerer und teurer, so daß man sich meist mit zwei oder drei Drehzahlen begnügt und zusätzliche Getriebe verwendet.

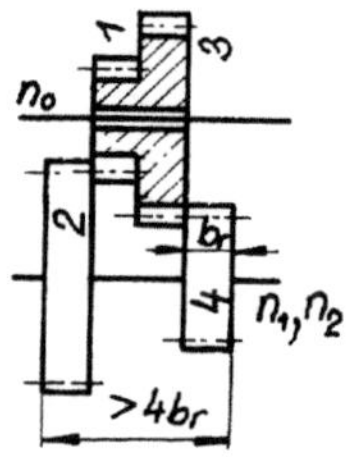

Abb. 55. Zweiwellenschieberadgetriebe für zwei Drehzahlen

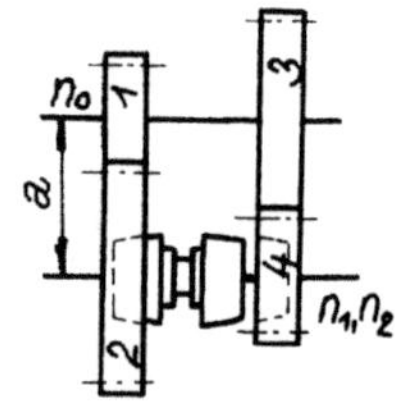

Abb. 56. Zweiwellenkupplungsgetriebe für zwei Drehzahlen

a Achsenabstand, n_0 Antriebsdrehzahl, n_1, n_2 Abtriebsdrehzahlen, b_r Radbreite, 1, 2, 3, 4 Zahnräder

2,242 Zahnrädergetriebe

Diese sind heute die am meisten verwendeten gestuften Getriebe. Sie haben bei allen Werkzeugmaschinen größerer Leistung den Stufenscheibenantrieb vollständig verdrängt. Sie haben unbegrenzte Übertragungsfähigkeit und Stufenzahl, sind jedoch teurer, geräuschvoller und ergeben geringere Oberflächengüte der bearbeiteten Werkstücke. Zur Erzielung geringer Abmessungen werden die Räder oberflächengehärtet und geschliffen.

Die Grundform aller Zahngetriebe sind die *Zweiwellengetriebe*. Diese bestehen aus zwei Wellen und soviel Räderpaaren als Drehzahlen gewünscht werden. Jede Übersetzung wird durch ein einziges Räderpaar erzeugt. Im modernen Werkzeugmaschinenbau werden Zweiwellengetriebe kaum verwendet, bilden jedoch die Grundbestandteile fast aller heute verwendeten Getriebe. Sie werden als Kupplungsgetriebe, Schieberadgetriebe, Ziehkeil- und Schwenkradgetriebe ausgeführt. Die letzten beiden Bauarten, die nur vereinzelt als Vorschubgetriebe Verwendung finden, werden anschließend gesondert besprochen.

Im einfachsten Fall benötigt man für zwei Drehzahlen 4 Zahnräder und 2 Wellen. *Schieberädergetriebe* (schematisch nach Abb. 55) verwenden auf Mehrfachkeilwellen verschiebbare Räderblöcke und haben den Vorteil, daß nur kraftübertragende Räder kämmen, wodurch sich geringere Abnützung, geringeres Geräusch und besserer Wirkungsgrad ergeben. Sie besitzen sichere Kraftübertragung (kein Rutschen von Kupplungen), sind einfach im Aufbau und benötigen keine Wartung. Sie werden daher vorzugsweise verwendet. Bei den *Kupplungsgetrieben* (Abb. 56) wird die Schaltung verschiedener Drehzahlen durch Betätigung von Kupplungen bewirkt. Für große Drehmomente werden *Klauenkupplungen*, für kleinere Drehmomente *Reibungskupplungen*

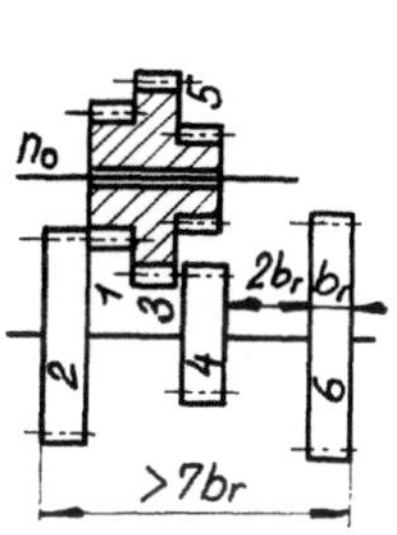

Abb. 57

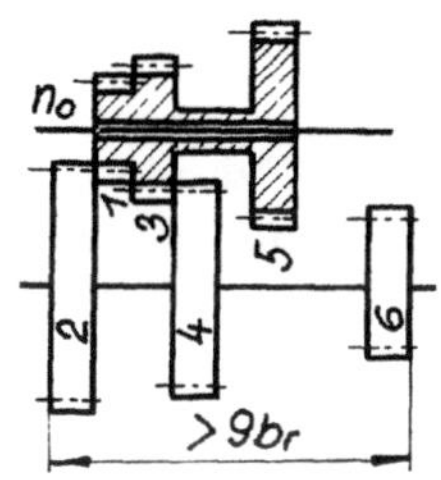

Abb. 58

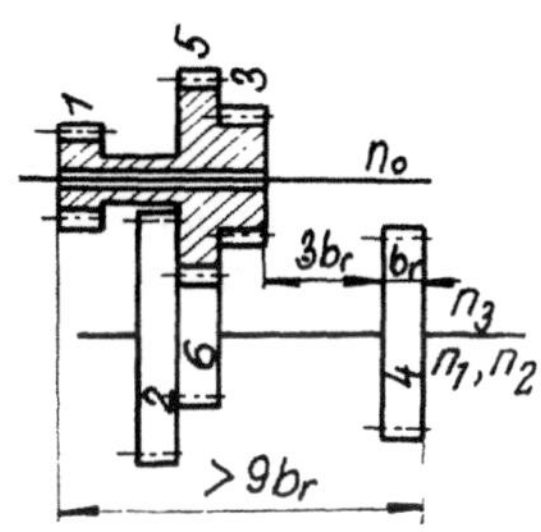

Abb. 59

Abb. 57 bis 59. Zweiwellenschieberadgetriebe für drei Drehzahlen. n_0 Antriebsdrehzahl, n_1, n_2, n_3 Abtriebsdrehzahlen, b_r Radbreite, 1, 2, 3, 4, 5 und 6 Zahnräder

(Kegel-, Spreizring- und Lamellenkupplungen) verwendet. Diese haben den Vorteil, daß sie während des Laufes betätigt werden können. Diesem Vorteil verdanken die Kupplungsgetriebe ihre zunehmende Verwendung.

Will man bei den Schieberädergetrieben eine geringe Räderkastenbreite erzielen, so müssen die Schieberäder eng und die festen Räder weit angeordnet werden (Abb. 57). Letztere müssen so weit auseinander liegen, daß erst das eine Räderpaar außer Eingriff kommt, ehe die Zähne des zweiten Räderpaares zu kämmen beginnen. Diese Anordnung ($B < 7 b_r$) hat jedoch den Nachteil, daß die Verschiebung des Räderblockes keine nach der Größe geordnete Drehzahlfolge ergibt. Um die zur Drehzahländerung benötigten Getriebe zu vereinfachen, ist eine Aufeinanderfolge der Drehzahlen nach der Größe erstrebenswert. Bei der Anordnung nach Abb. 58 ist diese Bedingung unter Vergrößerung der Baubreite auf $B < 9 b_r$ erfüllbar. Zur Berechnung der Zähnezahlen der Getrieberäder kann man folgende Gleichungen aufstellen (Abb. 58):

$$\boxed{n_0/n_1 = z_2/z_1, \quad n_0/n_2 = z_4/z_3, \quad n_0/n_3 = z_6/z_5}$$

Für Räder gleichen Moduls ist:

$$\boxed{z_1 + z_2 = z_3 + z_4 = z_5 + z_6 = S = 2a/m} \quad (a \text{ Achsabstand})$$

Aus diesen fünf voneinander unabhängigen Gleichungen (die 6. ist von der 4. und 5. abhängig) kann man nach Annahme der Zähnezahl eines (meist des kleinsten) Rades die übrigen Zähnezahlen berechnen. Da bei diesen Getrieben stets gewisse Schieberäder an einem festen Rad vorbeizubewegen sind, muß noch darauf gesehen werden, daß dies ohne Berührung der Kopfkreise der entsprechenden Räder möglich ist. Dafür ergibt sich die mathematische Beziehung (Abb. 58):

$$\mathrm{m} \cdot (z_1 + 2) + m \cdot (z_4 + 2) < 2a.$$

Oder $z_1 + z_4 < S - 4$ und mit $z_1 + z_2 = S$: $z_2 - z_4 > 4$. Das heißt, daß der Unterschied zwischen der Zähnezahl des größten Schieberades und dem nächst kleineren mindestens 4 betragen muß. Für feingestufte Drehzahlreihen erfordert diese Bedingung hohe absolute Werte für die Zähnezahlen. Für jene ist das Getriebe nach Abb. 59 günstiger, da bei diesem der Unterschied der Zähnezahlen nur 2 betragen muß, weil das kleinste Schieberad nur am kleinsten festen Rad vorbeibewegt werden muß.

Man faßt selten mehr als drei Schieberäder in einem Block zusammen. In der Regel verwendet man *Zweier-* und *Dreierblöcke*. Eine sehr wirksame *Vervielfachung* der Drehzahlen ermöglicht eine *Hintereinanderschaltung* von Zweiwellengetrieben. Die Zweiwellengetriebe allein haben den Nachteil der geringen Stufenzahl und der geringen Übersetzung, weil jeweils nur ein Räderpaar zur Verfügung steht.

Drei- und *Mehrwellengetriebe* entstehen durch Hintereinanderschalten von zwei oder mehreren Zweiwellengetrieben, wobei die getriebene Welle des ersten Getriebes zu treibenden des folgenden wird. Solche drei- und mehrachsige, durch Hintereinanderschaltung entstandene Getriebe sind heute wegen der verlangten großen Stufenzahl fast ausschließlich in Verwendung. Für das gesamte Getriebe entsteht eine Stufenzahl, die sich durch Vervielfachen der Stufenzahlen der hintereinandergeschalteten Teilgetriebe ergibt. Durch Hintereinanderschalten können nur zerlegbare Stufenzahlen erzeugt werden. Primzahlen scheiden aus. Höhere Stufenzahlen als drei sind für Schieberadformen konstruktiv nicht vorteilhaft.

Abb. 60 zeigt ein vierstufiges Dreiwellengetriebe (Bezeichnung III/4), das aus zwei hintereinandergeschalteten zweistufigen Zweiwellengetrieben besteht ($4 = 2.2$) und bei welchem alle Schieberäder auf einer Welle angeordnet sind, so daß nur eine Sternkeilwelle erforderlich ist. Die gesamte Baubreite ($B \geqq 8 b_r$) wird jedoch durch eine Anordnung nach Abb. 61 ($B \geqq 6b_r$) geringer. Den Aufbau der Mehrwellengetriebe kann man in dem als *Aufbaunetz* bezeichneten Schaubild klar darstellen. Die drei Wellen sind als drei Strahlen in gleichem Abstand dargestellt, auf denen die entsprechenden Drehzahlen als Punkte symmetrisch aufgetragen sind. Für das vierstufige Getriebe sind zwei Anordnungen

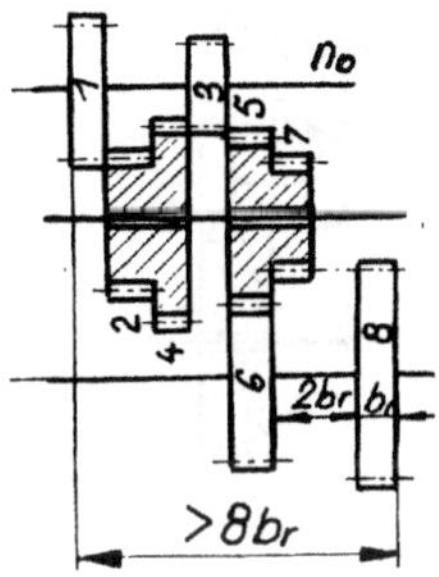

Abb. 60

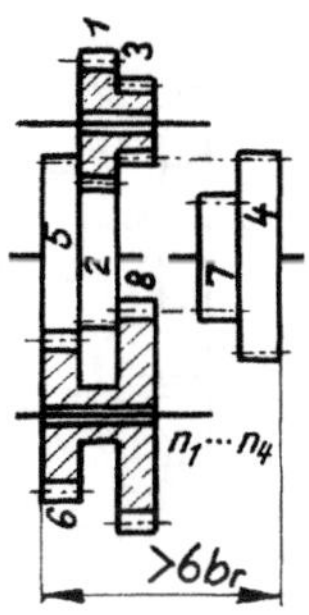

Abb. 61

Abb. 60, 61. Vierstufiges Dreiwellenschieberadgetriebe. b_r Radbreite, n_0 Antriebsdrehzahl, n_1 bis n_4 Abtriebsdrehzahlen, 1 bis 8 Zahnräder

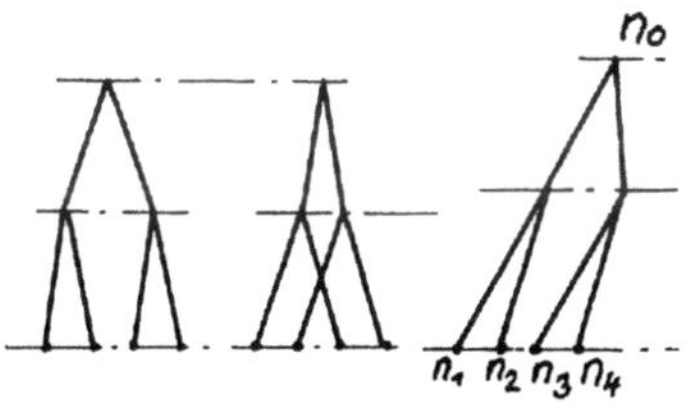

Abb. 62 Abb. 63 Abb. 64

Abb. 62, 63. Aufbaunetz zu Abb. 60

Abb. 64. Drehzahlbild zu Abb. 62. n_0 Antriebsdrehzahl, n_1 bis n_4 Abtriebsdrehzahlen

möglich (Abb. 62 und 63). Das Aufbaunetz gibt jedoch keine Auskunft über die wirkliche Größe der Drehzahlen. Diese kann im *Drehzahlbild* dargestellt werden (Abb. 64). Bei ihm werden die Drehzahlen logarithmisch aufgetragen, so daß sie bei geometrischer Stufung in gleichem Abstand ($\lg \varphi$) erscheinen. Während sich somit das Aufbaunetz auf alle Getriebe einer gewissen Art und Anordnung bezieht, stellt das Drehzahlbild ein einziges bestimmtes Getriebe dar. Die Übersetzungsverhältnisse zwischen zwei Wellen sind durch den waagrechten Abstand der entsprechenden Drehzahlen dargestellt. In das Drehzahlbild kann man auch bei gegebener Leistung die von den einzelnen Wellen bei den verschiedenen Drehzahlen n zu übertragenden Drehmomente, die den Drehzahlen umgekehrt proportional sind, eintragen.

Die Zahl der erforderlichen Räder des Getriebes nach Abb. 60 kann dadurch verringert werden, daß die angetriebenen Räder des einen Teilgetriebes gleichzeitig als treibende Räder des folgenden Teilgetriebes

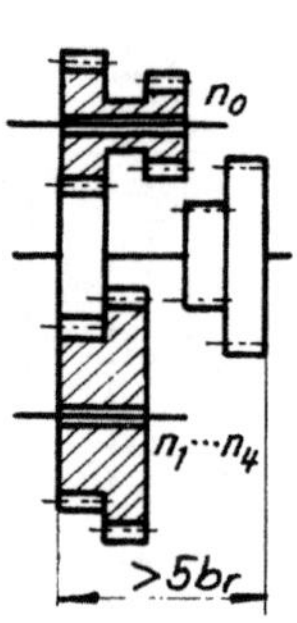

Abb. 65

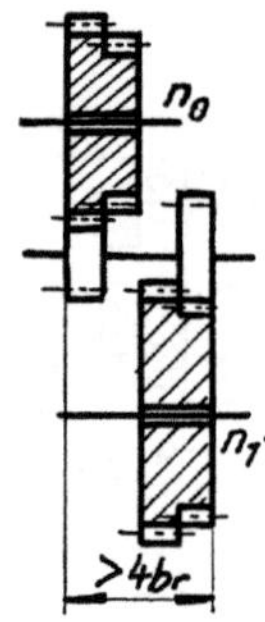

Abb. 66

Abb. 65 und 66. Gebundene vierstufige Dreiwellenschieberadgetriebe. b_r Radbreite, n_0 Antriebsdrehzahl, n_1 bis n_4 Abtriebsdrehzahlen

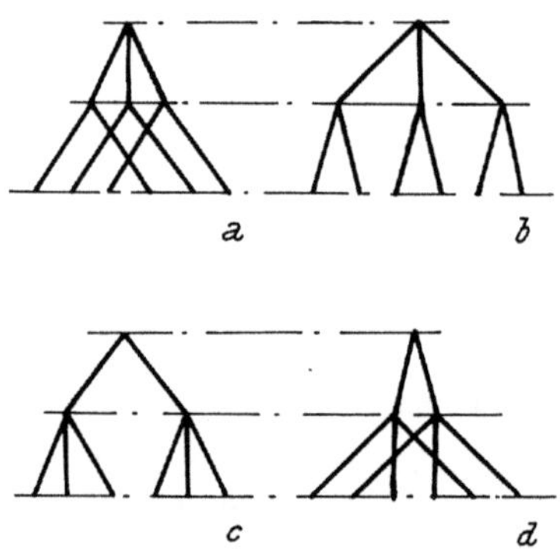

Abb. 67. Aufbaunetze eines sechsstufigen Dreiwellengetriebes

wirken. Wenn nur ein Rad diese Funktion ausübt, so spricht man von einem *einfach gebundenen* Getriebe (Abb. 65), wenn zwei Räder derart verwendet werden, von einem *doppelt gebundenen* Getriebe (Abb. 66). Die Einhaltung der geometrischen Stufung macht bei zweifach gebundenen Getrieben größere rechnerische Schwierigkeiten und ist bei dreifachgebundenen überhaupt nicht zu erreichen.

Die Anzahl der möglichen Aufbaunetze vergrößert sich sehr rasch mit der zunehmenden Zahl der Wellen der Getriebe. Die Aufbaunetze zeigen nicht nur als Vorstufe des Drehzahlbildes einen Überblick über die verschiedenen Lösungsmöglichkeiten, sondern lassen auch erkennen, welche Schaltungen auszuführen sind, um von einer vorhandenen auf eine gewünschte Drehzahl zu kommen.

Beispiel 6. Es sollen die Zähnezahlen der Zahnräder eines Schieberadgetriebes mit drei Wellen für 6 Drehzahlen (III/6) der Drehmaschine nach Übungsbeispiel 1 berechnet werden. Abb. 67a bis d zeigen die vier möglichen Aufbaunetze dieser Getriebe III/6. Wählt man das Getriebe

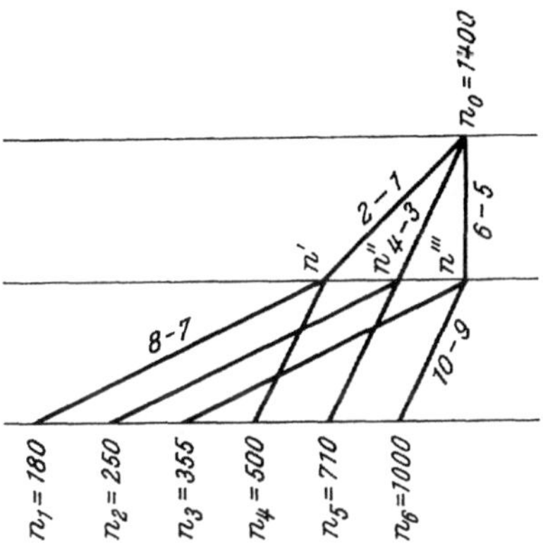

Abb. 68

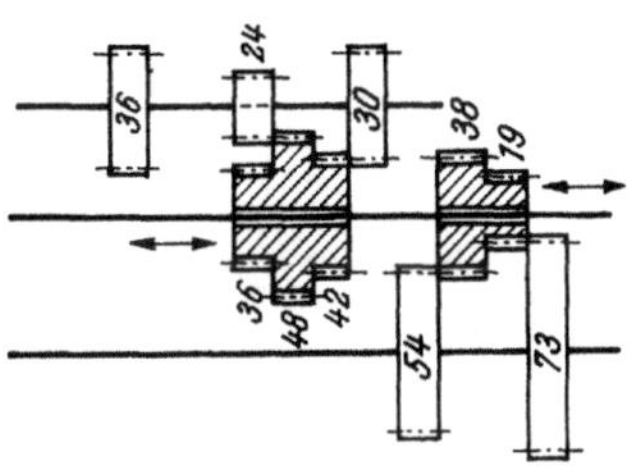

Abb. 69

Abb. 68 und 69. Drehzahlbild und zugehöriges Getriebe III/6. n', n'', n''' Drehzahlen der mittleren Welle

mit dem Aufbaunetz nach Abb. 67a so ergibt sich ein Drehzahlbild nach Abb. 68. An die Linien des Drehzahlbildes sind die Indizes der Zähnezahlen der beteiligten Zahnräder angeschrieben.

Das billigste Getriebe ist dasjenige dessen Zähnezahlsumme am kleinsten ist. Durch diese Bedingung läßt sich die Aufteilung der Übersetzungen zwischen den drei Wellen rechnerisch ermitteln. Diese Rechnung, die hier nicht wiedergegeben wird, ergibt

$$i_1 = \frac{z_2}{z_1} = 2 \quad \text{und} \quad i_4 = \frac{z_8}{z_7} = 3{,}85$$

Ohne diese Rechnung müßte man zumindest zwei Gesichtspunkte bei der Aufteilung dieser Übersetzungen berücksichtigen:

1. keine Übersetzung größer als 4;
2. keine Übersetzung ins Langsame.

Wählt man als kleinste Zähnezahlen $z_1 = 24$ und $z_7 = 19$, so erhält man zur Berechnung der übrigen Zähnezahlen folgende Gleichungen:

$$\frac{z_2}{z_1} = 2 \quad z_2 = 2 \cdot z_1 = 48 \quad z_1 + z_2 = 48 + 24 = 72 = z_3 + z_4$$

Die Drehzahlen der mittleren Welle ergeben sich aus:

$$n' = 1400 \cdot \frac{z_1}{z_2} = 1400 \cdot 0{,}5 = 700 \text{ U/min}$$

$$n'' = 700 \cdot 1{,}414 = 989{,}8 \text{ U/min}$$

$$n''' = 700 \cdot 2 = 1400 \text{ U/min}$$

$$\frac{z_4}{z_3} = \frac{n_0}{n''} = \frac{1400}{989{,}8} = 1{,}414 \quad z_4 + z_3 = 2{,}414 \cdot z_3 = 72$$

$$z_3 = \frac{72}{2{,}414} = 29{,}82 \sim \mathit{30} \quad z_4 = 72 - 30 = \mathit{42}$$

$$\frac{z_6}{z_5} = \frac{n_0}{n'''} = \frac{1400}{1400} = 1 \qquad z_6 + z_5 = 2\, z_5 = 72 \quad z_5 = z_6 = \mathit{36}$$

$$\frac{z_8}{z_7} = 3{,}85 \quad z_8 = 3{,}85 \cdot z_7 = 3{,}85 \cdot 19 = 73{,}15 \sim 73$$

$$z_8 + z_7 = 19 + 73 = 92 = z_{10} + z_9$$

$$\frac{z_{10}}{z_9} = \frac{n'''}{n_6} = \frac{1400}{1000} = 1{,}4$$

$$1{,}4 \cdot z_9 + z_9 = 2{,}4 \cdot z_9 = 92 \quad z_9 = \frac{92}{2{,}4} = 38{,}33 \sim \mathit{38}$$

$z_{10} = 92 - z_9 = 92 - 38 = \mathit{54}$. Abb. 69 zeigt dieses Getriebe.

Die wirklichen Drehzahlen ergeben sich aus den Gleichungen:

$$n_6 = \frac{1400 \cdot 36 \cdot 38}{36 \cdot 54} = 1000{,}8 \text{ U/min}$$

$$n_5 = \frac{1400 \cdot 30 \cdot 38}{42 \cdot 54} = 703{,}7 \text{ U/min}$$

$$n_4 = \frac{1400 \cdot 24 \cdot 38}{48 \cdot 54} = 505{,}56 \text{ U/min}$$

$$n_3 = \frac{1400 \cdot 36 \cdot 19}{36 \cdot 73} = 364{,}38 \text{ U/min}$$

$$n_2 = \frac{1400 \cdot 30 \cdot 19}{42 \cdot 73} = 260{,}27 \text{ U/min}$$

$$n_1 = \frac{1400 \cdot 24 \cdot 19}{48 \cdot 73} = 182{,}19 \text{ U/min}$$

Die Abweichungen von der genauen geometrischen Reihe sind darauf zurückzuführen, daß nur Zahnräder mit ganzen Zähnezahlen ausführbar sind. Sie liegen etwas über den zulässigen Abweichungen nach DIN 804.

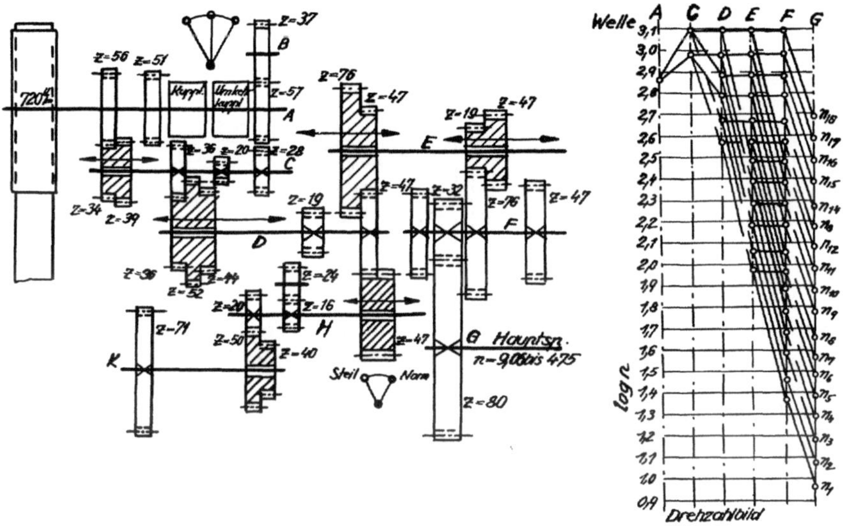

Abb. 70. Mehrwellenschieberadgetriebe für 18 verschiedene Drehzahlen

Abb. 70 zeigt Schema und Drehzahlbild eines Mehrwellenschieberadgetriebes für $2 \cdot 3 \cdot 2 \cdot 2 = 24$ Drehzahlen. Bei diesem fallen von 12 Drehzahlen je zwei zusammen, so daß man nur 18 verschiedene Drehzahlen erhält. Das Drehzahlbild ist nur für den Vorlauf gezeichnet. Für den Rücklauf erhält man eine andere Drehzahlreihe mit nur 9 Drehzahlen. Da dieses Getriebe nur im Auslauf geschaltet werden kann, ist hinter der Kupplung eine *Bremse* angeordnet, die eine Herabsetzung der Schaltzeiten bewirkt. Verwendung finden Summenbandbremsen, Kegelscheibenbremsen in Verbindung mit Elektromotoren (der Anker mit Kegelscheibe wird axial durch Feder- oder Magnetkraft gegen den festen Innenkegel gedrückt) und Lamellenbremsen. Ein Abbremsen ist auch durch Vertauschen von zwei Phasen der Ständerwicklung oder durch gleichzeitige Betätigung zweier Lamellenkupplungen möglich, die entgegengesetzt umlaufende Wellen antreiben. Für den Vor- und Rückwärtslauf (Gewinde schneiden) wird je eine Lamellenkupplung in Verbindung mit entsprechenden Zahnrädern (Rückwärtslauf durch ein zusätzliches Zwischenrad) verwendet.

In neuerer Zeit finden *Kupplungs*getriebe steigende Verwendung, da mit ihnen während des Laufes geschaltet werden kann (Herabsetzung der Nebenzeiten). Da bei großen Stufenzahlen eine mechanische Betätigung der Kupplungen umständlich wird, verwendet man vielfach elektromagnetische Lamellenkupplungen (Abb. 214), die durch Druckknöpfe geschaltet werden können. Komplette Lastschaltgetriebe werden auch als kompakte Einheiten in Baureihen angeboten. Sie stehen vielfach außerhalb der Werkzeugmaschine, um die Erwärmung derselben

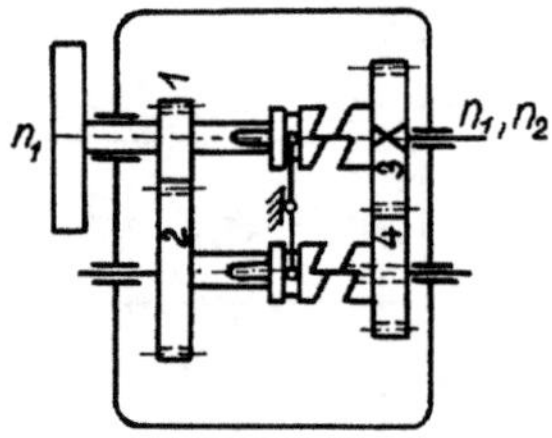

Abb. 71. Windungsgetriebe für zwei Drehzahlen (Vorgelege). n_1 Antriebsdrehzahl, n_1, n_2 Abtriebsdrehzahlen, 1 bis 4 Zahnräder

herabzusetzen. Zur weiteren Herabsetzung der Schaltzeiten dienen *Vorwählschaltungen*. Bei diesen werden die Drehzahlen für den folgenden Arbeitsgang während des laufenden Arbeitsganges vorgewählt und bei Beendigung desselben geschaltet. In Abschnitt 3,3 ist die verwendete Schaltung für zwei elektromagnetische Lamellenkupplungen dargestellt (Abb. 113).

Bei Bearbeitung gleicher Werkstücke (Serienfertigung) wiederholen sich zum Schalten stets dieselben Handgriffe. Zur Entlastung des Bedienungsmannes ist man deshalb auf *Programmschaltungen* übergegangen, bei denen Drehzahlen, Drehrichtungen und Vorschübe selbsttätig geschaltet werden. In Abb. 114 des Abschnittes 3,3 ist eine solche Schaltung für eine Revolverdrehmaschine wiedergegeben.

Gekoppelte Getriebe sind Getriebeformen, bei denen von der treibenden Welle ausgehend, eine Räderkette zur Antriebswelle zurückführt (An- und Abtrieb stets gleichachsig) und die Möglichkeit besteht, unter Überbrückung dieser Kette auch unmittelbar mit der Antriebswelle zu kuppeln. Das Getriebe nach Abb. 71 hat auf beiden Wellen je eine Kupplung.

Es bildet die Grundlage der *Windungsgetriebe*, die (Abb. 72a) ungleichachsigen An- und Abtrieb besitzen. Seine vier Drehzahlen werden durch die in Abb. 72b dargestellten Schaltstellungen erzeugt. Bei der ersten Schaltstellung entsteht ein s-förmig gewundener Weg, nach dem die Getriebe ihren Namen ableiten. Abb. 72c zeigt den Kraftfluß, Abb. 72d, das Drehzahlbild dieses Getriebes. Das vierstufige Windungsgetriebe benötigt die gleiche Anzahl Räder wie das vierstufige doppeltgebundene Schieberadgetriebe. Sein Vorteil besteht in der geringen

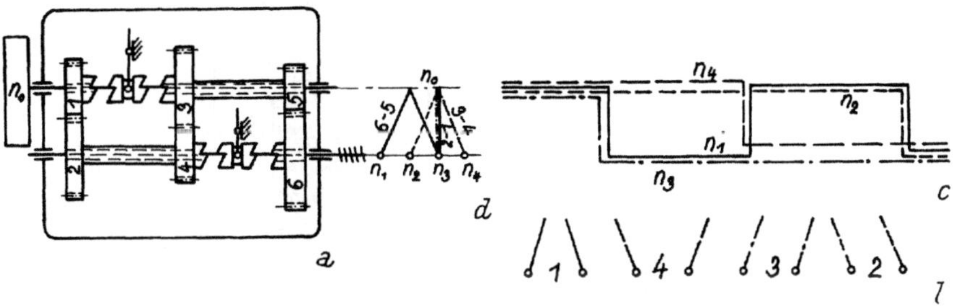

Abb. 72. Windungsgetriebe für vier Drehzahlen. *a* Anordnung der Räder und Kupplungen, *b* Schaltstellungen, *c* Kraftfluß, *d* Drehzahlbild, n_0 Antriebsdrehzahl, n_1 bis n_4 Abtriebsdrehzahlen, 1 bis 6 Zahnräder

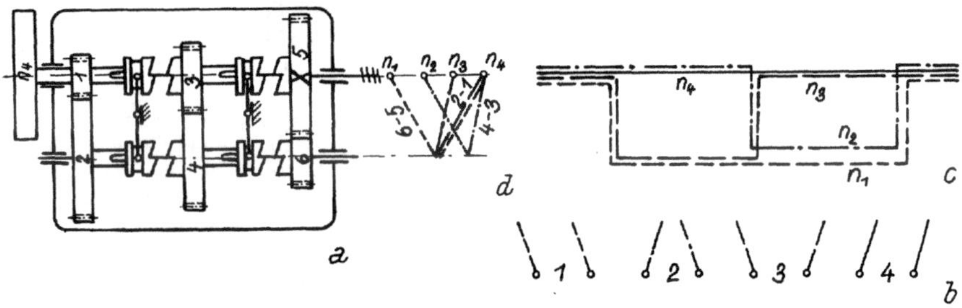

Abb. 73. Ruppertgetriebe für vier Drehzahlen. *a* Anordnung der Zahnräder und Kupplungen, *b* Schaltstellungen, *c* Kraftfluß, *d* Drehzahlbild, n_4 Antriebsdrehzahl, n_1 bis n_4 Abtriebsdrehzahlen, 1 bis 6 Zahnräder

Anzahl von Wellen, sein Nachteil in dem komplizierten Aufbau. Bei dem Windungsgetriebe nach Abb. 72a muß die Kupplungsmuffe angetrieben werden, wodurch in einer Schaltstellung stets ein Rückwärtstreiben ins Schnelle eintritt.

Die *gekoppelten Getriebe* der *Ruppertform* sind durch Verschmelzung mehrerer einfacher Vorgelege der Abb. 71 entstanden. Bei ihnen liegen An- und Abtrieb stets gleichachsig. Abb. 73a zeigt das vierstufige Ruppertgetriebe, Abb. 73b die vier möglichen Schaltstellungen, Abb. 73c den Kraftfluß und Abb. 73d das Drehzahlbild dieses Getriebes.

Neben diesen Getrieben mit ausschließlich geometrischer Stufung, welche für Schnittbewegungen bestimmt sind, kommen noch eine Reihe von Getrieben für Vorschubbewegungen mit teils geometrischer, manchmal auch arithmetischer Stufung (Getriebe zum Gewindeschneiden) zur Verwendung.

Das *Nortongetriebe* nach Abb. 74 ist ein *Schwenk-* oder *Stufenrad*getriebe. Das Zahnrad a ist auf der treibenden Welle in Längsrichtungverschiebbar und überträgt deren Drehbewegung mittels eines in einer

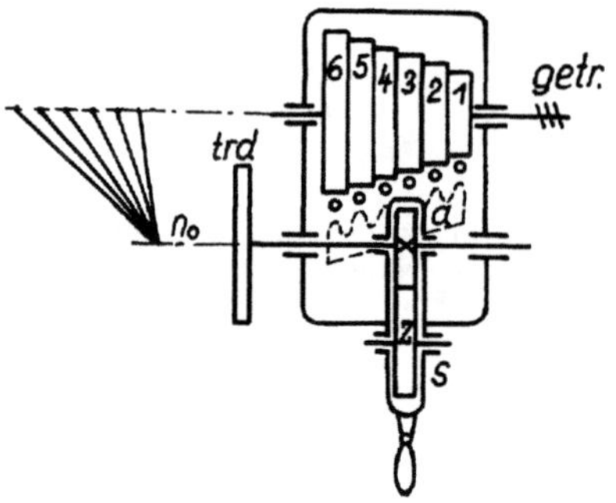

Abb. 74. Nortongetriebe.
a, 1 bis 6 Zahnräder, n_0 Antriebsdrehzahl, s Schwinge, z Zwischenrad

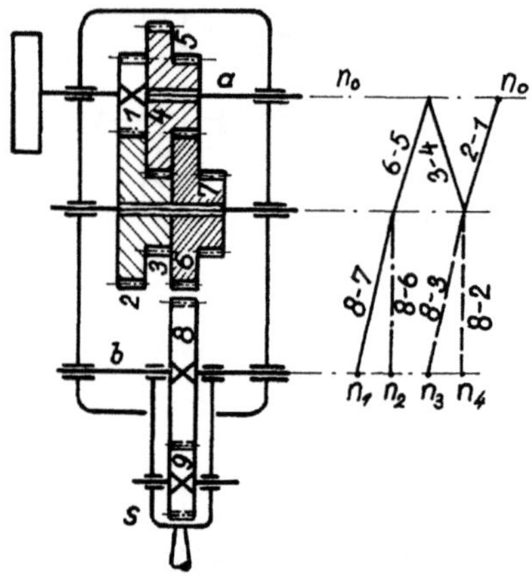

Abb. 75. Mäandergetriebe.
a Antriebswelle, b getriebene Welle, n_0 Antriebsdrehzahl, n_1 bis n_4 Abtriebsdrehzahlen, 1 bis 9 Zahnräder, s Schwinge

Schwinge gelagerten Zwischenrades z auf die Räder 1 bis 6 des Nortonkegels. Das Nortongetriebe wird meist zur Stufung der Vorschübe zum Gewindeschneiden in Verbindung mit dem nachfolgend beschriebenen Mäandergetriebe verwendet.

Beim *Mäandergetriebe* nach Abb. 75 sitzt das Zahnrad 1 fest auf der Antriebswelle a, während die Räder 2—3, 4—5 und 6—7 miteinander fest verbunden sind und lose auf ihren Wellen laufen. Die getriebene Welle b mit dem verschiebbaren Ritzel 8 wird von den Zahnrädern 4, 5, 6 oder 7 über das in der Schwinge s gelagerte Rad 9 angetrieben. Mit

$$z_1 = z_3 = z_5 = z_7, \quad z_2 = z_4 = z_6 = z_8 = 2z_1$$

ergeben sich die Übersetzungen:

$$i_1 = z_1 \cdot z_2/(z_2 \cdot z_8) = 1/2 \quad i_2 = z_1 \cdot z_3/(z_2 \cdot z_8) = 1/4$$

$$i_3 = z_1 \cdot z_3 \cdot z_5/(z_2 \cdot z_4 \cdot z_8) = 1/8 \quad i_4 = z_1 \cdot z_3 \cdot z_5 \cdot z_7/(z_2 \cdot z_4 \cdot z_6 \cdot z_8) = 1/16$$

Sie werden hauptsächlich als Vervielfältigungs- oder Halbiergetriebe (Abb. 75) für eine vom Nortongetriebe erzeugte Grundreihe verwendet (Abb. 215).

Das *Ziehkeilgetriebe* nach Abb. 76a beansprucht wenig Raum und ist einfach zu bedienen. Auf der Antriebswelle *a* sitzen die festen Stufenräder 1, 3, 5, 7 und 9, während sich auf der getriebenen Welle *b* die Räder 2, 4, 6, 8 und 10 einzeln und frei drehbar befinden und durch

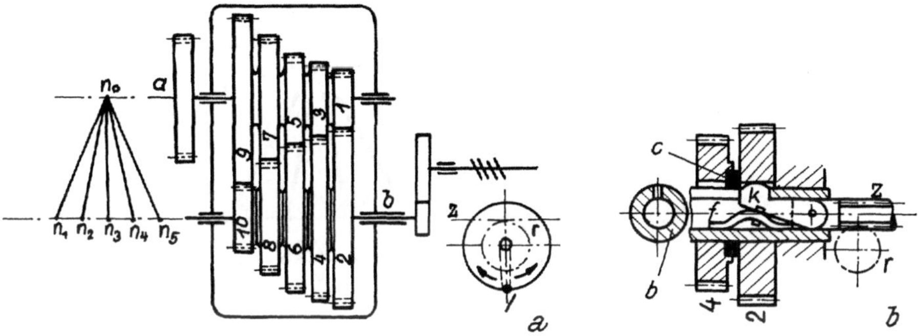

Abb. 76*a* und *b*. Ziehkeilgetriebe. *a* Antriebswelle, *b* Abtriebswelle, n_0 Antriebsdrehzahl, n_1 bis n_5 Abtriebsdrehzahlen, *c* Zwischenringe, *f* Feder, *k* Ziehkeil(-feder), *r* Zahnrad zum Verschieben von Zahnstange *z*, 1 bis 10 Zahnräder

einen Ziehkeil (Abb. 76b) einzeln gekuppelt werden können. Die Ringe zwischen den Rädern verhindern ein gleichzeitiges Kuppeln zweier Räder, indem sie den Ziehkeil nach innen drücken. Der Ziehkeil soll sich in der getriebenen Welle befinden. Wegen der durch die Aufnahme des Keiles geschwächten Welle eignet sich das Ziehkeilgetriebe nur als Vorschubgetriebe.

2,243 Stufenscheibengetriebe

Stufenscheibengetriebe sind die einfachste, älteste und billigste Getriebeart. Sie ergeben elastische Kraftübertragung, welche eine hohe Oberflächengüte des bearbeiteten Werkstückes ergibt, besitzen jedoch nur begrenzte Übertragungsleistung und Stufenzahl, schwerfälligen Drehzahlwechsel und ungünstige Übertragungsverhältnisse, da bei dem größten Drehmoment und der kleinsten Drehzahl der Riemen im Vorgelege auf der kleinsten Scheibe mit dem kleinsten Umschlingungswinkel liegt. Stufenscheiben mit Flach- oder Keilriemen finden daher nur mehr bei kleinen Leistungen (Tischbohrmaschinen) Verwendung.

Beim *einfachen Stufenscheibengetriebe* (Abb. 77) befindet sich die eine Stufenscheibe auf der Arbeitsspindel der Werkzeugmaschine, die andere auf einer Vorgelegewelle bzw. direkt auf der Motorwelle, mit der sie zum Spannen des Riemens verschoben werden kann.

Damit der Stufenkonus nicht zu lang wird geht man mit der Stufenzahl nicht über 5. Aus Herstellungsgründen wählt man meist für beide Stufenkonen dasselbe Modell und um eine annähernd konstante Riemenlänge zu erhalten (nur kleine Spannbewegungen ausführen zu müssen) soll die Summe zweier gegenüberliegender Scheibendurchmesser konstant sein.

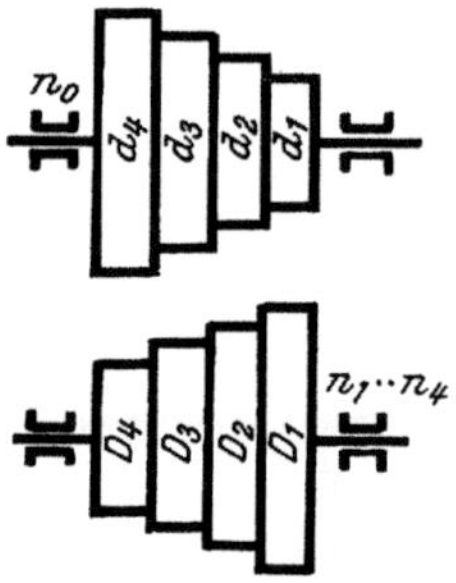

Abb. 77

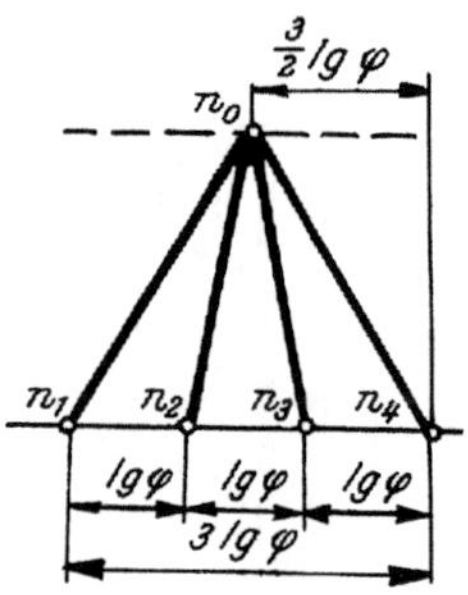

Abb. 78

Abb. 77 und 78. Einfaches Stufenscheibengetriebe und Drehzahlbild. d_1 bis d_4 und D_1 bis D_4 Scheibendurchmesser, n_0 Antriebsdrehzahl, n_1 bis n_4 Abtriebsdrehzahlen, φ Stufensprung

Wählt man ein größtes Verhältnis der Durchmesser der größten zur kleinsten Scheibe mit 2, damit der Unterschied der übertragbaren Riemenleistung in den äußersten Riemenlagen nicht zu groß wird, so erhält man für $z = 2$ $\varphi = 4$, für $z = 3$ $\varphi = 2$, für $z = 4$ $\varphi = 1{,}58$ und für $z = 5$ $\varphi = 1{,}41$.

Zur übersichtlichen Darstellung der rechnerisch sehr unübersichtlichen Zusammenhänge hat sich die Aufzeichnung eines *Drehzahlbildes* als sehr zweckmäßig erwiesen. Man zeichnet für jede der beiden Wellen einen horizontalen Strahl (Abb. 78), auf dem deren Drehzahlen in logarithmischem Maßstab aufgetragen werden. Bei geometrischer Stufung ist der Abstand der einzelnen Drehzahlpunkte n_1 bis n_z jeweils lg φ. Jede Übersetzung wird durch eine Verbindungslinie $n_o n_1$, $n_o n_z$ dargestellt. Der Zahlenwert der Übersetzung ergibt sich aus der Projektion dieser Verbindungslinie auf den untersten Strahl. Da beide Stufenkonen gleich groß sind, muß demnach n_o in der Mitte zwischen n_1 und n_z liegen.

Bei Tischbohrmaschinen verwendet man vorwiegend Keilriemenscheiben, wobei der eine Stufenkonus auf der Motorwelle, der andere auf der Bohrspindel angeordnet wird. Diese beiden sind dann in der

Regel nicht mehr gleich groß, so daß das Drehzahlbild sich entsprechend ändert.

Um den Drehzahlbereich des einfachen Stufenscheibengetriebes zu vergrößern, verwendete man bei kleineren Dreh-, Bohr- und Fräsmaschinen früher noch einfache Zahnradvorgelege (Windungsgetriebe). Diese sind noch vereinzelt in älteren Betrieben zu finden, werden jedoch nicht mehr erzeugt, so daß eine Besprechung unterbleiben kann.

2,25 Schrittmotoren

Diese finden zum Antrieb von Tischen und Schlitten von NC-Maschinen Verwendung. Da das erforderliche Drehmoment bei rein elektrischen Ausführungen zu große Abmessungen ergibt, werden sie vorwiegend als *elektrohydraulische* Schrittmotoren ausgeführt.

Abb. 79A bis E zeigt das *Prinzip* eines *elektrischen Schrittmotors.* Er besteht aus drei axial nebeneinandergesetzten, aus Dynamoblech geschichteten Ständerpaketen k_1, k_2, k_3 (k in Abb. 79C) denen auf der Welle die ebenfalls axial nebeneinander angeordneten Läuferpakete d_1, d_2, und d_3 (d in Abb. 79C) gegenüberstehen. Ständer und Läufer besitzen je 24 Zähne und 24 Nuten (Abb. 79C). Die Läuferpakete sind um je zwei Drittel Zahnbreiten gegeneinander (Abb. 79D) versetzt.

Der Ständer erhält eine Wicklung c (Abb. 79A), durch welche die Ständerzähne abwechselnd als Nord- und Südpole magnetisiert werden. Der Läufer bleibt unbewickelt. Wegen des kleinen vorhandenen Luftspaltes von 0,15 mm können Ständernutbreite, Ständerzahnbreite und Läuferzahnbreite als gleich groß angenommen werden. Die Polteilung τ_p entspricht der Breite von Ständernut und -zahn (Abb. 79D $\tau_p = f + g$). Die drei Ständerwicklungen c_1, c_2 und c_3 werden nach Abb. 79E so geschaltet, daß der gemeinsame Anschlußpunkt 0 an den Minuspol und die Klemmen l, m und n wahlweise an den Pluspol einer Gleichspannungsquelle gelegt werden.

Wird nun die Klemme l mit dem Pluspol der Spannungsquelle verbunden, so werden im Ständerpaket k_1 Magnetfelder erzeugt, die sich über die Läuferzähne schließen. Dabei dreht sich der Läufer in eine solche Stellung, daß der magnetische Widerstand ein Minimum wird, sich also die Zähne der Pakete k_1 und d_1 genau gegenüberstehen. Wird die Gleichspannung von l nach m gelegt, so wird sich der Läufer d_2 um $\tau_p/3$ nach links drehen, da seine Zähne h_2 bereits um ein Drittel Zahnbreite von einem Ständerzahn überlappt werden. Der Motoranker dreht sich um den Winkel $\Delta\alpha = \frac{1}{3}\cdot\frac{360}{24} = 5°$ nach links und bleibt dort stehen. Legt man die Spannung anschließend an Klemme n, so dreht sich der Anker wieder um 5° nach links. Wird dieses Spiel fortgesetzt,

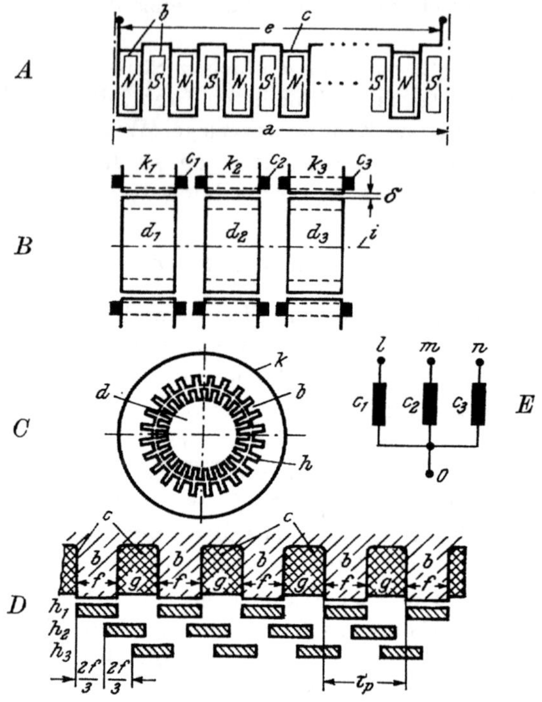

Abb. 79. Prinzip eines elektrischen Schrittmotors. *A* Anordnung der Ständerpole und Wicklungen, *B* Anordnung der drei axial versetzten Motorteile, *C* Ständer- und Läufernutung in einem Motorteil, *D* Winkelverschiebung der drei Läuferteile gegen den Ständerteil, *E* Schaltung der Ständerwicklung (Läufer nicht bewickelt). — *a* Umfang der abgewickelten Ständerbohrung, *b* Ständerzähne (-pole), c_1, c_2, und c_3 Ständerwicklungen, d_1, d_2 und d_3 axial versetzte und um $2f/3$ verdrehte Läufer auf gemeinsamer Achse *i*, *e* impulsförmige Ständergleichspannung, *f* Ständerzahnbreite, *g* Ständernutbreite ($g = f$), h_1, h_2 und h_3 Läuferzähne der drei Rotoren, *i* Motorachse, k_1, k_2, k_3, *k* Ständerblechpaket, *l*, *m* und *n* Anfänge der Ständerwicklungen, $\tau_p = f + g$ Ständerpolteilung, δ Luftspalt

so dreht sich der Motoranker in 5°-Schritten nach links. Eine Rechtsdrehung in 5°-Schritten erfolgt, wenn die Reihenfolge *l*, *n* und *m* lautet. Mit anderen Zähnezahlen von Ständer und Läufer können andere Winkelschritte erzielt werden.

Mit dieser Anordnung ist es möglich digital anfallende Sollwerte unmittelbar in mechanische Bewegungen umzusetzen. Um ausreichende Drehmomente zu erzielen benützt man den elektrischen Schrittmotor dazu, über ein hydraulisches Ventil einen Hydraulikmotor zu betreiben (Abb. 80 A—C).

Dabei wird der elektrische Teil *a* bei Bahnsteuerungen direkt durch den Inneninterpolator, bei Punkt- und Streckensteuerungen durch ein elektrisches Ansteuergerät mit Impulsen beaufschlagt. Er dreht über ein mechanisches Getriebe *b* den Kolbenschieber *c*. Dieser sitzt mit seinem Gewindezapfen *d* im linken Teil des Hydraulikmotors. Durch die Drehung des Schrittmotors *a* verschiebt sich der Kolbenschieber *c* axial und gibt Querschnitte (Abb. 80B) frei, die einen Ölzufluß zum

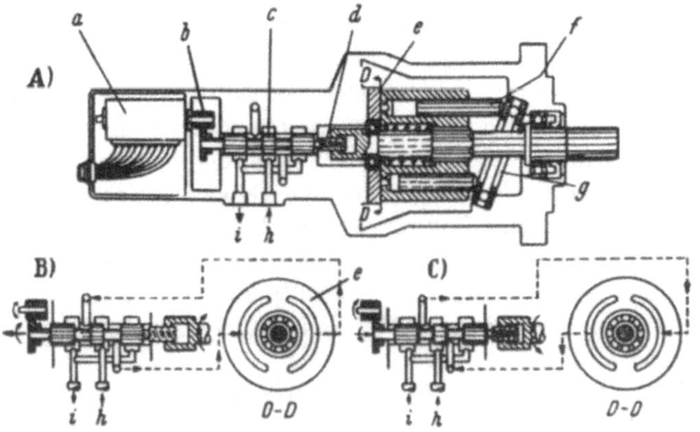

Abb. 80. Prinzip eines elektrohydraulischen Schrittmotors. *A* Schnittbild, *B* Rechtslaufventilstellung, *C* Ventilstellung für Linkslauf. *a* Elektrischer Schrittmotor, *b* Getriebe, *c* Hydraulikschieber, *d* Gewindezapfen, *e* Ventilplatte, *f* Kolben des Axialmotors, *g* feststehende Taumelscheibe, *h* Drucköleintritt, *i* Druckölaustritt

Axialkolbenmotor ermöglichen. Dieser dreht sich solange weiter bis über seine Mutter der Kolbenschieber *c* wieder zurückgeschoben und der Ölstrom unterbrochen wird. Der mögliche Schieberhub bildet dabei einen mechanischen Speicher, der mindestens $\pm$ 300 Schritte aufnehmen kann, die bei Freigabe vom Hydraulikmotor nachgeholt werden können. Dadurch wird die Drehbewegung des Hydraulikmotors bis herab zu kleinen Drehzahlen stetig. Erst bei sehr kleinen Drehzahlen wird eine schrittweise Bewegung ausgeführt.

Solche Schrittmotoren werden in verschiedenen Baugrößen bis zu maximalen Momenten von 60 Nm und Winkelfehlern von $\pm$ 5° ausgeführt[1].

[1] Druckschrift der Firma Siemens, Nr. E 236 SG 592.252.

2,3 Arbeitsspindeln und ihre Lagerung

2,31 Arbeitsspindeln

Bei den Maschinen mit rotierender Arbeitsbewegung ist die Arbeitsspindel der wichtigste Bauteil, da von ihrer Ausführung und ihrer Lagerung Genauigkeit und Oberflächengüte der erzeugten Werkstücke abhängen.

Durch sie wird das Werkstück (Drehmaschine, Rundschleifmaschine, Teilkopf usw.) oder das Werkzeug (Bohr-, Fräs-, Schleifmaschinen usw.) genau zentriert festgehalten und während der Arbeitsbewegung geführt. Um die durch die Belastungen auftretenden statischen und dynamischen Verformungen klein zu halten, müssen die Arbeitsspindeln und ihre Lagerungen möglichst starr ausgeführt werden.

Die Arbeitsspindeln werden durch Gewicht, Schnittkräfte, Vorschubkräfte, Riemenzug, Zahnkräfte und Trägheitskräfte, hervorgerufen durch Unwuchten und Formfehler der Zahnräder beansprucht. Sie werden möglichst gedrungen aus vergütetem Stahl ausgeführt und an Stellen größerer Abnützungsgefahr (Gleitlagerlaufsitze, Werkzeug- und Futtersitze) oberflächengehärtet.

Um die Verformungen der Arbeitsspindeln klein zu halten sollen die Kräfte möglichst nahe dem Hauptlager angreifen (Bodenrad nahe dem Hauptlager, geringe Auskragung von Futter- und Werkzeugaufnahmen) oder durch besondere Bauteile aufgenommen werden (von Riemenzug und Zahndruck entlastete Spindellagerungen).

Je gedrungener die Spindel ausgeführt wird, desto größer ist die *statische Biegesteife* (siehe Abschn. 2,4) $c_{stb} = F/f$ mit F (N) als Belastung und f (μm) als Durchbiegung, und die *Starrheit*, die eine möglichst weit über der Betriebsdrehzahl liegende Eigenfrequenz ergibt. Das Schwingungsverhalten wird durch die *dynamische Steife* $c_{dyn} = k\sqrt{c_{st}/m}$ mit k als Dämpfungskonstante und m (kg) als Masse gekennzeichnet. Durchbiegung f und Eigenschwingungszahl können durch graphische Verfahren, die in der Festigkeitslehre und Dynamik entwickelt wurden angenähert bestimmt werden.

2,32 Spindellagerungen

2,321 Allgemeines

Arbeitsspindeln werden in der Regel in zwei Quer- und einem Längslager (Axiallager) statisch bestimmt gelagert. Nur sehr lange Arbeitsspindeln erhalten noch ein drittes Querlager, um zu große Durchbiegung zu verhindern, wodurch die Lagerung statisch unbestimmt wird.

Die Spindellager müssen auch bei hohen Schnittkräften und Schnittgeschwindigkeiten einen erschütterungsfreien Lauf ermöglichen, sie dürfen daher nur sehr kleines radiales oder axiales Spiel besitzen, müssen sehr hohe Laufgenauigkeit sowie geringe Reibung (damit auch bei hohen Drehzahlen keine unzulässigen Temperatursteigerungen auftreten) aufweisen, dürfen auch bei großen Belastungen keine merkbaren elastischen Formänderungen zeigen und müssen sehr geringe Abnützung besitzen, die man durch Nachstellen des Lagers beseitigen können muß. Es werden Gleit- und Wälzlager verwendet.

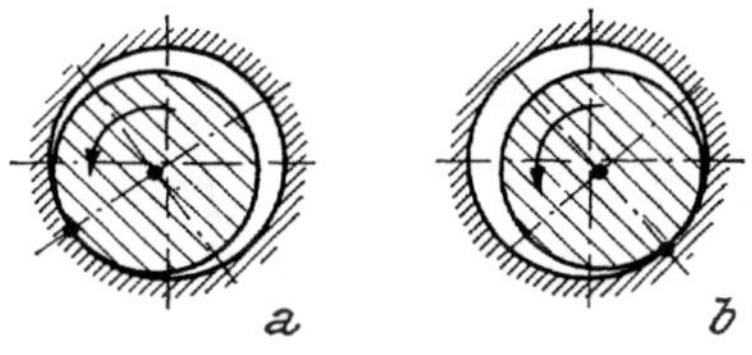

Abb. 81. Lage des Laufzapfens bei trockener (*a*) und flüssiger (*b*) Reibung

2,322 Gleitlagerungen

Gleitlager besitzen geringeren Einbaudurchmesser, größere Dämpfungsfähigkeit, geringere Empfindlichkeit gegen Stöße, geräuschärmeren Lauf, können geteilt ausgeführt werden und sind bei einfachen Ausführungen billiger als Wälzlager.

Man unterscheidet bei den Gleitlagern Lager mit hydrostatischer und hydrodynamischer Schmierung.

Lager mit *hydrostatischer* Schmierung besitzen über den Lagerumfang verteilte Taschen, denen von einer besonderen Ölpumpe Schmieröl unter hohem Druck zugeführt wird. Die Welle schwimmt bei ihnen auf dem Drucköl (auch bei Stillstand des Lagers). Diese Lager haben auch bei kleinem Lagerspiel keine Abnützung und zentrieren sehr genau, sind aufwendig und werden nur in besonderen Fällen verwendet.

Bei den vorwiegend verwendeten Gleitlagern mit *hydrodynamischer* Schmierung bildet sich der Schmierfilm erst durch die Bewegung, so daß diese Lager eine größere Anlaufreibung und Abnützung aufweisen. Außerdem tritt beim Übergang von trockener oder halbflüssiger Reibung bei Stillstand zu flüssiger Reibung bei höheren Drehzahlen eine Verlagerung des Laufzapfens ein (Abb. 81a zeigt die Lage des Laufzapfens bei trockener, Abb. 81b bei flüssiger Reibung). Mit zunehmender Drehzahl nähert sich der Laufzapfen der Mitte der Lagerschale. Da dieses Verhalten die Genauigkeit der Arbeit beeinflußt, finden für sehr genau laufende Spindeln Sonderkonstruktionen Verwendung.

Früher wurden vorwiegend Gleitlager für Spindellagerungen verwendet. Heute werden sie in zunehmendem Maße durch Wälzlager verdrängt und nur mehr bei einigen einfachen Maschinen und vorwiegend Schleifspindellagerungen, die unter besonders günstigen Bedingungen laufen (nahezu konstante Drehzahl, stets gleiche Richtung der Querkraft), verwendet.

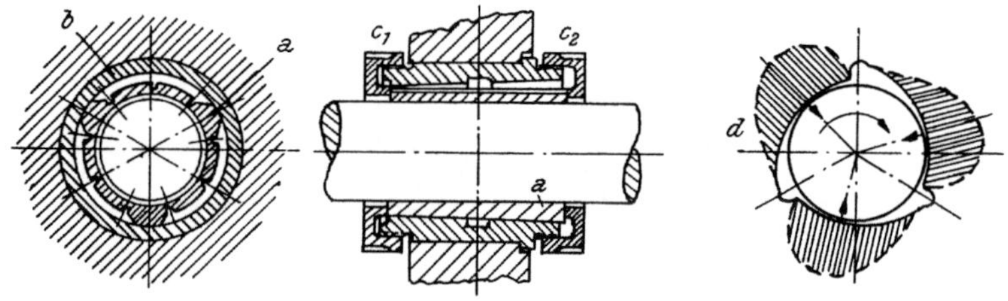

Abb. 82. Mackensen-Lager. *a* Lagerschale, *b* Lagergehäuse, c_1 und c_2 Stellmuttern, *d* Druckverteilung im Lagerspalt

Bei den *Einkeilflächenlagern* (Welle exzentrisch in zylindrischer Lagerschale Abb. 81) ändert sich die Lage der Welle in Abhängigkeit von der Spindeldrehzahl und den auf die Spindel ausgeübten Querkräften.

Bei hohen Drehzahlen verwendet man daher *Mehrkeilflächen-* (MKF-) Lager, welche die Welle zwangsläufig in der Mitte halten und bei kleinstem Lagerspiel hydrodynamische Schmierung über einen weiten Drehzahlbereich gewährleisten. Die zugehörigen Laufstellen der Spindel sollen gehärtet und geläppt sein. Beim *Mackensen-Lager* (Abb. 82) werden durch die dreieckige Verformung einer elastischen Buchse *a*, die zur Erhöhung der Nachgiebigkeit an 9 Stellen eingekerbt ist, 3 Öltaschen mit keilförmigen Profilen erzeugt, die zur Bildung der tragenden Schmierschichtkeile einleiten. Die radiale Lage der drei Stützpunkte im Gehäuse *b* kann durch axiales Verschieben (Muttern c_1 und c_2) in einer konischen Bohrung geändert und das Spiel an der engsten Stelle der Lagerschale bis auf 1 μm herunter, bei einem Gesamtspiel von 4 μm eingestellt werden. Um bei Durchbiegung der Spindel Kantenpressungen zu vermeiden, werden statt der bisher angeführten steifen Lagerbauarten auch selbsteinstellende Lagerbauarten verwendet (Schalen in Zapfen oder Kugelpfannen schwenkbar). Für hohe Drehzahlen und größte Rundlaufgenauigkeit und Dämpfung finden breite *Expansionslager* (Abb. 83) mit sehr kleinem Spiel Verwendung. Bei diesem stützt sich eine besonders geformte Buchse a gegen einen Tragkörper b, der sich seinerseits an den beiden Enden b_1 und b_2 gegen die Spindelstockbohrung stützt. Diese elastische Konstruktion erlaubt kleine, durch Wärmedehnung hervorgerufene Aufweitungen, sowie Anpassung der Lagerschale an die Biegelinie der Spindel. Die Bohrung ist mit drei Paar Keilflächen zur Erzeugung hydrodynamischer Schmierung versehen. Die gerippte Lagerschale ist vom Öl umspült und leitet die Wärme gut ab.

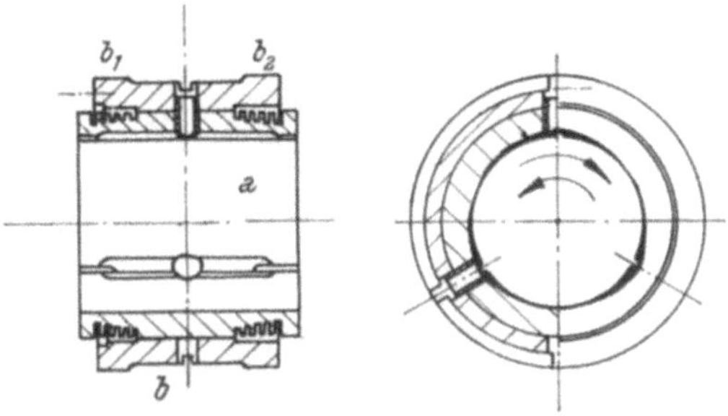

Abb. 83. Expansionslager. a Lagerbüchse, b Tragkörper, b_1 und b_2 Auflage in der Spindelstockbohrung

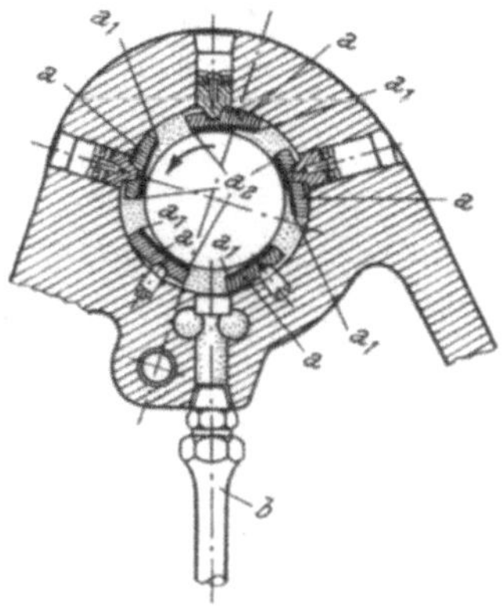

Abb. 84. Schleifspindellager „Filmatic" (Cincinnati). a Kippbare Lagerschalensegmente, a_1 Einlaufkanten der Segmente, a_2 Auslaufenden der Segmente, b Ölleitung

Ein *Mehrkeilflächengleitlager mit einstellbaren Gleitschuhen* ist das für Schleifspindellagerungen verwendete „*Filmatic*"-Lager (Cincinnati Abb. 84). Bei diesem sind um die Spindel 5 Lagerschalensegmente a kippbar angeordnet. Durch eine Ölleitung b wird Öl unter leichtem Druck zugeführt, das den ganzen Lagerraum füllt. Unter der Wirkung der Spindeldrehung hebt das Öl die Einlaufkante a_1 der Segmente a, so daß diese kippen und mit ihren Auslaufenden a_2 die Spindel festhalten (hydrodynamische Einspannung).

2,323 Wälzlagerungen

Wälzlager besitzen kleine Anlaufreibung, benötigen im allgemeinen weniger Wartung, wenig Schmiermittel und keine Einlaufzeit. Durch Vorspannung ist bei ihnen Spielfreiheit zu erzielen, wobei gleichzeitig mehr Wälzkörper zum Tragen herangezogen werden und die Dämpfung gegen Schwingungen verbessert wird. Sie wirken jedoch schwingungserregend. Die Steifheit von Zylinder- und Kegelrollenlagern ist größer als die von Kugellagern. Da die Genauigkeit der handelsüblichen Wälzlager in der Regel nicht ausreicht, müssen *Sonderausführungen* verwendet

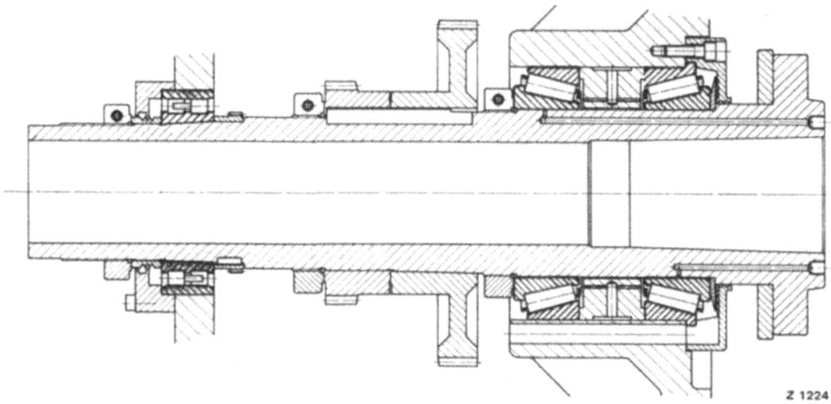

Abb. 85. Lagerung einer Drehspindel mit Kegelrollenlagern (rechts) und nachstellbaren zweireihigen Zylinderrollenlagern (Heid, Stockerau)

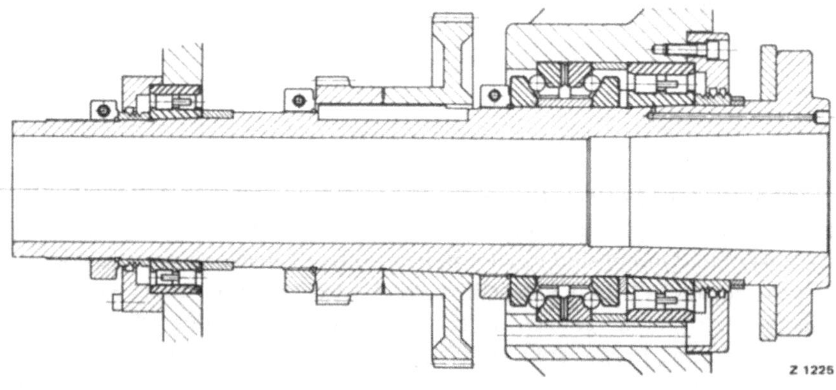

Abb. 86. Lagerung einer Drehspindel mit zwei doppelreihigen nachstellbaren Zylinderrollenlagern und einem doppelreihigen Schrägkugellager zur Aufnahme der Axialkräfte (Heid, Stockerau)

werden. *Kegelrollenlager* können axiale *und* radiale Kräfte gleichzeitig aufnehmen, wodurch die konstruktive Ausbildung der Lagerung einfach wird. Sie werden meist paarweise angeordnet. Das Spiel der Drehspindel wird durch axiale Verschiebung eingestellt. Damit es nicht durch die

Wärmedehnung der Spindel beeinflußt wird, müssen die Lager nahe beisammen sein (Abb. 85). Ihr Nachteil ist die bei hohen Drehzahlen durch die Stirnseitenreibung der Kegelrollen entstehende größere Erwärmung.

Diese vermeidet man bei Verwendung *zweireihiger Zylinderrollenlager* (Sonderbauart für Werkzeugmaschinen mit kleinem Rollendurchmesser und kegeliger Bohrung und besonders hoher Rundlaufgenauigkeit), deren Innenring auf einem konischen Teil der Drehspindel zur Beseitigung der Lagerluft in axialer Richtung verstellbar ist (Abb. 86). Zur Aufnahme der Axialkräfte werden besondere Axialkugellager und für das rückwärtige Spindellager je nach Belastung einfache oder zweireihige, nachstellbare Rollenlager verwendet. Bei Axialkugellagern ist die Drehzahl durch die Fliehkraft der Kugeln begrenzt. Für hohe Drehzahlen müssen dann Schrägkugellager verwendet werden, die jedoch in axialer Richtung weniger steif sind (Abb. 86).

Für die Lagerung von Spindeln sehr hoher Drehzahl und kleiner Belastung werden durch Federn axial verspannte *Schrägkugellager* verwendet (Abb. 369, Flanschspindel einer Innenschleifmaschine).

Nadellager besitzen besonders kleine Durchmesser, aber größere Reibung.

2,4 Gestelle[1]

Gestelle verbinden die wichtigsten Baugruppen der Werkzeugmaschinen und schließen den Kraftfluß derselben. Auf dem Gestell ruht die Maschine. An seinen Führungsflächen laufen die Schlitten, an ihren Fügeflächen sind sie mit anderen Teilen verschraubt.

Typische Gestellteile sind *Betten* (Drehmaschinen, Tieflochbohrmaschinen, Langhobel- und Langfräsmaschinen. Flach- und Führungsbahnenschleifmaschinen), *Ständer* (Karusselldrehmaschinen, Ständerbohrmaschinen, Bohr- und Fräswerke, Langhobelmaschinen, Senkrechtstoßmaschinen), *Säulen* (Säulen- und Radialbohrmaschinen), *Grundplatten* (Radialbohrmaschinen, Plattenbohrwerke), *Querbalken* (Karusseldrehmaschinen, Portalfräsmaschinen, Langhobelmaschinen, Führungsbahnenschleifmaschinen), *Ausleger* (Radial- und Auslegerbohrmaschinen) und *Konsolen* (Konsolfräsmaschine, Werkzeugschleifmaschinen).

Die Gestelle müssen so bemessen werden, daß die bearbeiteten Werkstücke eine entsprechende Genauigkeit und eine ausreichende Oberflächengüte erhalten.

---

[1] Koenigsberger, F.: Berechnungen, Konstruktionsgrundlagen und Bauelemente spanender Werkzeugmaschinen. Berlin-Göttingen-Heidelberg: Springer. 1961.

Im allgemeinen liegen dabei die auftretenden Beanspruchungen weit unter den zulässigen Werten, es muß jedoch eine genügende *Steifigkeit* und eine ausreichende *Starrheit* vorhanden sein.

Außer den *statischen* Lasten durch das Eigengewicht der ruhenden und bewegten Teile der Werkzeugmaschine, das Gewicht der Werkstücke, Werkzeuge und Vorrichtungen und der Schnittkräfte, treten noch *schwellende* Belastungen durch Schnittkräfte und *wechselnde* Belastungen durch Massenkräfte auf.

Ihre Beanspruchung erfolgt vorwiegend auf Biegung und in einigen Fällen (Drehmaschinenbetten, Ausleger der Radialbohrmaschinen, Querbalken der Karusselldrehmaschinen, Langhobel- und Portalfräsmaschinen) noch auf Torsion.

Der Begriff *Steifigkeit* wird durch den Quotienten aus Belastung und Formänderung ausgedrückt. Demnach ist *Biegesteifigkeit*

$$c_b = \frac{a \cdot E \cdot I}{l^3} \qquad (N/\text{cm})$$

mit a . . . Zahlenfaktor in Abhängigkeit von der Belastungsform
E (N/cm^2) . . . Elastizitätsmodul
F (N) . . . Belastung
l (cm) . . . Biegelänge
I (cm^4) . . . axiales Flächenträgheitsmoment.

Will man wie üblich c_b in $N/\mu\text{m}$ ausdrücken, so muß obiger Wert mit 10^{-4} multipliziert werden.

Die *Torsionssteifigkeit* wird

$$c_t = \frac{T}{\varphi} = \frac{G \cdot I_t}{l} \qquad (N\text{cm/rad})$$

mit T (Ncm) . . . Torsionsmoment
φ (rad) . . . Verdrehungswinkel
G (N/cm^2) . . . Gleitmodul
I_t (cm^4) . . . Drillungswiderstand.

Aus den Formeln für c_b und c_t ersieht man, daß die Steifigkeit vom Werkstoff (E und G) und von der Querschnittsform (I und I_t) abhängt. Da E von Stahl ungefähr doppelt so hoch ist wie bei Grauguß, ergibt sich bei Ausführung der Betten aus Stahl entweder eine doppelte Steifigkeit bei gleichen Abmessungen oder eine entsprechende Gewichtseinsparung bei gleicher Steifigkeit. Die Gestelle werden trotzdem vorwiegend aus Grauguß hergestellt. Gestelle für Einzelstücke werden noch aus Stahlblech geschweißt (Ersparung der Modellkosten, jedoch hohe

Schweißarbeitskosten), Gestelle für sehr große, hochbeanspruchte Werkzeugmaschinen noch aus Stahlguß (höhere Form- und Gießkosten) hergestellt.

Um große axiale Trägheitsmomente bei geringem Gewicht zu erhalten, werden vorwiegend I- und Hohlquerschnitte (Abb. 87) verwendet. Bei zusätzlicher Torsion müssen geschlossene Hohlprofile vorgesehen werden (Abb. 87, Bild b und c), da offene Querschnitte nur sehr geringen Drillungswiderstand besitzen. Aus demselben Grund sollen seitliche Öffnungen in den Hohlprofilen vermieden werden. Sind offene Querschnitte nicht zu vermeiden (Drehmaschinenbett, Langhobelmaschinenbett), so muß der Drillungswiderstand durch sorgfältige Verrippung erhöht werden.

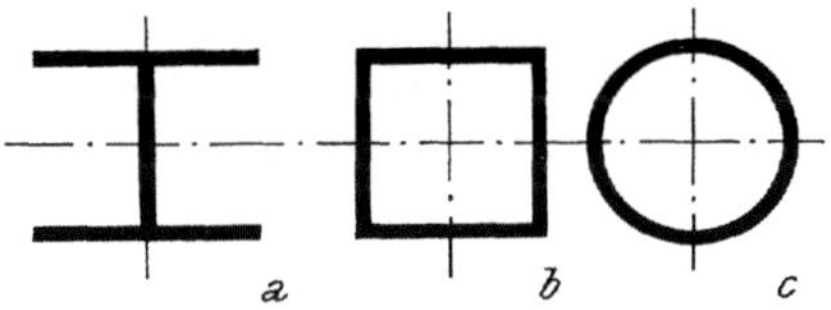

Abb. 87. Querschnittsformen von Ständern. *a* Doppel-T, *b* hohles Quadrat, *c* Rohr

Unter *Starrheit* der Gestelle versteht man ihr Verhalten gegenüber von Schwingungen. Um die Einflüsse dieser Schwingungen auf die entstehenden Werkstückoberflächen klein zu halten, sollen die Eigenschwingungszahlen der Gestellteile oberhalb der höchsten Betriebsdrehzahl der Maschine (in Sonderfällen unter der kleinsten Betriebsdrehzahl) liegen und muß eine ausreichende Dämpfung vorhanden sein. Die Eigenschwingungszahlen ausgeführter Gestelle können durch Versuche mit Schwingungserregern definierter, einstellbarer Frequenz oder rechnerisch oder graphisch nach den Metohden der Festigkeitslehre und Dynamik angenähert ermittelt werden.

Die Dämpfung setzt sich aus der Dämpfung des Werkstoffes und der Reibung zwischen den einzelnen Bauteilen (Trockenreibung an den Fügeflächen, teilweise Flüssigkeitsreibung in den Führungen der Schlitten und Tische) der Werkzeugmaschinen zusammen.

Die Werkstoffdämpfung ist bei Gußeisen mit Lamellengraphit wesentlich größer als bei Gußeisen mit Kugelgraphit und Stahl (Verhältniszahlen GGL/St = 4,5, GGL/GGG = 3). Eine Vergrößerung der Dämpfung durch Schwingungsdämpfer ist zwar möglich, wird aber kaum ausgeführt. Bei dem Drehmaschinenbett[1] nach Abb. 88 wird der

[1] Rohs, H.: Die neue Reihe der VDF-Einheitsdrehmaschinen. VDF-Mitteilungen Nr. 32, S. 3/23.

Kernsand im Gußteil belassen, wodurch außer der Dämpfung auch die Biege- und Torsionssteifigkeit wesentlich erhöht wird.

Das dynamische Verhalten kann durch die *dynamische Steifheit* (*Starrheit*) c_{dyn} wie folgt errechnet werden:

$$c_{\mathrm{dyn}} = k \cdot \sqrt{\frac{c_{\mathrm{st}}}{m}}$$

mit k . . . Dämpfungskonstante
c_{st} . . . statische Steifheit
m (kg) . . . Masse.

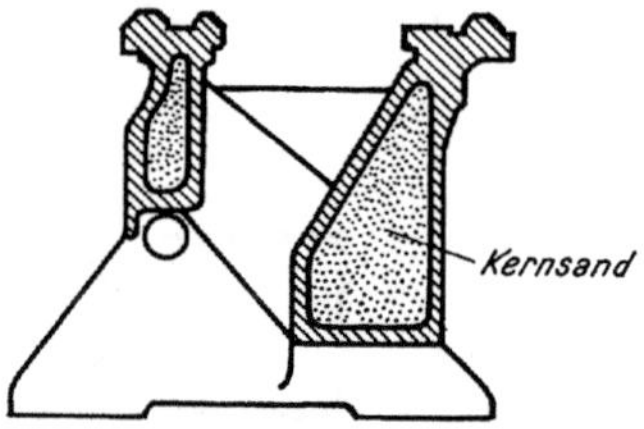

Abb. 88. Querschnitt durch ein Drehmaschinenbett mit Prismenführung für den Support und kombinierter Führung für den Reitstock (VDF, Göppingen)

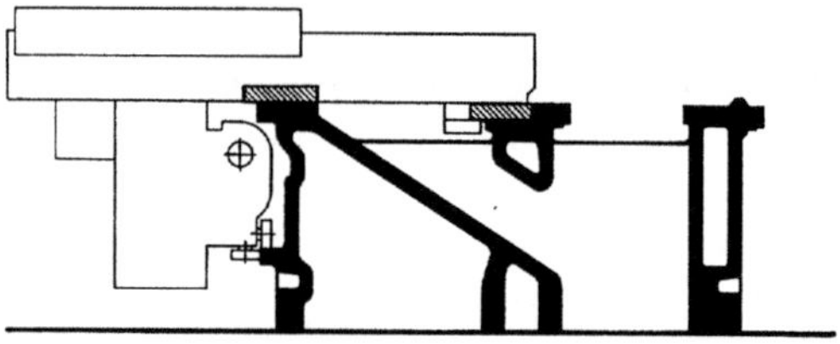

Abb. 89. Querschnitt durch ein Drehmaschinenbett mit drei Bahnen, Flachführung mit aufgeklebten gehärteten Stahlführungen für den Support und kombinierter Führung für den Reitstock (Heid, Stockerau)

Außer den angeführten Gesichtspunkten für die Bemessung der Gestelle ist bei ihrer Konstruktion auf die wirtschaftlichen Fertigungsmöglichkeiten Rücksicht zu nehmen. Eine Ausführung der Gestelle aus mehreren zusammengeschraubten Teilen erhöht die Bearbeitungskosten, verringert die Steifigkeit und verbessert die Dämpfung.

Bei Bauteilen, die mit Spänen in Berührung kommen, ist für deren ungehinderte Abfuhr zu sorgen (Abb. 89). Schließlich sind die Gestelle so auszuführen, daß die Maschine in natürlicher Haltung des Bedienungsmannes im Stehen und in Einzelfällen auch im Sitzen bedient werden kann und Schutzvorrichtungen angebracht werden können.

Bilder ausgeführter Gestelle sind in den Abschnitten 4 bis 15 zu sehen.

2,5 Geradführungen

2,51 Allgemeines

Geradführungen dienen zur Führung der Tische und Schlitten auf den Gestellen.

Durch sie müssen folgende Anforderungen erfüllt werden:

Möglichst spielfreie, genaue Geradführung in allen Stellungen bei Einwirkung der auftretenden Kräfte,

möglichst geringe Reibungswiderstände,

wirksame Schmierung zur Herabsetzung des Verschleißes,

Nachstellmöglichkeiten zum Verschleißausgleich,

zwangfreier Lauf (kein Klemmen oder Ecken),

Einrichtungen zum Schutz gegen das Eindringen von Staub und Spänen in die Führungsflächen und

wirtschaftliche Herstellungsmöglichkeit.

Man unterscheidet Gleit- und Wälzführungen.

2,52 Gleitführungen

Gleitführungen können hydrodynamisch oder hydrostatisch geschmiert werden.

Hydrodynamisch geschmierte Gleitführungen sind die am meisten angewendete Geradführung bei Werkzeugmaschinen. Wegen der geringen Verschiebungsgeschwindigkeiten treten jedoch bei diesen im allgemeinen keine hydrodynamischen Schmierzustände auf. Um wenigstens Mischreibung aufrecht zu erhalten, müssen in den beweglichen Teilen Schmiernuten angebracht werden, um das Öl auf die Reibflächen zu verteilen. Dabei haben die verwendete Werkstoffpaarung und Oberflächenbeschaffenheit des festen und des beweglichen Teiles und die auftretende Flächenpressung großen Einfluß auf das Verschleiß- und Bewegungsverhalten.

Bei Schmierstoffmangel tritt durch den Unterschied des Reibungsbeiwertes der Ruhe μ_0 und des Gleitreibungsbeiwertes μ bei sehr kleinen Schlitten- oder Tischgeschwindigkeiten das sogenannte *Ruckgleiten* (*stick slip-Effekt*) auf, durch den die Erreichung genauer Schlittenstellungen begrenzt wird. Dieser Effekt hat seine Ursache in der aufgespeicherten elastischen und kinetischen Energie der beteiligten Teile. Bei hydrostatisch geschmierten Gleitführungen und Wälzführungen tritt dieser Effekt nicht auf. Bei NC-Maschinen muß er durch besondere Maßnahmen vermieden werden.

Die Werkstoffpaarung Grauguß auf Grauguß ohne besondere Oberflächenbehandlung ergibt den höchsten Verschleiß mit höheren Werten an den bewegten Teilen. Durch Gießen der Führungsflächen gegen Kokillen wird der Verschleißwiderstand erhöht, wobei jedoch Maßnahmen gegen den erhöhten Verzug getroffen werden müssen.

Häufig wird der bewegliche Teil aus unbehandelten Grauguß hergestellt und die Führungsflächen des festen Teiles hart hergestellt. Dies kann direkt durch Flammen- oder Induktionshärtung der aus Perlitguß bestehenden Flächen oder durch Aufschrauben oder Aufkleben von Stahlleisten mit entsprechenden Dehnungsfugen erfolgen (Abb. 89).

Den geringsten Verschleiß weisen beiderseits gehärtete Führungsflächen auf, die jedoch gegen eingedrungene kleine Fremdkörper sehr empfindlich sind.

Bei geringeren Flächenpressungen werden für einen Teil auch reibungsarme Kunststoffleisten (PTFE, mit MoS_2 zusammengesinterte Kunststoffe, geschichtete Preßstoffe) aufgeschraubt, aufgespachtelt oder aufgeklebt, durch welche der Verschleiß des Gegenstückes herabgesetzt wird.

Zur Erzielung *kleiner Rauhtiefen* werden gehärtete Führungen durchwegs *geschliffen* und ungehärtete *geschabt*. Durch Schaben erzielt man auch ein günstiges Schmierverhalten, da sich das Öl in den entstehenden Vertiefungen sammeln kann.

Durch Begrenzung der Flächenpressung auf 50 N/cm^2, in Fällen hoher erforderlicher Dauergenauigkeit (NC-Maschinen) auf 20 N/cm^2, wird der Verschleiß ebenfalls beschränkt.

Um einen zwangfreien Lauf zu ermöglichen soll die Führungsbreite klein gegenüber der Führungslänge sein.

Die Grundform der Gleitführungen sind der Zylinder, die Planfläche, das dachförmige Prisma und der Schwalbenschwanz.

Zylindrische Führungen sind relativ einfach zwangfrei herzustellen, nur bereitet die Beseitigung des auftretenden Verschleißes einen größeren Aufwand. Eine Feststellung erfolgt durch Klemmen des geschlitzten Außenteiles.

Führungen mit einem Zylinder finden Anwendung bei der *Pinole* des *Reitstockes* (Abb. 226), der *Bohrspindelhülse* (Abb. 296), der *Säulenbohrmaschine* (Abb. 295), der *Radialbohrmaschine* (Abb. 301) und zur Führung des *Gegenhalters* bei kleinen Fräsmaschinen.

Führungen mit zwei Zylindern sind schwer zwangfrei herzustellen und werden nur selten verwendet.

Flachführungen (Abb. 89, 90) besitzen bei gleicher Belastung die kleinste Flächenpressung und benötigen die geringste Verschiebekraft. Sie sind einfach bearbeitbar. Die Späne bleiben jedoch auf den Führungsflächen liegen, weshalb ein besonderer Schutz gegen Eindringen derselben erforderlich ist. Man verwendet Abstreifer aus Messingblech am Schlittenende mit Filz-, Leder- oder Gummistreifen oder deckt die ganzen Führungsbahnen mit teleskopartigen Blechen oder Faltenbälgen aus Leder oder gummierten Textilien ab.

Um ein Abheben der Schlitten zu verhindern werden *Schließleisten* vorgesehen (Abb. 89 und 90). *Paßleisten* auf einer Seite sorgen für den Ausgleich des seitlichen Verschleißes. *Prismatische Stelleisten*, die durch Schrauben angedrückt werden (Abb. 90) müssen so dick ausgeführt werden, daß sie sich nicht durchbiegen oder ungleiche Abnützung ergeben. Besser sind *Keilleisten* (ähnlich Abb. 91), die auf ihrer ganzen

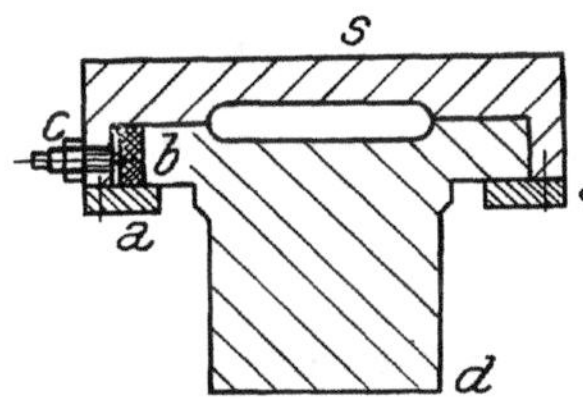

Abb. 90. Schlitten mit prismatischen Stelleisten. *a* Schließleiste, *b* Stellleiste, *c* Stellschraube, *d* Gestell, *s* Schlitten

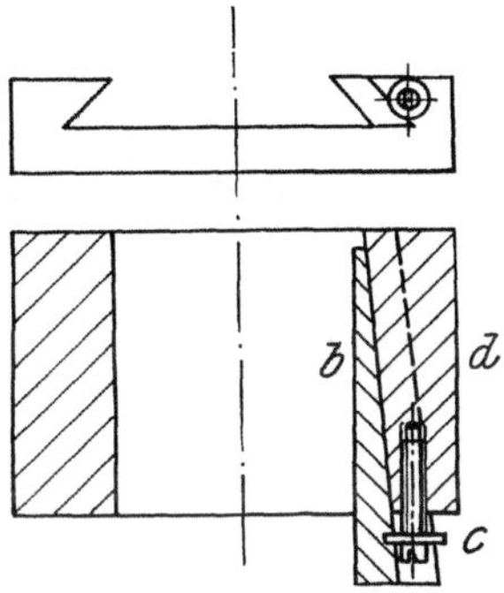

Abb. 91. Schwalbenschwanzführung mit Nachstellung durch Keilleiste. *b* Keilleiste, *c* Stellschraube, *d* Unterteil

Länge tragen. Ihre Nachstellung erfolgt durch eine Schraube *c* mit kleinem Abstand, so daß sich eine nahezu gleichmäßige Anpressung ergibt.

Dachförmige Prismen sind schwieriger herzustellen und stellen sich selbsttätig nach. Bei Verwendung von zwei Prismen sind sie nicht zwangfrei. Sind die Prismen am Unterteil angebracht (Abb. 88, Drehmaschinenbett), so können die Späne gut abgleiten, aber auch das Schmiermittel läuft ab. Um zwangfreien Lauf zu sichern wird häufig eine Prismen- und eine Flachführung kombiniert (Führung für den Reitstock in Abb. 88 und 89).

Sind die Prismen am Oberteil angeordnet (V-Führung im Bett einer Hobelmaschine, Abb. 411), ist eine selbsttätige Nachstellung bei guter Schmierung gewährleistet, jedoch ein Schutz gegen das Eindringen von Spänen erforderlich.

Schwalbenschwanzführungen (Abb. 91, 221 und 222) sind statisch überbestimmt, können nur durch Schaben eingepaßt werden, sichern die Lage des Schlittens nach allen Richtungen und besitzen eine niedrige

Bauhöhe. Die Spieleinstellung erfolgt zweckmäßig durch hakenförmige Keilleisten (Abb. 91).

Hydrostatisch geschmierte Gleitführungen[1] besitzen mehrere Druckkammern in die Öl unter hohem Druck durch besondere Pumpen gebracht wird, so daß auch im Ruhezustand keine metallische Berührung auftritt. Sie besitzen hohe Tragfähigkeit, geringen Verschiebewiderstand und praktisch keinen Verschleiß. Sie sind wesentlich aufwendiger als die hydrostatischen Führungen und finden bei sehr schweren und bei sehr genauen Werkzeugmaschinen Verwendung.

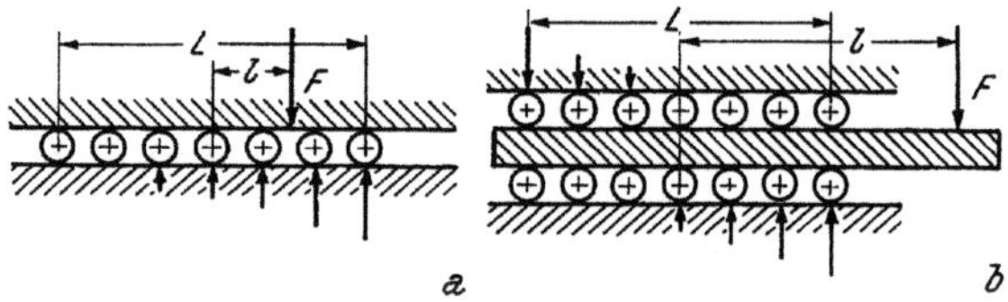

Abb. 92. *a* Offene, *b* geschlossene Führung mit Wälzkörpern

2,53 Geradführungen mit Wälzkörpern[1]

Wälzführungen besitzen kleinen Verschiebewiderstand, geringe Abnützung und geringe Steifheit und Dämpfung senkrecht zur Bewegungsrichtung. Die hohe erforderliche Herstellgenauigkeit der Einzelteile ergibt höhere Herstellungskosten als bei Gleitführungen mit hydrodynamischer Führung. Durch Einbau unter Vorspannung kann Spielfreiheit erzielt werden. Gegen das Eindringen von Fremdkörpern (Späne) müssen sie sorgfältig geschützt werden.

Als Wälzkörper werden Kugeln, Rollen und Nadeln verwendet. Für höhere Starrheit und größere Belastungen werden Rollen und Nadeln verwendet, die zur Vermeidung zusätzlicher Gleitbewegungen genau geführt werden müssen.

Bei *offenen* Wälzführungen mit einer Wälzkörperreihe können nur Kräfte in einer Richtung und keine Kippmomente aufgenommen werden (Abb. 92a, 94).

Bei *geschlossenen* Wälzführungen werden zwei gegenüberliegende Wälzkörperreihen verwendet, so daß Abheben und Kippen verhindert wird (Abb. 92b).

Bei *Führungen für begrenzte Schiebewege* (Abb. 93) müssen Schlitten- und Gestell-(Bett-)Länge L_B um den halben Hub $H/2$ größer sein als die Führungslänge L der Wälzkörper. Eine geschlossene Schlittenführung mit Nadellagern d in Schwalbenschwanzausführung (Abb. 95)

---

[1] Tochtermann-Bodenstein: Konstruktionselemente des Maschinenbaues, Zweiter Teil. Berlin-Heidelberg-New York: Springer. 1969.

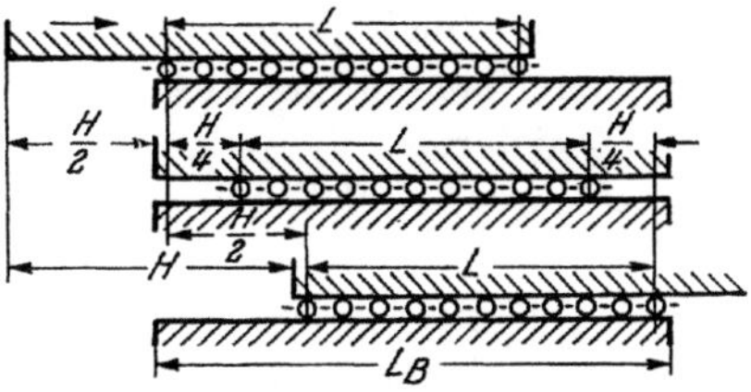

Abb. 93. Längenverhältnisse bei Führung für begrenzte Schiebewege. H Tischhub, L Führungslänge, L_B Bett- bzw. Tischlänge

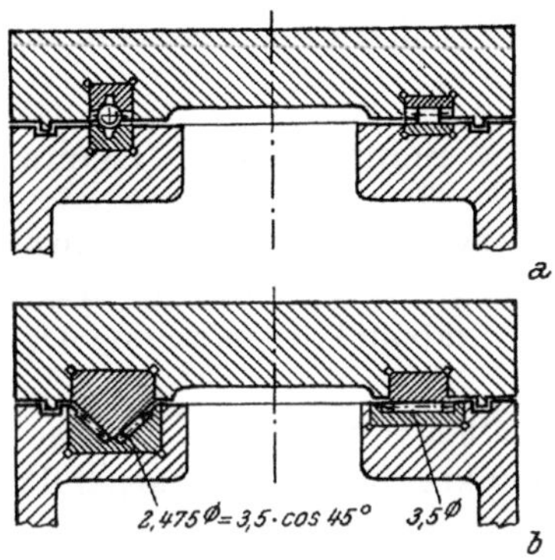

Abb. 94. Offene Schlittenführungen. *a* Auf Kugeln und Rollen gelagert (Robert Kling GmbH, Wetzlar), *b* auf Nadeln verschiedener Durchmesser gelagert (Industrie-Werke Schaeffler, Herzogenaurach)

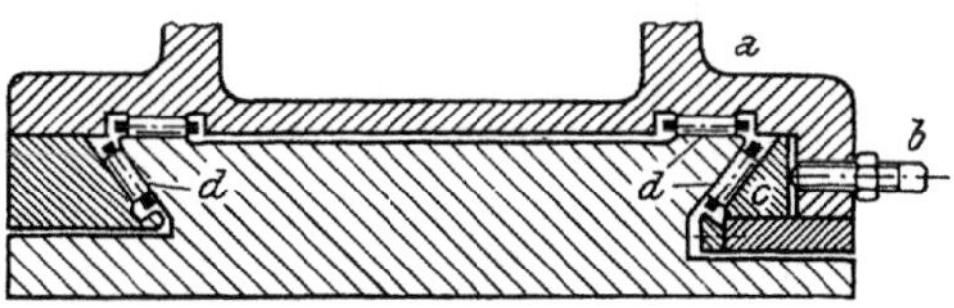

Abb. 95. Geschlossene Schlittenführung mit Nadellagern, Schwalbenschwanzausführung. *a* Schlitten, *b* Stellschraube, *c* Leiste, *d* Nadellager

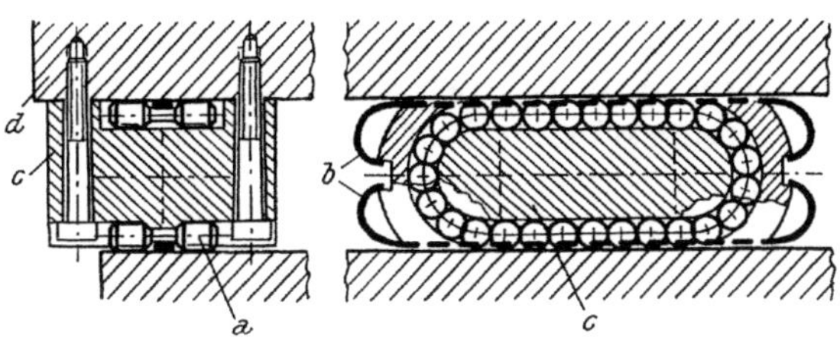

Abb. 96. „Tychoway“-Rollenumlaufführung (Rotax, London). *a* Rollen, *b* Klammer, *c* Führungsstück, *d* Schlitten

besitzt niedrige Bauhöhe. Eine Spielregelung erfolgt durch eine nachstellbare Leiste *c*. Nadellagerflachkäfige aus Polyamid werden als einbaufertige Bauelemente geliefert.

Bei *Führungen für unbegrenzte Schiebewege* werden vielfach die Wälzkörper nach Durchlaufen der Arbeitsstrecke über Umlenkkanäle zur Einlaufstelle in der Arbeitsstrecke zurückgebracht. Abb. 96 zeigt käfiglose Einbauelemente, bei welchen in der Mitte eingehalste Rollen *a* durch Klammern *b* in einem Führungsstück *c* gehalten werden, welches mit dem Schlitten *d* verschraubt wird. Der Rücklaufkanal befindet sich zwischen Schlitten und Führungsstück während auf der Arbeitsstrecke gegenüber die belasteten Rollen *a* über das Führungsstück *c* hervorragen.

2,6 Schlitten und Tische

Tische sind bewegliche Teile von Werkzeugmaschinen zur Aufnahme von Werkstücken, Schlitten solche, die zur Aufnahme der Werkzeuge dienen, wobei beide im Kraftfluß der Maschine liegen, und in Führungen laufen.

Bezüglich ihrer Steifheit und Starrheit gelten die in Abschnitt 2,4 angeführten Gesichtspunkte. Zu den dort angeführten Kräften kommen noch Trägheitskräfte bei größeren Beschleunigungen (Eilgänge, rasche Umkehr der Bewegungsrichtung bei Hobelmaschinentischen), die durch Leichtbau verringert werden können.

Ihre Gestalt wird weitgehend durch die Wahl der vorgesehenen Geradführung bestimmt. Besonders häufig sind Kreuzschlitten und Tische für zwei zueinander senkrechte Bewegungsrichtungen, die meist noch durch einen dreh- oder schwenkbaren Schlitten oder Tisch ergänzt werden.

Abb. 221 und 222 zeigen einen Kreuzschlitten einer Drehmaschine, bestehend aus Bettschlitten *b*, Planschlitten *p*, Drehteil *u* und Oberschlitten *o*. Angestrebt wird dabei eine niedrige Gesamtbauhöhe.

Abb. 304 zeigt einen Kreuztisch *f* und *g* mit aufgesetztem Rundtisch *h*. In Abb. 344 ist ein Kreuztisch auf einem Winkeltisch *w* aufgebaut (zwischen längs- und querbeweglichem Tisch ist noch ein Drehteil angeordnet; Universalfräsmaschine). Weiter typische Beispiele sind die Ständerschleifmaschine Abb. 377, der Hobelschlitten Abb. 414 und die Tische der Waagrechtstoßmaschinen Abb. 417 und Senkrechtstoßmaschine Abb. 421.

3. Steuerungstechnik[1]

3,1 Grundbegriffe

Um die im vorhergehenden Abschnitt angeführten Getriebe sowie die zur Werkstück- und Werkzeugaufnahme erforderlichen Einrichtungen zu betätigen benötigt man Elemente, die die Steuerbefehle in Bewegungen umsetzen.

Unter *Steuern* versteht man das willkürliche Verstellen einer Betriebsgröße. Hiebei findet kein Vergleich zwischen Soll- und Istwerten statt. Der Istwert kann somit vom Sollwert abweichen, ohne daß eine Nachstellung erfolgt (ein parallel zur Drehachse vorgeschobenes Drehwerkzeug ergibt infolge Abnützung ein konisches Werkstück).

Beim *Regeln* wird ein Soll-Ist-Vergleich durchgeführt. Bei Differenzen wird ein Fehlersignal erzeugt, welches das Stellglied nachsteuert bis die Abweichung innerhalb der Toleranz bleibt (entsprechend dem vorherigen Beispiel müßte der Ist- mit dem Solldurchmesser verglichen werden und ein selbsttätiges Nachstellen des Drehwerkzeuges erfolgen, wodurch dessen Verschleiß ausgeglichen wird). Ein Regelkreis ist demnach viel aufwendiger als eine einfache Steuerkette.

Die *Steuerkette* besteht aus der Steuerstrecke und der Steuereinrichtung.

Die *Steuerstrecke* ist der Teil der Werkzeugmaschine (Getriebe), der gesteuert wird. Dazu verwendet man die *Steuereinrichtung*, die das Steuern vornimmt. Diese befindet sich zwischen Antrieb und Abtrieb in Form eines Stellgliedes (z. B. Kupplung). Das *Stellglied* kann von Hand oder maschinell (automatisch) betätigt werden. Dazu benötigt man einen *Befehlsgeber* (Hebel, Nocken, Kurve, Steuerschieber, elektrischer Schalter), einen *Übertrager* (Welle, Hebel, Öl-, Luft- oder elektrische Leitung) und einen *Stell-(Servo-)motor* (Gewicht, Feder, Schütz, druckbelasteter Kolben).

Nach ihrer Funktionsweise unterscheidet man Zentral-, Folge-, Programm-, Werkstückmeß- und numerische Steuerungen.

---

[1] DIN 19226 Regelungstechnik und Steuertechnik.

Bei der *Zentralsteuerung* (siehe Abschnitt 4,482 mechanisch gesteuerte Drehautomaten) werden durch mehrere Befehlsgeber (Kurven, Nocken auf gemeinsamer Steuerwelle) Spannen, Vorschieben, Drehzahl- und Drehrichtungsänderungen und die Bewegung der Werkzeugschlitten gesteuert.

Bei der *Folgesteuerung* wird der nächste Vorgang als Folge einer vorhergehenden Bewegung gesteuert. Bei der *Abschalt*steuerung schaltet ein Schlitten am gewünschten Wegende seine eigene Bewegung ab (siehe Fallschnecke, Abschnitt 4,423). Bei der *Umschalt*steuerung bewegen am Tisch angebrachte verstellbare Anschläge den Befehlsgeber (Steuerschieber, elektrischer Schalter; siehe Rund- und Flachschleifmaschinen, Langhobelmaschinen usw.).

Bei der *Programmsteuerung* werden alle für die Zerspanung notwendigen Vorgänge in einem Programm festgelegt, nach dem in zeitlicher Folge alle Schalt- und Bewegungsvorgänge selbsttätig ablaufen (siehe Abschnitt 4,483 programmgesteuerte Drehautomaten).

Bei der *Werkstückmeßsteuerung* wird die Schlittenbewegung (z. B. Bewegung des Schleifschlittens) durch Meßköpfe gesteuert, die direkt am Werkstück dessen Maß (Durchmesser) messen. Sie können bei glatten und kühlen Werkstücken (z. B. beim Schleifen) angewendet werden und erfordern einen passenden Regelkreis. Die Meßköpfe arbeiten mit Berührung des Werkstückes (Kontaktgeräte) oder berührungslos (durch Induktions-, Kapazitäts- oder Luftdruckänderung oder durch Fotozellen gesteuerte Geräte).

Bei der *numerischen Steuerung* (NC- bedeutet numerically controlled) werden alle zur Herstellung eines Werkstückes erforderlichen Informationen durch Zahlen erfaßt und auf einer Lochkarte, einem Lochband oder Magnetband gespeichert, die in die Maschine eingebracht werden (siehe Abschnitt 3,3 und 4,484 numerisch gesteuerte Drehautomaten).

Nach der Ausführung unterscheidet man mechanische, elektrische, hydraulische, pneumatische und kombinierte Steuerungen.

3,2 Mechanische Steuerungen

Die ersten Steuerungen waren *Hand*steuerungen durch Hebel, Schraubenspindel, Steuergestänge usw.

Bei den *automatischen* Steuerungen dienen *Anschläge* und *Nocken* zur Einleitung oder Beendigung einer Bewegung und Trommelkurven oder Scheibenkurven zur programmierten Durchführung der Bewegungen.

Bei den *Trommelkurven* werden die Kurven entweder in den zylindrischen Mantel der Trommel eingefräst oder es werden entsprechend gebogene Kurvenstücke auf die Trommel aufgeschraubt. Es entstehen dadurch zwei radiale parallele Kurvenflächen, welche einen Taststift oder eine Rolle, die sich auf einem Hebel befinden hin und her bewegen. Sämtliche für die Fertigung erforderlichen Steuerwege müssen auf der Trommel, die sich auf einer Steuerwelle befindet untergebracht werden. Zu diesem Zweck wird der Trommelumfang in eine Ebene der Länge $d \cdot \pi$ abgewickelt (Abb. 97). Die Höhe h des jeweiligen Kurventeiles entspricht dann dem Schlittenweg, der Steigungswinkel α der Schlittengeschwindigkeit. Im Gegensatz zu der schematischen Darstellung der Trommelkurven in Abb. 254 und 256 in Abschnitt 4,482 müssen zur Vermeidung von Stößen die Übergänge (b in Abb. 97) von der Waage-

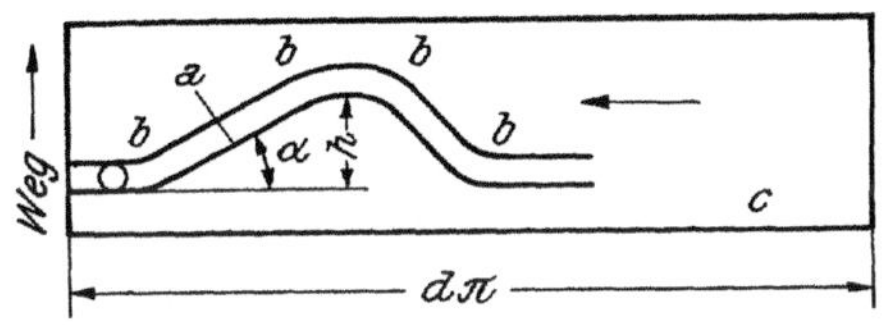

Abb. 97. Abwicklung einer Trommelkurve. *a* Kurve, *b* Übergänge, *c* Kurventrommel, *d* Trommeldurchmesser, *h* Kurvenhöhe, α Steigungswinkel

rechten in die Schräge als Parabeln ausgebildet werden, um eine konstante Beschleunigung an Stelle der bei eckigem Übergang auftretenden unendlich großen zu erzielen. Der linke ansteigende Teil der Steuerkurve in Abb. 97 entspricht dem Arbeitsweg, der um einen Überlaufweg größer als der erforderliche Werkzeugweg ist und der rechte, steiler abfallende Teil dem raschen Rücklauf des Werkzeugschlittens. Der Steigungswinkel des letzteren richtet sich nach den zu beschleunigenden Massen und ist durch die Selbsthemmung begrenzt (kleiner als $90 - \rho$, ρ = Reibungswinkel).

Der zur Erzielung eines vorgegebenen Vorschubes s (mm/U) des Werkzeuges erforderliche Steigungswinkel α ergibt sich aus folgenden Beziehungen:

Weg pro Minute

$$n_k \cdot a = n_a \cdot s$$

mit n_k (U/min) . . . Drehzahl der Trommelkurve
n_a (U/min) . . . Drehzahl der Arbeitsspindel
a (mm) . . . Steigung der Trommelkurve
d (mm) . . . Durchmesser der Trommelkurve

$$a = d \cdot \pi \cdot \tan \alpha$$

$$n_k \cdot d \cdot \pi \cdot \tan \alpha = n_a \cdot s$$

$$\tan \alpha = \frac{n_a \cdot s}{n_k \cdot d \cdot \pi}$$

Bei den *Scheibenkurven* (*a* in Abb. 98) befinden sich die wirksamen Kurvenflächen auf dem Umfang einer Scheibe. Die Bewegung wird von einer Rolle *r*, die auf einem Hebel *b* sitzt, abgenommen und über ein Zahnsegment *d* auf eine Zahnstange des Werkzeugschlittens *c* übertragen. Da der Hebel *b* mit der Rolle *r* immer an die Scheibe durch eine Feder, die den Rücklauf bewirkt angepreßt wird, ist die Bewegungsübertragung im Gegensatz zur Trommelkurve spielfrei.

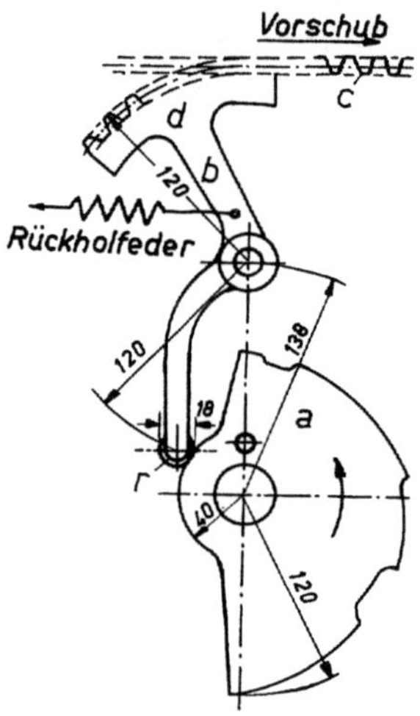

Abb. 98. Scheibenkurve.
a Scheibenkurve, *b* Hebel mit Zahnsegment *d* und Rolle *r*, *c* am Werkzeugschlitten befestigte Zahnstange

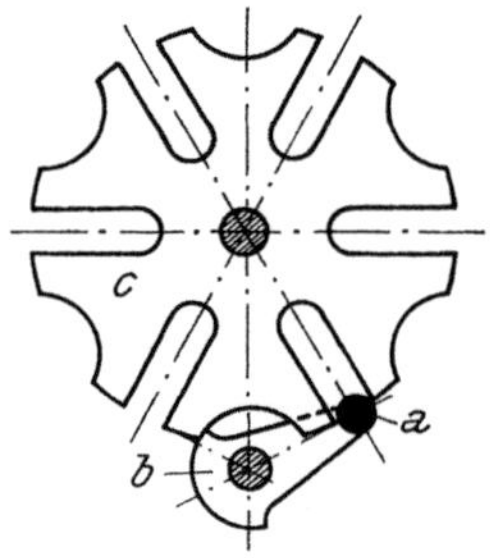

Abb. 99. Maltesergetriebe.
a Triebstock mit Zapfen, *b* Sperrtrommel, *c* Schaltscheibe

Mechanische Steuerungen sind auch die *Schrittschaltwerke*, welche einen schrittweisen Vorschub erzeugen. Zu diesen gehören die *Sperrklinkengetriebe* (siehe Abschnitt 9,5) für die Vorschubsteuerung einer Waagrechtstoßmaschine und das *Maltesergetriebe* (Abb. 99), bei dem eine gleichförmige Drehbewegung einer Antriebswelle in eine unterbrochene Drehbewegung mit veränderlicher Winkelgeschwindigkeit und regelmäßigem Stillstand einer Abtriebswelle umgewandelt wird. Bei ihm erfolgt der Antrieb durch einen Triebstock mit Zapfen *a* und einer Sperrtrommel *b*, der Abtrieb durch eine Schaltscheibe *c* mit radialen Nuten. Der Zapfen *a* des Triebstockes tritt tangential in die radiale Nut der Schaltscheibe *c* ein (Anfangsbeschleunigung Null, daher stoßfreier Eintritt), dreht die Schaltscheibe und verläßt die Nut wieder tangential. Dann greift die Sperrtrommel *b* in die Aussparung der Schaltscheibe und verhindert deren Drehung bis zur nächsten Schaltung.

Dieses Prinzip der *Verriegelung* einer Welle gegen unerwünschte Drehung auf *mechanische Weise* findet man auch im Haupt- und Vorschubantrieb von Drehmaschinen. Die gleichzeitige Betätigung zweier paralleler oder zueinander senkrechter Steuerwellen zum gleichzeitigen Schalten zweier verschiedener Drehzahlen oder gleichzeitiger Betätigung

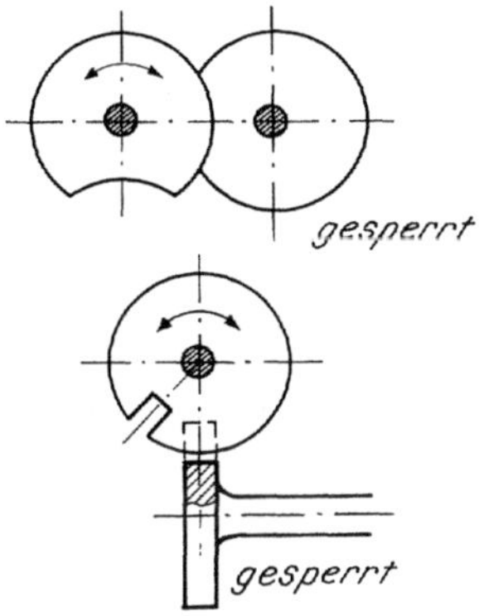

Abb. 100. Verriegelungen

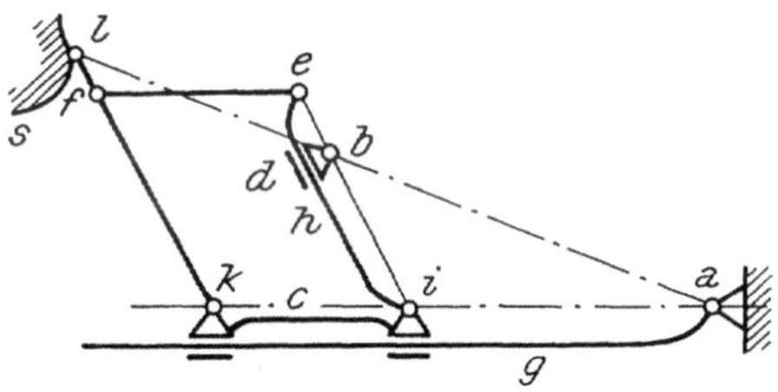

Abb. 101. Storchschnabel. *a* Festes Gelenk, *b* Fräser, *c* auf Hebel *g* nach Skala verschiebbarer Teil, *d* auf Hebel *h* nach Skala verschiebbarer Teil, so daß *b* und Taster *l* auf einer Geraden *abl* liegen, *e*, *f*, *i*, *k* Gelenke die ein Parallelogramm bilden, *s* Schablone

von Zug- und Leitspindel verhindert man dadurch, daß eine Scheibe auf der ersten Welle in die Aussparung einer Scheibe auf der zweiten Welle eingreift (Abb. 100).

Zu den mechanischen Steuerungen gehört auch der *Storchschnabel* (Abb. 101), der dazu dient Buchstaben oder Ziffern (oder andere Kurven) in bestimmten Maßstab durch einen Taststift (Kopierstift) *l* von einer Schablone *s* auf ein Werkzeug (Fräser) *b* zu übertragen. Der Übertragungsmaßstab wird durch Verschieben der Teile *c* und *d* eingestellt.

Die einfachste *mechanische Nachformsteuerung* ist das *Konuslineal* (siehe Abb. 232, Abschnitt 4,426) zur Herstellung von Kegelflächen bestimmter Steigung. Die früher auch für das Nachformen von profilierten Drehkörpern verwendete Einrichtung mit *Kopierlineal* hinter dem Bett der Drehmaschine (*unmittelbare* Nachformeinrichtung) findet keine Verwendung mehr, da die Kraft mit der der Taster (Rolle oder Stift) gegen die Schablone gedrückt werden muß, größer sein muß, als die beim Zerspanen auftretende Komponente der Zerspankraft in dieser Richtung. Die Schablone müßte dann entsprechend dick und gehärtet sein.

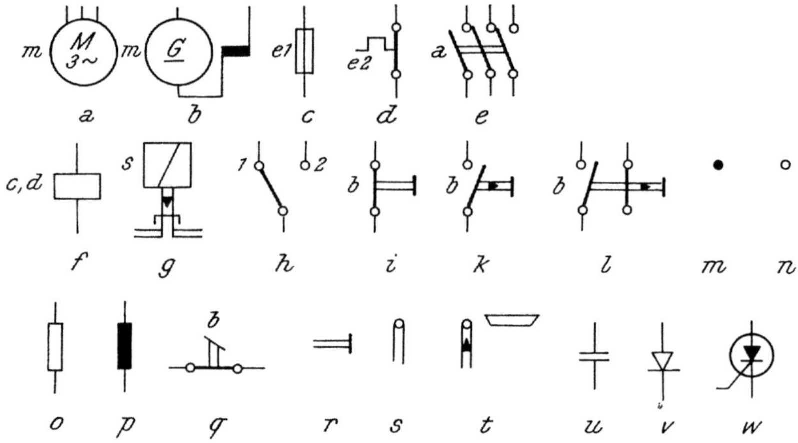

Abb. 102. Schaltzeichen nach ÖNORM E 1203, 3400, 4920 und 6000. *a* Drehstrommotor *m*, *b* Gleichstromgenerator *m*, *c* Schmelzsicherung *e1*, *d* Überstromrelais *e2*, *e* dreipoliger Motorschalter *a*, *f* Magnetantrieb für Schütz *c* oder Hilfsschütz *d*, *g* elektromagnetische Kupplung *s*, *h* Umschaltkontakt mit zwei Stellungen mit Unterbrechung (Wechsler), *i* Dauerkontakt ohne Rückfeder *b*, *k* Schließer mit Rückfeder *b*, *l* Schließer und Öffner handbetätigt *b*, *m* nicht lösbare Klemme, *n* lösbare Klemme, *o* Ohmscher Widerstand, *p* Induktiver Widerstand (Drosselspule), *q* Öffner mit Fußantrieb *b*, *r* Betätigung von Hand, *s* Endschalter, *t* Endschalter durch Nocken betätigt, *u* Kapazität, *v* Gleichrichter, *w* Thyristor

3,3 Elektrische Steuerungen[1]

Durch elektrische Steuerungen ist es häufig möglich den für komplizierte Steuervorgänge notwendigen hohen Aufwand von mechanischen Steuerungen herabzusetzen und raumsparende Lösungen zu finden.

In DIN 40710 bis 40719[2] sind die Grundregeln für den Aufbau von Schaltplänen festgelegt. In Abb. 102 sind die wichtigsten in elektrischen *Stromlaufplänen* verwendeten *Schaltzeichen* (ÖNORM E 4920, E 1203, E 1204, E 3400 und E 6000) zusammengestellt.

[1] Linse, H.: Elektrotechnik für Maschinenbauer. Stuttgart: Teubner. 1972.
[2] DIN-Taschenbuch 7, Berlin: Beuth. 1973.

Schalter dienen zum Aus- und Einschalten der gesamten Anlage oder von Teilen derselben. Es finden *unmittelbar von Hand* betätigte oder *mittelbar* durch *Befehlsgeber* betätigte (*Schütze* und *Relais*) Schalter Verwendung.

Bei den *handbetätigten Schaltern* ist ein Handhebel direkt auf dem Schaltteil befestigt. Jede Maschine soll nach VDE 0113 mit einem *Hauptschalter* (Eingangs- oder Netzschalter) ausgestattet sein, mit dem

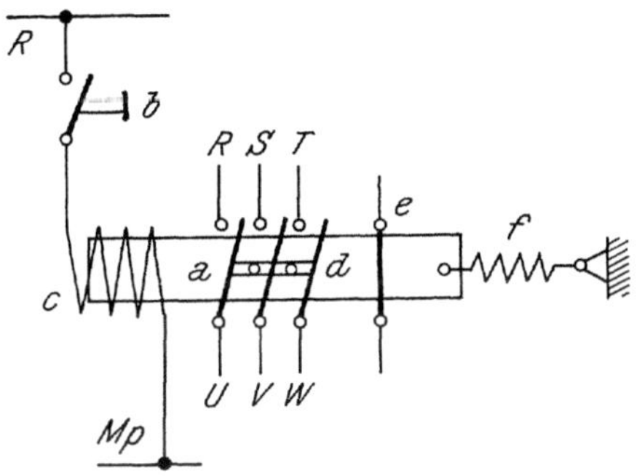

Abb. 103. Schütz (schematisch). *a* Magnetanker, *b* Schließer, *c* Spule, *d* Motorschalter, *e* Hilfsschalter, *f* Feder

der Strom zentral ein- und ausgeschaltet wird. *Motorschutzschalter* sind mit Bimetallauslösern oder Kurzschlußschnellauslösern ausgestattet und schützen die Motoren vor Überlastung. Für nicht zu häufiges Schalten (Umkehren der Drehrichtung, Polumschalten, Stern-Dreieck-Schalten) werden *Walzenschalter* verwendet, bei denen die Schaltstücke auf einer Walze angeordnet sind. Bei höheren Schalthäufigkeiten werden *Nockenschalter* verwendet, bei denen die Kontakte nicht wie bei den Walzenschaltern aufeinander reiben, sondern durch Federn unabhängig von der Betätigungsgeschwindigkeit des Schalters, schnell geschlossen werden.

Die meisten elektrischen Steuerungen sind *Schützensteuerungen*. Der *Schütz* ist ein Servomotor, bei welchem mit kleinem Steuerstrom ein großer Hauptstrom gesteuert wird. Er besteht im wesentlichen aus einer Spule *c* (Abb. 103) die, wenn sie vom Strom durchflossen wird, einen Magnetanker *a* aus lamelliertem Blech anzieht und alle an diesem befestigten Schalter bzw. Kontakte in Arbeitsstellung bringt. In Abb. 103 wird der Strom durch einen druckknopfbetätigten Schließer *b* eingeschaltet. Bei Loslassen des Schließers *b* wird der Strom unterbrochen und eine Feder *f* zieht den Magnetanker mit allen Kontakten wieder in Ruhestellung. Außer den Hauptkontakten *d* zum Einschalten eines Drehstrommotors finden sich auf dem Schütz noch Hilfskontakte *e* für irgendwelche Schaltaufgaben der Steuerstrecke. Der Schütz besitzt noch eine Blaseinrichtung zum Löschen des Öffnungsfunkens und in der Regel einen Schutz gegen Überlastung.

Taster für die Schütze können von Hand oder durch die Maschine (selbsttätig) betätigt werden. *Schließer* schließen beim Niederdrücken die Kontakte (*Arbeits*kontakte), *Öffner* öffnen sie (*Ruhe*kontakte). *Druckknopftaster* werden von Hand oder Fuß (Schutz gegen unbeab-

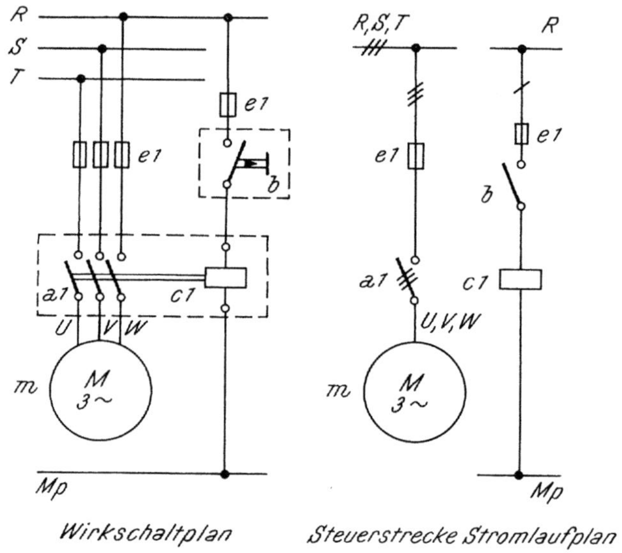

Abb. 104. Einschalten eines Drehstrommotors. *a 1* Dreipoliger Schalter, *b* Befehlsdruckknopf, *c 1* Schützspule, *e 1* Schmelzsicherung, *m* Drehstrommotor

sichtigtes Einschalten erforderlich) betätigt. *Endtaster* werden von Nocken betätigt, die sich auf bewegten Maschinenteilen befinden. Nach DIN 43605 sind Lage, Anordnung und Beschriftung der Taster genormt. Größere Werkzeugmaschinen sind mit *Hängedruckknopftafeln* ausgerüstet, um die Maschine unter Beobachtung des Zerspanungsvorganges von jeder Stelle betätigen zu können.

Relais unterscheiden sich von den Schützen durch ihre geringere Schaltleistung. *Zeitrelais* geben einen Schaltbefehl erst nach einer einstellbaren Zeit weiter (Verzögerung oder zeitliche Begrenzung des Schaltvorganges).

Stromlaufpläne sind die nach Stromwegen aufgelöste Darstellung der Schaltung mit übersichtlichen, möglichst geradlinigen Leitungsverlauf ohne Berücksichtigung der räumlichen Lage der Geräte und des mechanischen Zusammenhanges ihrer Teile. Dabei werden die

Kontakte stets in Ruhestellung gezeichnet. Bei der Darstellung von Stromlaufplänen werden die Teile des Schützes dort eingezeichnet, wo sie im Stromlaufplan die Funktion übersichtlich erkennen lassen. Um zusammengehörige Teile aufzufinden erhalten sie die gleichen Bezeichnungen (Abb. 104 bis 113).

Abb. 104 links zeigt das Einschalten eines Drehstrommotors *m* durch einen dreipoligen Schalter *a1*, welcher durch das Einschaltschütz *c1* bei

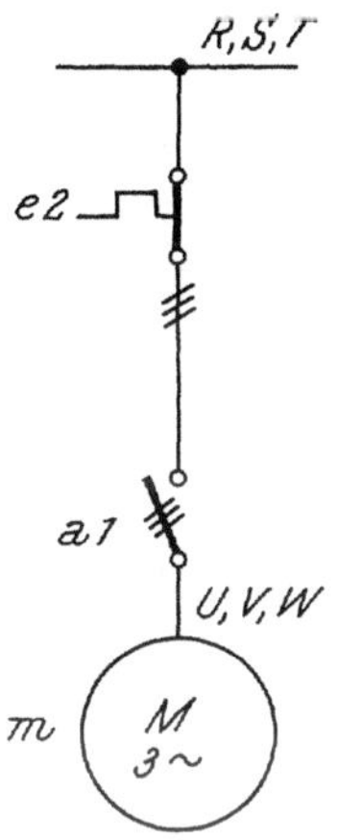

Abb. 105

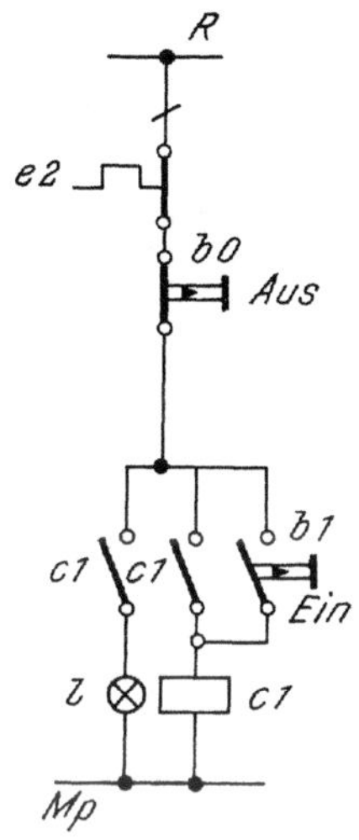

Abb. 106

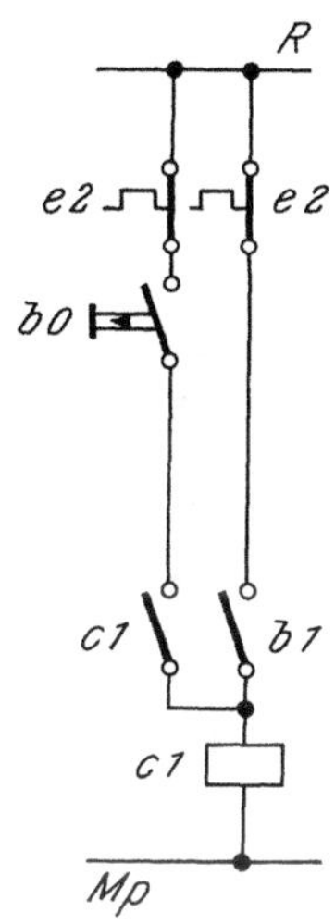

Abb. 107

Abb. 105 und 106. Übersichtsschaltplan der Steuerstrecke und Stromlaufplan der Steuereinrichtung bei Selbsthalteschaltung. Bezeichnungen im Text
Abb. 107. Stromlaufplan der Steuereinrichtung mit Wahlschalter *b0*

Drücken des Befehlsdruckknopfes *b* betätigt wird. Der Antrieb bleibt solange eingeschaltet, wie der Druckknopf *b* gedrückt wird. Abb. 104, Mitte, zeigt die vereinfachte Darstellung der Steuerstrecke, in der die drei Phasen RST des Netzes vereinfacht durch eine Linie mit drei Querstrichen dargestellt sind (Übersichtsschaltplan). In Abb. 104 rechts ist der Stromlaufplan der Steuereinrichtung durch einen Querstrich gekennzeichnet. Diese Schaltung (Tippschaltung) wird ausgeführt, wenn der Motor nur kurze Zeit laufen soll (z. B. beim Einrichten der Werkzeugmaschine).

Soll der Motor auch nach dem Auslassen des Druckknopfes *b1* eingeschaltet bleiben, spricht man von *Selbsthalteschaltung* (Abb. 105, Übersichtsschaltplan der Steuerstrecke, Abb. 106, Stromlaufplan der Steuereinrichtung). In Abb. 106 sind alle mit *c1* bezeichneten Einzelteile

Bestandteil des Schützes *c1*. In der Steuereinrichtung befindet sich parallel zum Eintaster *b1* ein Hilfskontakt *c1*, der die Selbsthaltung der Schützspule *c1* und damit des Schützes bewirkt. Nach dem Drücken des Tasters *b1* wird durch die Magnetspule *c1* der Hilfskontakt *c1* (Mitte) geschlossen, so daß nach Auslassen von *b1* das Schütz *c1* (darunter) sich über diesen Hilfskontakt selbst hält. Zum Ausschalten des Motors *m* wird hier ein besonderer Austaster *b0* in Reihe angeordnet. Um den

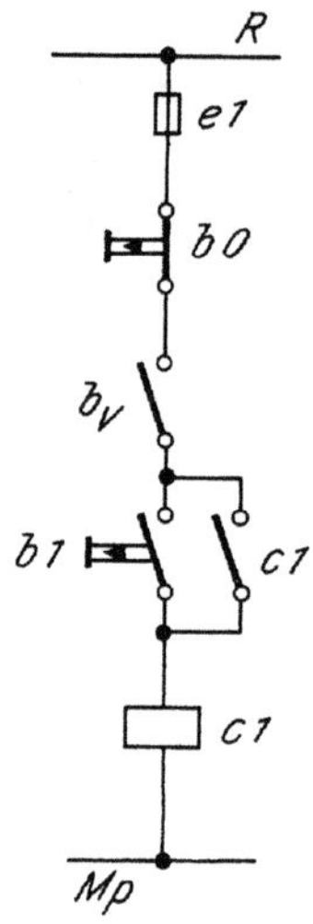

Abb. 108

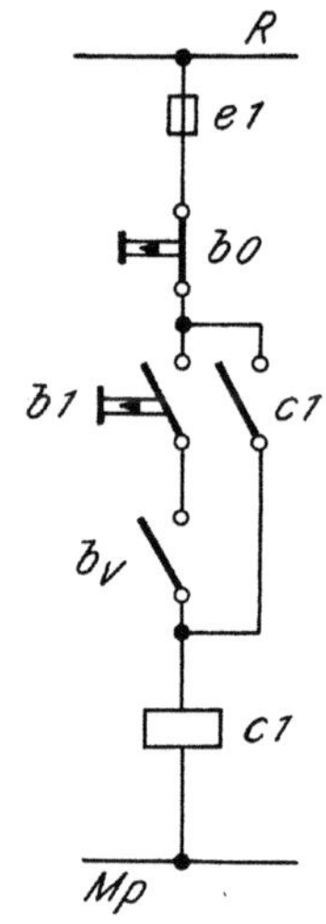

Abb. 109

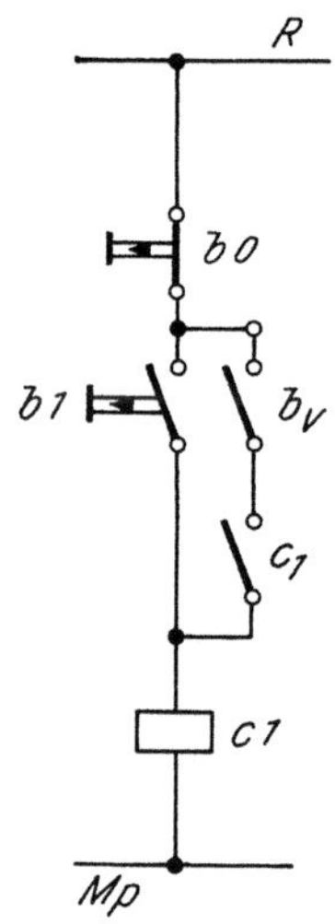

Abb. 110

Abb. 108 bis 110. Stromlaufpläne der Steuereinrichtung mit Verriegelungsschalter *bv*. Bezeichnungen im Text

Betriebszustand des Motors auf dem Bedienungspult kenntlich zu machen, wird ein weiterer Hilfskontakt *c1* (links) verwendet, der eine Kontrollampe *l* einschaltet. Diese Schaltung wirkt als Schutzschaltung, da bei Stromausfall der Schütz herausfällt.

In Abb. 107 (Stromlaufplan der Steuereinrichtung) ist der Ausschalter *b0* ein Wahlschalter, der in die Selbsthalteleitung gelegt wird. Man erhält eine Dauereinschaltung, wenn der Wahlschalter *b0* geschlossen ist und eine Zeiteinschaltung, wenn er geöffnet ist.

Auf einfache Weise sind bei den elektrischen Schaltungen auch *Verriegelungen* möglich. Abb. 108, 109 und 110 zeigen die Stromlaufpläne für drei Arten von Verriegelungen.

In Abb. 108 liegt der Verriegelungsschalter *bv* in Reihe hinter dem Ausschalter *b0*. Soll das Schütz *c1* eingeschaltet werden, so muß *bv* geschlossen sein. *bv* dient hier also zum Ausschalten von Gefahren.

In Abb. 109 liegt *bv* in Reihe hinter dem Einschalter *b1*. Das Schütz kann nur eingeschaltet werden, wenn *bv* geschlossen ist. Wird *bv* nachträglich geöffnet, dann ist dies ohne Wirkung, da der Strom über Hilfskontakt *c1* fließt. Diese Schaltung wird beim Einschalten über Anlasser u. a. angewendet.

In Abb. 110 ist der Verriegelungsschalter *bv* in die Selbsthalteleitung gelegt. Die Selbsthaltung wird erst wirksam, wenn *bv* geschlossen ist.

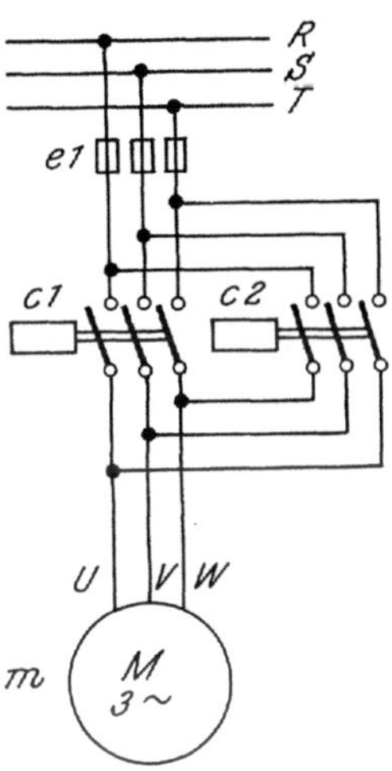

Abb. 111

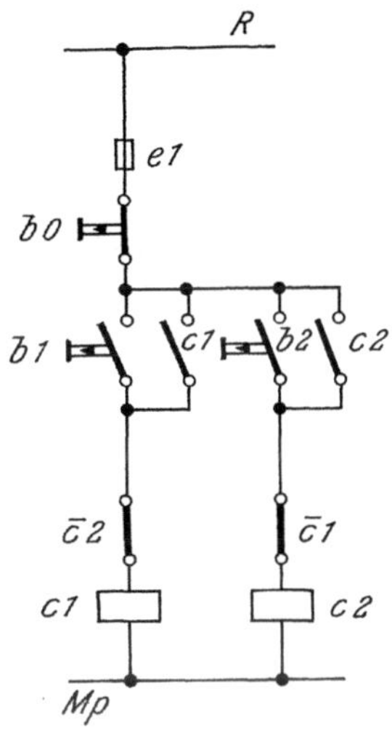

Abb. 112

Abb. 111 und 112. Übersichtsschaltplan der Steuerstrecke und Stromlaufplan der Steuereinrichtung zum Umkehren der Drehrichtung eines Drehstrommotors. Bezeichnungen siehe Text

Abb. 111 zeigt den Übersichtsschaltplan der Steuerstrecke und Abb. 112 den Stromlaufplan der Steuereinrichtung zum Umkehren der Drehrichtung (Wendeschaltung) eines Drehstrommotors *m* mit Hilfe von zwei Schützen *c1* und *c2*. Durch diese werden die Phasen *U* und *W* des Drehstrommotors *m* vertauscht. Da beide Schütze keinesfalls gleichzeitig eingeschaltet werden dürfen, wird zum Verriegeln je ein Öffner $\bar{c}\,1$ und $\bar{c}\,2$ im Einschaltschütz *c2* und *c1* angeordnet. Zum Reversieren muß erst der Austaster *b0* gedrückt werden. Ist die Drehrichtung 1 über *b1* eingeschaltet, so ist auch der Hilfskontakt $\bar{c}\,1$ im Stromlauf des Schützes *c2* geöffnet, so daß ein Drücken von *b2* wirkungslos bleibt. Das gleiche gilt für die andere Drehrichtung, so daß die beiden Schützen *c1* und *c2* durch die Hilfskontakte gegenseitig verriegelt sind.

Durch *Vorwählschaltungen* werden die Nebenzeiten für die Drehzahl- und Vorschubeinstellung für den nächsten Arbeitsgang dadurch herabgesetzt, daß man diese während des laufenden Arbeitsganges vorwählt und nach dessen Beendigung schaltet. Bei Verwendung elektromagnetischer Kupplungen in den Getrieben ist dies auf elektrische Weise möglich.

Im Stromlaufplan der angewendeten Steuereinrichtung (Abb. 113) dienen zum Schalten der Drehzahlen n_1 und n_2 die beiden Schütze *c1* und *c2*. Zum Vorwählen dient der Wahlschalter *bw*. Zum Vorwählen der Dreh-

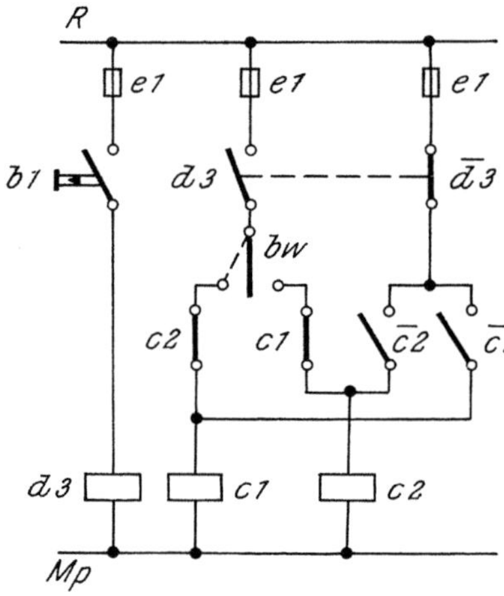

Abb. 113. Vorwählschaltung. Bezeichnungen im Text

zahl n_1 wird der Wahlschalter *bw* nach links geschaltet (strichliert). Nach Einschalten von *b1* schaltet das Relais *d3* den Schließer *d3* ein, wodurch das Schütz *c1* Strom erhält und die Drehzahl n_1 einschaltet. Nach Loslassen von *b1* fällt der Schließer *d3* wieder heraus aber der Schütz bleibt über seinen Selbsthalter *c̄1* und den Öffner *d̄3* eingeschaltet. Wählt man nun durch den Wahlschalter *bw* die Drehzahl n_2 (rechte Stellung), so wird beim nächsten Schalten von *b1* der Öffner *d̄3* öffnen und das Schütz *c1* ausschalten und das Schütz *c2* über den Öffner *c1* einschalten.

Für die Bearbeitung einer größeren Zahl gleicher Werkstücke (z. B. Serienfertigung an Revolverdrehmaschinen) ist es zweckmäßig nicht wie bei der Vorwählschaltung die Aufeinanderfolge der verschiedenen Drehzahlen und Vorschübe stets neu einzustellen, sondern diese selbsttätig, aber für verschiedene Werkstücke frei wählbar, ablaufen zu lassen. Bei diesen *Folge-* bzw. *Programmsteuerungen* besteht die Möglichkeit mit Hilfe eines Wahlschalters auf Handbetrieb über Druckknöpfe (zum Einrichten) oder selbsttätige Steuerung durch den Revolverkopf umzustellen. Abb. 114 zeigt die Verwendung eines *Kreuzschienenverteilers* mit einer in der Arbeitsvorbereitung angefertigten Lochkarte. Der Kreuzschienenverteiler hat so viele waagrechte Lochreihen als Revolverkopfstellungen vorgesehen sind. Die Lochöffnungen werden durch geteilte Metallhülsen *a* gebildet, die gegeneinander elektrisch isoliert sind. Die linke Hülsenhälfte ist mit dem waagrechten Sammelschienensystem verbunden, das mit den vom Revolverkopf in ver-

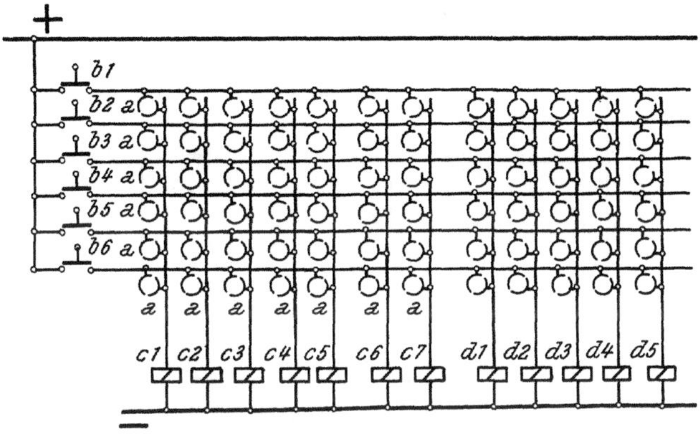

Abb. 114. Programmsteuerung von Drehzahlen und Vorschüben mit Kreuzschienenverteiler. *a* Geteilte Metallhülsen, *b1* bis *b6* Endschalter, *c1* bis *c7* Schütze zum Schalten der Magentkupplungen für Drehzahlen und Drehrichtungen, *d1* bis *d5* Schütze zum Schalten der Magnetkupplungen für Vorschübe

schiedenen Stellungen betätigten Endschaltern *b1* bis *b6* in Verbindung steht. Die andere Hülsenhälfte ist mit einem senkrechten Sammelschienensystem verbunden, an dem die Schützen *c1* bis *c5* zum Schalten der Lamellenkupplungen für die Drehzahlen, *c6* und *c7* zum Umschalten der Motordrehrichtung und *d1* bis *d5* zum Schalten der Lamellenkupplungen für die Vorschübe angeschlossen sind. Durch Einstecken von Metallstiften werden die beiden Sammelschienensysteme an der entsprechenden Lochstelle miteinander verbunden, so daß jedem Endschalter *b* ein bestimmtes Schütz *c* und *d* zugeordnet ist. Der Bedienungsmann erhält eine *Lochkarte,* welche auf den Kreuzschienenverteiler gelegt wird, wodurch alle nicht benötigten Löcher verdeckt werden und Fehlschaltungen ausgeschlossen sind.

Bei den *elektrischen Nachform-(Kopier-)Steuerungen* erteilt ein Fühler (Taster) elektrische Befehle an elektrische Stellglieder durch die ein Werkzeugschlitten gesteuert wird (siehe Nachformdrehmaschinen, Abschnitt 4,426 und Nachformfräsmaschinen Abschnitt 6,44). Wegen der größeren erforderlichen Ströme und der zu beschleunigenden Massen eignen sich Elektromotoren als Stellglieder im allgemeinen nicht, so daß man sich auf das Steuern elektromagnetischer Kupplungen beschränkt.

Bei der Verwendung eines *Dreistellungsfühlers* zur Steuerung des Bett- und Planschlittens einer Nachformdrehmaschine (Abb. 115) dienen je eine elektromagnetische Reibungskupplung k_e, k_a und k_l, die im

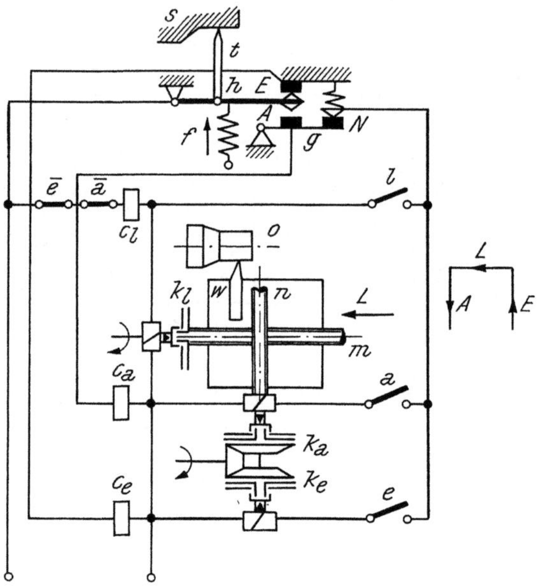

Abb. 115. Steuerung einer Nachformdrehmaschine durch Dreistellungsfühler. a Schließer und $\bar{a}$ Öffner durch Relais c_a betätigt, e Schließer und $\bar{e}$ Öffner durch Relais c_e betätigt, f Feder, g und h Hebel mit Kontakten A, E und N, k_a, k_e und k_l elektromagnetische Reibungskupplungen, l Schließer durch Relais c_l betätigt, m Gewindespindel für Längsbewegung, n Gewindespindel für Planbewegung, o Werkstück, s Schablone, t Taster, w Werkzeug, A, E und N Kontakte

Schloßkasten untergebracht sind zum Steuern der Bewegungen einwärts E, auswärts A und längs L, die jeweils von entsprechenden Kontakten E und A, die von einem Fühler t, der ein Modell oder eine Schablone s abtastet, betätigt werden.

In der Ruhestellung (Abb. 115) ist der Kontakt E durch die Feder f geschlossen, wodurch vom Relais c_e der Schließer e geschlossen und die Kupplung k_e für die Einwärtsbewegung des Planschlittens eingeschaltet wird. Gleichzeitig wird durch den Öffner $\bar{e}$ das Relais c_l und die Kupplung k_l für die Längsbewegung abgeschaltet.

Erreicht der Taster t die Schablone s, dann wird der Hebel h in die

Mittelstellung gebracht, wobei er den Kontakt E öffnet. Dadurch öffnet das Relais c_e den Schließer e wodurch die Kupplung k_e für die Einwärtsbewegung stromlos wird. Gleichzeitig schließt der Öffner $\bar{e}$ wodurch die Kupplung k_l für die Längsbewegung über das Relais c_l eingeschaltet wird. Der Bettschlitten bewegt sich nach links (L).

Bei weiterer Auslenkung des Tasters t durch die Steigung der Schablone s wird der Kontakt A geschlossen und durch das Relais c_a der Schließer a geschlossen, so daß die Kupplung k_a für die Auswärtsbewegung Strom erhält. Gleichzeitig öffnet der Öffner $\bar{a}$ und setzt über das Relais c_l die Kupplung k_l für den Längslauf still. Der Planschlitten p läuft bei stillstehendem Längszug nach außen (siehe Abb. 115 rechts).

Wird die Auslenkung des Hebels h durch den Taster t zu groß, so wird durch den Hebel g der Kontakt N geöffnet, wodurch alle Bewegungen stillgesetzt werden.

Abb. 116 zeigt die Verwendung eines *Fünfstellungsfühlers*, der sowohl in Axialrichtung verschoben, als auch in Querrichtung geschwenkt werden kann. Auf diese Weise lassen sich Modelle (oder Schablonen) in einer Ebene durch Überlagerung zweier zueinander senkrechter Verschiebungen nachformen.

Beide Bewegungen überträgt der Fühler t durch eine am gegenüberliegenden Ende befindliche Rolle r auf einen winkelförmigen Kontakthebel a, der durch eine Feder f an dieser Rolle r gedrückt wird.

Der aus Bett- und Planschlitten bestehende Kreuzschlitten einer Drehmaschine wird über zwei Gewindespindeln h_1 und h_2, die durch elektromagnetisch betätigte Kupplungen k_a, k_e, k_v und k_r mit je einem angetriebenen Kegelrad gekuppelt werden können, vorgeschoben. Die bei verschiedenem Fühlerdruck entstehenden Bewegungen des Werkzeuges w sind in Abb. 116 rechts unten, für die augenblickliche Stellung des Schalters e und darüber für die zweite mögliche Stellung angegeben. Durch den Schalter e ist es also möglich die Richtung der Bewegung des Bettschlittens zu ändern. Durch Anbringung eines zweiten Umschalters ist auch ein Umschalten von Längs- zu Plankopieren möglich. Dabei bedeuten V vorwärts (zum Futter), R rückwärts (zum Reitstock), E einwärts und A auswärts.

In Abb. 116 sind die erforderlichen Relais, Schützen und Schließer, sowie ein erforderlicher Notkontakt nicht eingezeichnet.

Bei der gezeichneten Stellung des Umschalters e ergeben sich folgende Bewegungen:

Solange der Fühler t die Schablone (oder das Musterstück) nicht berührt, ist nur der Kontakt E geschlossen. Dadurch wird die Kupplung

k_e mit Strom versorgt und der Planschlitten *m* mit dem Werkzeug *w* läuft auf das Werkstück zu (und der Fühler auf das Modell).

Sobald der Fühler die Schablone *s* berührt, wird noch der Kontakt *L* geschlossen und die Kupplung k_r zusätzlich eingeschaltet. Die zusammengesetzte Bewegung von Plan- und Bettschlitten ergibt eine schräge Bewegung des Werkzeuges *w* (Richtung *RE*).

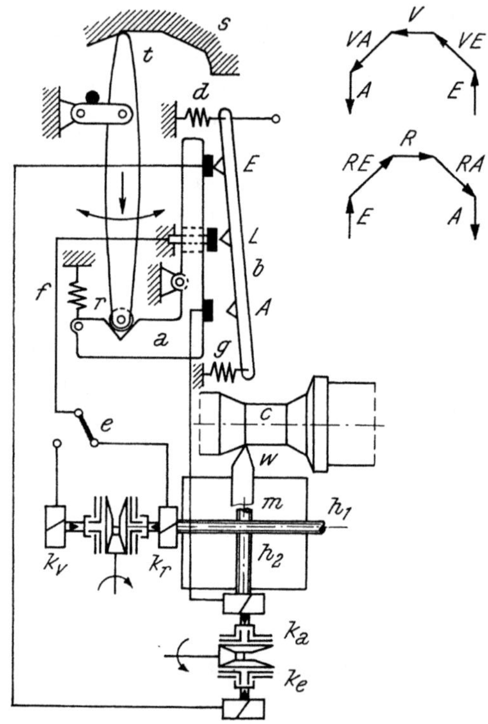

Abb. 116. Steuerung einer Nachformdrehmaschine durch Fünfstellungsfühler. *a* Kontakthebel, *b* Kontakthebel, *c* Werkstück, *d* Feder, *e* Wahlschalter, *f* und *g* Federn, h_1 Gewindespindel für Längsbewegung, h_2 Gewindespindel für Planbewegung, k_a, k_e elektromagnetische Kupplungen für Planbewegung, k_v und k_r elektromagnetische Kupplungen für Längsbewegung, *m* Planschlitten, *r* Rolle auf Taster *t*, *s* Schablone, *w* Werkzeug, *A*, *E* und *L* Kontakte für Auswärts-, Einwärts- und Längsbewegung, *R* rückwärts, *V* vorwärts

Steigt der Druck des Fühlers *t* weiter an so öffnet bei geschlossenem Kontakt *L* der Kontakt *E*. Die Kupplung k_r allein steht unter Strom und der Bettschlitten bewegt das Werkzeug in Richtung *R*.

Wird die Steigung der Schablone *s* erreicht, so steigt der Fühlerdruck weiter an und der Kontakt *A* wird zusätzlich geschlossen, wodurch die beiden Kupplungen k_r und k_a Strom erhalten und sich das Werkzeug w durch die gemeinsame Bewegung von Bett- und Planschlitten schräg rückwärts auswärts (RA) bewegt.

Wird schließlich bei weiterer Druckerhöhung nur der Kontakt A geschlossen, so erhält die Kupplung k_a allein Strom und der Planschlitten mit dem Werkzeug läuft auswärts (A).

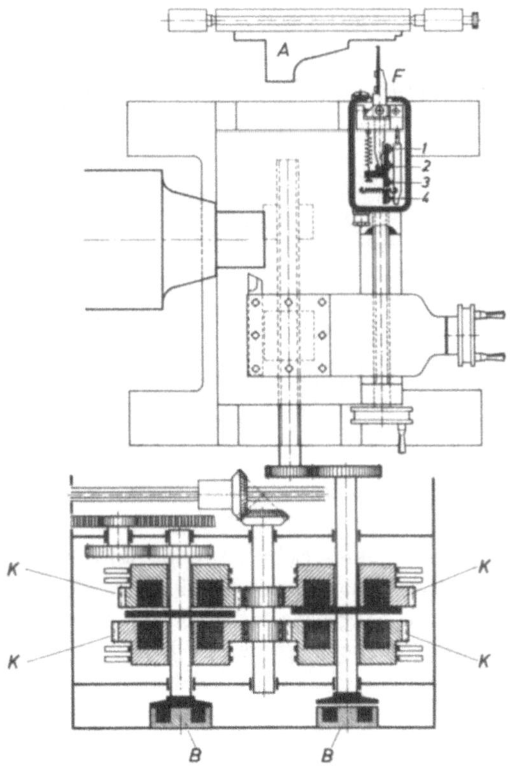

Abb. 117. 4-Kontakt-Fühlersteuerung (Heid, Stockerau). *A* Schablone, *B* elektromagnetische Bremsen, *F* Fühler, *K* elektromagnetische Kupplungen, *1*, *2*, *3* und *4* elektrische Kontakte

Wenn der Fühlerdruck weiter steigt wird ein nicht gezeichneter Notkontakt geschlossen und alle Bewegungen abgeschaltet.

Mit drei Fühlerkontakten sind alle Nachformarbeiten durchführbar, die keine Änderung der Bewegungsrichtung um mehr als 180° erfordern. Ein viertes Kontaktpaar ermöglicht eine Erweiterung der Bewegungsrichtung auf 360°. Die für Spitzendrehmaschinen, Walzendrehmaschinen, Karusselldrehmaschinen und Langhobelmaschinen ausgeführte Fühlersteuerung der Firma Heid zeigt Abb. 117. Die Zuordnung der vier

Kontaktpaare zu den elektromagnetischen Kupplungen kann durch einen Richtungswahlschalter zyklisch vertauscht werden (Abb. 118). Eine Grenze der Nachformmöglichkeit ist dann nur durch die Form des zur Verwendung gelangenden Werkzeuges gegeben.

Die gemeinsam mit den Kupplungen K eingebauten Elektromagnetbremsen B haben die Aufgabe, die am Ende der Schaltimpulse infolge der Trägheit der bewegten Massen auftretenden Nachläufe der Schlittenbewegung abzubremsen. Es werden verschiedene Varianten dieser Fühlersteuerung ausgeführt.

Bei der *Direktsteuerung* werden die Kupplungen direkt durch die

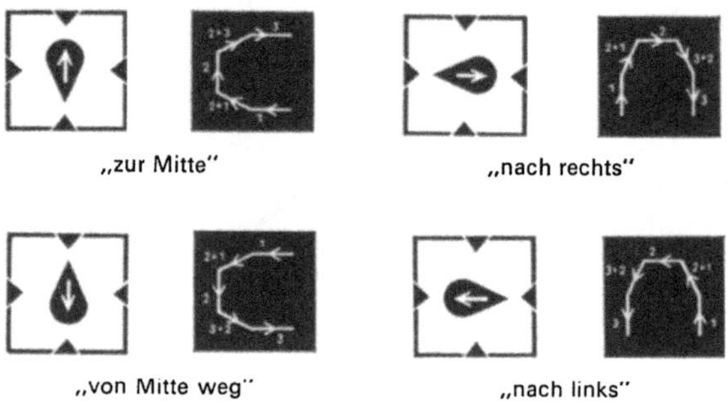

Abb. 118. Richtungswahlschalter (Heid, Stockerau)

Fühlerkontakte (ohne Relais, Schütze oder andere Zwischenglieder) ein- und ausgeschaltet. Die Bremsen bleiben während des ganzen Kopiervorganges ständig eingeschaltet, auch dann, wenn eine der beiden zugehörigen Kupplungen betätigt wird. Das Bremsmoment beträgt dabei 10 bis 25% des Kupplungsdrehmoments. Zur Stromversorgung der Kupplungen und Bremsen dient ein besonderes Gleichstromnetzgerät.

Die Fühler werden als *Standard*fühler (für Nachformdrehbearbeitung), als *Umriß*fühler (für Umrißnachformarbeiten wird die Fühlerstange in einem Kardangelenk gelagert) und als *Raum*fühler (für Nachformfräsbearbeitung wird die Fühlerstange in einem axial verschiebbaren Kardangelenk gelagert) ausgeführt. Der Taststift des Kopierfühlers trägt an seinem vorderen Ende eine auswechselbare Fühlernase, die der Schneidenform des verwendeten Werkzeuges entsprechen muß.

Die *Nachformgenauigkeit* der elektrischen Nachformverfahren ist von verschiedenen Umständen abhängig. Zum Übertragen der durch die Kontakte bewirkten Impulse und zum Beschleunigen bzw. Verzögern der Getriebeteile und Werkzeugschlitten ist eine gewisse Zeit erforderlich, so daß das Werkzeug dem Taster nicht genau folgt. Bei ungeregelter (konstanter) Vorschubgeschwindigkeit in Längs- (v_l) und Planrichtung (v_p) pendelt das Werkzeug treppenförmig um die Sollinie (Abb. 119). Die Abweichung wird umso größer, je größer die Kontaktabstände und die Massen aller bewegten Teile sind. Die Toleranzen können somit durch Verringern der Luftspalte der Magnete (Erhöhung der Anzugkraft), durch Erhöhung der Spannung und Verringerung der Kontaktabstände herabgesetzt werden. Um keine nur zur Schablone äquidistante (sondern eine kongruente) Kurve zu erhalten, muß der Abrundungsradius des Fühlstiftes mit dem an der Spitze des Drehwerkzeuges übereinstimmen.

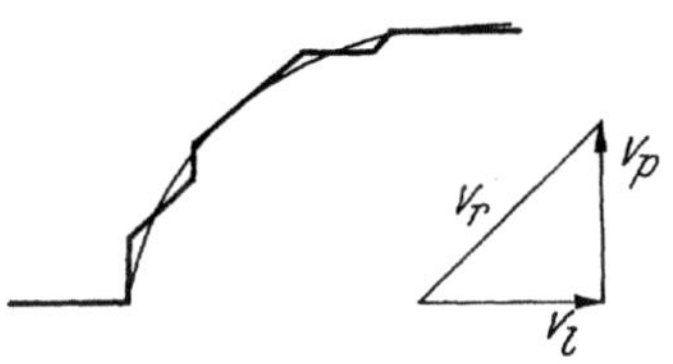

Abb. 119

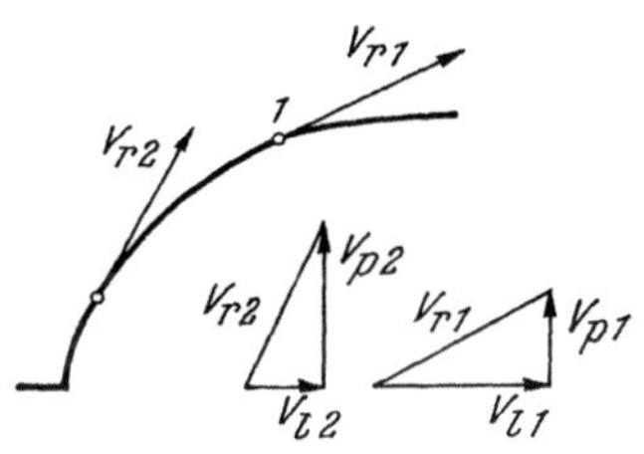

Abb. 120

Abb. 119 und 120. Nachformgenauigkeit elektrischer Nachformeinrichtungen. v_l Vorschubgeschwindigkeit in Längsrichtung, v_p Vorschubgeschwindigkeit in Planrichtung, v_r resultierende Vorschubgeschwindigkeit

Eine Verbesserung der Nachformgenauigkeit läßt sich durch Regelung der Größe von v_l und v_p erzielen. Nach Abb. 120 könnte die Abweichung sehr klein werden, wenn die Resultierende v_r aus v_l und v_p jeweils tangential an die Sollkurve gerichtet ist.

Ein *stufenloses* Nachformen ist mit Hilfe *induktiver* (kontaktloser) Regelkreise möglich (siehe Abschnitt 3,6).

Das Nachformen räumlicher Konturen wird im Abschnitt 6,44 (Nachformfräsmaschinen) näher besprochen.

Vorwiegend elektrische Steuerungen sind die Steuerungen der *NC-Maschinen*[1].

Im Gegensatz zu den mechanisch gesteuerten Automaten, die nur für sehr große Stückzahlen und den Folge- bzw. Programmsteuerungen, die für mittlere Stückzahlen wirtschaftlich sind, haben die NC-Maschinen ihre wirtschaftlichen Vorzüge bei der Herstellung *kleiner Stückzahlen genauer Werkstücke*. Bei der Fertigung von Ersatzteilen sind sie vor allem für die *wiederholte Fertigung* kleiner Stückzahlen (geringe Kapitalbindung) geeignet, während die anderen automatischen Werkzeug-

[1] Simon, W.: Die numerische Steuerung von Werkzeugmaschinen. München: Hanser. 1971.

maschinen nur dann wirtschaftlich arbeiten, wenn sie die für einen großen Zeitraum benötigten Ersatzteile auf einmal fertigen.

Bei den NC-Maschinen werden alle Arbeitsinformationen für die Fertigung in Form von Zahlen (numerisch) und Zeichen erfaßt und entsprechend codiert (in eine von der Maschine verstandene Sprache umgewandelt) auf einen *Informationsträger* (Lochkarte, Lochstreifen, Magnetband) übertragen. Bei einfachen Maschinen kann die Dateneingabe über eine Tastatur von Hand erfolgen.

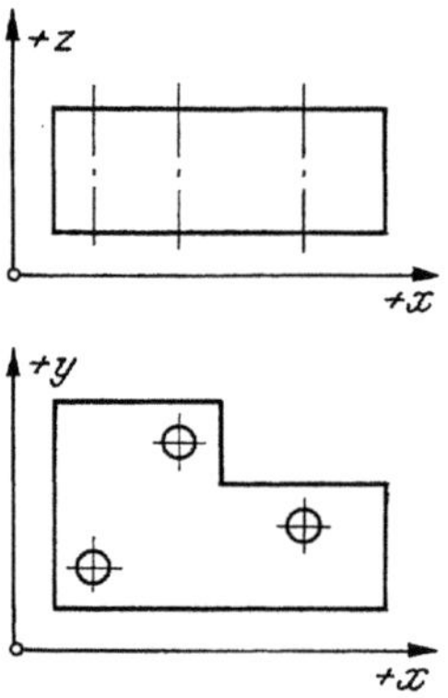

Abb. 121

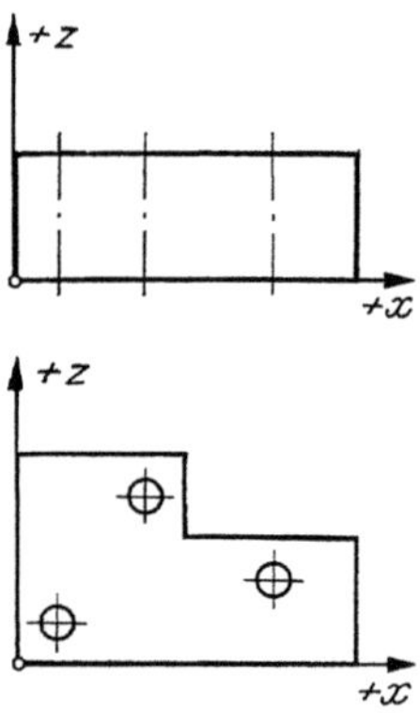

Abb. 122

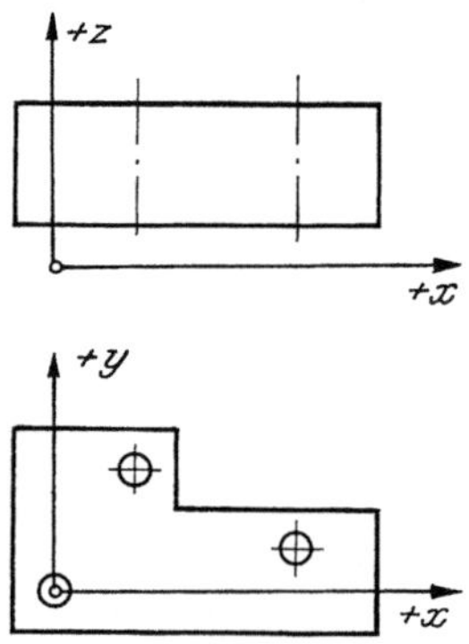

Abb. 123

Abb. 121 bis 123. Koordinatenachsen für Bearbeitung mit sich drehendem Werkzeug. $+X$, $+Y$, $+Z$ positive Koordinatenwerte

In vielen Fällen genügt es bei der Umstellung der Fertigung auf ein ähnliches Werkstück den Informationsträger, der außerhalb der Maschine hergestellt wird, auszuwechseln (sehr geringe Rüstzeit). Dazu ist allerdings eine sehr aufwendige Steuerung der Werkzeugmaschine erforderlich, welche mit hohen Anschaffungskosten verbunden ist. Diese machen sich jedoch bei sinnvollem Einsatz bezahlt, da die Herstellung von Vorrichtungen entfällt (kurze Fertigungstermine möglich), die Neben- und Rüstzeiten sehr gering sind und eine hohe Fertigungsgenauigkeit unabhängig vom Bedienungsmann erzielt wird.

Faßt man die *numerisch gesteuerte* Werkzeugmaschine als *datenverarbeitendes System* auf, so gehört die Herstellung des Informationsträgers zur *äußeren Datenverarbeitung* (software), die in der Arbeitsvorbereitung erfolgt und die Verarbeitung der Informationen innerhalb der Maschine zur *inneren Datenverarbeitung* (hardware).

In der Arbeitsvorbereitung werden zunächst in einem Arbeitsplan aus der Zeichnung und den technologischen Unterlagen die Reihenfolge der Bearbeitungsvorgänge und die zugehörige Werkzeuganordnung festgelegt. Bei den Arbeitsinformationen unterscheidet man je nach der Verarbeitung durch die innere Datenverarbeitung Schalt- und Weginformationen.

Die *Schaltinformationen* bewirken das Schalten der Spindeldrehzahlen nach Reihenfolge und Größe, das Schalten der Vorschübe nach Größe und Lage, das Ein- und Ausschalten des Zuflusses von Schneidflüssigkeiten, das Spannen und Lösen der Werkstücke sowie das Schalten eines Revolverkopfes oder die Betätigung von Werkzeugwechselein-

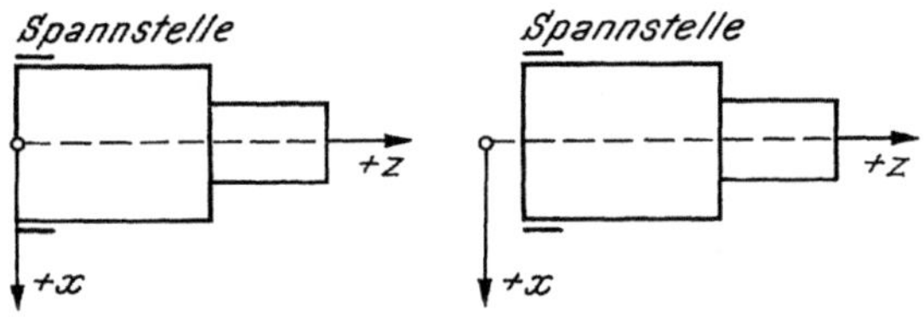

Abb. 124. Koordinatenachsen bei Bearbeitung mit sich drehendem Werkstück. $+X$, $+Z$ positive Koordinatenwerte

richtungen. Diese können in Form einfacher Schaltvorgänge unmittelbar auf die Energiezuflüsse der Maschine einwirken.

Durch die *Weginformationen* werden die Schlittenbewegungen gesteuert. Auf sie bezieht sich die eigentliche numerische Steuerung. Nichtnumerische Informationen können durch Abtasten von Schablonen (Nachformen) oder Kurventrommeln (mechanisch gesteuerte Automaten) einer inneren Datenverarbeitung zugeführt werden. Für die Weginformationen müssen die Werkstücke in Koordinatenwerten vermaßt werden, wobei ein rechtwinkeliges Koordinatensystem, das auf das Werkstück bezogen ist, zugrunde gelegt wird[1], aus dem die Bewegungsrichtungen der Werkzeugmaschine abgeleitet werden. In einem rechtsdrehenden Koordinatensystem ist die X-Achse die Ausgangsachse des Systems, die Y-Achse senkrecht zur X-Achse und die Z-Achse senkrecht zur XY-Ebene angeordnet. *Bezogen auf das Werkstück* ist folgendes festgelegt:

Beim Bearbeiten mit sich *drehendem Werkzeug* (Bohren, Fräsen) zeigt die positive Z-Achse vom Werkstück zur Arbeitsspindel. Von der Arbeitsspindel auf das Werkstück gesehen kann der Nullpunkt in der Ecke des Arbeitsbereiches außerhalb des Werkstückes (Abb. 121) oder in den Körperkanten des Werkstückes (Abb. 122) liegen, wobei nur positive Koordinaten auftreten oder innerhalb des Arbeitsbereiches (Abb. 123) liegen, wobei auch negative Koordinatenwerte auftreten.

---

[1] VDI-Richtlinie 3255 Festlegung der Koordinatenachsen und Zuordnung der Bewegungsrichtungen.

Bei Verfahren mit *rotierendem Werkstück* (Drehen, Rundschleifen) liegt die Z-Achse in Richtung der Drehachse mit ihrer positiven Richtung von der Einspannstelle weggerichtet. Die X-Achse liegt senkrecht zur Z-Achse mit ihrer positiven Richtung zu den Werkzeugen. Ihr Nullpunkt liegt in der Regel auf der Z-Achse (Abb. 124).

Bei Bearbeitung mit *geradlinig bewegtem* Werkstück (hobeln) oder Werkzeug (stoßen) liegt die Z-Achse in der Hauptbearbeitungsrichtung. Das Positionieren des Werkzeuges zum Werkstück und umgekehrt erfolgt dann in der XY-Ebene (Abb. 125).

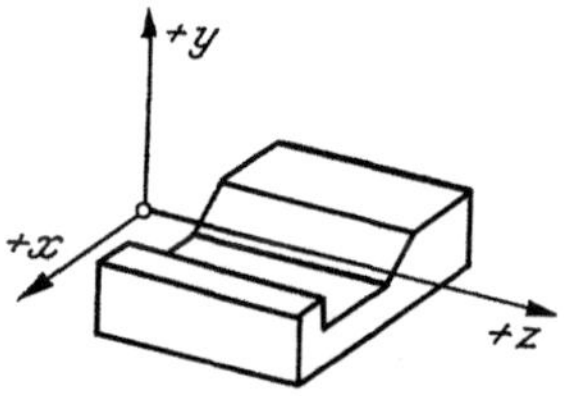

Abb. 125. Koordinatenachsen bei geradlinig bewegtem Werkstück oder Werkzeug. $+X$, $+Y$, $+Z$ positive Koordinatenwerte

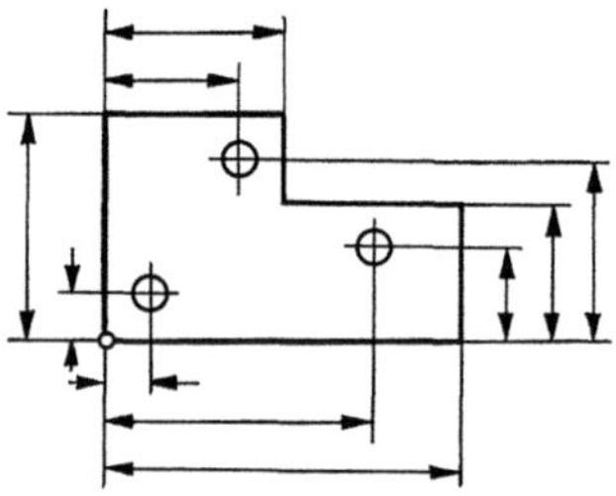

Abb. 126. Vermaßung eines Werkstückes entsprechend Abb. 122

Bezüglich der Bestimmung der Koordinatenachsen bezogen auf die Maschine sei auf VDI-3255[1] hingewiesen.

Um die Weginformationen entsprechend den obigen Richtlinien der Zeichnung entnehmen zu können, muß diese entsprechend vermaßt werden (Abb. 126), so daß keine Umrechnungen notwendig sind.

In Zusammenhang mit den Weginformationen unterscheidet man bei den NC-Maschinen Punkt-, Strecken- und Bahnsteuerungen.

Bei den *Punktsteuerungen* (Stanzmaschinen, Koordinatenbohrmaschinen, ...) arbeitet das Werkzeug bei keiner Schlittenbewegung. Es werden nur bestimmte Punkte angesteuert, nach deren Erreichen der Zerspanungsvorgang beginnt. Die Bewegung von Punkt 1 (x_1, y_1) zu Punkt 2 (x_2, y_2) kann auf beliebige Weise erfolgen. Bei Verwendung eines Kreuzschlittens für die Bewegung des Werkstückes oder Werkzeuges (Abb. 127) in x- oder y-Richtung ist der Weg $\overline{132}$ (dauert länger) oder der Weg $\overline{142}$ (dauert kürzer) möglich. Im ersten Fall wird von 1 bei konstantem y nach 3 und anschließend bei konstantem x nach 2 gefahren. Im zweiten Fall wird unter gleichzeitiger Bewegung in x- und y-Richtung der Punkt 4 und anschließend bei konstantem y der Punkt 2 angefahren. Um Zeit zu sparen wird bei der Punktsteuerung

[1] VDI-Richtlinie 3255 Festlegung der Koordinatenachsen und Zuordnung der Bewegungsrichtungen.

der Weg mit der kürzesten Zeit gewählt, was besonders bei einer Vielzahl von Punkten entsprechende Überlegungen bezüglich der Reihenfolge verlangt.

Bei der *Streckensteuerung* (Dreh- und Fräsmaschinen für achsparallele Zerspanungsarbeiten) erfolgt das Verschieben des Kreuzschlittens immer nur in einer Achse, wobei gleichzeitig eine Zerspanung

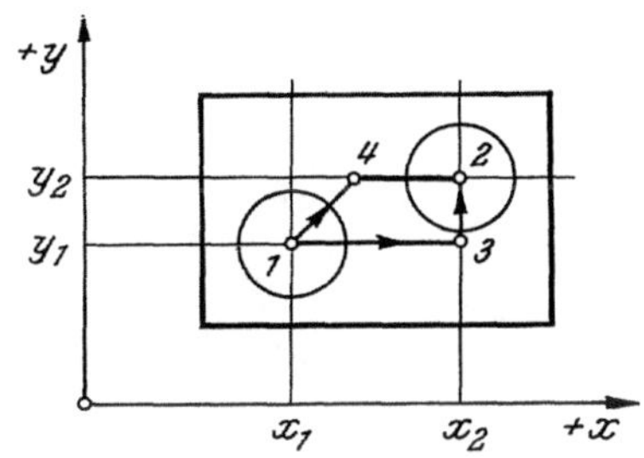

Abb. 127. Punktsteuerung. x_1, x_2, y_1, y_2 Koordinaten, 132 oder 142 mögliche Wege

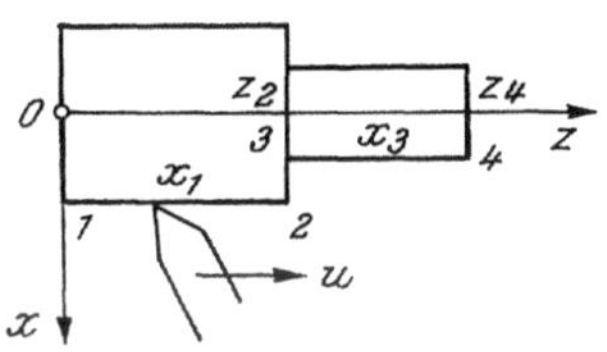

Abb. 128. Streckensteuerung. u Vorschubgeschwindigkeit des Werkzeuges, x_1, x_3, z_2 und z_4 Koordinaten der Punkte 1, 2, 3 und 4, X, Z Koordinatenachsen

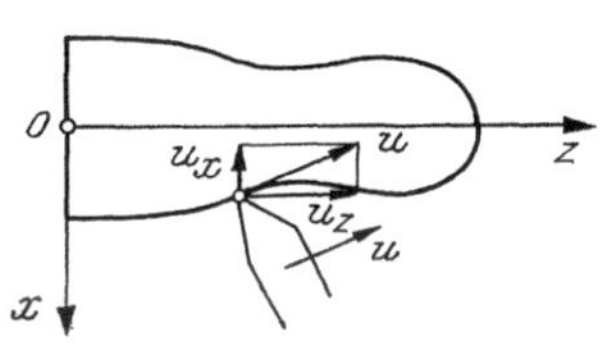

Abb. 129. Bahnsteuerung. u_x, u_z Vorschubgeschwindigkeit in x- und z-Richtung, u resultierende Vorschubgeschwindigkeit, X, Z Koordinatenachsen

erfolgt (Abb. 128). Im Gegensatz zur Punktsteuerung ist hier die Geschwindigkeit des Schlittens nicht mehr beliebig, sondern wird programmiert.

Am aufwendigsten ist die *Bahnsteuerung* (Profildreh-, Profilfräsmaschinen, Brennschneidemaschinen), bei welcher beim Abfahren einer beliebigen *krummlinigen* Bahn gleichzeitig eine Zerspanung erfolgt. Es muß der Verlauf der Bahn (Abb. 129) durch eine große Anzahl einzelner Punkte mit ihren Koordinaten festgelegt werden. Während beim Drehen die Werkstückkontur identisch mit der Bahn des Werkzeuges ist, ist beim Fräsen die Werkstückkontur eine Hüllkurve der Werkzeugbahn. Da man beim Durchfahren einer Kurve eine konstante Geschwindigkeit u einhalten will, muß die Geschwindigkeit in x- und z-Richtung ständig wechseln.

Während bei den Schaltinformationen und den Weginformationen der Punkt- und Streckensteuerungen einfache Steuerungen möglich sind, muß für die Weginformation bei der Bahnsteuerung ein Regelkreis vorhanden sein, da ständig Soll- und Istwertvergleiche durchzuführen sind. Bei der Bahnsteuerung enthält der Lochstreifen außer den Schaltinformationen nur eine grobstufige Angabe der Koordinaten. Diese werden einem *Interpolator* (Abb. 135) zugeführt, der zwischen den gegebenen Punkten linear (Gerade) oder zirkular (Kreisbogen) inter-

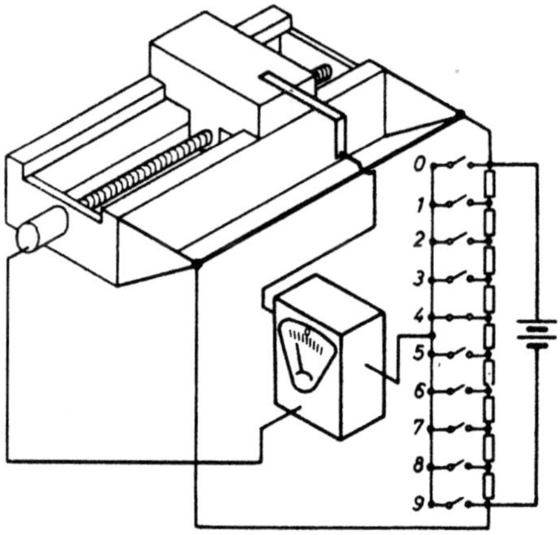

Abb. 130. Schema der analogen Wegmessung

poliert, die vorgesehene Kurvenform erzeugt und außerdem die gewünschte Vorschubgeschwindigkeit u in tangentialer Richtung durch Regelung der Geschwindigkeitskomponenten in x- und z-Richtung konstant hält.

Bei allen Steuerungsarten werden der Maschine Sollwerte für die Position vorgegeben. Um die Einhaltung dieser Sollwerte überprüfen zu können, werden bei fast allen Steuerungen die Positionen in denen sich die verschiedenen Schlitten der Maschine tatsächlich befinden, gemessen und als Positions-Istwerte der Steuerung mitgeteilt. Hiezu sind Istwertgeber (Positions-Meßeinrichtungen) erforderlich, die nach verschiedenen Verfahren arbeiten. Man unterscheidet

analoge
digital-inkrementale und
digital-absolute

Meßsysteme. Diese sollen im folgenden prinzipiell dargestellt werden.

Bei der *analogen* Methode (vergl. Quecksilberthermometer, Geschwindigkeitsmesser im Auto usw.) wird der Meßwert in eine andere

Größe (Strecke) proportional abgebildet. (Der Meßwert kann an einer Skala abgelesen werden.) Abb. 130 zeigt schematisch die Verwendung einer elektrischen Spannung als analoge physikalische Größe[1]. Entlang des Schlittenweges ist ein Widerstandsdraht gespannt, an dem durch einen Schieber eine Spannung abgegriffen wird. In der Brückenschaltung wird diese Spannung (Istwert) mit einer durch einen schaltbaren Widerstand vorgegebenen Spannung (Sollwert) verglichen, was im Bild durch das Meßinstrument angedeutet wird. Eine Differenz zwischen Soll- und Istwert wirkt so auf den Vorschubantrieb ein, daß diese Differenz kleiner wird.

Der Istwert wird bei einer analogen Steuerung also theoretisch stufenlos erfaßt. Position und elektrisches Signal sind einander eindeutig zugeordnet.

Da das Auflösungsvermögen eines solchen Systems für die hohen Genauigkeitsanforderungen im Werkzeugmaschinenbau nicht ausreicht, arbeiten analoge Steuerungen mit einem dreistufigen Ortsmeßsystem. Sein Großmeßsystem erstreckt sich über die ganze Weglänge und bringt den Schlitten in die Nähe der gewünschten Position. Das Meßsystem mittlerer Empfindlichkeit verbessert die Annäherung und das Feinmeßsystem bewirkt die Positionierung mit der erforderlichen Genauigkeit.

Bei der *digitalen* Wegmessung (digital kommt von lateinisch digitus = Finger) wird der zu messende Weg in kleine Einheiten, sog. Digitalschritte, aufgeteilt, als deren Vielfaches jede Wegstrecke angegeben wird. Die Digitalschritte werden durch binäre Signale, z. B. hell-dunkel bei einem optischen Strichmaßstab oder Nord-Süd-Magnetisierung bei einem magnetischen Maßstab dargestellt.

Bei einem *inkremental-digitalen* Maßstab ist nur eine Spur vorhanden, deren Binärsignale gezählt werden. Bei der stark vereinfachten Abb. 131 sind am Schlitten eine kleine Lampe und eine Fotozelle befestigt, von denen ein Glasmaßstab abgetastet wird. Dieser ist in eine sehr große Anzahl abwechselnd schwarze und durchsichtige Felder unterteilt (bei einem Digitalschritt von 0,01 mm ergeben sich bei einem Schlittenweg von 1 m 100000 Felder). Bei der Bewegung des Schlittens werden die Digitalschritte von einem elektronischen Zähler gezählt, dessen Zählerstand als Orts-Istwert verwendet wird.

Bei der *digital-absoluten* Wegmessung wird der zu messende Schlittenweg ebenfalls in Digitalschritte aufgeteilt. Der Weggeber liefert aber nicht nur je Schritt einen Impuls, der gezählt werden muß, sondern eine Kombination von Signalen, die für jeden Schritt anders ist und eine laufende Nummer darstellt. Jeder Schritt hat also seine eindeutige

[1] Rohs, H.: Die numerische Steuerung und ihre Anwendung bei der Drehbearbeitung. VDF-Mitteilungen Nr. 30, S. 3—12.

Nummer; diese Nummer ist somit ein Kennzeichen für die augenblickliche Schlittenposition. Im allgemeinen wird diese Nummer aus Binärsignalen aufgebaut, wie dies Abb. 132 erkennen läßt. Sie zeigt schematisch wie der Schlittenweg am Maßstab in Digitalschritte unter-

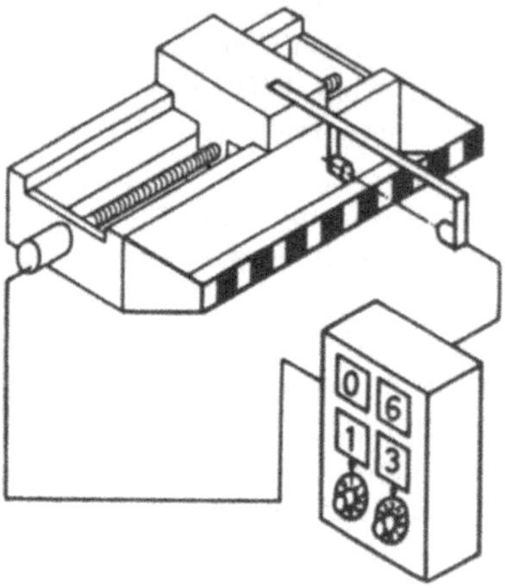

Abb. 131. Schema der digital-inkrementalen Wegmessung

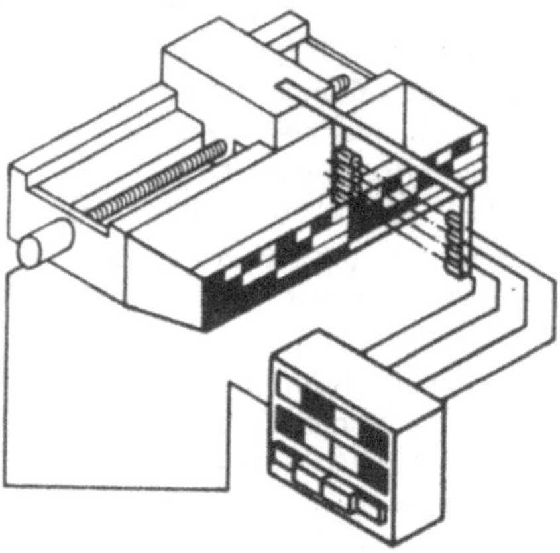

Abb. 132. Schema der digital-absoluten Wegmessung

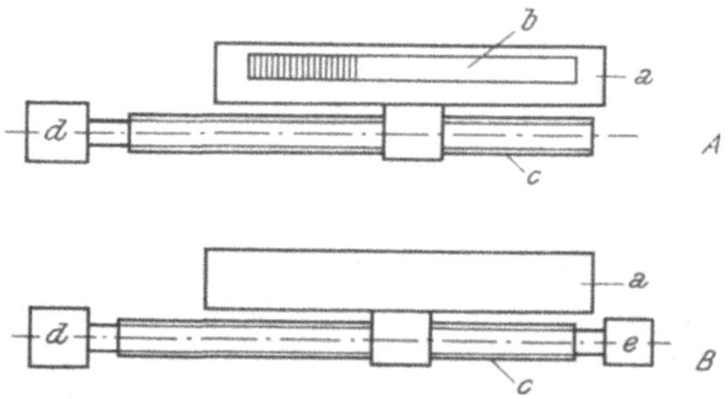

Abb. 133. Direkte und indirekte Wegmessung. *A* Direkte Messung, *B* indirekte Messung, *a* Schlitten, *b* lineares Wegmeßsystem, *c* Vorschubspindel, *d* Antriebsmotor, *e* rotatorisches Meßsystem

teilt ist; durch eine größere Anzahl von Parallelspuren können sehr viele verschiedene Schritte gekennzeichnet werden. Der Vorteil ist hier, daß Weg und Anzeige durch die Wegmeßeinrichtung fest miteinander gekoppelt sind. Wie bei der analogen Steuerung ist also jeder Position ein bestimmtes elektrisches Signal und umgekehrt jedem elektrischen Signal eine bestimmte Position eindeutig zugeordnet. Wegen der vielen Spuren dieses Maßstabes, ist jedoch ein sehr hoher Aufwand nötig.

Der Schlittenweg kann außer *direkt am Maschinenschlitten* auch *indirekt an einer Vorschubspindel* gemessen werden (Abb. 133). Der zweite Weg hat den Vorteil, daß durch die Steigung der Gewindespindel eine Vergrößerung der Meßstrecke auftritt und daß rotatorische Meßsysteme oft einfacher und billiger herzustellen sind und den Nachteil, daß alle Herstellungsfehler dieser Spindel, ihre Abnützung und ihre Verformung infolge der Antriebskärfte in die Messung eingehen.

Abschließend zeigt das folgende Schema eine Übersicht über die verschiedenen Wegmeßsysteme:

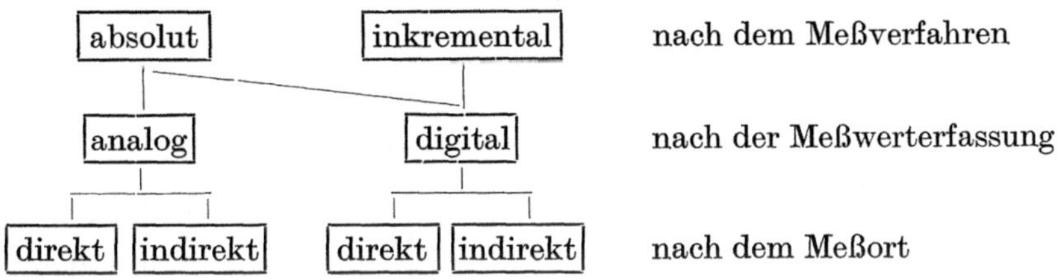

In Abb. 134 ist schematisch der Aufbau einer zweiachsigen *Punktsteuerung* dargestellt. Aus der *Zeichnung* und den *technologischen Angaben* 1 entnimmt der *Programmierer* 2 alle für die Herstellung der Werkstücke benötigten Angaben und gibt ihre Daten in das *Codiergerät* 3 mit dessen Hilfe der *Informationsträger* (Speicher) 4 erstellt wird. Diese Stationen bilden die *äußere Datenverarbeitung* (soft ware), die in der Arbeitsvorbereitung durchgeführt wird.

Die *innere Datenverarbeitung* muß in der Nähe der Maschine angebracht werden. Sie besteht aus dem *Lesegerät* 5, das die Auswertung des eingelegten Speichers 4 vornimmt. In Abb. 134 werden nur die Weginformationen verfolgt, da Schaltinformationen (Drehzahlwahl) nur einfache Kommandos darstellen. Da bei der Einzelpunktsteuerung kein Zusammenhang zwischen den Bewegungen in den einzelnen Koordinatenrichtungen besteht, kann die Steuerung der Stellmotoren für die Schlittenbewegung über Abschaltkreise erfolgen, die bei Erreichen des Sollwertes den Antriebsmotor stillsetzen. Die gegebenenfalls im *Umsetzer* 6 (z. B. Digital-Analog-Umsetzer) umgesetzten Signale werden dem *Vergleicher* 8 zugeführt. Die *Stellmotoren* 10 werden mit Hilfe von Fehlersignalen gesteuert, die von dem Sollwert, der dem Speicher 4 entnommen wird, und dem Istwert gebildet werden. Die Position des *Schlittens* 11 wird durch die *Wegmeßeinrichtung* 12 rückgemeldet. Im *Verstärker* 9 werden die Fehlersignale verstärkt. Bei Gleichheit zwischen Soll- und Istwert halten die Stellmotoren für die Schlittenbewegung an.

Bei der *Stetigbahn*steuerung (Abb. 135) besteht ein funktioneller Zusammenhang zwischen den einzelnen Koordinatenbewegungen. Der Speicher kann nicht mehr direkt ausgewertet werden, weil in ihm zu wenig Kurvenpunkte festgelegt sind. Die Zwischenwerte muß ein *Interpolator* 7 berechnen, der in die innere oder äußere Datenverarbeitung eingeschaltet werden kann. Letzteres (Abb. 135) hat den Vorteil, daß alle Rechengeräte in der äußeren Datenverarbeitung zusammengefaßt sind, welche viel rascher als die Werkzeugmaschine arbeitet, so daß viele Maschinen mit Speichern versehen werden können. An Stelle

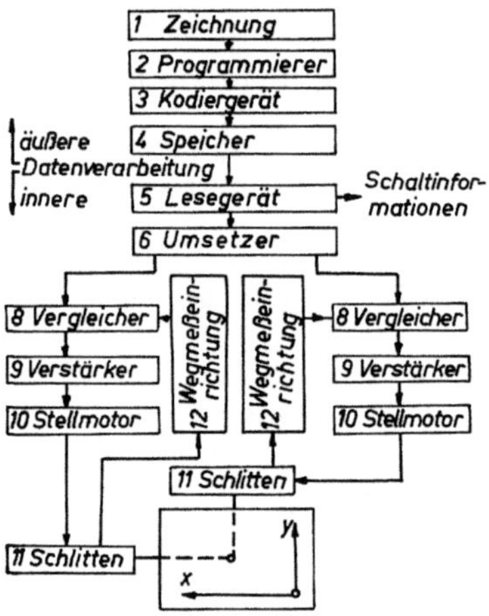

Abb. 134. Aufbau einer zweiachsigen Punktsteuerung (schematisch)

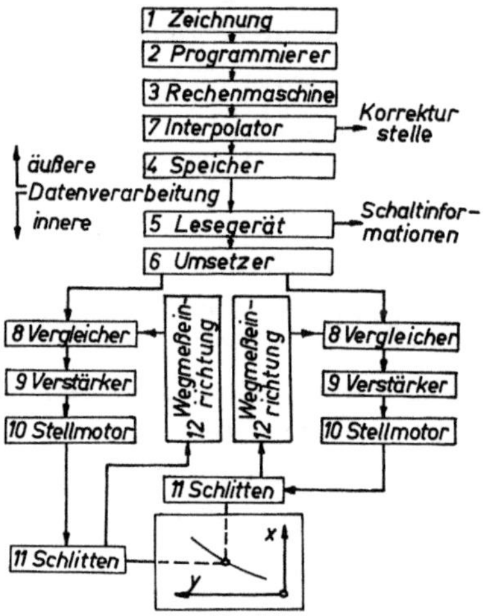

Abb. 135. Aufbau einer zweiachsigen Stetigbahnsteuerung (schematisch)

eines Kodiergerätes tritt meist eine *Rechenmaschine* 3. Bei Verwendung eines Außeninterpolators müssen alle Maschinen mit dem gleichen Steuersystem ausgerüstet werden; der Bedienungsmann kann das Programm nicht mehr beeinflussen.

Bevor auf das *Programmieren* näher eingegangen werden kann, müssen noch einige Begriffe erläutert werden. Zur Übertragung von Informationen zwischen den Menschen dienen Sprache und Schrift. Zur Eingabe in einen Automaten müssen die Informationen so dargestellt werden, daß sie vom Automaten gelesen und verarbeitet werden können. Dazu bedarf es eines möglichst geringen Zeichenvorrats. Die geringste Zeichenanzahl sind *zwei* Elementarzeichen. Man verwendet die Zeichen L und O. Ein solches *binäres* System (auch ein bit genannt) trifft die Entscheidung über zwei Zustände (ja-nein, ein-aus, richtig-falsch). Diese Entscheidung ist leicht zu verwirklichen. Jeder *Schalter*, gleichgültig welcher Bauart, kann diese Entscheidung treffen. Ein *Relais* kann vom Strom durchflossen oder stromlos sein, ein *Eisenteil-*

chen kann magnetisiert oder nicht magnetisiert sein und im Lochstreifen kann entweder ein Loch gestanzt oder nicht gestanzt sein.

Im Gegensatz zum üblichen Dezimalsystem, das 10 Zeichen benötigt, kommt man also beim binären System mit zwei Zeichen aus. Die Umwandlung von Dezimalzahlen in binäre Zahlen ist relativ einfach und kann folgendem Beispiel entnommen werden. Die Zahl 157 des Dezimalsystems schreibt sich binär wie folgt:

$$157 = 1 \cdot 2^7 + 0 \cdot 2^6 + 0 \cdot 2^5 + 1 \cdot 2^4 + 1 \cdot 2^3 + 1 \cdot 2^2 + 0 \cdot 2^1 + \\ + 1 \cdot 2^0 = 128 + 0 + 0 + 16 + 8 + 4 + 0 + 1 = \mathit{LOOLLLOL}$$

Für einen Lochstreifen zur numerischen Steuerung einer Werkzeugmaschine müssen neben den reinen Zahlenangaben auch die Adressen und die technologischen Angaben codiert werden.

Alle ausgedruckten Befehle werden aus einer Auswahl von 14 Buchstaben, 10 Ziffern und den Vorzeichen + und — aufgebaut. Je nach dem Umfang der Steuerungen sind daraus Wörter zu bilden. Diese Wörter kann man entweder durch Kombinationen aus den 14 Buchstaben (Alpha-Schreibweise), durch Kombinationen aus den 10 Dezimalziffern (numerische Schreibweise) oder durch Kombinationen von Buchstaben und Ziffern (Alphanumerische Schreibweise) zusammensetzen.

Als Lochstreifen[1] kommt der internationale 8-Spurlochstreifen in Frage. In Abb. 136 ist von den zahlreichen Codierungsmöglichkeiten von Zahlen und Buchstaben in 8 Spuren der 8 B-Code dargestellt, der aus der amerikanischen Schreibmaschinentechnik stammt. In ihm hat jedes Code-Zeichen eine ungerade Lochzahl, um Codierungsfehler aufzufinden. Die numerischen Zeichen sind dual verschlüsselt in den Spuren 1 bis 4 dargestellt, wobei um ungerade Lochzahlen zu erhalten noch zusätzliche Lochungen in Spur 5 und für die Null in Spur 6 angebracht werden. In Spur 8 ist nur ein Loch für den Wagenrücklauf vorhanden, so daß man die einzelnen Programmsätze erkennen kann. Weitere Code für 5-Spurlochstreifen sind in DIN 66023, für 8-Spurlochstreifen in DIN 66024 genormt. Den Programmaufbau numerisch gesteuerte Arbeitsmaschinen behandeln DIN 66025 Blatt 1, 2, 3 und 4.

Das *Programmieren* kann manuell, durch Rechner gestützt und maschinell erfolgen.

Für das *maschinelle* Programmieren sind die technologischen und Maschinendaten in einer Datenverarbeitungsanlage gespeichert. Man verwendet besondere Programmsprachen wie Algol[2], Exapt, Fortran[3]. Da die Besprechung dieser Verfahren über den gewählten Rahmen

---

[1] VDI-Richtlinie 3259 Lochstreifen als Informationsträger.

[2] DIN 66026 Programmiersprache ALGOL.

[3] DIN 66027 Programmiersprache FORTRAN.

Bedeutung nach VDI-Richtlinie 3259	Programm-Symbol	Programm-Code 8B Spur-Nr. 8	7	6	5	4		3	2	1	Zeichengruppe
Dezimalziffer 0	0			○			∘				Numerische Zeichen
Dezimalziffer 1	1						∘			○	
Dezimalziffer 2	2						∘		○		
Dezimalziffer 3	3				○		∘		○	○	
Dezimalziffer 4	4						∘	○			
Dezimalziffer 5	5				○		∘	○		○	
Dezimalziffer 6	6				○		∘	○	○		
Dezimalziffer 7	7						∘	○	○	○	
Dezimalziffer 8	8					○	∘				
Dezimalziffer 9	9				○	○	∘			○	
Vorzeichen —	—		○				∘				Vorzeichen
Vorzeichen +	+		○	○	○		∘				
Spindeldrehzahl	a		○	○			∘			○	Alpha-Zeichen
Hilfsfunktionen	d		○	○			∘	○			
Vorschubgeschwindigkeit	h		○	○		○	∘				
Reserve 2	i		○	○	○	○	∘				
Reserve 1	k		○		○		∘		○		
Reserve 2	l		○				∘		○	○	
Werkzeugspeicher	n		○				∘	○		○	
Reserve 2 oder Stopsignal	o		○				∘	○	○		
Drehbewegung um eine Achse	r		○			○	∘			○	
Reserve 1 oder Interpolatorangabe	s			○	○		∘		○		
Reserve 1	v			○			∘	○		○	
Koordinatenmaß in der x-Achse	x			○	○		∘	○	○	○	
Koordinatenmaß in der y-Achse	y			○	○	○	∘				
Koordinatenmaß in der z-Achse	z			○		○	∘			○	
Irrung	IRR		○	○	○	○	∘	○	○	○	Betriebszeichen
Zwischenraum	ZWR				○		∘				
Wagenrücklauf, Zeilenwechsel	<, ≡	○					∘				
Tabulator	TAB			○	○	○	∘	○	○		
Programmanfang	t			○			∘		○	○	
Programmende	END					○	∘		○	○	

Von den Reserveadressen sind die Buchstaben i, l und o möglichst zu vermeiden (2. Reserve).

Abb. 136. 8B-Code

dieses Buches hinausgeht, muß auf die zahlreiche Literatur verwiesen werden[1].

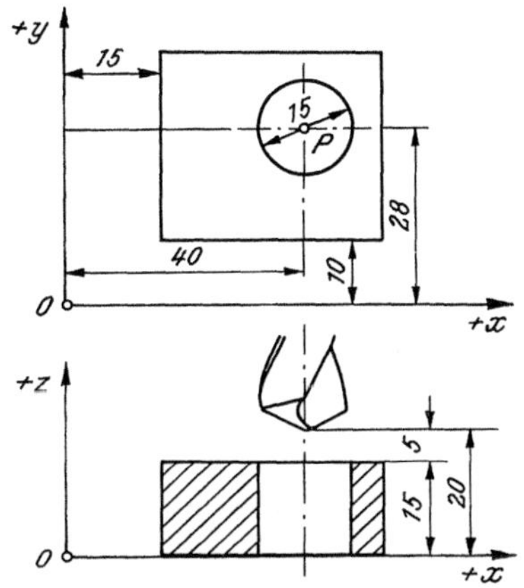

Abb. 137. Beispiel zum manuellen Programmieren. *P* Ausgangsposition der Werkzeuge, $+X$, $+Y$, $+Z$ positive Koordinatenachsen

Beispiel 7. Das *manuelle* Programmieren soll an einem einfachen Beispiel (Abb. 137) gezeigt werden. Dazu fertigt man zuerst einen *Arbeitsplan* an, in dem Weg- und Schaltinformationen enthalten sind und jeder Arbeitsschritt zeilenweise beschrieben wird:

Arbeitsplan

	Arbeitsgang	Weginformation		
		x	y	z
001	Anfahren von Position P	+ 40	+ 28	+ 20
002	Bohren mit Wendelbohrer ⌀ 14,8 mm, $n = 355\ \text{min}^{-1}$, $s = 0{,}125$ mm/U			— 8
003	Zurückfahren des Wendelbohrers			+ 20
004	Aufsenken mit Senker ⌀ 15 mm, $n = 180\ \text{min}^{-1}$, $s = 0{,}25$ mm/U			— 8
005	Zurückfahren des Senkers			+ 20
006	Anfahren des Nullpunktes	0	0	

[1] Langebartels, R.: Programmieren von numerisch gesteuerten Werkzeugmaschinen mit fertigungstechnisch orientierten Programmsprachen APT und EXAPT. ZVdI *1969*, 753—763. — Autorenkollektiv: NC-Maschinen — Datenverarbeitungsanlagen — Maschinelle Programmierung. Stuttgart: Großmann. 1968. — VDI-Bildungswerk: Lehrgangshandbuch: Maschinelles Programmieren numerisch gesteuerter Werkzeugmaschinen. Düsseldorf: VDI-Verlag. 1969. — Stute, G.: EXAPT-Möglichkeiten und Anwendung der automatischen Programmierung für NC-Maschinen. München: Hanser. 1969.

Die Adressen als Programmsymbole werden durch Alphazeichen dargestellt.

Wendelbohrer ∅ 14,8 mm . . . n 01
Senker ∅ 15 mm . . . n 02

Spindeldrehzahl 355 min^{-1} . . . a 05
Bohrspindeldrehzahl 180 min^{-1} . . . a 10

Vorschub 0,125 mm/U . . . h 03
Vorschub 0,25 mm/U . . . h 05
Eilrücklauf . . . h 99

Schneidflüssigkeit . . . d 01
Reversieren des Vorschubes . . . d 02

Nun wird das *Programm-Manuskript* hergestellt, in dem die berechneten Weginformationen und die verschlüsselten Schaltinformationen Satz für Satz eingetragen werden. Zum Stanzen des Lochstreifens mit dem Programm-Manuskript verwendet man das *Kontrolldruckverfahren.* Dazu verwendet man eine Schreibmaschine, einen Lochstreifenstanzer und einen Lochstreifenleser. Das Manuskript enthält für jeden Satz drei Zeilen. In die erste werden handschriftlich die Informationen vom Teilprogrammierer eingetragen, in die zweite die Angaben mit der Schreibmaschine abgetippt und mit der ersten Zeile verglichen. Gleichzeitig erstellt der Lochstreifenstanzer den Lochstreifen, den man anschließend in den Lochstreifenleser legt und von ihm über die Schreibmaschine die dritte Zeile des Manuskriptes herstellt. Abschließend werden alle drei Zeilen verglichen.

Anschließend ist das Programm-Manuskript dargestellt (Abb. 138).

Der aus dem Programm-Manuskript gestanzte Lochstreifen ist in der folgenden Abb. 139 mit einigen Erläuterungen dargestellt.

Der Vorteil der außerordentlich kurzen Rüstzeit für ähnliche Werkstücke (Werkstückfamilien) durch Auswechseln der Lochstreifen wird nur dann wirksam, wenn man mit den auf der Maschine befindlichen Werkzeugen das Auslangen findet. Bei Bohrmaschinen, Drehmaschinen u. ä. kann durch Verwendung von Revolverköpfen die Anzahl genau eingestellter Werkzeuge vergrößert werden. Um beim Einsatz neuer Werkzeuge die Rüstzeiten kurz zu halten, werden diese außerhalb der Werkzeugmaschine mit *Einstellvorrichtungen* genau eingestellt[1]. Bei genauen Einstellvorrichtungen finden Meßuhren und Mikroskope Verwendung (Abb. 261).

Der Werkzeugwechsel kann aber auch automatisch erfolgen. Zu diesem Zweck sind an der Werkzeugmaschine verschieden ausgebildete

[1] VDI-Richtlinie 3249 Werkzeugvoreinstellen für spanabhebende Werkzeugmaschinen.

Satznummer	Weginformationen				Schaltinformationen			
	Wegbedingung	Koordinatenwerte			Vorschub	Drehzahl	Werkzeug	Hilfsfunktion
o	s	x	y	z	h	a	n	d
t001	s01	x + 004000	y + 002800	z + 002000	—	—	—	—
t001	s01	x + 004000	y + 002800	z + 002000	—	—	—	—
t001	s01	x + 004000	y + 002800	z + 002000	—	—	—	—
o002	—	—	—	z — 000800	h03	a05	n01	d01
o002	—	—		z — 000800	h03	a05	n01	d01
o002	—	—	—	z — 000800	h03	a05	n01	d01
o003	—	—	—	z + 002000	h99	—	—	—
o003	—	—	—	z + 002000	h99	—	—	—
o003	—	—	—	z + 002000	h99	—	—	—
o004	—	—	—	z — 000800	h05	a10	n02	d01
o004	—	—	—	z — 000800	h05	a10	n02	d01
o004	—	—	—	z — 000800	h05	a10	n02	d01
o005	—	—	—	z + 002000	h99	—	—	—
o005	—	—	—	z + 002000	h99	—	—	—
o005	—	—	—	z + 002000	h99	—	—	—
o006	—	x — 000000	y — 000000	—	—	—	—	—
o006	—	x — 000000	y — 000000	—	—	—	—	—
o006	—	x — 000000	y — 000000	—	—	—	—	—
END								
END								
END								

Abb. 138. Programm-Manuskript

Werkzeugmagazine angebaut, in denen die voreingestellten Werkzeuge meist mit codierten Werkzeughaltern aufbewahrt werden. Zu dem vom Lochstreifen bestimmten Zeitpunkt werden sie von einem Greifer, der die Codierung erkennt aus dem Magazin entnommen und gegen das nicht mehr benötigte Werkzeug ausgewechselt. In einem solchen Werkzeugmagazin ist eine sehr große Anzahl verschiedenster Werkzeuge unterzubringen. Von ihnen machte man zuerst bei den sogenannten *Bearbeitungszentren* (siehe Abschnitt 15) Gebrauch.

Die konstruktive Ausführung von Werkzeugmaschinen, die bereits von Haus aus für numerische Steuerungen vorgesehen sind, weichen in mehrfachen Belangen von den üblichen Ausführungen ab. Wegen der

		Spur	8	7	6	5	4		3	2	1
	Vorspann			○	○	○	○	o	○	○	○
Satz Nr. 001	1. Satz	t			○			o		○	○
		0			○			o			
		0			○			o			
		1						o			○
		TAB			○	○	○	o	○	○	
	Weg-bedingung	s			○	○		o		○	
		0			○			o			
		1						o			○
		TAB			○	○	○	o	○	○	
	Koord. x	x			○	○		o	○	○	○
		+		○	○	○		o			
		0			○			o			
		0			○			o			
		4						o	○		
		0			○			o			
		0			○			o			
		0			○			o			
		TAB			○	○	○	o	○	○	
	Koord. y	y			○	○	○	o			
		+		○	○	○		o			
		0			○			o			
		0			○			o			
		2						o		○	
		8					○	o			
		0			○			o			
		0			○			o			
		TAB			○	○	○	o	○	○	
	Koord. z	z			○		○	o			○
		+		○	○	○		o			
		0			○			o			
		0			○			o			
		2						o		○	
		0			○			o			
		0			○			o			
		0			○			o			
	Zeilenwechsel	< ≡	○					o			
Satz Nr. 002	2. Satz	o		○				o	○	○	
		0			○			o			
		0			○			o			
		2						o		○	
		TAB			○	○	○	o	○	○	
		TAB			○	○	○	o	○	○	
		TAB			○	○	○	o	○	○	
	Koord. z	z			○		○	o			○
		—		○				o			
		0			○			o			
		0			○			o			
		0			○			o			
		8					○	o			
		0			○			o			
		0			○			o			
		TAB			○	○	○	o	○	○	
	Vorschub h	h		○	○		○	o			
		0			○			o			
		3				○		o		○	○
		TAB			○	○	○	o	○	○	

	Spur		8	7	6	5	4		3	2	1
	Drehzahl a	a		○	○			○			○
		0			○			○			
		5			○		○	○		○	
		TAB			○	○	○	○	○	○	
	Werkzeug n	n		○				○	○		○
		0			○			○			
		1						○			○
		TAB			○	○	○	○	○	○	
	Schneid-flüssigkeit	d		○	○			○	○		
		0			○			○			
		1						○			○
	Zeilenwechsel	< ≡	○					○			
Satz Nr. 003	3. Satz	o		○				○	○	○	
		0			○			○			
		0			○			○			
		3					○	○		○	○
		TAB			○	○	○	○	○	○	
		TAB			○	○	○	○	○	○	
		TAB			○	○	○	○	○	○	
	Koord. z	z			○		○	○			○
		+		○	○	○		○			
		0			○			○			
		0			○			○			
		2						○		○	
		0			○			○			
		0			○			○			
		0			○			○			
		TAB			○	○	○	○	○	○	
	Vorschub h	h		○	○		○	○			
		9				○	○	○			○
		9				○	○	○			○
		TAB			○	○	○	○	○	○	
		TAB			○	○	○	○	○	○	
		TAB			○	○	○	○	○	○	
	Zeilenwechsel	< ≡	○					○			
Satz Nr. 004	4. Satz	o		○				○	○	○	
		0			○			○			
		0			○			○			
		4						○	○		
		TAB			○	○	○	○	○	○	
		TAB			○	○	○	○	○	○	
		TAB			○	○	○	○	○	○	
	Koord. z	z			○		○	○			○
		—		○				○			
		0			○			○			
		0			○			○			
		0			○			○			
		8					○	○			
		0			○			○			
		0			○			○			
		TAB			○	○	○	○	○	○	
	Vorschub h	h		○	○		○	○			
		0			○			○			
		5				○		○	○		○
		TAB			○	○	○	○	○	○	

Abb. 139. Lochstreifen

wesentlich höheren Auslastung, der höheren Schnittgeschwindigkeit und wegen des Einbaues der sehr empfindlichen Steuersysteme müssen die Maschinen besonders steif und schwingungsfest ausgebildet werden. Für ein sehr genaues Positionieren muß die Geschwindigkeit der Vorschubschlitten vor Erreichen ihrer Endlage sehr stark herabgesetzt werden. Beim Verschieben von Schlitten mit sehr kleinen Geschwindigkeiten tritt der sogenannte ***stick-slip-Effekt*** (Ruckgleiten) auf. Er beruht auf der Verschiedenheit der Reibungszahl der Ruhe μ_0 und der Gleitreibungszahl μ bei trockener Reibung, die bei den üblichen Führungen beim Anlauf und sehr kleinen Geschwindigkeiten auftritt ($\mu_0 > \mu$).

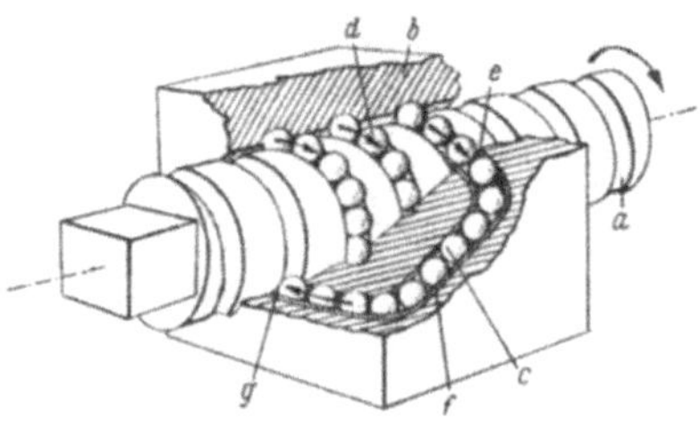

Abb. 140. Kugelumlaufmutter. *a* Schraubenspindel, *b* Mutter, *c* Kugeln, *d* Bewegungsrichtung von *c*, *e* Kugelaustritt, *f* Umlaufkanal, *g* Kugeleintritt

Beim Aufhören der zur Überwindung der ruhenden Reibung erforderlichen Antriebskräfte bewirkt die gespeicherte elastische und kinetische Energie einen bestimmten Auslaufweg, der häufig über dem gewünschten liegt. Diesen Effekt kann man mit *hydrostatisch* geschmierten *Führungen*, die außerdem bei hoher Tragfähigkeit verschleißfrei sind, *Geradführungen mit Wälzlagern* (siehe 2,52 und 2,53)[1], die allerdings beide aufwendiger sind, und durch *Beschichten mit Kunststoffen* vermeiden. Weit verbreitet ist auch die Verwendung von Schraubenspindeln mit *Kugelumlaufmuttern* (Abb. 140).

Außer den normal programmierten NC-Maschinen gibt es eine Reihe von Entwicklungen, die hier nur gestreift werden können.

Um eine numerisch gesteuerte Werkzeugmaschine auch bei größeren Maßtoleranzen (veränderliche Rohteilabmessungen) oder Schwankungen der Zerspanbarkeit (unterschiedliche Werkstoffeigenschaften) unbedingt vor Überlastung zu schützen, müssen im Programmlochstreifen so kleine Werte für Vorschübe und Schnittiefen vorgegeben werden, daß die Maschine im allgemeinen nicht voll ausgelastet werden kann. Überlegungen zur besseren Ausnützung der NC-Maschinen führten zur

[1] Tochtermann, F.: Konstruktionselemente des Maschinenbaues. Berlin-Heidelberg-New York: Springer. 1969.

Adaptiv-(Anpaß-)Regelung (*ACC* = adaptive control constraint)[1], bei welcher eine selbsttätige Anpassung an die gerade vorliegenden Bearbeitungsverhältnisse durch besondere Regelkreise erfolgt. Durch die ACC-Steuerung sinkt der Programmieraufwand (kurze Strecken am Werkstück, die im Eilgang durchlaufen werden sollen, müssen nicht mehr im Lochstreifen festgehalten werden) und steigt die Ausnutzung der Maschine (besonders bei großen Rohteiltoleranzen).

Bei der *Optimier-* (*ACO* = adaptive control optimisation) *Regelung* werden alle während der Arbeit erfaßten Kenngrößen (Schnittkraft, Verschleiß des Werkzeuges, Drehmoment an der Arbeitsspindel oder Leistungsaufnahme des Motors) von einem Rechner laufend verarbeitet und variiert, bis optimale Bedingungen (Aufsuchen des *Kostenminimums*) vorliegen. ACC- und ACO-Regelungen sind noch im Entwicklungsstadium.

Bei den bisher besprochenen NC-Steuerungen arbeitet man im „*off line*" Betrieb, d. h. es wird stets ein Lochstreifen angefertigt, der von Hand in die jeweilige Maschine eingelegt wird.

Wird die Werkzeugmaschine mit einem besonderen Rechner an eine Großrechenanlage angeschlossen ohne einen Lochstreifen anzufertigen, so spricht man von *on-line*-Betrieb. Wirtschaftlich werden solche *DNC* (direct numeric control) *Steuerungen* nur, wenn mehrere Maschinen von einem Prozeßrechner versorgt werden. Diese Steuerungen stehen noch am Anfang der Entwicklung.

3,4 Hydraulische Steuerungen

Hydraulische Steuerungen werden vorwiegend bei Flüssigkeitsgetrieben (siehe Abschnitt 2,22) eingesetzt. Ihre Schaltpläne[2] werden in ähnlicher Weise wie die Stromlaufpläne elektrischer Steuerungen dargestellt. Abb. 141 zeigt die wichtigsten Sinnbilder für hydraulische und pneumatische Antriebe und Steuerungen nach DIN 24300 Blatt 1 bis 8.

Abb. 142 zeigt den Zusammenhang zwischen dem genormten Sinnbild (Abb. 143) und der Wirkungsweise eines als *Längsschieber* ausgeführten 4/3-Wegeventils (4 Anschlüsse/3 Stellungen), das als handbetä-

[1] Meyer, J., Sautter, G.: Numerische Steuerung mit Adaption an Werkzeugmaschinen. ZVdI *1972*, 532—535. — Cronjäger, L., Sankaran, D., Vetter, T.: Anwendung adaptiver Systeme bei Fertigungsvorgängen. ZVdI *1970*, 139—147. — Wada, R.: Adaptive Steuerung einer Rundschleifmaschine. Werkst. u. Betr. *1971*, 391—397. — Giusti, F., Scalari, F., Bini, F.: Die adaptive Steuerung von Werkzeugmaschinen. Werkst. u. Betr. *1974*, 635—641. — Stute, G., Maier, K., Schenke, L.: Adaptive Control bei Werkzeugmaschinen. VDW-Forschungsbericht Nr. 1004, *1972*.

[2] VDI-Richtlinie 3225, Bl. 1 Ölhydraulische Schaltungen, Schaltpläne.

tigter Befehlsgeber dient. *Wegeventile* können aber auch mechanisch durch Anschläge oder Kurven, hydraulisch, pneumatisch oder elektrisch gesteuert werden. Sie werden auch als *Drehschieber* ausgeführt.

In der ersten Stellung (Abb. 142 oberstes Bild) ist der Schieber *s* so eingestellt, daß der Pumpenzufluß *f* und die Zu- oder Abflüsse zu

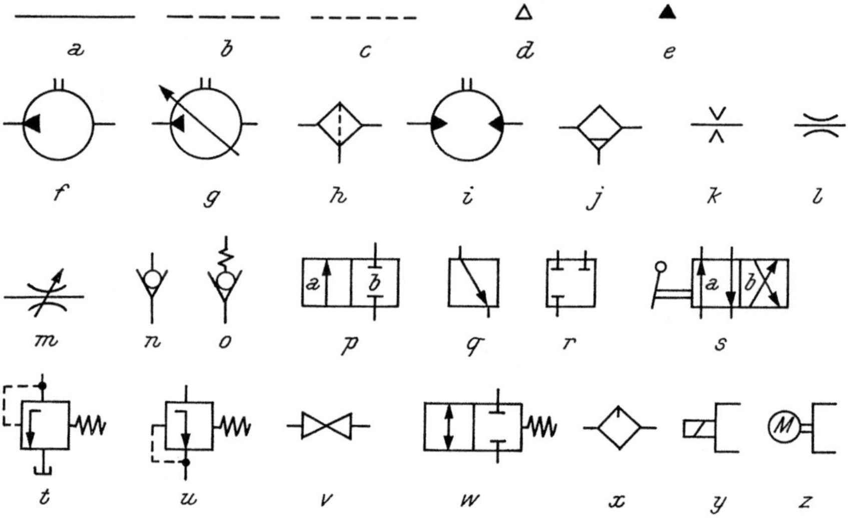

Abb. 141. Sinnbilder für hydraulische und pneumatische Antriebe und Steuerungen nach DIN 24300, Bl. 1 bis 8. *a* Arbeitsleitung, *b* Steuerleitung, *c* Leckleitung, *d* Strömungsrichtung pneumatisch, *e* Strömungsrichtung hydraulisch, *f* Konstantpumpe mit einer Förderrichtung, *g* Verstellpumpe mit einer Förderrichtung, *h* Filter, *i* Konstantmotor mit zwei Förderrichtungen, *j* Wasserabscheider, *k* Blendenventil, *l* Drosselventil, *m* verstellbares Drosselventil, *n* Rückschlagventil ohne Feder, *o* Rückschlagventil mit Feder, *p* 2/2-Wegeventil, *q* Wegeventil, ein Durchflußweg, *r* Wegeventil, Anschlüsse gesperrt, *s* 4/2-Wegeventil, handbetätigt, *t* Druckbegrenzungsventil, *u* Druckregelventil, *v* Absperrventil, *w* 2/2-Wegeventil durch Feder betätigt, *x* Öler, *y* Betätigung durch Elektromagnet, *z* Betätigung durch Motor

den beiden Seiten des Kolbens im Zylinder eines Kolbenmotors *e* und *d* abgesperrt sind. *g* ist der Abfluß zum Sammelbehälter (siehe auch Abb. 40 bis 42 in Abschnitt 2,22). In der linken Stellung des Schiebers *s* im Gehäuse (zweites Bild von oben) wird die von der Pumpe kommende Leitung *f* mit der zur linken Kolbenseite führenden Leitung *d* verbunden, wodurch sich der Kolben im Zylinder nach rechts bewegt. Das von der linken Kolbenseite verdrängte Öl gelangt durch Leitung *e* und Leitung *g* zum Sammelbehälter. In der rechten Stellung des Schiebers *s* (drittes Bild von oben) erfolgt die Bewegung des Kolbens in umgekehrter Richtung, da jetzt die rechte Kolbenseite mit der Pumpenleitung *f* und die linke mit dem Abfluß *g* verbunden sind. Im Sinnbild (Abb. 143) bedeuten *a*, *b* und *c* die verschiedenen Stellungen des Wegeventils.

Druckventile dienen zur *Druckbegrenzung* (Sinnbild *t* in Abb. 141) oder zur selbsttätigen Sperrung des Steueröles in einer Richtung (*Rückschlagventil*; gewichtsbelastet Sinnbild *n*, federbelastet Sinnbild *o* in Abb. 141).

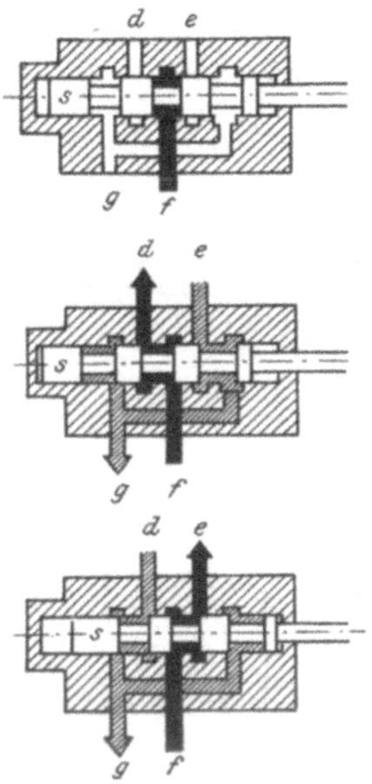

Abb. 142. Als Längsschieber ausgebildetes 4/3-Wegeventil. *d*, *e* Zu- und Abfluß zum Zylinder des Kolbenmotors, *f* Pumpenzufluß, *g* Abfluß zum Sammelbehälter, *s* Schieber

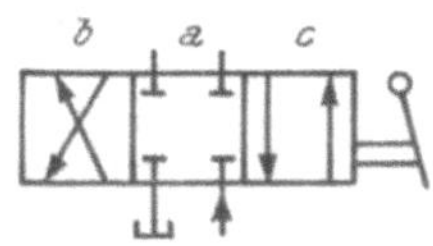

Abb. 143. Genormtes Sinnbild zu Abb. 142. *a*, *b* und *c* Stellungen des 4/3-Wegeventiles

Abb. 144 zeigt eine Steuerkette (z. B. zur Betätigung einer Spannvorrichtung) bestehend aus einem Kolbentrieb *c*, einem handbetätigten 4/2-Wegeventil *d*, einer Zahnradpunpe *e* und einem Druckbegrenzungsventil *f*. Die ausgeübte Kraft entspricht dem Produkt aus Kolbenfläche *A* und Flüssigkeitsdruck *p*. In der Stellung *a* des Wegeventils *d* erfolgt der Rückgang des Kolbens *c*, in der Stellung *b* der Arbeitsgang. In den beiden Endstellungen des Wegeventils fließt das Öl jeweils über das Druckbegrenzungsventil *f* zum Ölsammelbehälter.

Abb. 145 zeigt die hydraulische Steuerung eines Flüssigkeitstriebes einer Flachschleifmaschine, die als *Umschaltsteuerung* bezeichnet werden kann, weil das Hilfssteuerventil *e* von Tischanschlägen betätigt wird. Zur Bewegung des Kolbens *k* im Zylinder *l* verwendet man eine Ver-

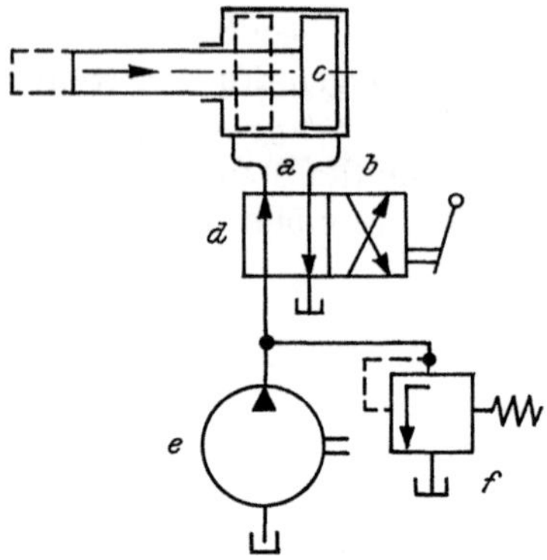

Abb. 144. Einfache hydraulische Steuerkette. *a*, *b* Stellungen des 4/2-Wegeventiles *d*, *c* Kolbentrieb, *e* Zahnradpumpe, *f* Druckbegrenzungsventil

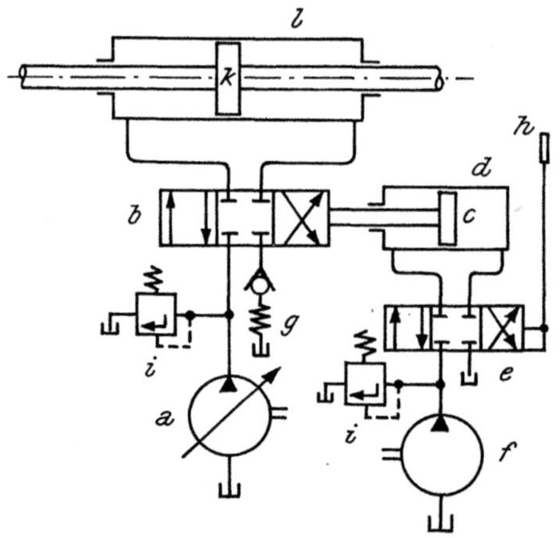

Abb. 145. Umschaltsteuerung einer Flachschleifmaschine. *a* Verstellpumpe, *b* 4/3-Wege-Hauptsteuerventil, *c* Steuerkolben, *d* Steuerzylinder, *e* 4/3-Wege-Hilfssteuerventil, *f* Zahnradpumpe, *g* Rückschlagventil, *h* Hebel, *i* Druckbegrenzungsventil, *k* Arbeitskolben, *l* Arbeitszylinder

stellpumpe *a*. Das als 4/3-Wegeventil ausgeführte Hauptsteuerventil *b* wird durch einen Kolben *c* betätigt. Dieser befindet sich in einem Zylinder *d*, dem ein als 4/3-Wegeventil ausgeführtes Hilfssteuerventil *e* Öl für die Verschiebung des Kolbens *c* liefert. Die Verstellung des Hilfssteuerventiles *e* erfolgt durch einen Hebel *h*, der von zwei nicht dargestellten Anschlägen des Arbeitstisches betätigt wird. Das Drucköl hiezu wird von einer Zahnradpumpe *f* geliefert.

Die Betätigung des Hilfssteuerventils *e* könnte auch vom Tisch durch zwei elektrische Nockenschalter erfolgen, die zwei auf der Hilfssteuerventilstange befindliche Magnetspulen betätigen.

Verschiedene Vorschubgeschwindigkeiten des Tisches erhält man durch Veränderung der Exzentrizität der Pumpe, unterschiedliche Arbeits- und Rücklaufgeschwindigkeit durch Verwendung einer einseitigen dicken Kolbenstange (Langhobelmaschine, Kreissäge).

Verschiedene Vorschubgeschwindigkeit für Arbeitsgang und Eilgang erzielt man durch Verwendung von zwei Pumpen. In Abb. 146 wird

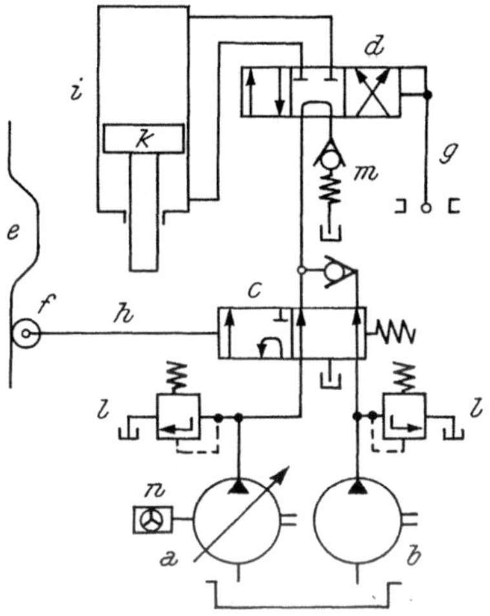

Abb. 146. Hydraulische Steuerung eines Schlittens mit zwei Pumpen für Arbeitsgang und Eilgang. *a* Verstellpumpe, *b* Zahnradpumpe, *c* 4/2-Wegeventil, *d* 4/3-Wegeventil, *e* am Schlitten angebrachte Kurve, *f* Rolle, *g* Steuerhebel, *h* Ventilstange, *i* Arbeitszylinder, *k* Kolben, *l* Druckbegrenzungsventil, *m* Rückschlagventil, *n* Handrad zur Betätigung von *a*

für den Arbeitsgang eine Verstellpumpe *a*, deren Fördermenge durch ein Handrad eingestellt wird und für den Eilgang eine Zahnradpumpe *b* verwendet. Durch den Kolben *k* im Zylinder *i* wird ein nicht dargestellter Schlitten bewegt, auf dem sich eine Kurve *e* befindet, durch welche über Rolle *f* und Stange *h* das Wegeventil *c* verstellt wird. Das Umschalten für den Rücklauf kann von Hand oder durch Anschläge auf dem Schlitten und den Steuerhebel *g* über das 4/3-Wegeventil *d* erfolgen. Für den Arbeitsgang liefert nur die Pumpe *a* Drucköl.

Auch *Vorwähl-* und *Folge*steuerungen sind als hydraulische Steuerungen ausführbar.

Schon sehr lange finden hydraulische Steuerungen als *Nachformsteuerungen* Verwendung. Reinhydraulische Steuerungen werden meist als Einwegsteuerungen ausgeführt. Bei diesen wird bei Drehmaschinen der Längszug durch eine Zugspindel mit konstantem Vorschub (*Leitvorschub*) durchgeführt und nur der Planvorschub gesteuert. Dadurch ist es auch möglich, Geräte für Einwegsteuerungen nachträglich als Zusatzgeräte auf Drehmaschinen anzubringen.

Bei den hydraulischen Nachformsteuerungen wird durch den Taster ein Wegeventil (Längsschieber) bewegt, der einen aus Kolben und Zylinder bestehenden Servomotor steuert. Um auch senkrechte Schultern in einer Richtung nachformen zu können, muß bei Einwegsystemen

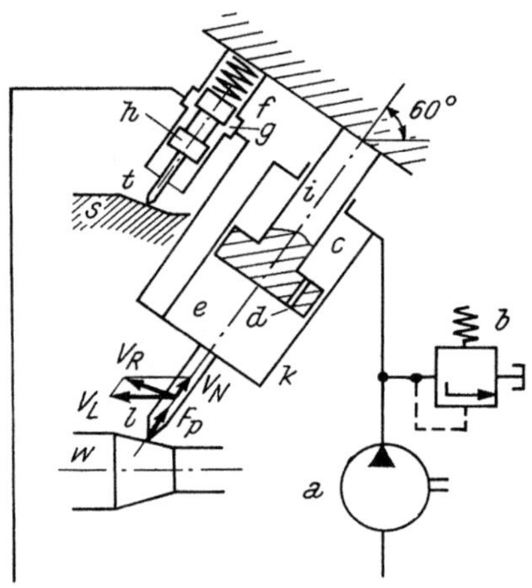

Abb. 147. Einkantensteuerung für Nachformdrehmaschine. *a* Zahnradpumpe, *b* Druckventil, *c* oberer Zylinderraum, *d* kleine Bohrung im Kolben *i*, *e* unterer Zylinderraum, *f* Feder, *g* Spalt im Steuerzylinder, *h* Steuerkolben, *k* Zylinder am Kopierschlitten, *l* Drehwerkzeug, *s* Schablone, *t* Taster, v_L Geschwindigkeit des Leitvorschubes, v_N Geschwindigkeit der Nachformbewegung, v_R resultierende Geschwindigkeit, *w* Werkstück, F_p Passivkraft des Werkzeuges

der Planschlitten mit der Kopiereinrichtung schräg gegen die Längsbewegung (meist ca. 60°) angeordnet werden.

Man unterscheidet Einkanten-, Zweikanten- und Vierkantensteuerungen.

Abb. 147 zeigt schematisch die Wirkungsweise einer *Einkantensteuerung*. Der Taster *t* wird durch eine Feder *f* stets gegen das Musterstück oder die Schablone *s* gedrückt. Die Zahnradpumpe *a* liefert eine gleichbleibende Fördermenge, deren Druck durch das Druckventil *b* konstant gehalten wird. Das Drucköl fließt über den oberen Zylinderraum *c* durch eine kleine Bohrung *d* des Kolbens *i* in den unteren Zylinderraum *e*. Das Verhältnis der Querschnitte der kleinen Bohrung *d* und des Spaltes *g* am Steuerkolben *h* ist so ausgelegt, daß bei einer bestimmten Stellung des Steuerkolbens *h* der Zylinder *k* in Ruhe bleibt (regelndes System; die Summe der durch die Drücke ober- und unterhalb des Kolbens auf die Zylinderwand ausgeübten Kräfte, der Passivkraft F_p und eventueller Reibungs- und Massenkräfte muß Null sein). Beim Auflaufen des Tasters t auf die Steigung der Schablone s verschiebt sich der Steuerkolben h nach oben (rückwärts) und vergrößert den Spalt g. Dadurch sinkt der Druck im Zylinderraum e und der am Zylinder k angebrachte Kopierschlitten mit dem Drehwerkzeug l weicht vom Werkstück w zurück. Bei zurückweichender Schablonenkontur s

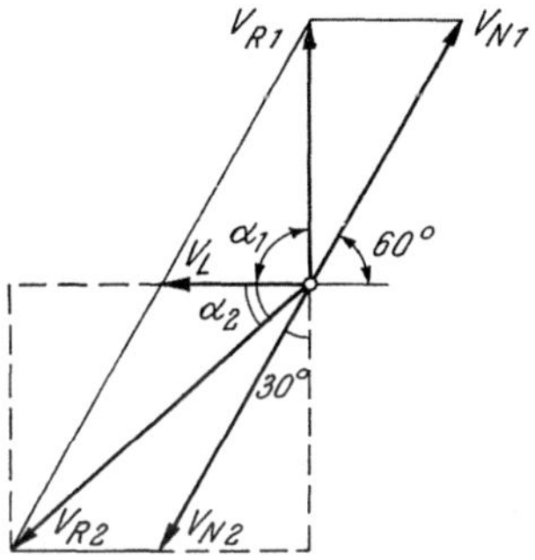

Abb. 148

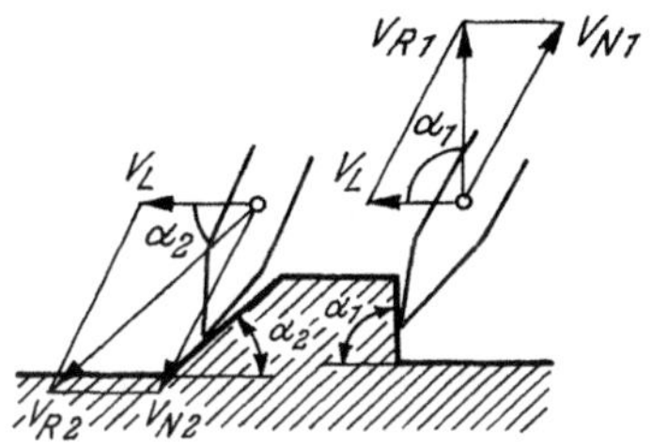

Abb. 149

Abb. 148 und 149. Größte nachformbare Steigung und größtes Gefälle bei Anordnung des Nachformschlittens unter 60° zur Längsrichtung. v_L Geschwindigkeit des Leitvorschubes, v_{N1} Geschwindigkeit des Nachformschlittens vom Werkstück weg, v_{N2} Geschwindigkeit des Nachformschlittens zum Werkstück hin, v_{R1}, v_{R2} resultierende Geschwindigkeiten, α_1 größter möglicher Steigungswinkel, α_2 größter möglicher Gefällewinkel

wird der Steuerkolben durch die Feder f nach unten (vorwärts) bewegt, der Spalt g verkleinert sich und der Druck im Zylinderraum e steigt an. Dadurch wird der Zylinder k mit dem Kopierschlitten und dem Werkzeug l in Richtung zum Werkstück w bewegt.

Abb. 148 und 149 zeigen die größte nachformbare Steigung und das größte Gefälle bei Anordnung des Nachformschlittens wie in Abb. 147 dargestellt. Um eine senkrechte Schulter ($\alpha_1 = 90°$) nachformen zu können, muß bei konstanter Geschwindigkeit des Leitvorschubes v_L die Geschwindigkeit v_{N1} der Nachformbewegung $v_L/\cos 60°$ betragen. Bei gleich großen Geschwindigkeiten $v_{N1} = v_{N2}$ ergibt sich für die Einwärtsbewegung ein Winkel α_2 aus:

$$\tan\alpha_2 = \frac{v_N \cdot \cos 30°}{2 \cdot v_L} = \frac{v_L \cdot \sin 60°}{2 \cdot v_L \cdot \cos 60°} = \frac{\tan 60°}{2} \qquad \alpha_2 = 40°54'$$

Ist v_N größer als $v_L/\cos 60°$ oder der Einstellwinkel kleiner als 60°, so sind Winkel α_1 über 90° möglich. Müssen an einem Werkstück zwei senkrechte Schultern nachgeformt werden, so ist dies mit diesen Steuerungen nur in zwei Arbeitsgängen nach einmaligem Umspannen möglich.

Im Gegensatz zu den elektromechanischen Nachformsystemen, bei den stufenförmiges Kopieren erfolgt (Abb. 119, schaltendes System), ergibt die hydraulische Einkantennachformsteuerung (regelndes System, Abb. 150) bei großen Nachformgeschwindigkeiten eine bessere Oberflächengüte des Werkstückes.

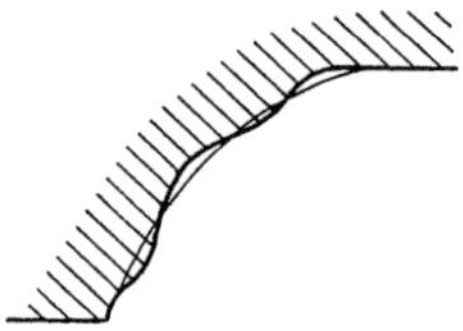

Abb. 150. Abweichungen von der Solloberfläche bei Einkantensteuerung

3,5 Pneumatische Steuerungen

Wesentlicher Unterschied zwischen den hydraulischen und pneumatischen Steuerungen ist die Verwendung der verschiedenen Medien Öl oder Luft. Deshalb werden dieselben Symbole für die Funktionsschaltpläne entsprechender Kreisläufe verwendet[1] (Abb. 141).

Luft ist überall kostenlos vorhanden, gesundheitsunschädlich und nicht brennbar. Ihr Volumen V ist von Druck p und Temperatur T abhängig ($p \cdot V = m \cdot R \cdot T$). Bei Luft erfolgen die Steuerbewegungen mit hohen Geschwindigkeiten, sie kann gespeichert und ohne weitere Rückleitungen in die Umgebung abgelassen werden. Zur Erzeugung von Preßluft sind Kompressoranlagen, die mit einem Windkessel ausgerüstet sind, notwendig. Da meist mit einem Druck von 6 bar gearbeitet wird, sind die erzeugten Kräfte durch die Beschränkung der Kolbendurchmesser begrenzt. Wegen der Zusammendrückbarkeit der Luft sind genaue Vorschubbewegungen bei unterschiedlichen Widerstandskräften nicht möglich. Die Luft muß vor der Verwendung in den Steuerungen und Motoren von der Feuchtigkeit durch *Wasserabscheider* befreit (sonst Kondenswasser und Rost in den Leitungen), von Schmutzteilchen *gefiltert* und bei Verwendung in bewegten Bauteilen mit Nebelölern *geschmiert* werden.

Pneumatische Steuerungen werden vorwiegend für Spann- und Schaltvorgänge (als Kolben und Zylinder in Spannvorrichtungen, Vorschubeinheiten, zum Werkstücktransport) und für rotierende Motoren (Handbohrmaschinen u. ä.) verwendet.

---

[1] VDI-Richtlinie 3226 Pneumatische Schaltungen, Schaltpläne DIN 24300, Bl. 1—8 Ölhydraulik und Pneumatik.

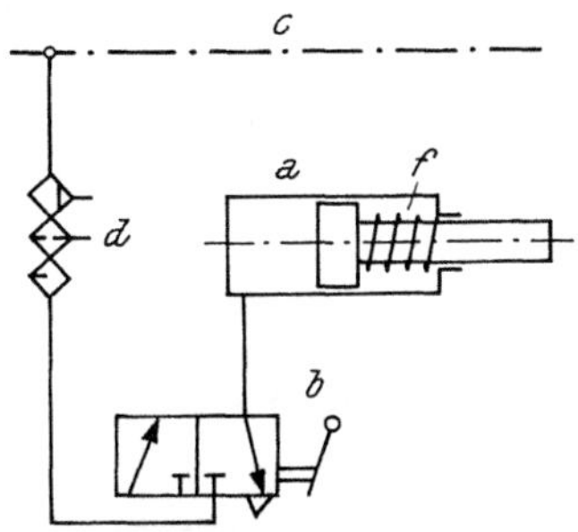

Abb. 151. Steuerung eines einfachwirkenden Pneumatikmotors. *a* Aus Kolben und Zylinder bestehender Pneumatikmotor, *b* Wegeventil, *c* Druckluftleitung, *d* aus Wasserabscheider, Filter und Öler bestehende Wartungseinheit, *f* Rückholfeder

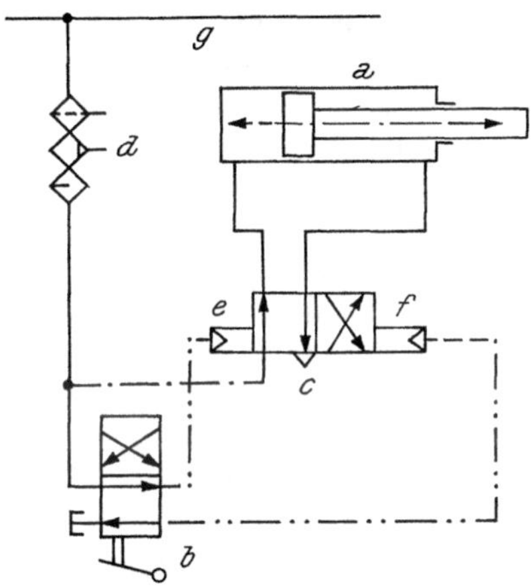

Abb. 152. Steuerung eines doppeltwirkenden Pneumatikmotors. *a* Doppelt wirkender Pneumatikmotor, *b* Vorsteuerventil, *c* Hauptsteuerventil, *d* Wartungseinheit, *e*, *f* Druckluftzylinder zur Betätigung von *c*, *g* Druckluftnetz

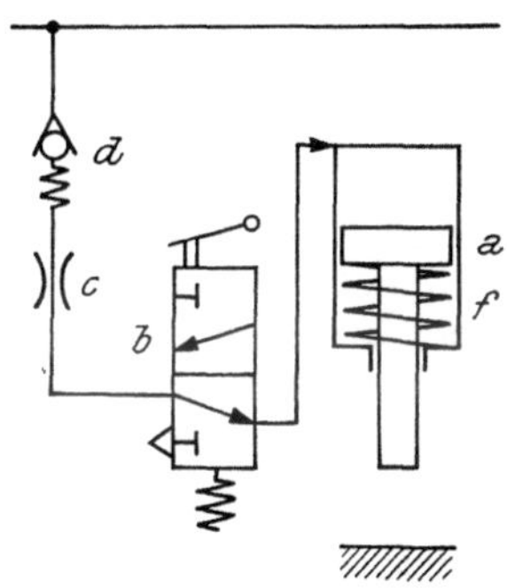

Abb. 153. Pneumatische Spanneinrichtung. *a* Spannzylinder mit Kolben, *b* handbetätigtes Wegeventil, *c* Drosselventil, *d* Rückschlagventil, *f* Rückholfeder

Druckluftzylinder können einfach- und doppeltwirkend verwendet werden.

Einfachwirkende Zylinder (Abb. 151) werden meist zum Spannen verwendet. Sie verrichten nur in einer Richtung Arbeit. Die Rückbewegung erfolgt durch eine Feder *f* oder Gewichtskraft.

Doppelt wirkende Zylinder (Abb. 152) verrichten in beiden Richtungen Arbeit. Die Luft kann von beiden Seiten auf den Kolben treffen, die jeweils zweite Seite wird ins Freie entlüftet. In den Endstellungen wird der Kolben gebremst, um Stöße beim Auftreffen auf den Deckel zu verhindern.

Abb. 151 zeigt die Steuerung eines einfachwirkenden Pneumatikmotors *a*, der von Hand durch ein Wegeventil *b* eingeschaltet wird mit Rückholfeder *f*. Die Luft kommt aus dem Druckluftnetz *c* über die aus Filter, Regler und Öler bestehende Wartungseinheit *d*.

Abb. 152 zeigt die Schaltung eines doppelt wirkenden Pneumatikmotors *a* mit einseitiger dicker Kolbenstange mit Vorsteuerventil *b* und Hauptsteuerventil *c*. Das Vorsteuerventil *b* kann von Hand, durch Anschläge oder elektromagnetisch betätigt werden. Das Hauptsteuerventil *c* wird durch Druckluftzylinder *e* und *f* und die vom Vorsteuerventil *b* kommende Druckluft betätigt. Befindet sich das Vorsteuerventil *b* in seiner oberen Lage, so wird das Hauptsteuerventil *c* durch den Druckluftkolben in *e* nach rechts verschoben, während die Luft aus *f* über *b* entweicht. Durch *c* gelangt jetzt die Druckluft auf die linke Seite des Kolbens *a*, während sie aus der rechten Zylinderseite ins Freie entweicht. Wird *b* nach unten verschoben, dann bewegt sich das Hauptsteuerventil *c* nach links und der Kolben *a* kehrt seine Bewegungsrichtung um.

Um bei pneumatischen Spanneinrichtungen ein Abfallen des Werkstückes bei Druckabfall im Netz zu vermeiden, verwendet man Rückschlagventile *d* (Abb. 153). Durch das Drosselventil *c* wird die Luftgeschwindigkeit zur Verhinderung von Stößen beim Spannen vermindert.

3,6 Kombinierte Steuerungen

Wegen der Vorteile der einzelnen Systeme werden häufig lufthydraulische, elektrohydraulische und elektropneumatische Steuerungen verwendet.

Bei den *lufthydraulischen Steuerungen* wird das Öl zum Antrieb oder zum Bremsen und die Luft zum Betätigen der Wegeventile wegen der hohen Geschwindigkeit benützt. Die Druckluft wird einem Druckluftnetz mit angeschlossenem Windkessel entnommen und das Drucköl in einem *Druckübersetzer* *b* (Abb. 154, Öl links, Druckluft rechts) aus der zugeführten Druckluft erzeugt.

Die über die Wartungseinheit *l* aus dem Druckluftnetz kommende Druckluft (Abb. 154) geht über ein Druckeinstellventil *a* zum Druckübersetzer *b*. Das dort unter Druck gesetzte Öl geht über die Leitung *c*, Rückschlagventil *d* in den Raum unter dem Kolben *f*, wodurch der Schlitten *m* gehoben wird. Beim Heruntergehen des Schlittens *m* strömt das Öl über das Drosselventil (Bremse) *e*. Der doppeltwirkende Vorschub- und Rückzugszylinder *k* erhält seine Druckluft über das Wegeventil *j* und die Leitung *g*. Die Betätigung des Hauptsteuerventiles *j* erfolgt durch Druckluft vom handbetätigten Vorsteuerventil *i*. Die Umschaltung von *j* erfolgt durch das Vorsteuerventil *h*, das von Hand oder durch Anschläge betätigt wird. Die Betätigung der Wegeventile durch Druckluft ergibt den Vorteil der hohen Schaltgeschwindigkeit.

Bei den *elektrohydraulischen Steuerungen* verwendet man an Stelle von Druckluft elektrisch betätigte Magnete.

Elektrohydraulische Steuerungen werden vielfach auch bei *Nachformsteuerungen* eingesetzt. Die Hydromotore ergeben große Verstell-

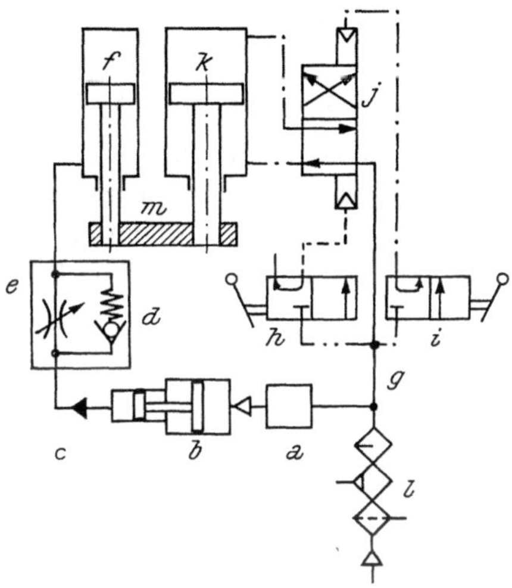

Abb. 154. Lufthydraulische Steuerung. *a* Druckeinstellventil, *b* Druckübersetzer, *c* Ölleitung, *d* Rückschlagventil, *e* Drosselventil, *f* Kolben, *g* Druckluftleitung, *h*, *i* Vorsteuerventil, *j* Hauptsteuerventil, *k* Rückzugzylinder, *l* Wartungseinheit, *m* Schlitten

kräfte und durch die elektrische Betätigung der Wegeventile vermeidet man die bei kleinen Durchtrittsquerschnitten für das Öl auftretenden Schwankungen der Durchflußmenge (die Öffnungsweiten der Wegeventile liegen bei schleichender Öffnung in der Größenordnung der Dicke der Grenzschicht). Durch die von den Kontakten des elektrischen Fühler betätigten Elektromagnete erfolgt ein sehr rasches Öffnen und Schließen der Wegeventile. Eine genaue Beschreibung dieser Steuerungen würde den Rahmen dieses Buches überschreiten, weshalb auf die Literatur verwiesen werden muß[1].

Elektrohydraulisch arbeiten auch die durch Taster gesteuerten *induktiven Regelkreise*, mit den stufenloses Nachformen möglich ist.

[1] Senger, G.: Das elektronisch-hydraulische Kopiersystem UNICOP. VDF-Mittlgn., Heft 7, Heft 8, S. 1—9 u. Heft 25, S. 1—55. — Stau, C.: Nachformeinrichtungen für Drehbänke. Berlin-Göttingen-Heidelberg: Springer. 1963. — Rögnitz, H.: Abspanende Werkzeugmaschinen. Stuttgart: Teubner. 1961.

4. Das Drehen

4,1 Allgemeines

Da sehr viele Maschinenteile Drehkörper sind (Bolzen, Achsen, Wellen, Flansche, Wälzlager, Gleitlager, Schrauben, Kupplungen usw.) gehört das Drehen zu den am meisten angewendeten Arbeitsverfahren und die Drehmaschinen zu den ältesten und häufigsten Werkzeugmaschinen.

Durch Drehen können Zylinderflächen, ebene Flächen, Kegel- und beliebige Rotationsflächen, Schraubenflächen (Gewinde) und Spiralflächen (Plangewinde), auf Sondermaschinen aber auch Nocken, Ellipsen und Polygonflächen hergestellt werden.

In der Regel macht das Werkstück die drehende Schnittbewegung und das Werkzeug die Vorschub- und Einstellbewegung.

4,2 Die Drehwerkzeuge

4,21 Allgemeines

Die Drehwerkzeuge werden nach den ÖNormen als *Drehstähle* und nach den DINormen als *Drehmeißel* bezeichnet. Sie bestehen aus dem *Schaft* und dem *Schneidenteil*. Die Schaftquerschnitte sind nach DIN 770 genormt. Die Winkel an der Schneide sind durch DIN 6581 genormt (siehe auch Abschnitt 1,12). Abb. 155 zeigt die *Werkzeugwinkel* für einen Punkt der Hauptschneide. Außer in der Keilmeßebene werden die Winkel im Schnitt CD (in der Arbeitsebene, Seitenwinkel, Index x) und im Schnitt EF (senkrecht zur Arbeitsebene und Bezugsebene, Rückwinkel, Index y) eingetragen. Auch für diese gilt:

$$\alpha_x + \beta_x + \gamma_x = 90^\circ \text{ und } \alpha_y + \beta_y + \gamma_y = 90^\circ$$

In der Regel wird die Schneidenspitze auf die Werkstückmitte eingestellt. Unbedingt erforderlich ist dies beim Nachformdrehen, Abstechen und Plandrehen, da ansonsten ein Zapfen übrig bleibt, beim

Kegeldrehen da ansonsten ein Hyperboloid entsteht und beim Profil- und Gewindedrehen mit Formwerkzeugen, da sonst eine Profilverzerrung auftritt. Steht die Schneidenspitze über Werkstückmitte (Abb. 5), so werden der Wirkfreiwinkel α_e kleiner und der Wirkspanwinkel γ_e größer

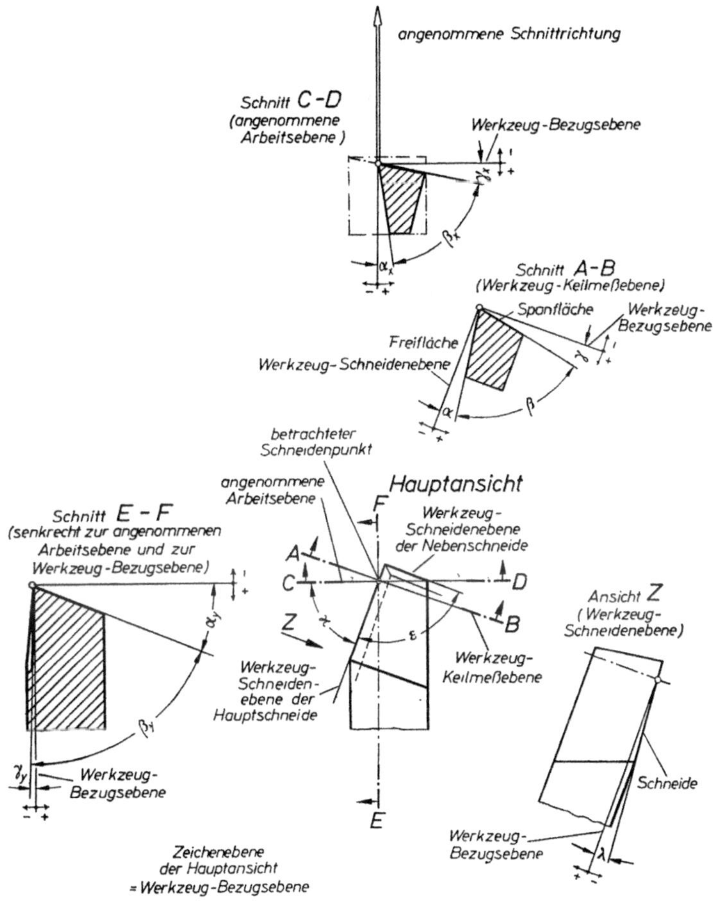

Abb. 155. Werkzeugwinkel für einen Punkt der Hauptschneide (DIN 6581). α, β, γ Frei-, Keil-, Spanwinkel, ε Eckenwinkel, $\varkappa$ Einstellwinkel, λ Neigungswinkel, α_x, β_x, γ_x Seiten-Frei-, Seiten-Keil-, Seiten-Spanwinkel, α_y, β_y, γ_y Rück-Frei-, Rück-Keil-, Rück-Spanwinkel

als die vorhandenen Werkzeugwinkel. Infolge des erhöhten Wirkspanwinkels fließt der Span besser ab (begünstigen von Fließspänen). Bei plötzlich auftretendem erhöhten Schnittwiderstand, etwa infolge einer harten Stelle im Werkstück, wird die Schneidenspitze in das Werkstück hineinfedern und eine Vertiefung erzeugen. Man stellt den Drehstahl beim Schruppen häufig um $d/100$ bis $d/50$ über Werkstückmitte. Der Einfluß der Höhenstellung auf die Wirkwinkel ist um so geringer, je größer der Einstellwinkel $\varkappa$ ist.

Je nach der Art der Zerspanung und der Lage der bearbeiteten Flächen werden verschieden geformte Werkzeuge verwendet. Abb. 156

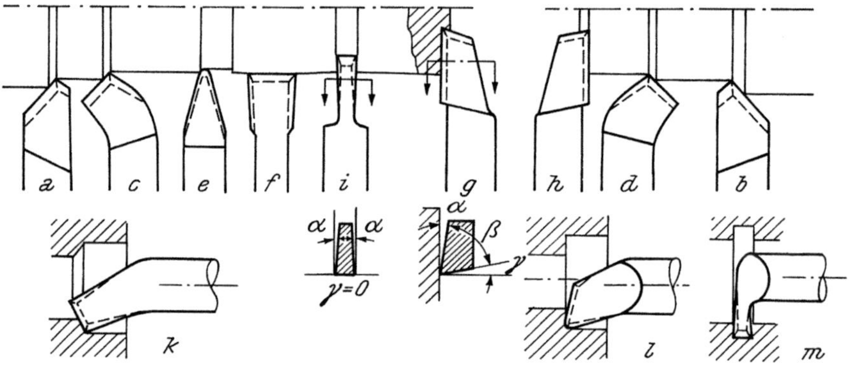

Abb. 156. Drehwerkzeuge. *a* Rechter, *b* linker gerader Schruppmeißel (DIN 4951), *c* rechter, *d* linker gebogener Schruppmeißel (DIN 4952), *e* Spitzschlichtmeißel (DIN 4955), *f* Breitschlichtmeißel (DIN 4956), *g* rechter, *h* linker abgesetzter Seitendrehmeißel (DIN 4960), *i* Stechdrehmeißel (DIN 4961), *k* Innendrehmeißel (DIN 4953), *l* Inneneckdrehmeißel (DIN 4954), *m* Innenstechdrehmeißel (DIN 4963)

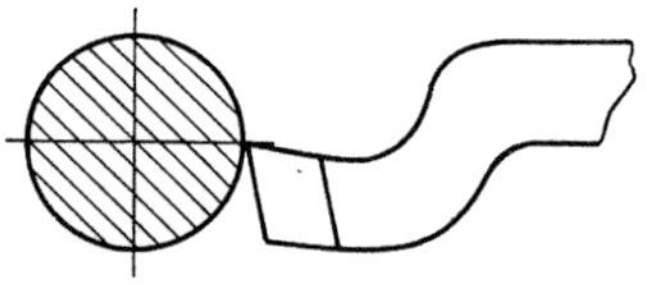

Abb. 157. Nach unten gekröpfter Stahl

zeigt die Grundformen. Ein linker Stahl (Meißel) ist ein Werkzeug, dessen Hauptschneide nach links zeigt, wenn man den Schneidenkopf waagrecht mit der Schneide nach oben zu sich gerichtet hält (Abb. 156*b*, *d*, *h*). Ein Werkzeug dessen Hauptschneide nach rechts zeigt, bezeichnet man als rechten Stahl (Meißel) (Abb. 156*a*, *c* und *g*). Ferner unterscheidet man gerade, gebogene, abgesetzte und gekröpfte Werkzeuge. Die *geraden* Stähle haben den Vorteil der einfachen Herstellung (Abb. 156*a* und *b*). Die *gebogenen* (Abb. 156*c* und *d*), die *abgesetzten* (Abb. 156*g* und *h*) und die *gekröpften* Stähle (Abb. 157) müssen nach mehrmaligem Nachschleifen nachgeschmiedet werden, wobei bei den empfindlichen Schnellarbeitsstählen die Gefahr einer Schädigung besteht. Ein gebogener (Abb. 156*c* und *d*) und ein hinaufgekröpfter Stahl federn bei nicht genügender Starrheit in das Werkstück, während der hinabgekröpfte Stahl (Abb. 157) aus dem Werkstück federt. Ein Herausfedern tritt auch bei Einstellen der Schneidenspitze eines geraden Stahles unter Mitte und bei Werkzeugformen nach Abb. 166 und 178 auf.

4,22 Schrupp-, Schlicht-, Seiten-, Stech- und Bohrstähle

Beim *Schruppen* bezweckt man die Abnahme eines großen Spanvolumens in möglichst kurzer Zeit ohne Rücksicht auf die Güte der erzielten Oberflächenbeschaffenheit. Verwendet werden *Schruppstähle* mit gebogener und gerader Schneide. Schruppstähle mit *gebogener* Schneide (in USA verwendet) haben den Vorteil ruhigeren Arbeitens, einer sauberen Schnittfläche und der größeren Standzeit. Sie sind jedoch schwieriger herzustellen und nachzuschleifen. Schruppstähle mit *geraden* Schneiden (Abb. 156*a*, *b*, *c* und *d*), die durch eine kleine Abrundung verbunden sind, sind leichter herzustellen und nachzuschleifen, ergeben eine rauhere Arbeitsfläche bei kleinerer Standzeit. Sie werden in Europa verwendet und sind genormt (ISO, ÖNORM und DIN). Sie werden wie alle Drehwerkzeuge als *Vollwerkzeuge* (V), und als *Verbund*werkzeuge ausgeführt. Diese besitzen einen Schaft aus Stahl mit mind. 700 N/cm² Festigkeit mit stumpf angeschweißten Schneidenteil aus Schnellstahl (S) oder aufgeschweißter Platte aus Schnellstahl (P) oder hart aufgelöteter Platte aus Hartmetall (Abb. 158) oder Halter mit geklemmten Platten aus Hartmetall (Abb. 159), Sinteroxiden (Abb. 160) oder Industriediamanten (Abb. 161). Außer den genormten Drehwerkzeugen (Abb. 156, 158) gibt es eine Reihe von Sonderwerkzeugen, von denen nur einige angeführt werden können.

Der *Schäl-(Tangent-)Stahl* nach Abb. 162 liegt mit seinem Schaft annähernd tangential an das Werkstück, und wird in dieser Richtung vorgeschoben. Er besitzt guten Spanabfluß, starre Einspannung und wird an der Spanfläche nachgeschliffen. Er benötigt besondere Stahlhalter (Abb. 163) und wird vor allem bei Drehautomaten und Revolverdrehmaschinen verwendet.

Eine Sonderform ist auch der *Pilzstahl* (Abb. 164). Er ist meist mit einer Hartmetallauflage versehen, besitzt eine Spanflächenfase (Erhöhung der Standzeit) und wird zum Abdrehen der Spurkränze von Eisenbahnrädern verwendet. Nach Abnützung des in Schnitt stehenden Schneidenstückes, kann durch Verdrehen ein neues Schneidenstück zum Einsatz gebracht werden.

Durch *Schlichten* will man Werkstücke hoher Oberflächengüte und hoher Maßgenauigkeit erzielen. Man arbeitet mit hohen Schnittgeschwindigkeiten und kleinem Vorschub. Man verwendet außer den

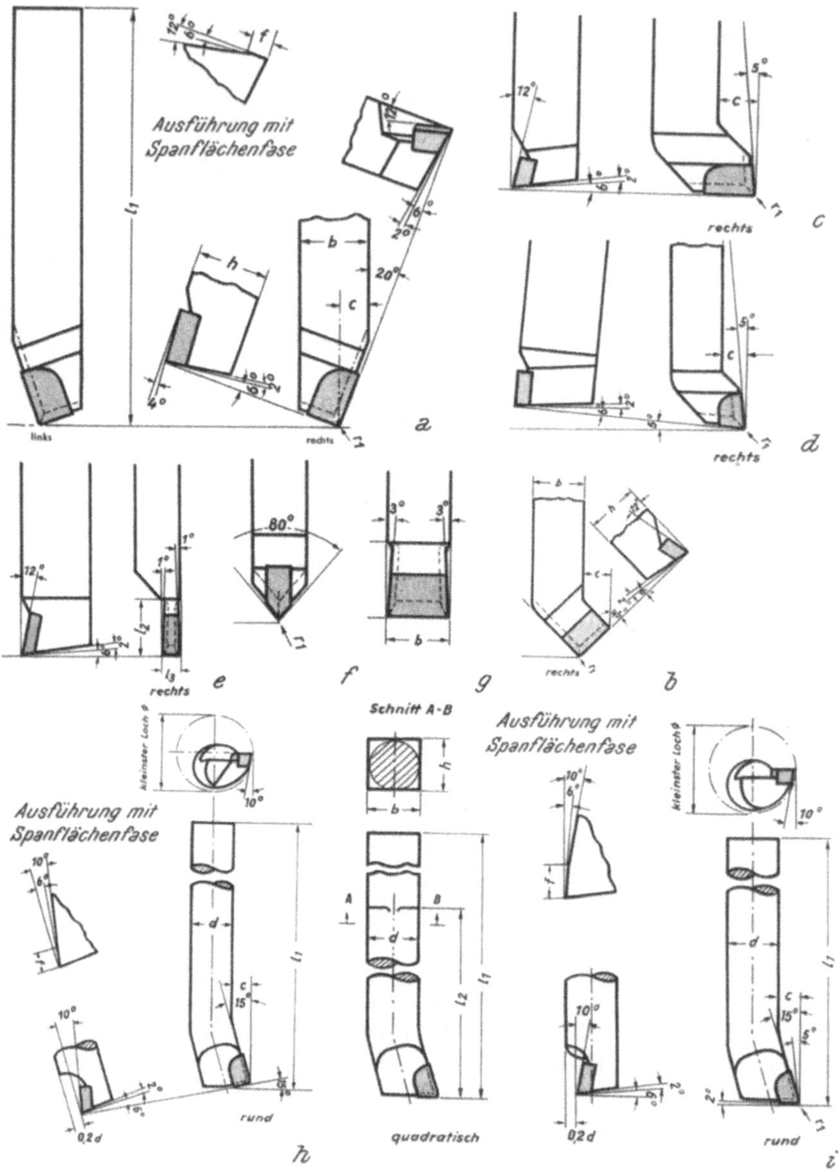

Abb. 158. Drehwerkzeuge mit aufgelöteter Schneidplatte aus Hartmetall. *a* Gerade Schneidstähle (ISO 1, ÖNORM M4371, DIN 4971), *b* gebogener Schneidstahl (ISO 2, ÖNORM M4372, DIN 4972), *c* Plandrehstahl (ISO 5, ÖNORM M4377, DIN 4977), *d* abgesetzter Eckdrehstahl (ISO 3, ÖNORM M4378, DIN 4978), *e* Stechstahl (ISO 7, ÖNORM M4381, DIN 4981), *f* spitzer Drehmeißel (DIN 4975), *g* Breitschneidstahl (ISO 4, DIN 4976, ÖNORM M4376), *h* Innendrehstahl (ISO 8, ÖNORM M4373, DIN 4973), *i* Inneneckdrehstähle mit quadratischem und rundem Schaft (ISO 9, ÖNORM M4374, DIN 4974)

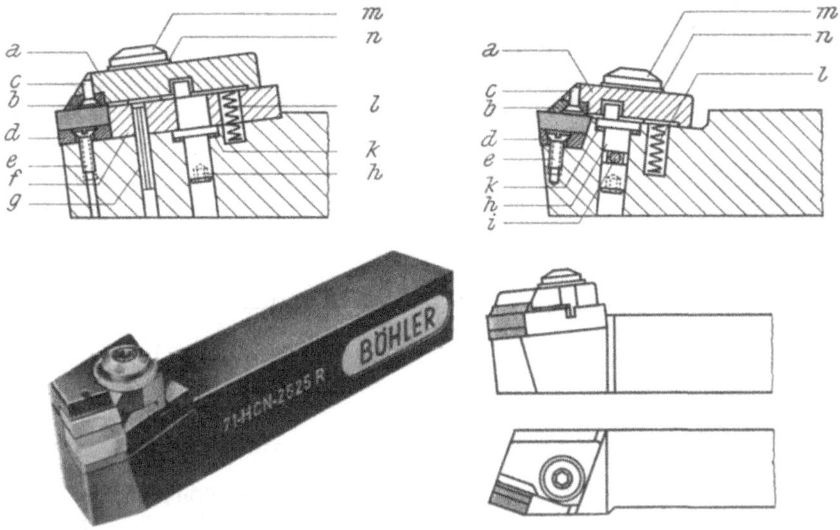

Abb. 159. Klemmhalter mit Wendeschneidplatte aus Hartmetall links oben mit negativem, rechts oben mit positivem Spanwinkel. *a* Klemmpratze mit Spanformer *b* und Haltestift *c*, *d* Auflageplatte, *e* Schraube, *f* Einsatzstück, *g* Spannhülse für *f*, *h* Exzenter, *i* Schraube für *h*, *k* Federscheibe für *h*, *l* Schraubenfeder, *m* Spannschraube, *n* Unterlagscheibe

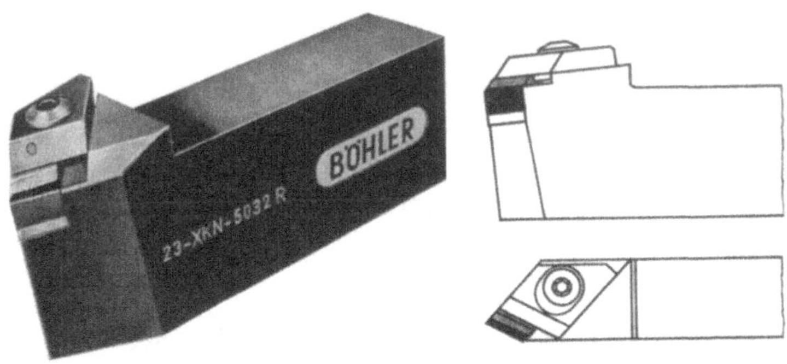

Abb. 160. Klemmhalter mit Wendeschneidplatte aus Sinteroxid

bereits angeführten Werkzeugen *Spitzschlichtstähle* (Abb. 156*e*, 158*f*), *Breitschlichtstähle* (Abb. 156*f*, 158*g*) in gerader und gekröpfter Ausführung (Abb. 157) und in zunehmenden Maße Klemmhalter mit Wendschneidplatten aus Hartmetall (Abb. 159) und Sinteroxiden (Abb. 160). Bei besonderen Anforderungen an die Oberflächengüte (siehe Abschnitt 8) verwendet man für Nichteisenmetalle auch Arbeitsdiamanten (Abb. 161).

Zum Bearbeiten von *Planflächen* werden außer einer Reihe bisher angeführter Werkzeuge noch besondere *Seitenstähle* verwendet. Diese werden als *linke* (Abb. 156*h*) und *rechte* (Abb. 156*g*), *gerade*, *gebogene* und *abgesetzte* (Abb. 156*h*, *g*) ausgeführt.

Zur Herstellung von *Nuten* oder zur winkeligen Trennung von Teilen mit möglichst geringem Werkstoffverlust (*Abstechen*) verwendet man *Stechstähle*. Sie können *rechts* (Abb. 158*e*), *links* oder *beiderseits abgesetzt* sein (Abb. 156*i*). Um die Schneide kräftig zu halten macht

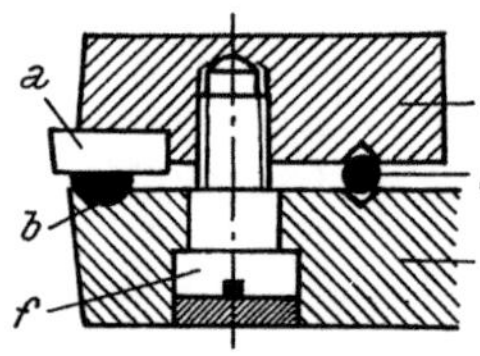

Abb. 161. Klemmhalter für Industriediamant. *a* Diamant, *b* einstellbare Unterlagplatte, *c* Spannpratze, *d* Auflager, *e* Halter, *f* Spannschraube

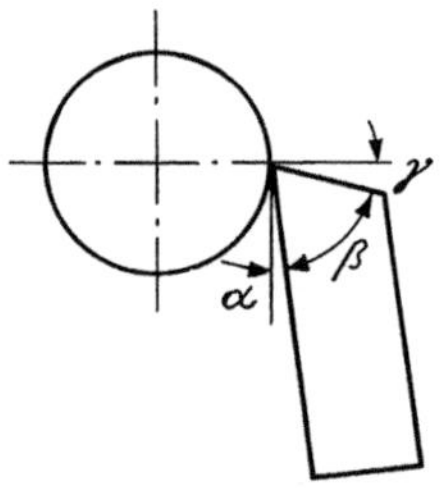

Abb. 162. Schäl-(Tangent-)Stahl α, β, γ Frei-, Keil-, Spanwinkel

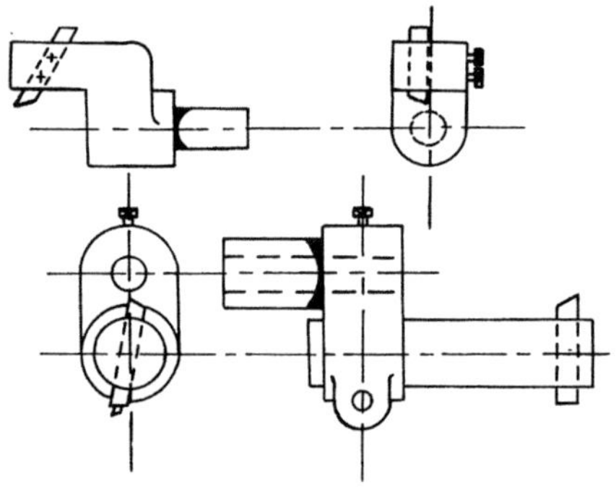

Abb. 163. Stahlhalter für Revolverdrehmaschinen

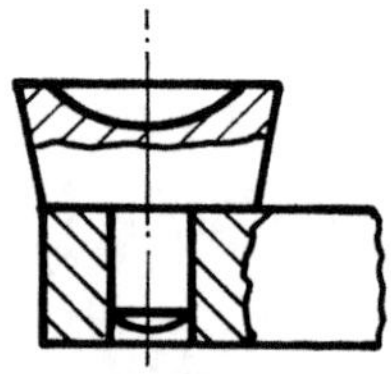

Abb. 164. Pilzstahl

man den Werkzeugspanwinkel 90° und die seitlichen Freiwinkel 2°. Damit die abfallenden Werkstücke keinen Grat erhalten, schleift man die Hauptschneide etwas schräg (Abb. 165). Um das Werkzeug nicht durch den seitlichen Druck zu gefährden, darf der Winkel nicht zu groß sein. Stechstähle werden vielfach auch gekröpft (Abb. 157) oder mit federndem Halter (Abb. 166) ausgeführt, um Rattern zu vermeiden. Statt der geschmiedeten Stähle verwendet man auch trapezförmige Abstechstähle (Abb. 167), die in besondere Halter kommen und an der Spanfläche nachgeschliffen werden.

Zur Herstellung von Bohrungen dienen *Innendrehwerkzeuge*. Mit den genormten Innendrehstählen (Abb. 156*k*, *l* und *m*, 158*h* und *i*), die mit rundem und quadratischem Schaft ausgeführt werden, kann man nur kleine Späne abnehmen, da ihr Schaft dünner und länger als die herzustellende Bohrung sein muß und unter dem auftretenden Biege- und Drehmoment stark federt.

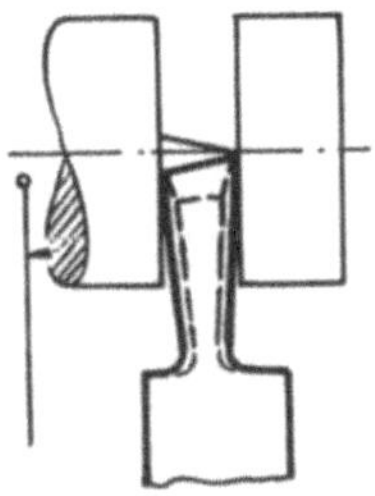

Abb. 165. Beiderseits abgesetzter Stechstahl mit schräger Schneide

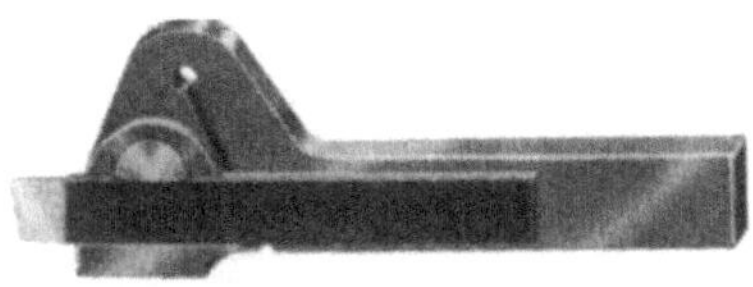

Abb. 166. Abstechstahl mit federndem Halter

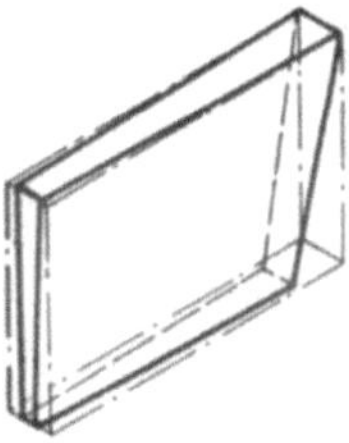

Abb. 167

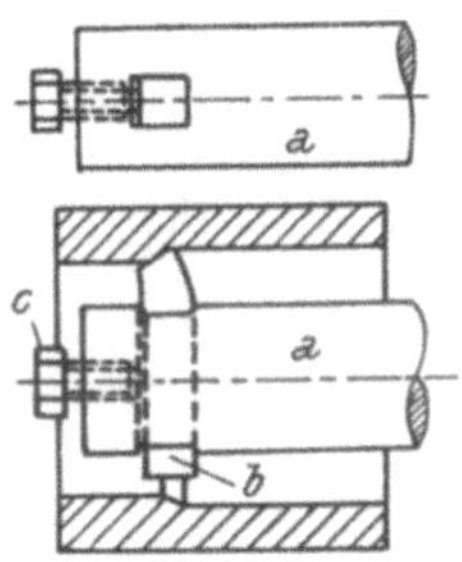

Abb. 168

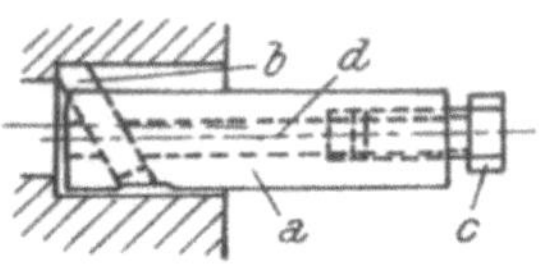

Abb. 169

Abb. 167. Abstechstahl für Stahlhalter
Abb. 168 und 169. Bohrstangen für Durchgangs- und Sacklöcher. *a* Bohrstange, *b* Bohrwerkzeug, *c* Spannschraube, *d* Spannstift

Bohrstangen nach Abb. 168 für durchgehende und Abb. 169 für Sacklöcher sind starrer und ersparen teuren Werkstoff, da nur die Schneidstähle aus Schnellstahl gefertigt werden. Es finden auch Bohrstangen mit eingesetzten Hartmetallmeißeln und Einsätzen für Wendeschneidplatten aus Hartmetall Verwendung.

4,23 Gerade und runde Formstähle

Zur Herstellung von *Profilen* kleiner Länge (Gewinde, Rillen in kleinen Seilscheiben usw.) verwendet man *Formstähle*, deren Schneidenspitze auf Werkstückmitte eingestellt wird und deren Profil beim

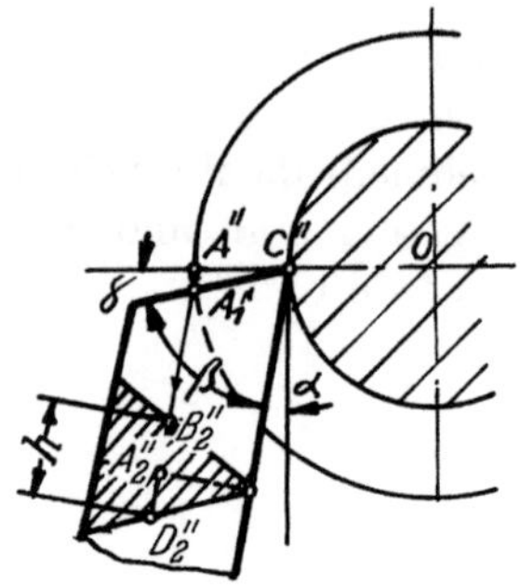

Abb. 170

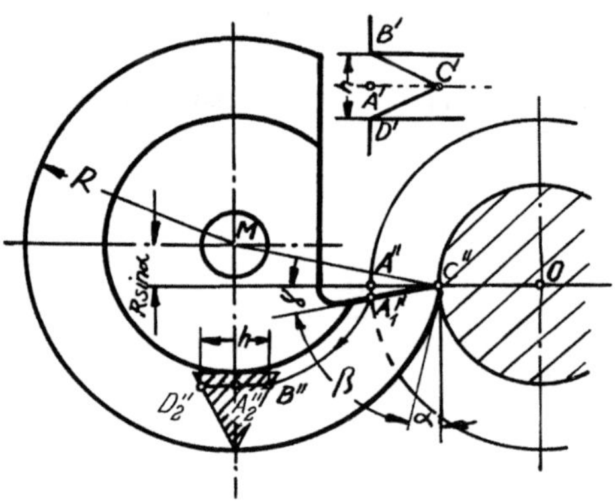

Abb. 171

Abb. 170 und 171. Gerader und runder Formstahl. *h* Profilbreite, *R* Radius, *M* Mittelpunkt des runden Formstahles, *O* Mittelpunkt des Werkstückes, α Freiwinkel, β Keilwinkel, γ Spanwinkel

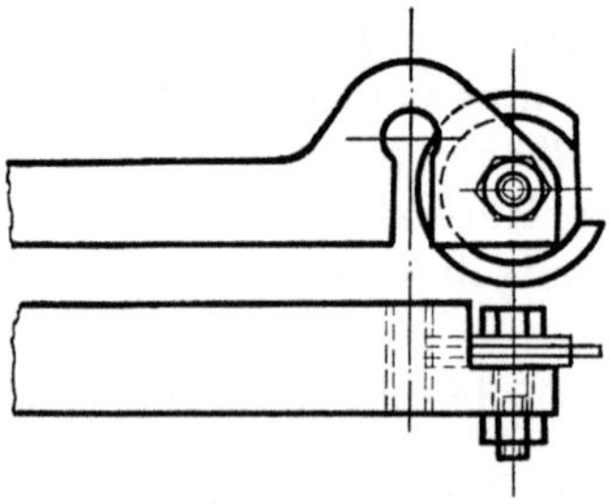

Abb. 172. Runder Formstahl mit Halter

Nachschleifen unverändert bleiben muß. Verwendung finden gerade und runde Formstähle in besonderen Stahlhaltern.

Gerade Formstähle (Abb. 170, 177 und 178) sind schwieriger herzustellen. Damit ihr Profil erhalten bleibt werden sie auf der Spanfläche nachgeschliffen, wobei der ursprüngliche Spanwinkel beibehalten werden muß. Dieser wird bei Formstählen in der Regel zu 0° gewählt. Das Profil des geraden Formstahles weicht vom Profil des Drehteiles ab. Es wird nach Abb. 170 wie folgt ermittelt:

Kreisbogen $\widehat{A''A_1''}$ um 0, Gerade $\overline{A''_1A_2''}$ parallel zur vorderen Kante, Auftragen von $h = \overline{B'D'} = \overline{B_2''D_2''}$. Zum Einspannen auf dem Oberschlitten der Drehmaschine benötigt man besondere Halter (Abb. 177, 178).

Runde Formstähle (Abb. 171) sind Drehkörper aus denen ein Teilstück herausgearbeitet wurde. Sie besitzen einen Zapfen (Abb. 180) oder eine Bohrung (Abb. 172) zur Aufnahme in einem Halter. Ihr Mittelpunkt liegt um $R \cdot \sin\alpha$ über Werkstückmitte, ihre Spanfläche tangiert einen Kreis mit dem Radius $R \cdot \sin(\alpha + \gamma)$. Sie sind an der Spanfläche sehr lange nachschleifbar. Ihr Profil, das von dem Profil des Werkstückes abweicht, kann wie folgt graphisch ermittelt werden (Abb. 171):

Kreisbogen $\widehat{A''A_1''}$ um 0, anschließend Kreisbogen $A_1''A_2''$ um M, dann $h = \overline{B'D'} = \overline{B_2''D_2''}$ senkrecht zu $\overline{MA_2''}$ auftragen.

4,24 Werkzeuge zur Herstellung von Bolzengewinden

Durch Drehen können *Gewinde* jeder Form und Steigung sehr genau hergestellt werden. Da man hiezu jedoch eine lange Arbeitszeit und Facharbeiter benötigt, werden mit einfachen Werkzeugen nur Einzelteile (Reparaturen) hergestellt.

Das einfachste Werkzeug für Spitzgewinde ist der *Spitzgewindestahl*, dessen Schneidenkopf in Abb. 173 dargestellt ist. Der Spanwinkel für die rechte Hauptschneide γ_r ist negativ, der für die linke Hauptschneide γ_l positiv. Da dadurch die rechte Hauptschneide schlechter schneidet, schiebt man beim Schruppen das Werkzeug vorteilhaft gegen die linke Flanke vor, damit die besser schneidende Hauptschneide (Abb. 174) den größeren Span abnimmt. Die so hergestellten Spitzgewinde sind außen scharfkantig. Benötigt man außen eine Rundung (Gewinde ohne Spitzenspiel für dichtende Gewinde und Gewindebohrer), so benutzt man Schneidenformen nach Abb. 175 (Schulterstahl). Ein symmetrisches Profil des Gewindestahles ist nur bei Gewinden kleiner Steigung möglich. Bei Gewinden großer Steigung verwendet man ent-

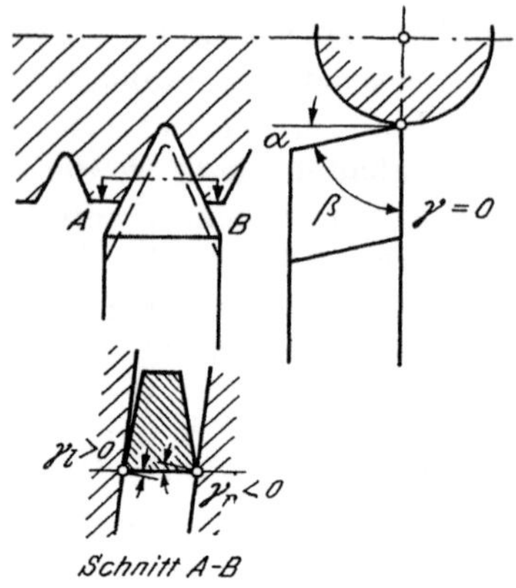

Abb. 173. Spitzgewindestahl. α Freiwinkel, β Keilwinkel, γ Spanwinkel, γ_l Spanwinkel an der linken Flanke, γ_r Spanwinkel an der rechten Flanke des Stahles

Abb. 174. Vorschubrichtung des Spitzstahles

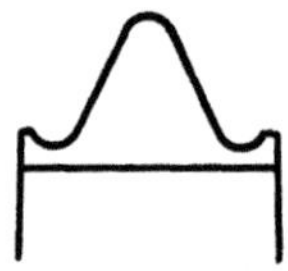

Abb. 175. Schulterstahl

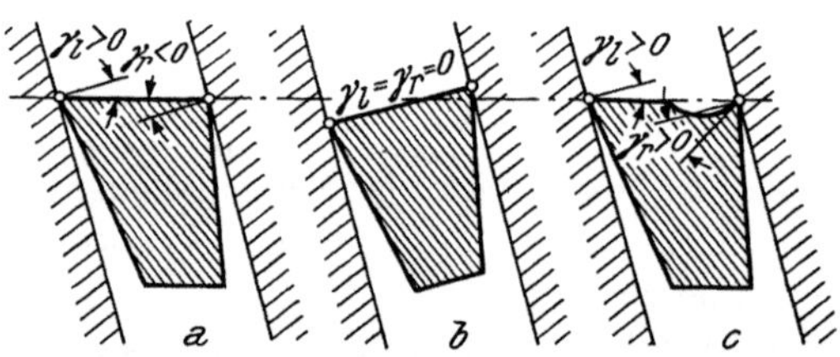

Abb. 176. Querschnitte durch den Kopf des Spitzgewindestahles für Gewinde großer Steigung. *a* Unsymmetrisches Profil, *b* symmetrisches Profil in die mittlere Steigungsrichtung geschwenkt, *c* unsymmetrisches Profil mit Hohlkehle in der rechten Flanke, γ_l, γ_r Spanwinkel der linken und rechten Flanke

weder für jede Flanke ein besonderes Werkzeug oder ein unsymmetrisches Stahlprofil nach Abb. 176a (nur zum Schlichten, da die rechte Schneide nur schabt) oder ein symmetrisches Stahlprofil in besonderem Halter, das man nach Abb. 176b in die Steigungsrichtung einschwenkt (nur zum Schruppen, da durch die ober und unter Mitte liegenden Schneidenteile eine Profilverzerrung entsteht) oder schleift in den rechten Teil des unsymmetrischen Profils (Abb. 176c) eine Hohlkehle (aus denselben Gründen wie vorhin nur zum Schruppen geeignet).

Um ein öfteres Nachschleifen zu ermöglichen, verwendet man an Stelle des Spitzstahles *gerade Formstähle* nach Abb. 177, oder *runde Formstähle* nach Abb. 180. Alle diese Werkzeuge erlauben die Herstellung des Gewindes nur in vielen Schnitten. Gerade Formstähle

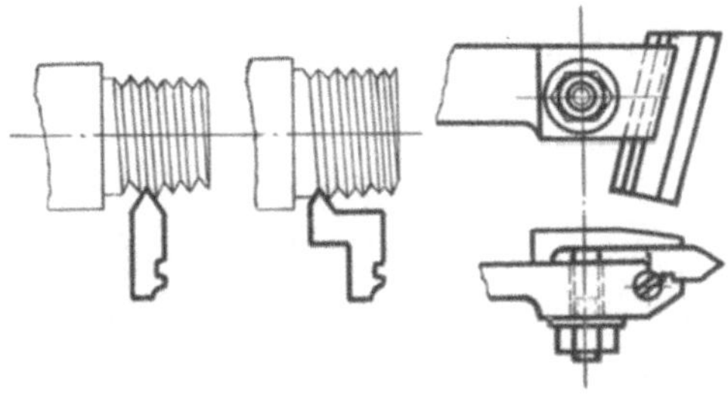

Abb. 177. Gerade Formstähle für Außengewinde mit Halter

Abb. 178. Gerader Formstahl mit federndem Halter in mittlere Steigungsrichtung des Gewindes einschwenkbar

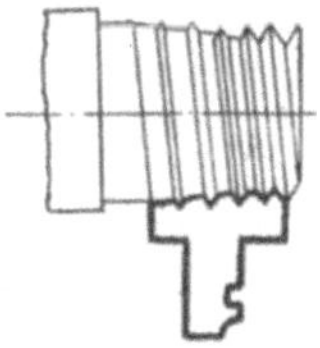

Abb. 179. Als gerader Formstahl ausgeführter Gewindestrehler

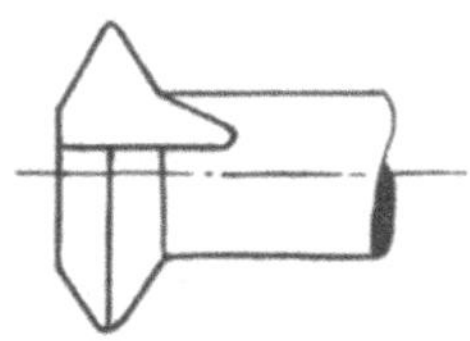

Abb. 180. Runder Formstahl für Spitzgewinde

mit einem Halter nach Abb. 178 lassen sich in die Steigungsrichtung des Gewindes einschwenken (für rechts- und linkssteigende Gewinde und unterschiedliche Steigungswinkel einsetzbar) und arbeiten durch die Federwirkung des Halters ratterfreier als starre Werkzeuge. Runde Gewindeformstähle können auch in Form eines Gewindeganges hergestellt werden. Es muß dann allerdings für jedes Gewinde (rechts- oder linkssteigend) ein besonderes Werkzeug verwendet werden. Zur Herabsetzung der Arbeitszeit verwendet man Werkzeuge mit mehreren gleichzeitig arbeitenden Schneiden, die man *Gewindestrehler* nennt. Sie besitzen größere Standzeit und ergeben im Werkstück einen größeren Gewindeauslauf. Für genaue Gewinde müssen sie zur Beseitigung des Härteverzuges nach dem Härten geschliffen werden. Sie werden als gerade Formstähle (Abb. 179) und als runde Formstähle ausgeführt. Bei diesen werden die einzelnen Zähne (Abb. 181) als Gewindegänge ausgeführt, wodurch man einfachere Herstellung erzielt. Zum Schneiden

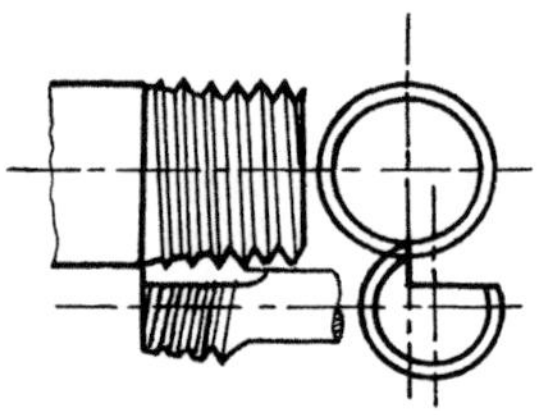

Abb. 181. Als runder Formstahl ausgeführter Gewindestrehler

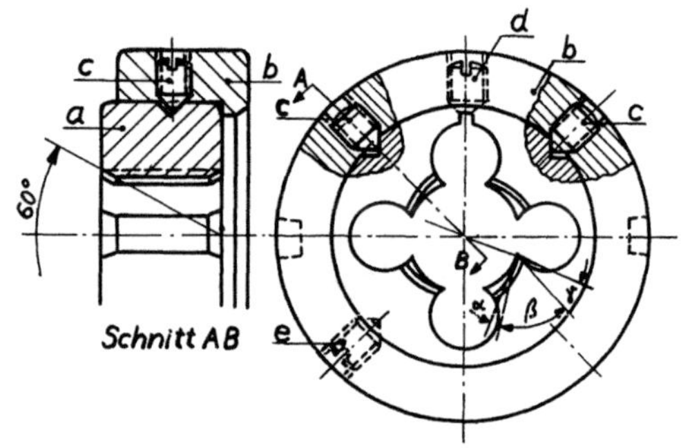

Abb. 182. Schneideisen. *a* Schneideisen, *b* Schneideisenkapsel, *c* Spannschrauben, *d* Spreizschrauben, α Freiwinkel, β Keilwinkel, γ Spanwinkel

von Rechtsgewinde am Werkstück muß der Strehler Linksgewinde besitzen.

Ordnet man drei bis fünf Strehler im Kreise an, so entstehen die *Schneideisen* (Abb. 182), die kurzen Gewindeauslauf und keine Biegung ergeben. Sie stellen das Gewinde ebenfalls in einem Durchgang her. Ihr Vorschub erfolgt nicht zwangläufig, sondern durch die bereits geschnittenen Gewindegänge. Das Schneideisen *a* ist in einer Kapsel *b* befestigt. Es ist in neuem Zustand meist geschlossen und wird nach Abnützung geschlitzt, um es durch die Spreizschrauben *d* und die Spannschrauben *c* auf genauen Gewindedurchmesser einstellen zu können. Zerspanend wirkt nur der Anschnitt, der so geschliffen wird, daß ein Freiwinkel α entsteht. Da sich der Anschnitt auf beiden Seiten des Schneideisens befindet, können beide Seiten verwendet werden. Das Nachschleifen soll möglichst lange nur im Anschnitt erfolgen, um die beim Nachschleifen der Spanfläche auftretende Vergrößerung des Gewindedurchmessers zu vermeiden. Durch Anbringen eines *Schälanschnittes* erzielt man ein freies Abfließen der Späne nach vorn und eine

Verringerung des Drehmomentes. Stauungen der Späne in den Spannuten werden dadurch vermieden.

Auf Revolverdrehmaschinen und Drehautomaten werden die Schneideisen in *selbsttätig auslösenden Schneideisenhaltern* (Abb. 183) verwendet, um eine Beschädigung des Werkzeuges am Gewindeende zu vermeiden. Sie werden mit ihrem rechten Zapfen im Revolverkopf

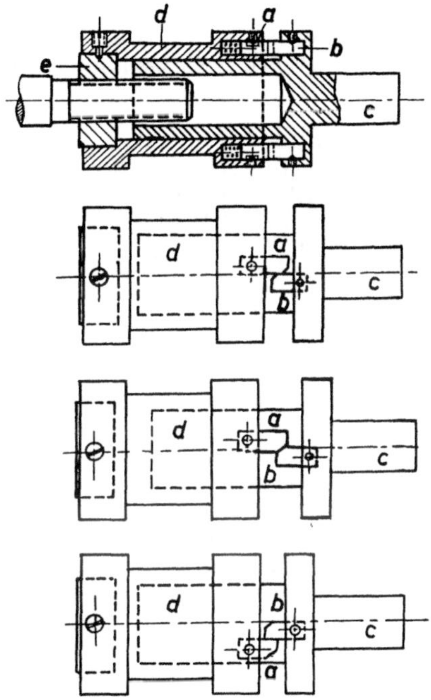

Abb. 183. Selbsttätig auslösender Schneideisenhalter. *a* Federnde Knaggen, *b* feste Knaggen, *c* Halter mit rundem Zapfen, *d* verschiebbarer Teil, *e* Schneideisen

eingespannt und folgen der Steigung des Gewindes bis kurz vor dem Gewindeende. Dann bleibt der Revolverkopf mit dem rechten Teil *c* stehen, während sich die Hülse *d* mit dem Schneideisen *e* weiterschraubt, bis die federnden Knaggen *a* mit ihren schrägen Flächen auf die schrägen Flächen der festen Knaggen *b* zu liegen kommen und über diese hinwegschnappen. Ändert sich hierauf die Drehrichtung des Werkstückes relativ zum Werkzeug, so legen sich die Knaggen *a* mit ihrer rückwärtigen Fläche gegen die Knaggen *b*, der Revolverkopf bewegt sich nach rechts und das Schneideisen schraubt sich vom Werkstück herunter.

Die *erforderlichen Relativbewegungen von Werkzeug und Werkstück* können auf Revolverdrehmaschinen und Drehautomaten auf folgende Weise erfolgen (bei Rechtsgewinde):

Bei stillstehendem Werkzeug dreht sich die Arbeitsspindel zum Gewindeschneiden langsam rechtsherum und zum Herabschrauben des Werkzeuges rasch linksherum.

Die Arbeitsspindel läuft dauernd schnell linksherum. Zum Gewindeschneiden wird das Schneideisen noch schneller linksherum angetrieben, so daß es überholend arbeitet (Differentialverfahren). Nach fertiggestelltem Gewinde wird das Schneideisen stillgesetzt und schraubt sich mit großer Geschwindigkeit vom Werkstück herunter. Bei diesem Verfahren

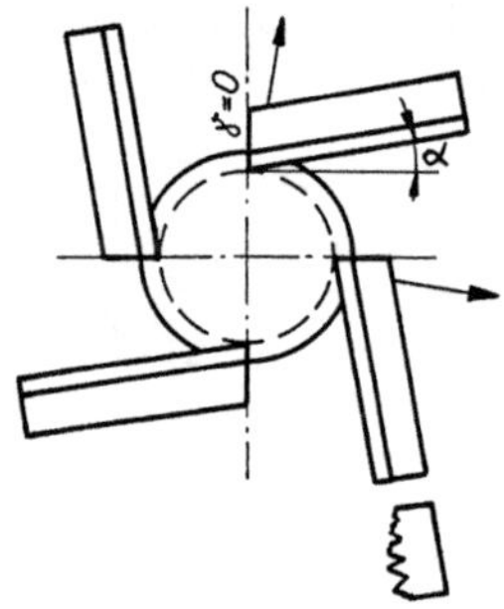

Abb. 184. Selbsttätig öffnender Gewindeschneidkopf (schematisch). α Freiwinkel, γ Spanwinkel

können während des Gewindeschneidens noch andere Dreharbeiten mit entsprechend angeordneten Werkzeugen durchgeführt werden.

Die Arbeitsspindel läuft dauernd schnell rechtsherum. Zum Gewindeschneiden wird das Schneideisen langsamer rechtsherum angetrieben (Differentialverfahren). Zum Herabschrauben wird es mit viel größerer Geschwindigkeit als die Arbeitsspindel rechtsherum angetrieben.

Das Zurückschrauben des Schneideisens kostet Zeit und nützt das Gewinde von Werkzeug und Werkstück ab. Diese Nachteile vermeidet der *selbsttätig öffnende Gewindeschneidkopf* (Springkopf). Er besitzt drei oder vier radiale oder tangentiale (Abb. 184) Schneidbacken, die sich nach Fertigstellung des Gewindes selbsttätig radial öffnen, so daß der Schneidekopf ohne Drehrichtungsänderung und ohne Berührung mit dem Werkstück rasch zurückgezogen werden kann. Bei tangentialen Backen ist sehr oftmaliges Nachschleifen möglich (Abb. 185).

Bei Anwendung geschlossener Gewindewerkzeuge müssen die Bolzendurchmesser etwas kleiner als der Gewindeaußendurchmesser (Untermaß ca. 0,1mal Gewindesteigung) ausgeführt werden, weil der Bolzenwerkstoff in die Gewindespitzen vordringt. Damit die Gewindewerkzeuge gut anschneiden, sollen die Bolzenenden bis auf den Kerndurchmesser kegelig angespitzt (Kegelwinkel 50 bis 90°) werden. Bei Gußeisen, Messing und Magnesiumlegierungen wird ohne Schmiermittel, bei Stahl mit Schneidöl und bei Aluminiumlegierungen mit Schneid- oder Rüböl gearbeitet.

Abb. 185. Selbstöffnender Gewindeschneidkopf mit vier tangentialen Backen

4,25 Werkzeuge zur Herstellung von Muttergewinden

Innendrehstähle (Abb. 186, 187), *Bohrstangen* (Abb. 188) und *runde Formstähle* sind für Rechts- und Linksgewinde verwendbar, besitzen jedoch sehr geringe Spanleistung. *Runde Gewindestrehler* (Abb. 189)

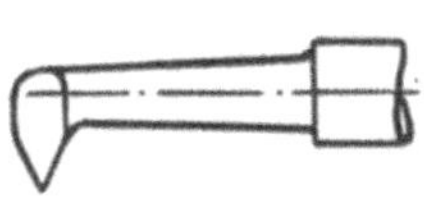

Abb. 186

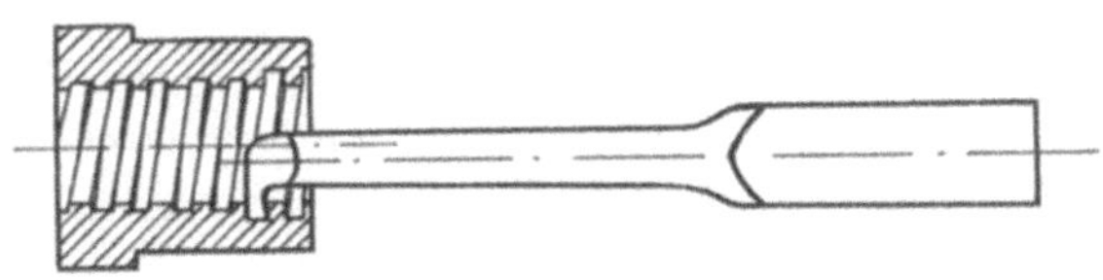

Abb. 187

Abb. 186 und 187. Innengewindedrehstahl

können Gewinde in einem Durchgang herstellen. Sie werden meist selbst als Gewinde ausgeführt, dessen Steigungsrichtung mit der des Werkstückes übereinstimmen muß.

Beim *Gewindebohrer* (Abb. 190) sind drei bis fünf Gewindestrehler im Kreise angeordnet, so daß praktisch keine Biegebeanspruchung des Werkstückes auftritt und der Anschnitt kürzer gehalten werden kann.

Man unterscheidet *Hand-* und *Maschinengewindebohrer,* sowie Satzgewindebohrer, Muttergewindebohrer und Einschnittgewindebohrer.

Die *Muttergewindebohrer* (Abb. 191, DIN 357) besitzen einen langen und schlanken kegeligen Anschnitt, damit jeder Zahn nur wenig Werkstoff zerspanen muß. Sie eignen sich nur für kurze durchgehende Ge-

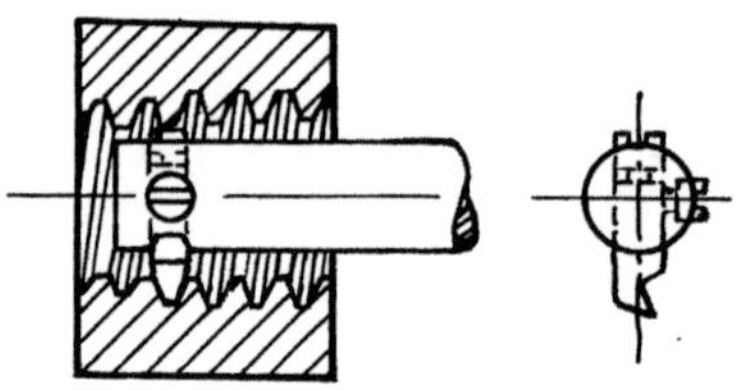

Abb. 188. Bohrstange für Innengewinde

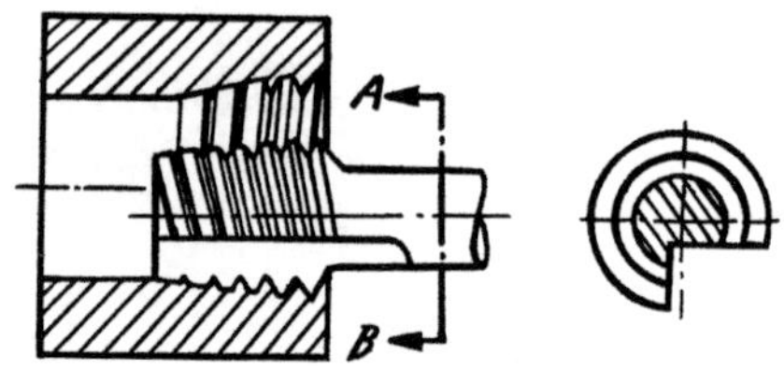

Abb. 189. Runder Innengewindestrehler

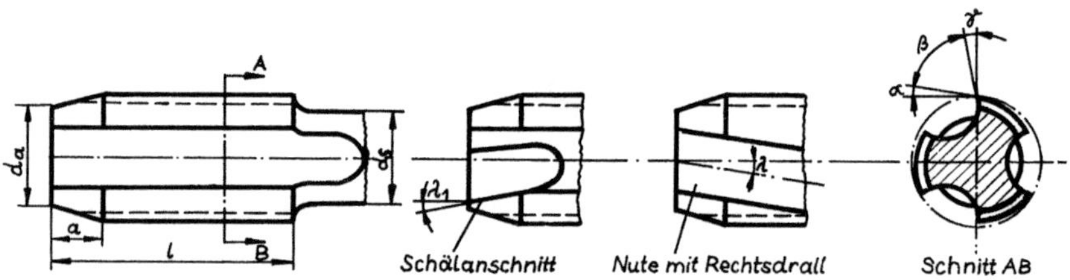

Abb. 190. Gewindebohrer. a Anschnittlänge, d_a Anschnittdurchmesser, d_s Schaftdurchmesser, l Gewindelänge, α Freiwinkel, β Keilwinkel, γ Spanwinkel, λ Drallwinkel der Spannuten, λ_1 Schälanschnittwinkel

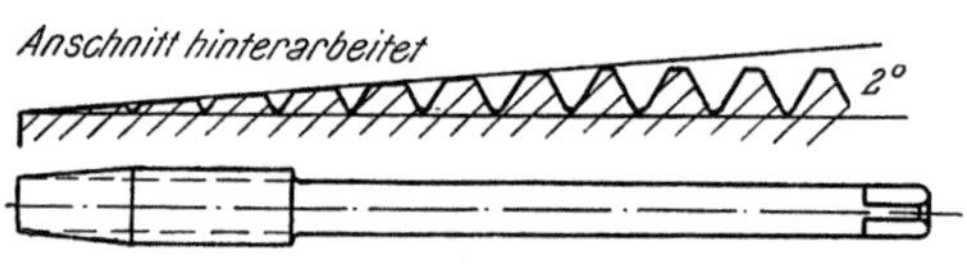

Abb. 191. Muttergewindebohrer

winde (Muttern) da sie bei längeren wegen Überbeanspruchung brechen würden. Sie besitzen einen langen, dünnen Schaft, auf dem eine größere Anzahl fertiger Muttern aufgefädelt werden kann. Muttergewindebohrer mit *geradem Schaft* müssen aus der Maschine genommen werden, wenn der Schaft mit Muttern angefüllt ist. Um diesen Zeitverlust zu vermeiden, verwendet man bei Muttergewindeschneidautomaten besondere *gebogene* oder *gekröpfte* Muttergewindebohrer, bei denen eine Mutter nach der anderen durch das Nachschieben der fertig geschnittenen Muttern frei abfallen kann.

Für Sacklöcher und längere Durchgangslöcher in schwer zerspanbaren Werkstoffen werden *Satzbohrer* (Abb. 192, DIN 352, 353 und 2181) verwendet, die aus drei bzw. bei Feingewinden aus zwei Werkzeugen, dem *Vor-*, *Mittel-* und *Fertigschneider*, bestehen und verschieden langen kegeligen Anschnitt (Vorschneider 5, Mittelschneider 3,5 und Fertigschneider 2 Gewindegänge) aufweisen. Dadurch wird die Zerspanungsarbeit auf mehrere Bohrer aufgeteilt. Sie werden durch Ringe (ein Ring Vor-, zwei Ringe Mittelschneider) gekennzeichnet.

Auf Maschinen (Bohrmaschinen, Revolverdrehmaschinen, Drehautomaten) verwendet man vorwiegend die wirtschaftlichen *Einschnitt-*

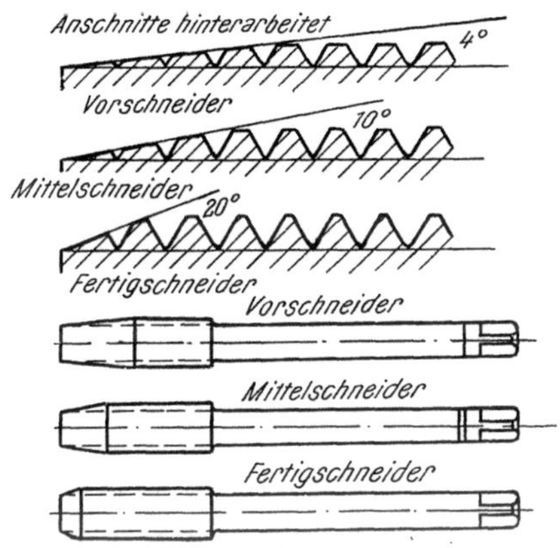

Abb. 192. Satzgewindebohrer

gewindebohrer (DIN 371, 374 und 376), weil bei diesen nur ein Arbeitsgang erforderlich ist. Außerdem entfällt bei ihnen die bei Satzgewindebohrern bestehende Gefahr des versetzten Nachschneidens. Die Einschnittgewindebohrer sind jedoch nur begrenzt anwendbar, weil die Anschnittzähne unter Umständen übermäßig belastet werden und dadurch frühzeitig verschleißen oder ausbrechen. Dies kann bei zu kurzem Anschnitt, schwer zerspanbarem Werkstoff oder bei zu langem Gewinde eintreten.

Bei Gewindebohrern mit *Schälanschnitt* (Abb. 190, zweites Bild) werden die Späne durch das Gewindeloch in Vorschubrichtung gefördert. Sie eignen sich für Durchgangslöcher und für Sacklöcher, bei denen das Kernloch genügend tief gebohrt worden ist, um die abfließenden Späne aufzunehmen ($\lambda_1 = 10$ bis $15°$).

Meist werden die Gewindebohrer mit *geraden Nuten* (Abb. 193) hergestellt, da dies am billigsten ist. Durch *schraubenförmige Nuten* (Spiralnuten) wird der Späneabfluß günstig beeinflußt. Für *Durch-*

gangslöcher verwendet man Gewindebohrer mit *linkssteigenden* Schraubennuten (Linksspiralnuten Abb. 193), mit denen die Späne in Vorschubrichtung abgeführt werden, für *Sacklöcher* verwendet man Gewindebohrer mit *rechtssteigenden* Schraubennuten (Rechtsspiralnuten, Abb. 193), welche die Späne nach oben befördern. Für *besonders tiefe Sacklöcher* verwendet man Gewindebohrer mit *stark rechtssteigenden* Schraubennuten, welche eine bessere Rückförderung der Späne bewirken.

Für *rostfreie Stähle* verwendet man Gewindebohrer mit *ausgesetzten Zähnen*, bei denen die Schneidflüssigkeit durch die Zahnlücken besser zu den Schneiden gelangt, wodurch eine bessere Kühlwirkung und leichtere Späneabfuhr erzielt wird.

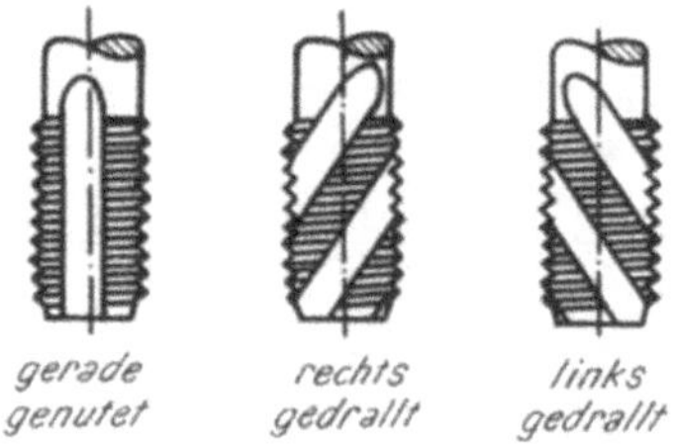

Abb. 193. Spannuten an Gewindebohrern

Gewindebohrer mit *nitriertem* Gewindeprofil sind verschleißfester und werden vor allem für die Bearbeitung von Werkstücken aus Guß verwendet.

Das Gewinde der Gewindebohrer wird vor dem Härten durch Walzen, Drehen oder Fräsen (Härteverzug) und *nach* dem Härten durch Schleifen (Einstech- und Vorschubschleifen siehe Abschnitt 7,46) hergestellt. Die geschliffenen Gewindebohrer, die in den Flanken hinterschliffen werden, sind genauer (kein Härteverzug), erfordern geringeren Kraftbedarf, weisen höhere Standzeit auf (geringere Reibung), gestatten die Anwendung größerer Schnittgeschwindigkeiten und sind entsprechend teurer. Alle Gewindebohrer besitzen einen hinterarbeiteten (hinterschliffenen) kegeligen Anschnitt, der die Zerspanung bewirkt. Der zylindrische Teil wirkt hauptsächlich führend und glättend. Das Nachschleifen soll im Anschnitt erfolgen, da dort die größte Abstumpfung erfolgt. Ein Nachschleifen an der Spanfläche, das bei größerer Abnützung erforderlich werden kann, verringert den Durchmesser des erzeugten Gewindes. Spanwinkel, Schnittgeschwindigkeiten und Schneidflüssigkeiten sind den zu bearbeitenden Werkstoffen anzupassen[1]. Für

[1] VDI-Richtlinie 3334 Maschinelles Gewindeschneiden.

Gewinde deren Länge über dem dreifachen Durchmesser liegt und für Sacklöcher sind diese Geschwindigkeiten um 20 bis 40% herabzusetzen.

Um ein Festklemmen und Abbrechen des Gewindebohrers zu vermeiden, müssen die vorgebohrten Löcher einen Durchmesser besitzen, der größer als der Kerndurchmesser des Gewindes ist. Zu große Kernlöcher ergeben hingegen zu große Flankenpressungen in den Gewindegängen. Die Durchmesser der Bohrwerkzeuge für Gewindekernlöcher können aus DIN 336 entnommen werden.

Um ein gutes Fassen des Gewindebohrers zu ermöglichen, sind die Kernlöcher auf den Außengewindedurchmesser anzusenken. Bei Sacklochgewinden sollen die Kernlöcher um zwei Drittel des Gewindedurchmessers tiefer als die verlangte Gewindetiefe sein.

Im allgemeinen ist beim Gewindebohren kein zwangläufiger Vorschub erforderlich, da der Bohrer durch das im Werkstück erzeugte Gewinde vorgeschoben wird. Bei weichen Werkstücken benützt man zur Herstellung von Gewinden genauer Steigung vielfach Einrichtungen mit Patrone und Leitbacke (siehe Abschnitt 4,426). Damit der Gewindebohrer bei Sacklöchern beim Aufstoßen auf den Bohrungsgrund nicht abbricht, werden bei Bohrmaschinen Sicherheitskupplungen verwendet. Bei Bohrmaschinen mit nur einer Drehrichtung werden besondere Apparate in den Kegel der Bohrspindel eingesetzt, die eine Sicherheitskupplung und ein Planetengetriebe besitzen, durch welches die Drehrichtung umgekehrt und der Gewindebohrer beschleunigt herausgedreht wird.

Um Zeitverluste und Abnützung beim Zurückschrauben des Gewindebohrers zu vermeiden, kommen auch *selbstöffnende Gewindeschneidköpfe* zum Einsatz, die komplizierter und teurer sind und sich nur für größere Gewindedurchmesser eignen.

4,3 Einrichtungen zum Spannen der Werkstücke

4,31 Allgemeines

Durch das Aufspannen muß das Werkstück in die richtige Lage zur Drehmaschinenspindel und zum Werkzeug gebracht werden (*zentriert*) und in dieser Lage auch bei großen Schnittkräften mit Sicherheit festgehalten werden. Dabei darf das Werkstück nicht verformt (verspannt) werden, weil sonst beim Abspannen eine neue, von der gewünschten Form abweichende Gestalt entstehen könnte. Dünne Werkstücke sind dieser Gefahr besonders ausgesetzt.

Man wendet das Spannen zwischen Spitzen, in Futtern und auf Dornen an.

4,32 Das Spannen zwischen Spitzen

Das Drehen zwischen Spitzen wird bei langen, wellenförmigen Teilen größerer Genauigkeit angewendet. Das Werkstück erhält an beiden Enden kegelige Zentrierbohrungen (DIN 332), an die sich eine zylindrische Bohrung zur Freistellung des Körners anschließt. Bei feststehender Reitstockkörnerspitze wird die zugehörige Bohrung mit Öl oder Fett gefüllt. Die Mitnahme des Werkstückes erfolgt über das auf ihm befestigte *Drehherz* c (Abb. 194, 195) durch einen in der auf

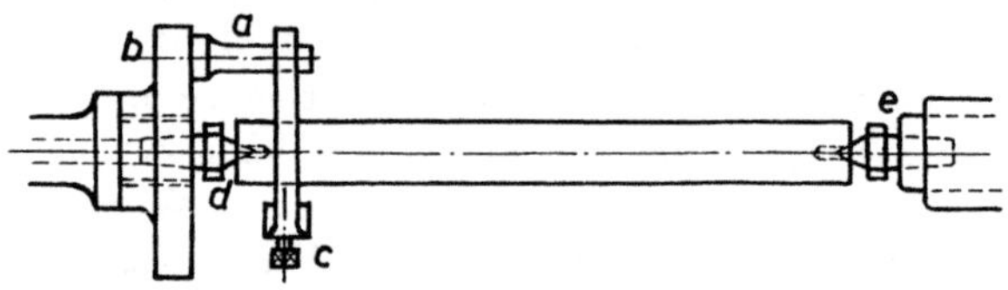

Abb. 194. Spannen zwischen Spitzen. *a* Mitnehmerbolzen, *b* Mitnehmerscheibe, *c* Drehherz, *d* Spindelstockkörner, *e* Reitstockkörner

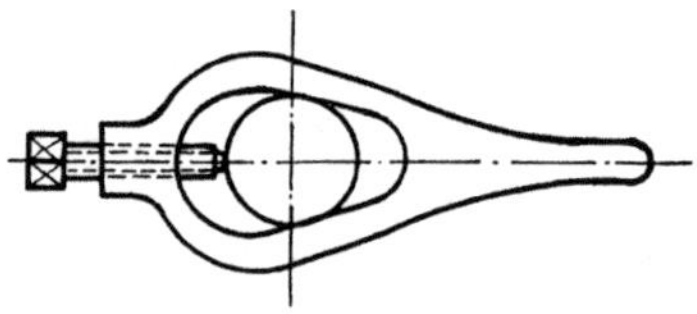

Abb. 195. Drehherz

der Drehmaschinenspindel befindlichen Mitnehmerscheibe *b* befindlichen Mitnehmerbolzen *a*. Die Drehmaschinen*körner d* und *e* sind aus gehärtetem Werkzeugstahl oder besitzen Spitzen aus Hartmetall. Falls sie nicht durch die hohle Drehmaschinenspindel und die Reitstockpinole mit einer Stange ausgestoßen werden können, erhalten sie außen ein Gewinde mit einer Abdrückmutter. Da das Drehherz nach Abb. 195 Unfälle durch Erfassen der Kleider bei unvorsichtigem Arbeiten verursachen kann, verwendet man Drehherze deren Spitze um 90° abgebogen ist und in einen Schlitz der Mitnehmerscheibe eingreift. Noch besser sind die sogenannten *Sicherheitsdrehherze*, die durch einen Mantel vollkommen abgedeckt werden.

Beim Kegeldrehen mit versetzter Reitstockspitze (siehe Abschnitt 4,426) verwendet man *Körner mit Kugelenden*, weil kegelige Körnerspitzen nicht richtig anliegen. Um einen genauen runden Lauf der umlaufenden Spindelstockkörner zu erzielen, werden diese mit besonderen Supportschleifmaschinen direkt auf der Drehmaschine, die dabei vom Schleifstaub zu schützen ist, rundgeschliffen. Für schwere bzw.

rasch umlaufende Werkstücke und solche, die noch später eine Bearbeitung erfahren (Nachdrehen von Kollektoren an Ankern von Gleichstrommaschinen) verwendet man *umlaufende Reitstockkörner* (Abb. 196).

Wegen ihrer glatten runden Außenform ungefährlich sind die *selbsttätigen Mitnehmer* (Abb. 197), die drei aufgerauhte gehärtete in parallelen Achsen zum Werkstück gelagerte Backen verwenden. Beim Einspannen werden die Backen soweit gedreht, daß sie mit leichtem

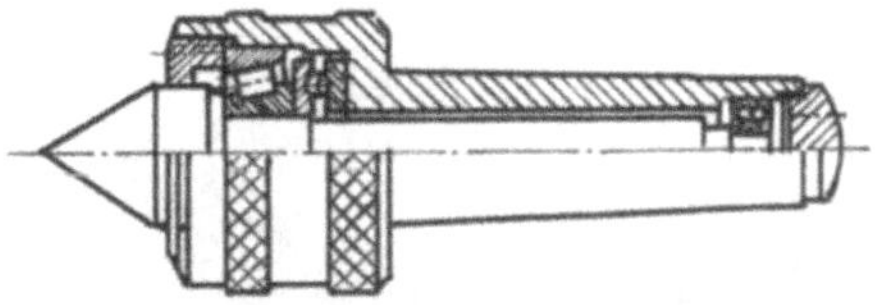

Abb. 196. Mitlaufender Reitstockkörner

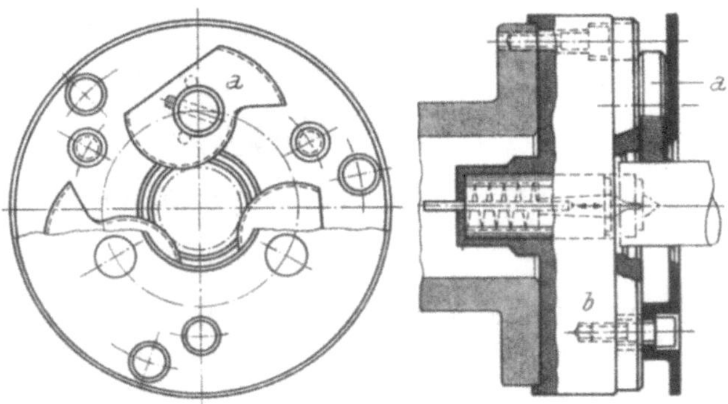

Abb. 197. Selbsttätiger Mitnehmer (Forkardt). *a* Backen, *b* Futterkörper

Druck am Werkstück anliegen. Sie besitzen Spiralen, deren Steigungswinkel kleiner als der Reibungswinkel ρ ist, so daß kein Rutschen auftreten kann. Das für die Mitnahme erforderliche Drehmoment wird selbsttätig durch die Schnittkraft erzeugt. Da dabei noch eine kleine Drehung der Backen und des Werkstückes stattfindet, sind diese Futter für das Gewindeschneiden und andere Arbeiten, bei denen die Winkelstellung des Werkstückes nicht geändert werden darf, sowie bei Verwendung von Werkzeugen mit empfindlichen Schneidenspitzen (spröde Hartmetallsorten, Sinteroxide) nicht geeignet.

Bei der Verwendung von *Stirnseitenmitnehmern* (Abb. 198) bleibt die Werkstückumfangsfläche vollkommen frei, so daß sie in einem Arbeitsgang vollkommen fertig bearbeitet werden kann. Dieser Mitnehmer wird mit seinem kegeligen Schaft *a* in die kegelige Bohrung der Drehmaschinenspindel eingesetzt und besitzt auf der Gegenseite eine federnde Körnerspitze *b* zur Zentrierung. Die Mitnahme erfolgt durch eine Anzahl ringförmig verteilter gehärteter Mitnahmebolzen *c*, die durch ein hydraulisches System so miteinander verbunden sind, daß auch bei schiefer Endfläche ein Kraftausgleich stattfindet. Durch die federnde Körnerspitze erfolgt auch bei ungleich tiefen Körnerlöchern im Werkstück eine immer gleiche axiale Lage des Werkstückes (vorteilhaft bei Serienfabrikation).

Abb. 198. Stirnseitenmitnehmer. *a* Schaft, *b* federnde Körnerspitze, *c* Mitnehmerbolzen

Für das Spannen *langer Rohre* zwischen Spitzen verwendet man in die kegelige Bohrung der Arbeitsspindel eingesetzte, vorne verzahnte kegelige Körner, die das Rohr bei der Drehung mitnehmen. Auf der Reitstockseite verwendet man einen eingesetzten Zentrierzapfen oder einen mitlaufenden Körner.

4,33 Das Spannen in Futtern

Das Drehen in Futtern wird bei kurzen Werkstücken und beim Drehen von der Stange angewendet. Bei ihm wird das Werkstück in der Regel fliegend bearbeitet. Die Genauigkeit ist geringer als beim Drehen zwischen Spitzen. Bei den Futtern unterscheidet man hand-, hydraulisch, pneumatisch oder elektrisch betätigte, selbst- und nicht selbstzentrierende Futter, Zwei-, Drei- und Vierbackenfutter, Futter mit Innenbacken (zum Spannen von Rohren bei Außenbearbeitung) und Außenbacken, Futter mit harten und weichen Backen (die der Form der Werkstücke angepaßt werden können) und nach der Konstruktion Planspiralen-, Zahnstangen-, Zangen-, Keil-, Hebel- und Plankurvenfutter.

Die *Planscheibe* (Abb. 199) ist ein nicht selbstzentrierendes Futter mit vier unabhängig voneinander verstellbaren Backen *b* und einer Anzahl von Schlitzen zur Aufnahme von Spanneisen für unregelmäßig geformte Werkstücke. Das *Zentrieren* erfolgt durch Verschieben der Backen *b* mittels der Spindeln *e*. Nach dem Zentrieren werden die Backen durch die Muttern *d* mit dem Scheibenkörper *a* fest *verspannt*, damit durch die Erschütterungen beim Drehen kein Lösen der Backen erfolgen kann. Sperrige Werkstücke werden bei ganz oder teilweise

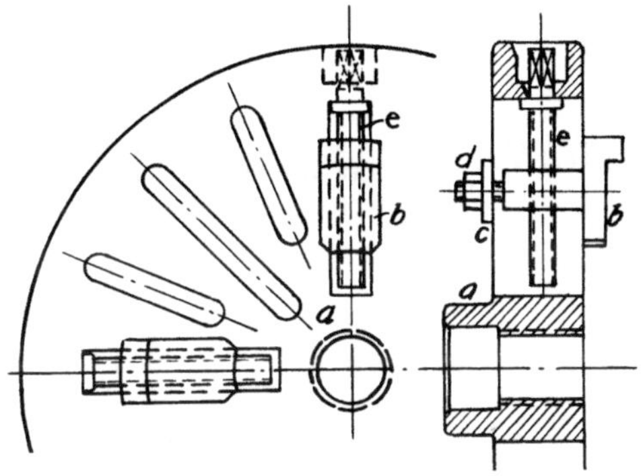

Abb. 199. Planscheibe. *a* Planscheibe, *b* Backe, *c* Unterlagscheibe, *d* Mutter, *e* Spindel

entfernten Backen mit Spanneisen gespannt. Bei diesen wird der Spanndruck ebenfalls durch Schrauben erzeugt, die möglichst nahe am Werkstück (Hebelgesetz) angeordnet werden sollen. Sie sollen senkrecht zur Spannschraube liegen, damit dieses nicht auf Biegung beansprucht wird. Soll das Werkstück auf seiner ganzen Oberfläche bearbeitet werden, so müssen seitliche Spannuten eingearbeitet werden. Nach dem Festspannen müssen die Planscheiben durch Anbringen von Gegengewichten sorgfältig *ausgewuchtet* werden, um die Spindellager zu schonen und Erschütterungen zu vermeiden (bei Verwendung der Planscheiben dürfen die hohen Drehzahlen meist nicht eingeschaltet werden).

Die *selbstzentrierenden Spannfutter* werden für regelmäßig geformte (runde, sechskantige, vierkantige) Werkstücke verwendet.

Beim *Futter mit Planspirale* (Cushman-Futter) (Abb. 200, DIN 6350, 6351) werden die Backen *a* durch ein Plangewinde auf der Rückseite eines Plankegelrades *b* und eines der drei Kegelritzel *c* nach außen oder innen verstellt. Da die Krümmung des Plangewindes nach innen zu immer stärker wird, muß der Backenzahn, um sich in jeder Lage ungehindert bewegen zu können, die Form nach Abb. 200 rechts be-

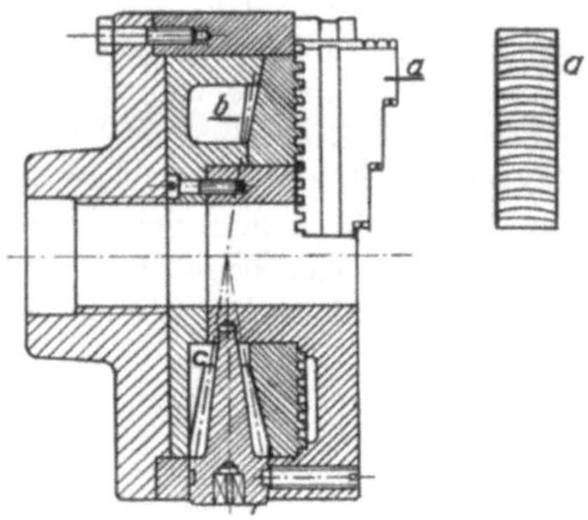

Abb. 200. Futter mit Planspirale. *a* Backe, *b* Plankegelrad mit Plangewinde, *c* Kegelritzel

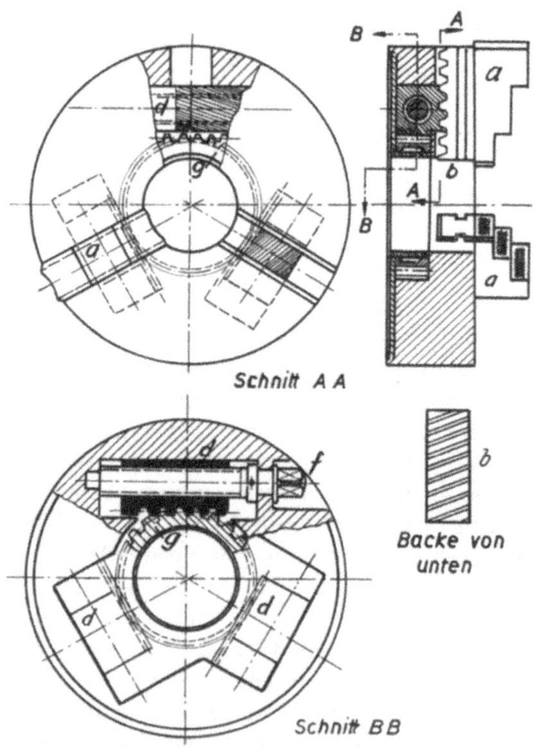

Abb. 201. Zahnstangenfutter. *a* Oberbacke, *b* Unterbacke, *d* Mutter mit Schrägzahnstange, *f* Spindel, *g* Zahnrad

kommen. Es findet daher nur Linienberührung zwischen Zahn und Planspirale statt, was wegen der hohen auftretenden Flächenpressung eine rasche Abnützung und ungenaues Zentrieren ergibt. Bei Serienfertigung kann man diesen Mangel durch Verwendung weicher Backen, die den Werkstücken entsprechend auf der Drehmaschine nachgedreht werden, beheben.

Beim *Futter mit Zahnstangen* (Forkardtfutter) (Abb. 201) kann man diese Nachteile vermeiden. Die gehärteten Unterbacken *b*, die mit drei auswechselbaren weichen Oberbacken *a* verschraubt sind, liegen auf der ganzen Fläche ihrer schrägen Zähne an der Zahnstange *d* an. Da die Zahnstangen nicht den vollen Hub der Spannbacken ergeben, müssen die Backen für größere Durchmesseränderungen umgesteckt werden. Dazu werden die Zahnstangen in ihre äußerste Lage geschoben, so daß sich die Backen um ganze Zahnteilungen frei verschieben lassen. Zur Erleichterung der zentrischen Verstellung befinden sich auf der Stirnwand des Gehäuses konzentrische Ringe und Schnappbüchsen greifen in die Verzahnung der Unterbacken ein. Durch Bewegen der Spindel *f* kommt die Verzahnung wieder mit den Backen in Eingriff und das Werkstück kann gespannt werden.

Für die Serienfertigung von Drehteilen aus Stangenmaterial finden *Spannzangen* (DIN 6341 und 6343) Verwendung. Bei ihnen erfolgt die radiale Spannbackenbewegung durch axiales Vorschieben eines Kegels a_1 in einer Kappe *b* (Abb. 202). Die axiale Verschiebung erfolgt durch ein Spannrohr *g*, das die Spannzange entweder in die Kappe vorschiebt (Abb. 202) oder zurückzieht (Abb. 203). In beiden Fällen kann die Werkstoffstange *h* während des Spannvorganges axial nach rechts oder links verschoben werden. In der Anordnung nach Abb. 204 wird die Spannzange *a* durch eine Überwurfmutter *b* (Schulterfläche b_1) axial derart gehalten, daß sie während des Spannvorganges (Vorschieben von Spannbüchse *c* über Kegel a_1) keine axiale Bewegung ausführt. Die Werkstoffspannung erfolgt durch Verschieben des Schaltringes *d* von rechts nach links. Dabei drücken die inneren Kegelflächen d_1 die Arme e_1 der Winkelhebel *e*, die gegen Stellring *f* abgestützt sind, nach innen und schieben dadurch mit Nasen e_2 das Spannrohr nach rechts vor. Spannrohr *g* preßt seinerseits Spannbüchse *c* nach rechts und dadurch auf die Kegelfläche a_1 der Spannzange *a*, wodurch die Spannbacken a_2 radial nach innen gegen das Werkstück *h* gedrückt werden. Die Winkelhebel werden nach Vollendung des Spannvorganges durch die innere Zylinderfläche d_2 des Schaltringes *d* formschlüssig in der Spannstellung gehalten. Zur Feineinstellung und Anpassung an den Werkstückdurchmesser kann der Stellring *f* für die Winkelhebel *e* mittels Stellmuttern *i* verschoben werden.

Auch das *Keilspannfutter* (Abb. 205) kann während des Laufes

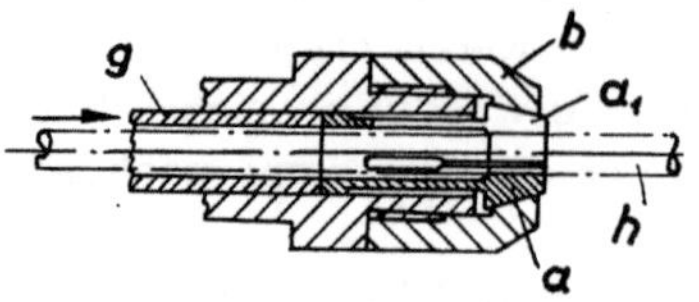

Abb. 202

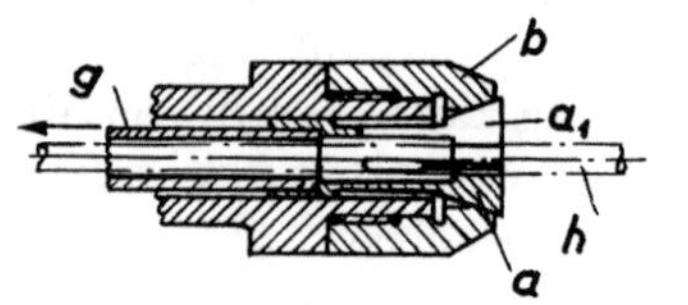

Abb. 203

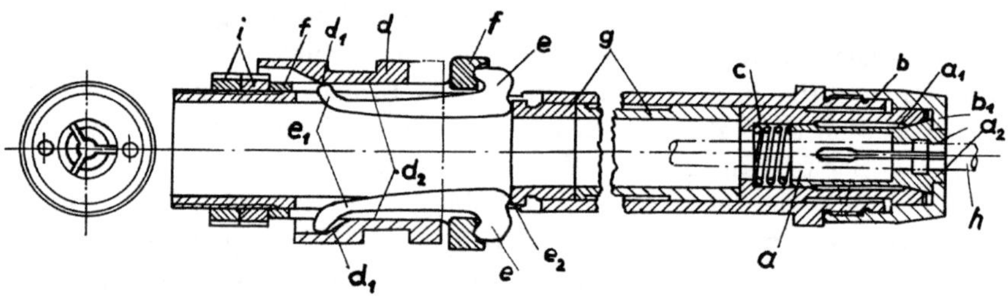

Abb. 204

Abb. 202 bis 204. Futter mit Spannzange. *a* Spannzange, a_1 Kegel, a_2 Backen der Spannzange, *b* Kappe, b_1 Schulterfläche, *c* Spannbüchse, *d* Schaltring, d_1 innere Kegelfläche, d_2 innere Zylinderfläche, *e* Winkelhebel, e_1 langer Arm des Winkelhebels, e_2 Nase des Winkelhebels, *f* Stellring, *g* Spannrohr, *h* Werkstück, *i* Stellmuttern

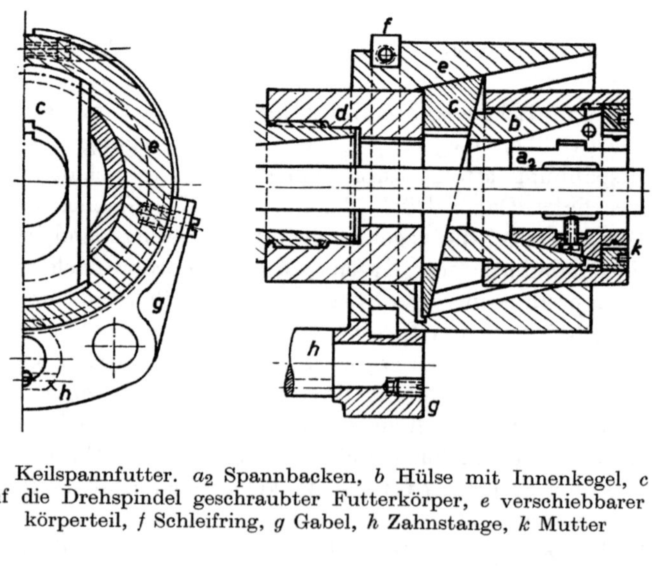

Abb. 205. Keilspannfutter. a_2 Spannbacken, *b* Hülse mit Innenkegel, *c* Spannkeil, *d* auf die Drehspindel geschraubter Futterkörper, *e* verschiebbarer Futterkörperteil, *f* Schleifring, *g* Gabel, *h* Zahnstange, *k* Mutter

betätigt werden und gestattet die volle Ausnützung der Drehspindelbohrung. Seine Betätigung erfolgt von einem Handhebel über Ritzel, Zahnstange *h*, Gabel *g*, Schleifring *f* und Futterkörper *e* auf den im Futterkörper *d* befindlichen Spannkeil *c*. Durch den Spannkeil *c* werden die Hülse *b* nach rechts gedrückt und die Spannbacken a_2 auf das Werkstück gepreßt. Zur Erweiterung des Spannbereiches können die Spannbacken durch Drehung der Mutter *k* nach rechts oder links verstellt werden.

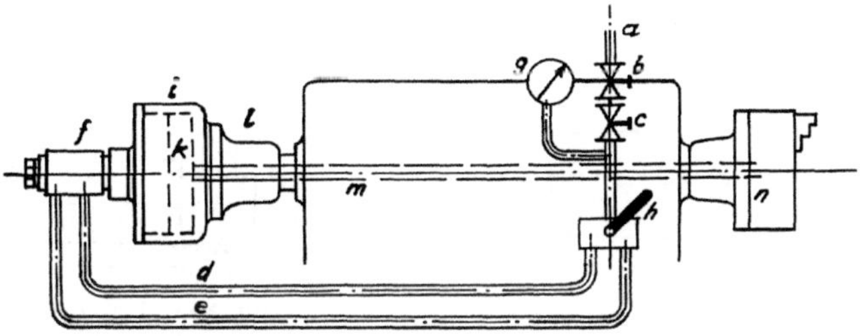

Abb. 206. Betätigung des Futters durch Preßluft (Anordnung). *a* Druckluftleitung, *b* Absperrventil, *c* Druckminderventil, *d*, *e* Druckluftleitungen, *f* Stopfbüchse, *g* Manometer für Arbeitsdruck, *h* Steuerhahn, *i* Druckluftzylinder, *k* Kolben, *l* Zylinderflansch, *m* Kolbenstange, *n* Futter

Die bisher besprochenen *handbetätigten* Spannfutter haben eine Reihe von Nachteilen: Der Spanndruck ist abhängig vom Bedienungsmann, die Betätigungsglieder müssen selbsthemmend sein, damit sich nach Aufhören der Betätigungskraft der Spanndruck nicht verringert. Diese Bedingung ergibt schlechten Wirkungsgrad und große erforderliche Übersetzung und Betätigungszeit. Bei Nachgeben des Werkstückes lockern sich die Spannbacken, so daß das Stück aus dem Futter gerissen werden kann. Bei Stücken mit kurzer Bearbeitungszeit verringert das Spannen durch Ermüdung die Leistungsfähigkeit des Bedienungsmannes.

Diese Nachteile vermeiden die *pneumatisch*, *hydraulisch* und *elektrisch* betätigten Futter. Bei dem *Preßluftfutter* (Abb. 206) gelangt die Preßluft von der Zuleitung *a* über Hauptabsperrventil *b* und Druckminderventil *c* zum Steuerhahn *h*, von welchem zwei Leitungen *e* und *d* über ein feststehendes Verteilungsstück mit Stopfbüchse *f* zur hinteren und vorderen Kolbenseite führen. Auf dem Zylinderflansch *l* der Drehmaschinenspindel ist der Preßluftzylinder *i* befestigt, in dem sich der Kolben *k* befindet, der durch eine Kolbenstange *m* das Futter *n* betätigt. Durch das Druckminderventil *c* kann der Spanndruck eingestellt werden, welcher am Manometer *g* abzulesen ist.

4,34 Das Spannen auf Dornen

Werkstücke, die eine genaue Bohrung besitzen und allseitig bearbeitet werden sollen (Scheiben, Zahnräder, Büchsen usw.) werden auf *Dornen* gespannt. Diese können zwischen Spitzen, in der Spindelbohrung oder auf der Spindel selbst aufgenommen werden. Dadurch erhält man genaue zur Bohrung zentrische Mantelflächen.

Einfache Drehdorne (Abb. 207; DIN 523) sind leicht konische (Kegel 1 : 2000), gehärtete und rundgeschliffene Achsen, die zwischen

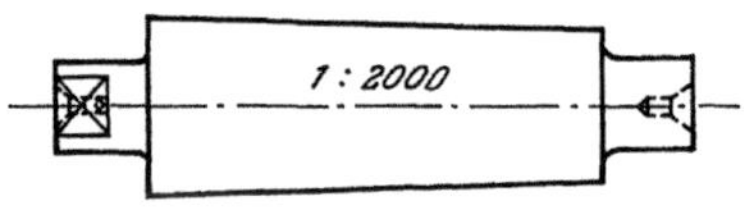

Abb. 207. Einfacher Drehdorn

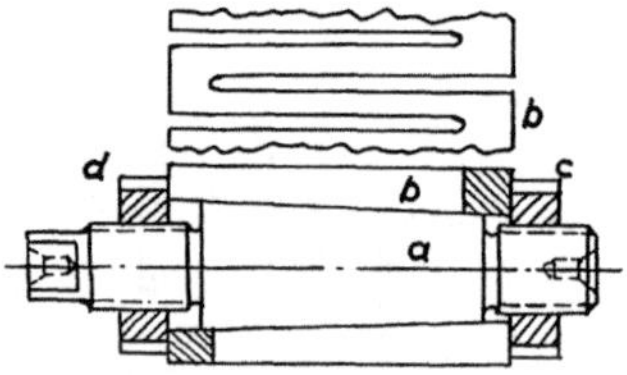

Abb. 208. Expansionsdorn. *a* Dorn, *b* geschlitzte Hülse, *c*, *d* Stellmuttern

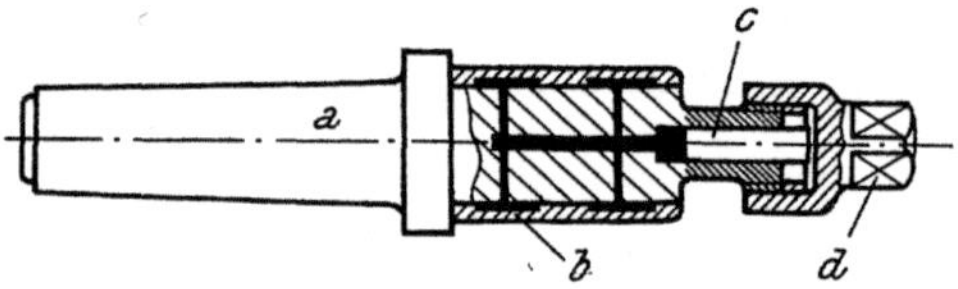

Abb. 209. Hydraulisch betätigter Dehndorn. *a* Innenteil, *b* Spannrohr, *c* Kolben, *d* Mutter

Spitzen gespannt und von einem Drehherz oder anderen Mitnehmer mitgenommen werden. Das Werkstück wird durch die Reibung festgehalten und wird meist mit einer Dornpresse aufgepreßt. Für jeden Lochdurchmesser ist ein besonderer Dorn erforderlich.

Um den Spannbereich zu vergrößern verwendet man den *Expansionsdorn* (Abb. 208), der aus einem konischen, gehärteten und genau rundgeschliffenen Dorn *a* größerer Steigung und einer gehärteten, federnden geschlitzten und durch zwei Muttern *c* und *d* verstellbaren Hülse *b* besteht.

Dehndorne sind ungeschlitzt und besitzen daher größere Genauigkeit als der Expansionsdorn. Der dünnwandige Dorn wird durch *Rollen*, die auf einem schwachen Kegel laufen (Bauart Stieber) oder *hydraulisch* (Abb. 209) aufgeweitet.

Spanndorne mit Backen besitzen einen großen Spannbereich. Die außen zylindrischen Backen werden durch schräge Flächen auf ihrer Innenseite betätigt.

Spreizdorne arbeiten ähnlich wie der Expansionsdorn durch Eintreiben eines Kegels (Abb. 210) *a* in den außen zylindrischen, mehrfach geschlitzten Dorn *c* durch ein Gewinde *b* oder verwenden eine Anzahl dünner Ringspannscheiben *a* (Abb. 211), die auf einem zylindrischen Grundkörper *b* sitzen und durch eine Mutter *c* gepreßt werden, wobei sich ihr Außendurchmesser etwas vergrößert und den zur Mitnahme erforderlichen Druck erzeugt.

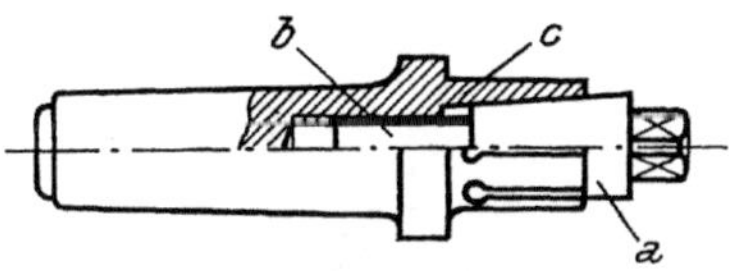

Abb. 210. Spreizdorn mit Kegelschraube. *a* Kegel mit Gewinde *b*, *c* geschlitzter Spannteil

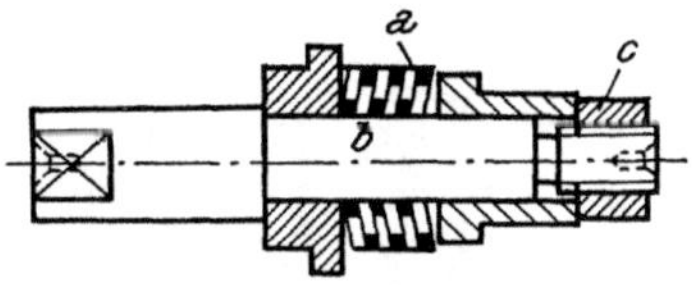

Abb. 211. Spreizdorn mit Ringspannscheiben. *a* Ringspannscheiben, *b* Dorn, *c* Mutter

4,4 Die Drehmaschinen[1]

4,41 Allgemeines

Die Drehmaschinen sind die ältesten Werkzeugmaschinen. Man findet bei ihnen eine große Zahl verschiedener Bauformen. Auf den *Leit-* und *Zugspindeldrehmaschinen* können die vielseitigsten Drehteile in Einzelfertigung hergestellt werden. Zur Bearbeitung flacher Teile größeren Durchmessers dienen *Plandrehmaschinen* mit waagrechter und *Karusselldrehmaschinen* mit senkrechter Achse. Auf den *Hinterdrehmaschinen* werden Werkzeuge hinterdreht. *Vielstahldrehmaschinen* arbeiten mit mehreren gleichzeitig in Schnitt stehenden Werkzeugen und dienen wie die *Revolverdrehmaschinen* zur Serienfertigung der verschiedensten Drehteile durch angelernte Arbeiter. Bei den *Drehautomaten* kann der Bedienungsmann eine überwachende Tätigkeit auch an mehreren Maschinen ausführen. Ausgeführt werden noch *Kopier-*, *Kurbelwellen-*, *Radsatzdrehmaschinen* usf.

4,42 Universaldrehmaschinen (Leit- und Zugspindeldrehmaschinen)

Die Hauptteile der Drehmaschinen (Abb. 212) sind der Spindelstock *a*, der Support mit dem Schloßkasten *b*, der Reitstock *c* und das Bett *d*.

---

[1] Stau, C.: Die Drehmaschinen. Berlin-Göttingen-Heidelberg: Springer. 1963.

4,421 Der Spindelstock mit Drehspindel, Lagern und Getrieben für Schnitt- und Vorschubbewegung

Im *Spindelstock* befindet sich die Drehspindel mit ihren Lagern, das Haupt- und Vorschubgetriebe und deren Betätigungsglieder.

Arbeitsspindeln und ihre Lagerungen sind ausführlich in Abschnitt 2,31 und 2,32 beschrieben und in Abb. 85 und 86 dargestellt. Meist ist die Drehspindel durchbohrt und nimmt auf ihrer Stirnseite die Körner-

Abb. 212. Leit- und Zugspindeldrehmaschine (VÖEST). *a* Spindelstock, *b* Support mit Schloßkasten, *c* Reitstock, *d* Bett

spitze und das Futter auf. Die Zentrierung des Körners erfolgt stets durch einen Kegel (Abb. 85, 86, 213). Die Zentrierung des Futters nach DIN 800 durch einen Zylinder (Abb. 205) und eine Planfläche, gegen welche das Futter durch ein Gewinde gehalten wird, das genügend Spiel besitzen muß, um die Zentrierung nicht zu verfälschen. Diese Zentrierung ist nicht spielfrei und das Aufsetzen schwerer Futter ermüdend. Der Spindelflansch mit Kurzkegel wird ohne (DIN 55021) und mit Bajonettscheibenbefestigung (DIN 55022) ausgeführt. Bei diesem (Abb. 213) wird die Futter- bzw. Mitnehmerscheibe *a* auf dem Zentrierkegel *b* des Spindelkopfes aufgesetzt und axial durch 4 Bolzen *c* in Schlitzen *d* und durch die mittels zweier Bolzen *e* geführte Bajonettscheibe *f* gehalten. Das Drehmoment wird durch die Büchse *g* übertragen. Die in einem Zwischenstück *h* sitzende Körnerspitze *i* kann durch eine Stange ausgestoßen werden.

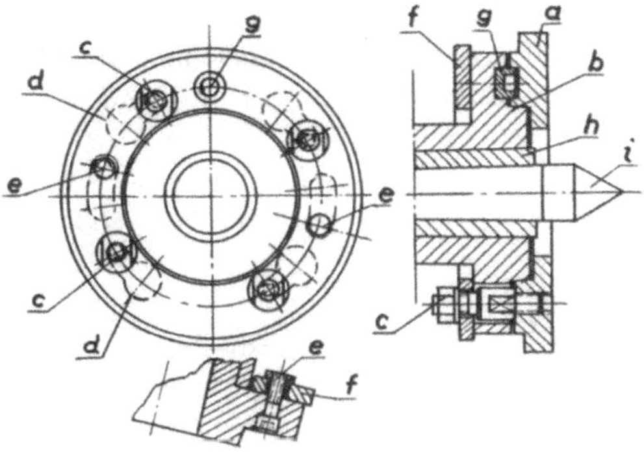

Abb. 213. Futterflansch mit Kurzkegel und Bajonettscheibenbefestigung nach DIN 55022. *a* Futterflansch, *b* Zentrierkegel, *c* Befestigungsschraube, *d* Bajonettschlitz, *e* Bolzen, *f* Bajonettscheibe, *g* Paßbüchse, *h* Zwischenstück, *i* Körner

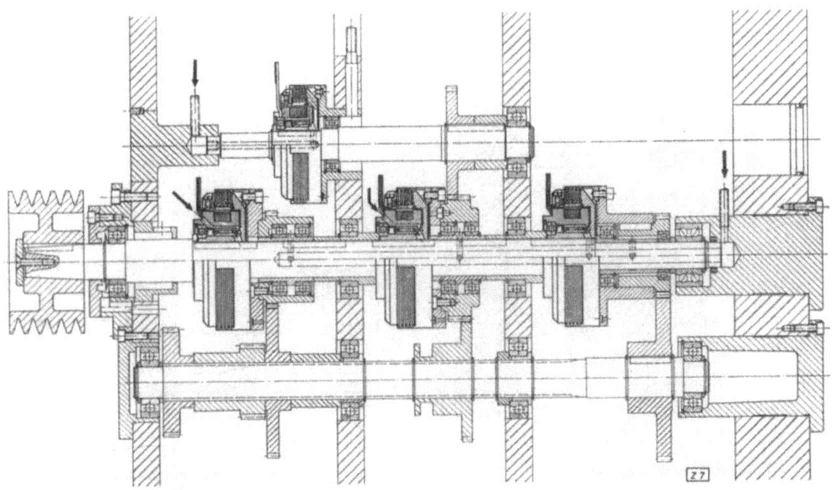

Abb. 214. Lastschaltgetriebe mit elektromagnetischen Lamellenkupplungen (Heid, Stockerau)

Als *Schnitt-(Haupt-)getriebe*[1] für Drehmaschinen findet man bei höheren Leistungen fast ausschließlich Zahnradgetriebe. Diese werden als Kupplungsgetriebe und Schieberadgetriebe (Abb. 70) ausgeführt. *Lastschaltgetriebe* verwenden elektromagnetische Kupplungen (Abb. 214), die auch während des Laufes betätigt werden können, so daß auch in größeren Durchmesserbereichen mit nahezu konstanter Schnittge-

[1] Buttstädt, K., Hartmann, V.: Optimale Hauptantriebe an spanenden Werkzeugmaschinen. Werkst. u. Betr. *1976,* 57–66.

schwindigkeit gearbeitet werden kann. Zur Erweiterung des Drehzahlbereiches solcher Kupplungen finden polumschaltbare Drehstrommotore, thyristorgesteuerte Gleichstrommotore, PIV- und Schieberadgetriebe als Vorschaltgetriebe Verwendung.

Für kleinere Leistungen finden noch Stufenscheibengetriebe mit Keilriemen und stufenlose mechanische Getriebe Verwendung.

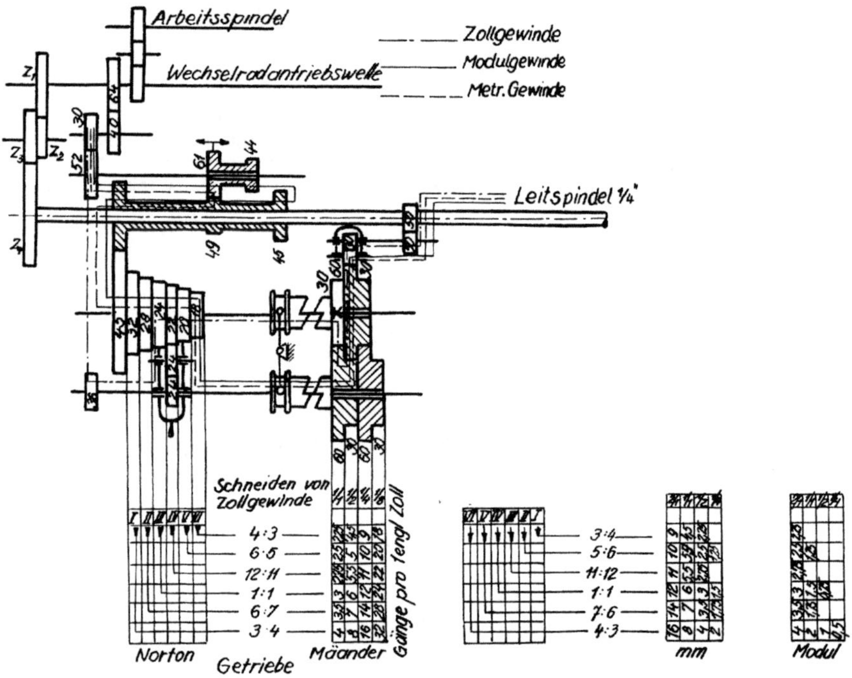

Abb. 215. Vorschubgetriebe mit Wechselrädern, Norton- und Mäandergetriebe. z_1, z_2, z_3 und z_4 Wechselräder

Feindrehmaschinen besitzen zum Antrieb der Drehspindel Keilriemen oder Sonderriemen (meist Polyamide als Zugorgan und Chromleder als Reiborgan), um die von den Zahnrädern hervorgerufenen Erschütterungen von der Drehspindel fernzuhalten.

Bei *Vorschubgetrieben* findet man Umsteckräder (für Einzweckmaschinen; ihre Zähnezahlsumme muß konstant sein), Wechselradgetriebe (um auch Gewinde nicht genormter Steigung herstellen zu können), Norton- und Mäandergetriebe (Abb. 215), Schieberadgetriebe und Flüssigkeitsgetriebe (für Kopier- und Feindrehmaschinen). Der Vorschubantrieb wird in der Regel von der Drehspindel abgeleitet. Die

Übertragung auf den Support erfolgt durch die Zug- bzw. Leitspindel und bei den Flüssigkeitsgetrieben durch die Kolbenstange eines Kolbens, der sich in einem feststehenden Zylinder bewegt.

Die *Zugspindel* ist eine einfach bzw. mehrfach genutete oder mehrkantige Welle, die über ein Getriebe in der Schloßplatte den Plan- oder Längszug bewirkt.

Die *Leitspindel* ist eine sehr genaue (vielfach gehärtete und geschliffene) Gewindespindel, die mit Hilfe des Mutterschlosses den Vorschub des Supportes beim Gewindeschneiden bewirkt (mit Flüssigkeitsgetrieben ist wegen des fehlenden Zwanglaufes ein Gewindeschneiden

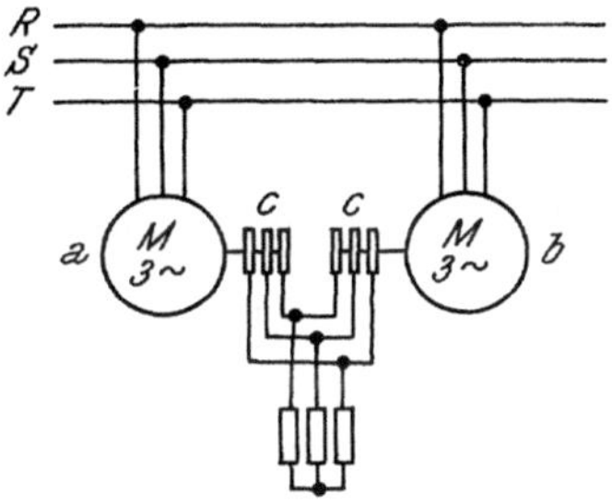

Abb. 216. Elektrische Welle. *a* Gebermotor, *b* Vorschubmotor, *c* Schleifringe

nicht möglich). Das *Mutterschloß* ist eine zweiteilige, in der Schloßplatte gelagerte Mutter, die durch einen Hebel geöffnet und geschlossen werden kann (Abb. 221).

Wegen der auftretenden großen Verdrehungswinkel, der schwierigen Lagerung und Schmierung der Zug- und Leitspindel bei sehr langen Drehmaschinen, verwendet man an ihrer Stelle die *elektrische Welle*, bei welcher durch entsprechende Schaltung ein synchroner Lauf eines Gebermotors im Spindelstock und eines Vorschubmotors in der Schloßplatte erzielt wird (Abb. 216).

Die erforderlichen beiden Drehrichtungen der Zug- und Leitspindel für Hin- und Rückgang des Supportes erzielt man durch das Wendeherz oder ein Kegelräderwendegetriebe. Das *Wendeherz* ist ein Schwenkradgetriebe mit drei oder vier Stirnrädern, das zwischen Drehspindel und Vorschubgetriebe eingebaut ist und auf der Drehrichtungsänderung durch Zuschalten eines weiteren Zwischenrades beruht. Beim Dreiräderwendeherzgetriebe (Abb. 217) tritt durch die Zahnkraft ein Moment auf, welches je nach Drehrichtung den Wendeherzhebel ein- oder auszurücken versucht. Beim Vierräderwendeherzgetriebe (Abb. 218) geht die Zahnkraft durch den Drehpunkt der Schwinge, so daß das Moment

Null wird. Das *Kegelräderwendegetriebe* kann im Spindelstock oder in der Schloßplatte angeordnet sein (Abb. 219). Letztere Anordnung hat den Vorteil, daß der Bedienungsmann beim Umschalten der Vorschubrichtung seinen Platz am Support nicht verlassen muß.

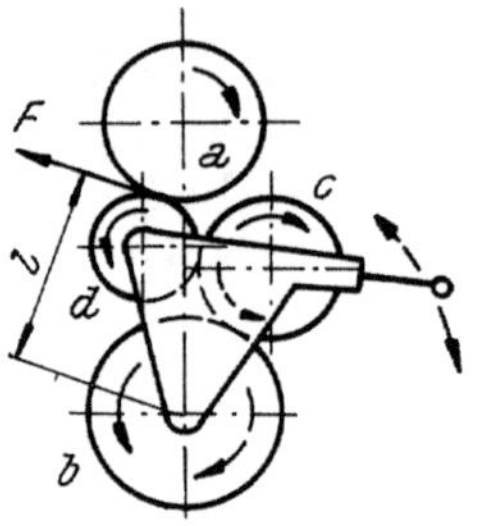

Abb. 217

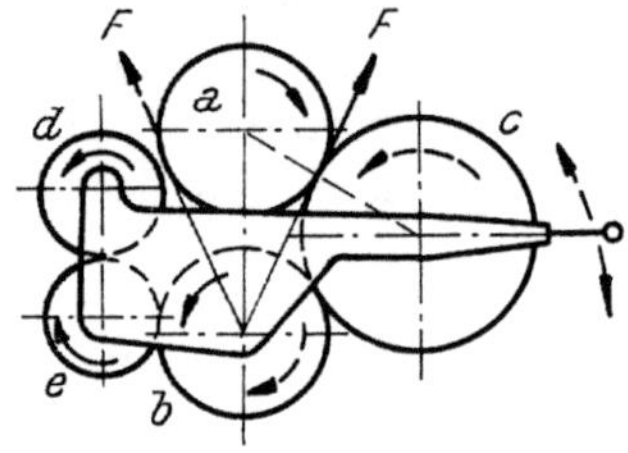

Abb. 218

Abb. 217 und 218. Wendeherzgetriebe mit drei und vier Stirnrädern. *a* Treibendes Stirnrad, *b* getriebenes Stirnrad, *c*, *d* und *e* Zwischenräder, *F* Zahnkraft, *l* Hebelsarm

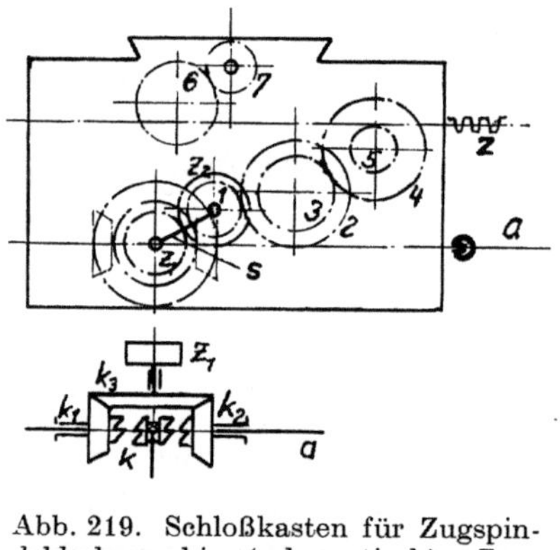

Abb. 219. Schloßkasten für Zugspindeldrehmaschine (schematisch). *a* Zugspindel, *k* Kupplung, k_1, k_2 und k_3 Kegelräder, *s* Schwinge, *z* Zahnstange, z_1, z_2, 1, 2, 3, 4, 5, 6 und 7 Stirnräder

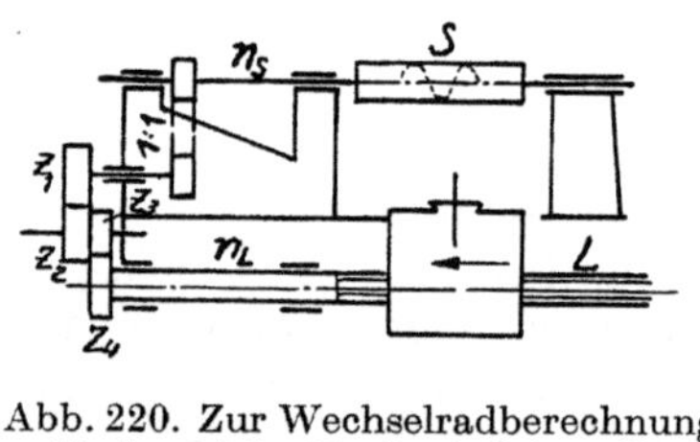

Abb. 220. Zur Wechselradberechnung. n_s Drehzahl der Drehspindel, n_L Drehzahl der Leitspindel, z_1, z_2, z_3 und z_4 Zähnezahlen der Wechselräder, *L* Steigung der Leitspindel, *S* Steigung des Werkstückgewindes

4,422 Wechselräderberechnung

Wechselrädergetriebe zum Gewindeschneiden sind einfach, billig, genau (für jede Übersetzung werden nur wenig Räder verwendet) und gestatten die Herstellung jeder Gewindesteigung (unter Umständen müssen Wechselräder besonderer Zähnezahl hergestellt werden). Berechnen und Aufbringen der Wechselräder ergeben jedoch Zeitverlust und Fehlermöglichkeiten. Von den Wechselrädern sitzt das erste Zahn-

rad (Zähnezahl z_s oder z_1) auf einer Welle, die bei modernen Maschinen dieselbe Drehzahl wie die Drehspindel besitzt. Das letzte Zahnrad (Zähnezahl z_L oder z_4) sitzt auf der Leitspindel (Abb. 220). Die fallweise für die Übersetzung noch benötigten Zahnräder z_2 und z_3 sitzen mit einer gemeinsamen Büchse auf einer Achse der Wechselradschere, die es gestattet (wenn überhaupt möglich) alle Räder in Eingriff zu bringen. Bei Verwendung von nur zwei Wechselrädern ist die Anordnung eines Zwischenrades (Zähnezahl z_w) erforderlich, das ohne Einfluß auf die Übersetzung ist. Bei Berechnung der Wechselräder verwenden wir noch folgende Bezeichnungen: S ... Steigung des Werkstückes, L ... Steigung der Leitspindel (genormt nach DIN 113 mit 3, 6, 12 und 24 mm bzw. 2, 4 oder 8 Gängen/Zoll), n_s ... Drehzahl des Werkstückes und n_L ... Drehzahl der Leitspindel. Der Drehstahl mit dem Support legt in der Minute einen Weg von $n_s \cdot S = n_L \cdot L$ zurück. Bei Verwendung von nur zwei Wechselrädern verhalten sich deren Zähnezahlen umgekehrt wie ihre Drehzahlen: $n_L/n_s = z_s/z_L = z_1/z_4 = S/L$.
Bei Verwendung von 4 Zahnrädern wird:

$$\boxed{\frac{S}{L} = \frac{z_1 \cdot z_3}{z_2 \cdot z_4}}$$

In diese Formel sind S und L stets in gleichen Maßeinheiten (Zoll oder mm) einzusetzen. $1'' = 25{,}4$ mm. Bei Schnecken ist die Steigung ein Vielfaches von π ($S = m \cdot \pi$, m ... Modul). Da π irrational ist, verwendet man folgende Näherungswerte: $\pi = 5 \cdot 71/113$ oder $13 \cdot 29/4 \cdot 30$ oder $8 \cdot 97/13 \cdot 19$ oder $19 \cdot 21/127$ und $\pi/25{,}4 = 47/(4 \cdot 95)$ oder $5 \cdot 19/(32 \cdot 24)$. Zur Ermittlung der Zähnezahl der Wechselräder muß der links stehende Bruch der Formel solange erweitert werden, bis man mit vorhandenen Wechselrädern das Auslangen findet. Die Zähnezahlen der Wechselrädersätze sind nach DIN 781 genormt. Verwendung findet meist ein Auswahlsatz mit Zähnezahlen von 20 um fünf steigend bis 125 und 127. Um bei Verwendung von vier Wechselrädern die berechneten Wechselräder auch aufstecken zu können, ohne gegen eine Welle zu stoßen, müssen sie die Aufsteckbedingung $(z_1 + z_2) > (z_3 + x)$ und $(z_3 + z_4) > (z_2 + x)$ erfüllen ($x = 15$, je nach Wellendicke).

Beispiel 8. Welche Wechselräder müssen zum Schneiden eines Gewindes von $1/12''$ Steigung auf einer Drehmaschine mit einer Leitspindel von $1/4''$ Steigung aufgesteckt werden?

$$\frac{S}{L} = \frac{1/12}{1/4} = \frac{4}{12} = \frac{z_1}{z_2} = \frac{20}{60}$$

Außer den beiden Wechselrädern mit 20 und 60 Zähnen muß ein beliebiges Zwischenrad aufgesteckt werden.

Beispiel 9. Welche Wechselräder sind auf derselben Drehmaschine zum Schneiden eines Gewindes mit 1,5 mm Steigung zu verwenden?

$$\frac{S}{L} = \frac{1{,}5 \cdot 5}{1/4 \cdot 127} = \frac{1{,}5 \cdot 5 \cdot 4}{127} = \frac{30}{127} = \frac{z_1}{z_2}$$

Beispiel 10. Welche Wechselräder sind auf derselben Drehmaschine zum Schneiden einer Schnecke mit Modul 3 zu verwenden?

$$\frac{S}{L} = \frac{3 \cdot \pi}{1/4 \cdot 25{,}4} = \frac{3 \cdot 4 \cdot 47}{4 \cdot 95} = \frac{z_1 \cdot z_3}{z_2 \cdot z_4} = \frac{47 \cdot 90}{95 \cdot 30}$$

Für $\pi/25{,}4$ wurde der Näherungswert $47/(4 \cdot 95)$ unter der Voraussetzung verwendet, daß ein Wechselrad mit 47 Zähnen vorhanden ist. Die Aufsteckbedingung $47 + 95 = 142 > 105$ und $90 + 30 = 120 > 110$ ist erfüllt.

Beispiel 11. Welche Wechselräder sind zum Schneiden eines Gewindes mit 1,5 mm Steigung auf einer Drehmaschine mit einer Leitspindel von 6 mm Steigung zu verwenden?

$$\frac{S}{L} = \frac{1{,}5}{6} = \frac{z_1}{z_2} = \frac{30}{120}$$

Beispiel 12. Welche Wechselräder sind auf derselben Drehmaschine zum Schneiden eines Gewindes von 1/12″ Steigung zu verwenden?

$$\frac{S}{L} = \frac{1/12 \cdot 25{,}4}{6} = \frac{127}{12 \cdot 6 \cdot 5} = \frac{127 \cdot 30}{90 \cdot 120} = \frac{z_1 \cdot z_3}{z_2 \cdot z_4}$$

Die Aufsteckbedingung $127 + 90 = 217 > 45$ und $120 + 30 = 150 > 105$ ist erfüllt.

Beispiel 13. Welche Wechselräder sind auf derselben Drehmaschine zum Schneiden einer Schnecke mit Modul 3 zu verwenden?

$$\frac{S}{L} = \frac{3 \cdot \pi}{6} = \frac{19 \cdot 21}{2 \cdot 127} = \frac{95 \cdot 105}{127 \cdot 50} = \frac{z_1 \cdot z_3}{z_2 \cdot z_4}$$

Für π wurde der Bruch $19 \cdot 21/127$ verwendet. Die Aufsteckbedingung $95 + 127 = 222 > 120$ und $105 + 50 = 155 > 142$ ist erfüllt.

Bei *Gewinden großer Steigung* kann S größer als L werden. Um nicht ins Schnelle treiben zu müssen, leitet man in diesem Falle den Antrieb der Leitspindel nicht von der Drehspindel, sondern von einem Rad auf einer rascher laufenden Vorgelegewelle (Abb. 70) oder auf dem Stufenkonus ab. Beträgt i die Übersetzung der Vorgelegewelle oder des Rädervorgeleges beim Stufenscheibengetriebe, so erhält man die Zähnezahlen der Wechselräder aus:

$$\frac{S}{L \cdot i} = \frac{z_1 \cdot z_3}{z_2 \cdot z_4}$$

Bei modernen Drehmaschinen ist zwar stets die Möglichkeit vorhanden, Wechselräder zu verwenden, genormte Gewinde werden jedoch stets unter Verwendung des Räderkastens hergestellt.

In den Vorschubgetriebekästen für das Gewindeschneiden verwendet man häufig ein Norton- und ein Mäandergetriebe (Abb. 215). Das Nortongetriebe entspricht am besten der arithmetrischen Stufung der Ganghöhen der genormten Gewinde. Da sich die Ganghöhen außerdem noch in Reihen ordnen lassen, die durch Vervielfältigung auseinander hervorgehen, erklärt sich auch die Verwendung des Mäandergetriebes (siehe Tabellen der Abb. 215).

4,423 Der Support

Die Hauptteile des *Supportes* sind der Schloßkasten mit den Getriebeteilen für Längs- und Planzug, der Bettschlitten, der Planschlitten, der Drehteil, der Oberschlitten und die Vorrichtungen zum Spannen der Werkzeuge (Abb. 221, 222).

Abb. 219 zeigt schematisch das Getriebe eines Schloßkastens einer Zugspindeldrehmaschine, die nur eine Zugspindel und keine Leitspindel besitzt. Auf der genuteten Welle (Zugspindel) a befinden sich lose zwei Kegelräder k_1 und k_2, die durch ihre Lagerung in der Schloßplatte ständig in Eingriff mit dem Kegelrad k_3 stehen. Durch die Kupplung k kann wahlweise das Kegelrad k_1 oder k_2 mit der Zugspindel gekuppelt werden. Zu diesem Zweck ist die Kupplung k leicht verschiebbar auf der Zugspindel angeordnet, wobei das Drehmoment durch eine Feder übertragen wird. Mit Kegelrad k_3 ist Zahnrad z_1 verbunden, das mit Zahnrad z_2 kämmt; mit diesem ist Zahnrad 1 fest verbunden. Beide Zahnräder sind in einer Schwinge s gelagert, durch deren Schwenken das Rad 1 entweder mit Rad 6 oder 2 in Eingriff gebracht werden kann. In der Mittelstellung der Schwinge s ist der Vorschub ausgeschaltet. Bei Eingriff mit Rad 6 wird über Rad 7 die Spindel des Planschlittens gedreht und dieser verschoben. Bei Eingriff mit 2 wird über Räder 3 und 4 das Rad 5 angetrieben, das sich auf der Zahnstange z abwälzt und dadurch den Support verschiebt. Durch die Anordnung der Kegelräder k_1, k_2 und k_3 in der Schloßplatte, kann ein Wendegetriebe am Spindelstock entfallen. Eine Umschaltung der Vorschubrichtung kann also direkt an der Schloßplatte erfolgen.

In der Regel werden die Universaldrehmaschinen mit Leit- und

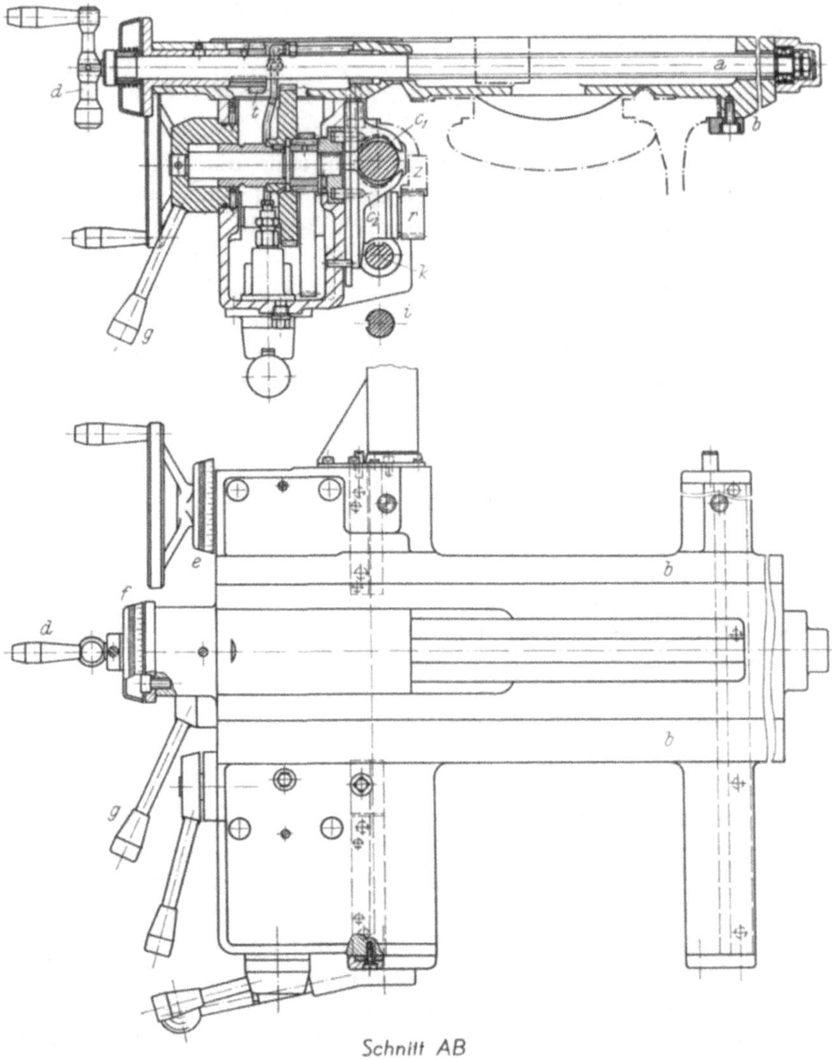

Abb. 221

Zugspindel ausgeführt (Abb. 212). Abb. 221 zeigt einen Bettschlitten mit dem dazugehörigen *Schloßkasten*. Die Leitspindel wird nur zum Vorschub des Schlittens beim Gewindeschneiden verwendet. Sie kann durch eine Kupplung zu- und abgeschaltet werden. Die beiden Mutterschloßhälften c_1 und c_2 sind in einer Flachführung geführt und werden

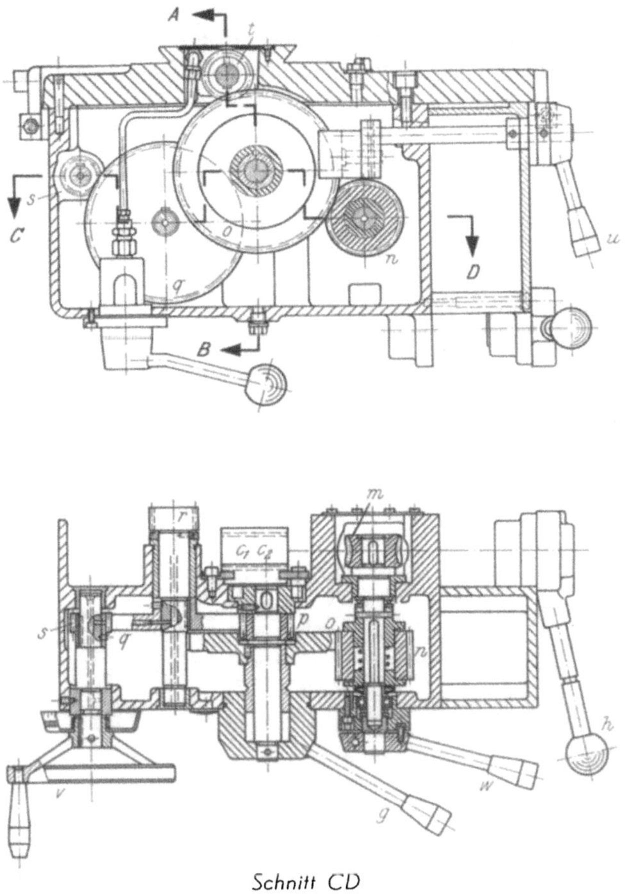

Abb. 221. Bettschlitten und Schloßkasten einer Zug- und Leitspindeldrehmaschine (VÖEST-Alpine, Maschinenbau Linz). *a* Gewindespindel für Planzug, *b* Bettschlitten, c_1 und c_2 Mutterschloß, *d* Handrad für Planzug, *e* und *f* einstellbare Skalenringe, *g* Hebel zur Betätigung des Mutterschlosses, *h* Handhebel zur Betätigung der Schaltwelle *i*, *k* Zugspindel, *l* Leitspindel, *m* Schneckenrad, *n*, *o*, *p*, *q*, *r*, *s* und *t* Stirnräder, *u* Hebel zur Verschiebung von *o*, *v* Handrad zur Betätigung des Längszuges, *w* Hebel zum Einstellen der Rutschkupplung, *z* Zahnstange

durch den Mutterschloßhebel *g* geöffnet und geschlossen. Die Bewegungen für Plan- und Längszug werden von einer genuteten Welle, der Zugspindel *k* abgeleitet. Auf dieser befindet sich eine im Schloßkasten gelagerte Schnecke, die mit dem Schneckenrad *m* in Eingriff steht. Durch den Handhebel *u* kann das Zahnrad *o* axial verschoben und dadurch wahlweise der Plan- und Längszug betätigt werden. Der Antrieb der Gewindespindel *a* für den Planzug erfolgt über die Stirnräder *n*, *o* und *t* oder direkt von Hand vom Handrad *d*. Die Betätigung des Längszuges von Hand erfolgt von Handrad *v* über die Stirnräder *s*, *q* und *r* und die am Bett befestigte Zahnstange *z* oder zwangläufig über die Stirnräder *n*, *o*, *p*, *q* und *r*. Durch Handhebel *h* wird über Schaltwelle *i* der

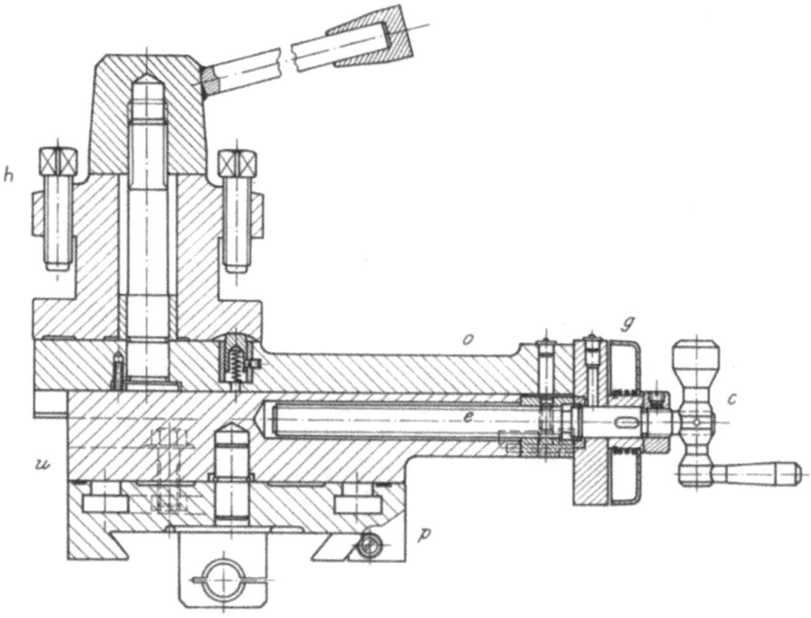

Abb. 222. Plan- und Oberschlitten mit Vierfachstahlhalter (VÖEST-Alpine, Maschinenbau Linz). *c* Handrad zur Betätigung der Gewindespindel *e* für den Oberschlitten, *g* einstellbarer Skalenring, *h* Vierfachstahlhalter, *o* Oberschlitten, *p* Planschlitten, *u* Drehteil

Antriebsmotor eingeschaltet. Um mit festen Anschlägen drehen zu können und das Getriebe nicht zu überlasten, ist auf der Schneckenradwelle eine durch Hebel *w* einstellbare Rutschkupplung vorgesehen. Zur Sicherheit gegen Überlastung der Getriebeteile dienen noch Scherstifte.

Eine andere häufig angewendete Einrichtung zur Begrenzung des übertragenen Drehmomentes ist die *Fallschnecke*. Diese ist auf einer zur Zugspindel parallelen Welle gelagert, die über Stirnräder von der Zugspindel angetrieben wird. Diese Schneckenwelle befindet sich in einem schwenkbaren Rahmen, der bei Erreichen einer eingestellten Kraft herunterfällt und die Schnecke außer Eingriff mit dem Schneckenrad bringt.

Der *Bettschlitten b* (Abb. 221) gleitet in langen Führungen seiner Seitenteile auf den Bettführungen. Auf ihm befindet sich der *Planschlitten p* (Abb. 222), der durch Gewindespindeln *a* von einem Handrad *d* oder dem Schloßplattengetriebe verschoben wird. Auf ihm sitzt der *Drehteil u* und auf diesem der *Oberschlitten o*, auf dem die Spanneinrichtungen für die Werkzeuge angeordnet sind. Seine Verschiebung erfolgt durch Handrad *c*, Spindel *e* und Mutter. Zur genauen Einstellung von Plan- und Oberschlitten befinden sich auf deren Spindeln einstellbare Skalenringe *f*, *g* (meist für 0,01 mm Vorschub), durch deren Verwendung sich häufiges Messen erübrigt.

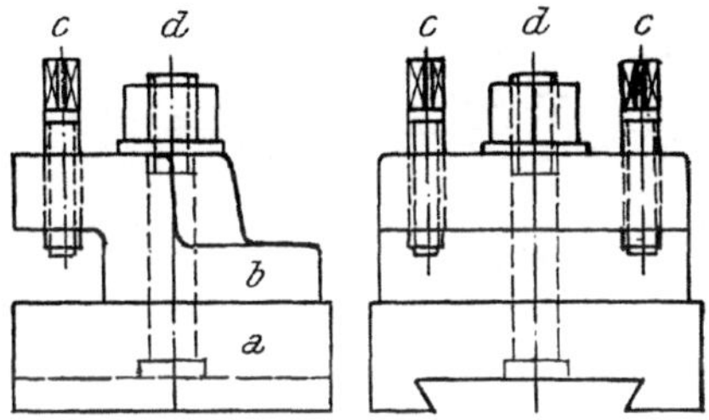

Abb. 223. Spannklaue. *a* Oberschlitten, *b* Spannklaue, *c* Befestigungsschrauben für Drehwerkzeuge, *d* Spannklauenschraube

Die *Einspannvorrichtungen für die Drehwerkzeuge* müssen diese in die richtige Lage zum Werkstück bringen (siehe Abschnitt 4,21) und in dieser mit ausreichender Sicherheit gegen Verschieben durch die Zerspankraft festhalten. Um einen ruhigen Schnitt zu erzielen, sollen die Werkzeuge möglichst kurz eingespannt werden. Zum Einstellen der Werkzeugspitze auf Mitte Werkstück bedient man sich der Körnerspitze oder besonderer Lehren. Bei der für mittlere und größere Schaftquerschnitte verwendeten *Spannklaue* (Abb. 223) bedient man sich verschieden dicker Unterlagen aus Flachstahl oder Blech.

Um bis zu vier Werkzeuge ohne Aus- und Einspannen und neuerliches Einstellen bei Bearbeitung kleiner Serien zum Einsatz bringen zu können, verwendet man *schwenkbare Vierkantstahlhalter* nach Abb. 224. Diese werden durch einen Hebel *a* mit Spanngewinde *b* gespannt (Rechtsdrehung) bzw. gelöst und geschwenkt (Linksdrehung). Beim Herausdrehen der Schraube *b* (Lösen) wird der gehärtete Stift *c* durch den Bolzen *d* aus einer der vier gehärteten Büchsen *e* herausgezogen und beim Spannen in die nächste Büchse eingeschoben. Die Drehwerkzeuge werden beim ersten Werkstück eingestellt und können bei den folgenden Werkstücken nach Schwenken des Halters sofort zum Einsatz gebracht werden (Herabsetzung der Nebenzeiten).

Um auch mehr als vier Werkzeuge einsetzen zu können, verwendet man *Schnellspannhalter*, bei denen voreingestellte Werkzeuge mit auswechselbaren Spannstücken in entsprechenden Führungen des Stahlhalters rasch befestigt werden können (Abb. 225).

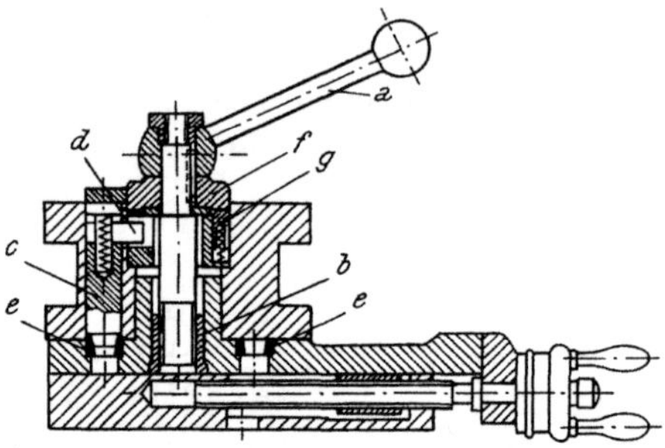

Abb. 224. Schwenkbarer Vierkantstahlhalter. *a* Handhebel, *b* Spanngewinde, *c* Indexstift, *d* Bolzen, *e* gehärtete Büchse, *f* Schwenkgesperre mit Klinkenzapfen, *g* Freilauf bei Rechtsdrehung

4,424 Der Reitstock

Zum Abstützen langer Werkstücke und zur Aufnahme von Bohrwerkzeugen benützt man den Reitstock, der eine eigene Bettführung besitzt und so schmal gehalten ist, daß er die ausnützbare Drehlänge nicht beeinträchtigt, da er zwischen die Führungsteile des Bettschlittens treten kann.

Der Reitstock mit *innenliegender* Spindel (Abb. 226) besitzt eine vor den Spänen geschützte Spindel *a* und wird bei kleinen und mittleren Drehmaschinen verwendet. Die im Reitstockoberteil *b* durch Bund *o* und Handrad *h* unverschieblich gelagerte Gewindespindel *a* verschiebt bei ihrer Drehung durch das Handrad eine Pinole *c*, die den Reitstockkörner *d* aufnimmt. Dieser kann beim Zurückziehen der Pinole *c* durch die Spindel *a* ausgedrückt werden. Ein Mitdrehen der Pinole wird durch eine Nut und ein Paßstück *e* verhindert. Das Festhalten der Pinole *c* erfolgt durch Anpressen der Backen *f* und *g* mittels der Knebelschraube *k*. Zum Drehen schlanker Kegel und zum genauen Justieren kann der Reitstockoberteil *b* durch die Schrauben s_1 und s_2 quer zur Drehachse verschoben werden. Durch Mutter *m*, Schraube *l* und Querhaupt *i* wird der Reitstockunterteil *p* auf dem Bett festgeklemmt.

Den Reitstock mit *außenliegender* Spindel verwendet man vorwiegend bei schweren Drehmaschinen.

Die Verstellung der Pinole kann auch *hydraulisch* oder von einem *Elektromotor über ein besonderes Getriebe* erfolgen.

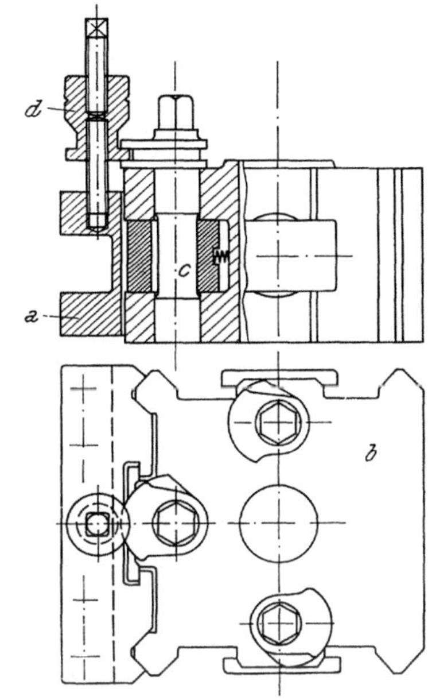

Abb. 225. Schnellwechselstahlhalter. *a* Werkzeughalter, *b* Grundkörper, *c* Klemmbolzen mit Exzenter, *d* Einstellmutter für Höhe

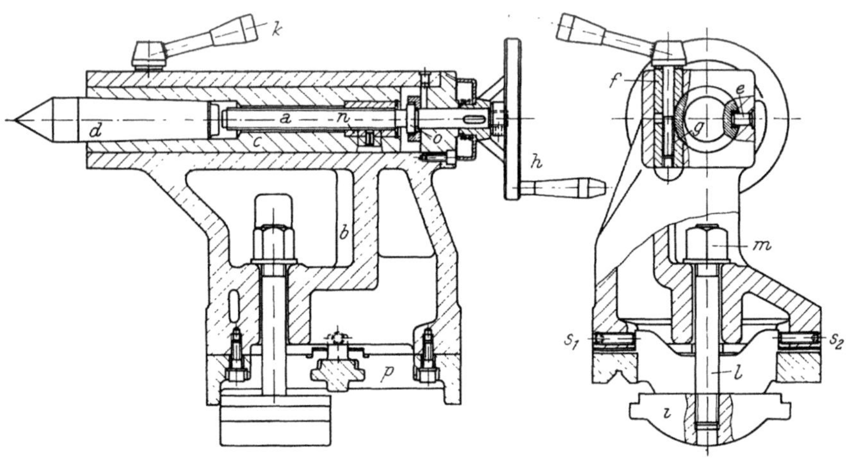

Abb. 226. Reitstock mit innenliegender Spindel (VÖEST-Alpine, Maschinenbau Linz). *a* Schraubenspindel, *b* Reitstockoberteil, *c* Pinole, *d* Reitstockkörner, *e* Paßstück, *f* und *g* Spannbacken, *h* Handrad, *i* Querhaupt, *k* Knebelschraube, *l* Schraube, *m* Mutter, *n* Mutter, *o* Bund, *p* Reitstockunterteil, s_1 und s_2 Justierschrauben

Kleine Reitstöcke werden *direkt von Hand*, größere unter Zwischenschaltung *eines Zahnradgetriebes und der Bettzahnstange von Hand* oder einem *besonderen Elektromotor* verschoben.

Mitlaufende Körnerspitzen laufen in Wälzlagern (Abb. 196).

Zur Stützung langer Werkstücke zwischen Spindelstock und Reitstock werden Setzstöcke verwendet (Lunetten). *Feste, geschlossene* Setzstöcke werden auf dem Bett (Abb. 227), *offene, mitlaufende* Setzstöcke

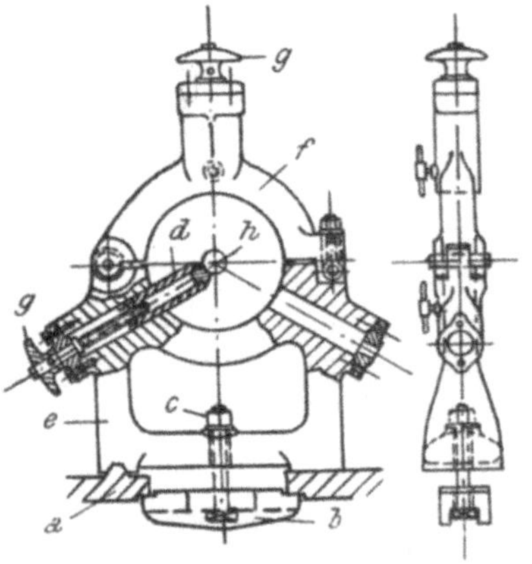

Abb. 227. Fester Setzstock (Lunette). *a* Bett, *b* Querhaupt, *c* Klemmschraube, *d* Backe, *e* Unterteil, *f* aufklappbarer Oberteil, *g* Stellschraube, *h* Werkstück

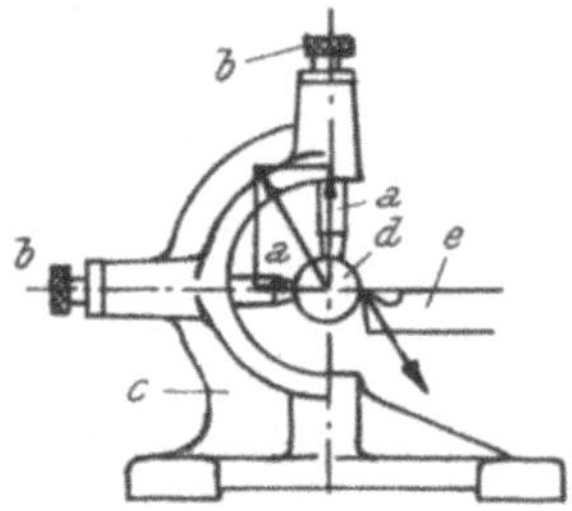

Abb. 228. Mitlaufender Setzstock. *a* Backen, *b* Stellschrauben, *c* Setzstock, *d* Werkstück, *e* Werkzeug

(Abb. 228), bei denen die Abstützung direkt gegenüber dem Werkzeug erfolgt, am Support befestigt. Man verwendet auswechselbare Rollen (beim Schruppen) und Bronze- oder Kunststoffbacken (beim Schlichten).

4,425 Das Drehmaschinenbett

Das Drehmaschinenbett hat die richtige Lage und Bewegungsmöglichkeit des Supportes und Reitstockes gegenüber dem Spindelstock bei allen auftretenden Kräften zu gewährleisten. Es wird auf Biegung und Verdrehung beansprucht. Bei Universaldrehmaschinen besteht es für kleine Werkstücke aus zwei Wangen (Abb. 88), bei großen Werkstücken (Abb. 89) aus drei und vier Wangen, die zur Erhöhung der Torsionssteifigkeit durch Rippen verbunden werden (Abb. 229, Dreiecks- oder Petersverrippung, Abb. 88, Kastenverrippung). Eine hohe Torsionssteifheit erzielt man durch geschlossene Querschnitte (Abb. 230), die häufig bei Nachform- und NC-Drehmaschinen verwendet werden. Zur Abfuhr größerer Spanmengen werden entsprechende Durchbrüche (Abb. 89) oder die Führungen in einer schrägen Ebene angeordnet (Abb. 230). Bei großen Drehmaschinen ruht das Bett in seiner ganzen Länge auf dem Fundament, bei kleinen auf besonderen Füßen.

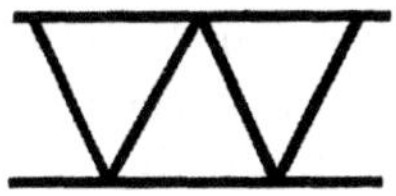

Abb. 229. Dreiecksverrippung

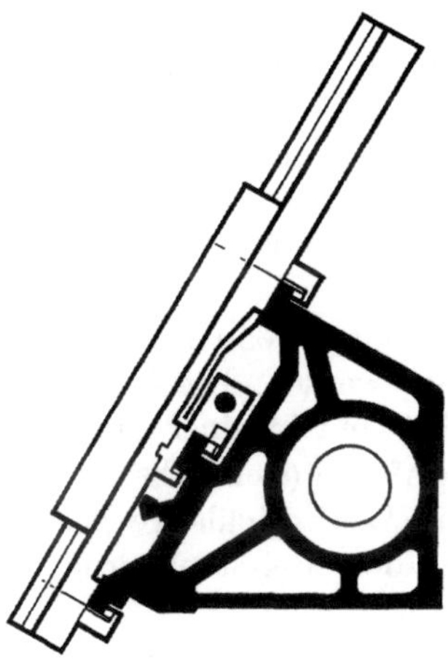

Abb. 230. Drehmaschinenbett mit geschlossenem Profil (Heid, Stockerau)

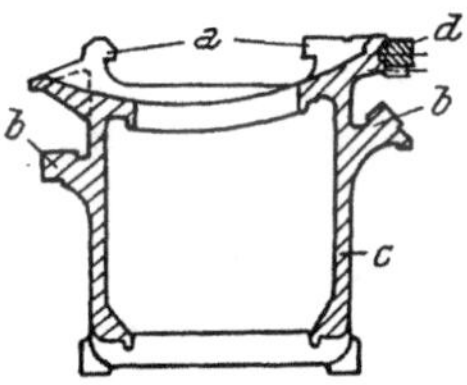

Abb. 231. Drehmaschinenbett mit tiefliegenden Supportführungen. *a* Kombinierte Führung für den Reitstock, *b* kombinierte Führung für den Support, *c* Bettwange, *d* Zahnstange

Zur Führung von Support und Reitstock finden vorwiegend kombinierte Führungen, bei sehr großen und NC-Drehmaschinen vielfach Flachführungen (kleinere Verschiebekräfte und Flächendrücke) Verwendung. Gute Schmierung ermöglichen V-Führungen, die jedoch vor Spänen gut geschützt werden müssen.

Durch Kröpfung kann man den Drehdurchmesser auf begrenzte Länge erweitern. Um bei kurzen Werkstücken mit dem Support bis zum Spindelstock fahren zu können, wird die Kröpfung durch eine genau passende Einsatzbrücke überbrückt. Liegen die Supportführungen tiefer (Abb. 231), so kann eine Einsatzbrücke entfallen.

4,426 Arbeiten auf Drehmaschinen

Beim *Langdrehen* werden lange wellenförmige Werkstücke zwischen Spitzen gespannt. Nicht vollkommen gerade Werkstücke müssen vor dem Drehen auf besonderen Wellenrichtmaschinen oder Richtpressen gerichtet werden. Der Rundlauf des Werkstückes kann mit der Meßuhr überprüft werden. Unstabile Werkstücke (siehe Abschnitt 1,2) müssen durch Setzstöcke (Lunetten, Abb. 227, 228) abgestützt werden, damit sie nicht infolge der auftretenden Durchbiegung in der Mitte dicker ausfallen. Lange glatte Wellen werden auf besonderen Wellenschälmaschinen (siehe Abschnitt 4,49) durch *Schälen* hergestellt. Sollen mehrere gleiche Wellen mit Absätzen gedreht werden, so verwendet man auf dem Bett angeordnete Anschläge, die eine Fallschnecke oder momentbegrenzende Kupplung im Schloßkasten auslösen. Durch Parallelendmaße, die vor den Anschlägen angebracht werden, können die Abstände mehrerer Absätze sehr genau eingestellt werden. Bei Verwendung mitlaufender Körnerspitzen (Abb. 196) wird jede Abnützung der Zentrierkörnung des Werkstückes vermieden. Um trotzdem hohe Genauigkeit zu erzielen, sollen bei diesen nur Wälzlager mit Vorspannung Verwendung finden.

Das *Drehen von der Stange* wird angewendet, wenn mehrere kurze Werkstücke gleichen Durchmessers benötigt werden. Die Stange wird durch die Bohrung der Drehspindel geführt und in einer Spannzange oder einem anderen selbstzentrierenden Spannfutter (siehe Abschnitt 4,33) so weit herausragend gespannt, als es die Werkstücklänge erfordert. Längere Werkstücke können noch durch den Reitstockkörner oder eine Lunette unterstützt werden.

Beim *Feindrehen* arbeitet man mit sehr hohen Schnittgeschwindigkeiten, kleinen Schnittiefen und Vorschüben, um eine hohe Oberflächengüte (kleine Rauhtiefe, siehe Abschnitt 8,1) und hohe Formgenauigkeit (Rundheit) zu erzielen. Man verwendet Werkzeugschneiden aus Hartmetall mit geringem Kobaltgehalt, Sinteroxiden oder Diamant (letzterer nur für Nichteisenmetalle), durch welche auch harte Gefügebestandteile glatt durchgetrennt werden (kein Zurückweichen der Schneidenspitze). Um die bei den hohen Schnittgeschwindigkeiten durch die Reibung an den Span- und Freiflächen entstehende Erwärmung zu begrenzen, müssen die Werkzeugflächen geläppt (Diamant poliert) und zur Abführung der Wärme Schneidflüssigkeiten verwendet werden.

Feindrehmaschinen erhalten einen Spindelantrieb durch endlose Spezialriemen oder Keilriemen (Zahnräder würden die Oberflächengüte verringern) und einen Vorschubantrieb durch Gewindespindel oder hydraulisch angetriebenen Kolben. Die Drehspindel und die auf ihr befindlichen Spanneinrichtungen müssen sehr gut ausgewuchtet werden, damit keine Schwingungen durch sie erregt werden. Die Spindellager müssen sehr kleines Spiel aufweisen, was man durch vorgespannte Wälzlager und Gleitlager mit hydrostatischer Schmierung oder bei hydrodynamischer Schmierung durch Schmiermittel sehr geringer Viskosität ermöglicht.

Durch *Plandrehen* werden die ebenen Stirnflächen der Drehteile bearbeitet. Damit durch große Schnittkräfte keine Beeinträchtigung der Genauigkeit durch Verschieben des Bettschlittens erfolgen kann, ist dieser festzuklemmen. Große Planflächen werden mit gewöhnlichen Schrupp- und Schlichtstählen, kleinere Seitenflächen mit Seitenstählen (siehe Abschnitt 4,22), deren Schneiden zur Begrenzung der Spanbreite etwas schräg gestellt werden, bearbeitet. Große Planflächen flacher Werkstücke werden statt auf Universaldrehmaschinen auf Plan- und Karusselldrehmaschinen (siehe Abschnitt 4,44 und 4,45) bearbeitet. Zur Herabsetzung der Schnittzeit wird bei diesen vielfach mit selbsttätiger stufenloser Drehzahlverstellung gearbeitet, um eine konstante Schnittgeschwindigkeit zu erhalten.

Für die Serienfertigung von Motorwellen werden *Plandreh-* und *Zentriermaschinen* verwendet, welche zwei auf die Länge der zugeschnittenen Rohteile einstellbare Spindelstöcke besitzen. Sie arbeiten mit umlaufenden Plandreh- und Zentrierwerkzeugen bei ruhendem, meist hydraulisch gespanntem Werkstück (auch selbsttätig mit besonderen Beladeeinrichtungen). Die so mit zwei Planflächen und Zentrierbohrungen hergestellten Werkstücke werden auf Vielschnittdrehmaschinen (siehe Abschnitt 4,46) weiter bearbeitet.

Durch *Abstechen* können Werkstücke auf der Drehmaschine mit genau winkelrechten Flächen unterteilt werden. Das Werkstück muß dazu fliegend gespannt werden. Besondere *Abstechmaschinen* besitzen große Spindelbohrungen und stufenlose Drehzahlregelung zum Konstanthalten der Schnittgeschwindigkeit. Es werden auch Abstechmaschinen mit ruhendem Werkstück und rotierendem Werkzeug verwendet. *Abstechautomaten* führen die Arbeitsfolgen Spannen, Abstechen, Zurückfahren des Abstechsupportes, Lösen, Vorschieben des Werkstückes gegen Anschlag und erneutes Spannen selbsttätig aus.

Das Drehen von *Kegeln* kann auf verschiedene Weise erfolgen:

Sehr kurze Kegel werden durch *Formstähle* hergestellt.

Lange, schlanke Kegel werden mit *versetzter Reitstockspitze* und Benützung des selbsttätigen Langzuges hergestellt. Da die Neigung vom Abstand der Körnerspitzen abhängt, muß dieser bei Serienfertigung genau eingehalten werden.

Steile und kürzere Kegel können nach *Schwenken des Drehteiles* mit dem *Oberschlitten* hergestellt werden, wenn dieser Selbstgang aufweist.

Zur Serienherstellung schlanker Kegel verwendet man das *Konuslineal* (Abb. 232). Auf der Rückseite des Drehmaschinenbettes ist die Grundplatte *d* befestigt, auf welcher sich das bis zu 10° nach beiden Richtungen einstellbare Konuslineal *b* befindet. Auf diesem gleitet ein Schlitten *s*, welcher mit dem Planschlitten *p* durch eine Knebelschraube *e* verbunden wird. Die Planspindel ist als Teleskopspindel ausgebildet. Wird der Längsvorschub eingeschaltet, so führt der Drehstahl *m* eine Bewegung parallel zum Konuslineal aus und erzeugt eine Kegelfläche *w*.

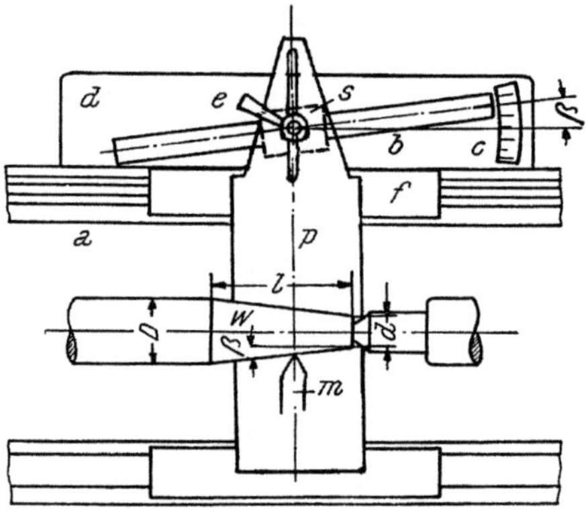

Abb. 232. Konuslineal. *a* Bett, *b* Konuslineal, *c* Skala, *d* Grundplatte, *e* Knebelschraube, *f* Bettschlitten, *m* Drehwerkzeug, *p* Planschlitten, *s* Schlitten, *w* Werkstück, *β* Steigungswinkel des Kegels, $\tan \beta = \frac{D-d}{2\,l}$

Alle Kegelsteigungen lassen sich durch *gleichzeitige Betätigung* des *Plan-* und *Längszuges* bei Vorhandensein eines *Wechselradgetriebes* in der *Schloßplatte* (Sonderausführung) herstellen.

Zur Herstellung *profilierter Drehteile* verwendet man *Formstähle* oder besondere *Kopier-(Nachform-)Einrichtungen.* Diese haben dazu geführt, daß schon bei kleinen Stückzahlen das Herstellen eines Musterstückes durch einen Facharbeiter und das Drehen weiterer Stücke durch einen angelernten Mann mit einer Kopiereinrichtung wirtschaftlich wurde. Man unterscheidet mechanische, hydraulische, elektrische, pneumatische und kombinierte Kopiereinrichtungen.

Bei den *mechanischen* Kopiereinrichtungen war auf der Rückseite der Drehmaschine ein dickes, gehärtetes Kopierlineal befestigt, gegen das der Planschlitten mit einer Rolle durch Gewicht, Federkraft, Magnetkraft oder hydraulisch angepreßt wurde, während der Längszug durch die Zugspindel erfolgte (Leitvorschub). Dies hatte den Nachteil, daß infolge der hohen Anpreßkraft, die größer als die Schnittkraft sein mußte, Kopierlineal und Rolle stark beansprucht wurden.

Bei den *modernen* Kopiereinrichtungen ist der Druck eines Tasters auf das Kopierlineal (welches aus dünnem Blech hergestellt werden kann) oder ein Musterstück sehr gering. Der Taster des mit dem Support fest verbundenen Tastgerätes kann gegen diesen eine Relativbewegung ausführen, welche bei nicht parallelem Lauf von Tastspitze und Werkzeugspitze einsetzt. Kopierlineal oder Musterstück sind am Bett befestigt.

Angewendet werden *elektromechanische* (siehe Abschnitt 3,3), *hydraulische* (siehe Abschnitt 3,4) und *elektrohydraulische* Nachformeinrichtungen (siehe Abschnitt 3,6)[1].

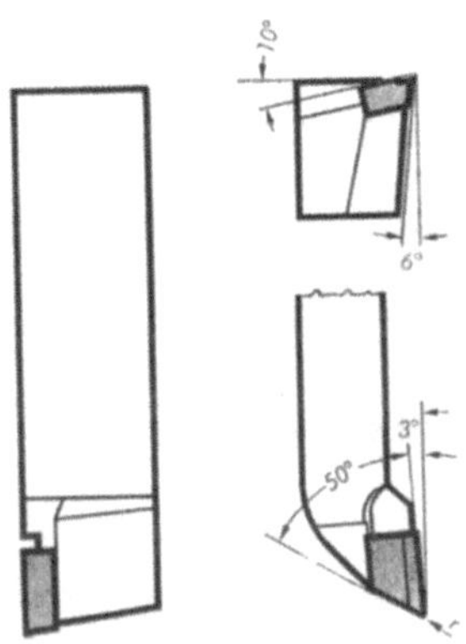

Abb. 233. Abgesetzter Kopierdrehstahl mit Schneidplatte aus Hartmetall (Böhler, Kapfenberg)

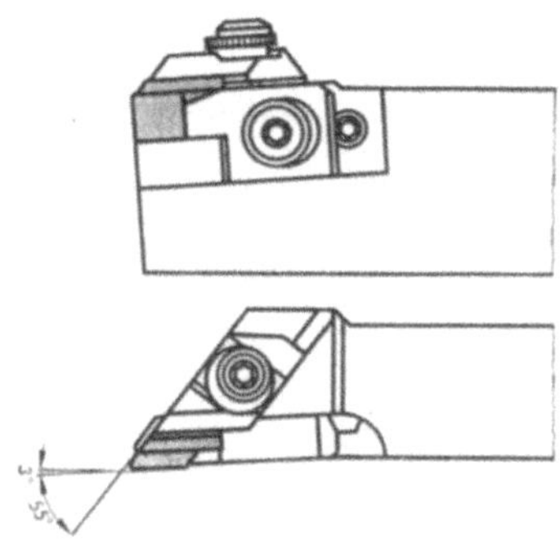

Abb. 234. Klemmhalter mit Hartmetallwendeschneidplatte zum Kopierdrehen (Böhler, Kapfenberg)

Nachformeinrichtungen finden als *aufsetzbare Zusatzgeräte* an normalen Drehmaschinen, *fest eingebaut in Universaldrehmaschinen*, bei denen alle anderen Dreharbeiten ausgeführt werden können und an *besonderen Kopierdrehmaschinen* Verwendung.

Verwendung finden besondere *Kopierdrehwerkzeuge* mit aufgelöteter Schneidplatte aus Hartmetall (Abb. 233, abgesetzter Kopierdrehstahl mit einem Spitzenwinkel $\varepsilon = 50°$) oder mit rhombischen Wendeschneidplatten für Halter mit positiven und negativen Spanwinkel und einem Spitzenwinkel $\varepsilon = 55°$ (Abb. 234, negativer Spanwinkel). Diese müssen genau auf Werkstückmitte eingestellt werden und ihr Schneidenradius muß mit dem des Fühlers übereinstimmen.

Sind beim Arbeiten auf besonderen Nachformdrehmaschinen große

---

[1] Saljé, E.: Ein- und zweiachsiges Nachformen mit Drehmaschinen. Werkst. u. Betr. *1969*, 611–617.

und ungleiche Spanquerschnitte abzunehmen, so arbeitet man entweder mit zwei gegenüberliegenden Werkzeugschlitten (Abb. 235), von denen der eine *a* mit geradem Schnitt vordreht und der andere *b* durch Nachformen nach Schablone fertig dreht oder mit einem Werkzeug (Abb. 236). Dabei erfolgt das Vordrehen in mehreren Schnitten mit festen Anschlägen oder mit Vorschablonen, die vor Schnittbeginn jeweils eingeschwenkt werden. Durch Fertigdrehen nach der letzten Schablone wird die Endgestalt erzielt. Das jeweilige Zurückbringen des Werkzeuges in die Ausgangslage erfolgt entweder von Hand oder selbsttätig durch einen

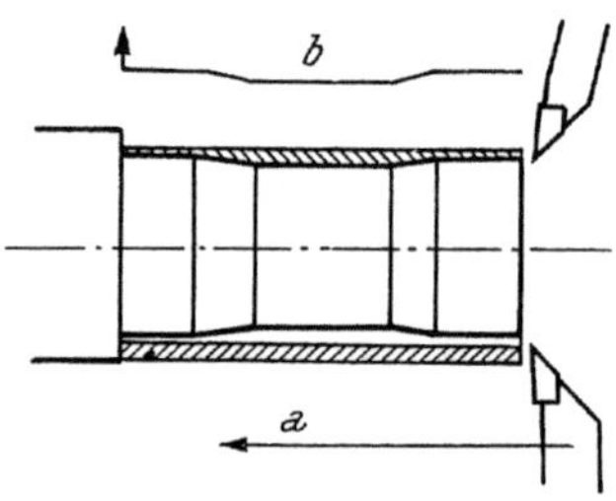

Abb. 235. Vordrehen *a* und Nachformen *b* mit gegenüberliegenden Werkzeugschlitten

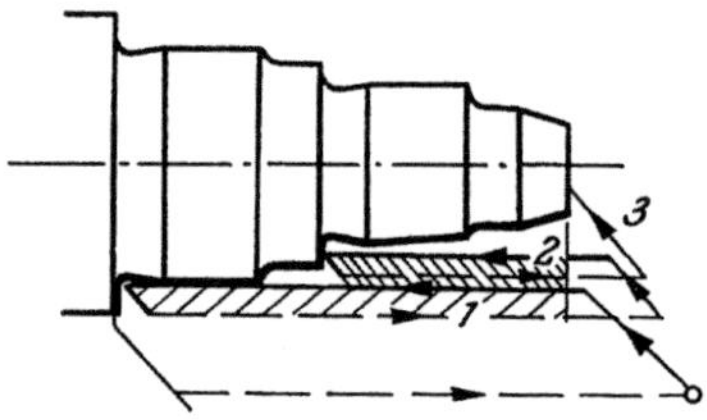

Abb. 236. Mehrschnittautomatik. 1, 2, 3 Arbeitsgänge

besonderen Eilgangsmotor (Mehrschnittautomatik, siehe auch Abschnitt 4,483).

Bei der Herstellung von *Gewinden* durch Drehen schieben sich mehrschneidige Werkzeuge (Schneideisen, Gewindebohrer, selbstöffnende Gewindeschneidköpfe) bei der Drehung des Werkstückes selbsttätig vor. Sie werden jedoch vorwiegend auf Revolverdrehmaschinen und automatischen Drehmaschinen verwendet, die besondere Einspannvorrichtungen für sie besitzen. Auf Universaldrehmaschinen ist ihre Verwendung nur behelfsmäßig möglich.

Einschneidige Werkzeuge müssen je Werkstückumdrehung zwangläufig um die Ganghöhe vorgeschoben werden.

Dieser Vorschub kann bei kurzen Gewinden durch *Patronen* erzeugt werden. Bei der Ausführung nach Abb. 237 befindet sich die auswechselbare, meist gehärtete Patrone *p*, die ein Gewinde gleicher Steigung wie das Werkstück besitzt, auf der Drehspindel *s*, in deren Futter *f* das Werkstück *w* aufgenommen ist. Mit dem Handgriff *k* können die auf derselben Achse *a* sitzende Leitbacke (Muttersegment) *l* in die Patrone *p* und das im Schlitten *b* befestigte Gewindewerkzeug *g* in das sich drehende Werkstück *w* eingeschwenkt werden. Durch eine harte Leiste *i* und eine

Stellschraube *h* können Gewindetiefe und Auslauf eingestellt werden. Nach Fertigstellen des Gewindes können Werkzeug und Patrone durch die Feder *d* in Ausgangsstellung gebracht werden.

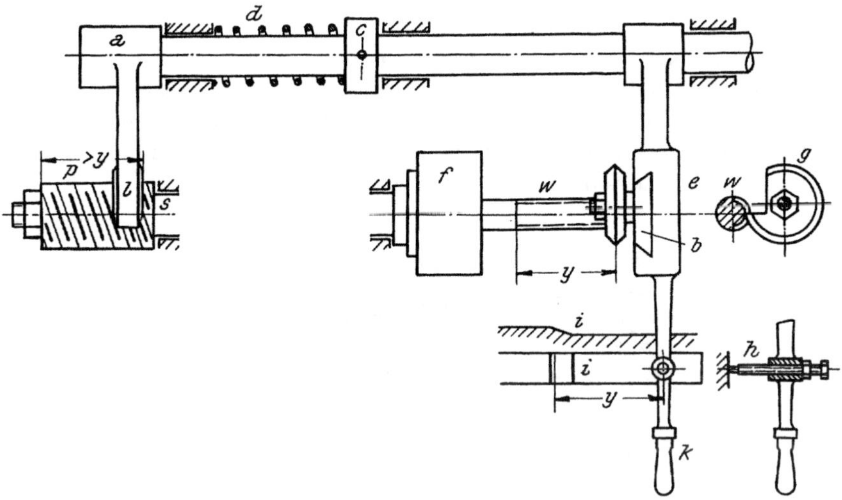

Abb. 237. Patronendreheinrichtung (schematisch). *a* Achse mit Stellring *c*, Feder *d*, Arm *e* mit Schlitten *b* und rundem Formstahl *g*, *f* Futter, *h* Stellschraube, *i* Leiste, *k* Handgriff, *l* Leitbacke, *p* Patrone, *s* Drehspindel, *y* maximale Gewindelänge, *w* Werkstück

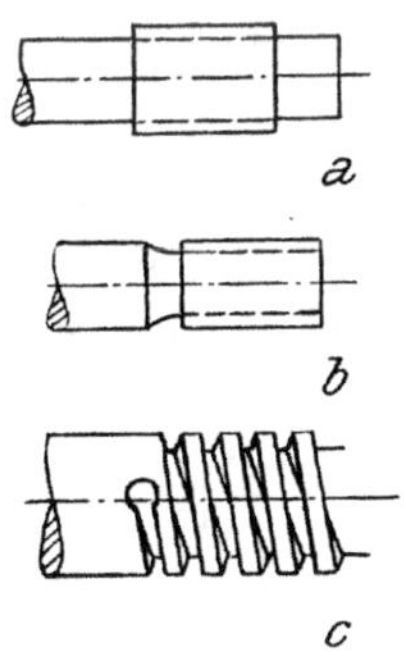

Abb. 238. Ausführung von Gewinden. *a* Einfachste Herstellung, *b* mit Freistich nach DIN 509, *c* mit Loch

Gewinde jeder Länge können auf der *Leitspindeldrehmaschine* hergestellt werden. Gewinde nach Abb. 238 a sind am leichtesten herzustellen. Gewinde nach Abb. 238 b (Freistiche nach DIN 509) benötigen einen Auslauf für das Werkzeug. Ein Loch als Gewindeauslauf (Abb. 238 c) verlangt vom Dreher große Geschicklichkeit.

Da das Gewinde nicht in einem Schnitt hergestellt werden kann, muß der Support zu jedem neuen Schnitt in die Ausgangsstellung zurückgebracht werden. Dies kann auf zwei Arten geschehen:

a) Nach beendetem Schnitt wird das Gewindewerkzeug zurückgezogen und die Drehmaschine reversiert, bis der Support in die Ausgangslage zurückgekehrt ist. Dann wird die Drehmaschine neuerlich reversiert und das Gewindewerkzeug zum Schnitt gebracht. Dieses Verfahren wird angewendet bei kurzen Gewinden und bei metrischen Gewinden auf Drehmaschinen mit Zolleitspindel und Zollgewinden auf Drehmaschinen mit metrischer Leitspindel.

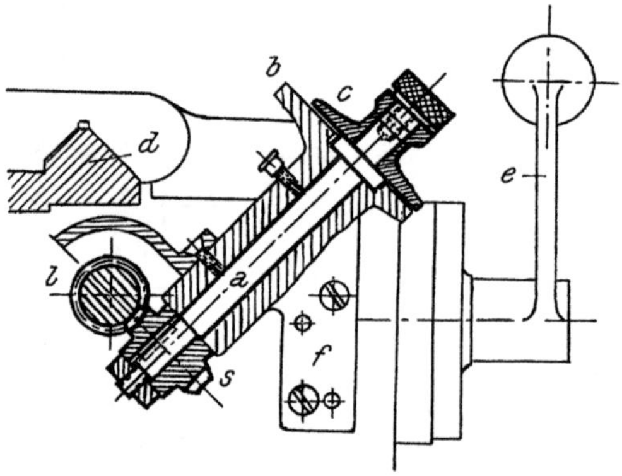

Abb. 239. Gewindeuhr. *a* Achse, *b* Lagerung mit fester Marke, *c* Zifferblatt, *d* Bett, *e* Hebel für Mutterschloß, *f* Support, *l* Leitspindel, *s* Schneckenrad

b) Nach beendetem Schnitt wird das Gewindewerkzeug zurückgezogen, bei laufender Drehspindel das Mutterschloß geöffnet, der Support von Hand in die Ausgangsstellung gebracht und, wenn das Gewindewerkzeug wieder in einem Gewindegang steht, wieder eingerückt. Diese Stellung wird durch die *Gewindeuhr* (Abb. 239) gefunden. Sie besitzt ein Schneckenrad *s* mit 32 Zähnen, das mit der Leitspindel *l* in Eingriff steht. Durch das Schneckenrad wird bei ruhender Leitspindel und bewegtem Support bzw. bewegter Leitspindel und ruhendem Support das Zifferblatt *c*, das 32 Teilstriche besitzt, gegen eine feste Marke *b* bewegt. Bei geschlossenem Mutterschloß bleibt das Zifferblatt in Ruhe. Beim ersten Schnitt wird der Teilstrich des Zifferblattes, der mit der festen Marke übereinstimmt, mit Kreide bezeichnet. Die Anzahl der Teilstriche, nach denen das Mutterschloß wieder geschlossen werden kann, wird gefunden, indem man das Verhältnis S/L bildet und diesen Bruch bis auf die niedrigsten ganzen Zahlen vereinfacht. Der so erhaltene Zähler gibt die Anzahl der Teilstriche an.

Beispiel 14. Bei welchen Teilstrichen der Gewindeuhr kann das Mutterschloß eingerückt werden, wenn mit einer Leitspindel von 1/4″ Steigung ein Gewinde mit 1/11″ Steigung erzeugt werden soll?

$$\frac{S}{L} = \frac{1/11}{1/4} = \frac{4}{11}$$

Das Mutterschloß kann nach jedem vierten Teilstrich eingerückt werden.

Beispiel 15. Bei welchen Teilstrichen darf das Mutterschloß eingerückt werden, wenn mit derselben Leitspindel ein Gewinde von $3\frac{1}{4}$ Gängen je Zoll erzeugt werden soll?

$$\frac{S}{L} = \frac{4/13}{1/4} = \frac{16}{13}$$

Das Mutterschloß kann nach jedem 16. Teilstrich eingerückt werden.

Beim Schneiden von Gewinden mit der Leitspindel kann nur mit niedrigen Drehzahlen gearbeitet werden, da der Dreher den Schneidstahl am Ende des Gewindes herauskurbeln muß. Um höhere Schnittgeschwindigkeiten anwenden zu können, wurde dieses Herausziehen automatisiert. Dies kann erfolgen durch *Verdrehen der Planspindel* durch einen gegen einen Anschlag fahrenden Hebel, durch *Herausziehen des Stahlhalters* mit Hilfe der hydraulischen Kopiereinrichtung und Schablone oder elektromagnetisch über Endschalter. Bei *selbsttätig arbeitenden Gewindeschneideeinrichtungen* fährt der Schneidstahl ein Rechteckprogramm ab, wobei bei jedem Durchgang die Spantiefe zugestellt wird, bis die vorgegebene Gewindetiefe erreicht wird. Hiezu werden Plan- und Leitspindel durch besondere Motoren über Kupplungen umgesteuert (siehe Abschnitt 4,483).

Bei *mehrgängigen Gewinden* haben die einzelnen Gänge in achsialer und in Umfangsrichtung gleichen Abstand. Ist die Zähnezahl des ersten Wechselrades z_1 (siehe Abschnitt 4,422) durch die Gangzahl teilbar, so kann man dieses als Teilvorrichtung verwenden. Nach Fertigstellen des ersten Ganges auf übliche Weise wird die Eingriffsstelle von Rad z_1 und z_2 markiert (Kreidestrich) und im Abstand z_1/i (i ist die Gangzahl) auf z_1 eine zweite Markierung aufgebracht. Dann wird das Rad z_1 durch Verschieben oder Ausschwenken der Schere außer Eingriff gebracht, bis zur nächsten Markierung gedreht und wieder in Eingriff gebracht. Jetzt kann der nächste Gang geschnitten werden, usw.

Sollen häufig mehrgängige Gewinde hergestellt werden, so verwendet man statt einer einfachen Mitnehmerscheibe den *Gewindeteilkopf* (Abb. 240), mit welchem das Werkstück um den betreffenden Winkelbetrag gedreht werden kann.

Bei Drehteilen, an denen auch Innendreharbeiten auszuführen sind und bei denen der Rohteil voll ist, wird die *Bohrung mit Bohrwerkzeugen* (siehe Abschnitt 5,2, 5,3 und 5,4) meist auch auf der Drehmaschine hergestellt. Zu diesem Zweck werden Werkzeuge mit zylindrischem Schaft mit einem Bohrfutter und Werkzeuge mit Kegelschaft direkt in der Pinole des Reitstockes aufgenommen. Der Reitstock muß beim Bohren am Bett festgeklemmt werden, um den Vorschubdruck des Bohrwerkzeuges aufnehmen zu können. Der Vorschub beim Bohren erfolgt von Hand mit dem Handrad des Reitstockes. Genaue Bohrungen müssen

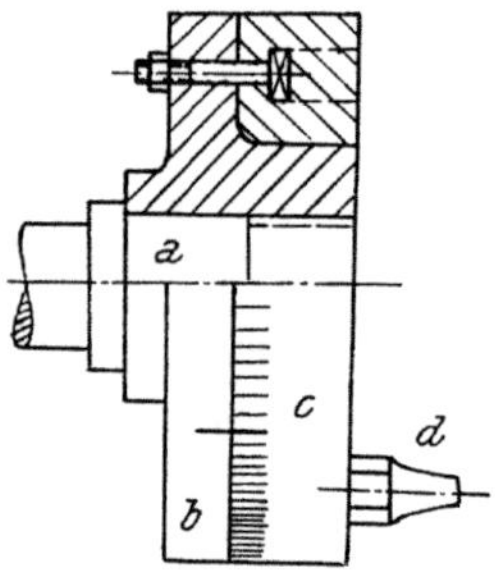

Abb. 240. Gewindeteilkopf. *a* Drehspindel, *b* Mitnehmerscheibe, *c* Teilscheibe, *d* Mitnehmerbolzen

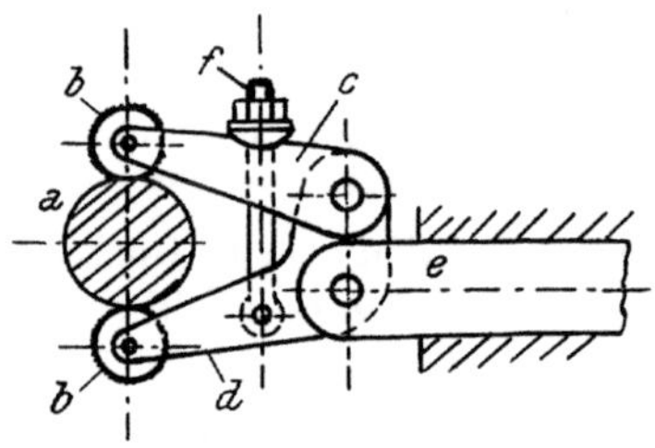

Abb. 241. Kordierwerkzeug. *a* Werkstück, *b* Kordierrädchen, *c*, *d* Hebel, *e* Halter, *f* Schraube

dann mit Innendrehwerkzeugen (siehe Abschnitt 4,22) fertiggedreht werden. Da diese nur geringe Starrheit besitzen, wird ihre Schneidenspitze meist um d/100 über Werkstückmitte eingestellt.

Durch *Rändeln* und *Kordeln* erhalten Drehteile eine griffige Oberfläche. Dazu verwendet man mit Zähnchen versehene gehärtete Stahlrollen, die in einem Halter gelagert sind. Dieser wird wie ein Drehwerkzeug in den Werkzeughalter gespannt, und gegen das umlaufende Werkstück gedrückt. Um das Werkstück nicht auf Biegung zu beanspruchen, ist eine Anordnung von zwei Rädchen nach Abb. 241 zweckmäßig.

4,43 Drehmaschinen für unrunde Werkstücke

Zum Hinterdrehen von Fräsern, Gewindebohrern, usw. verwendet man *Hinterdrehmaschinen*. Bei diesen macht das mit Nuten versehene Werkstück eine Drehbewegung, während sich das entsprechend profilierte Werkzeug durch eine von der Drehspindel über Wechselräder angetriebenen Nockenscheibe bei jedem Zahn in Richtung Werkstückmitte vorschiebt und in dessen Zahnlücke rasch zurückbewegt (Abb. 242).

Zum Hinterdrehen können auch Universaldrehmaschinen mit besonderen Zusatzeinrichtungen verwendet werden. Die verwendeten *Hinterdrehwerkzeuge* müssen bei gleichem Wirkfreiwinkel einen *größeren Werkzeugfreiwinkel* als die normalen Drehwerkzeuge erhalten.

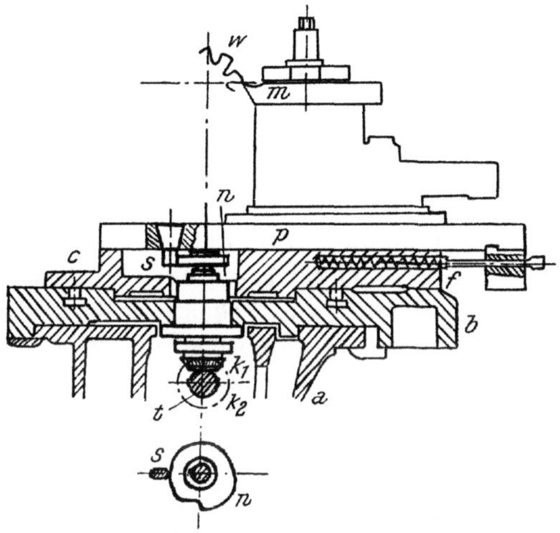

Abb. 242. Hinterdrehmaschine (schematisch). *a* Bett, *b* Bettschlitten, *c* Drehteil, *f* Feder, k_1 und k_2 Kegelräder, *m* Drehwerkzeug, *n* Nockenscheibe, *p* Planschlitten, *s* Stift, *t* genutete Welle, *w* Werkstück

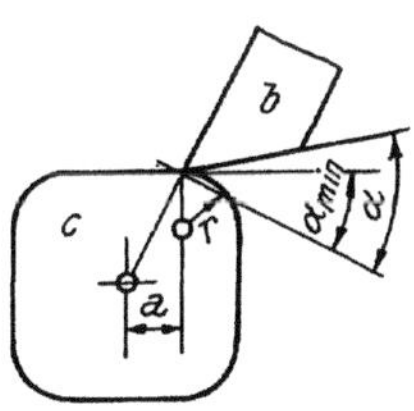

Abb. 243. Unrunddrehen. *b* Werkzeug, *a* und *r* Blockmaße, *c* Block, α Werkzeugfreiwinkel, α_{min} kleinst zulässiger Werkzeugfreiwinkel

Dieser größere Freiwinkel ist auch für Werkzeuge zum Drehen von *Nockenwellen*, *Vierkantblöcken*, usw. erforderlich. Für das Drehen von Vierkantblöcken (Abb. 243) muß $\tan \alpha_{min} = a/(a + r)$ sein. Um eine zu starke Schwächung des Werkzeuges zu vermeiden, kann man Seitenstähle verwenden oder man läßt das Werkzeug eine durch Nocken gesteuerte Schwenkbewegung ausführen. Bei Blockdrehmaschinen werden feststehende Stahlhalter wegen der größeren Starrheit vorgezogen.

Bei der Hinterdreheinrichtung nach Abb. 242 wird die Nockenbewegung über Kegelräder k_1, k_2 von einer in Längsrichtung des Bettes verlaufenden genuteten Welle erzeugt. Ein am Support befestigter, gehärteter Stift s wird durch eine Feder ständig gegen die umlaufende Nocke n gedrückt. Bei dieser Konstruktion ist die Drehzahl der Nockenwelle z-mal der Drehzahl der Drehspindel (z = Zähnezahl des zu hinterdrehenden Werkzeuges).

Um die Hinterdrehbewegung auch schräg gegen die Achse des hinterdrehten Werkzeuges vornehmen zu können, muß der Hinterdrehschlitten schwenkbar sein. Bei Werkzeugen mit Schraubennuten muß die hin- und hergehende Bewegung des Hinterdrehwerkzeuges je nach der Steigungsrichtung entsprechend dem Steigungswinkel vor- oder nacheilen. Zu diesem Zweck muß die Hinterdrehmaschine zum Vorschub des Hinterdrehschlittens eine Leitspindel und ein von dieser angetriebenes Getriebe für die Beeinflussung der Nockenwellendrehzahl besitzen.

Zum *Hinterschleifen* der hinterdrehten Werkzeuge zwecks Beseitigung der durch den Härteverzug hervorgerufenen Profilverzerrung dienen *Hinterschleifapparate*, die auf die Hinterdrehmaschine aufgesetzt werden.

4,44 Plan-(Kopf-)Drehmaschinen

Diese dienen zur Bearbeitung von Plan- und Stirnflächen an kurzen und sperrigen Werkstücken großen Durchmessers, die häufig einer Abstützung durch den Reitstock nicht bedürfen.

Sie bestehen aus (Abb. 244) einem Spindelstock mit Getrieben a, der Planscheibe b, einer mehrteiligen Grundplatte c und einem Querbett d mit Support e. Fallweise finden noch ein in Verlängerung der Planscheibenebene angeordneter Ständersupport für Umfangsbearbeitung und ein Reitstock Verwendung. Der Spindelstock besitzt den gleichen Aufbau wie der einer Universaldrehmaschine. Die Planscheibe ist auf der Drehspindel zentriert und mit ihr verschraubt und trägt auf ihrer Rückseite einen Innenzahnkranz zum Antrieb. Durch die Verwendung stufenloser, von der Supportbewegung selbsttätig gesteuerter Getriebe kann stets mit der wirtschaftlichen Schnittgeschwindigkeit gearbeitet werden. Der Supportständer ist meist auf einer Grundplatte verstellbar befestigt, um Werkstücke verschiedener Größe bearbeiten zu können.

Der Vorschubantrieb des Supports erfolgt durch Ratschenantrieb (nicht mehr ausgeführt: die Sperrklinke eines auf der Supportspindel sitzenden Sperrades wird von einem Kurbelzapfen der Drehspindel durch Seil oder Kette, die über an der Decke befestigte Rollen laufen, betätigt), durch eine unter der Grube gelagerte Welle und Kettentrieb oder durch die elektrische Welle (Abb. 216).

Abb. 244. Plandrehmaschine. (Heyligenstaedt.) *a* Spindelstock, *b* Planscheibe, *c* Grundplatte, *d* Querbett, *e* Support, *f* Betätigungspult mit Druckknöpfen

Gegenüber der Karusselldrehmaschine besitzt die Plandrehmaschine einen durch Vergrößerung der Grube praktisch unbegrenzten Drehdurchmesser, geringeren Platzbedarf, geringere Anschaffungskosten, bessere Späneabfuhr, geringeren Leistungsbedarf bei Leerlauf und kleinen Spanungsquerschnitten, jedoch schwieriges und zeitraubendes Zentrieren und Aufspannen und geringere Starrheit und Leistung, so daß sie in vielen Fällen durch die Karusselldrehmaschine verdrängt wurde.

Sonderbauarten von Plandrehmaschinen finden für die gleichzeitige Bearbeitung zweier auf ihrer Achse befindlicher Eisenbahnräder Verwendung (*Radsatzdrehmaschinen*). Diese arbeiten mit zwei Pilzstählen (Abb. 164), die durch eine Nachformeinrichtung gesteuert werden, die eine Schablone mit dem Spurkranzprofil abtastet.

4,45 Karussell-Drehmaschinen

Diese werden zur Bearbeitung der gleichen Werkstückformen wie bei den Plandrehmaschinen verwendet. Sie besitzen jedoch eine *waagrechte Planscheibe*, wodurch ein wesentlich leichteres Aufspannen und Zentrieren möglich wird.

Werkstücke kleineren Durchmessers werden auf *Einständer-*, solche größeren Durchmessers auf *Zweiständermaschinen* bearbeitet. Ihre Hauptteile (Abb. 245) sind der Untersatz *a* mit Getrieben, Arbeitsspindel und Planscheibe *b*, der Ständer *c* mit dem Querbalken *d*, einem oder zwei Supporten *e*, die aus Unterteil, Drehteil und Oberschlitten bestehen, auf dem meist ein Revolverkopf *f* angeordnet ist. Vielfach trägt der Ständer noch einen Seitenschlitten *g* für die Außenbearbeitung.

Die Planscheibe läuft in einer ebenen oder prismatischen Rundführung. Neuerdings verwendet man auch hydrostatisch geschmierte Flachführungen oder Führungen mit Wälzkörpern. Durch diese Lagerung können auch schwerste Schnitte mit großer Genauigkeit ausgeführt werden. Der Antrieb erfolgt vom Hauptgetriebe über ein Ritzel auf den

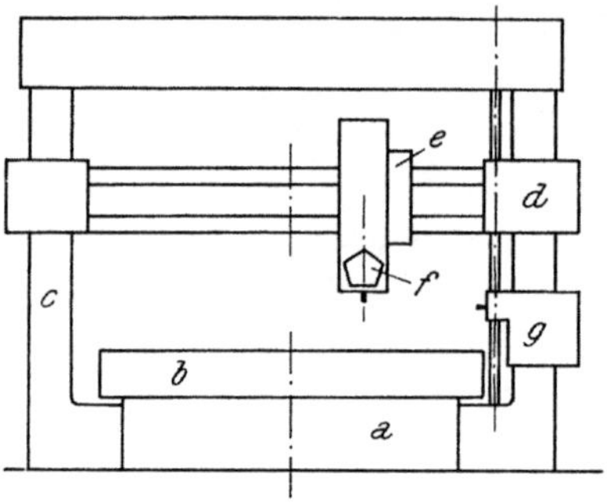

Abb. 245. Zweiständer Karusselldrehmaschine (schematisch). *a* Untersatz, *b* Planscheibe, *c* Ständer, *d* Querbalken, *e* Support, *f* Revolverkopf, *g* Seitenschlitten

Innenzahnkranz der Planscheibe. Große Maschinen besitzen eine geteilte Planscheibe, bestehend aus Innenscheibe und Außenring, die getrennt angetrieben werden können.

Der Ständer ist meist an den Unterteil geschraubt. Bei Sonderausführungen kann er aber auch radial verschoben werden, um den Arbeitsbereich zu vergrößern. Der biegesteife Querbalken wird durch ein besonderes Hubgetriebe der Höhe nach verschoben. Erst nach seinem Festklemmen darf die Planscheibendrehung eingeschaltet werden. Querbalken und Schlitten haben Gewichtsausgleich durch Gegengewichte, die sich im Hohlraum des Ständers befinden. Querbalken- und Ständerschlitten besitzen vom Hauptgetriebe abgeleitete Vorschubantriebe und Revolverköpfe, durch die mehrere Werkzeuge zum Einsatz gebracht werden können. Zum Durchlaufen von Leerwegen besitzen alle Schlitten Eilgänge. Durch eine schwenkbar aufgehängte Druckknopftafel können alle Bewegungen gesteuert werden, ohne das Werkstück aus den Augen zu lassen. Sondereinrichtungen ermöglichen das Kegeldrehen und Gewindeschneiden mit Wechselrädern, die Verwendung von Bohrstangen, Stoß- und Frässupporten sowie Kopiereinrichtungen. Für die Bearbeitung von *Radreifen* werden Sonderausführungen hergestellt.

4,46 Vielschnittdrehmaschinen

Bei diesen erzielt man eine Verringerung der Hauptzeiten durch gleichzeitiges Arbeiten vieler Werkzeuge. Sie gleichen in ihrem Aufbau den Spitzendrehmaschinen, nur besitzen sie zwei voneinander unabhängige Supporte mit breiten Aufspannplatten, welche die Aufnahme einer beliebigen Kombination von Stahlhaltern gestatten. Die *vordere* Führung trägt einen *Längsschlitten* mit selbsttätigem Längszug, auf dem sich ein von Hand einstellbarer Querschlitten befindet. Die *hintere*

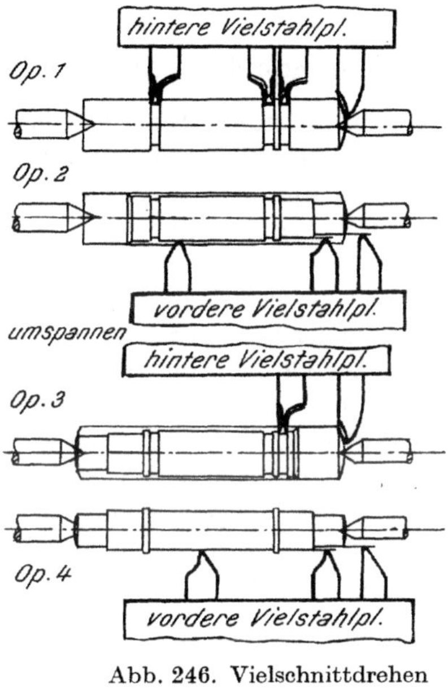

Abb. 246. Vielschnittdrehen

Führung trägt einen von Hand verschiebbaren Längsschlitten, auf dem sich ein *Querschlitten* mit selbsttätigem Querzug befindet.

Die Verringerung der Hauptzeiten erzielt man einerseits dadurch, daß man die Werkstücklänge durch Einstiche mit den Werkzeugen des Querschlittens unterteilt, die von je einem Stahl des Längsschlittens bearbeitet werden, andrerseits durch gleichzeitiges Arbeiten mehrerer Stähle auf größere Längen, wodurch der gesamte Spanungsquerschnitt in mehrere Teilquerschnitte unterteilt wird. Dadurch wird es möglich, mit höherer Schnittgeschwindigkeit zu arbeiten und größere Spanvolumina auch an weniger stabilen Werkstücken abzutrennen. Durch gleichzeitiges Arbeiten der Werkzeuge vom Längs- und Querschlitten tritt ein teilweiser Kraftausgleich ein.

Wegen der hohen Schnittleistung müssen Vielschnittdrehmaschinen sehr kräftig gebaut werden und benötigen eine hohe Antriebsleistung. Das Bett muß für einen möglichst ungehinderten Abfluß großer Spanmengen gebaut sein.

Abb. 246 zeigt die Bearbeitung einer Achse auf Vielschnittdrehmaschinen in zwei Aufspannungen. Mit dem Querschlitten werden im ersten Arbeitsgang drei Einstiche und die Stirnkuppe und mit dem Längsschlitten im zweiten Arbeitsgang drei Absätze hergestellt. Nach dem Umspannen erfolgt auf einer zweiten Vielschnittdrehmaschine (oder nach Umrichten der ersten) der dritte und vierte Arbeitsgang.

4,47 Revolverdrehmaschinen

Bei diesen werden durch besondere Einrichtungen vor allem die Nebenzeiten (Spannen der Werkzeuge und Werkstücke, Messen, ...) weitgehend herabgesetzt. Nach Einrichtung durch Facharbeiter werden sie durch angelernte Arbeiter bedient. Die größeren Einrichtezeiten verlangen eine von der Form des Werkstückes abhängige Mindeststückzahl. Man erhält Werkstücke gleicher Maß- und Formgenauigkeit, da Lage und Vorschubbegrenzung der Werkzeuge gleich bleiben. Die Standzeit der Werkzeuge wird höher als bei Spitzendrehmaschinen gewählt. Vor größerer Abnützung, die Maß- bzw. Oberflächenunterschiede ergibt, müssen sie nachgestellt bzw. nachgeschliffen werden.

Der kennzeichnende Teil der Revolverdrehmaschine ist der *Revolverkopf*, der sich auf dem am Bett längsverschieblichen Revolverkopfschlitten befindet. Er muß sämtliche für die Bearbeitung eines Werkstückes erforderlichen Werkzeuge in der Reihenfolge ihres Einsatzes aufnehmen (Abb. 247) und während des Einsatzes derselben starr und spielfrei gelagert sein. Nach der Anordnung der Werkzeuge unterscheidet man Trommel-, Stern- und Block- oder Schlittenrevolverköpfe.

Beim *Trommel*revolverkopf werden die Werkzeuge in Bohrungen auf der Stirnseite des Revolverkopfes befestigt. Abb. 248 zeigt eine Revolverdrehmaschine mit Trommelrevolverkopf von großem Durchmesser (System Pittler), dessen parallel zur Arbeitsspindel gelagerte Drehachse so tief liegt, daß das oberste Werkzeugloch mit der Spindel fluchtet. Dadurch können beim Langdrehen längere Werkstücke durchgesteckt und geführt werden. Der Längsvorschub des Revolverkopfschlittens erfolgt über Zahnstange und Ritzel durch Handkreuz oder ein besonderes Vorschubgetriebe. Plandrehen, Abstechen und Einstechen erfolgen durch Drehen des Revolverkopfes mit Hilfe eines Schneckengetriebes, so daß Querschlitten fehlen. Die große Werkzeugzahl (meist 16) erlaubt die Verwendung einfacher Werkzeughalter und Werkzeuge, die wegen der größeren Starrheit auch als Tangentstähle (Abb. 162) aus-

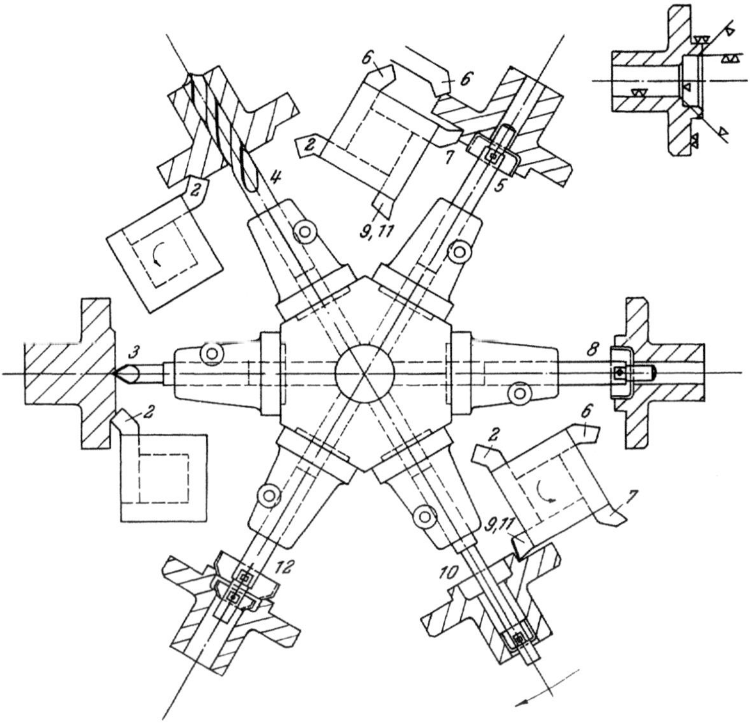

Abb. 247. Sternrevolverkopf mit Werkzeugen zur Bearbeitung eines gegossenen Flanschstückes. *1* Spannen, *2* Planschruppen, *3* Zentrierbohren, *4* Bohren, *5* Aufbohren, *6* Kante brechen, *7* Absatz schlichten, *8* Aufbohren, *9* Planschlichten, *10* Aufbohren, *11* Absatz schlichten, *12* Kante brechen

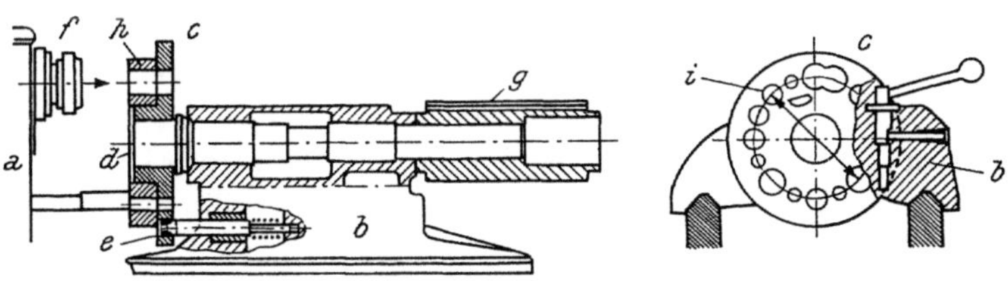

Abb. 248. Revolverschlitten mit Trommelrevolverkopf (Pittler). *a* Spindelstock, *b* Revolverschlitten, *c* Revolverkopf, *d* Schaltachse, *e* Sperrbolzen, *f* Drehspindel, *g* Anschlagtrommel, *h* auswechselbare Werkzeugspannplatte, *i* Werkzeuglöcher

geführt werden. Da der Platz zwischen den einzelnen Werkzeugen begrenzt ist, können nur kleine Werkstücke bearbeitet werden. Da eine Leitspindel fehlt, werden zum Gewindeschneiden Strehleinrichtungen (Abb. 237), selbstöffnende Schneidköpfe (Abb. 185) und Schneideisen in selbstauslösenden Haltern (Abb. 183) verwendet. Zur Herabsetzung der Einrichtezeit kann die Werkzeugspannplatte des Revolverkopfes ausgewechselt und auf Lager gelegt werden.

Beim *Stern*revolverkopf (Abb. 249 mit waagrechter, Abb. 250 mit senkrechter Drehachse) werden die Werkzeughalter am Umfang festgeschraubt. Wegen ihres weiten Abstandes können auch sperrige Werkstücke bearbeitet werden. Es können auch mehr Werkzeuge pro Halter verwendet werden, wodurch diese komplizierter werden. Bei langen Werkzeugen ist die Kippgefahr und die Unfallgefahr beim Schalten groß. Da der Revolverkopfschlitten nur eine Längsbewegung ausführt,

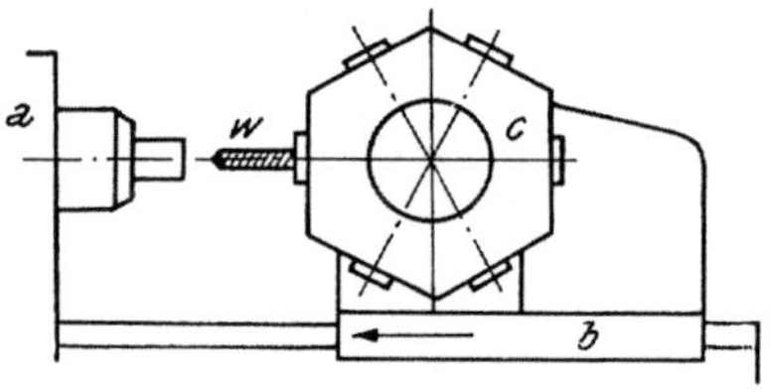

Abb. 249

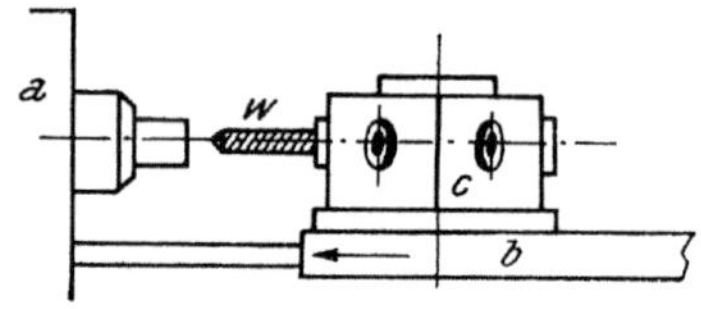

Abb. 250

Abb. 249 und 250. Revolverschlitten mit Sternrevolverkopf (schematisch). *a* Spindelstock, *b* Revolverschlitten, *c* Revolverkopf, *w* Werkzeug

wird für Abstechen, Einstechen und Plandrehen ein besonderer Querschlitten mit Vierkantkopf benötigt.

Der Revolverkopf muß beim Rücklauf des Revolverkopfschlittens entriegelt, geschaltet (um ein Werkzeugloch gedreht) und beim Vorlauf wieder verriegelt werden.

Zum Schalten und Verriegeln verwendet man das *Maltesergetriebe* (Abb. 99, Abschnitt 3,2) oder sogenannte *Klinkensteuerungen*, bei denen ein auf der Revolverkopfachse sitzendes Klinkenrad durch Anschläge beim Hin- und Herschieben des Revolverkopfschlittens den Revolverkopf schwenkt, der dann durch eine Verriegelung ähnlich wie bei den Vierfachstahlhaltern (Abb. 224) verriegelt wird.

Abb. 247 zeigt die Anordnung der Werkzeuge (*Arbeitsplan*) eines Sternrevolvers zum Drehen eines Flansches: Arbeitsgang 1 einspannen; 2 Planfläche schruppen; 3 Zentrierung anbohren; 4 bohren; 5 aufbohren; 6 rückwärtige Kante brechen; 7 Absatz schlichten; 8 abgesetzte Bohrung schlichten; 9, 11 Planfläche und Absatz schlichten; 10 Bohrung schlichten; 12 Kanten brechen.

Der *Vorschub von Stangenmaterial* erfolgt mit Hilfe einer nach innen gefederten Zange *a* (Abb. 251). Diese wird mittels Rohr *b* auf der durch die Spannzange gehaltenen Werkstoffstange zurückgezogen und bei geöffneter Spannzange wieder vorgeschoben. Der Hub der *Vorschubzange* (DIN 6344), der bei der Revolverdrehmaschine durch den Bedienungsmann erfolgt, erfolgt bei den automatischen Drehmaschinen durch eine Vorschubkurve.

Das *Spannen des Stangenmaterials* erfolgt durch die in Abschnitt 4,33 beschriebene *Spannzange* (Abb. 204). Zu ihrer Schonung soll gezogener oder geschälter Werkstoff (Rund-, Quadrat-, Sechskantstangen) verwendet werden.

Für Werkstücke, die wegen großer Werkstoffverluste nicht aus Stangen hergestellt werden, verwendet man Guß-, Preß- oder Gesenk-

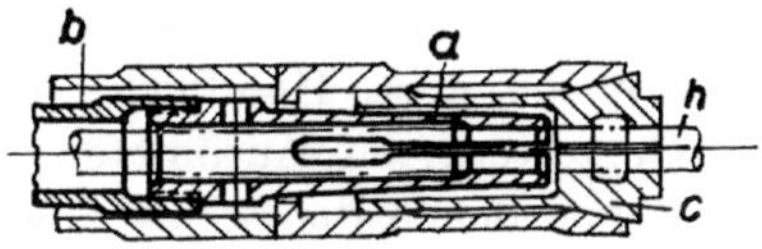

Abb. 251. Vorschubzange. *a* Vorschubzange, *b* Betätigungsrohr, *c* Spannzange, *h* Werkstoff

schmiedestücke als Rohlinge. Diese werden in Futtern gespannt, die während des Laufes betätigt werden können.

Der Spindelstock einer Revolverdrehmaschine ist ähnlich dem einer Spitzendrehmaschine ausgeführt. Häufig werden an Stelle der Schieberadgetriebe Kupplungsgetriebe (mit hydraulisch oder elektromagnetisch betätigten Lamellenkupplungen) verwendet, da mit diesen ein Schalten während des Laufes möglich ist (Herabsetzung der Nebenzeiten). Der erforderliche *Vorschub* für jedes Werkzeug wird durch einstellbare Anschläge begrenzt, die sich auf einer Trommel befinden, welche entweder direkt auf der Achse des Revolverkopfes sitzt oder von dieser im Verhältnis 1 : 1 angetrieben wird. Eine Erleichterung der Bedienung wird durch *Vorwählschaltungen* (siehe Abschnitt 3,3), eine noch weitgehendere Entlastung des Bedienungsmannes durch *Programmsteuerungen* (siehe Abschnitt 3,3 und 4,483, Abb. 114) erzielt.

4,48 Automatische (selbsttätige) Drehmaschinen

4,481 Allgemeines

Bei diesen werden im Gegensatz zu den handbedienten Maschinen die notwendigen Steuerbefehle *vor* Beginn der Fertigung in Form von Steuerelementen (Kurven, Kontakten, Nocken, Steckertafeln, Lochkarten, Lochbändern, ...) gespeichert. Diese Programmierung erfolgt in der Arbeitsvorbereitung, welche die Werte für Drehzahlen, Vorschübe,

Werkzeugwege, ... festgelegt. Die erhaltenen Werkstücke sind untereinander praktisch gleich. Nach Einrichtung der Maschine kann ihre Bedienung durch angelernte Arbeiter erfolgen, die vielfach auch mehrere Automaten bedienen können (Herabsetzung der Lohnkosten). Man unterscheidet mechanische Steuerungen, Programmsteuerungen und numerische Steuerungen.

4,482 Mechanisch gesteuerte Automaten

Diese werden ausschließlich für *große* bis *sehr große Stückzahlen kleiner Drehteile* verwendet. Die Herstellung der erforderlichen Steuerkurven, die Einstellung der Werkzeuge, usw. erfolgt durch Facharbeiter und erfordert sehr große Rüstzeiten, während derer sich die Maschine größtenteils außer Betrieb befindet. Handbedienung ist nicht möglich.

Bei den mechanisch gesteuerten Automaten werden Steuerwellen mit Kurven verwendet, von denen die Schalt- und Arbeitsbewegungen abgeleitet werden. Wegen der sehr unterschiedlichen Ausführungen erscheint es zweckmäßig, zunächst eine Übersicht in Form einer Einteilung zu geben. Diese kann nach verschiedenen Gesichtspunkten erfolgen:

Nach der *Arbeitsweise* in Voll- und Halbautomaten,

nach der *Form des zur Verwendung gelangenden Werkstoffes* in Stangen-, Magazin- und Futterautomaten,

nach der *Konstruktion* in Langdreh-, Form-, Schrauben-, Revolver-, Nachform- und Vielschnittautomaten,

nach der *Lage der Spindeln* in Automaten mit senkrechter und waagrechter Spindel,

nach der *Anzahl der Spindeln* in Ein- und Mehrspindelautomaten und

nach dem *Steuersystem* in Mehrkurven-, Einkurvenautomaten und Automaten mit Hilfssteuerwelle.

Bei den *Vollautomaten* werden alle Arbeitsgänge einschließlich Zuführen und Spannen des Werkstoffes selbsttätig durchgeführt. Der Bedienungsmann hat nur den Werkstoffvorrat zu ergänzen, die Späne abzutransportieren, die Maschine zu überwachen und zu warten und kann daher mehrere Maschinen bedienen. Sie werden als Stangen- und Magazinautomaten hergestellt.

Stangenautomaten dienen zur Herstellung von Werkstücken aus Stangen oder Rohren. Sie besitzen die einfachste Werkstoffzufuhr (Abb. 204 und 251). Zur Führung des Stangenwerkstoffes außerhalb der Maschine werden Führungsrohre[1] verwendet, welche die Arbeitsspindel vom Stangengewicht entlasten sollen und die Ausschläge der rotierenden

---

[1] Beduhn, G.: Stangenführungsrohre für Drehautomaten und Revolverdrehbänke. Werkst. u. Betr. *1958*, 421—422.

Stangen dämpfen. Trotz einiger Vorteile umlaufender Führungsrohre, werden fast ausschließlich feststehende Führungsrohre verwendet.

Bei den Stangenautomaten unterscheidet man das Freidrehen und das Langdrehen.

Beim vorwiegend angewendeten *Freidrehen* (Abb. 252) dreht sich die Stange *s* mit ihrem Futter an Ort, während die Werkzeuge *w* die Längs- und Querbewegung ausführen. Das Freidrehen wird für kurze Werkstücke angewendet und gestattet auch die Verwendung etwas weniger genauen Werkstoffes. Bei ihm können verschiedene Werkzeuge *gleichzeitig* längs und quer arbeiten.

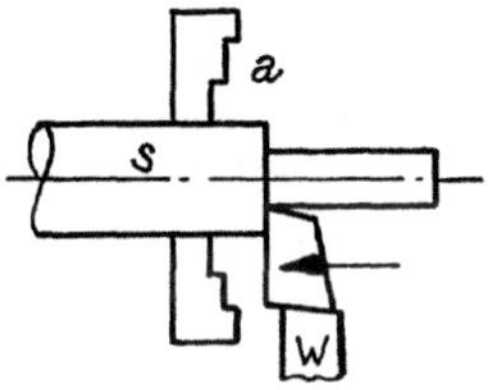

Abb. 252. Freidrehen. *a* Futter, *s* Werkstoffstange, *w* Drehwerkzeug

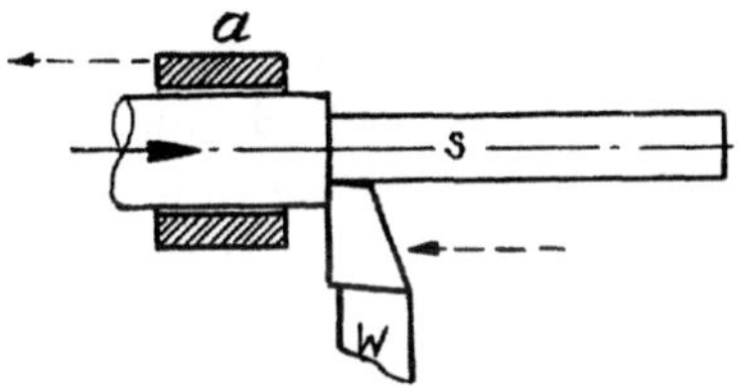

Abb. 253. Langdrehen. *a* Führungsbüchse, *s* Werkstoffstange, *w* Drehwerkzeug

Beim *Langdrehen* (Abb. 253) wird das Werkstück *s* knapp vor dem Werkzeug *w* in einer festen oder rotierenden Büchse *a* geführt. Vorgeschoben wird entweder nur das Werkstück (voller Pfeil) oder das Werkzeug und die Führungsbüchse (strichlierter Pfeil; Offenbacher System). Es eignet sich für lange Werkstücke (Uhrenindustrie, Feinmechanik) und benötigt gezogene, spitzenlos geschliffene oder geschälte Stangen. Es ist nur Plandrehen *oder* Langdrehen möglich.

Bei den *Langdrehautomaten* sind die Werkzeughalter fächerförmig um die Führungsbüchse angeordnet. Außer den fächerförmig angeordneten Stahlhaltern für Längs- und Plandreharbeiten werden gegenüber dem Spindelstock längsbewegliche Werkzeuge für das Bohren, Zentrieren und Gewindeschneiden angeordnet; diese Einrichtungen sind schwenkbar, so daß sie nacheinander eingesetzt werden können. Weitere Zusatzeinrichtungen dienen zum Schlitzen, Fräsen, Hinterbohren und Querbohren.

Die einfachsten *freidrehend* arbeitenden Automaten sind die *Formautomaten* ohne Revolverkopf. Sie dienen zur Herstellung von Formteilen ohne Gewinde. Für die Bearbeitung von Hohlteilen dient ein gegenüber der Drehspindel angeordneter Bohrschlitten. Zur Herstellung von sehr kleinen Bohrungen werden Bohrpinolen mit zur Arbeitsspindel entgegengesetzter Drehrichtung verwendet (Schnittgeschwindigkeit ergibt sich durch Addition der beiden Drehzahlen). Für Bohrungen in Querrichtung ist ein besonderer Querbohrapparat vorhanden, an dem auch Fräser oder Sägen zur Herstellung von Schlitzen befestigt werden können. Außerdem ist ein Greifer vorhanden, mit dem das fertige Werkstück aufgenommen und abgelegt wird, damit es nicht zwischen Spänen verschwindet.

Beim *Schraubenautomaten* befindet sich gegenüber der Spindel eine Gewindeschneideinrichtung. Mit ihr werden Gewinde (etwa mit Schneideisen) nach dem Differentialverfahren (siehe S. 150) geschnitten. Die Drehspindel läuft meist mit konstanter Drehzahl links (von der Stirnseite der Maschine gesehen entgegen dem Uhrzeigersinn) herum. Man schneidet Rechtsgewinde mit angetriebenem Gewindewerkzeug durch Überholung (schneller links herum als die Spindel) und läßt das Gewindewerkzeug bei stillstehender Gewindewerkzeugspindel wieder ablaufen. Während des Gewindeschneidens können andere Dreharbeiten durchgeführt werden. Die Drehwerkzeuge müssen vorne mit der Schneide nach unten (oder rückwärts nach oben) angeordnet werden und die Bohrer Linksdrall besitzen. Will man die normale Anordnung der Werkzeuge und rechtsschneidende Bohrer verwenden, so muß die Drehspindel rechts herum laufen. Das Gewindewerkzeug läuft für Rechtsgewinde langsamer rechts herum (Differentialverfahren) und zum Ablauf schneller rechts herum.

Revolverautomaten ermöglichen durch Einsatz eines Revolverkopfes den Einsatz vieler Werkzeuge, wodurch die Herstellung komplizierter Teile möglich wird. Gewinde werden bei ruhendem Gewindewerkzeug durch Umschalten der Drehspindel hergestellt. Diese läuft für das Drehen rechts herum, so daß Bohrer mit Rechtsdrall verwendet werden können. Für Rechtsgewinde läuft die Drehspindel entsprechend langsamer, für den Ablauf des Gewindewerkzeuges schneller in umgekehrter Drehrichtung. Ein Umschalten der Drehspindel entfällt bei Verwendung selbsttätig öffnender Gewindeschneidköpfe.

Bei den *Vielstahlautomaten* werden längere Werkstücke mit so vielen Werkzeugen gleichzeitig bearbeitet, als es die Stabilität zuläßt.

Magazinautomaten[1] sind Vollautomaten, bei denen meist Guß-, Preß- oder Gesenkschmiedestücke als Rohlinge Verwendung finden. Diese werden vom Bedienungsmann laufend in ein Magazin gefüllt, aus dem das unterste durch eine Greifeinrichtung erfaßt und dem Spannfutter selbsttätig zugeführt wird. Solche Magazine müssen für jede Werkstückart besonders hergestellt werden, so daß sie nur für sehr große Stückzahlen Verwendung finden.

---

[1] Wiesner, F., Zeppelin, W.: Automatische Drehautomatenbeschickung mit vorgefertigten Rohlingen. Werkst. u. Betr. *1975*, 287–292.

Futterautomaten sind *Halbautomaten*, die zur Bearbeitung von Werkstücken dienen, die wegen ihrer Form und Größe nicht von der Stange gearbeitet und für die, wegen der zu geringen Stückzahl, keine Magazineinrichtung hergestellt werden kann. Bei ihnen erfolgt das Ein- und Ausspannen der Werkstücke und das Einrücken der Maschine durch den Bedienenden, die anderen Arbeitsgänge einschließlich des Ausrückens der Maschine selbsttätig durch Kurven.

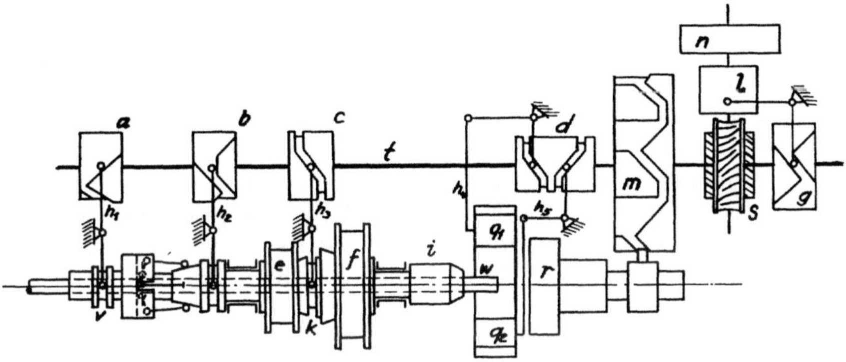

Abb. 254. Mehrkurvensystem (schematisch). *a* Kurventrommel für das Vorschieben des Werkstoffes, *b* Kurventrommel für das Spannen, *c* Kurventrommel für das Schalten der Spindelgeschwindigkeiten, *d* Kurventrommel zum Vorschieben der Querschlitten, *e* und *f* Riemenscheiben für Spindelantrieb, *g* Kurventrommel zum Schalten des Getriebes *l*, h_1, h_2, h_3, h_4 und h_5 Betätigungshebel, *i* Zangenfutter, *k* Kupplung, *l* Schaltgetriebe, *m* Kurventrommel zum Verschieben des Revolverkopfschlittens, *n* Antriebsscheibe für die Steuerwelle *t*, q_1 und q_2 Querschlitten, *r* Revolverkopf, *s* Schneckengetriebe, *t* Steuerwelle, *v* Vorschubzangenbetätigung, *w* Werkstoffstange

Voll- und Halbautomaten können als Einspindel- und Mehrspindelautomaten hergestellt werden.

Bei den *Einspindelautomaten*[1] wird das Werkstück an *einer* Drehspindel fertig bearbeitet. Ihr wichtigster Teil ist das Steuersystem, von dem die Stückzeiten abhängen. Durch die Steuerung muß das Lösen, Vorschieben und Spannen des Werkstoffes, das Schalten der Spindel- und Vorschubgeschwindigkeiten, das Entriegeln, Schalten und Verriegeln des Revolverkopfes und die Vor- und Rückwärtsbewegung der Schlitten durchgeführt werden.

Beim *Mehrkurvensystem* (schematisch nach Abb. 254) sitzen auf

[1] Jäger, H.: Drehautomatenarten-Versuch einer Einteilung. Werkst. u. Betr. *1965*, 363—368. — Finkelnburg, H.: Die wirtschaftliche Verwendung von Einspindelautomaten. WB., H. 81. Berlin-Göttingen-Heidelberg: Springer. 1949. — Petzold, F.: Werkzeugeinrichtungen auf Einspindelautomaten. WB., H. 83. Berlin-Göttingen-Heidelberg: Springer. 1953.

einer einzigen Steuerwelle *t* von links nach rechts die Trommelkurven *a* für das Vorschieben des Werkstoffes (Stangenautomat mit Vorschubzange, nach Abb. 251), *b* für Spannen und Lösen des Werkstoffes (Spannzange, Abb. 204), *c* für die Schaltung der Spindelgeschwindigkeiten, *d* für das Vorschieben der Querschlitten q_1 und q_2, *m* für das Vorschieben und Rückholen des Revolverkopfschlittens *r* und *g* für das Schalten des Räderkastens *l*. Die Steuerwelle wird von der Riemenscheibe *n* über den Räderkasten *l* und das Schneckengetriebe *s* angetrieben und macht während der Bearbeitung *eines* Werkstückes *eine volle Umdrehung*. Sie besitzt meist nur zwei Drehzahlen; eine für den langsamen Arbeitsvorschub und eine für den schnellen Rücklauf mit Schalten des Revolverkopfes und den Eilgang des nicht mit Kurven belegten Teiles der Kurventrommel *m*, die von der Kurve *g* gesteuert werden. Die Trommelkurven bestehen aus zylindrischen Trommeln, auf welche die erforderlichen Kurvenstücke aus gekrümmten Blechen aufgeschraubt werden. Die Kurventrommel *m* erhält soviel Kurventeile als Werkzeuge auf dem Revolverkopf vorhanden sind. Durch die Kurvenhöhe *h* (Abb. 97) wird der Werkzeugweg, durch den Kurvenwinkel α die Vorschubgeschwindigkeit eingestellt. Für jedes Werkstück müssen besondere Kurven hergestellt werden. Die Trommel *m* ist mit diesen Kurvenstücken nur auf einem Teil ihres Umfanges belegt. Der freie Teil der Trommel wird mit großer Geschwindigkeit (Eilgang) zurückgelegt. Durch Verwendung kleinerer Kurvensteigungen könnte der Umfang der Trommel voll ausgenützt und bei gleichzeitiger Erhöhung der Umfangsgeschwindigkeit die Totzeit verringert werden. Dies erfordert jedoch ein umfangreiches Getriebe und Umschalten der Steuerwelle für jedes neue Werkstück. Wegen der auf der Steuerwelle befindlichen großen Massen sämtlicher Trommelkurven, können bestimmte Beschleunigungen und Verzögerungen, wie sie jeweils beim Übergang von der langsamen Arbeitsbewegung zur schnellen Schaltbewegung erforderlich sind, nicht überschritten werden (Zeitverluste).

Das *Einkurvensystem*, bei welchem der Revolverkopf mit jedem Werkzeug durch eine Trommelkurve mit einer einzigen Kurve stets mit gleichem Vorschub bewegt wird, wird nur mehr bei Mehrspindelautomaten ausgeführt.

Das *System mit Hilfssteuerwelle* (schematisch nach Abb. 255) hat den Vorteil, daß die Hilfssteuerwelle stets mit konstanter Drehzahl umläuft, so daß die Schaltbewegungen in kürzester Zeit erfolgen können. Die beiden langsam laufenden Hauptsteuerwellen t_{II} und t_{III} werden von der schnell laufenden Hilfssteuerwelle t_I durch Wechselräder r_1, r_2, r_3, r_4 und Schneckengetriebe s_1, s_2 angetrieben und machen für die Herstellung eines Werkstückes nur eine Umdrehung. Auf der Hauptsteuerwelle t_{II} sitzt die Plankurve 4 (Abb. 98), welche über Rolle *r*, Zahnsegmenthebel *b*, die Zahnstange c des unteren Revolverkopfschlittens und über eine nicht dargestellte Schubstange und Kurbel den Oberschlitten r mit dem Revolverkopf und dessen Schaltgetriebe verschiebt. Auf der Hauptsteuerwelle t_{III}, die durch Kegelräder k_{II} und k_{III} von t_{II} angetrieben wird, sitzen Nockenscheiben 7, 8 und 9 zur Betätigung der Kupplungen K 7, K 8 und K 9 und die Plankurven 5 und 6 zur Betätigung des Vorschubes

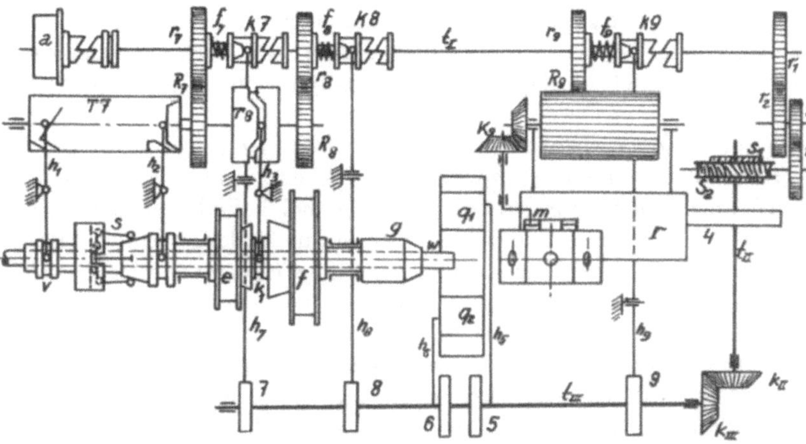

Abb. 255. Kurvensystem mit Hilfssteuerwelle (schematisch). a Antriebsscheibe, e und f Riemenscheiben für Spindelantrieb, f_7, f_8 und f_9 Federn zur Betätigung der Kupplungen, g Zangenfutter für Werkstoffstange w, h_1, h_2, h_3, h_5, h_6, h_7, h_8 und h_9 Übertragungshebel, k_1, K7, K8 und K9 Kupplungen, k_{II}, k_{III} und K_9 Kegelräder, m Maltesergetriebe, q_1 und q_2 Querschlitten, r Revolverkopfschlitten, r_1, r_2, r_3 und r_4 Wechselräder, r_7, R_7, r_8, R_8, r_9, R_9 Stirnräder zum Antrieb, s Betätigung der Spannzange, s_1 Schnecke, s_2 Schneckenrad, t_I Hilfssteuerwelle, t_{II} und t_{III} Hauptsteuerwelle, T7 Trommel mit Kurven zum Spannen und Vorschieben der Werkstoffstange, T8 Trommel zum Schalten der Spindelgeschwindigkeiten, v Betätigung der Vorschubzange, w Werkstoffstange, *4*, *5* und *6* Plankurven, *7*, *8* und *9* Nockenscheiben

der Querschlitten q_1 und q_2. Die Trommel T 7, auf der sich die Kurven für das Lösen, Spannen und Vorschieben der Werkstoffstangen befinden, wird jeweils nur für eine Umdrehung mit der schnell laufenden Steuerwelle gekuppelt. Diese Umdrehung wird eingeleitet durch die Nocke 7, welche den Hebel h_7 schwenkt, wodurch eine Rolle die mit r_7 verbundene Kupplungshälfte von K 7 freigibt, welche dann durch die Feder f_7 gegen die von der Steuerwelle mitgenommene zweite Kupplungshälfte gedrückt wird. r_7 nimmt dann über R_7 (Übersetzung 1 : 1) die Trommel T 7 nur für eine Umdrehung mit, da zu Ende derselben die Rolle des Hebels h_7 in den beweglichen Kupplungsteil gleitet und diesen beim Auflaufen auf dessen Nase wieder nach links schiebt, wodurch die

Kupplung K 7 ausgerückt und die Trommel T 7 stillgesetzt wird. Auf dieselbe Weise wird die Trommel zur Schaltung der Spindelgeschwindigkeiten T 8 von der Nocke 8 über Hebel h_8, Kupplung K 8, Stirnräder r_8 und R_8 und das Malteserkreuzgetriebe m zur Schaltung und ein nicht dargestelltes Getriebe zur Entriegelung des Revolverkopfes von der Nocke 9 über Hebel h_9, Kupplung K 9, Stirnräder r_9 und R_9 und Kegelräder K_9 angetrieben und geschaltet.

Bei den *Mehrspindelautomaten*[1] werden die Werkstücke gleichzeitig an mehreren, mit gleicher Drehzahl laufenden Drehspindeln bearbeitet. Sie werden mit 4 bis 12 Spindeln ausgeführt und für sehr große Stückzahlen verwendet. (Höhere Anschaffungskosten und Rüstzeiten, kleinere Stückzeiten.)

Beim *Vierspindelautomaten* (schematisch nach Abb. 256) befinden sich vier Drehspindeln a_1, a_2, a_3 und a_4 im Kreise in einer Spindeltrommel b angeordnet. Vor jeder Spindeltrommel befindet sich ein Seitenschlitten d, e, f und g und vor a_1 noch ein nicht dargestellter Anschlag. In der Mitte liegt der Längsschlitten c, mit je einer Spannfläche zu jeder Spindel. Die Werkstoffstangen werden in der ersten Drehspindel a_1 bis zum Anschlag vorgeschoben und gespannt und durchlaufen dann alle Stellungen, indem Trommel b nach jedem Arbeitsgang um 90° weitergeschaltet wird. Die vier Drehspindeln a_1 bis a_4 werden von einer zentralen Welle w, die durch die Achse des Längsschlittens c und der Spindeltrommel b geführt wird, über ein Zentralrad z und vier Zahnräder r_1 bis r_4 angetrieben. Auf der Hauptsteuerwelle h befinden sich die Kurventrommel t_1 zum Einleiten der Schaltung, die Kurventrommel t_2 zum Vorschub des Längsschlittens c, die Kurventrommel t_3 zum Schalten des Maltesergetriebes m, das das Entriegeln, Schalten und Verriegeln der Spindeltrommel b über die Zahnräder u und v bewirkt, die Kurventrommeln t_8 zum Betrieb der Zusatzgeräte (z. B. Schnellbohreinrichtung i) und die Kurventrommeln t_9 und t_{10} zum Vorschub und Spannen der Stange. Von der Hauptsteuerwelle h werden über Kegelrädergetriebe k die beiden Nebensteuerwellen l_1 und l_2 angetrieben. Auf diesen sitzen die vier Trommelkurven t_4 bis t_7 zum Vorschub der Seitenschlitten d bis g. Im Getriebekasten o befinden sich Wechselräder um die Drehzahl der Steuerwelle h, die über ein Schneckengetriebe n angetrieben wird und Umsteckräder, um die Drehzahl der Arbeitsspindel einzustellen. Im Getriebekasten befindet sich auch noch ein Schaltgetriebe zum Umschalten von Arbeitsgang auf Eilgang der Steuerwelle.

Als Zusatzeinrichtungen werden Greifer für das fertige Werkstück,

[1] Finkelnburg, H.: Die wirtschaftliche Verwendung von Mehrspindelautomaten. WB., H. 71. Berlin-Göttingen-Heidelberg: Springer. 1949. — Petzold, F.: Werkzeugeinrichtungen auf Mehrspindelautomaten. WB., H. 95. Berlin-Göttingen-Heidelberg: Springer. 1953.

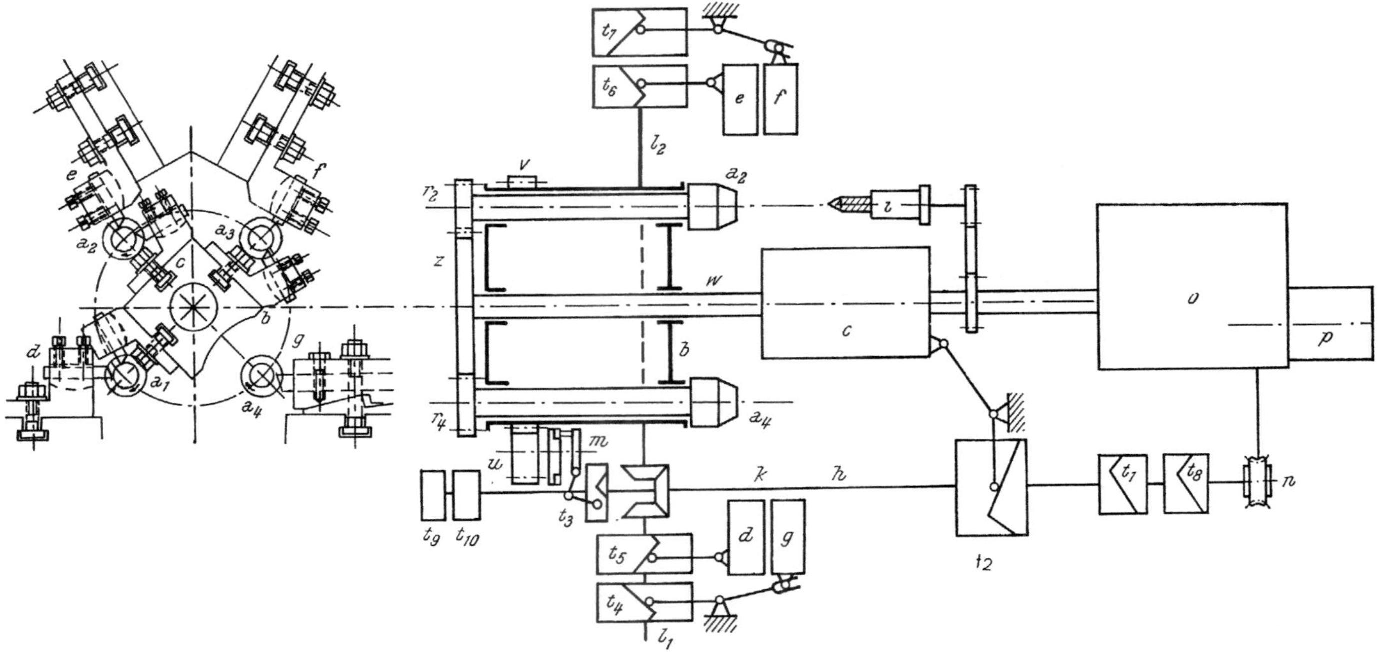

Abb. 256. Anordnung der Spindeln und Kurventrommeln beim Vierspiipelautomaten (schematisch). a_1, a_2, a_3 und a_4 Drehspindeln, b Spindeltrommel, c Längsschlitten, d, e, f und g Seitenschlitten, h Hauptsteuerwelle, i Schnellbohreinrichtung, k Kegelrädertrieb, l_1 und l_2 Nebensteuerwellen, m Maltesergetriebe, n Schneckengetriebe, o Getriebekasten, p Antriebsmotor, r_1, r_2, r_3 und r_4 Zahnräder zum Antrieb von a_1 bis a_4, t_1 Kurventrommel zum Einleiten der Schaltung, t_2 Kurventrommel zum Vorschub des Längsschlittens, t_3 Kurventrommel zum Schalten des Maltesergetriebes, t_4 bis t_7 Kurventrommeln zum Vorschub der Seitenschlitten d bis g, t_8 Kurventrommel für den Betrieb der Zusatzgeräte (z. B. Schnellbohreinrichtung i), t_9 und t_{10} Kurventrommel zum Vorschieben und Spannen der Werkstoffstange, u und v Zahnräder zum Schalten der Spindeltrommel b, w zentrale Welle, z Zentralrad

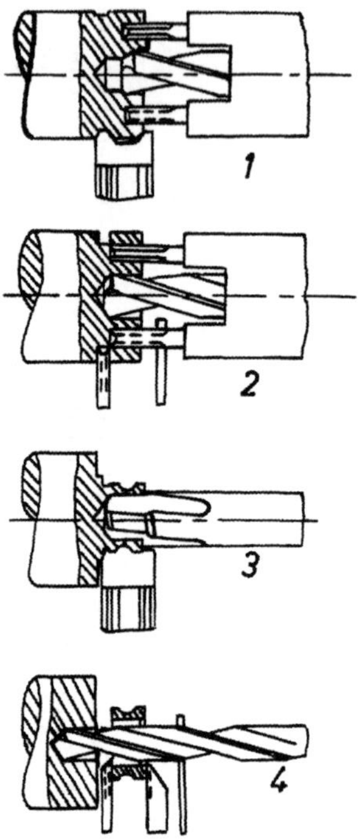

Abb. 257. Werkzeugplan für Vierspindelautomaten. *1* bis *4* siehe Text

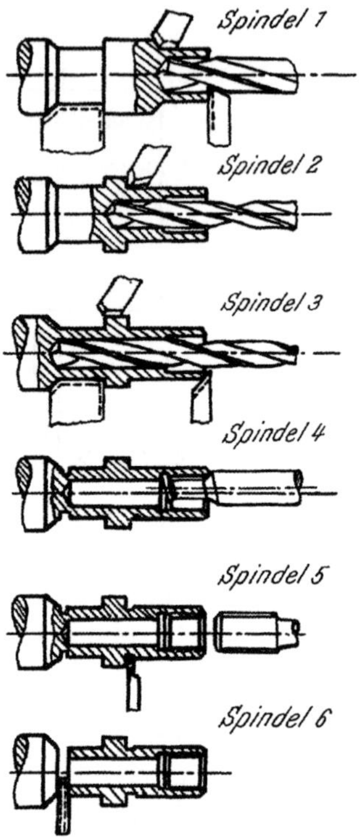

Abb. 258. Werkzeugplan für einen Sechsspindelautomaten. *1* Bohren auf ⅓ Tiefe, Ansatz auf halbe Länge drehen, Stirnseite drehen, *2* Bohren auf ⅔ Tiefe und Ansatz fertig drehen, *3* Bohren auf volle Tiefe, Kante brechen, Bund überdrehen und Hals einstechen, *4* innen Einstich drehen, *5* Gewindebohren und Einstechen, *6* Abstechen

Langdrehschlitten, Einstechschieber für Inneneinstiche, Kopiereinrichtungen, Gewindestrehleinrichtungen, Einrichtungen zum Fräsen von Schlitzen in Querrichtung und Einrichtungen zum Prägepolieren verwendet. Die einzelnen Arbeitsstufen müssen so auf die Drehspindeln verteilt werden, daß ihre Zeiten möglichst gleich lang sind, da die Herstellungszeit für ein Stück von der längsten Arbeitsstufe abhängt (Einkurvensystem).

Mehrspindelhalbautomaten werden auch mit Drehspindeln, die nur die Schalt- und Vorschubbewegung ausführen und mit *rotierenden Werkzeugen* ausgeführt. Dadurch können auch sperrige Werkstücke von zwei und drei Seiten bearbeitet und außermittige Bohrungs- und Fräsarbeiten durchgeführt werden.

Den Werkzeugplan zur gemeinsamen Herstellung von Innen- und Außenring eines Kugellagers zeigt Abb. 257: Spindel 1: Nachbohren der Bohrung und Ausstechen der Ringnut auf halbe Tiefe, Außendrehen mit rundem Formstahl; Spindel 2: Nachbohren der Bohrung und Ausstechen der Ringnut auf volle Tiefe, Abstechen und Abstreifen des Außenringes; Spindel 3: Aufreiben der Bohrung, Außendrehen des Innenringes mit rundem Formstahl; Spindel 4: Vorbohren des nächsten Stückes mit

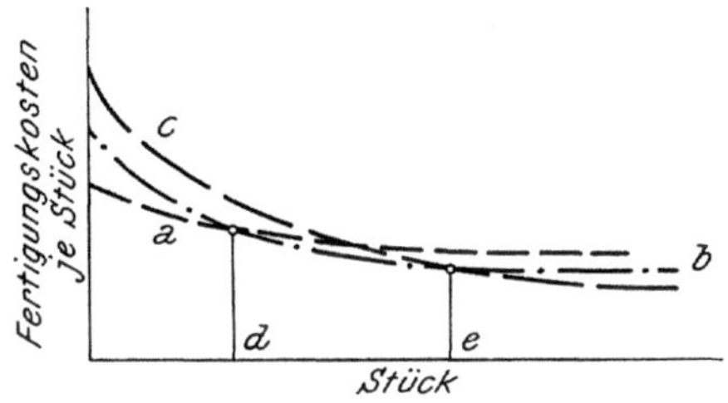

Abb. 259. Fertigungskosten in Abhängigkeit von der Stückzahl für verschiedene Automatisierungsgrade (qualitativ). *a* Universaldrehmaschine, *b* Revolverdrehmaschine, *c* mechanisch gesteuerter Drehautomat, *d*, *e* Grenzstückzahlen

Wendelbohrer, Abstechen und Abstreifen des Innenringes. Abb. 258 zeigt weiters die Herstellung eines Gewindestückes auf einem Sechsspindelautomaten. Mehrspindelautomaten können auch mit senkrechten Spindeln ausgeführt werden.

Bei bekannter Stückzahl ist die zu verwendete Drehmaschine durch eine Kostenrechnung (siehe Betriebslehre) zu ermitteln. Abb. 259 zeigt für einen kleinen Drehteil die Fertigungskosten in Abhängigkeit von der benötigten Stückzahl für eine Universaldrehmaschine *a*, eine Revolverdrehmaschine *b* und einen mechanisch gesteuerten Drehautomaten *c*. Unterhalb der Stückzahl *d* ergibt die Universaldrehmaschine, oberhalb *e* der mechanisch gesteuerte Drehautomat und zwischen *d* und *e* die Revolverdrehmaschine die geringsten Fertigungskosten.

4,483 Programmgesteuerte Drehmaschinen

Unter dieser Bezeichnung sollen alle jene selbsttätigen Drehmaschinen verstanden werden, die weder zu den mechanisch gesteuerten, noch zu den NC-Drehmaschinen gehören. Diese Bezeichnung ist nicht ganz sinnvoll, da auch für die mechanisch gesteuerten und die NC-Maschinen ein Programm erstellt werden muß.

Programmgesteuerte Drehmaschinen finden für die Fertigung von Stückzahlen Verwendung, die für mechanisch gesteuerte zu klein sind.

Sie können auf Handbedienung umgestellt werden. Bei ihnen wird das Programm für ein neues Werkstück an der Maschine auf Grund der Angaben der Arbeitsvorbereitung durch den Facharbeiter neu eingestellt, wozu wesentlich kürzere Rüstzeiten als bei der Herstellung von Steuerkurven benötigt werden. Die Anzahl der einzugebenden Schalt- und Weginformationen ist durch die Unterbringung der Befehlsempfänger begrenzt.

An Stelle von Steuerkurven, Hebeln, usw. werden bei ihnen hydraulische, pneumatische und elektrische Schaltglieder verwendet (siehe auch Abschnitt 3,3, 3,4 und 3,5), wobei sich wegen ihrer einfachen Übertragungsglieder vor allem die elektrischen Elemente durchgesetzt haben.

Als Befehlsgeber dienen bei ihnen Nocken, die auf parallel oder senkrecht zur Drehachse angeordneten Nockenbahnen sitzen und von vom Vorschubweg abhängigen Impuls-(Nocken-)Schaltern überfahren werden. Als Befehlsempfänger dienen elektromagnetische Kupplungen in Getrieben, elektromagnetische Ventile für hydraulisch betätigte Elemente, Verstellmotoren, usw.

Weniger umfangreiche Programme arbeiten mit *zugeordneten* Lagenschaltern, wobei ein Schalter mit seiner Nockenbahn die Schlittenbewegung abschaltet, ein weiterer steuert den Vorschub, der nächste den Eilgang und wieder ein anderer schaltet von Vorwärtsbewegung auf Rückwärtsbewegung um.

Auf diese Weise kann die bei den Nachformdrehmaschinen angeführte *Mehrschnittautomatik* (Abb. 236) durchgeführt werden. Diese besteht aus einem schwenkbaren Schablonenhalter, in dem mehrere Schablonen eingespannt sind, die der Kopierschlitten nacheinander abfährt, oder einem System von Längs- und Plananschlägen in Verbindung mit einer Schablone. In diesem Fall fährt der Kopierstahl, gesteuert von je einem Längs- und Spantiefennocken, Rechtecke ab. Beim letzten Schnitt erreicht der Taster die Schablone, die er bis dahin noch nicht berührt hat, und führt den Drehstahl entsprechend der gewünschten Umrißlinie.

Um *umfangreiche Programme* speichern zu können, wie sie das Drehzahl- und Vorschubprogramm einer Revolverdrehmaschine darstellen, verwendet man *neutrale* Lagenschalter in Verbindung mit einem *Kreuzschienenverteiler* (siehe Abschnitt 3,3, Abb. 114). Sie ordnen in Zeile und Reihe die nötigen Schaltbefehle zu. Jede Reihe beinhaltet einen Programmschritt.

An Stelle der Nockenleisten verwendet man bei der *Lineal-Impulssteuerung*[1] gekerbte Lineale von denen die Weginformationen durch Impulsschalter abgenommen werden. In Verbindung mit Werkzeug-

[1] Heid, Stockerau.

wechseleinrichtungen wie Sechskant-Revolverkopf, Werkzeugwechselplatten, Schnellwechselstahlhaltern, usw. und Werkzeugvoreinstellung außerhalb der Maschine eignet sie sich vorwiegend für *kleine* und *mittlere Serien*.

Das Lineal für Kommandos während der Längsbewegung ist an der Vorderseite des Längsschlittens befestigt und macht dessen Bewegung mit, das Lineal für die Kommandos während der Planbewegung ist am Planschlitten angebracht und geht mit diesem mit. Gegenüber den Nokkenleisten mit ihrem relativ großen Raumbedarf, haben diese Lineale den Vorteil, daß der geringe Platzbedarf der Kerben eine hohe Informationsdichte ermöglicht. Diese Lineale werden während des Arbeitsablaufes durch genaue Mikroschalter abgetastet, die beim Überfahren der einzelnen Kerben jeweils neutrale elektrische Impulse auslösen, die über eine Zähleinrichtung an einen Schaltinformationsspeicher gelangen, der dann die im Programm festgehaltenen Schaltkommandos an die Steuerglieder der Maschine gibt.

Als Schaltinformationsspeicher verwendet man vorwiegend ein *Verteilerfeld*, bestehend aus einem Kreuzschienenverteiler, dessen vertikale Schienen der ,,Impulszahl" und dessen horizontale Schienen den verschiedenen Steuer- bzw. Schaltkommandos entsprechen. Die in der Arbeitsvorbereitung vorbestimmten Schaltinformationen werden bei dieser Ausführung auf einer Lochschablone festgehalten, nach der das Verteilerfeld innerhalb weniger Minuten abgesteckt werden kann.

Ein Programmwechsel erfordert ein Austauschen der Impulslineale und ein Neuabstecken des Verteilerfeldes nach der Lochkartenschablone. Beim Einstellen des Lineals braucht nur eine bestimmte, entsprechend bezeichnete Bestimmungskerbe entsprechend einer meßbaren Bestimmungsfläche des Werkstückes durch eine Mikroeinstellvorrichtung genau eingestellt werden.

Durch Zusammenfassen von Werkstücken, die in ihrer geometrischen Form und Abmessung ähnlich sind oder technologische Ähnlichkeit aufweisen (Werkstücke, die mit gleicher Schnittfolge und gleichen Werkzeugen bearbeitet werden können) zu *Teilefamilien*, ist eine besonders wirtschaftliche Fertigung von Klein- und Mittelserien möglich. Wegen der hohen, auf die Lineale aufbringbaren Kerbenzahl ist es meist möglich, die Weginformationen für alle Teile auf einem einzigen Linealsatz unterzubringen, so daß zum Umstellen von einem Teil auf den anderen ähnlichen Teil innerhalb einer Teilefamilie, nur ein Neuabstecken des Verteilerfeldes erforderlich ist. Eine Leerimpulseinrichtung ermöglicht es, daß nur die für das jeweilig zu bearbeitende Werkstück benötigten Impulse in Schaltkommandos umgewandelt werden, während alle für die anderen Teile der Teilefamilien auf den Linealen festgehaltenen Impulse funktionslos bleiben.

Bei der *Repetier-Automatik*[1] werden die Weginformationen für Längs- und Planrichtung auf mit dem Vorschubantrieb gekoppelten *Maß-Abschalttrommeln*, die mit Skalen versehen sind, eingestellt (jede Koordinate besitzt 10 Einstellspuren: für Feinspuren, für Passungsmaße, 6 Grobspuren für grobe Toleranzmaße). Für die genaue Positionierung erfolgt die Maßanfahrung im Schleichgang, wodurch sich eine hohe Repetiergenauigkeit ergibt. Die Eingabe aller Arbeitsinformationen (Bewegungsrichtung, Drehzahl, Vorschub, Maßtrommelspur, usw.) erfolgt durch Abstecken eines Informationsverteilers mit Schlüsselsteckern.

Da das genaue Einstellen von Nocken sehr zeitraubend ist und von der Geschicklichkeit des Bedienungsmannes abhängt, wurde eine *elektronische Maßkorektureinrichtung*[1] entwickelt. Nach der rasch durchführbaren Grobeinstellung der Schaltnocken wird in einem einfachen Meßvorgang die Differenz zum gewünschten Positionsmaß ermittelt. Diese Maßdifferenz wird einfach über Dekadenschalter als Korrekturmaß eingegeben. Dadurch wird nicht nur die *Einrichtezeit wesentlich verkürzt*, sondern es kann auch eine *Kompensation* der *Werkzeugabnutzung* über die Dekadenschalter erfolgen.

Zur weiteren Herabsetzung der Nebenzeiten ist es bei allen programmgesteuerten Maschinen zweckmäßig, außerhalb der Maschine voreingestellte Werkzeuge zu verwenden. Vorteilhaft ist auch eine Kombination mit einer Nachformsteuerung, um auch kurvenförmige Werkstückkonturen ohne Verwendung von Formstählen bearbeiten zu können.

4,484 Numerisch gesteuerte Drehmaschinen[2]

Bei diesen besteht die Rüstzeit nur darin, einen Lochstreifen einzulegen (siehe Abschnitt 3,3) und die Maschine in die Ausgangsstellung zu bringen (Positionierung der voreingestellten Werkzeuge). Sie eignen sich daher vorwiegend zur Herstellung kleiner Serien genauer Werkstücke, besonders wenn diese öfter wiederholt werden soll. Die Anzahl der programmierbaren Arbeitsgänge ist unbegrenzt. Dem Vorteil der

---

[1] Heid, Stockerau.

[2] Rohs, H.: Die numerische Steuerung und ihre Anwendung bei der Drehbearbeitung. VDF-Mittlgn. Nr. 30, S. 3—12. — Vergleich verschiedener Systeme numerischer Steuerungen für den Einsatz an Drehmaschinen. VDF-Mittlgn. Nr. 30, 13—18. — Schuler, H.: Die Wirtschaftlichkeit numerisch gesteuerter Drehmaschinen. VDF-Mittlgn. Nr. 30, 54—60. — Kleimenhagen, G.: Die Programmierung numerisch gesteuerter Drehmaschinen. VDF-Mittlgn. Nr. 30, 46—53. — Dornhöfer, R., Lautenbach, F.: Numerische Streckensteuerungen an schweren VDF-Drehmaschinen. VDF-Mittlgn. Nr. 30, 34—41. — Hehnen, R., Kasischke, K., Wedemann, C.: Das Programmieren numerisch gesteuerter Drehmaschinen in verschiedenen Automationsstufen. VDF-Mittlgn. Nr. 32, 26—34. — Lautenbach, F., Vogler, A.: NC-Einrichtungen an größeren VDF-Drehmaschinen. VDF-Mittlgn. Nr. 32, 41—52. — Simon, W.: Die numerische Steuerung von Werkzeugmaschinen. München: Hanser. 1971.

kurzen Rüstzeiten stehen die hohen Maschinenstundenkosten gegenüber (hohe Anschaffungskosten), so daß eine Wirtschaftlichkeitsrechnung zur Entscheidung gegenüber anderen Arbeitsverfahren (Nachformdrehen) angebracht ist. Bei sehr komplizierten Werkstücken kann es aber auch schon wirtschaftlich sein, Einzelwerkstücke numerisch zu fertigen.

Je nach Form, Größe und Stückzahl der Werkstücke finden bei Drehmaschinen verschiedene Ausführungen der numerischen Steuerung Verwendung.

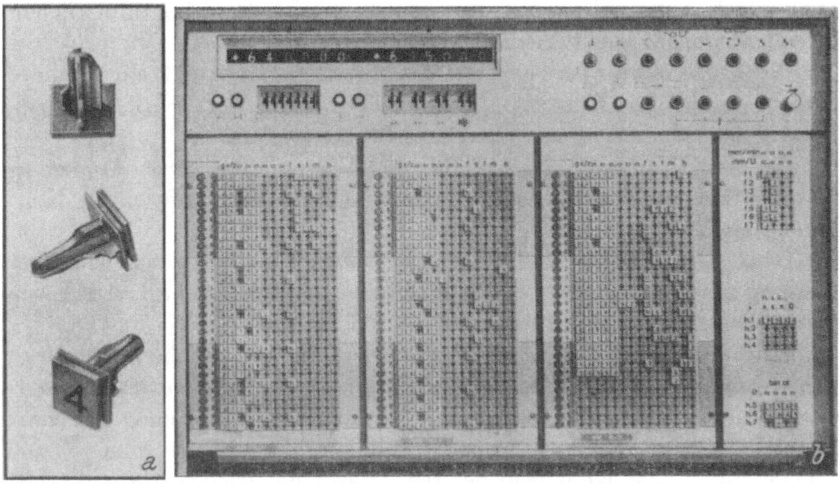

Abb. 260. Plugboard-Numeric (Heid, Stockerau). *a* Data-Modul-Stecker, *b* Steckfeld

Bei der *Streckensteuerung mit Handeingabe*, die für einfache Werkstücke in der Einzelfertigung angewendet wird, wird die Weginformation nach der Zeichnung direkt an der Maschine für den nächsten Arbeitsgang von Hand in die Steuerung eingegeben. Dadurch entfällt das Programmieren in der Arbeitsvorbereitung.

Bei der *Streckensteuerung mit Steckerfeldeingabe* können eine größere Anzahl aufeinanderfolgende Arbeitsgänge manuell programmiert werden, die nach dem Startkommando automatisch ablaufen. Da die Programmierzeit für diesen Fall noch Stillstandszeit für die Maschine bedeutet, ist diese Steuerung nur für eine größere Anzahl gleicher Werkstücke wirtschaftlich.

Bei der *plug-board numeric*[1] ist das gesamte Arbeitsprogramm als

---

[1] Heid, Stockerau.

Klartext am Steckerfeld ablesbar, so daß eine ständige visuelle Überwachung des Programmablaufes möglich ist. Durch Verwendung von Programmatrizen, die wahlweise von der Arbeitsvorbereitung oder dem Dreher selbst abgesteckt werden können, ist eine einfache Programmspeicherung möglich (Abb. 260).

Durch das „*play-back-Verfahren*" können Programmierengpässe in der Kleinserienfertigung überwunden werden. Dabei wird die Dreharbeit mit Handbedienung Schritt für Schritt durchgeführt und werden die gefahrenen Arbeitswerte und Wegabschnitte am Steckerfeld ziffermäßig festgehalten. Das so entstandene Gesamtarbeitungsprogramm stellt nach Umschalten auf Automatik-Betrieb den kontinuierlichen Arbeitsablauf für eine Serienfertigung sicher.

Die *numerische Steuerung mit Lochbandeingabe* bringt eine weitere Herabsetzung der Rüstzeit. Eine Wiederholung der Werkstückbearbeitung ist jederzeit ohne weiteren Aufwand möglich.

Bei der *Kombination einer Streckensteuerung mit einer Kopiereinrichtung* können auch Werkstücke mit teilweise kurvenförmigen Konturen hergestellt werden.

Diese Steuerungen sind von numerischer Steuerung auf Handbedienung umschaltbar. Man kann mit ihnen normale Dreharbeiten sowie Nachformarbeiten durchführen.

Eine *numerische Bahnsteuerung*, wie sie für Werkstücke mit vorwiegend komplizierten Formen Anwendung findet, ist nicht mehr auf Handbetrieb umstellbar. Man erzielt mit ihr wegen der Regelung auf konstante Tangential-Vorschubgeschwindigkeit, besonders hohe Oberflächengüte. Die Konstruktion der Maschine (siehe Abschnitt 3,3) weicht weitgehend von der einer konventionellen Drehmaschine ab.

Die Anschaffungskosten der Steuerungsarten nehmen in der angeführten Reihenfolge beträchtlich zu.

Bei der Streckensteuerung mit Handeingabe können konventionelle Werkzeughalter verwendet werden. Eine Herabsetzung der Nebenzeiten erzielt man durch Verwendung von *Schnellwechselstahlhaltern* mit *voreingestellten* Werkzeugen. *Selbsttätiger Werkzeugwechsel* wird durch Verwendung *motorisch schwenkbarer Werkzeugrevolver*[1] erreicht. Fest eingebaute kodierte Stellungsrückmeldungen in den schwenkbaren Stahlhaltern ermöglichen es, einzelne Werkzeuge in jeder beliebigen Reihenfolge aus dem Programm abzurufen.

Bei einer größeren Anzahl verschiedener Werkstücke oder bei schwierigen Bearbeitungsfällen werden für die dazu erforderliche größere Zahl von Werkzeugen *Werkzeugmagazine*[1] verwendet, in denen

---

[1] Schuler, H.: Die Wirtschaftlichkeit numerisch gesteuerter Drehmaschinen. VDF-Mittlgn. Nr. 30, 54—60.

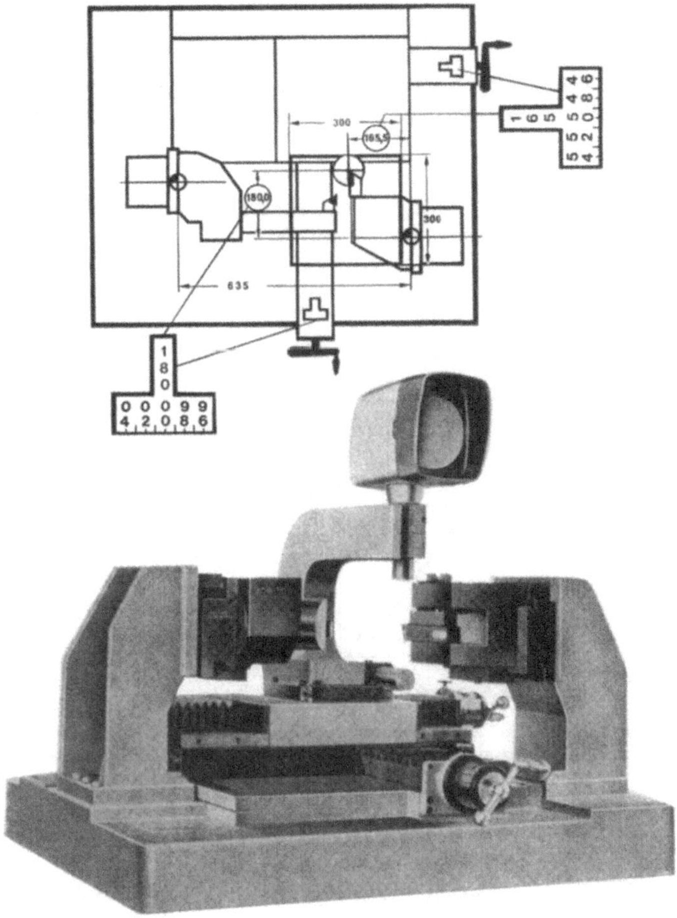

Abb. 261. Optisches Werkzeugeinstellgerät (Heid, Stockerau)

sich die benötigten Werkzeuge mit ihren Werkzeughaltern befinden. Diese werden an Stelle des Reitstockes (für Futterarbeiten) oder neben dem Reitstock (für Arbeiten zwischen Spitzen) auf die Führungsbahnen gesetzt.

Unabhängig von der Ausführung der einzelnen auswechselbaren Stahlhalter lassen sich die Einrichtezeiten durch ein *Werkzeugvoreinstellgerät* wesentlich vermindern, das für höhere Ansprüche mit Einstellmikroskopen arbeitet.

Abb. 261 zeigt ein *optisches Werkzeugeinstellgerät* (Heid), das je nach Art des Werkzeugwechselsystems verschiedene Adapter zur Aufnahme der Werkzeughalter besitzt. Das mit einer Projektionsoptik ausgestattete

Werkzeugeinstellgerät ist so gestaltet worden, daß durch einen großen Einstellbereich und die Möglichkeit einen zweiten Adapter anzuordnen, auch lang ausladende Bohrstangen voreingestellt werden können.

Die Werkzeugschneide wird nach dem Fadenkreuz der Projektionsoptik eingestellt. Die Einstellung des Fadenkreuzes und damit der Werkzeugschneidenposition auf jeweils 5 Dekaden (im Bild oben ist $x = 180{,}00$, $z = 165{,}50$) erfolgt über Maßanzeigetrommeln mit einem Einstellbereich 300 · 300 mm direkt numerisch.

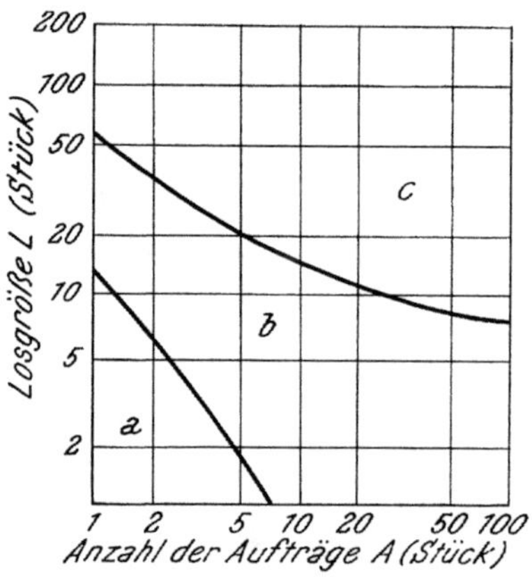

Abb. 262. Wirtschaftliche Anwendungsbereiche für das Drehen einer Hauptspindel. *a* Universaldrehmaschine, *b* NC-Drehmaschine, *c* Nachformdrehmaschine

Der Entscheidung zur Verwendung einer NC-Drehmaschine muß eine Wirtschaftlichkeitsrechnung vorausgehen. Abb. 262[1] zeigt als Beispiel, die durch eine Kostenrechnung ermittelten Anwendungsbereiche beim Drehen einer Hauptspindel auf einer Universaldrehmaschine *a*, einer NC-Drehmaschine *b* und einer Nachformdrehmaschine *c* in Abhängigkeit von der Losgröße *L* (Stück) und der Anzahl der Aufträge *A* (Stück).

4,49 Sonderdrehmaschinen

Der Begriff Sonderdrehmaschinen ist nicht genau festgelegt. Eine Reihe von ihnen wurde bereits in vorhergehenden Abschnitten (4,426 Feindrehmaschinen, Plan- und Zentriermaschinen, Abstechmaschinen und -automaten, Nachformdrehmaschinen), (4,43 Hinterdrehmaschinen, Nockenwellendrehmaschinen, Blockdrehmaschinen) usw. angeführt.

Produktionsdrehmaschinen besitzen einen geringen Drehzahl- und

[1] Bukowski, R.: Das VDF-Werkzeugsystem. VDF-Mittlgn. Nr. 35, 3—31.

Vorschubbereich und keine Leitspindel. Sie haben meist zwei Supporte, Nachformeinrichtung, Kraftspannfutter und kraftbetätigte Reitstockpinolen, eine sehr kräftige Bauart und hohe Antriebsleistung. Sie sind vielfach automatisiert und gestatten Umschalten des Vorschubes und der Drehzahlen unter Schnitt, Eilgänge der Werkzeugschlitten in Längs- und Querrichtung, Abfahren von Rechteckprogrammen (längs vor, plan vor, längs zurück, plan zurück) für den Drehstahl (Programmsteuerung). Da sie auch mit mehreren Drehwerkzeugen arbeiten können, haben sie die Vielschnittdrehmaschinen weitgehend verdrängt.

Drehmaschinen für Frontbedienung tragen dem Umstand Rechnung, daß ein Großteil aller Werkstücke kurz ist und im Futter bearbeitet wird. Diese Maschinen werden nicht von der Seite, sondern von vorne bedient. Ihr Vorteil liegt in der Platzeinsparung und der leichteren Überwachung von zwei Maschinen durch einen Mann. Auch sie ermöglichen das Abfahren von Rechteckprogrammen. Sie werden auch mit zwei Arbeitsspindeln ausgeführt.

Walzendrehmaschinen dienen zum Fertigdrehen von Walzen. Sie besitzen häufig zwei Bettschlitten mit Kegeldreheinrichtung (Längs- und Planzug durch Wechselräder verbunden), Nachformeinrichtungen und Einstechsupporte mit besonderen Werkzeugunterstützungen. Zum Fertigdrehen werden die Walzen nicht von Spindelstock und Reitstock, sondern von *Lunetten in ihren Zapfen* aufgenommen.

Kurbelwellendrehmaschinen besitzen besondere Einrichtungen, die eine Unterstützung der unstabilen Kurbelwelle möglichst nahe an dem jeweils zu bearbeitenden Lager und exzentrische Aufspannung (entsprechend den Kröpfungen) ermöglichen. Um Verdrehfehler an der Kurbelwelle zu vermeiden, wird die Reitstockspindel mit dem auf ihr sitzenden Spannkopf meist synchron mit der Arbeitsspindel angetrieben.

Waagerechttieflochbohrmaschinen dienen zur Herstellung von Bohrungen, deren Länge ein Vielfaches ihres Durchmessers beträgt (siehe auch Abschnitt 5,2). Man unterscheidet *vier Arbeitsverfahren* und entsprechende *Bauarten* dieser Maschinen (Abb. 263 von oben nach unten):

1. Das im Bohrschlitten *d* eingespannte und durch Setzstock *e* und Bohrstangenführungsschlitten *c* geführte, ruhende Bohrwerkzeug *i* erhält den Längsvorschub gegen das rotierende, im Spindelstock *a* eingespannte Werkstück (für Werkstücke mit zentrischer Bohrung).

2. Das im Spindelstock *a* eingespannte und im Setzstock *b* geführte Werkstück und das im Bohrspindelstock *f* eingespannte und vorgeschobene Werkzeug *i* drehen sich im Gegenlauf (Erreichen hoher Schnittgeschwindigkeiten bei kleinen Bohrungen).

3. Das auf dem Aufspanntisch *g* mit Bohrstangenführung befindliche Werkstück wird ohne Drehung vorgeschoben. Das im Spindelstock *a*

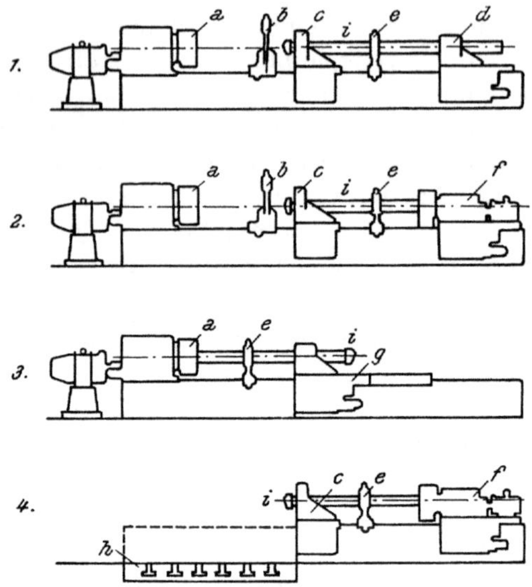

Abb. 263. Arbeitsverfahren beim Waagrecht-Tieflochbohren (VDF). *a* Arbeitsspindelstock, *b* Setzstock, *c* Bohrstangenführungsschlitten, *d* Bohrschlitten für feste Werkzeuge, *e* Setzstock, *f* Bohrspindelstock für umlaufende Werkzeuge, *g* Bohrstangenführungsschlitten mit Aufspanntisch, *h* Werkstückspannplatte, *i* Bohrwerkzeug

eingespannte und im Setzstock *e* geführte Werkzeug *i* rotiert (bei außermittigen Bohrungen bzw. nicht drehbarem Werkstück).

4. Das durch den Bohrspindelstock *f* angetriebene und vorgeschobene Werkzeug *i* führt sich im Setzstock *e* und Bohrstangenführungsschlitten *c*. Das Werkstück ruht auf einer festen Spannplatte *h* (für schwere Werkstücke, die nicht rotieren können).

Durch Rotation des Werkstückes wird ein Verlaufen des Bohrwerkzeuges vermieden. Die Späne werden mit der unter Druck eingebrachten Schneidflüssigkeit herausgespült (Bohrverfahren und Werkzeuge siehe Abschnitt 5,2).

Wellenschälmaschinen dienen zur Herstellung glatter Wellen durch Schälen. Bei diesen machen zwei unverschieblich gelagerte, rotierende Schälköpfe die Schnittbewegung, während die gegen Drehung gesicherte Welle einen großen Vorschub ausführt. Verwendet wird je ein Schrupp- und Schlichtmesserkopf mit 1 bis 4 Tangentstählen mit Bogenschneide, der drei Zentrierrollen besitzt, die auf dem bereits geschälten Teil laufen. Durch wechselweises Spannen in der Zu- und Abfuhreinrichtung kann pausenlos geschält werden. Magazineinrichtungen können Be- und Entladen selbsttätig ausführen. Vielfach ist hinter dem Schlichtschälkopf noch ein Prägepolierkopf angeordnet, mit dem Rauhtiefen bis

0,3 μm erzielt werden. Geschälte Wellen sind frei von Spannungen und Längsriefen und genau rund.

Bei den *Außengewindeschneidmaschinen* wird das in einem Schlitten festeingespannte Werkstück gegen einen rotierenden *Strehlerbackenkopf* (selbstöffnender Schneidkopf, Abb. 185) vorgeschoben. Für jeden Gewindedurchmesser ist ein besonderer Schneidkopf erforderlich, der mit einem Mustergewinde auf genauen Durchmesser eingestellt wird. Es werden handbediente, halbautomatische und vollautomatische Maschinen ausgeführt.

5. Das Bohren

5,1 Allgemeines

Durch *Bohren* werden kreisrunde Löcher aus dem Vollen hergestellt, durch *Aufbohren* oder *Senken* werden gegossene, vorgebohrte oder vorgedrehte Löcher erweitert, durch *Reiben* werden vorgedrehte oder -gebohrte Löcher geglättet und auf genaues Maß gebracht und durch *Gewindebohren* wird in vorgebohrte Löcher Gewinde geschnitten.

5,2 Bohrwerkzeuge

Der *Spitz-* oder *Herzbohrer* ist der einfachste und älteste Bohrer. Er ist billig, hat jedoch eine schlechte Führung im Loch, fördert die Späne nicht aus dem Loch, verringert seine Durchmesser beim Nachschleifen und schneidet schlecht, da sein Spanwinkel negativ ist. Dies kann man jedoch durch Hohlschleifen der Spanfläche (Abb. 264) beseitigen. Spitzbohrer verwendet man zum Herstellen von Löchern geringer Tiefe, besonders bei spröden Werkstoffen und nicht genormten Durchmessern auf Revolverdrehmaschinen und Automaten. Bei diesen müssen oft mehrfach abgesetzte Löcher hergestellt werden, für die sich Spitzbohrer leicht herstellen lassen.

Am häufigsten verwendet man den *Wendelbohrer* (*Spiralbohrer*, Abb. 265), der zwar teurer ist, aber besser schneidet, seinen Durchmesser beim Nachschleifen nur sehr wenig ändert, sich gut im Loch führt und die Späne selbsttätig aus dem Loch fördert. Seine Spanflächen sind Schraubenflächen, seine Freiflächen meist Kegelflächen (durch das Nachschleifen bedingt). Sein Spanwinkel γ ist durch den Steigungswinkel der Schraubennut bestimmt. Dieser verändert sich entlang der Hauptschneide (Abb. 265) und wird zur Bohrerspitze hin größer. An seiner Stelle wird im allgemeinen der Seitenspanwinkel γ_x an der Schneidenecke gemessen. Dieser beträgt am Außendurchmesser für Stahl ca. 15 bis 30° (Type N)[1], für weiche Werkstoffe 30 bis 45° (Type W)[1] und für harte Werkstoffe 10 bis 18° (Type H)[1]. Der Spitzenwinkel $\sigma = 2\varkappa$

[1] DIN 1836 Anwendungsgebiete der Werkzeugtypen N, H und W.

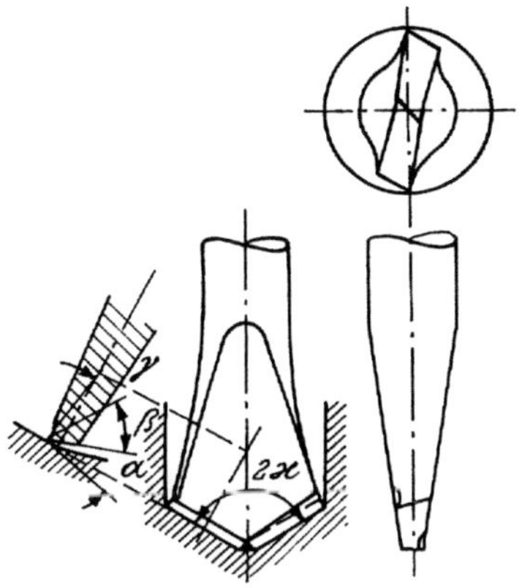

Abb. 264. Spitz- oder Herzbohrer. α Freiwinkel, β Keilwinkel, γ Spanwinkel, $2\varkappa$ Spitzenwinkel

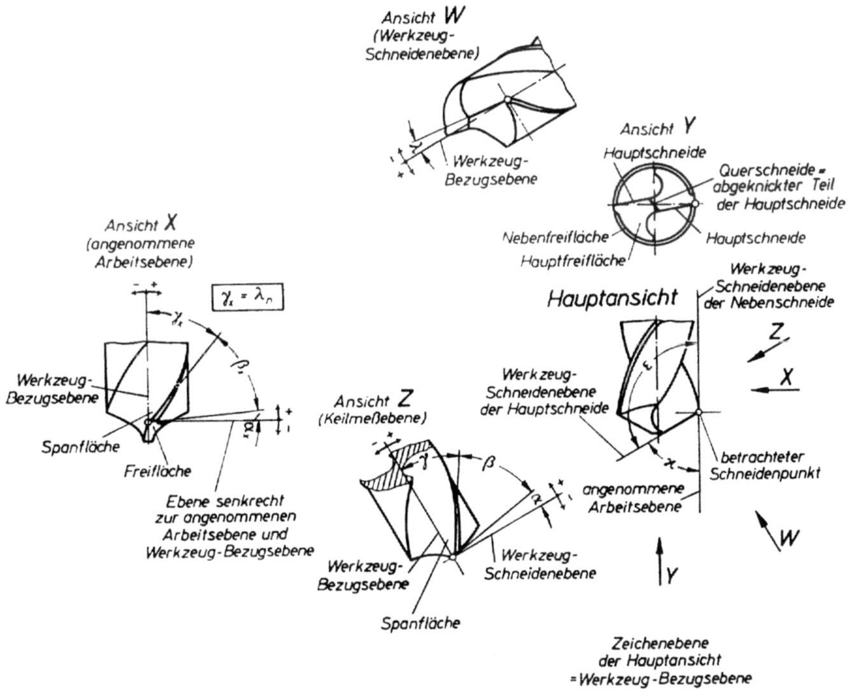

Abb. 265. Wendel-(Spiral-)bohrer (Werkzeugwinkel nach DIN 6581). α Freiwinkel, α_x Seitenfreiwinkel, β Keilwinkel, β_x Seitenkeilwinkel, γ Spanwinkel, γ_x Seitenspanwinkel, ε Eckenwinkel, ϰ Einstellwinkel, λ Neigungswinkel

beträgt bei Gußeisen, Messing, Temperguß und Stahl bis 700 N/mm² Zugfestigkeit 118°, Kupfer, Leichtmetallen, austenitische und nichtrostende Stähle und Zelluloid 140° und für Kunststoffe, Hartgummi, Marmor und Schiefer 80° (DIN 1414, Spiralbohrer aus SS). Bei richtigem Schliff der beiden Schneiden wird der Wendelbohrer ebenso wie der Spitzbohrer nur auf Druck und Verdrehung beansprucht. Dabei ist auch die Bohrspindel frei von Biegebeanspruchungen. Die Verbindung der beiden Hauptschneiden, die Querschneide besitzt negativen Spanwinkel

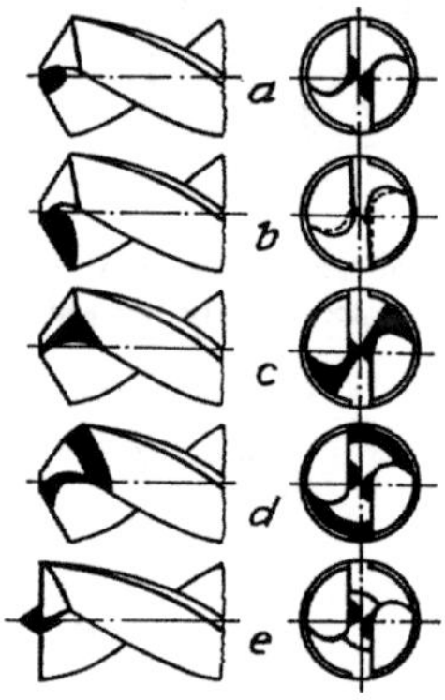

Abb. 266. Sonderanschliffe des Wendelbohrers. *a* Ausgespitzte Querschneide, *b* ausgespitzte Querschneide mit korrigierter Hauptschneide, *c* Kreuzanschliff, *d* Anschliff für Grauguß, *e* Zentrumspitze

und wirkt schabend. Bei einem Freiwinkel von 6° am Umfang bildet sie mit der Hauptschneide einen Wnkel von 55°. Die von ihr entfernten Späne können nur über die Freifläche in die Spannuten fließen. Durch Ausschleifen der Spannute nach Abb. 266 a wird die Querschneide auf 0,1 *d* verkleinert, so daß die Späne leichter abfließen können und die Vorschubkraft sinkt. Da dadurch die Seele an der Querschneide geschwächt wird und leicht ausbricht, ist es besser, auch die Hauptschneide nach Abb. 266 b zu korrigieren. Beim Kreuzschliff nach Abb. 266 c werden die Freiflächen des Bohrers so weit weggeschliffen, daß an der Querschneide Spanflächen mit positivem Spanwinkel entstehen (Verringerung der Vorschubkraft). Abb. 266 d zeigt einen Anschliff für Grauguß und 266 e eine Zentrumsspitze.

Die Wendelbohrer können durch Fräsen der Nuten, Verwinden eines entsprechenden Profiles oder Schmieden der Nuten im Gesenk und Verwinden hergestellt werden. Große Bohrer besitzen oft einen Schaft aus Baustahl, an den ein Schneidenteil aus Schnellstahl stumpf angeschweißt wird. Auch eingelötete Hartmetallplättchen finden Verwendung. Durch

Polieren der Nuten wird die Reibung verringert und die Späneabfuhr verbessert. Nach rückwärts sind die Bohrer konisch verjüngt (0,02 bis 0,05 mm je 100 mm Länge), um die Reibung herabzusetzen. Größere Bohrer führen sich nur längs zweier schmaler Fasen. Die Schnittgeschwindigkeit wird in der Regel so bemessen, daß der Bohrer eine Standlänge von 2000 mm Lochtiefe erreicht. Das Nachschleifen erfolgt an der Freifläche auf besonderen Spiralbohrerschleifmaschinen. Unsymmetrischer Schliff ergibt ungleiche Belastung der beiden Schneiden und größere

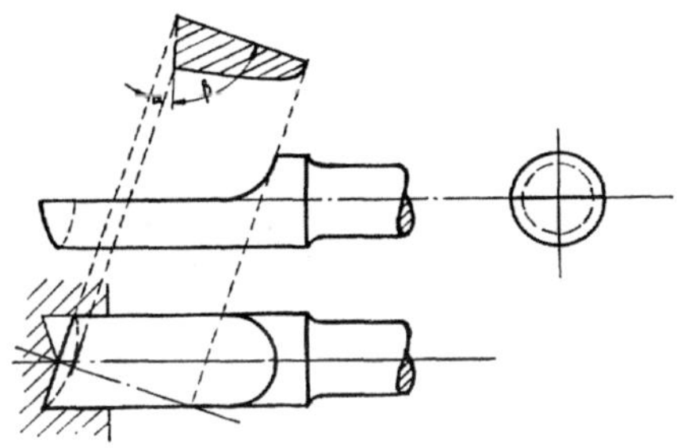

Abb. 267. Kanonenbohrer. α Freiwinkel, β Keilwinkel

Löcher. Durch einfache Blechlehren kann man die Mittenstellung der Schneidenspitze, die Winkel und die Schneidenlängen kontrollieren.

Beim Bohren tiefer Löcher ist eine Führung durch Bohrbüchsen zweckmäßig, damit sich der Bohrer nicht infolge ungleich harter Stellen im Werkstück verläuft. Die Späne müssen wegen der großen Reibung durch wiederholtes Herausziehen aus dem Loch entfernt werden. Zur besseren Kühlung und Schmierung sind Bohrer für tiefe Löcher mit zwei eingelöteten Messingröhrchen versehen, durch die die Schneidflüssigkeit unter hohem Druck zugeführt wird. Man arbeitet in diesem Fall meist mit stillstehendem Bohrer und bewegtem Werkstück (einfachere Zufuhr der Flüssigkeit).

Wendelbohrer werden blank (ohne Oberflächenbehandlung), schwarz (badnitriert oder dampfangelassen), extra kurz, kurz, lang, überlang, mit kurzem oder langem Zylinderschaft mit oder ohne Lappen, mit Morsekegel, aus Werkzeugstahl (WS), aus Schnellarbeitsstahl (SS, HSS), mit Hartmetallschneidplatte usw. geliefert[1].

Der *Kanonenbohrer* (Abb. 267) besitzt nur eine Schneide, weshalb er auf Biegung beansprucht wird. Er benötigt zur Abstützung ein kurzes, vorgebohrtes Loch. Um Späneabfuhr und Kühlung zu erleichtern, muß er bei längeren Löchern öfter herausgezogen werden.

[1] DIN 338, 339, 340, 341, 345, 346, 1412, 1414, 1837, 1838, 1839, 1841, 1861, 1869, 1870, 1897, 1899.

Für lange Löcher verwendet man eine verbesserte Ausführung des Kanonenbohrers, den *Spindelbohrer* (Abb. 268), mit einer Bohrung zur Kühlung der Schneide und zum Herausspülen der Späne. Er wird auf besonderen Spindelbohrmaschinen benutzt, bei welchen der Bohrer stillsteht und das Werkstück umläuft. Damit er sich nicht verläuft, muß

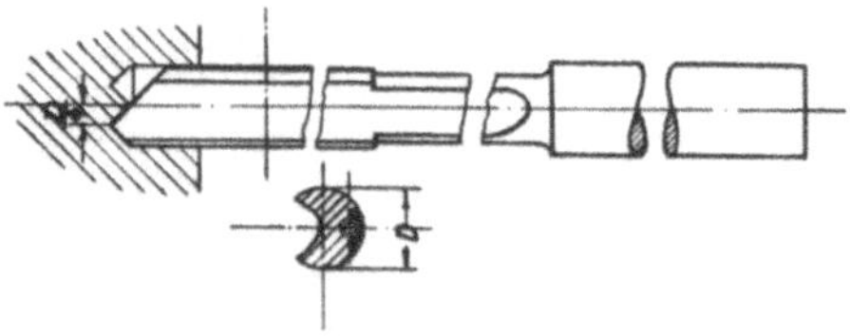

Abb. 268. Spindelbohrer. *D* Bohrerdurchmesser

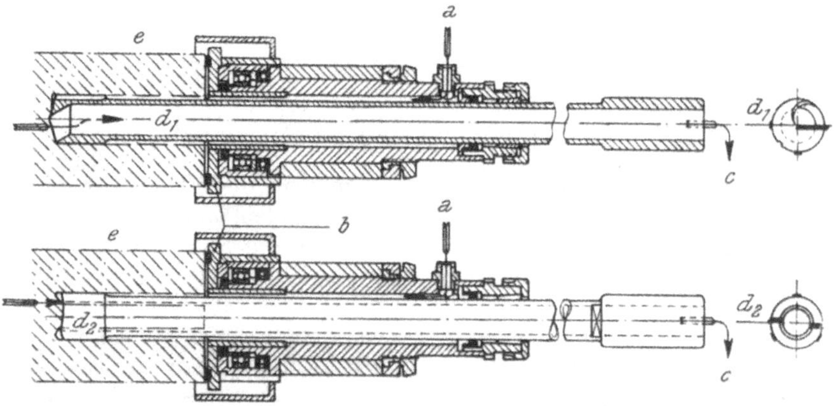

Abb. 269. Tiefbohren mit zentraler Späneabführung (oben Vollbohrkopf, unten Kernbohrkopf). *a* Kühlmittelzufuhr, *b* umlaufender Kopf, *c* Späneabfluß, d_1 Vollbohrwerkzeug, d_2 Hohlbohrwerkzeug, *e* Werkstück

ein kurzes Loch vorgebohrt werden. Neuerdings verwendet man für *Tief*bohrungen *Werkzeuge mit innerer Spanabführung*[1], rundem Querschnitt und Hartmetallbestückung. Bei diesen wird die Kühlflüssigkeit durch den Ringraum zwischen Bohrloch und Bohrschaft unter Druck (bis 30 bar) zugeführt und verläßt das Werkzeug mit den Spänen durch die Bohrung. Dadurch ergibt sich größerer Kühlmitteldurchfluß bei glatterer Bohrungsoberfläche, da die Späne nicht zwischen Führung und Bohrungswand gelangen (Abb. 269).

---

[1] VDI 3210 Tiefbohrverfahren. — Uhink: Waagerecht-Tiefbohren. VDF-Mittlgn. Nr. 18, 1—40.

Will man bei großen Löchern nicht den ganzen Werkstoff zerspanen, so verwendet man den *Hohl-* oder *Kernbohrer* (Abb. 270). Der zurückbleibende Kern kann zur Werkstoffprüfung verwendet werden. Bei Sacklöchern ist ein besonderes Werkzeug zum Abbrechen des Kernes am Lochgrund erforderlich.

Zur Herstellung der Zentrierbohrungen an Drehteilen verwendet man den *Zentrierbohrer* nach Abb. 271, der aus Bohrer und Senker besteht.

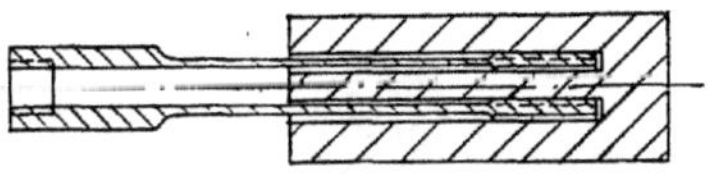

Abb. 270. Hohl- oder Kernbohrer

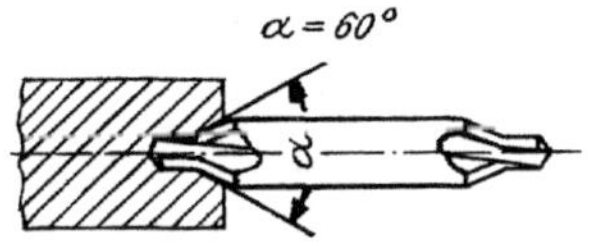

Abb. 271. Zentrierbohrer

5,3 Aufbohrer und Senker

Aufbohrer (*Spiralsenker*) dienen zur Erweiterung eines vorgegossenen oder vorgebohrten Loches. Sie besitzen drei oder vier Schneiden (Abb. 272). Ihre Freifläche ist wie bei den Wendelbohrern eine Kegelfläche. Sie führen sich jedoch besser im Loch und sind starrer, weil ihre Nuten nicht so tief sind[1]. Für größere Durchmesser werden die vierschneidigen Aufbohrer meist als *Aufsteck-Aufbohrer* (Aufsteck-Senker)[2] ausgeführt (Abb. 273).

Für die gleichzeitige Herstellung von Durchgangslöchern oder Kernlöchern und Senkungen (Abb. 274) dienen die *Mehrfasen-Stufenbohrer* (Abb. 275)[3].

Senker sind Werkzeuge zur Herstellung von Formbohrungen (kegelige, ebene, zylindrische und andere Flächen).

Das älteste Werkzeug zur Herstellung ebener Flächen ist der *Flachsenker mit Zapfen* (Abb. 276). Um an der Hauptschneide einen positiven Spanwinkel zu bekommen, wird an der Spanfläche eine Hohlkehle eingeschliffen. Er ist einfach herzustellen, verliert jedoch beim Nachschleifen seinen genauen Durchmesser.

Zur Herstellung von Hals- und Kopfsenkungen für Zylinderkopfschrauben verwendet man meist *volle Flachsenker mit Zapfen* (Abb. 277, DIN 373). Sie werden an der Hauptfreifläche nachgeschliffen, so daß sie ohne Durchmesseränderung sehr weit ausgenützt werden können. Die Spannuten werden unter ca. 13° gegen die Achse eingefräst (Werk-

---

[1] DIN 343, 344, 1864.
[2] DIN 222, 8022.
[3] DIN 8374 bis 8379.

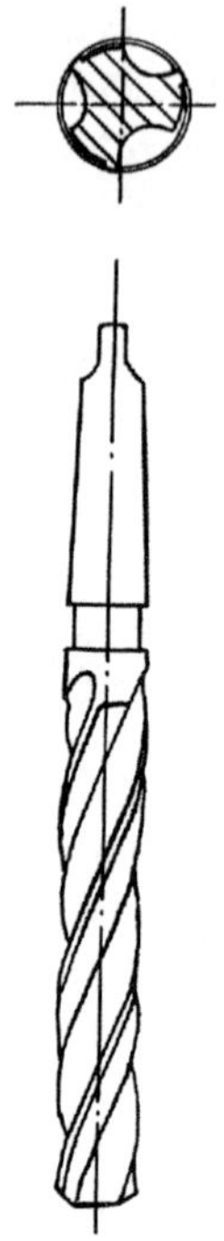

Abb. 272. Aufbohrer (Spiralsenker)

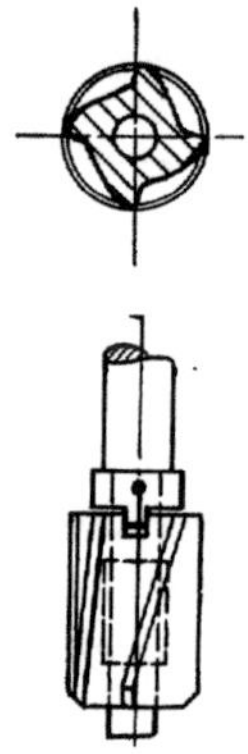

Abb. 273. Aufsteck-Aufbohrer

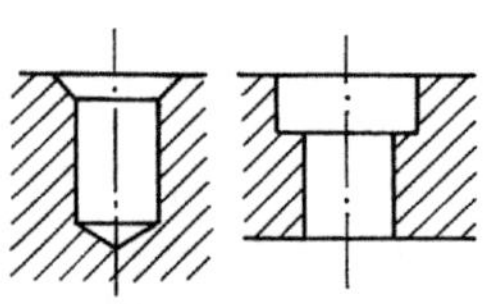

Abb. 274

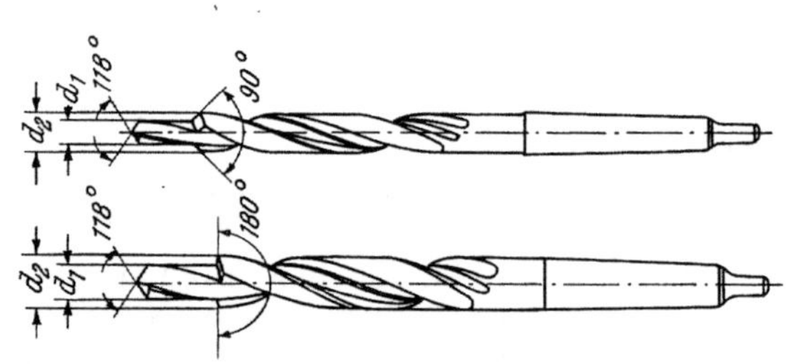

Abb. 275

Abb. 274 und 275. Mehrfasen-Stufenbohrer und mit ihnen hergestellte Löcher und Senkungen

zeugspanwinkel ca. 13°). Die Zapfensenker haben den Nachteil, daß beim Nachschleifen der Schneiden die Führungszapfen angeschliffen werden, wodurch die genaue Führung verlorengeht. Vorteilhafter sind *Flachsenker mit auswechselbaren Führungszapfen* (Abb. 278, DIN 375), die beim Schleifen entfernt werden können.

Kegelsenker ohne Führungszapfen (Abb. 279, DIN 334, 335, 347)

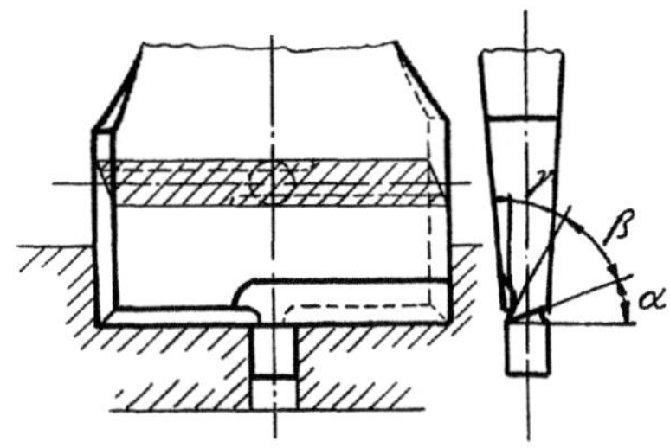

Abb. 276. Flachsenker mit Zapfen. α Freiwinkel, β Keilwinkel, γ Spanwinkel

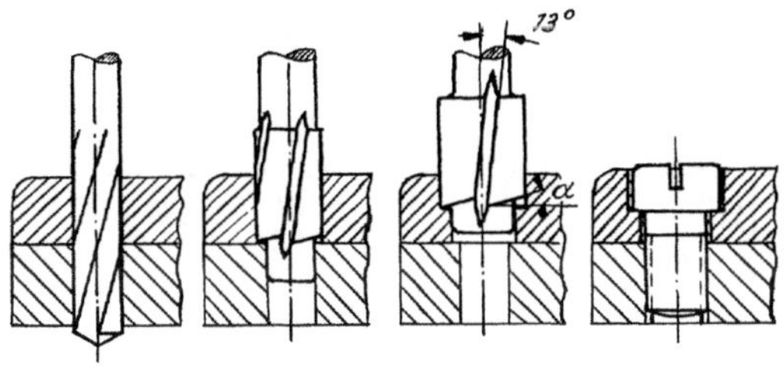

Abb. 277. Herstellung von Hals- und Kopfsenkungen für Zylinderkopfschrauben. α Freiwinkel

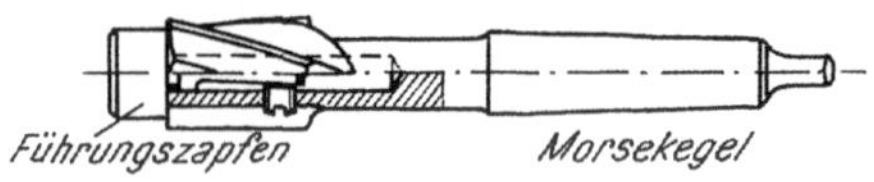

Abb. 278. Flachsenker mit auswechselbarem Führungszapfen

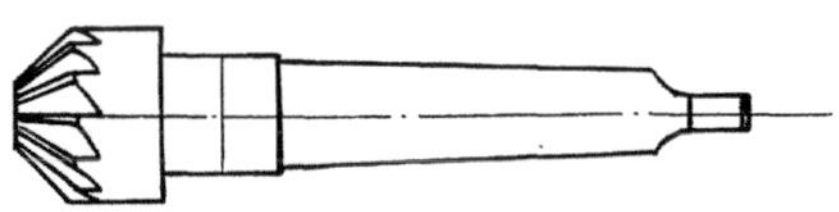

Abb. 279. Kegelsenker ohne Führungszapfen

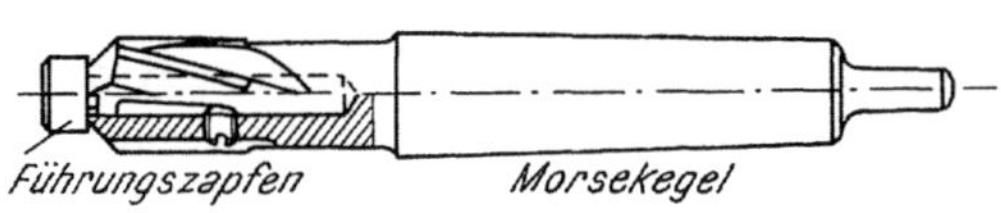

Abb. 280. Kegelsenker mit auswechselbarem Führungszapfen

dienen zum Entgraten und Anfasen von Bohrungen, *mit festem* oder *auswechselbarem Führungszapfen* (Abb. 280, DIN 1866, 1867) zur Herstellung der Senkungen für Senkkopfschrauben und Senkniete (DIN 1863).

Außer diesen genormten Werkzeugen finden noch eine große Zahl von Sonderwerkzeugen für diese Arbeiten Verwendung, auf die hier jedoch nicht eingegangen werden kann. Alle diese Werkzeuge werden als Vollwerkzeuge, mit stumpf angeschweißtem Schaft aus Stahl mit mindestens 700 N/cm² Festigkeit und als Aufsteckwerkzeuge mit ebensolchem Halter ausgeführt.

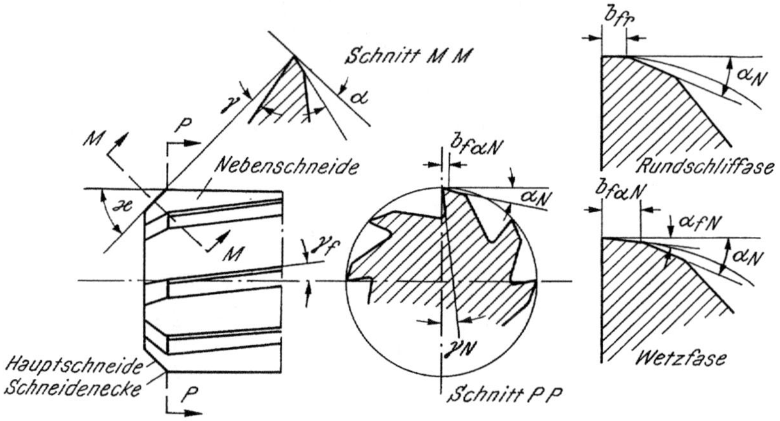

Abb. 281. Schneidengeometrie der Reibahle. α Freiwinkel, α_N Freiwinkel der Nebenschneide, α_{fN} Freiwinkel der Fase der Nebenschneide, γ Spanwinkel, γ_f Seitenspanwinkel, γ_N Spanwinkel der Nebenschneide, b_{fr} Breite der Rundschlifffase, $b_{f\alpha N}$ Breite der Freiwinkelfase, $\varkappa$ Einstellwinkel

5,4 Reibahlen[1]

Reibahlen dienen zur Herstellung genauer zylindrischer und kegeliger Löcher hoher Oberflächengüte in der Serienfertigung. Das Reiben gehört zu den Feinstbearbeitungsverfahren (siehe Abschnitt 8,1).

Die Zähne der Reibahlen entstehen durch Fräsen der Lücken. Sie besitzen eine gerade Zähnezahl (Abb. 281) und ungleiche Teilung. Die Zähne liegen einander gegenüber, um den Durchmesser leicht messen zu können. Reibahlen mit gleicher Teilung würden Rattermarken ergeben, weil die Zähne eine infolge Werkstoffungleichheit entstehende Vertiefung vergrößern würden. Nach dem Fräsen der Nuten werden die Reibahlen gehärtet, rundgeschliffen und dann eine Freifläche angeschliffen. Man läßt zunächst eine 0,1 bis 0,2 mm breite zylindrische Fase stehen (Abb. 281, rechts oben). An diese Fase wird meist durch *Wetzen* (Schleifen mit feinkörniger Scheibe mit verringerter Umfangsgeschwindigkeit) ein Fasenfreiwinkel $\alpha_{fN} = 1$ bis 3° erzeugt, was eine Verbesserung der Oberflächengüte der geriebenen Bohrung bei verringerter Standzeit der Reibahle ergibt (Abb. 281, rechts unten). Die Hauptschneide ist um

[1] VDI 3329 Maschinelles Reiben zylindrischer Bohrungen.

den Einstellwinkel $\varkappa$ gegen die Achse geneigt. Mit zunehmendem $\varkappa$ wächst die lagekorrigierende Wirkung des Anschnittes (bei $\varkappa = 90° =$ = Stirnschneiden ist die Korrektur optimal). Je kleiner $\varkappa$ desto glatter wird die Bohrung.

Die meisten Reibahlen besitzen *gerade Spannuten*, da diese leichter hergestellt, leichter gemessen und leichter nachgeschliffen werden können. Reibahlen mit *schraubenförmigen Nuten* werden für Bohrungen mit Unterbrechungen, Längsnuten, Rillen und in Blechen verwendet.

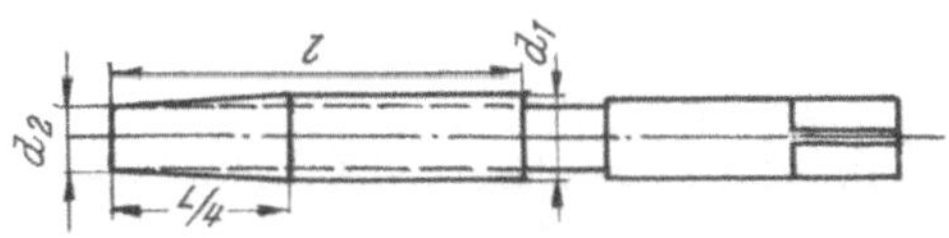

Abb. 282. Handreibahle

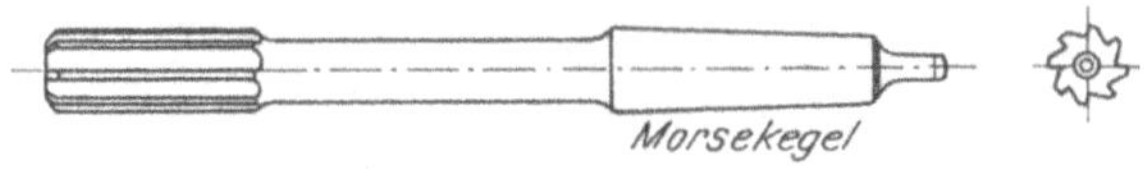

Abb. 283. Maschinenreibahle

Abb. 284. Aufsteckreibahle mit Halter

Rechtsdrehende Reibahlen müssen links steigende Nuten erhalten, damit sie nicht aus der Spindel gezogen werden. *Schälreibahlen* haben, wenn sie rechts schneiden, einen gewindeförmigen Linksdrall und werden für zähe Werkstoffe und unterbrochene Bohrungen verwendet.

Nach dem Verwendungszweck unterscheidet man Hand- und Maschinenreibahlen.

Handreibahlen (Abb. 282, DIN 206) besitzen einen langen kegeligen Anschnitt ($\varkappa = 30'$) und einen zylindrischen Schaft mit Vierkant zum Aufstecken eines Wendeisens. Sie werden zum Nachreiben von Durchgangsbohrungen (keine Sacklöcher möglich) bei der Montage von Paßteilen verwendet.

Maschinenreibahlen (Abb. 283, DIN 208, 212, 8050, 8051) besitzen einen kurzen kegeligen ($\varkappa = 45°$) oder runden Anschnitt und einen zylindrischen (DIN 212, 8050) oder kegeligen Schaft mit Lappen (DIN 208, 8051). Reibahlen über 25 mm Durchmesser werden meist als *Aufsteckreibahlen* (Abb. 284, DIN 219, 8054) mit einem Halter aus hochfestem Baustahl und einem Schneidenteil aus Schnellarbeitsstahl hergestellt.

Alle Reibahlen schneiden hauptsächlich mit dem Anschnitt, während der anschließende zylindrische Teil zur Glättung des Loches dient. Er wird häufig nach hinten schwach kegelig verjüngt (0,01 bis 0,04 mm). Diese Verjüngung ist vor allem bei Maschinenreibahlen wichtig, weil die Löcher nie genau mit der Bohrspindel fluchten.

Die Lebensdauer unverstellbarer Reibahlen ist begrenzt, da sich ihr Durchmesser durch Nachschleifen verkleinert. Zum Nachreiben vorgeriebener Bohrungen verwendet man daher häufig *nachstellbare* Reibahlen, die höchstens 0,1 bis 0,2 mm aus der Bohrung abnehmen sollen.

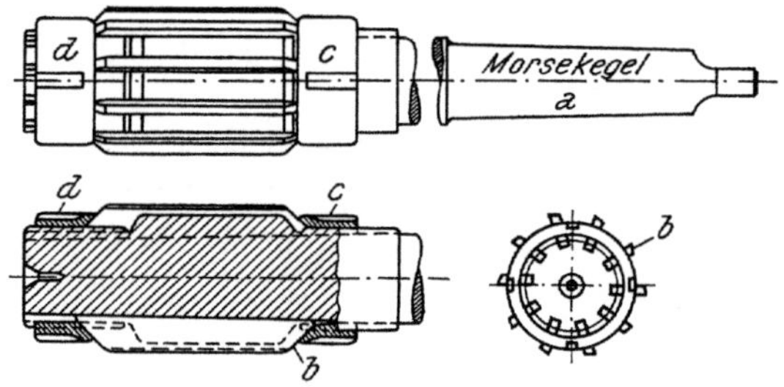

Abb. 285. Nachstellbare Maschinenreibahle mit Morsekegel. *a* Baustahlkörper, *b* Messer aus Schnellstahl, *c* und *d* Stellmuttern

Nachstellbare Handreibahlen (DIN 859) haben meist im Schneidenteil drei Längsschlitze, so daß dieser durch Einschrauben eines kegeligen Dornes nach Abnützung etwas auseinandergespreizt werden kann.

Verwendet werden auch Handreibahlen, deren *Schneiden verstellt* werden können, so daß sie für einen *Bohrungsbereich* verwendbar werden. Nach dem Verstellen müssen sie rund- und scharfgeschliffen werden. Ihre Konstruktion ist ähnlich der Abb. 285.

Die *Maschinenreibahlen* nach Abb. 285 (DIN 210) besitzen einen Körper *a* aus Baustahl, in dessen radialen Nuten mit schrägem Lochgrund Messer *b* aus Schnellstahl sitzen, die nach Lösen der rechten Mutter *c* und Nachdrehen der linken Mutter *d* aufgeweitet werden können. Im Nutengrund müssen die Messer in ihrer ganzen Länge aufliegen.

Abb. 286 zeigt eine *Aufsteckreibahle mit nachstellbaren Messern* für Sacklöcher (Grundreibahle). Nach Lösen der Klemmschrauben *c* und der Muttern *a* und *b* werden die Messer mit einem Kupferhammer zurückgeschlagen, so daß die Schrägen der Messer sich gegen die Schrägen des Grundkörpers legen. Dann werden die Klemmschrauben *c* und die Gegenmutter *b* wieder angezogen.

Die Reibahle nach Abb. 287 (DIN 209) besitzt einen Körper *c* aus

Baustahl mit aufgeschraubten Messern *a* aus Schnellschnittstahl oder Hartmetall. Sie kann durch Unterlegen von Papier- oder Blechstreifen nachgestellt werden.

Je nach vorgeschriebener Lochgenauigkeit und Lochdurchmesser wählt man die folgenden Arbeitsfolgen zur Herstellung einer genauen Bohrung:

Vorbohren mit Wendelbohrer und Ausreiben mit fester Reibahle,

Vorbohren mit Wendelbohrer, Aufbohren mit Aufbohrer (Spiralsenker), Ausreiben mit fester Reibahle oder

Vorbohren mit Wendelbohrer, Aufbohren mit Aufbohrer, Vorreiben mit fester Reibahle und Fertigreiben mit verstellbarer Reibahle.

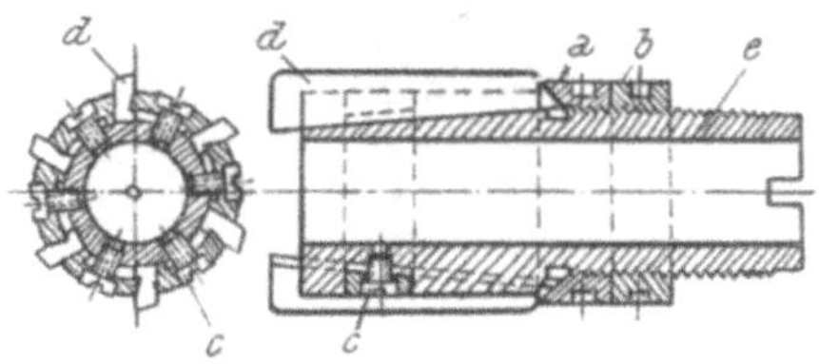

Abb. 286. Aufsteckreibahle mit nachstellbaren Messern. *a* und *b* Stellmuttern, *c* Klemmschraube, *d* Messer aus Schnellstahl, *e* Grundkörper

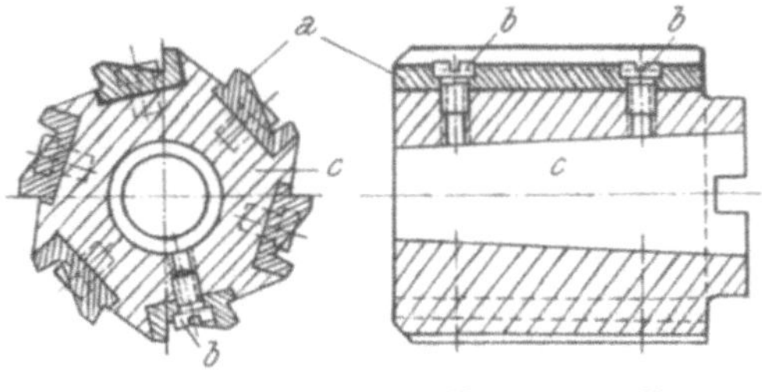

Abb. 287. Reibahle mit aufgeschraubten Messern. *a* Messer aus Schnellstahl, *b* Befestigungsschrauben, *c* Baustahlkörper

Stiftlochreibahlen (Abb. 288, DIN 9) werden zum Aufreiben vorgebohrter Kegelstiftbohrungen (1 : 50) verwendet. Auf Bohrmaschinen verwendet man für diesen Zweck meist Schälreibahlen, die ruhiger arbeiten und einen höheren Vorschub vertragen.

Kegelreibahlen zum Ausreiben von Bohrungen für Morsekegel (Abb. 289, DIN 204, 1895) bestehen aus drei Reibahlen, die die Bohrung in drei Stufen herstellen. Die *Schrupp*reibahle *a* hat grobe Stufen, die *Vor*reibahle *b* Spanbrechernuten und die *Fertig*reibahle *c* dient zum Schlichten oder zur Nachbearbeitung abgenützter Kegelbohrungen. An Stelle von Schrupp- und Vorreibahlen werden vielfach auch *Maschinenschälreibahlen* verwendet.

Reibahlen sollen niemals zurückgedreht werden. Für hohe Fluchtgenauigkeit der geriebenen Bohrung verwendet man Reibahlen mit zylindrischem Führungszapfen, der sich in einer Bohrbüchse führt.

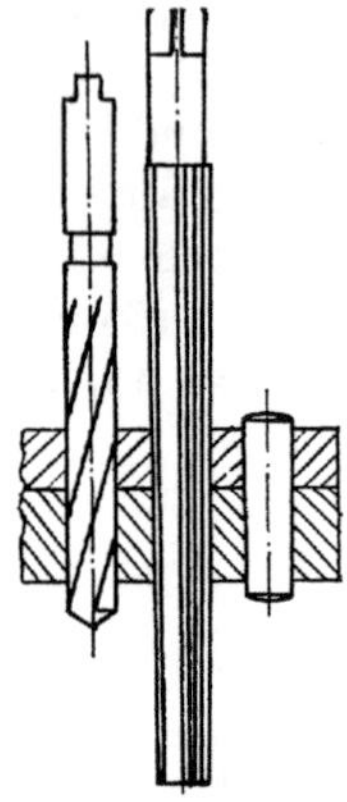

Abb. 288. Stiftlochreibahle

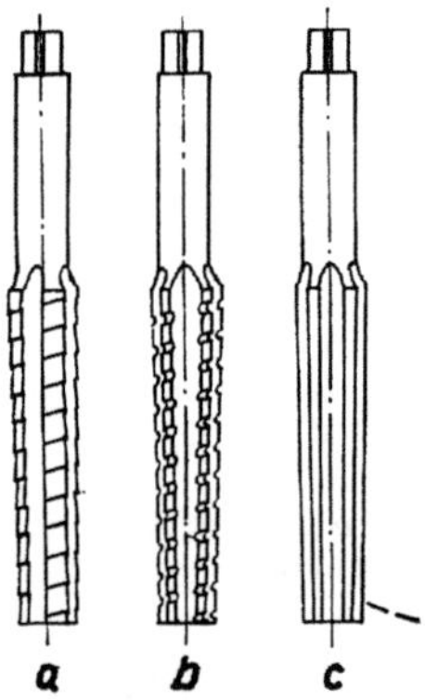

Abb. 289. Kegelreibahlen.
a Schruppreibahle, *b* Vorreibahle,
c Fertigreibahle

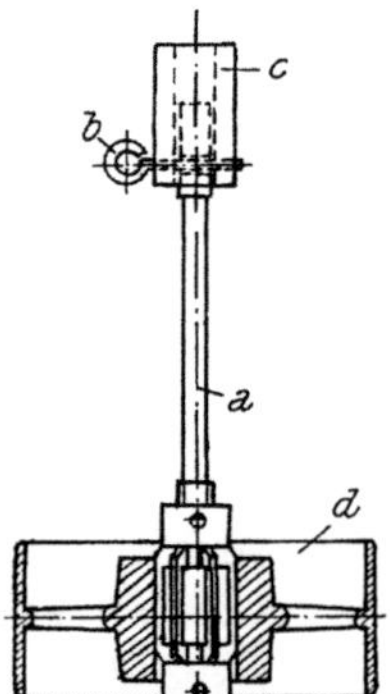

Abb. 290. Pendelreibahle.
a Reibahle, *b* Stift, *c* Mitnehmer,
d Werkstück

Pendelreibahlen (Abb. 290) werden hauptsächlich auf Revolverdrehmaschinen benutzt, wo die Achsen von Drehspindel und Werkzeug infolge Abnützung nicht mehr genau fluchten. Die Pendelreibahlen haben keine feste Einspannung, sondern pendeln an der Einspannstelle. Damit ihre Zähne nicht in der Bohrung klemmen, müssen sie nach rückwärts zu etwas verjüngt werden.

5,5 Spanneinrichtungen für Werkzeuge und Werkstücke

Größere Bohrer, Senker und Reibahlen besitzen meist einen *kegeligen Schaft mit Lappen.* Sie werden mit diesem direkt in den Innenkegel der Bohrspindel gesetzt, von der sie durch Reibung mitgenommen werden. Damit diese Mitnahme sicher erfolgen kann, muß die Bohrung frei von Spänen und sonstigen Verunreinigungen sein. Der Lappen dient zum Herausschlagen des Bohrers mit Hilfe des Austreibkeiles. Soll ein Werkzeug mit kleinerem Kegel in eine Bohrspindel mit größerem Kegel eingesetzt werden, so verwendet man *Einsatzhülsen* nach Abb. 291, wobei

Abb. 291. Einsatzhülsen

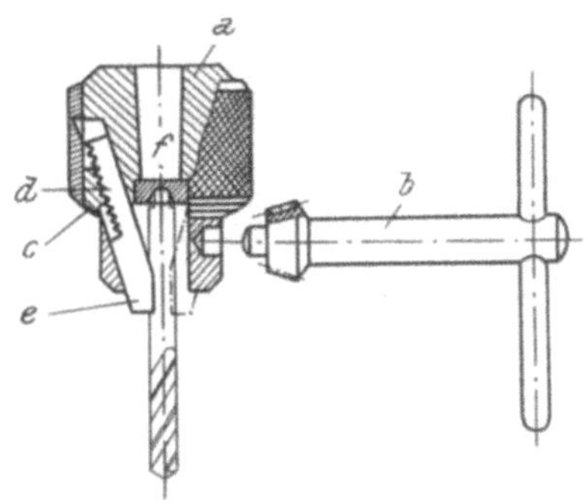

Abb. 292. Bohrerfutter mit zwei Backen. *a* Futterkörper, *b* Schlüssel mit Kegelritzel, *c* Planrad, *d* Gewinde, *e* Backe, *f* Scheibe

wegen eines genauen Rundlaufes nie mehr als zwei Hülsen verwendet werden sollen. Einsatzhülsen für Revolverdrehmaschinen sind außen zylindrisch.

Bohrer, Senker und Reibahlen *kleineren* Durchmessers besitzen einen *zylindrischen Schaft* zum Einspannen in Bohrerfutter. In Bohrerverlängerungen werden sie weich eingelötet.

In den *Bohrerfuttern* werden die Bohrer durch Reibung mitgenommen. Diese kann durch zwei oder drei Backen oder durch Spannzangen erzeugt werden. *Spannzangen* ergeben die größte Genauigkeit, besitzen jedoch nur kleinen Spannbereich.

Abb. 292 zeigt ein *Bohrerfutter mit drei Backen* (DIN 6349), dessen Futterkörper *a* mit einem Kegelschaft in die Bohrung der Bohrspindel gesteckt wird. Gespannt wird mittels eines gehärteten Schlüssels *b* über ein gehärtetes Planrad *c* und Gewinde *d*, sowie Keilwirkung der schräg zur Bohrachse geführten gehärteten Backen *e*. Das durch die drei Backen zentrierte Werkzeug stützt sich gegen eine eingesetzte gehärtete Scheibe *f* mit einer Nut, von der der Bohrer mit Mitnehmerlappen zwangläufig (formschlüssig) mitgenommen wird. Da diese Bohrfutter frei von Unwucht sind, sind sie auch für höhere Drehzahlen geeignet. Zur sicheren Mitnahme müssen alle Bohrfutter vor dem Einspannen der Werkzeuge

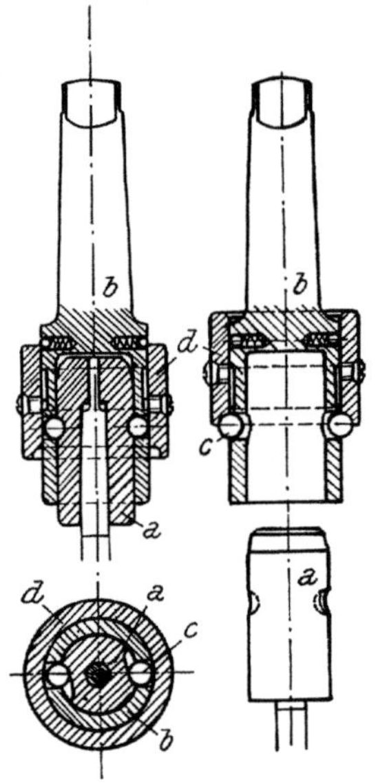

Abb. 293. Schnellwechselfutter. *a* Werkzeugkopf, *b* Kegelschaft, *c* Kugeln, *d* Hülse

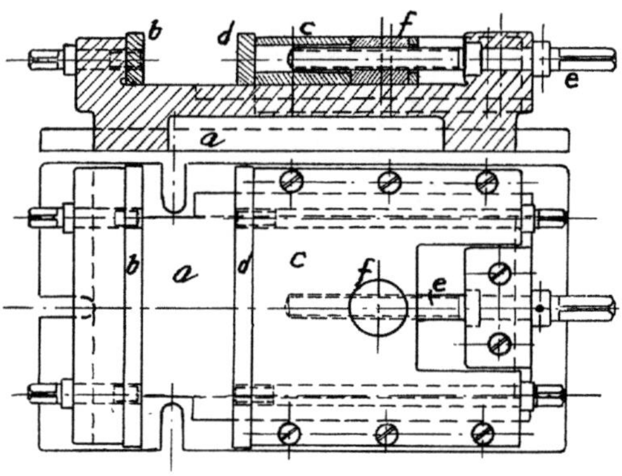

Abb. 294. Maschinenschraubstock. *a* Schraubstockunterteil, *b* feste Backe, *c* verschiebbarer Oberteil, *d* bewegliche Backe, *e* Spindel, *f* Mutter

sorgfältig von Spänen usw. gereinigt werden, da ansonsten die Reibung nicht gewährleistet ist.

Schnellwechselfutter (Abb. 293) gestatten ein Auswechseln der Werkzeuge ohne Abstellen der Maschine. Durch Hochschieben der Hülse *d* werden die Kugeln *c* nach außen freigegeben und nach außen geschleudert, so daß sie den Teil *a* nach unten loslassen. Nach Einschieben eines neuen Werkzeuges schiebt man *d* wieder herunter und kuppelt dadurch *a* mit *b*. (Jedes Werkzeug muß mit einem Kopf *a* versehen sein.) Schnellwechselfutter werden vor allem verwendet, wenn für ein Werkstück mehr Werkzeuge erforderlich sind, als Einspannstellen vorhanden sind.

Beim Bohren kleiner Löcher in schwere Werkstücke, die man auf die Grundplatte oder den Tisch der Bohrmaschine legt, genügt die durch ihr Gewicht hervorgerufene Reibung zur Erzeugung des erforderlichen Gegendrehmomentes. Beim Bohren größerer Löcher muß die Reibung durch Spanneisen, deren anderes Ende sich auf einer einstellbaren Unterlage befindet, vergrößert werden. Die zugehörigen Schrauben müssen sich möglichst nahe am Werkstück befinden (Hebelgesetz).

Kleinere prismatische Werkstücke spannt man in *Bohr-* oder *Maschinenschraubstöcken*, die auf dem Bohrmaschinentisch befestigt werden. Der einfache Maschinenschraubstock (Abb. 294, DIN 6370) besteht aus einem Unterteil *a* mit der festen, gehärteten, feilenartig aufgerauhten Backe *b* und dem Oberteil *c* mit der beweglichen Backe *d* und der Mutter *f*. Durch Drehen der Schraubenspindel *e* kann gespannt und entspannt werden. Das Werkstück soll in der Mitte gespannt werden. Niedrige Werkstücke sind durch prismatische Stahlklötze zu unterstützen, damit sie unter der Schnittkraft nicht nachgeben. Für keilförmige Stücke verwendet man Schraubstöcke mit einer schwenkbaren Backe.

Für *zylindrische* Werkstücke wird ein *Zentrierschraubstock* oder ein *Bohrprisma* zur Unterstützung verwendet.

Dünne Werkstücke (Bleche) werden mit Feilkloben festgehalten und auf eine Holzunterlage gelegt.

In der *Serienfertigung* verwendet man zum raschen Spannen gleicher Werkstücke Schraubstöcke mit *Exzenter*klemmung (kleiner Spannbereich), bei kurzen Arbeitsgängen mit *Preßluft*betätigung und vor allem *Bohrvorrichtungen*, durch die sich das Anreißen der Lochmitten erübrigt und die Spannzeiten verringert werden. Bei ihnen werden die Bohrwerkzeuge in gehärteten Bohrbüchsen geführt, die Werkstücke werden austauschbar.

Zum Bohren von Löchern in unterschiedlichen Richtungen verwendet man in der Einzelfertigung Schraubstöcke, die um eine *waagrechte Achse neigbar* sind.

5,6 Bohrmaschinen

5,61 Allgemeines

Bei den Bohrmaschinen mit *umlaufendem Werkzeug* macht dieses die Schnitt- und die Vorschubbewegung. Zu ihnen gehören die Senkrechtbohrmaschinen mit einer festgelagerten Spindel, die Mehrspindelbohrmaschinen, die Radialbohrmaschinen, die Waagerecht-Bohr- und Fräswerke, die tragbaren Bohrmaschinen und die handbetätigten Bohrmaschinen.

Bei den Bohrmaschinen mit *umlaufendem Werkstück* erhält das Werkstück die Schnittbewegung und das Werkzeug in der Regel die

Vorschubbewegung. Dadurch wird ein Verlaufen des Bohrwerkzeuges vermieden. Zu ihnen gehören einige Bauarten von Tieflochbohrmaschinen, Revolverbohrmaschinen und ähnliche Bauarten.

5,62 Senkrechtbohrmaschinen mit einer festgelagerten Spindel

Zu ihnen gehören die Tischbohrmaschinen, die Säulenbohrmaschinen, die Ständerbohrmaschinen, die Gewindebohrmaschinen, die Feinbohrwerke und die Koordinatenbohrmaschinen.

Ihre Hauptteile sind die Bohrspindel mit dem Bohrschlitten, das Schnitt- und Vorschubgetriebe, der Ständer und der Tisch.

Die *Tischbohrmaschinen* finden für Lochdurchmesser bis 10 mm Verwendung. Sie besitzen hohe Drehzahlen (besonders zum Bohren von Leichtmetall bis 20000 U/min). Man verwendet dann sorgfältig ausgewuchtete Stufenscheiben aus Leichtmetallegierungen mit Antrieb durch endlose Textil- oder Keilriemen. Die Antriebsscheibe befindet sich auf der Motorwelle und wird mit dieser zum Spannen und Entspannen beim Riemenumlegen verschoben. Der Vorschub erfolgt durch Handhebel. Nach dem Loslassen desselben geht die Bohrspindel durch Gewicht oder Federkraft wieder in ihre Ausgangslage. Die Grundplatte ist gleichzeitig Auflagefläche (Tisch) für das Werkstück.

Säulenbohrmaschinen (Abb. 295) werden bis ca. 25 mm Lochdurchmesser verwendet. Sie besitzen eine Säule *a*, die in der Grundplatte *b* befestigt ist und auf der sich der der Höhe nach verstellbare und auf ihr festklemmbare Tisch *c* und der Bohrspindelkasten *d* mit der Bohrspindel *e* und dem Schnitt- und Vorschubgetriebe befinden. Der Tisch *c* läßt sich meist um seinen Mittelpunkt und um die Säule schwenken, um alle Stellen des Werkstückes unter die Bohrspindel zu bringen. Die Bohrspindel besitzt (Abb. 296) an ihrem unteren Ende einen Hohlkegel *a* zur Aufnahme des Werkzeugschaftes oder des Futters. Durch ein Langloch *b* können diese mit einem Keil ausgetrieben werden. Größere Bohrmaschinen haben ein zweites Langloch *f* zur Aufnahme eines Querkeiles, durch welche die Kegel fest angepreßt und gegen Lösen gesichert werden. Bei Feinbohrmaschinen vermeidet man die Befestigung und das Austreiben durch Keile, um die Rundlaufgenauigkeit der Spindel nicht durch Schläge zu beeinträchtigen. Man verwendet bei diesen Gewinde zum Anziehen. Die Bohrspindel *c* macht in einer Hülse (Pinole) *d* die Dreh- und mit dieser die Vorschubbewegung. Zu diesem Zweck ist sie an ihrem oberen Ende mit einer Mehrfachkeilwelle *g* versehen, die sich in dem Antriebszahnrad *e* verschiebt. Auf der Bohrspindelhülse *d* ist eine Zahnstange *h* angebracht, die durch ein Zahnradritzel *i* betätigt wird.

Zum Antrieb der Bohrspindel finden bei kleineren Leistungen Stufenscheibengetriebe (der elastische Riemen schont den Bohrer) und

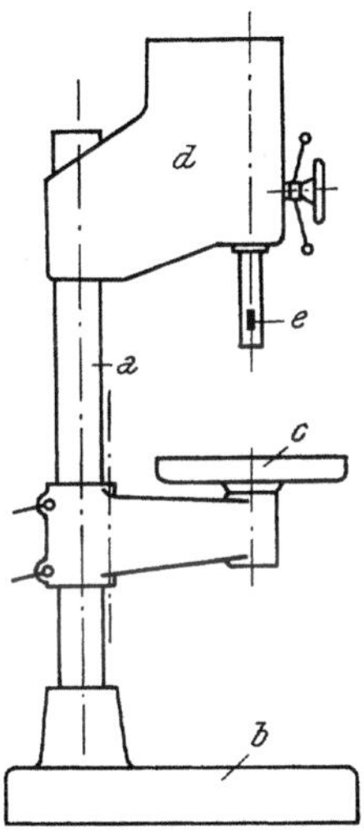

Abb. 295. Säulenbohrmaschine (schematisch). *a* Säule, *b* Grundplatte, *c* Tisch, *d* Bohrspindelkasten, *e* Bohrspindel

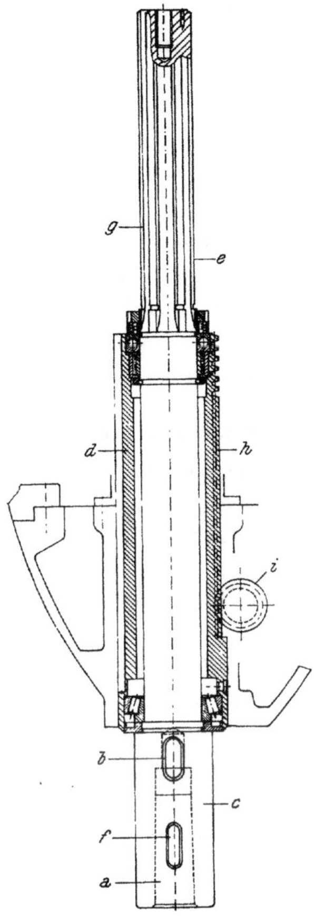

Abb. 296. Bohrspindel. *a* Hohlkegel zur Aufnahme des Werkzeugschaftes, *b* Langloch zum Austreiben des Werkzeuges, *c* Bohrspindel, *d* Bohrspindelhülse, *e* Antriebsrad, *f* Langloch zur Aufnahme eines Querkeiles, *g* Mehrfachkeilwelle, *h* Zahnstange, *i* Zahnritzel

stufenlose mechanische Getriebe, für größere Leistungen Zahnradgetriebe, häufig in Verbindung mit polumschaltbaren Motoren, Verwendung. Wegen der verschiedenen Arbeiten (Bohren, Reiben, Gewindeschneiden, usw.), Werkstoffe und Lochdurchmesser, ist ein großer Drehzahlbereich erforderlich.

Während bei kleineren Lochdurchmessern der Vorschub meist durch Handhebel erfolgt, die sich auf der Welle des Ritzels *i* befinden, besitzen

Bohrmaschinen für größere Lochdurchmesser besondere Vorschubgetriebe, deren Antrieb wie bei den Drehmaschinen von der Arbeitsspindel abgeleitet wird. Von diesen wird eine Schnecke angetrieben, die mit einem Schneckenrad auf der Welle des Ritzels *i* in Eingriff steht.

Durch das Vorschubgetriebe muß der Bohrer rasch vor- und zurückgebracht werden, der selbsttätige Vorschub dem Werkstoff angepaßt und bei Erreichen bestimmter Tiefe herabgesetzt und schließlich selbsttätig abgeschaltet werden können. Bei Durchtritt des Wendelbohrers sinkt bei Freiwerden der Querschneide der Vorschubwiderstand bedeutend, so daß die Bohrmaschine vorfedert und den Bohrer wegen des erhöhten Drehmomentes gefährdet. Anwendung finden Zahnrad- und Flüssigkeitsgetriebe mit Programmsteuerung.

Man unterscheidet drei Arbeitsweisen:

Beim *nichtselbsttätigen* Bohren werden Schnitt- und Vorschubgetriebe durch den Bedienungsmann geschaltet.

Beim *halbselbsttätigen Bohren* erfolgt durch den Bedienungsmann das Ein- und Ausspannen des Werkstückes und das Einrücken der Maschine, welche sich selbsttätig stillsetzt, so daß ein Mann mehrere Maschinen bedienen kann.

Beim *vollselbsttätigen Bohren* wird die Bohrspindel durch Kurvenscheiben oder Nocken und Nockenschalter selbsttätig auf- und abbewegt. Zweckmäßigerweise werden hier *Schwenktische* verwendet, auf denen der Bedienungsmann die Werkstücke im Takt der Auf- und Abwärtsbewegung spannt.

Ständerbohrmaschinen (Abb. 297) besitzen große Starrheit und Antriebsleistung und finden für Lochdurchmesser bis 80 mm Verwendung. Bei ihnen sind Tisch *c* und Bohrspindelstock *d* der Höhe nach auf dem Ständer *a* verschieb- und feststellbar.

Gewindebohrmaschinen besitzen einen raschen Rücklauf für das Herausdrehen der Gewindebohrer. Eine Sicherheitskupplung (Abb. 298) schützt den Gewindebohrer vor Bruch. Bei weichen Werkstoffen wird der Vorschub durch eine Gewindepatrone und Leitmutter mit der Steigung des Gewindebohrers erzeugt. Diese sind auswechselbar.

Auf der *Feinbohrmaschine* erfolgt das Feinstbohren von Motorzylindern hoher Oberflächengüte und Formgenauigkeit durch einschneidige Hartmetall- oder Sinteroxid-Werkzeuge mit hoher Schnittgeschwindigkeit bei kleinem Vorschub (siehe auch Abschnitt 4,426 und 8,1). Zur Erzielung eines ruhigen Laufes wird die Schnittbewegung über endlose Riemen und die Vorschubbewegung häufig durch Flüssigkeitsgetriebe erzeugt. Die Feinbohrspindeln sind auswechselbar, um möglichst dicke, der Bohrung angepaßte Spindeln verwenden zu können. Durch besondere Werkzeughalter kann eine Verstellung der Bohrwerkzeuge auf genauen Durchmesser während des Laufes nach einer einstellbaren Skala erfolgen.

Zur Herstellung genauer Bohrungen mit genauem Abstand (Musterstücke, Bohrlehren, usw.) dienen *Koordinatenbohrmaschinen*. Es sind dies Feinbohrwerke mit Koordinatenmeßtischen zum genauen Einstellen der Werkstücke, die zum Ausschalten unerwünschter Temperatur-

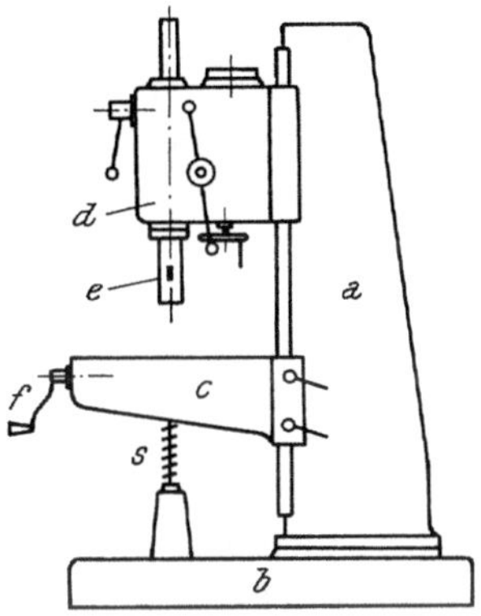

Abb. 297. Ständerbohrmaschine (schematisch). *a* Ständer, *b* Grundplatte, *c* Bohrtisch, *d* Bohrspindelstock, *e* Bohrspindel, *f* Kurbel zur Tischhöhenverstellung, *s* Spindel

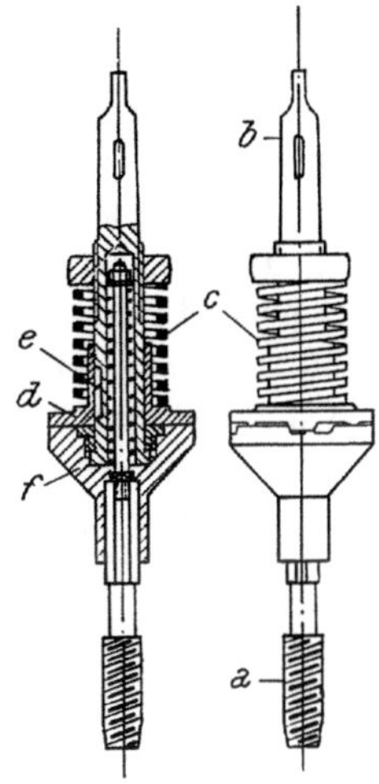

Abb. 298. Sicherheitskupplung für Gewindebohrer. *a* Gewindebohrer, *b* Kegelschaft, *c* Feder, *d* axial verschiebliche, durch Feder *e* mitgenommene Kupplungsscheibe mit Zähnen, *f* mit Gewindebohrer festverbundene Kupplungsscheibe mit Zahnlücken

einflüsse in klimatisierten Räumen aufgestellt werden. Ständer und Arbeitsspindel müssen möglichst starr und die Spindellagerung sehr genau sein. Zum Vorbohren werden Wendelbohrer, zum Aufbohren Senker (Aufbohrer), zum Feinbohren gut ausgewuchtete Bohrstangen mit einstellbaren Hartmetallschneiden, zum genauen Ausrichten der Bohrspindel Einstellgeräte mit Meßuhren (für Bohrungen, Planflächen und Außendurchmesser) und Einstellmikroskope (für Bezugsflächen) und Ankörngeräte verwendet. Genauigkeitsrundtische gestatten das Arbeiten mit Polarkoordinaten. Das Einstellen in zwei rechtwinkelige Koordinatenrichtungen kann durch Verschieben des Werkstückes mit einem Kreuzschlitten oder Verschieben des Werkstückes in einer Richtung und Verschieben der Bohrspindel auf einer besonderen Führung in der dazu senkrechten Richtung erfolgen. Für die Genauigkeit der Bohrungsabstände der Werkstücke sind die Meßeinrichtungen maßgebend, wobei drei Verfahren Anwendung finden:

Parallelendmaße für nicht zu große Abstände. Endmaßsätze der gewünschten Länge liegen auf der Tischführung und stützen sich gegen einen festen Anschlag. Damit der Schlitten mit stets gleichbleibender Kraft gegen die Endmaße gedrückt wird, verwendet man am Schlitten eine Meßuhr, deren Zeiger beim Einstellen stets den gleichen Wert anzeigen soll. Das Einstellen der Maschine ist zeitraubend und schwierig, wobei Fehler möglich sind (Genauigkeit 0,01 mm).

Genau gearbeitete Meßspindeln mit großer *Ablesetrommel* und *Nonius*, deren Herstellungsfehler durch eine Korrektionseinrichtung, die in Verbindung mit der Ablesetrommel steht, aufgehoben werden. Zur Grobeinstellung dienen Hilfsskalen mit mm-Teilung. Durch Abnützung von Spindel und Mutter, Veränderung des Schmierfilmes zwischen beiden und die Wärmedehnung der Spindel wird die Genauigkeit verringert.

Genau hergestellte, von allen Beanspruchungen freie *Maßstäbe* (*-spindeln*), die mit *Mikroskopen* abgelesen werden. Die Verstellung der Schlitten erfolgt durch Zahnrad und Zahnstange.

Die Schlitten müssen sehr leicht laufen und geringes Spiel besitzen, damit sie beim Verschieben nicht ecken und sich beim Festspannen nicht verstellen. Sie laufen häufig auf Walzkörpern zwischen gehärteten und geschliffenen Stahlschienen. Meist werden Klemmeinrichtungen verwendet, die sich bei Beendigung der Einstellbewegung selbsttätig schließen. Zur Herabsetzung der Nebenzeiten besitzen viele Maschinen Vorwähleinrichtungen für Drehzahlen und Vorschübe, Programmschaltungen und vereinzelt schon Lochbandsteuerung (Lochbänder in der Arbeitsvorbereitung hergestellt).

5,63 Vielspindelbohrmaschinen

Bei der *Reihenbohrmaschine* sind mehrere Bohrspindeln nebeneinander auf einem gemeinsamen Tisch angeordnet, um mehrere Arbeitsgänge in einem Werkstück (Bohren, Senken, Reiben, Gewindeschneiden) nacheinander durchführen zu können. Das Werkstück wird mit der Spannvorrichtung vom Bedienungsmann von Spindel zu Spindel verschoben.

Revolverbohrmaschinen ersetzen weitgehend die Reihenbohrmaschinen. Diese besitzen einen Revolverkopf mit in der Regel 6 Bohrspindeln, die mit ihren Bohrwerkzeugen in beliebiger Reihenfolge eingesetzt werden können. Die Schaltung des Kopfes erfolgt durch ein Malteserkreuzgetriebe. Zur Vermeidung von Unfällen wird meist nur das arbeitende Werkzeug angetrieben. Durch eine Programmsteuerung können

Drehzahlen, Vorschübe und Eilrückläufe selbsttätig ablaufen, so daß der Bedienungsmann nur das Werkstück ein- und ausspannen muß.

Durch *gleichzeitiges Bohren aller Löcher einer Richtung* erzielt man in der Serienfertigung eine *Verkürzung der Hauptzeiten.* Diese ist bei gleich tiefen Löchern gleichen Durchmessers besonders wirksam.

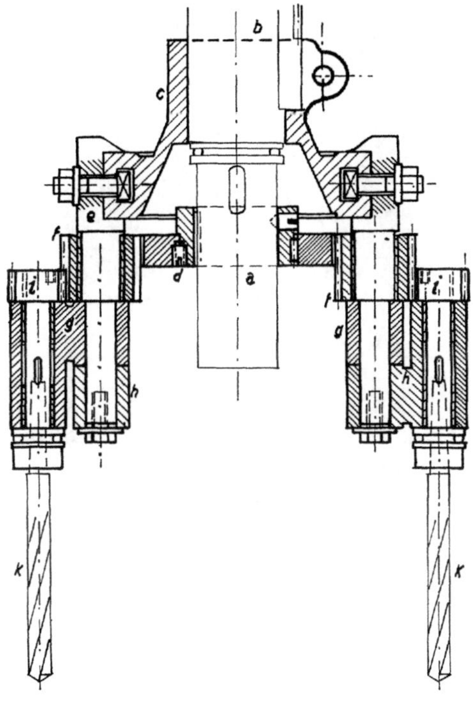

Abb. 299. Vielspindelbohrkopf. *a* Bohrspindel, *b* Bohrspindelhülse, *c* Bohrkopfkörper, *d* Stirnrad, *e* feste Achse, *f* Zwischenräder, *g* und *h* verstellbare Arme, *i* Zahnradritzel, *k* Wendelbohrer

Vielspindelbohrköpfe (Abb. 299) sind Zusatzapparate, die auf der Bohrspindelhülse einspindeliger Bohrmaschinen aufgesteckt werden können. Auf der Bohrspindel *a* wird das Stirnrad *d* befestigt. Der auf der Bohrspindelhülse *b* befestigte Bohrkörper *c* besitzt zwei bis sechs feste Achsen *e*, die mit T-Schrauben in beliebiger Stellung festgeklemmt werden können. Die Zahnradritzel *i* der Bohrspindeln werden durch lose auf *e* laufende Zwischenräder *f* angetrieben. Die Arme *g* und *h* können unter beliebigem Winkel, unabhängig voneinander verstellt werden.

Die Spindeln von *Vielspindelbohrmaschinen* (Abb. 300) befinden sich auf einem Bohrschlitten und werden durch ausziehbare doppelte Gelenkwellen angetrieben. Der Antrieb der Gelenkwellen erfolgt über auswechselbare Zahnräder, so daß jede Bohrspindel die für ihre Arbeit beste Drehzahl erhält. Die Bohrspindelköpfe werden in verstellbaren Führungen oder besonderen Bohrplatten dem Bohrbild entsprechend seitlich verstellt.

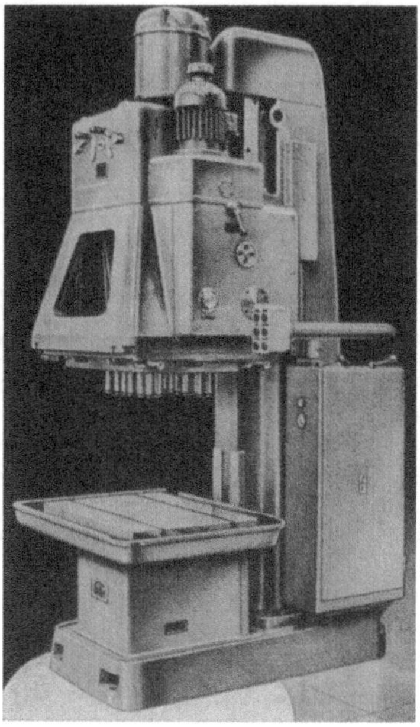

Abb. 300. Vielspindelbohrmaschine

Vielspindelbohrmaschinen werden auch mit *waagrechten* Bohrspindeln ausgeführt. Auf Transferstraßen finden waagrechte und senkrechte Bohrschlitten gleichzeitig Verwendung, so daß alle Bohrungen auch komplizierter Werkstücke gleichzeitig hergestellt werden können.

Um die Nebenzeiten für andere Werkstücke herabzusetzen, können Vielspindelbohrköpfe gewechselt werden. Für die Fertigung von Ersatzteilen und auslaufenden Serien haben sich *Bohrkopfmagazine* mit *automatischer Wechseleinrichtung* bewährt[1]. Sie finden auf Sondermaschinen und numerisch gesteuerten Bearbeitungszentren Verwendung.

---

[1] Klaar, J., Stöckermann, Th.: Einsatz automatisch wechselbarer Mehrspindelbohrköpfe. Werkst. u. Betr. *1974*, 717—730. — Buttstädt, K.: Mehrspindelbohrmaschinen mit variablem Bohrkopfwechselsystem. Werkst. u. Betr. *1974*, 731—735. — Fritz, A.: Mehrspindelbohrkopfschaltautomat zur Fertigung von mittleren und kleinen Serien. Werkst. u. Betr. *1974*, 737—739.

5,64 Radial-(Ausleger-)Bohrmaschinen

Diese dienen zum Bohren großer und schwerer Werkstücke, die beim Bohren mehrerer Löcher nicht verschoben werden können. Ihre Bohrspindel *o* befindet sich in einem an einem schwenkbaren Arm längsverschieblichen Schlitten *n* (Abb. 301). Auf einer feststehenden Säule *a* ist ein Mantelrohr *b* oben in Wälzlagern und unten in Rollen, die auf

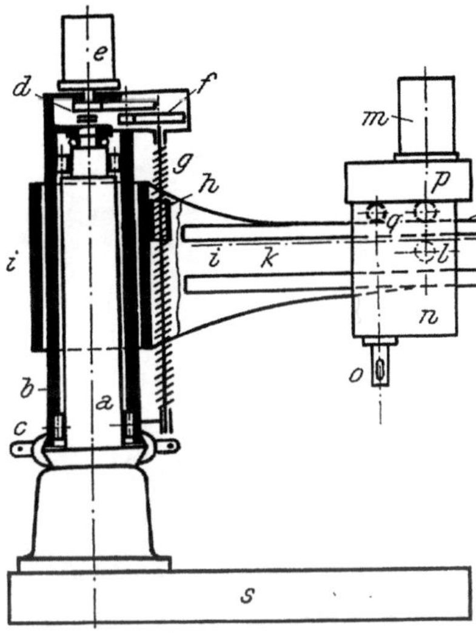

Abb. 301. Radialbohrmaschine. *a* Feste Säule, *b* Mantelrohr, *c* Doppelkegelklemmring, *d* Schleifringe, *e* Hubmotor, *f* Zahnradvorgelege, *g* Schraubenspindel, *h* Mutter, *i* Ausleger, *k* Zahnstange, *l* Ritzel zum Verschieben des Bohrschlittens *n*, *m* Antriebsmotor zur Bohrspindel, *o* Bohrspindel, *p* Getriebe, *q* Wälzlager, *r* Stahlband, *s* Grundplatte

gehärteten Federstahlbändern laufen, drehbar gelagert. Nach Einstellen des Bohrers wird das Mantelrohr *b* mit der Innensäule *a* durch einen geschlitzten Doppelkegelklemmring *c* von Hand, selbstauslösenden Elektromotor, Elektromagnet oder hydraulisch verspannt. Gleichzeitig wird auch der Ausleger *i*, der das Mantelrohr rohrförmig umgreift, festgeklemmt. Er ist auf Biegung und Verdrehung beansprucht und als Träger gleicher Festigkeit mit Zickzackverrippung ausgeführt. Seine Höhenverstellung erfolgt über Mutter *h*, senkrechte Spindel *g*, doppeltes Zahnradvorgelege *f* und Flanschmotor *e*, dem der Strom durch Schleifringe *d* zugeführt wird. Der Bohrschlitten *n* wird mit zwei Kugellagern *q* auf einem über die Lauffläche des Auslegers gespannten Stahlband *r* geführt und durch eine, auf einer Exzenterwelle befindliche, elektrisch oder hydraulisch betätigte Klemmstütze während des Bohrens auf dem

Ausleger i festgespannt. Um den Schlitten n mittels Zahnrad l und Zahnstange k leicht verschieben zu können, befindet sich sein Schwerpunkt über der Führungsbahn. Auf dem Bohrschlitten n befinden sich der Antriebsmotor m mit dem Haupt- und Vorschubgetriebe p, welche häufig mit Vorwählschaltungen versehen sind und sämtliche Bedienungselemente in Greifweite besitzen, um die Nebenzeiten zu verringern.

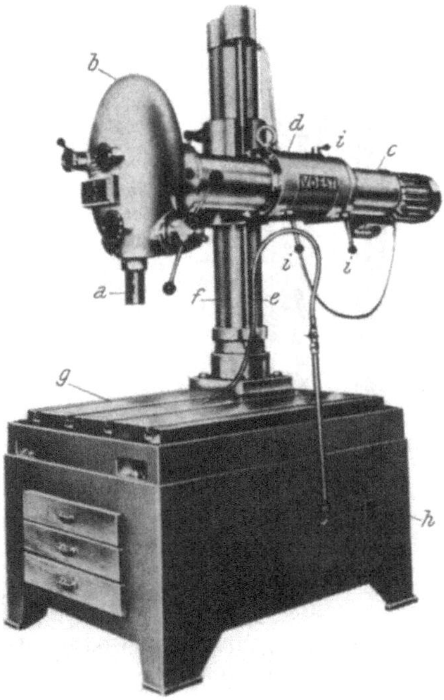

Abb. 302. Auslegerbohrmaschine (VÖEST). *a* Bohrspindel, *b* Bohrkopf, *c* Ausleger, *d* Kreuzstück, *e* Schraubenspindel, *f* Säule, *g* Grundplatte, *h* Tisch, *i* Rastbolzen

Bei Anlagen zum Bohren von *Blechplatten* verwendet man Radialbohrmaschinen *ohne Höhenverstellung* des Auslegers mit mehreren Aufspanntischen, welche das Auf- und Abräumen der Werkstücke während der Zeit ermöglichen, in der ein anderes Werkstück gebohrt wird. Dadurch wird die Maschine besser ausgenützt.

Bei der *Auslegerbohrmaschine* nach Abb. 302 befindet sich der Bohrkopf b mit der Bohrspindel a auf einem Ausleger c radial durch eine Kurbel verschiebbar. Dieser Ausleger c ist in einem Kreuzstück d nach Lösen eines Rastbolzens i schwenkbar, so daß auch schräge Löcher gebohrt werden können (eine neue Verriegelung kann in beiden Schwenkrichtungen bis zur Waagrechten alle 15° erfolgen). Das Kreuzstück *d* ist um eine Säule *f* schwenkbar und durch eine Spindel *e* der Höhe nach motorisch verschiebbar. Die Säule *f* ist auf einer Grundplatte *g* festgeschraubt, welche auf einem Tisch *h* aufliegt.

Für schwere Werkstücke des Stahl- und Schiffbaues können *auf Portalkranen angeordnete* Radialbohrmaschinen Verwendung finden.

Universalradialbohrmaschinen dienen zum Bohren schräger Löcher. Sie werden meist mit einem Kran neben das Werkstück auf die Montageplatte gestellt und befestigt. Die Säule ist auf einem kurzen Bett zu verschieben, der Ausleger kann in der Höhe verstellt, mit der Säule um 360° geschwenkt und schräg eingestellt werden. Der Bohrkopf ist in zwei Ebenen zu drehen. Bei kleinen Werkstücken zieht man vielfach die Verwendung normaler Radialbohrmaschinen, die mit Schwenktischen versehen sind, vor.

Eine Weiterentwicklung ist das *Starr-Radialbohrwerk*, das eine zweite, geschliffene Stahlsäule besitzt, durch welche die Durchbiegung des Auslegers sehr verringert wird. Es kann durch Verwendung eines verschiebbaren Tisches zum Feinbohren und Lehrenbohren verwendet werden.

Bei den Radialbohrmaschinen sind numerische Steuerungen im steten Vordringen.

5,65 Waagrechtbohr- und Fräswerke

Sie dienen zum Bohren mit Wendelbohrern, zum Senken, Reiben, Ausbohren mit Bohrstangen und Bohrköpfen, Drehen von Außen- und Innenkegeln, Abdrehen von Flanschen mit Flanschensupporten, Fräsen horizontaler und vertikaler Flächen mit Stirnfräsern und Messerköpfen und zum Gewindeschneiden und Nutenziehen an größeren und komplizierteren Werkstücken in einer Aufspannung, so daß Arbeitsgänge auf anderen Maschinen mit den erforderlichen Aufspannungen eingespart werden können.

Die Hauptteile des Waagrechtbohr- und Fräswerkes sind der Spindelstock mit dem Haupt- und Vorschubgetriebe, der Ständer, das Bett, der Tisch und der Gegenhalter. Man unterscheidet Maschinen mit rechts oder links vom Tisch angeordnetem Ständer, der gegen die Längsachse versetzt ist. Die Rechtsständerbauart wird überwiegend gebaut, da sie für Rechtshänder günstiger ist.

Nach Abb. 303 werden Bohrspindel *d* und Planscheibe *h* getrennt angetrieben; erstere erhält auch eine Vorschubbewegung. Der Antrieb erfolgt durch eine Riemenscheibe *a*, die am rechten Ende außen Stirnradverzahnung und innen Kupplungsverzahnung besitzt. Die Spindel *d* ist mit zwei Nuten und zwei Warzenfedern in der Hohlspindel *e* längsverschieblich gelagert. Die doppelte Kupplungshülse *m* ist auf *e* längsverschieblich und wird durch eine Gleitfeder mitgenommen. Der Antrieb Planscheibe *h* erfolgt über Ritzel *q*, Vorlegewelle *p*, Zahnrad *o* und ver-

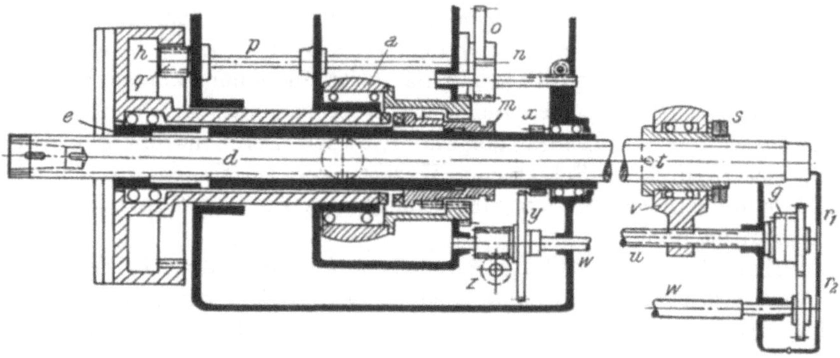

Abb. 303. Spindelstock eines Waagrechtbohr- und Fräswerkes (schematisch). *a* Riemenscheibe, *d* Bohrspindel mit zwei Nuten, *e* Hohlspindel, *g* Sicherheitsscherstift, *h* Planscheibe, *m* Kupplungshülse, *n* Zwischenrad, *o* Zahnrad, *p* Vorgelegewelle, *q* Ritzel, r_1 und r_2 Stirnräder, *s* Bohrspindelhülse, *t* Klemmschraube, *u* Vorschubspindel, *v* Vorschubschlitten, *w* Vorgelegewelle, *y* und *x* Stirnräder, *z* Schaltrad

schiebbares Zwischenrad *n* von der Riemenscheibe *a*. Je nach der Stellung von *m* und *n* ergeben sich folgende Möglichkeiten:

m rechts, *n* rechts; Bohrspindel allein mit hoher Drehzahl,

m links, *n* links; Planscheibe *und* Bohrspindel mit kleiner Drehzahl,

m Mitte, *n* links; Planscheibe allein mit kleiner Drehzahl,

m rechts, *n* links; Bohrspindel hohe, Planscheibe niedrige Drehzahl.

Zur Bearbeitung von Planflächen werden Querschieber auf der Planscheibe verwendet.

Nach der Konstruktion unterscheidet man zwei Bauarten:

Das *Bohrwerk mit senkrecht verschiebbarem Spindelstock* (Abb. 304, *Tischbohrwerk*) dient zur Bearbeitung mittlerer und großer Werkstücke. Auf dem Bett *e* ist der Kreuzschlitten, bestehend aus Bettschlitten *f*, Querschlitten *g* und Aufspanntisch *h* verschiebbar. Der Aufspanntisch *h* kann um eine senkrechte Achse geschwenkt werden. Der Spindelkasten *b* ist auf zwei senkrechten Führungssäulen und dem Ständer *a* senkrecht verschiebbar. Sein Gewicht wird meist durch Gegengewichte ausgeglichen. Die Drehzahlen für Arbeitsspindel *d* und Planscheibe *c*, die Vorschübe der Schlitten *f* und *g*, sowie Klemmen und Lösen derselben sind von einer schwenkbaren Bedienungstafel fernsteuerbar. Lange Bohrspindeln können durch einen nicht dargestellten Setzstock, der am Bettende angebracht wird, unterstützt werden.

Um genaue Abstände ohne Anreißen einhalten zu können, befinden sich auf Spindel- und Spindelstockführung, am Bett und Längsschlitten

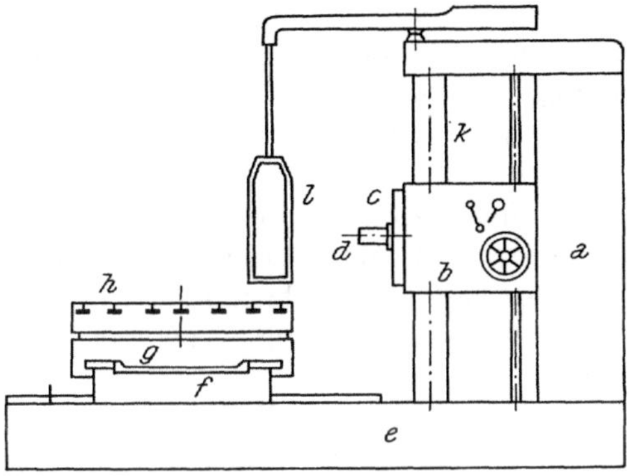

Abb. 304. Tischbohrwerk (schematisch). *a* Hauptständer, *b* Spindelkasten, *c* Planscheibe, *d* Bohrspindel, *e* Bett, *f* Bettschlitten, *g* Querschlitten, *h* Aufspanntisch, *l* schwenkbare Bedienungstafel

Maßstäbe mit Nonien oder Ableselupen, Endmaße mit Meßuhren oder andere Feinmeßeinrichtungen. Eine Verringerung der Nebenzeiten erzielt man durch Fernsteuerung der Drehzahlen und Vorschübe von Spindel und Tisch vom Spindelstock bzw. einem mit Druckknöpfen versehenen tragbaren Steuerkästchen und automatische Klemmung nach Beendigung der Bewegungen. Eine weitere Herabsetzung der Nebenzeiten ergeben *Repetier-* und *numerische Steuerungen.* Bei ersteren wird die von Hand durchgeführte erste Einstellung gespeichert und kann später beliebig oft wiederholt werden. Letztere besitzen Werkzeugmagazine für den selbsttätigen Werkzeugwechsel und Streckensteuerungen für zwei Verschiebewege und eine Drehung des Tisches, Höhenverstellung des Schlittens und radiale Verstellung des Planscheibenschiebers. Die letzte Entwicklung ist das *Bearbeitungszentrum,* das universell eingesetzt werden kann.

Das *Bohrwerk* mit *senkrecht verschiebbarem Spindelstock* und *waagrecht verschiebbarem Ständer* (*Plattenbohrwerk*) wird für sehr große Werkstücke verwendet. Bohrwerk, Werkstück und Setzstock werden auf eine verrippte, mit T-Nuten versehene Aufspannplatte gespannt.

5,66 Tragbare Bohrmaschinen

Diese werden in Dampfkesselfabriken, Brückenbauanstalten, Schiffswerften und in Zusammenbau- und Montagewerkstätten viel verwendet. Sie dienen zum Bohren von Schrauben- und Nietlöchern, zum Reiben nicht genau aufeinander passender Nietlöcher, zum Eindrehen von Schrauben in Gewindelöcher, Einwalzen von Siederohren, usw.

Elektrisch angetriebene Handbohrmaschinen bestehen aus einem kleinen Elektromotor, der die Bohrspindel über ein Zahnradvorgelege antreibt. Sie haben geringe Abnützung, sind jedoch empfindlich gegen längere Überlastung. Gewichtsverminderung erzielt man bei ihnen durch Verwendung von Hochfrequenz und von Kunststoff- oder Aluminiumgehäusen.

*Preßluft*bohrmaschinen erhalten ihren Antrieb durch einen Mehrzylinderdruckluftmotor oder eine Druckluftturbine. Sie bleiben bei Überlastung ohne Beschädigung stehen, haben ein kleineres Gewicht, jedoch größere Abnützung und Energieverbrauch als die elektrischen Handbohrmaschinen. Man verwendet sie meistens in Betrieben, die bereits aus anderen Gründen eine Preßluftanlage haben.

Bohrmaschinen mit *Antrieb durch biegsame Welle* werden zur Herstellung von Preßformen, Gesenken, Kokillen, usw. vielfach verwendet. Als Werkzeuge dienen außer Wendelbohrern und Senkern, Schraubenzieher, Schleifscheiben, Fräser, Feilen und kleine Blechscheren.

5,67 Bohrmaschinen mit feststehendem Werkzeug

Bei diesen macht das Werkstück die drehende Arbeitsbewegung. Dadurch erzielt man den Vorteil, daß sich beim Bohren tiefer Löcher (siehe Abschnitt 4,49 *Waagerechttieflochbohrmaschinen*) das Werkzeug nicht so leicht verläuft und daß die Schneidflüssigkeit einfacher zuzuführen ist.

Bei den *Waagrecht*- und *Senkrechtbohrmaschinen* mit *Revolverkopf* (ähnlich den Revolver- und Karusseldrehmaschinen, siehe Abschnitt 4,45 und 4,47) werden Arbeiten durchgeführt, bei denen mehrere Arbeitsstufen vorkommen, wie Zentrieren, Vorbohren, Aufbohren, Senken, Vor- und Fertigreiben, usw. Diese in der Serienfertigung eingesetzten Maschinen finden für Werkstücke Verwendung, die sich in Drehung versetzen lassen.

6. Das Fräsen

6,1 Allgemeines

Es findet Anwendung zur Herstellung ebener oder profilierter, durchlaufender oder unterbrochener, nicht zu langer oder zu schmaler Flächen, nicht umlaufender zylindrischer Flächen an Kurbeln, Hebeln, usw., zur Herstellung von Werkzeugen, Zahnrädern und Gesenken verschiedener Art, zur Herstellung von Keilnuten, Schwalbenschwanz- und T-Nuten, usw. Wegen seiner vielen Zähne ist der Fräser ein sehr leistungsfähiges, aber auch sehr teures Werkzeug.

Beim Fräsen macht der Fräser die rotierende Schnittbewegung und das Werkstück die Vorschubbewegung.

6,2 Die Fräser

Nach der Zahnform unterscheidet man Fräser mit spitzen (gefrästen) Zähnen, Fräser mit hinterdrehten (hinterschliffenen) Zähnen und Fräser mit eingesetzten Zähnen (Fräs- oder Messerköpfe).

Fräser mit spitzen (gefrästen) Zähnen (Abb. 305) besitzen in der Regel einen positiven Spanwinkel γ, dessen Größe sowie die Nutenform und Zähnezahl vom zu bearbeitenden Werkstoff abhängen (Typen H, N und W)[1]. Ihre Spannuten werden gefräst, wobei der dazu verwendete Formfräser (Abb. 318) bei geraden Nuten eine ebene Fläche aufweisen kann, bei Schraubennuten jedoch zwei Kegelflächen besitzen muß. Nach dem Härten bzw. eingetretener Abnützung wird der Fräser zuerst rund und dann an der Freifläche scharf geschliffen (siehe Abschnitt 7,45), bis die beim Rundschleifen entstandene Fase gerade noch erkennbar ist. Man erzielt dadurch ein gleichmäßiges Arbeiten sämtlicher Fräserzähne. Fräser mit gefrästen Zähnen werden zur Bearbeitung ebener Flächen verwendet. *Walzenfräser* (DIN 884, 1892, Abb. 307, 308) besitzen ihre Zähne auf der Mantelfläche, *Stirnfräser* (DIN 326, 327, 8026, 8027,

---

[1] DIN 1836.

Abb. 310) auf der Stirnfläche und *Mantelstirnfräser* (DIN 844, 845, 8044, 8045, Abb. 314, 317) auf der Stirn- und Mantelfläche.

Große ebene Flächen können durch Walzenfräser (Walzfräsen) oder durch Stirnfräser und stirnseitig schneidende Fräsköpfe (Stirnfräsen) hergestellt werden. Das *Stirnfräsen*, das meist auf Senkrechtfräsma-

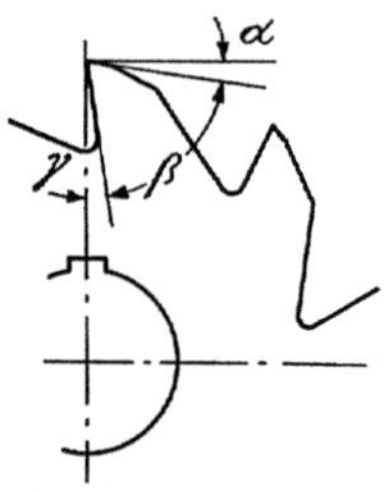

Abb. 305. Fräser mit gefrästen Zähnen. α Freiwinkel, β Keilwinkel, γ Spanwinkel

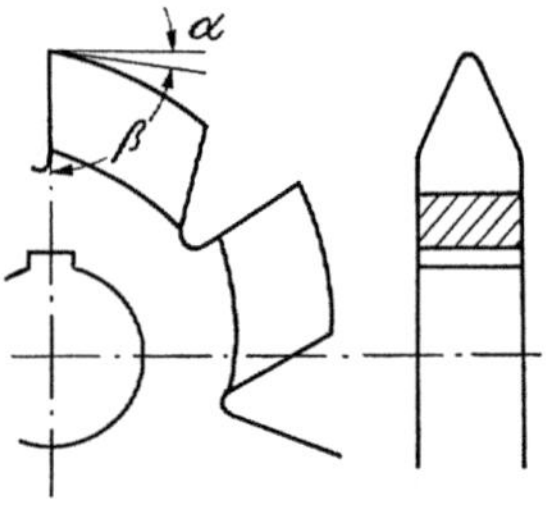

Abb. 306. Fräser mit hinterdrehten Zähnen. α Freiwinkel, β Keilwinkel

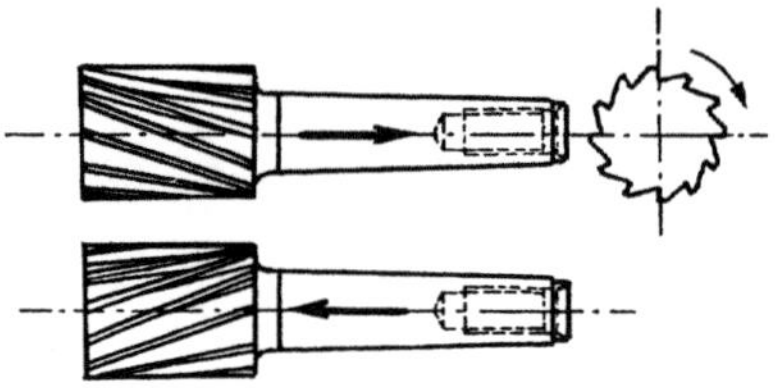

Abb. 307. Axialschub und Schneidrichtung nach DIN 857

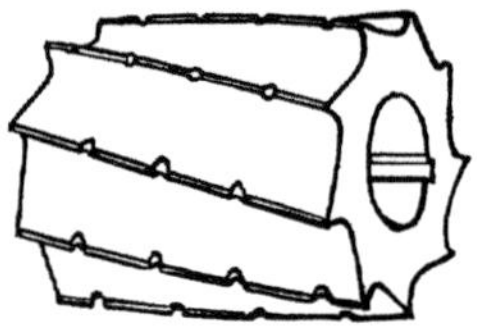

Abb. 308. Walzenfräser mit schraubenförmigen Nuten

schinen durchgeführt wird, hat gegenüber dem *Walzenfräsen* eine Reihe von Vorteilen:

Die Flächen werden genau eben, da sich der stets vorhandene Umfangsschlag des Fräsers hier nicht auswirkt,

die Schwankungen der Schnittkraft sind sehr gering, da die Spanungsdicke annähernd gleich bleibt und stets viele Zähne gleichzeitig arbeiten und

die Fräser können kurz (größere Starrheit) eingespannt werden.

Walzenfräser werden stets mit schraubenförmigen Nuten ausgeführt, damit mehrere Zähne im Eingriff sind und die Fräsmaschine gleichmäßiger belastet wird. Dadurch ergibt sich ein Axialschub, der stets nach dem Hauptlager gerichtet sein muß (Abb. 307, DIN 857). Schneidrichtung und Drallrichtung sollen entgegengesetzt gerichtet sein. Zum Ausgleich der axialen Kräfte kuppelt man je einen Walzenfräser mit Rechts- und Linksdrall (DIN 1892). Zum Schruppen kann man Fräser mit Spanbrechernuten verwenden, die versetzt angeordnet sind und den Zweck haben, schmale Späne zu erzeugen (Abb. 308). Neuerdings verwendet man dazu vorteilhafter hinterdrehte Fräser mit gewindeförmigen Zähnen.

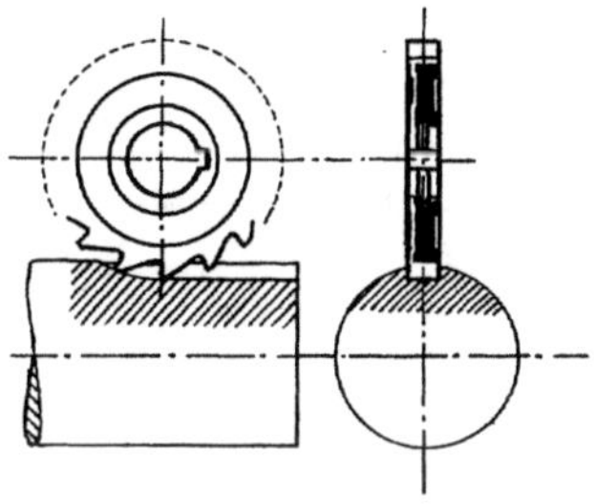

Abb. 309. Scheibenfräser für Keilnuten

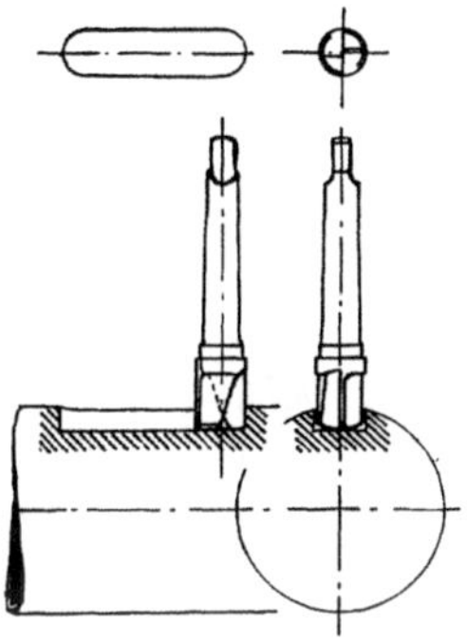

Abb. 310. Langlochfräser

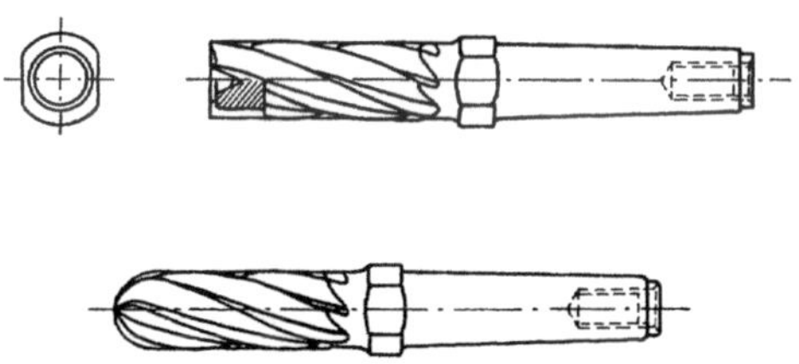

Abb. 311. Gesenkfräser nach DIN 1889

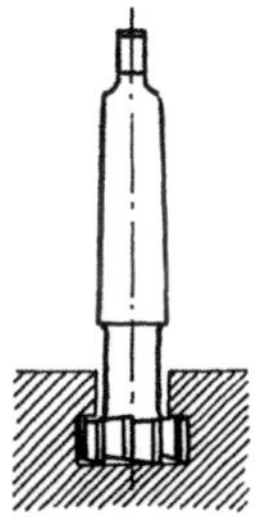

Abb. 312. T-Nutenfräser

Scheibenfräser zum Fräsen von Nuten (Abb. 309) werden gerade verzahnt (DIN 8047), für tiefe Nuten vorwiegend *kreuzverzahnt* (Zähne abwechselnd rechts und links steigend ausgeführt (DIN 885, 1831, 8047, 8048). *Langlochfräser* (DIN 326, 327, 8026, 8027, Abb. 310) dienen zur Herstellung von Paßfedernuten, *T-Nutenfräser* (Abb. 312) werden meist kreuzverzahnt (DIN 851), *Winkelfräser* (DIN 1833, Abb. 313) dienen zur Herstellung von Schwalbenschwanznuten und *Kreissägen* (DIN 1837, 1838, Abb. 315) zum Fräsen von Schlitzen in Schraubenköpfen. *Gesenkfräser* (DIN 1889) werden zylindrisch mit gerader und runder Stirn (Abb. 311) und kegelig hergestellt. Alle diese Fräser können aus Schnellarbeitsstahl, viele mit eingelöteten und einige auch mit geklemmten

Hartmetallplatten ausgeführt werden. Große Stückzahlen kleiner Fräser aus Schnellarbeitsstahl können im Feingußverfahren gegossen oder aus Pulvern gepreßt und gesintert werden.

Fräser mit hinterdrehten (hinterschliffenen) Zähnen (Abb. 306) dienen zum Fräsen profilierter Nuten (Zahnlücken, Gewinden, Nuten von Werkzeugen, usw.), da sich ihr Profil beim Nachschleifen nicht ändert. Ihre

Abb. 313. Winkelfräser nach DIN 1833

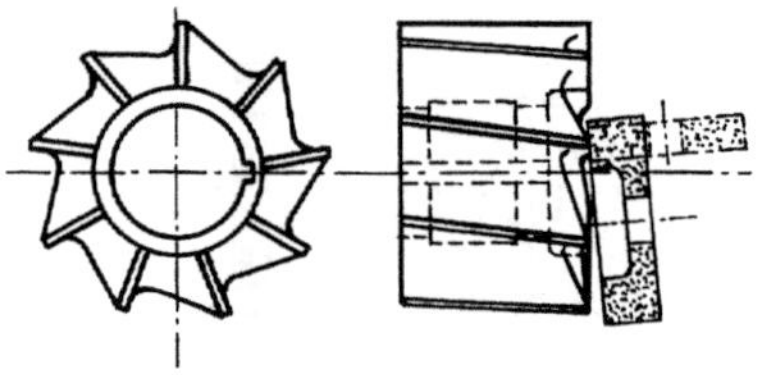

Abb. 314. Mantelstirnfräser

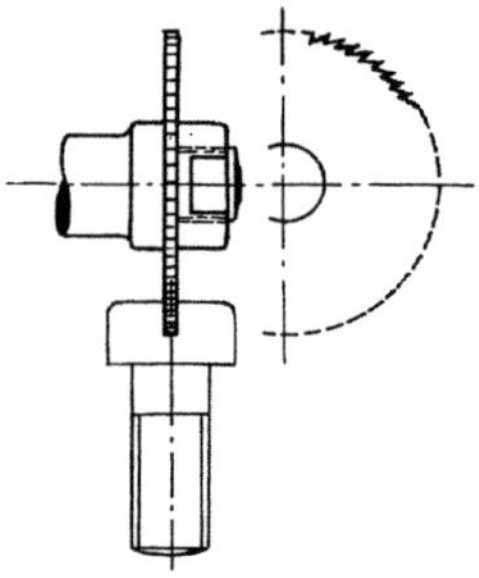

Abb. 315. Schlitzfräser (Kreissäge)

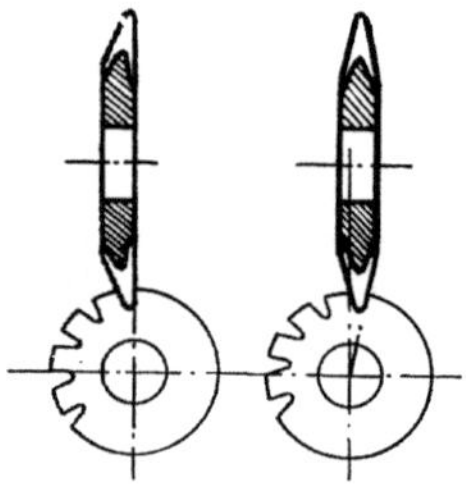

Abb. 316. Lückenfräser nach DIN 1824

Zähne werden nach dem Fräsen der Lücken mit Formdrehwerkzeugen hinterdreht bzw. für genaue Fräser nach dem Härten mit Profilscheiben hinterschliffen. Damit die Profilscheibe dabei nicht den nachfolgenden Zahn anschleift, sind für diesen Fall breitere Spannuten erforderlich. Das Nachschleifen dieser Fräser nach dem Härten oder nach Abnützung erfolgt auf der Spanfläche. Ihr Spanwinkel γ ist in der Regel 0°. Die Spanleistung ist deshalb bei hinterdrehten Fräsern geringer als bei Fräsern mit gefrästen Zähnen. Will man bei weicheren Werkstoffen mit positivem Spanwinkel arbeiten, so muß das Profil korrigiert und der Spanwinkel beim Nachschleifen genau eingehalten werden.

Hinterdrehte Fräser finden zum Ausfräsen von Schraubenschlüsseln (*Schlüsselfräser* DIN 849), als *Halbkreis*fräser (DIN 855, 856), zum *Fräsen der Lücken* von hinterdrehten Fräsern (DIN 1824, Abb. 316), als *kreuz-*

verzahnte Nutenfräser (DIN 1890) und für *Fräsersätze* Verwendung (Abb. 319), die aus mehreren Einzelfräsern bestehen, bei denen das Härterisiko wesentlich geringer ist. Damit sie mit richtiger Schnittgeschwindigkeit arbeiten können, sollen sie keine zu großen Durchmesserunterschiede aufweisen.

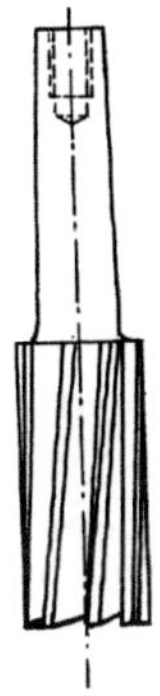

Abb. 317. Mantelstirnfräser mit Schaft

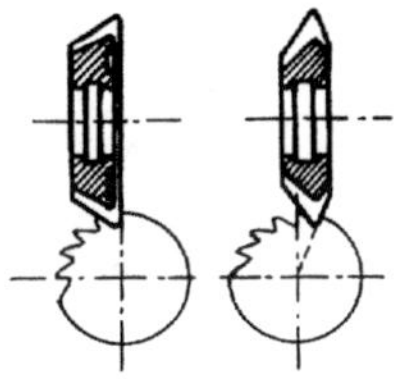

Abb. 318. Winkelfräser nach DIN 1823

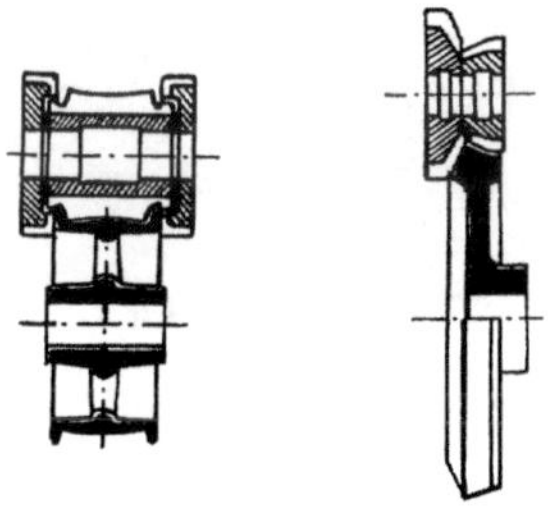

Abb. 319. Fräsersätze

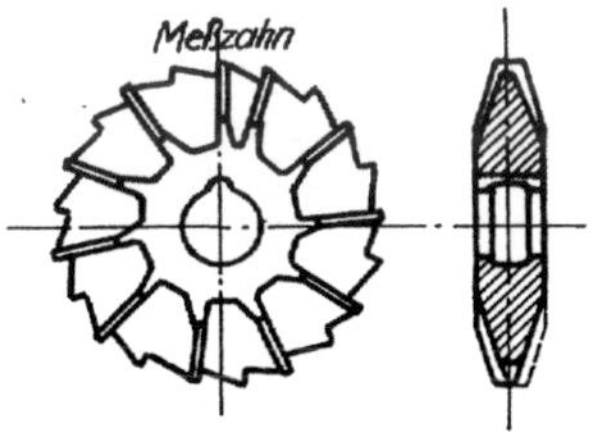

Abb. 320. Trapezgewindefräser nach DIN 1893

Fräser, die nur am Umfang schneiden müssen, werden radial hinterdreht (Abb. 306, 321), solche, die seitlich schneiden sollen, müssen seitlich hinterdreht und solche, die gleichzeitig am äußeren Umfang und seitlich schneiden sollen, müssen schräg hinterdreht werden. Da einteilige schräg hinterdrehte Nutenfräser beim Nachschleifen ihre Breite verringern, werden diese für genaue Nuten aus zwei Teilen hergestellt, die klauenartig ineinander greifen und nach dem Schleifen auseinandergerückt werden.

Die Zerspanungsleistung ist bei den hinterdrehten Fräsern geringer, weil ihr Spanwinkel Null ist. Man hat daher zum Fräsen von Profilen auch spitzverzahnte Fräser verwendet, deren Profil durch Nachschleifen mit Schablonen erhalten wurde.

Auch zur Herstellung von Gewinden werden Fräser verwendet. Zur Herstellung langer Gewinde dienen Scheibenfräser. Abb. 320 zeigt einen *Trapezgewindefräser* (DIN 1893) mit Zähnen, die abwechselnd rechts und links schneiden (nur der Kontrollzahn zum Nachmessen hat beider-

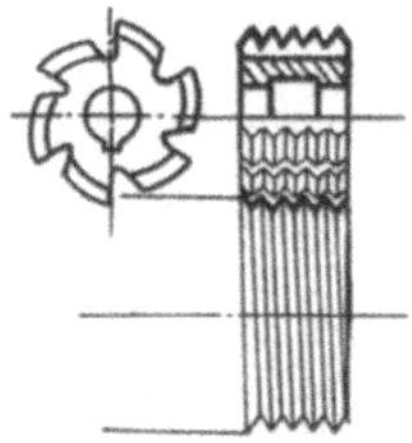

Abb. 321. Aufsteckgewindefräser nach DIN 852

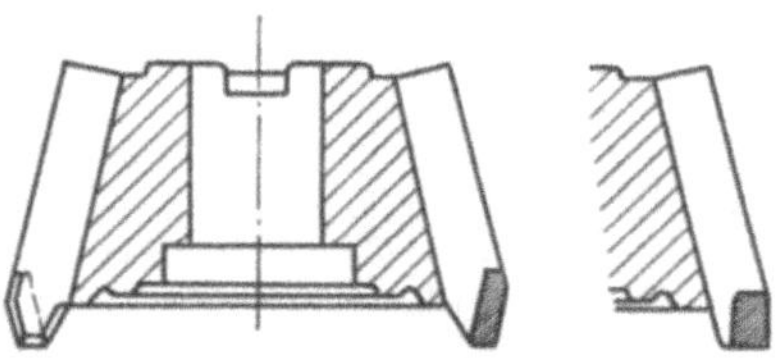

Abb. 322. Fräsmesserkopf mit eingesetzten Messern nach DIN 1830, Bl. 3

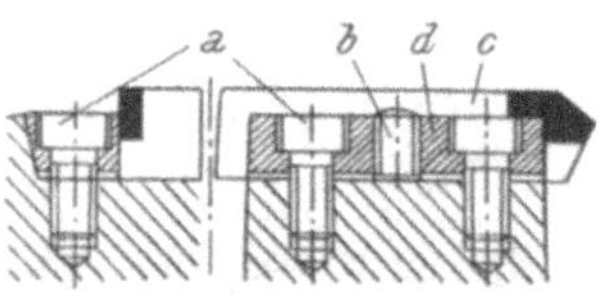

Abb. 323. Blockkeil zur Messerbefestigung. *a* Spannschrauben, *b* Abdrückschraube, *c* Messer, *d* Blockkeil

Abb. 324. Eckmesserkopf mit Hartmetallwendeschneidplatten. *a* Wendeplatte, *b* Zwischenlage, *c* Spannkeil

seits Schneiden). Für kurze Spitzgewinde finden hinterdrehte *Rillenfräser* (Abb. 321, DIN 852 Aufsteckgewindefräser) Verwendung. Sie haben meist gerade Nuten, wodurch sie sich leicht nachschleifen lassen und die Oberflächengüte der beiden Flanken gleich wird.

Fräsmesserköpfe (Abb. 322, links Planmesserkopf, rechts Eckmesserkopf, DIN 1830, Bl. 1, 3 und 4) erhalten einen Körper aus hochfestem Stahl und eingesetzte Messer aus Schneid-Werkstoff (*V*), mit stumpf angeschweißtem Schneidteil (*S*), mit aufgelöteter Platte aus Schneidwerkstoff (*P*) oder mit eingesetzten Haltern mit Wendeschneidplatten (*H*). Ihre Form hängt vom Durchmesser und der Befestigungsart auf der Frässpindel ab.

Allgemein kann die Befestigung der Messer an Fräswerkzeugen auf verschiedene Weise erfolgen. Stets muß ein fester Sitz und leichte Auswechselbarkeit verlangt werden:

Eine Befestigung keilförmiger oder konischer Messer durch *unmittelbare Klemmung* ergibt wegen der erforderlichen Genauigkeit des Tragkörpers hohe Herstellkosten.

Mittelbare Klemmung kann durch Kegelstifte, welche zwischen zwei Messern in geschlitzten Körper sitzen, durch abgeflachte Zylinderstifte, welche direkt das Messer an den Körper anpressen, durch Schrauben und kombinierte Keil- und Schraubenspannung erfolgen. Abb. 323 zeigt einen *Blockkeil d*, der durch zwei Innensechskantschrauben *a* das Messer *c* gegen den Körper drückt. Die mittlere Schraube *b* dient zum Lösen des Keiles. Abb. 324 zeigt einen *Eckmesserkopf* mit dreiseitigen Hartmetallwendeschneidplatten *a*, die sich gegen gehärtete und geschliffene Zwischenlagen *b* stützen und durch Spannkeile *c* mit Schrauben festgehalten werden.

Als Standzeit eines Fräsers bezeichnet man die Stückzahl gleichartiger Werkstücke oder die Fräslänge bis zum Nachschleifen eines Fräsers. Fräser sollen häufig scharfgeschliffen werden, da sich stumpfe Fräser rascher abnützen, mehr Kraft verbrauchen und erst durch übermäßiges Abschleifen wieder scharf werden. Besonderes Augenmerk ist auf das gleichmäßige Schneiden sämtlicher Zähne zu richten (Rundschleifen spitzverzahnter, Einhalten gleicher Teilung hinterdrehter Fräser).

6,3 Spanneinrichtungen für Werkzeuge und Werkstücke

Nach der Aufspannmöglichkeit unterscheidet man Fräser mit Bohrungen und Schaftfräser.

Fräser mit Bohrung werden auf *Fräserdornen* befestigt, die möglichst großen Durchmesser besitzen sollen und mit ihrem kegeligen Ende in der Frässpindel befestigt werden.

Fräserdorne und Frässpindel sind in zwei Ausführungen genormt: Mit *Morsekegel* nach DIN 2081, 2086 und 2087, und mit *Steilkegel* nach DIN 2079, 6354 bis 6361. Bei beiden Ausführungen (DIN 2200) besitzt der Fräserdorn *b* Innengewinde und wird durch eine vom rückwärtigen Ende durch die ganze Frässpindel *a* hindurchreichende Spindel *c* fest in den Hohlkegel der Frässpindel gezogen (Abb. 325, 326). Bei der Ausführung mit Morsekegel wird von Morsekegel 3 aufwärts der Fräserdorn *b* mit zwei seitlichen Mitnehmerflächen ausgestattet (Abb. 325), die in eine Ausfräsung an der Stirnseite der Frässpindel *a* passen, wodurch an Stelle des bei Erschütterungen unsicheren Reibungsschlusses ein Formschluß tritt. Scheibenfräser werden zwischen gehärtete, genau

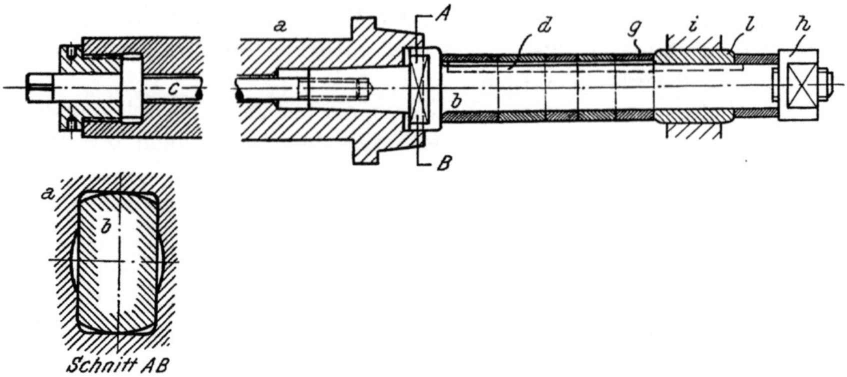

Abb. 325. Fräserdorn mit Morsekegel. *a* Frässpindel, *b* Fräserdorn, *c* Spannschraube, *d* Paßfeder, *g* Zwischenringe, *h* Mutter, *i* Gegenhalter, *l* Lagerbüchse

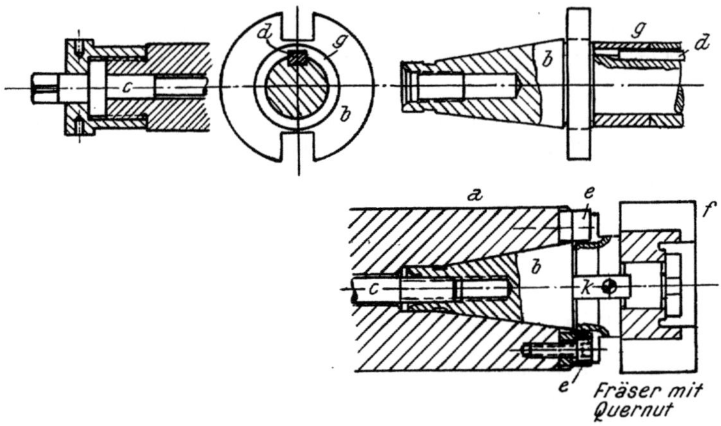

Abb. 326. Fräserdorn mit Steilkegel. *a* bis *d* und *g* wie Abb. 325, *e* Nutenstein, *f* Fräser mit Quernut, *k* Mitnehmer

planparallel geschliffene Ringe *g* von 0,05 bis 60 mm Breite gesetzt und durch die Mutter *h* festgespannt. Das Festspannen soll erst nach Anbringen des Gegenhalters *i* erfolgen, damit der Fräserdorn nicht verbogen wird. Zur Übertragung größerer Drehmomente werden zwischen Fräserdorn *b* und Fräser *f* noch Paßfedern *d* eingebaut. Fräser mit Schaft werden direkt in die Frässpindel gesteckt. Große Fräs- und Messerköpfe werden auf den Außenkegel der Frässpindel *a* gesetzt (Abb. 327, links) und durch einen Mitnehmerbolzen *m*, der in die bereits erwähnte Ausfräsung der Frässpindel und des Fräskopfes paßt, formschlüssig mitgenommen. Bei der Ausführung mit *Steilkegel* erfolgt die formschlüssige

Mitnahme des Fräserdornes *b* (Abb. 326) durch zwei gehärtete, in der Frässpindel *a* befestigte Nutensteine *e*, die in entsprechende Ausnehmungen des Fräserdornflansches passen. Vom Fräserdorn wird das Drehmoment auf den Fräser *f* entweder durch Paßfedern *d* (DIN 6360, Abb. 326 oben) oder durch zwei Nutensteine *k* (DIN 6361, Abb. 326, unten) übertragen. Im ersten Fall besitzt der Fräser eine Längsnut, im zweiten Fall eine Quernut. Fräser mit Quernut können bei gleichem Fräserdurchmesser einen größeren Fräserdorn erhalten und größere Drehmomente übertragen. Der Steilkegel ergibt leichteres Lösen des

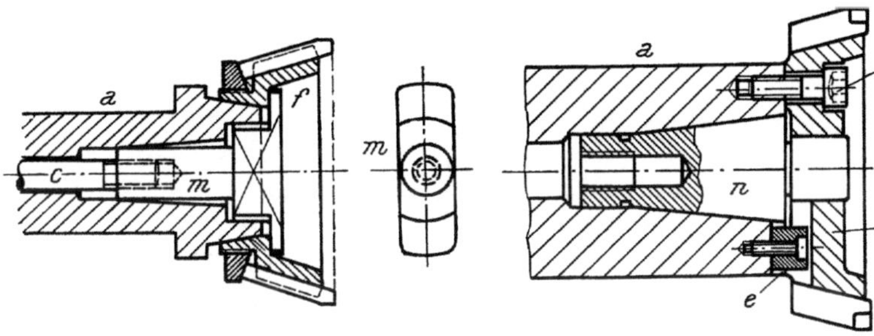

Abb. 327. Befestigung von Fräsmesserköpfen. *a* Frässpindel, *c* Spannschraube, *e* Nutenstein, *f* Fräsmesserkopf, *m* Mitnehmerbolzen, *n* Zentrierdorn, *o* Befestigungsschrauben

Fräserdornes (nicht selbsthemmend) und größere Starrheit. Bei den Frässpindeln mit Steilkegel können Fräsmesserköpfe durch einen Zentrierdorn *n* zentriert (DIN 6357, Abb. 327 rechts) und mit vier Schrauben *o* befestigt werden, wobei die Nutensteine *e* das Drehmoment übertragen. Größere Fräsmesserköpfe werden außen auf der Frässpindel (DIN 2201) zentriert. Ist das Frässpindelende mit einem Spindelflansch nach DIN 55022 wie bei der Drehspindel (Abb. 213) versehen, so kann der Messerkopf wie der Futterflansch mit Schrauben und Bajonettscheibe befestigt werden[1].

Dehndorne mit mechanischer Spannung durch die Rollkupplung von Stieber oder hydraulischer Spannung nach Hofer, ergeben höhere Rundlaufgenauigkeit und rascheren Fräserwechsel (keine Keilnuten).

Freitragende Fräserdorne dienen zur Aufnahme von Walzenstirn-, Winkelstirn- und Gewindefräsern.

Fräser mit *zylindrischem Schaft* werden in *Spannzangen* aufgenommen. Diese sitzen entweder unmittelbar in der Frässpindel oder in Kegelhülsen oder Fräserfuttern.

---

[1] VDI 3248 Werkzeugaufnahmen Halter und Spannzeuge für Fräswerkzeuge und umlaufende Drehwerkzeuge.

Kleinere prismatische Werkstücke spannt man in *Maschinenschraubstöcke* (siehe Abb. 294, DIN 6370, Abschnitt 5,5), die auf dem Tisch der Fräsmaschine befestigt werden. Um ohne Umspannen genau nach verschiedenen Richtungen fräsen zu können, verwendet man *drehbare Maschinenschraubstöcke* nach Abb. 328.

Die Backen der Maschinenschraubstöcke sind zum Spannen unbearbeiteter Werkstücke aus gehärtetem Stahl und meist feilenartig aufge-

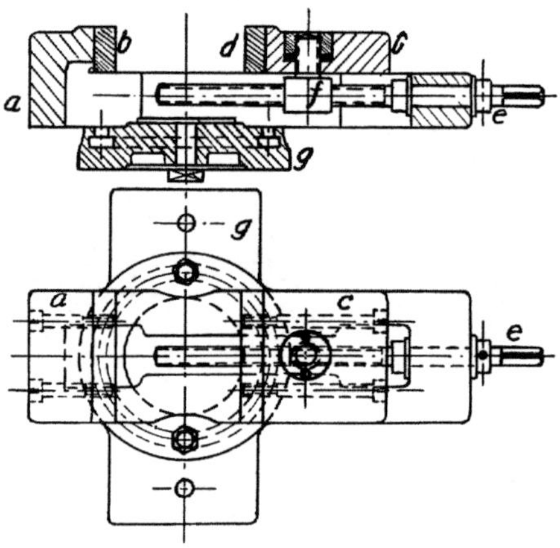

Abb. 328. Drehbarer Maschinenschraubstock. *a* Oberteil mit fester Backe *b*, *c* beweglicher Teil mit Backe *d*, *e* Schraubenspindel, *f* Mutter, *g* Unterteil

rauht; zum Spannen glatter Werkstücke verwendet man glatte Backen aus Stahl, Kupfer, Messing oder Blei.

Durch Ausrüsten der Maschinenschraubstöcke mit Sonderbacken können Stücke besonderer Form in der *Serien*herstellung rasch und genau gespannt werden.

Größere Werkstücke spannt man mittels *Spanneisen* (Abb. 409) auf den Tisch, der zu diesem Zweck T-Nuten besitzt. Soll die ganze Oberfläche bearbeitet werden und ist es nicht möglich, seitliche Spannuten einzuarbeiten, so verwendet man Spanneinrichtungen, bei denen die Spannbacken das Werkstück durch schräge Gleitbacken auf die Spannfläche herunterdrücken (Abb. 410).

Steht die zu bearbeitende Fläche senkrecht zur Aufspannfläche, so verwendet man *Aufspannwinkel.*

Runde Werkstücke (Spiralbohrer, Reibahlen, Spindeln, Schaftfräser) werden zwischen Spitzen von *Teilkopf* und *Reitstock*, scheibenförmige Werkstücke mit Bohrungen (Fräser, Zahnräder, . . .) auf *Dornen* gespannt. In letzterem Falle ist es bei größeren Stückzahlen zweckmäßig, mehrere Werkstücke gleichzeitig zu bearbeiten, um die durch den Auslaufweg des Fräsers bedingten Leerlaufzeiten zu verkürzen.

Der *Teilkopf* kann als einfacher, Universalteilkopf oder optischer Teilkopf ausgeführt werden. *Einfachteilköpfe* bestehen aus einer Teilkopfspindel, auf der sich eine Teilscheibe mit den erforderlichen Löchern befindet. Der *optische* Teilkopf besitzt auf der Teilkopfspindel einen Glasteilring mit Grad- und Minutenteilung. Die Sekunden werden mit

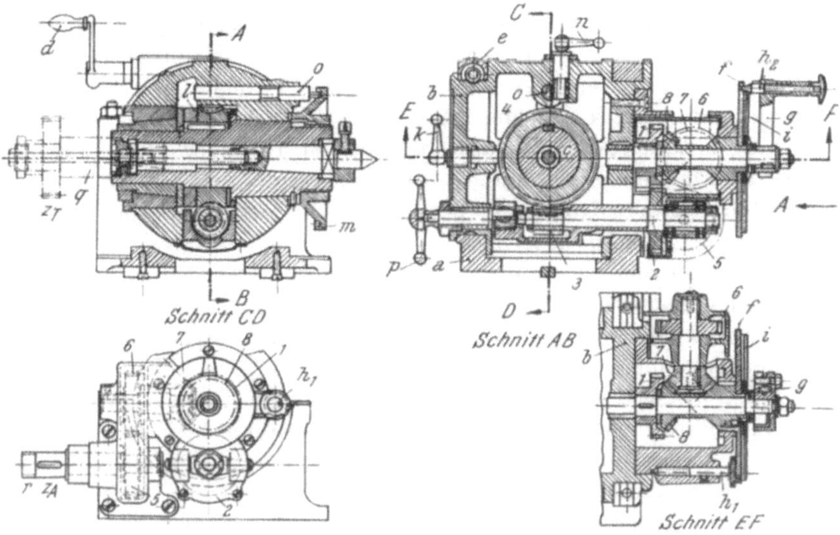

Abb. 329. Universalteilkopf mit Teilscheiben. *a* Traggestell, *b* Hauptkörper, *c* Teilkopfspindel, *d* Handkurbel, *e* Schnecke zum Schwenken von *b*, *f* Teilscheibe, *g* Teilkurbel, h_1 Raststift zum Festhalten von *f*, h_2 Federstift zum Verbinden von *f* mit *g*, *i* Zeiger, *k* Knebelschraube, *l* Klemmring, *m* Teilscheibe für unmittelbares Teilen, *n* Knebel mit Ritzel, *o* Bolzen mit Zahnstange, *p* Knebel zum Ausrücken der Teilschnecke *3*, *q* Dorn in der Teilspindel zum Aufstecken des Wechselrades z_T, *r* Teilkopfantriebswelle zum Aufstecken des Wechselrades z_A, *1*, *2* Stirnräder, *3* Schnecke, *4* Schneckenrad, *5*, *6* Stirnräder, *7*, *8* Kegelräder

Hilfe eines Noniusses durch ein Mikroskop abgelesen. Die Grobeinstellung erfolgt unmittelbar durch Drehen der Teilkopfspindel, die Feineinstellung mit einem ausschwenkbaren Schneckentrieb. *Universalteilköpfe* können mit Teilscheiben oder Wechselrädern ausgestattet sein.

Abb. 329 zeigt einen Universalteilkopf mit *Teilscheiben*. Er hat folgende drei Aufgaben zu erfüllen:

das *Einstellen* der Werkstücke unter einem bestimmten *Winkel* gegen die Waagrechte,

das *Teilen* und

die *Erzeugung einer Drehbewegung* des Werkstückes beim Fräsen *schraubenförmiger Nuten.*

Zum Aufspannen der Werkstücke dient entweder ein auf die Teilkopfspindel aufgeschraubtes Futter, ein in die Spindel gesteckter Spanndorn oder eine Spitze nebst einer in einem kleinen Reitstock sitzenden Gegenspitze, wozu bei längeren Werkstücken noch ein Unterstützungsböckchen kommen kann. Für das Fräsen kegelförmiger Teile zwischen Spitzen ist die Reitstockspitze mit der Pinole neigbar und der Höhe nach verstellbar. Für größere Kegelwinkel ist ein Höhenreitstock erforderlich.

In dem Traggestell a ist der zylindrische Hauptkörper b, der mit der darin gelagerten Teilkopfspindel c durch Handkurbel d und Schnecke e, die in eine in den Hauptkörper b eingefräste Schneckenverzahnung eingreift, um die waagrechte Achse schwenkbar. Er kann von 10° unterhalb der Waagrechten bis zu 10° über die senkrechte Lage der Teilkopfspindel durch Gradteilung und Nonius auf $1/12° = 5'$ eingestellt werden. Nach der Einstellung wird der Hauptkörper durch Anziehen der Lagerdeckelschrauben festgestellt.

Man unterscheidet unmittelbares und mittelbares Teilen. Bei letzterem noch einfaches und Differentialteilen.

Das *unmittelbare Teilen* erfolgt mit Hilfe der Teilscheibe m, die fest auf der Teilkopfspindel c sitzt und in deren 24 Löcher der durch den Knebel n, Ritzel und Zahnstange in der Längsrichtung verschiebbare Bolzen o mit seinem Zapfen eingreift, um sie während des Fräsens festzustellen. Dieser Bolzen o muß sonst stets aus der Teilscheibe m herausgezogen sein. Vor Benützung der Teilscheibe m muß die Teilschnecke 3 ausgerückt werden, was durch Rechtsdrehen des Knebels p geschieht. Durch eine Sicherheitseinrichtung wird die Teilschnecke in ein- und ausgerückter Stellung festgehalten.

Beim *mittelbaren Teilen* wird das Werkstück unter Benützung der Teilscheibe f durch Kurbel g, Stirnräder 1 und 2, Schnecke 3 und Schnekkenrad 4 um den gewünschten Winkel gedreht.

Beim *einfachen* Teilen wird dabei die Teilscheibe f durch den im Traggestell sitzenden Raststift h_1 festgehalten, der mit seinem außermittigen Zapfen von der Rückseite der Teilscheibe in ein Loch ihres Lochkreises eingreift. Der Federstift h_2 iu der Teilkurbel dient zum Feststellen der Kurbel gegenüber der Teilscheibe nach jeder Teilung und kann durch Verschieben des Kurbelarmes in seiner Nabe auf die verschiedenen Lochkreise eingestellt werden. Vor der Teilscheibe sitzen zwei gegeneinander verstellbare, gegen unbeabsichtigte Verstellung gesicherte Zeiger i, die das wiederholte Abzählen der Löcher beim Teilen ersparen. Um das Teilgetriebe während des Fräsens zu entlasten, kann die Teilkopfspindel durch die Knebelschraube k und den Klemmring l festgestellt werden. Das hintere Lager der Teilkopfspindel ist von außen durch eine Mutter nachstellbar. Die in Öl laufende Schnecke 3 kann zur Beseitigung des toten Ganges in der Achsenrichtung verschoben und durch Anheben des senkrecht geführten Schneckenkastens dem Schneckenrad 4 etwas genähert werden. Man verwendet drei Teilscheiben mit den Lochkreisen:

15 16 17 18 19 20 21 23 27 29 31 33 37 39 41 43 47 49

Die Schnecke ist eingängig und das Schneckenrad besitzt 40 Zähne, so daß für eine volle Umdrehung der Teilkopfspindel 40 Umdrehungen der Teilkurbel durchzuführen sind. Alle Teilzahlen, die in 40 nicht aufgehen, erfordern volle und Teilumdrehungen oder nur Teilumdrehungen. Ihre Anzahl n_k ergibt sich aus:

$$n_k = \frac{40}{n} \qquad n \ldots \text{Zahl der Teilungen.}$$

Beispiel 16. Es ist ein Stirnrad mit 22 Zähnen zu fräsen. Welcher Lochkreis ist zu benützen und um wieviel Löcher ist die Kurbel g zu verdrehen?

$$n_k = \frac{40}{22} = \frac{20}{11} = 1\frac{9}{11} = 1\frac{27}{33}$$

Da ein Lochkreis mit 11 Löchern nicht vorhanden ist, erweitern wir den Bruch mit 3 und benützen einen Lochkreis mit 33 Löchern. Die Kurbel ist somit um eine volle Umdrehung und 27 Löcher des Teilkreises 33 zu schalten.

Beispiel 17. $n = 14$:

$$n_k = \frac{40}{14} = 2\frac{6}{7} = 2\frac{18}{21}$$

Die Kurbel ist um zwei volle Umdrehungen und 18 Löcher des Teilkreises 21 zu schalten.

Ist einfaches Teilen mit den vorhandenen Lochkreisen nicht durchführbar, so wird das *Differentialteilen* angewendet, das jedoch beim Fräsen schraubenförmiger Nuten und beim Fräsen von Werkstücken mit schräger Achse nicht möglich ist. Bei ihm muß der Federstift h_1 herausgezogen und die Teilscheibe f durch ein Getriebe von der Teilspindel c angetrieben werden.

Bei einer Teilung in z Teile muß sich die Teilkurbel um den Winkel $40/z$ bewegen. Ist auf den vorhandenen Lochkreisen nur der Winkel $40/x$ (x = Hilfsteilzahl $\gtrless z$) einstellbar, so muß sich die Teilkurbel mit der Teilscheibe noch zusätzlich um den Winkel $40/z - 40/x$ (Abb. 330) drehen. Ist $x > z$, so muß diese Bewegung in der gleichen, ist $x < z$, in der entgegengesetzten Richtung erfolgen. Diese der Teilkurbel gleich oder entgegengesetzt gerichtete Drehung wird durch ein Wechselrädergetriebe zwischen Teilspindel c und Teilkopfantriebswelle r erzeugt. Die Übersetzung der Stirnräder 5, 6 und Kegelräder 7 und 8 ist 1 : 1. Das erste Wechselrad mit der Zähnezahl z_T wird auf einem Dorn q, der in die Teilspindel c gesteckt wird, befestigt. Die erforderlichen Zähnezahlen z_T und z_A (Zähnezahl des Wechselrades auf der Teilkopfantriebswelle) der Wechselräder erhält man aus

$$\ddot{u} = \frac{\text{Winkel der Teilscheibe } f}{\text{Winkel der Teilspindel } c} = \frac{40/z - 40/x}{1/z} = \frac{z_T}{z_A}$$

$$\boxed{\frac{40}{x}(x - z) = \frac{z_T}{z_A}}$$

Ist der linke Wert positiv, so muß sich die Teilscheibe im gleichen Sinn wie die Teilkurbel (Verwendung *eines* beliebigen Zwischenrades), ist er negativ, so muß sich die Teilscheibe im entgegengesetzten Sinn drehen (Verwendung von *zwei* beliebigen Zwischenrädern).

Zu dem beschriebenen Teilkopf gehören Wechselräder mit den Zähnezahlen 24, 28, 30, 32, 39, 40, 44, 48, 56, 64, 68, 72, 76, 86, 96, 100 und 127.

Beispiel 18. $z = 97$, gewählt $x = 100$.

$$n_k = \frac{40}{100} = \frac{2}{5} = \frac{6}{15}$$

Die Kurbel ist um 6 Löcher des Lochkreises 15 zu schalten.

$$\ddot{u} = \frac{40}{100}(100 - 97) = \frac{6}{5} = \frac{48}{40}$$

Auf der Teilspindel ist das Rad mit 48 Zähnen, auf der Teilkopfantriebswelle das mit 40 Zähnen und auf der Schere ein beliebiges Zwischenrad zu befestigen (Abb. 331).

Beispiel 19. $z = 127$, gewählt $x = 120$.

$$n_k = \frac{40}{120} = \frac{1}{3} = \frac{6}{18}$$

Die Kurbel ist um 6 Löcher des Lochkreises 18 zu schalten.

$$\ddot{u} = \frac{40}{120}(120 - 127) = -\frac{7}{3} = -\frac{56}{24}$$

Auf der Teilspindel ist das Rad mit 56 Zähnen, auf der Teilkopfantriebswelle das Rad mit 24 Zähnen und auf der Schere zwei beliebige Zwischenräder zu befestigen (Abb. 332).

Beim *Fräsen schraubenförmiger Nuten* muß der Querschlitten der Universalfräsmaschine um den Winkel β, den die zu fräsende Schraubennut mit der Achse des Werkstückes (Schrägungswinkel = 90°-Steigungswinkel) bildet, aus seiner gewöhnlichen Nullstellung heraus-

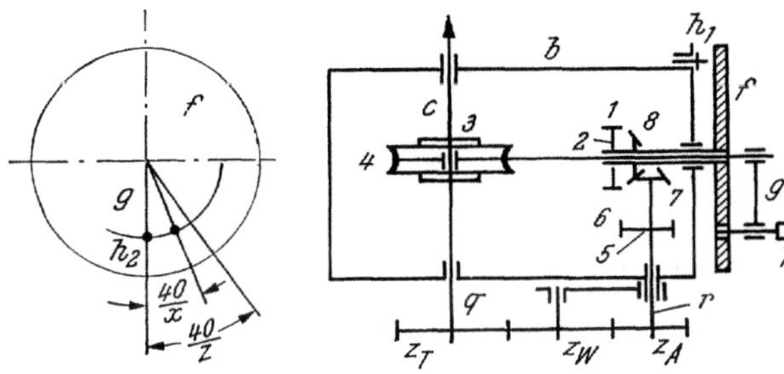

Abb. 330. Differentialteilen. x Hilfsteilzahl, z Teilzahl, übrige Bezeichnungen wie Abb. 329

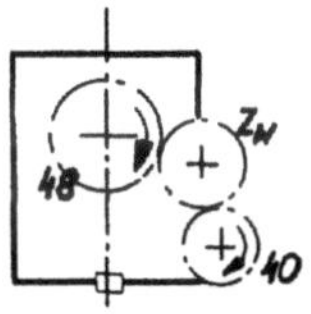

Abb. 331. Aufgesteckte Wechselräder zu Beispiel 18. z_w Zwischenrad

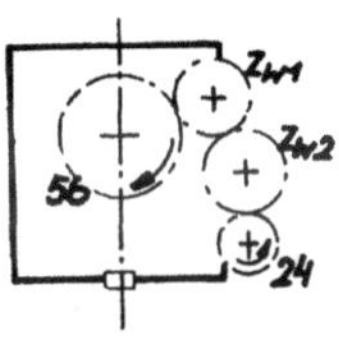

Abb. 332. Aufgesteckte Wechselräder zu Beispiel 19. z_{w1}, z_{w2} Zwischenräder

gedreht (Abb. 333) werden. Außerdem muß die Teilspindel mit dem Werkstück während des Fräsens um ihre Achse gedreht werden, so daß sie eine volle Umdrehung ausführt, während der Tisch um die Steigung h der Schraubennut im Werkstück vorgeschoben wird. Die Drehrichtung muß nötigenfalls durch Zwischenräder der Steigungsrichtung der Schraubennut angepaßt werden. Um beide Bewegungen zwangsläufig miteinander zu verbinden, werden die Teilspindel c durch Wechselräder und die im Teilkopf selbst sich anschließenden Räderübersetzungen von der Tischvorschubspindel aus angetrieben. Das Kegelrad 8 sitzt lose auf der Welle und trägt auf seiner Nabe die Teilscheibe f. Es wird mit der Welle des Rades 1 durch die Teilscheibe f, Federstift h_2 und Teilkurbel g gekuppelt. Da sich die Teilscheibe beim Rundschalten dreht, muß der Raststift h_1 herausgezogen sein.

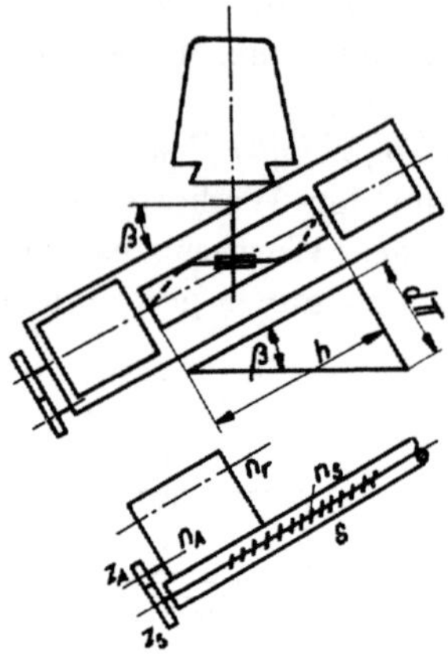

Abb. 333. Fräsen von Schraubennuten. β Schrägungswinkel des Schraubenrades, d Mittlerer Durchmesser, h Steigung, n_A Drehzahl der Teilkopfantriebswelle, n_s Drehzahl der Tischspindel, n_T Drehzahl der Teilspindel, z_A Zähnezahl des Rades auf der Teilkopfantriebswelle, z_s Zähnezahl des Rades auf der Tischspindel

Die erforderlichen Wechselräder erhält man aus (Abb. 333):

h ...... Steigung der zu fräsenden Schraubennut
s ...... Steigung der Spindel des Querschlittens
n_T ..... Drehzahl der Teilspindel
z_s ...... Zähnezahl des Zahnrades auf der Tischspindel
z_A ..... Zähnezahl des Zahnrades auf der Teilkopfantriebswelle
z_2, z_3 ... Zähnezahlen der Zahnräder auf der Schere

$$\ddot{u} = \frac{\text{Drehzahl der Teilkopfantriebswelle}}{\text{Drehzahl der Tischspindel}} = \frac{n_A}{n_s} = \frac{z_s \cdot z_3}{z_2\ z_A}$$

$$n_A = 40 \cdot n_T \qquad \text{Weg pro Minute: } n_s \cdot s = n_T \cdot h$$

$$\frac{n_A}{n_s} = \frac{40 \cdot n_T}{n_s} = \frac{40 \cdot s}{h} = \frac{z_s \cdot z_3}{z_2 \cdot z_A}$$

Beispiel 20. Es ist eine Schraubennut von 1200 mm Steigung in ein Werkstück von 150 mm mittlerem Durchmesser zu fräsen. $s = 6$ mm. Um welchen Winkel β muß der Tisch aus seiner Nullstellung geschwenkt werden und welche Wechselräder sind aufzustecken?

$$\tan \beta = \frac{150 \cdot \pi}{1200} = 0{,}392 \qquad \beta = 21^\circ\,20'\,20''$$

$$\frac{40 \cdot 6}{1200} = \frac{1}{5} = \frac{24 \cdot 40}{48 \cdot 100}$$

Es wurden vier Wechselräder vorgesehen. Auf der Teilkopfantriebswelle wird ein Zahnrad mit 100 Zähnen, auf der Schere werden die Räder mit 40 und 48 Zähnen und auf der Tischspindel das Rad mit 24 Zähnen (Abb. 334) befestigt.

Beispiel 21. Es ist ein Walzenfräser mit 100 mm Durchmesser und schraubenförmigen Nuten von 20°-Schrägungswinkel zu fräsen. $s = 1/4''$. Welche Wechselräder sind zu verwenden?

$$h = \frac{d \cdot \pi}{\tan \beta} = \frac{100 \cdot \pi}{0{,}364} \qquad \frac{40 \cdot s}{h} = \frac{40 \cdot 1 \cdot 25{,}4 \cdot 0{,}364}{4 \cdot 100 \cdot \pi} = \frac{24 \cdot 40}{48 \cdot 68} \quad \text{(Abb. 335)}$$

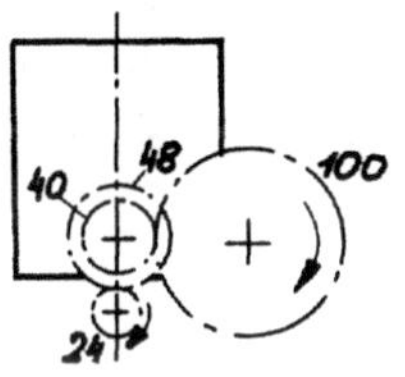

Abb. 334

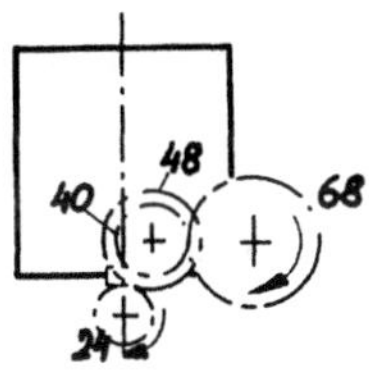

Abb. 335

Abb. 334 und 335. Aufgesteckte Wechselräder zu Beispiel 20 und 21

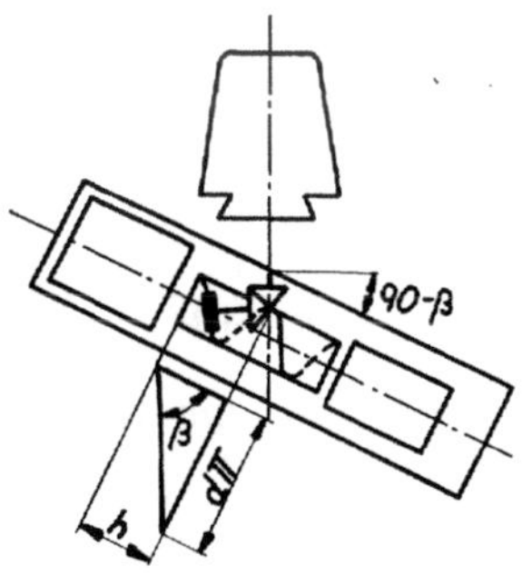

Abb. 336. Fräsen von Schraubennuten mit großem Schrägungswinkel β. *h* Steigung, *d* mittlerer Durchmesser des Werkstückes, β Schrägungswinkel

Die Schwenkbarkeit des Querschlittens ist durch den Ständer der Maschine begrenzt (Abb. 333). Ist eine Schwenkung um den Schrägungswinkel β nicht möglich, weil dieser, wie es bei Schnecken oder Schraubenrädern vorkommen kann, zu groß ist, dann ist die Arbeit nur unter Verwendung eines Hilfsfräsapparates ausführbar, dessen Frässpindel von der Arbeitsspindel der Maschine angetrieben wird und um 90° gegen diese versetzt wird. Steht diese Frässpindel waagrecht und genau auf

Mitte über dem Werkstück, dann ist der Schlitten um den Steigungswinkel α ($\alpha = 90° - \beta$) aus seiner Nullstellung zu schwenken (Abb. 336).

Steht die Frässpindel dagegen seitlich neben dem Werkstück genau in dessen Achsenhöhe, dann ist sie unter dem Winkel β gegenüber der Waagrechten einzustellen, während der Querschlitten in seiner Nullstellung verbleibt.

Beim *Längsteilen* wird das Werkstück in Längsrichtung auf den Fräsmaschinentisch gespannt und die Spindel desselben nach Abschalten des maschinellen Längsvorschubes über Wechselräder von der Teilspindel angetrieben. Das erste Wechselrad mit der Zähnezahl z_T wird auf einen Dorn q, der in die Teilspindel c gesteckt wird, befestigt. Zum Fräsen einer Zahnstange ist ein Hilfsfräsapparat erforderlich, dessen Frässpindel von der Arbeitsspindel der Fräsmaschine angetrieben wird und um 90° gegen diese versetzt ist. Zum Fräsen schrägliegender Zähne muß der Tisch wie in Abb. 336 zeigt, schräg gestellt werden.

Mit den Bezeichnungen

t (mm) .... gewünschte Längsteilung
s (mm) .... Steigung der Tischspindel
n_T .... Drehzahl der Teilspindel
$n_k = 40\, n_T$ ... Umdrehungen der Teilkurbel
z_s .... Zähnezahl des Zahnrades auf der Tischspindel
z_T .... Zähnezahl des Zahnrades auf der Teilspindel
z_2, z_3 .... Zähnezahl der Zahnräder auf der Schere

erhält man:

$$\ddot{u} = \frac{n_T}{n_s} = \frac{n_k}{n_s \cdot 40} = \frac{z_s \cdot z_2}{z_T \cdot z_3}$$

Bei einer Umdrehung der Tischspindel verschiebt sich der Tisch um s mm. Soll er sich um t mm verschieben, muß sich die Tischspindel um $n_s = \frac{t}{s}$ drehen.

$$\frac{z_s \cdot z_2}{z_T \cdot z_3} = \frac{s \cdot n_k}{40 \cdot t}$$

Beispiel 22. Auf einer Fräsmaschine mit $s = 6$ mm soll eine Zahnstange mit Modul 3 mm gefräst werden. Es sollen die aufzusteckenden Wechselräder berechnet werden.

$t = 3 \cdot \pi$ mm, gewählt $n_k = 20$

$$\text{mit } \pi = \frac{13 \cdot 29}{4 \cdot 30}$$

(siehe Abschnitt 4,422) erhält man

$$\frac{z_s \cdot z_2}{z_T \cdot z_3} = \frac{s \cdot n_k}{40 \cdot t} = \frac{6 \cdot 20}{40 \cdot 3\pi} = \frac{1}{\pi} = \frac{4 \cdot 30}{13 \cdot 29} = \frac{20 \cdot 30}{65 \cdot 29}$$

Auf der Teilspindel ist das Rad mit 65 Zähnen, auf der Tischspindel das mit 20 Zähnen und auf der Schere die Räder mit 30 und 29 Zähnen (Abb. **337**) zu befestigen.

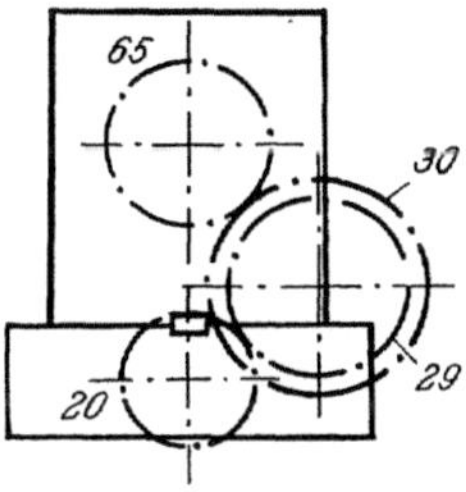

Abb. 337. Aufzusteckende Wechselräder zu Beispiel 22

6,4 Fräsmaschinen

6,41 Allgemeines

Die Fräsmaschinen kann man nach verschiedenen Gesichtspunkten einteilen.

Nach der *Arbeitsweise* unterscheidet man *Gegenlauf-* und *Gleichlauffräsmaschinen*,

nach der *Lage der Spindel Horizontal-* und *Vertikalfräsmaschinen*,

nach der *Konstruktion Konsol-* und *Bettfräsmaschinen*,

nach der Form der bearbeiteten Werkstücke *Einfach-*, *Universal-*, *Gewinde-*, *Werkzeug-*, *Keilnuten-*, *Nachform-* und *Zahnradfräsmaschinen* usw.,

nach dem *Verwendungsbereich* (Stückzahl, Werkstückform) in *Allzweck-*(*Universal-*) und *Einzweck-*(*Produktions-*)Fräsmaschinen und

nach der *Steuerungsart* in Fräsmaschinen mit *Handsteuerung*, mit *Programmsteuerung* und mit *NC-Steuerung* (mit Lochkarte oder Lochband).

Beim *Gegenlauffräsen* (Abb. **338**) wird das Werkstück *w* dem umlaufenden Fräser *f* entgegengeschoben. Der Fräserzahn muß beim Auftreffen auf das Werkstück zunächst ein Stück gleiten (Abnützung der Schneide), bis er den Werkstoff erfassen kann. Dieser Gleitweg muß bei Konsolfräsmaschinen zur Herabsetzung der Fräserabnützung durch Anbringung einer Abstützung gegen die Frässpindel (Säule oder Schere) herabgesetzt werden. Die Wirkkraft F_e besitzt eine senkrechte Komponente F_{st}, welche das Werkstück abheben will. Dieses muß entsprechend fest niedergespannt werden.

Beim *Gleichlauffräsen* (Abb. 339) bewegen sich die Fräserzähne *f* in Vorschubrichtung des Werkstückes *w*, so daß die Schneide im Anschnitt sofort den vollen Span zu fassen bekommt, dessen Dicke nach dem Austritt ständig abnimmt. Durch eine waagrechte Kraft muß verhindert werden, daß der Fräser das Werkstück in die Maschine zieht. Das Werkstück wird auf den Tisch gedrückt. Da die Kraftrichtung auf den Tisch beim Angreifen des Fräserzahnes wechselt, muß der Tischantrieb

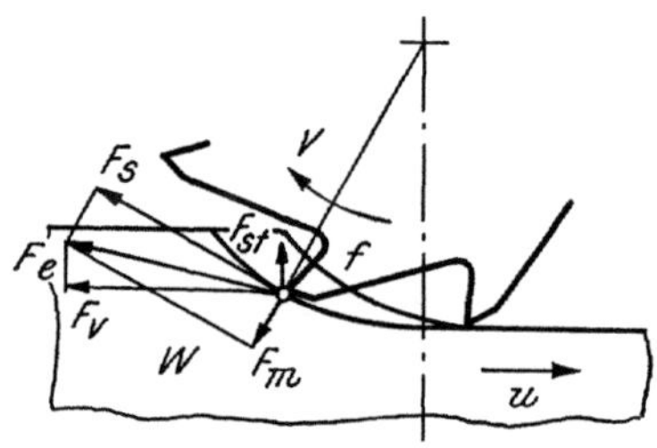

Abb. 338. Gegenlauffräsen. *f* Fräser, *u* Vorschubgeschwindigkeit, *v* Schnittgeschwindigkeit, *w* Werkstück, F_e Wirkkraft, F_m Mitten-(Radial-)Kraft, F_s Schnittkraft, F_v Vorschubkraft, F_{st} Stützkraft

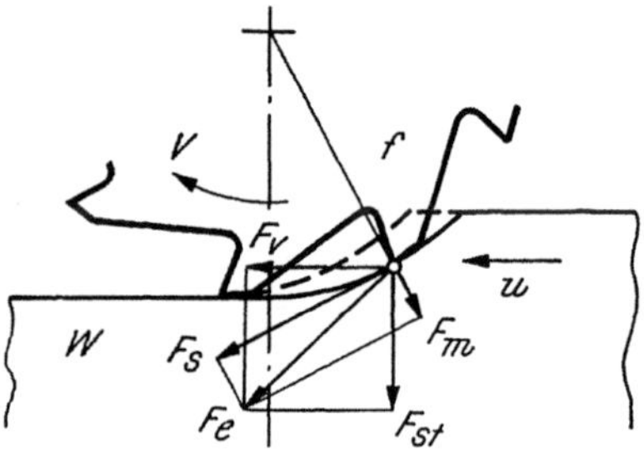

Abb. 339. Gleichlauffräsen. Bezeichnungen wie Abb. 338

bei *Gleichlauffräsmaschinen* vollkommen spielfrei und mit Vorspannung ausgeführt werden. Man verwendet ein Vorschubgetriebe, das aus einer Vorschub- und einer Auffangspindel besteht, die durch Schraubenräder miteinander elastisch verspannt sind, wodurch die eine nach rechts, die andere nach links gedrückt wird. Die auftretenden Kräfte steigen mit dem Antriebsmoment der Schraubenräder, so daß jedes Spiel infolge Abnützung der Spindeln beseitigt wird. Durch Entfall des Gleitens der Fräserzähne steigt ihre Standzeit.

*Allzweck*maschinen sind für wechselnde Einzelfertigung gebaut. Sie besitzen großen Drehzahl- und Vorschubbereich mit entsprechenden Getrieben. Bei den *Produktions*fräsmaschinen werden die wenigen Drehzahlen und Vorschübe oft auch durch Wechselräder erzeugt.

In der Einzelfertigung werden die Tisch- und Spindelbewegungen durch *handbetätigte Kommandoschalter* gesteuert. Zum Einrichten der Maschine und zum Anstellen des Spanes wird der Tisch von Hand verstellt. Die Endstellungen des Tisches sind durch Sicherheitsanschläge festgelegt. Die Arbeitsanschläge für den Selbstgang können entsprechend dem gewünschten Fräsweg verschoben und befestigt werden. Die Selbstgänge des Tisches laufen nur bei eingeschalteter Frässpindeldrehung (elektrische Verriegelung).

In der *Serienfertigung* finden *Wahlschaltersteuerungen* für *automatische Bewegungsabläufe* Verwendung. Diese Maschinen werden durch Einrichter eingestellt und durch angelernte Arbeiter bedient. Durch am Fräsmaschinentisch eingestellte Nocken und zugeordnete Nockenschalter sind folgende Programmabläufe möglich:

Sprungschaltungen (Abb. 340) werden angewendet, wenn zwischen

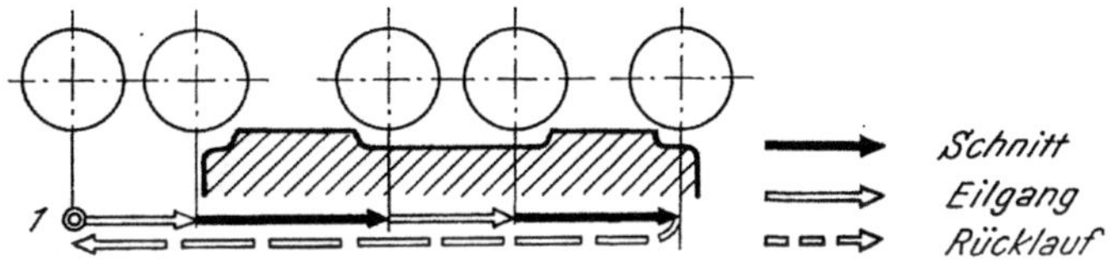

Abb. 340. Sprungschaltung. Dicke Linie Vorschub, Doppellinie Eilgang, unterbrochene Doppellinie Eilgang Rücklauf, *1* Beginn

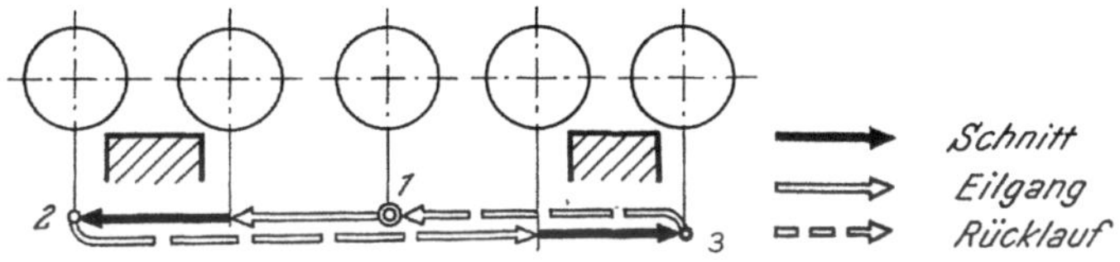

Abb. 341. Pendelfräsen. Linien wie Abb. 340, *1* Beginn, *2*, *3* Bewegungsumkehr

einzelnen Schnitten Leerwege im Eilgang zurückzulegen sind. Auch der Rücklauf erfolgt im Eilgang. Damit dabei die bearbeitete Fläche nicht beschädigt wird, kann der Tisch vor dem Rücklauf abgesenkt werden.

Beim *Pendelfräsen* (Abb. 341) kann in beiden Vorschubrichtungen gefräst werden. Zu diesem Zweck müssen entweder zwei Fräser auf einem Dorn sitzen (für jede Vorschubrichtung einer) oder man verwendet nur ein Werkzeug, das in einer Richtung im Gegenlauf und in der anderen Richtung im Gleichlauf arbeitet. In diesem Falle muß eine Gleichlauffräsmaschine verwendet werden. Der Vorteil des Pendelfräsens besteht darin, daß während des Fräsens eines Werkstückes, das zweite gegen ein neues ausgewechselt werden kann (Nebenzeit fällt in die Fräszeit).

Beim *Viereckfräsen* (Abb. 342, Grundriß) werden die vier Seiten eines Werkstückes selbsttätig bearbeitet.

Stufenfräsen (Abb. 343, Aufriß) wird angewendet, wenn mehrere

Flächen eines Werkstückes in verschiedenen Ebenen bearbeitet werden sollen.

Alle diese Programme können auch kombiniert werden.

Für *wiederkehrende Kleinserien* und für Arbeiten mit *sehr vielen Schaltschritten* können *NC-gesteuerte* Fräsmaschinen mit Lochkarten oder Lochbändern verwendet werden. Diese werden in der Arbeitsvorbereitung angefertigt und können auch Sonderprogramme wie Spannen und Lösen von Vorrichtungen, automatisches Schalten von Teilapparaten usw. bewirken.

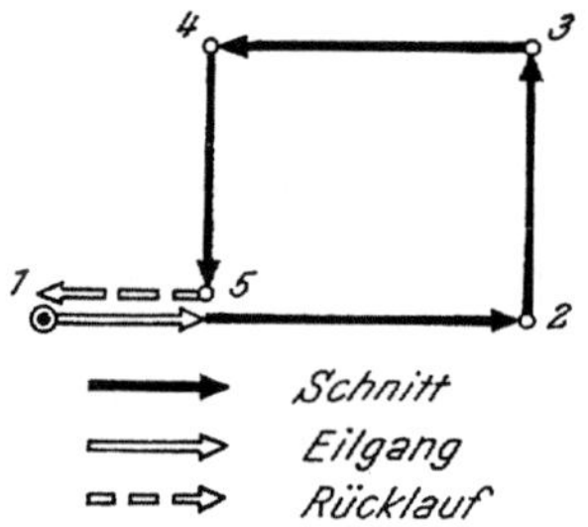

Abb. 342. Viereckfräsen (Grundriß). Linien wie Abb. 340, *1* Beginn, *2, 3, 4* und *5* Änderung der Bewegungsrichtung

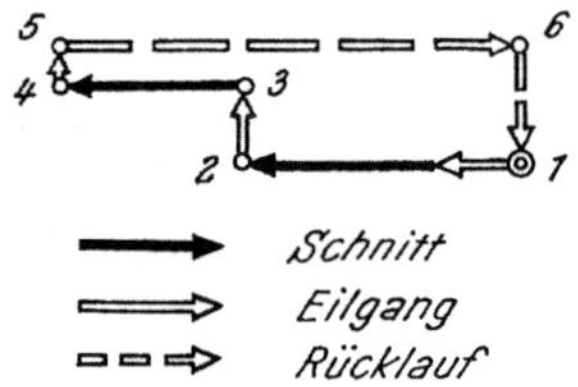

Abb. 343. Stufenfräsen (Aufriß). Linien wie Abb. 340, *1* Beginn, *2, 3, 4, 5* und *6* Änderung der Bewegungsrichtung

6,42 Horizontalfräsmaschinen

Bei der *Konsol-(Winkeltisch-)Fräsmaschine* (Abb. 344) ist die Frässpindel *f* fest im Ständer *h* gelagert, während das Werkstück auf einem Winkeltisch (Konsol) *w* mit Kreuzschlitten *l* und *q* die Vorschub- und Einstellbewegung ausführt. Während des Fräsens muß das Konsol *w* auf den Führungen des Ständers *h* festgeklemmt werden. Seine Höhenverstellung erfolgt durch eine Teleskop-Gewindespindel, die über Kegelräder von Hand oder durch Getriebe gedreht wird. Der Winkeltisch erlaubt zwar eine einfache und rasche Einstellung für verschieden große Werkstücke, besitzt jedoch nur geringe Starrheit, die man durch verschiedene Zusatzteile zu verbessern sucht. Bei älteren Maschinen verbindet eine Schere den Winkeltisch mit dem Gegenhalter, bei den Starrfräsmaschinen werden diese Teile mit einer auf der Grundplatte befestigten Säule verbunden, während bei der Bauart Hüller das Konsol gegen die Grundplatte durch einen Keil abgestützt wird. Konsolfräsmaschinen eignen sich vor allem zur Bearbeitung kleinerer Werkstücke in der Einzelfertigung. Für leichte Fräsarbeiten finden *Handhebelfräsmaschinen* Verwendung, bei denen der Vorschub des Querschlittens durch Zahnstange und Ritzel, das durch einen Handhebel betätigt wird, erfolgt. Zum Unterschied von der *Einfachfräsmaschine* befindet sich auf dem Längsschlitten der *Universalfräsmaschine* noch ein Drehteil, durch welchen der Querschlitten, soweit es der Ständer gestattet, geschwenkt werden kann (Abb. **344**).

Abb. **344**. Horizontal-Universal-Fräsmaschine.
f Frässpindel, *g* Querhaupt, *h* Ständer, *l* Querschlitten, *q* Längsschlitten, *w* Winkeltisch

Für die Serienfertigung besitzen die Fräsmaschinen selbsttätigen Vorschub und Eilgang in Längs-, Quer- und senkrechter Richtung. Der Vorschubantrieb wird entweder von einer Welle konstanter Drehzahl im Ständer über eine ausziehbare doppelte Gelenkwelle auf das Konsol übertragen oder von einem besonderen Motor auf dem Konsol abgeleitet. Auch der Eilgang erfolgt von einem besonderen Motor. Um Fräserbruch zu vermeiden, muß der Vorschubmotor *vor* dem Spindelmotor stillgesetzt werden (elektrische Verriegelung), damit sich der Fräser frei schneiden kann.

In der Serienfertigung verwendet man für schwere und größere Werkstücke an Stelle der Konsolfräsmaschine die *Bettfräsmaschine* (Abb. **345**), da sie schwerere Schnitte erlaubt. Bei ihr befindet sich der

Querschlitten *a* direkt auf einem Kastenbett *b*, während die Frässpindel *c* in einem Frässchlitten *d* gelagert ist, der sich auf einem Ständer *e* senkrecht verstellen und festklemmen läßt. Zur Abstützung des Fräserdornes dienen Gegenlager *r* auf einem Querarm *q* des Frässchlittens, der durch eine Schere *s* oder einen Nebenständer mit dem Bett verbunden

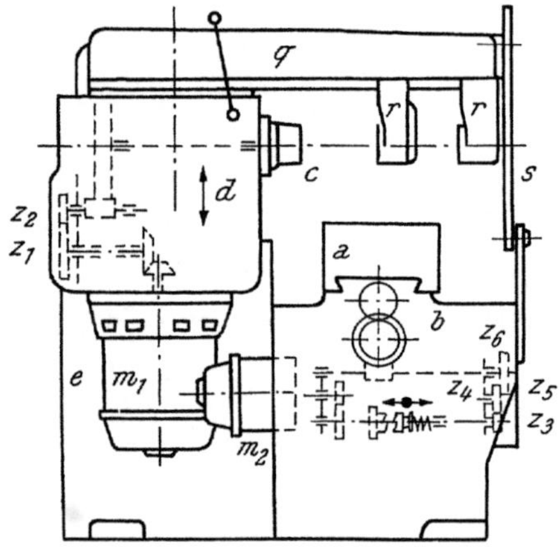

Abb. 345. Bettfräsmaschine. *a* Querschlitten, *b* Bett, *c* Frässpindel, *d* Frässchlitten, *e* Ständer, *q* Querarm, *r* Gegenlager, *s* Schere, m_1 Motor für Frässpindel, m_2 Vorschubmotor, z_1 bis z_6 Wechselräder

ist. Die Stufung der Fräserdrehzahlen und des Vorschubes erfolgt durch Wechselräder (z_1, z_2 bzw. z_3, z_4, z_5, z_6).

Portalfräsmaschinen dienen zur Bearbeitung großer Werkstücke mit mehreren, gleichzeitig arbeitenden Fräsern. Im Aufbau gleichen sie den Langhobelmaschinen. An Stelle der Hobelschlitten sitzen auf ihren Querbalken und Seitenständern Frässchlitten mit Antrieb durch besonderen Motor. Bei schwenkbaren Frässchlitten können auch schräg liegende Flächen bearbeitet werden. Zur besseren Ausnützung werden vielfach Fräs- und Hobelschlitten angeordnet.

6,43 Vertikalfräsmaschinen

Bei ihnen finden sich ebenfalls *Konsol-* (Abb. 346) und *Bett*fräsmaschinen. In der senkrechten Frässpindel werden die Stirnfräser unmittelbar befestigt, so daß sich wegen der kurzen Einspannung auch bei schweren Schnitten ruhiger Lauf ergibt. Auf dem Kreuzschlitten findet sich meist noch ein *Rundtisch*, der zum Rundfräsen, Teilen und fortlaufenden Fräsen und Spannen in der Serienfertigung Verwendung findet. Meist ist auch der Frässpindelkopf um eine waagrechte Achse nach beiden Richtungen um 45° schwenkbar, damit auch schräge Flächen bearbeitet werden können. Sie besitzen denselben Aufbau wie die Waagrechtfräsmaschinen, die oft durch Anbau besonderer Fräsköpfe zum Senkrechtfräsen verwendet werden können.

Abb. 346. Vertikal-Konsol-Fräsmaschine

6,44 Sonderfräsmaschinen

Zu den Sonderfräsmaschinen gehören die Gewindefräsmaschinen, die Werkzeugfräsmaschinen, die Nachformfräsmaschinen, die Keilnutenfräsmaschinen, die Zahnradfräsmaschinen usw.

Auf *Gewindefräsmaschinen* können Spitz-, Trapez- und Sägengewinde (Flachgewinde nicht) hergestellt werden. Sie erzeugen das Gewinde in einem Durchgang, wodurch sich gegenüber dem Drehen eine Verkürzung der Schnittzeit und die Durchführung durch angelernte Arbeiter ergibt. Beim Gewindefräsen tritt jedoch eine Profilverzerrung ein, die man nur bei mit Rillenfräsern hergestellten Spitzgewinden kleiner Steigung vernachlässigen kann. Leit- und Meßspindeln müssen jedoch auf der Drehmaschine nachgeschnitten oder auf der Schleifmaschine fertiggeschliffen werden. Die bei Fräsern nicht durchführbare Profilkorrektur ist bei Schleifscheiben ohne Schwierigkeiten möglich.

Man unterscheidet drei verschiedene Arbeitsverfahren:

Beim *Langgewindefräsen* werden scheibenförmige Gewindefräser (Abb. 320) verwendet, deren Achse um den mittleren Steigungswinkel des zu fräsenden Gewindes gegen die Werkstückachse geneigt ist. *Langgewindefräsmaschinen* gleichen in ihrem Aufbau der Drehmaschine. Der Fräser befindet sich mit seinem Antrieb auf einem Schlitten, der bei allen Gewindefräsmaschinen bei einer Umdrehung des Werkstückes um dessen Ganghöhe auf dem Maschinenbett vorgeschoben wird. Das Werkstück macht insgesamt soviele Umdrehungen als Gänge zu fräsen sind.

Beim *Kurzgewindefräsen* werden walzenförmige Rillenfräser (Abb. 321) verwendet, die etwas länger als das herzustellende Gewinde sind und deren Achse parallel zur Werkstückachse liegt. Auf *Kurzgewindefräsmaschinen* können nur kurze Gewinde hergestellt werden. Nach ca. $1^1/_6$ Umdrehungen des Werkstückes ist dieses fertig.

Durch *Gewindewirbeln* oder *-schälen* werden Bolzen- oder Muttergewinde durch ein- oder mehrschneidige, mit sehr hoher Geschwindigkeit rotierende und in die mittlere Steigungsrichtung des Werkstückes geschwenkte Hartmetallwerkzeuge (Abb. 347) in einem Durchgang hergestellt. Dieses Verfahren kann auf besonderen *Langgewindeschälmaschinen* oder auf *Drehmaschinen mit Gewindewirbelzusatzgeräten* durchgeführt werden. Bei Außengewinden befinden sich die Werkzeuge *a* in einem ringförmigen Messerkopf *b* (Abb. 347), bei Innengewinden in einem Dorn. Die Werkzeuge rotieren exzentrisch um das Werkstück *w* oder in der Bohrung und nehmen kommaartige Späne ab. Ring oder Dorn werden durch eine Leitspindel um eine Ganghöhe je Umdrehung des Werkstückes vorgeschoben. Wegen der geringen Werkzeugkosten ist dieses Verfahren auch für kleine Stückzahlen geeignet. Man benötigt keinen Gewindeauslauf, erzielt sehr kurze Schnittzeiten und eine hohe Oberflächengüte.

Universalwerkzeugfräsmaschinen (Abb. 348) werden im Werkzeug- und Formenbau verwendet. Bei ihnen können auch ungewöhnliche Werkstückformen ohne Umspannen mit verschiedenen Arbeitsverfahren auf einer Maschine fertiggestellt werden. Sie besitzen außer einer waagrechten, in der Regel auch eine senkrechte Frässpindel und schwenkbare Aufspanntische, um auch schräg liegende Flächen bearbeiten zu können. Meist können nach dem Baukastensystem Zusatzgeräte, wie um 360° drehbare Senkrecht-Fräsköpfe, schwenkbare Bohrköpfe, Rundtische, Teilköpfe, Nutenfräseinrichtungen, Plan- und Ausdrehköpfe, einstellbare Mikroskope und Stoßapparate, verwendet werden.

Nachformfräsmaschinen finden zur Herstellung von Automatenkurven, Gesenken, Ziehwerkzeugen, Spritzguß-, Druckguß- und Preßformen Verwendung. Man unterscheidet handgesteuerte und selbsttätige Nachformfräsmaschinen.

Abb. **349** zeigt eine handbetätigte *Universal-Gravier-* und *Nachformfräsmaschine*. Sie dient zum Gravieren von Schriften und Linien-

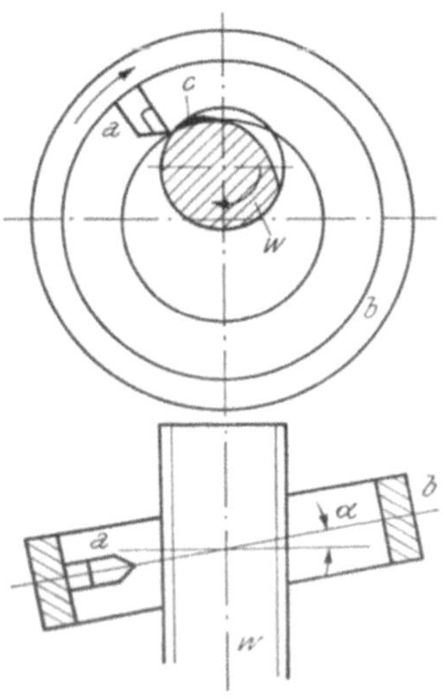

Abb. 347. Gewindewirbeln (schematisch). *a* Gewindewerkzeug, *b* Messerkopf, *c* kommaartiger Span, *w* Werkstück, *α* Steigungswinkel

Abb. 348. Universal-Werkzeugfräsmaschine

zügen und zur Herstellung von Formen. Sie besitzt einen einstellbaren Werkstücktisch *a* und einen Schablonentisch *b*. Ihr Hauptkennzeichen ist der Pantograph *c* (siehe auch Abb. 101), auf dem der Fräskopf *d* und der Kopierstift *e* befestigt werden.

Durch Verschieben derselben auf dessen Armen sind Übersetzungen bis 1 : 10 möglich. Beim Fräsen von Formen müssen Kopierstift- und Fräserdurchmesser mit dem Übersetzungsverhältnis im Pantographen übereinstimmen. Die Frässpindel wird entweder direkt durch einen angeflanschten Motor oder durch einen stoßfreien Sonderriemen angetrieben, der über einen Gelenkarm läuft und durch einen Riemenspanner in jeder Stellung des Pantographen straff gehalten wird. Mit Hilfe einer

Reliefgraviervorrichtung können auch dreidimensionale Arbeiten ausgeführt werden.

Bei den *selbsttätigen Nachformfräsmaschinen* (Abb. 351) tastet ein Kopierfühler *a* mit geringem Druck ein Kopiermodell *c* aus Holz, Gips oder Kunststoff ab und steuert die Bewegung des Fräsers *b*. Man unter-

Abb. 349. Universal-Gravier- und Nachformfräsmaschine. *a* Werkstücktisch, *b* Schablonentisch, *c* Pantograph, *d* Fräskopf, *e* Kopierstift

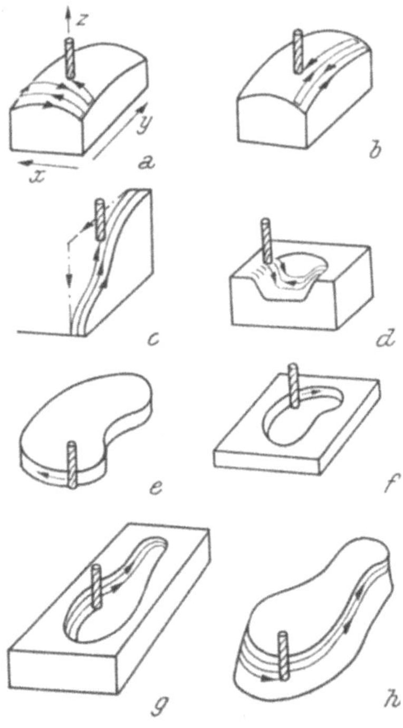

Abb. 350. Pendel- und Umrißfräsen an selbsttätigen Nachformfräsmaschinen. *a* bis *d* Pendelfräsen, *e* bis *h* Umlauffräsen, *x*, *y*, *z* Koordinatenrichtungen

scheidet *Pendelfräsen* und *Umrißfräsen*. Abb. 350a und d zeigen Pendelfräsen außen und innen in der *xz*-Ebene, Abb. 350b Pendelfräsen außen in der *yz*-Ebene, Abb. 350c Pendelfräsen in der *yz*-Ebene mit Eilrücklauf, Abb. 350e und f Umrißfräsen außen und innen und Abb. 350h und g Umlauffräsen außen und innen mit Zeilenschaltung in der Höhe. Bei axialer Fräserzustellung spricht man auch von *Raumfräsen*.

Man arbeitet nur bei kleinen Werkstücken aus dem Vollen, bei großen werden Gußstücke angenäherter Form verwendet. Die benützten Fräser müssen in jeder Richtung schneiden, sie arbeiten zeitweise im

Gegen-, zeitweise im Gleichlauf. Zum Umriß- und Pendelfräsen dienen Schaftfräser, zum Raumfräsen Kugelfräser, die beim Schruppen mit großen, beim Schlichten mit kleinem Zeilenabstand arbeiten. Die entstehenden Absätze müssen nachgearbeitet werden. Man verwendet Maschinen

mit *horizontaler Frässpindel* (gute Späneabfuhr, schwieriges Spannen),

mit *vertikaler Frässpindel* (größerer Platzbedarf, schlechte Späneabfuhr, einfaches Spannen) und

Abb. 351. Kopier-(Nachform-)Fräsen. *a* Taster, *b* Fräser, *c* Nachformmodell, *d* Werkstück

zum *Spiegelbildfräsen* (entweder eine Maschine mit zwei Frässpindeln oder eine Maschinenanlage, die aus Leit- und Folgemaschine besteht; im ersten Fall je ein rechter und linker Teil, im zweiten Fall auch zwei rechte oder zwei linke Teile herstellbar).

Bei ihnen sind Kopiermodell mit dem Werkstück und Kopierfühler mit dem Fräser verbunden. Bei vertikaler Frässpindel macht der Frässchlitten die senkrechte (z-Achse) Bewegung und der Kreuzschlitten die waagrechten Bewegungen in zwei (x-, y-)Richtungen.

Es werden hydraulische, elektrohydraulische und elektromechanische Kopiersteuerungen (siehe Abschnitt 3,4 3,6 und 3,3) verwendet.

Bei Verwendung eines elektrischen Fühlers nach Abb. 116 kann durch Umschalten oder Vertauschen der dort gezeigten Anschlüsse und Kontakte besonders einfach auf Pendel- oder Umrißfräsen umgestellt werden.

Als Stellglieder werden elektrische Kupplungen eingesetzt. Für jede Bewegungsachse sind drei Kupplungen erforderlich, zwei für die Umkehr der Bewegungsrichtung und eine Bremskupplung, die dann anzieht, wenn keine der beiden anderen Kupplungen eingeschaltet ist. Die Vorschubleistung wird von Gleichstrommaschinen aufgebracht, um die Vorschubgeschwindigkeit den Erfordernissen anpassen zu können.

Beim Umrißfräsen verwendet man kegelige Kopierstifte, um durch deren Höhenverstellung eine Verringerung des Fräserdurchmessers beim Nachschleifen ausgleichen zu können.

Die unstetigen Kopiersteuerungen wurden in letzter Zeit durch stetige abgelöst, die schneller arbeiten und deren Rauhtiefe geringer ist, da diese nicht mehr durch unstetige Vorschubbewegungen, sondern nur mehr durch den Schnitt des Fräsers bedingt sind. Bei diesen werden an Stelle von Kupplungen Gleichstrommotoren von einem *induktiven* Fühler mit stetigem Ausgangssignal über geeignete Regler so ausgesteuert, daß die vom Kopiermodell gegebene Kontur eingehalten wird.

Eine weitere Entwicklung ist die Verwendung *numerischer Bahnsteuerungen*, bei denen an Stelle des Kopiermodelles ein Lochstreifen (Magnetband) verwendet wird.

Bei Verwendung eines *optischen Linienfühlers* ist das automatische Nachfahren einer gezeichneten Linie in zwei Koordinaten möglich. Statt Zeichenpapier werden kaschierte Aluminiumfolien oder Kunststoffolien mit einseitig mattierter Oberfläche verwendet.

Auf *Kurbelwellenfräsmaschinen* werden Kurbelzapfen und Lagerzapfen von Kurbelwellen mit im Gleichlauf arbeitenden Hartmetallmesserköpfen gefräst. Gegenüber dem Drehen erzielt man höhere Spanleistungen, da sich beim Fräsen die Kurbelwelle nur mit der geringen Vorschubgeschwindigkeit dreht. Auf Drehmaschinen läßt sich die unstabile Kurbelwelle nicht mit der für Hartmetallwerkzeuge erforderlichen hohen Geschwindigkeit in Drehung setzen.

Keilnutenfräsmaschinen[1] werden mit waagrechter (besserer Späneabfall) und senkrechter Frässpindel hergestellt (bessere Beobachtung). Sie arbeiten mit Fingerfräsern, die zur Herstellung von Nuten genauer Breite Untermaß besitzen und mit schwingender Frässpindel arbeiten. Beim Zweiwegeschlichtverfahren arbeitet der auf voller Tiefe befindliche Fräser in der Nutmitte (schruppen) und wird dann um die halbe Differenz zwischen Fräserdurchmesser und Nutenbreite verschoben und schlichtet die eine Seite und nach Verschieben um die ganze Differenz die andere Seite der Nut.

Die *Zahnradfräsmaschinen* werden in den Abschnitten 12,21, 12,33, 12,4, 12,55 und 12,56 behandelt.

---

[1] Lichtenauer, G.: Fräsen von Paßfedernuten. Werkst. u. Betr. *1969*, 137—143.

7. Das Schleifen

7,1 Allgemeines

Das Schleifen wird vorwiegend zum Schärfen von Schneidewerkzeugen, zur Bearbeitung sehr harter Werkstücke, zur wirtschaftlichen Bearbeitung von Werkstücken mit kleinen Toleranzen, zur Herstellung glatter Oberflächen, zur Entfernung fehlerhafter Oberflächenschichten an gegossenen und gewalzten Edelstahlblöcken, zum Gußputzen usw. angewendet.

7,2 Die Schleifwerkzeuge

Hauptbestandteil aller Schleifwerkzeuge sind die Schleifkörner, die spanabhebend wirken und überwiegend mit negativem Spanwinkel arbeiten. Man unterscheidet natürliche und künstliche Schleifmittel.

Von den *natürlichen* Schleifmitteln *Quarz* (SiO_2), *Schmirgel* (verunreinigte kristallisierte Tonerde Al_2O_3), *Naturkorund* (weniger verunreinigte Tonerde) und *Diamant*, wird nur mehr der Letztere noch in größerem Ausmaß verwendet.

Die industriell hergestellten *künstlichen* Schleifmittel haben die natürlichen ganz verdrängt, weil sie gleichmäßiger und billiger sind.

Der im Elektroofen aus Bauxit hergestellte *Elektrokorund* (A, Kurzzeichen nach ÖNORM M 4820 bzw. DIN 69100) besitzt je nach Reinheit verschiedene Härte und Farbe.

Normalkorund, Härte nach Mohs bis 9, grau, braun, 93 bis 95% Al_2O_3,

Edelkorund, Härte 9,25 weiß, bei Zusatz bis 0,2% Cr_2O_3 rosa, über 99% Al_2O_3,

Halbedelkorund, Härte bis 9, gelbbraun bis rötlichbraun, ist eine Mischung aus Normal- und Edelkorund, bis 98% Al_2O_3,

Dunkelroter Korund, ist Edelkorund mit etwa 2% Cr_2O_3, Härte 9,25 und

Zirkonkorund, schwarz durch 10 bis 40% ZrO_2 und 2 bis 3% TiO_2, Härte 9,25 ist zäher und chemisch beständiger als Edelkorund.

Siliziumkarbid SiC(C), Härte 9,75, schwarz oder grün wird im Elektroofen aus Quarz und Kohle hergestellt:

$$SiO_2 + 3\,C = SiC + 2\,CO.$$

Er ist härter und spröder als Elektrokorund und wird zum Schleifen von Hartmetall (grün), Hartguß, Grauguß, Temperguß, Glas, Kunststoff (dunkel) verwendet.

Borkarbid B_4C wird aus Bortrioxid und Kohle ebenfalls im elektrischen Ofen hergestellt, Härte 9,8 grau, wird für Sonderfälle verwendet.

Kubisches Bornitrid, BN (Borazon, Handelsname von General Electric) besitzt Diamantgitter und wird unter hohem Druck (ca. 70 000 bar) und Temperatur aus dem hexagonalen Bornitrid gewonnen. Härte fast 10, schwarz, beständig bis 1900 °C, wird zum Schleifen von VC-reichen Schnellarbeitsstählen und zum Innenschleifen verwendet.

Synthetischer Diamant, MM DT (MM = man made) wird ebenfalls unter sehr hohem Druck aus Graphit hergestellt, Härte 10 (größte Härte aller Stoffe), besitzt kubisches Diamantgitter, ist in Luft nur bis 800 °C beständig und wird wie Naturdiamant (DT) zum Feinschleifen sehr harter Stoffe, zum Abrichten von Schleifscheiben usw. verwendet.

Diese Schleifmittel werden in der verschiedensten Form verwendet:

Beim *Läppen* lose auf Scheiben aus weichem Gußeisen,

beim *Bandschleifen* auf Papier oder Leinen geleimt,

beim *Polieren* auf Scheiben aus Holz oder Leder aufgeleimt oder auf Filz- oder Stoffscheiben mit Pasten aufgebracht und

beim eigentlichen *Schleifen* durch verschiedene Bindemittel zu *Schleifscheiben* gebunden:

Die Bindemittel müssen hohe Festigkeit, Temperaturbeständigkeit und Haftfestigkeit besitzen und das Schleifkorn solange festhalten als es schneidfähig bleibt.

Die *keramische Bindung* (V, Kurzzeichen nach ÖNORM M 4820 bzw. DIN 69100) ist unempfindlich gegen alle Schneidflüssigkeiten, hohe und tiefe Temperaturen, jedoch für dünnwandige Scheiben nicht geeignet (stoßempfindlich). Zur Erzeugung von Scheiben werden die Schleifkörner mit einer feingemahlenen Mischung aus Ton, Kaolin, Feldspat und Quarz (Zusammensetzung beeinflußt die Härte) und Wasser vermengt und je nach Konsistenz in Formen gegossen, gestampft oder auf hydraulischen Pressen (sehr harte Bindung) verdichtet. Darauf werden die Scheiben langsam getrocknet und schließlich im Ofen etwa eine Woche bei 1400 °C gebrannt. Dabei entstehen durch die Schwindung die erwünschten Poren.

Die *Magnesitbindung* (Mg) ist billig und gegen Feuchtigkeit empfindlich (daher trocken lagern und schleifen). Es werden die Schleifkörner mit gebrannter Magnesia und Magnesiumchlorid gemischt, in Formen gestampft und bei Zimmertemperatur erhärten gelassen.

Die *Silikatbindung* (S) ist für Naß- und Trockenschliff geeignet. Es werden flüssige Silikate (Wasserglas) mit Metalloxiden und den Schleifkörnern gemischt, gepreßt und getrocknet und dann bis 3 Stunden auf 200 bis 300 °C erhitzt.

Zu den *elastischen Bindungen* gehören *Schellack* (E), *vulkanisierter Gummi* (R), *Kunstharz* (B, Bakelit) und trocknende Öle. Sie ist wegen ihrer hohen Elastizität vorwiegend für dünne Schleifscheiben geeignet, besitzt jedoch nur beschränkte Härteabstufung und geringe Porosität. *Gummi*bindung ist gegen Öl empfindlich und nur für Naßschliff geeignet. Eine Mischung aus Schleifkörnern, synthetischen Kautschuk, Schwefel und Zinkoxid wird auf dem Kalander ausgewalzt und aus dem entstehenden Fell die Scheiben ausgestochen und im Wärmeschrank vorvulkanisiert. Dann werden die Scheiben heiß gepreßt und bei 165 °C fertig vulkanisiert. Bei den kunstharzgebundenen Scheiben werden flüssige Phenolharze mit den Schleifkörnern und einem Härter gemischt in kalte Formen gepreßt und im Wärmeschrank ausgehärtet. Für Trennscheiben werden noch Zwischenlagen aus Gewebe vorgesehen.

Metallbindung wird vorwiegend für Diamant und Bornitrid verwendet und hält die Körner bis zu vollkommenem Verschleiß fest. Die Schleifkörner werden mit Metallpulvern (Stahl, Bronze, Hartmetall) gemischt, vorverdichtet und im elektrischen Ofen unter Wasserstoffatmosphäre gesintert. Anschließend werden sie nochmals bei hohen Temperaturen gepreßt und nach dem Auskühlen abgedreht. Metallbindung kann auch galvanisch aufgetragen werden[1], was besonders bei schwierigen Profilen geschieht. Zum elektrolytischen Schleifen ist Metallbindung wegen der elektrischen Eigenschaften erforderlich. Diamantkorn wird auch bei Verwendung anderer Bindungen vielfach mit Metallüberzügen versehen, um die Haftung zu verbessern.

Zur vollständigen Kennzeichnung der Schleifscheiben[2] sind *Form* (Hauptabmessungen in der Reihenfolge Außendurchmesser mal Breite mal Bohrung), *Art des Schleifmittels*, *Korngröße*, *Art* und *Härte* der *Bindung* und *Gefüge* anzugeben (ÖNORM M 4820, DIN 69100).

Man unterscheidet *Flachscheiben* zum Rund-, Innen- und Flachschleifen (Abb. 352, 353 und 355), *Topf-* und *Tellerscheiben* zum Schleifen von Werkzeugen (Abb. 354, 383, 384, 385, 387 und 389), *verjüngt konische*

[1] VDI 3394 Aufbau und Anwendung von Diamantschleifkörpern für die Metallbearbeitung. — Conradi, V.: Diamant-Schleifscheiben-Technologie. Industrial Diamond Review *1968*, 238—245.

[2] ÖNORM M 4820 bis 4824, 4830 bis 4832, 4840 bis 4845, 4850 bis 4852, 4855, 4856, 4860 bis 4865, 4870.

Scheiben zum Schleifen ohne Schutzvorrichtung (Abb. 356) und *Segmentscheiben* (Abb. 374), bei denen auf einem Stahlgrundkörper segmentförmige Schleifkörper befestigt sind, zum Flachschleifen.

Die *Korngröße* bestimmt vorwiegend die Güte der Werkstückoberfläche. Grobe Körnungen wählt man bei großen Abschliffmengen

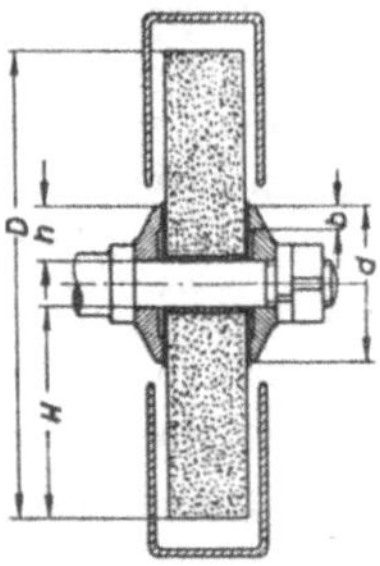

b größer oder gleich $1/6$ d
d größer oder gleich $1/3$ D
h größer oder gleich $1/6$ H

Abb. 352

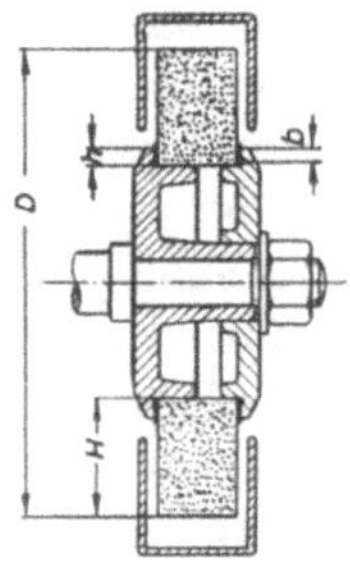

b gleich h—3 mm
h größer oder gleich $1/6$ H

Abb. 353

Abb. 352 und 353. Flachscheiben

(Grob- und Schruppschleifen) und weichen und zähen Werkstoffen, feine Körnungen bei schwer zerspanbaren Werkstoffen, bei scharfkantigen Profilscheiben (bessere Haltbarkeit) und zum Verbessern der Oberflächengüte (Fein- und Polierschleifen). Da die Rauhtiefe von der Eindringtiefe des Kornes abhängt, kann man mit grobkörniger Scheibe auch Schlichten, wenn man Zustellung und Vorschubgeschwindigkeit herabsetzt.

Die Körner entstehen durch Brechen der Rohstoffe und werden durch *Sieben* (grobe Körnungen), *Windsichten* oder *Schlämmen* (staubfeine Körnungen) nach Korngrößen getrennt.

Bei *Siebkörnungen* wird die Korngröße als Zahl angegeben, welche die Maschenzahl des zur Siebung verwendeten Siebes auf ein Zoll Seitenlänge angibt. Nach ÖNORM M 4820 (DIN 69100) unterscheidet man:

sehr grob	6	8	10	12				
grob	14	16	20	24				
mittel	30	36	46	50	60			
fein	70	80	90	100	120			
sehr fein	150	180	200	220	240			
staubfein	280	320	400	500	600	800	1000	1200

Diamantkörnungen werden nach dem mittleren Korndurchmesser in μm bezeichnet:

Schlammkörnungen mit	D	0,7	1	3	7	15	30	50
Siebkörnungen mit	D	70	100	150	250	350	500	

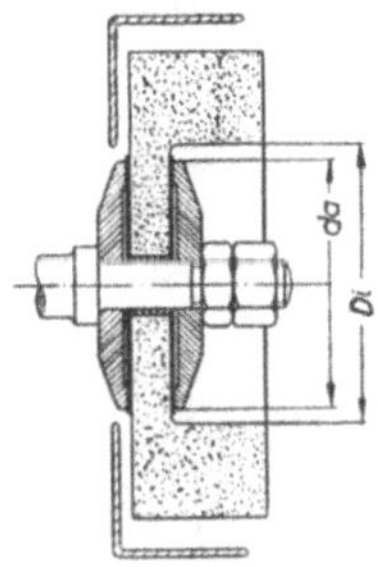

Abb. 354. Zylindrische Topfscheibe

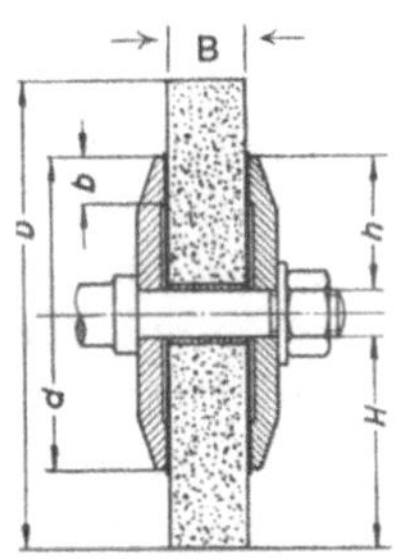

B kleiner oder gleich 35 mm
b größer oder gleich 1/6 d
d größer oder gleich 2/3 D
h größer oder gleich 1/3 H

Abb. 355. Flachscheibe ohne Schutzhaube

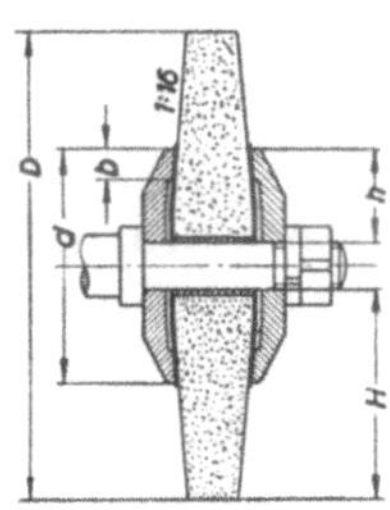

b größer oder gleich 1/6 d
d größer oder gleich 1/2 D
h größer oder gleich 1/4 H

Abb. 356. Verjüngt konische Scheibe

Unter *Härte* des Schleifkörpers versteht man den Widerstand der Bindung gegen das Ausbrechen der Schleifkörner. Sie ist abhängig von der Art des Bindemittels, der Brenntemperatur, der Preßkraft, der anteiligen Bindungsmenge und der Korngröße. Man unterscheidet die Härte im Ruhezustand (Eigenhärte) und die Arbeitshärte, welche mit der Umfangsgeschwindigkeit zunimmt.

Das Schleifkorn soll durch die Bindung solange festgehalten werden als es schneidfähig ist und soll ausbrechen, wenn es nicht mehr schneidfähig ist und nicht mehr zersplittern und neue Schleifkanten bilden kann. Ist die Bindung zu weich, so verliert das noch schneidfähige Korn frühzeitig seinen Halt und bricht aus, ist sie zu hart so schneiden die stumpfen Körner nicht mehr und das Werkstück wird beschädigt (Schleifrisse, Brandflecken, Weichhaut, usw.).

Nach ÖNORM M 4820 (DIN 69100) wird die Härte mit Großbuchstaben wie folgt bezeichnet:

äußerst weich	A	B	C	D
sehr weich	E	F	G	
weich	H	I	Jot	K
mittel	L	M	N	O
hart	P	Qu	R	S
sehr hart	T	U	V	W
äußerst hart	X	Y	Z	

Zum Schleifen harter Werkstoffe verwendet man Scheiben mit weicher Bindung, für weiche Werkstoffe solche mit harter Bindung. Nur bei sehr weichen Werkstoffen (Kupfer) verwendet man Scheiben mit weicher Bindung, damit sie sich nicht mit Schleifspänen verstopfen.

Beim Grobschleifen erfolgt Selbstschärfung der Scheiben unter der zunehmenden Schnittkraft bei zunehmender Abstumpfung der Körner. Beim Feinschleifen wird das Ausbrechen der stumpfen Körner nach Erreichen der Standzeit durch Abrichtwerkzeuge herbeigeführt.

Je nach dem Anteil des Porenraumes am Scheibenvolumen unterscheidet man verschiedene *Gefüge.* Einen großen Porenraum bezeichnet man als *offenes* Gefüge. Bei diesem können Luft und Schneidflüssigkeit besser die Scheibe durchdringen und kühlen. Grobkörnige Scheiben haben größere Poren als feinkörnige, Bindungen geringer Festigkeit benötigen größere Bindemittelmengen und sind daher weniger porös. Nach ÖNORM M 4820 (DIN 69100) unterscheidet man folgende Gefüge:

sehr dicht	0 und 1
dicht	2 und 3
mittel	4 und 5
offen	6 und 7
sehr offen	8 bis 14

Die *Umfangsgeschwindigkeit* ist wegen der Gefahr des Zerspringens nach ÖNORM M 4810 nach oben begrenzt (Tab. 3):

Tabelle 3

Bindung	Außendurchmesser der Schleifkörper in mm	Art des Schleifens[1]	Allgemeine Arbeitshöchstgeschwindigkeit, bezogen auf den Umfang in m/s — Schleifkörpergestalt: gerade Schleifscheiben ohne und mit geringen Aussparungen[2] konische Schleifscheiben	Schleifkörper anderer Art[3]
Phenolformaldehyd-Kunstharze (Phenoplaste)	bis 150	H und M	45[4]	45[4]
	über 150 bis 400			30[5]
	über 400		35[5]	
Sonstige Kunstharze	für alle Durchmesser	H und M	35	30
Keramisch Naturharz Gummi Silikat sonstige Bindungen (mit Ausnahme der mineralischen Bindung)	für alle Durchmesser	H	30	25
		M	35	30
Mineralisch (ausgenommen Silikatbindung)	bis 1000	H	20	15
		M	25	20
	über 1000	H und M	15[5]	15[5]

[1] Das Handschleifen (H) beinhaltet alle Schleifarten, bei welchen entweder das Werkstück oder die Schleifmaschine unmittelbar von Hand aus geführt wird, das Maschinschleifen (M) dagegen gesteuertes oder mechanisch geführtes Schleifen.

[2] Schleifscheiben mit geringen Aussparungen sind solche, bei denen die Dicke des Bodens oder des Steges mindestens $\frac{1}{3}$ der Gesamtbreite beträgt.

[3] Hiezu gehören z. B. tief ausgesparte Schleifkörper, Schleiftöpfe, Einzelschleifkörper auf gemeinsamer Tragscheibe sowie dünnwandige Schleifzylinder, bei denen der Bohrungsdurchmesser gleich oder größer als $\frac{2}{3}$ des Außendurchmessers ist.

[4] Bei hochverdichteten Schleifscheiben, die für eine Anpreßkraft von mehr als 100 kp bestimmt sind, beträgt die allgemein zulässige Arbeitshöchstgeschwindigkeit nur 35 m/s.

[5] Diese Werte gelten auch dann, wenn der Außendurchmesser durch Abnutzung kleiner wird.

Diese Höchstgeschwindigkeiten dürfen nur bei jenen Schleifkörpern überschritten werden, die hiefür durch Kundmachung in den amtlichen Nachrichten des Bundesministeriums für soziale Verwaltung für geeignet erklärt wurden und auf denen die höchste zulässige Drehzahl und die auf den Umfang bezogene Arbeitshöchstgeschwindigkeit angegeben sind.

Besonders hohe Spanleistungen erzielt man beim *Hochgeschwindigkeitsschleifen*[1] (80 bis 100 m/s). Dabei muß durch besondere Sicherheitsmaßnahmen (Schutzhauben, Abdeckungen, Schutzplatten) der Bedienungsmann zuverlässig vor den Folgen eines Scheibenbruches geschützt werden. Die entstehende Wärme muß durch reichliche Kühlmittelzufuhr abgeführt werden.

Unrund gewordene, stumpfe oder verschmierte Schleifkörper müssen *abgerichtet* werden, wobei die Körner ausgebrochen oder zertrümmert werden, damit neue, schneidende Körner freigelegt oder neue Schneidkanten geschaffen werden. Das *Abdrehen* mit geringer Umfangsgeschwindigkeit auf besonderen Abdrehmaschinen dient zur Herstellung der Schleifkörpergrundform, sowie zum Nacharbeiten sehr harter, unrund gewordener Grobschleifkörper durch zwangläufig geführte Werkzeuge. Das *Abrichten* ist eine Feinbearbeitung des umlaufenden Schleifkörpers auf der Schleifmaschine zur Herstellung der vorgeschriebenen Profilform, der Schleiffähigkeit und Rundheit. Als Abrichtwerkzeuge, die von Hand (nur bis 400 mm Schleifkörperdurchmesser) oder zwangsläufig bewegt werden können, verwendet man *diamantfreie Abrichter* sowie *Abrichtdiamanten*. Zu den ersteren zählen:

grobkörnige SiC-Rutschersteine,

mit einem Handgriff versehene Rohre, die mit SiC, B_4C gefüllt sind,

von Hand und zwangläufig geführte Rädchen aus Stahl, die gerade, gewellt, gezackt, auch mit Hartmetall bestückt sein können und von denen meist mehrere zusammen in einem gabelförmigen Halter laufen, der gleichzeitig als Schutzhaube dient,

von Hand oder zwangläufig geführte Rollen aus Sinterkorund, SiC, Hartmetall, oder von Hand geführte kegelförmige SiC-Abrichter und profilierte Rollen aus gehärtetem Stahl, Hartmetall zum Profilieren.

Abrichtdiamanten[2] dienen zum Abrichten von Schleifkörpern mit schwierigen Profilen und von sehr harten, gummigebundenen Schleifkörpern bei zwangläufiger Führung und geringer Umfangsgeschwindigkeit.

---

[1] Kortendiek, W.: Merkmale beim Schleifen mit erhöhter Umfangsgeschwindigkeit. Werkst. u. Betr. *1971*, 157–163.

[2] Götz, F.: Diamanten und Diamantwerkzeuge zum Abrichten von Schleifkörpern. Düsseldorf: VDI-Verlag. 1968.

Die Abrichtdiamanten werden in Einsätzen nach DIN 1820 verwendet. Zum Abrichten zylindrischer Schleifscheiben werden *Rohdiamanten*, deren Größe von Durchmesser und Breite des Schleifkörpers abhängt, in Silber- oder Kupferlot eingebettet (Abb. 357) verwendet. Der Einsatz wird mit seinem Kegel in den Diamanthalter der Maschine so eingesetzt, daß eine Schneidkante des Diamanten an dem Schleifkörper zum Eingriff kommt (Abb. 358). Dabei wird die Mittelachse des

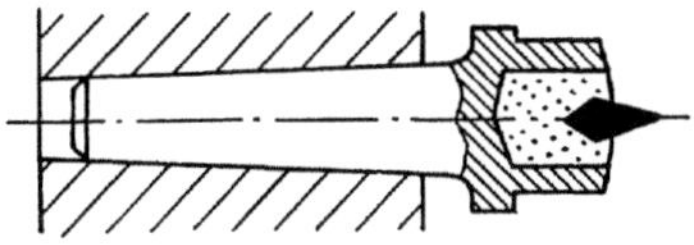

Abb. 357. Diamantabrichter

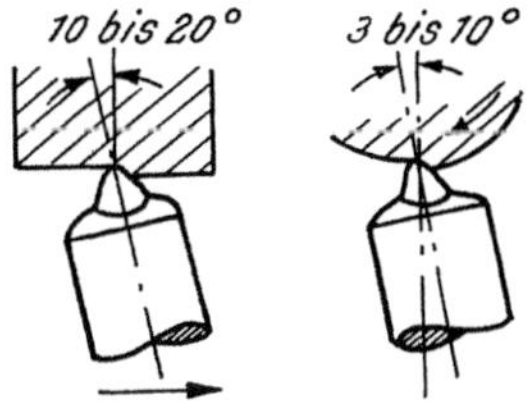

Abb. 358. Stellung des Diamanten beim Abrichten

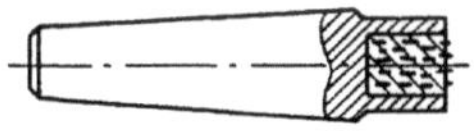

Abb. 359. Vielkornabrichter

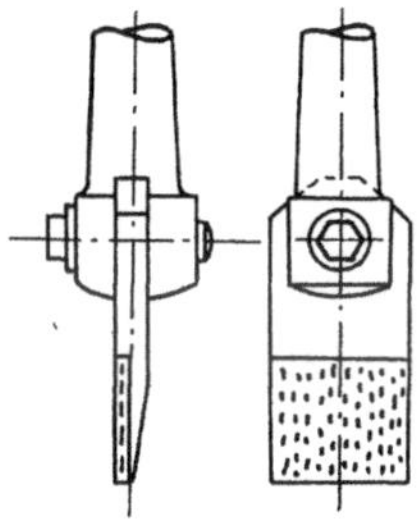

Abb. 360. Diamantabrichter mit rechteckiger Platte

Einsatzes in Drehrichtung um ca. 3 bis 10° und in Vorschubrichtung um 10 bis 20° schräggestellt (ziehender Schnitt). Damit neue Schneidkanten zum Einsatz kommen, muß der Einsatz um mindestens 10° um seine Achse im Halter gedreht werden. Beim Abrichten soll eine ausreichende Menge von Schneidflüssigkeit zugeführt werden. Kann durch Drehen des Einsatzes keine neue Kante mehr in Eingriff gebracht werden, so muß der Diamant neu gefaßt werden.

Zum Abrichten von Profilscheiben werden *geschliffene Diamanten* unter Verwendung von Abrichtvorrichtungen benützt[1]. Der Spitzenradius des Abrichtdiamanten muß gleich dem Radius des Tasters sein.

Vielkornabrichter (Abb. 359) verwenden mehrere in Metallbindungen

[1] VDI 3392 Diamantabrichtwerkzeuge für Schleifkörper.

(Bronze, Stahl, Hartmetall) eingesinterte Natur- oder synthetische Diamanten. Sie sind billiger (mehrere kleine Diamanten kosten wesentlich weniger als ein großer) und können ohne Umfassen vollkommen aufgebraucht werden. Zum Formabrichten müssen die Diamanten vorwiegend in einer Ebene angeordnet sein (Abb. 360).

Durch *Diamantabrichtrollen*[1,2], die an ihrer Arbeitsfläche mit einer Vielzahl gebrochener oder ungebrochener Diamanten ein- oder mehr-

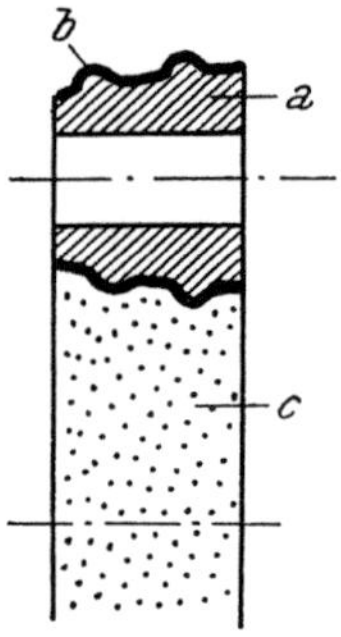

Abb. 361. Diamantabrichtrolle. *a* Abrichtrolle, *b* Diamantbelag, *c* Schleifkörper

schichtig bestückt sind, werden Schleifkörper durch Schleifen abgerichtet. Dabei werden sowohl die Schleifkörper wie die Abrichtrollen angetrieben. Mit Diamantabrichtrollen (Abb. 361) läßt sich im Einstechverfahren das Profil über die gesamte Schleifkörperbreite erzeugen. Auf diese Weise kann der Abrichtvorgang in kurzer Zeit während des Werkstückwechsels durchgeführt werden. An der Schleifmaschine muß eine besondere Abrichtvorrichtung vorhanden sein. Die Abrichtrollen arbeiten mit Umfangsgeschwindigkeiten von 1 bis 5 m/s bei unverminderter Umfangsgeschwindigkeit der Schleifscheibe und reichlicher Zufuhr von Schneidflüssigkeit.

7,3 Spannen der Schleifscheiben und Werkstücke

Die Schleifkörper sind trocken aufzubewahren und vor Stößen, Frost und einseitiger Erwärmung zu schützen. Vor dem Aufspannen sind sie auf ordnungsgemäßen Zustand zu untersuchen und einer Klangprobe zu unterziehen. Die Bohrung für die Schleifspindel muß genau zentrisch

---

[1] VDI 3392 Diamantabrichtwerkzeuge für Schleifkörper.

[2] Wild, H.: Profilrollen mit Diamantbelag zum genauen Profilieren von Schleifscheiben. Ind. Diamond Rev. *1967*, 134—138. — Gauger, R.: Diamantwerkzeug zum Abrichten von Schleifscheiben. Ind. Diamond Rev. *1967*, 144—151.

und von solchem Durchmesser sein, daß die Schleifkörper mit geringem Spiel aufgeschoben werden können. Sie sind, wenn nicht die Art der Arbeit oder des Schleifkörpers eine andere Befestigung verlangen, mit Flanschen zu befestigen, die zentrisch laufen, ausreichend dick und von gleichem Außendurchmesser sein müssen, damit sie sich nicht durchbiegen. Ihr Durchmesser muß bei Verwendung von Schutzabdeckungen mindestens ein Drittel des Schleifkörperdurchmessers sein, und sie

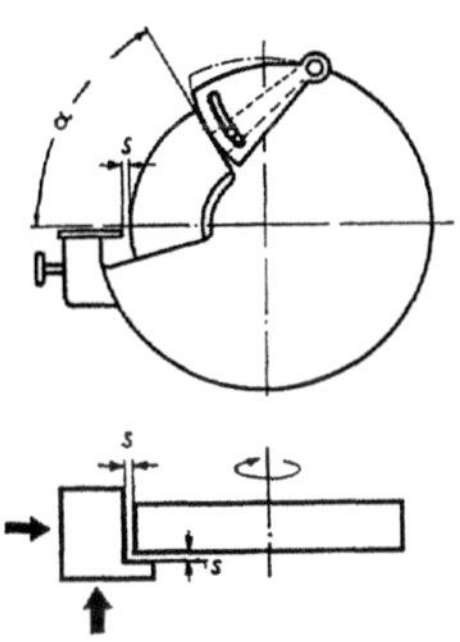

s kleiner oder gleich 3 mm

Abb. 362. Schutzhauben für Schleifkörper. α Öffnungswinkel der Schutzhaube, s Abstand der Werkstückauflage ($\leqq$ 3 mm)

müssen die Seitenflächen des Schleifkörpers zu mindestens $^1/_6$ ihrer Höhe überdecken. (Abb. 352, 353). Sie sollen so ausgespart und mit einem rauhen Rand versehen sein, daß sie nur auf etwa $^1/_{20}$ des Schleifkörperdurchmessers anliegen. Bei Schleifkörpern mit Aussparungen (Abb. 354) muß der Flanschdurchmesser kleiner als diese sein, damit keine Spannungen entstehen. Bei Großschleifkörpern mit Magnesitbindung müssen die Seitenflächen von den Flanschen um mind. 50 mm überdeckt sein. Bei Verwendung ohne Schutzabdeckungen müssen entweder konische Schleifscheiben mit 1 : 16 Steigung auf jeder Seite und mit auswechselbaren Befestigungsflanschen (Abb. 356) oder gerade Scheiben von höchstens 35 mm Breite mit besonderen Gummizwischenlagen und größeren Befestigungsflanschen (Abb. 355) verwendet werden (ÖNORM M 4810). Zwischen Flanschen und Schleifkörper sind weiche und elastische Zwischenlagen (Pappe, Filz, Leder, Gummi) von 0,5 bis 2 mm Dicke und mindestens Flanschendurchmesser einzulegen. Als Schutz gegen zerspringende Schleifscheiben sind Schutzhauben oder Schutzbügel aus zähem Werkstoff anzubringen, die keinen größeren Öffnungswinkel als 60° besitzen dürfen (Abb. 362). Der Schutzbügel muß entsprechend der Abnützung des Schleifkörpers nachstellbar sein. Wenn das Arbeitsstück von Hand zugeführt wird, sind Werkstückauflagen zu benützen, die sich stets dicht am Schleifkörper befinden müssen. U-förmig ausgebildete Auflagen dürfen *nicht*, L-förmige nur dann verwendet werden, wenn sie radial und axial nachgestellt werden. Vor der ersten Benützung und nach jedesmaligem Wiederaufspannen sind Schleifkörper über 100 mm Durchmesser im Betriebe des Benützers im Beisein einer verantwortlichen Person einem *Probelauf* von mindestens 5 Minuten Dauer mit der vollen Betriebsgeschwindigkeit zu unterziehen. Dabei ist der Gefahrenbereich abzusperren. Vor dem Probelauf müssen schmale Schleifkörper *statisch* mit einer Welle auf zwei gehärteten Linealen und sehr breite Scheiben *dynamisch ausgewuchtet* werden. In den Befestigungsflanschen müssen zu diesem Zweck Auswuchtnuten und Auswuchtklötzchen vorhanden sein. Zur *Verhütung von Augenverletzungen* sind *Schirme* oder *Brillen* zu benützen. Beim Trockenschleifen ist der *Schleifstaub* an der *Entstehungsstelle abzusaugen* und sicher zu beseitigen.

Das *Spannen* erfolgt beim *Rundschleifen* langer kleiner Werkstücke wie beim Drehen. Um ein Verbiegen dieser Teile infolge von Wärmedehnungen zu vermeiden, wird die Reitstockspitze durch eine Feder gegen das Werkstück gepreßt. Teile die sehr genau sein sollen, werden zwischen *ruhenden* (*toten*) Spitzen von Spindelstock und Reitstock geschliffen. (Dabei läuft nur der Mitnehmer um, der Spindelstockkörner ruht). Statt dem Drehherz verwendet man das ähnliche Schleifherz, in dem das Werkstück durch eine Spannschraube geklemmt wird und das von einem Stift auf der Werkstückspindel mitgenommen wird. Es finden jedoch auch selbsttätige Mitnehmer Verwendung (Abb. 197). Lange und dünne Wellen müssen durch mehrere *Setzstöcke* unterstützt werden. Diese besitzen verstellbare Backen aus Fiber, Hartholz, Bronze oder Stahl. Flache kleine ferromagnetische Werkstücke werden auf *elektromagnetischen* oder *permanentmagnetischen Spannfuttern* gespannt. Bei ersteren erfolgt das Ein- und Ausspannen des Werkstückes durch Ein- und Ausschalten des Wicklungsstromes. Durch diesen werden die Polschuhe magnetisiert. Der Raum zwischen den aufeinanderfolgenden Nord- und Südpolen ist mit nicht magnetisierbarem Werkstoff (Messing, Weißmetall) ausgefüllt. Der Strom wird den Wicklungen durch zwei Schleifringe zugeführt. Verwendet wird Gleichstrom von 24 V, 110 oder 120 V Betriebsspannung. *Haft*kraft (Kraft senkrecht zur Spannfläche) und *Verschiebe*kraft (Kraft parallel zur Spannfläche) sind abhängig vom Werkstoff des Werkstückes (Legierungselemente wie C, Cr, Mo und Ni verringern sie), von Form und Auflagefläche des Werkstückes, von der Oberflächenbeschaffenheit (sinkt mit zunehmender Rauhtiefe), vom magnetischen Kraftfluß, der durch das Werkstück geht und von der Polteilung. Ausgeführt werden Radialpol-, Ringpol- und Spiralpolteilung.

Permanentmagnetische Spannfutter benötigen keine Stromzuführung und daher auch keine Schleifkontakte. Bei ihnen entfällt die mit der Stromunterbrechung auftretende Unfallgefahr. Ihre Haftkraft liegt jedoch erheblich unter der elektromagnetischer Futter gleich großer Spannfläche. Sie sind schaltbar durch mechanische Abstreifer oder durch mechanisch schaltbare Feldumlenkung mittels Gegeneinanderverschieben zweier Magnetsysteme. Auf beiden können nur ferromagnetische Werkstücke gespannt werden. Sollen die Werkstücke nach dem Abspannen ganz unmagnetisch sein, so müssen sie auf besonderen Entmagnetisiervorrichtungen, oftmals hintereinander mit allmählich abnehmendem Wechselstrom, magnetisiert werden. Beim spitzenlosen Rundschleifen entfällt jede Aufspannung.

Beim *Flachschleifen* spannt man große Werkstücke mit Spanneisen, kleine dünne ferromagnetische Werkstücke auf *Magnetplatten,* nichtmagnetisierbare in *Vakuumspannplatten.* Bei diesen wird zwischen der Spannplatte, in die ein Dichtungsring eingelassen ist und dem aufgelegten Werkstück durch Absaugen der Luft ein Unterdruck hergestellt, so daß der äußere Luftdruck das Werkstück anpreßt.

7,4 Schleifmaschinen

7,41 Allgemeines

Bei allen Schleifmaschinen macht die Schleifscheibe die Schnittbewegung. Sie sitzt nur bei sehr einfachen Maschinen direkt auf der Motorwelle. In der Regel wird sie über Keil-, Seiden- oder Verbundriemen (keine Zahnräder) angetrieben, um eine Übertragung der Restunwucht des Motors zu verhindern. Meist werden zwei Drehzahlen, eine für die neue und eine für die abgenützte Scheibe vorgesehen.

Um ruhigen Lauf zu erzielen, müssen alle rasch umlaufenden Teile sehr gut ausgewuchtet werden (es werden auch Schleifspindeln mit selbsttätiger Beseitigung der Unwucht erzeugt), das Bett wird zur Erhöhung der statischen und dynamischen Starrheit gut verrippt und die Lager müssen möglichst kleines Lagerspiel besitzen (genaue Wälzlager mit Vorspannung, hydrostatisch geschmierte Gleitlager, hydrodynamisch geschmierte Mehrflächengleitlager).

7,42 Rundschleifen und Rundschleifmaschinen

Man unterscheidet Schleifen zwischen Spitzen (Längsschleif- und Einstechverfahren) und das spitzenlose Schleifen (Durchgangs-, Einstech- und Formverfahren).

Beim *Schleifen zwischen Spitzen* befindet sich das Werkstück zwischen toter oder umlaufender Spitze des Spindelstockes und der Reitstockspitze und wird angetrieben. Die Pinole des Reitstockes wird meist hydraulisch vor- und zurückgebracht. Um Durchbiegung langer Stücke zu verhindern, verwendet man *Setzstöcke.*

Beim *Längsschleifen* zwischen Spitzen verwendet man schmale Schleifscheiben. Die Längsvorschubbewegung macht bei leichten und mittleren Werkstücken der Tisch mit dem Werkstück (Bauart *Norton*) und bei schweren Werkstücken die auf einem Schlitten befindliche Schleifscheibe (Bauart *Landis*).

Je geringer die Vorschubgeschwindigkeit in Längsrichtung gewählt wird, um so besser wird die Oberflächengüte und um so geringer der Scheibenverschleiß. Man wählt beim Schruppen (R_t = 6 bis 16 μm) $\frac{1}{2}$ bis $^5/_6$, beim Schlichten (R_t = 1,6 bis 4 μm) $\frac{1}{2}$ bis $\frac{1}{4}$ und beim Feinschleifen (R_t = 0,6 bis 1 μm) $^1/_{50}$ bis $^1/_{10}$ der Scheibenbreite je Werkstückumdrehung. Die Zustellung beträgt je nach Werkstoff beim Schruppen 0,01 bis 0,03, beim Schlichten 0,003 bis 0,01 und beim Feinschleifen 0,002 bis 0,005 mm/Hub.

Die *Überschliffzahl* ü gibt an, wie oft ein Punkt des Werkstückes bei einem Hub der Scheibe überschliffen wird:

$$\boxed{ü = \frac{B}{s}}$$ siehe Abb. 54

B (mm) .... Breite der Schleifscheibe,
s (mm/U) ... Längsvorschub je Umdrehung.

Das *Geschwindigkeitsverhältnis* q

$$\boxed{q = \frac{v_s}{v_w}}$$

v_s (m/s) ..... Umfangsgeschwindigkeit der Schleifscheibe,
v_w (m/s) .... Umfangsgeschwindigkeit des Werkstückes.

Je größer q gewählt wird, um so mehr Schleifkörner kommen beim Abschliff einer bestimmten Werstoffmenge zur Wirkung, und um so feiner wird der Schliff; beim Schlichten wird q durch Herabsetzen von v_w erhöht (Werte für q und v_w siehe Dubbel II).

Die Regelausführung bilden *Rundschleifmaschinen* der Bauart Norton (Abb. 363 und 364). Auf dem Bett m, das zur Gänze auf dem Boden aufruht, bewegt sich der Tisch n in langen Führungen, die durch Abdeckungen gegen das Eindringen des Schleifstaubes geschützt sind. Auf dem Tisch befindet sich der Werkstückspindelstock o zum Antrieb des

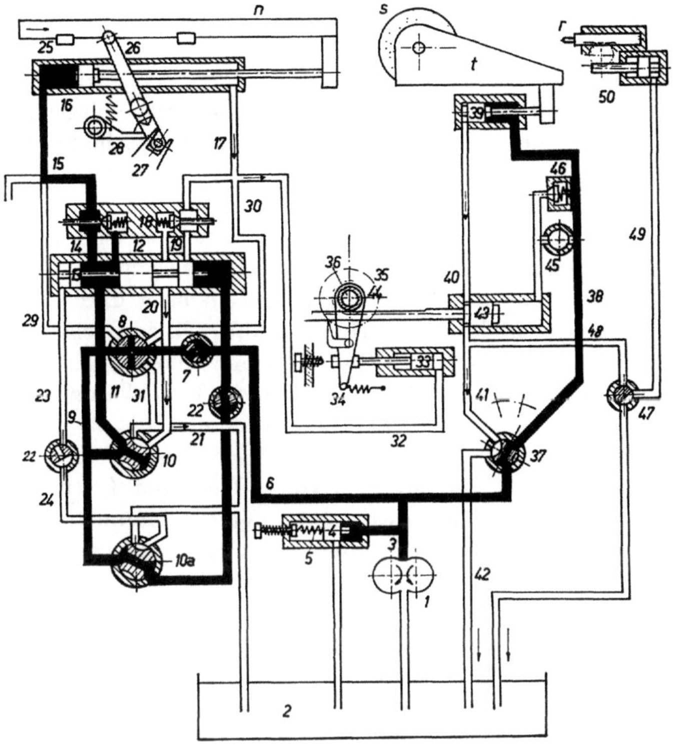

Abb. 363

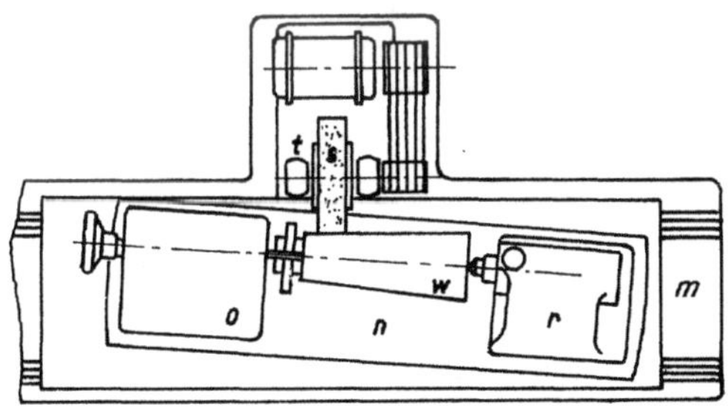

Abb. 364

Abb. 363 und 364. Rundschleifmaschine. *m* Bett, *n* schwenkbarer Tisch, *o* Werkstückspindelstock, *r* Reitstock, *s* Schleifscheibe, *t* Schleifschlitten, *w* Werkstück, *1* Zahnradpumpe, *2* Ölbehälter, *3* Druckleitung, *4* Überdruckventil, *5* Druckfeder, *6* Druckleitung, *7* Drosselventil, *8* Hauptsteuerhahn, *9* Druckleitung, *10* und *10a* Tischsteuerhahn, *11* Druckleitung, *12* Tischhaltesteuerung, *13* Haltekolben, *14*, *15*, *17*, *19*, *20* Druckleitungen, *16* linke Seite des Tischzylinders, *18* Ventil, *21* Rückleitung, *22* Drosselventil, *23*, *24* Druckleitungen, *25* Tischanschlag, *26* Umsteuerhebel, *27* Gabelhebel, *28* Schneidenhebel, *29*, *30*, *31* Leitungen, *32* Druckleitung, *33* Kolben, *34* Klinke, *35* Schaltrad, *36* Schleifschlittenspindel, *37* Steuerhahn, *38*, *40*, *41*, *42* Leitungen, *39* Kolben, *43* Kolben mit Zahnstange, *44* Zahnrad, *45* Drosselventil, *46* Ventil, *47* Fußventil, *48*, *49* Leitung, *50* Kolben mit Zahnstange

Werkstückes und der Reitstock *r*. Beim Schleifen zwischen toten Spitzen wird das Werkstück durch eine Mitnehmerscheibe mitgenommen. Der Tisch *n* ist zweiteilig ausgeführt. Zum Schleifen schlanker Kegel kann der Oberteil bis ca. 10° gegen den Unterteil verdreht werden (Abb. 364). Auf dem rückwärtigen Teil des Bettes sitzt der Schleifschlitten *t* mit der Schleifscheibe und ihrem Antrieb, welcher senkrecht zum Werkstück verschoben werden kann (Zustellbewegung).

Die Längsbewegung des Tisches kann mechanisch durch Zahnrad und Zahnstange oder hydraulisch erfolgen. Abb. 363 zeigt eine hydraulische Tischsteuerung im offenen Ölkreislauf. Aus dem Behälter 2 saugt die Zahnradpumpe 1 das Öl und fördert es in die Druckleitung 3, an die ein Überdruckventil 4 angeschlossen ist, durch das die überschüssige Ölmenge in den Behälter zurückfließt. Der gewünschte Druck kann durch die Druckfeder 5 eingestellt werden. Über die Leitung 6, das Drosselventil 7 für die Tischgeschwindigkeit und den Hauptsteuerhahn 8 zum Ein- und Ausschalten der Tischbewegung geht das Drucköl durch die Leitung 9 zum Steuerhahn 10 und von diesem über Leitung 11 zur Tischhaltesteuerung 12. Ist der Haltekolben 13 in seiner linken Endstellung, so kann das Drucköl über die Leitung 14 und 15 zur linken Seite des Tischzylinders 16 gelangen. Das auf der rechten Kolbenseite befindliche Öl geht über Leitung 17 zur Haltesteuerung, wo es das Ventil 18 anhebt und über Leitung 19 und 20 zum Tischsteuerhahn 10 gelangt, und fließt über die Rückölleitung 21 in den Ölbehälter 2. Die an den Hubenden gewünschte Stillstandsdauer zum Schleifen von Planflächen an Bunden, wird dadurch bewirkt, daß der Haltekolben 13, der sich zunächst noch in seiner rechten Endstellung befindet, nach Umlegen von 10 die Leitung 14 absperrt. Die Haltedauer läßt sich mit Drosselventil 22 einstellen, daß das zum Kolben 13 über den Querschnitt 10a des Tischsteuerhahnes geführte Öl nach seinem Umlegen über Leitung 24 und 23 mehr oder weniger rasch durchläßt. Beim Schleifen von Bunden muß der Tisch am Hubende solange stillstehen, bis das Werkstück mindestens eine Umdrehung gemacht hat. Die Tischhaltesteuerung läßt sich durch Anheben der Halteventile 18 für eine oder beide Zylinderseiten ausschalten. Das Drucköl kann dann in jeder Stellung des Haltekolbens ungehindert zum Tischzylinder.

Der Tisch, der sich im gezeichneten Schaltzustand nach rechts bewegt, nimmt vor seinem Umkehrpunkt mittels des Anschlages 25 den Umsteuerhebel 26 mit, der wiederum den Gabelhebel 27 und damit den Umsteuerhahn mit den beiden Querschnitten 10 und 10a bewegt. Hiebei schließt der Umsteuerhahn die Druckölleitung 9 und die Rückölleitung 21 allmählich ab, wodurch die Tischbewegung verlangsamt wird und in der Mittelstellung zum Stillstand kommen würde, wenn nicht durch Federkraft der Schneidenhebel 28 über den Totpunkt hinweghelfen würde. Damit in der Mittelstellung nicht auch die beiden Schneiden aufeinander stehenbleiben, hat der Umsteuerhebel 26 ein kleines Spiel im Gabelhebel 27, so daß die Schneidensteuerung schon ihren Totpunkt überschritten hat, bevor der Umsteuerhahn ganz in seine Endstellung gelangt, bevor also die Tischbewegung ganz abgestellt ist. Der Tisch schiebt also den Hebel 26 über seinen Totpunkt hinweg.

Soll die selbsttätige hydraulische Tischbewegung ausgeschaltet werden, aber die Möglichkeit bestehen den Tisch von Hand zu verschieben (z. B. über ein Rädergetriebe und eine am Tisch befestigte Zahnstange), so wird der Hauptsteuerhahn 8 auf Stellung „aus“ umgelegt, wodurch die beiden Zylinderseiten über die Leitungen 29 und 30 miteinander verbunden werden. Wegen der einseitigen Tischkolbenstange wird aber bei einer Tischbewegung nach rechts auf der rechten Kolbenseite weniger Öl verdrängt, als links angesaugt werden muß. Dieses Öl wird über Leitung 31 aus dem Behälter 2 nachgesaugt.

Der Schleifschlitten wird durch die Gewindespindel 36 bewegt. Beim Längsschleifen geschieht die Zustellung selbsttätig dadurch, daß bei jeder Tischumkehr ein Ölstrom über Leitung 32 auf den Kolben 33 drückt. Dieser dreht über Klinke 34 und Schaltrad 35 die Spindel 36.

Zur Eilbewegung des Schleifschlittens fließt Öl über Leitung 3 zum Steuerhahn 37. In der gezeichneten Stellung ist Drucköl über die Leitung 38 auf die rechte Kolbenseite von 39 gelangt und hat den Schleifschlitten zum Werkstück bewegt. Das von der Vorderseite verdrängte Öl gelangt über Leitungen 40, 41, 42 und den Steuerhahn 37 wieder in den Behälter.

Beim *Einstechschleifen* wird die Schleifscheibe kontinuierlich zugestellt, indem die Spindel 36 durch die verzahnte Kolbenstange des Kolbens 43 über Zahnrad 44 langsam gedreht wird. Die Zustellgeschwindigkeit kann mit Drosselventil 45 eingestellt werden. Der Eilrücklauf geschieht durch Umschalten von Steuerhahn 37 und Anheben des Ventils 46.

Die *Vorwärtsbewegung der Reitstockpinole zum Spannen* erfolgt nach Grobeinstellung des Reitstockes durch eine nicht dargestellte Feder. Zum Ausspannen durch Rückzug der Pinole wird Drucköl über Leitung 48 und ein Fußventil 47 auf den Kolben 50 geführt. Die Leitung 48 erhält nur beim Zurückfahren des Schleifschlittens Drucköl, so daß während des Schleifens kein Rückziehen der Pinole erfolgen kann.

Schäl(Tief)schleifen ist ein Längsschleifen, bei welchem die Schleifscheibe zu Beginn auf volle Tiefe zugestellt wird, worauf das Werkstück mit kleinem Längsvorschub vorgeschoben wird.

Beim *Einstechschleifen* arbeitet man mit Schleifscheiben (Abb. 365), die so breit sind wie die Schleiffläche und die nur senkrecht zur Werkstückachse vorgeschoben werden. Man erzielt kurze Schleifzeiten. Längere Wellen schleift man mit mehreren Einstichen (mit Überdekkung) vor und durch Längsschleifen fertig (schlichten). Größere Stirnflächen (Bunde) lassen sich vorteilhaft durch schräggestellte Schleifscheiben (Abb. 366) herstellen (Profilmittellinie parallel zur Scheibenachse, daher geringerer Verschleiß wegen kleinerer Durchmesserunterschiede an der Scheibe). Formscheiben können bei verringerter Scheibendrehzahl durch mit Diamanten arbeitende Abrichteinrichtungen, durch

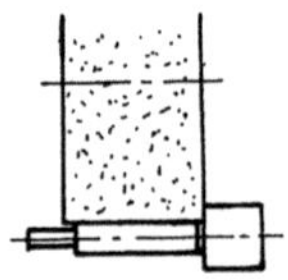

Abb. 365

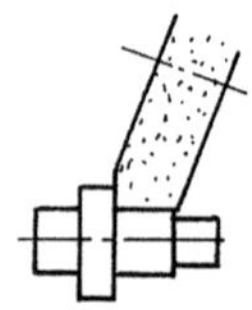

Abb. 366

Abb. 365 und 366. Einstechschleifen

Profilrollen aus gehärtetem Stahl oder Hartmetall oder bei voller Scheibendrehzahl durch diamantbelegte Profilrollen erzeugt werden. Letztere können auf Dornen zwischen den Körnerspitzen der Werkstückaufnahme gespannt oder hinter dem Reitstock montiert werden oder mit besonderem Antrieb, besonderer Zustellung und Kompensationsmöglichkeit für die Scheibenabnutzung versehen sein (keine Abrichtnebenzeiten, da Abrichten während des Schleifens oder des Werkstückwechsels erfolgt).

Beim Schleifen zwischen Spitzen verwendet man große Schleifscheiben[1], um eine große Standzeit und schwere, stabile Maschinen, um kurze Ausfeuerzeit zu erhalten.

Für die Serienfertigung erfolgt *selbsttätige Steuerung* der Maschine *in Abhängigkeit vom erreichten Schleifmaß* durch *Steuermeßgeräte* (*Meßsteuerung*)[2]. Zunächst wird die Scheibe im Eilgang an das Werkstück herangeführt, die Werkstückbewegung und Kühlflüssigkeitszufuhr eingeschaltet und dann mit der vorgeschriebenen Zustellgeschwindigkeit geschruppt. Nach Erreichen eines eingestellten Durchmessers wird die Zustellgeschwindigkeit zum Schlichten verringert bzw. zum Ausfeuern abgestellt. Dann wird der Eilrücklauf eingeschaltet und die Werkstückbewegung und Kühlflüssigkeitszufuhr abgestellt. Bei *vollautomatischen*

---

[1] ÖNORM M 4821 bis 4823 Schleifkörper für das Außenrundschleifen.

[2] Kortendiek, W.: Meßsteuergeräte an NC-Rundschleifmaschinen. ZVDI/*1975*, 739–747. Kondaschewski, W., Lotze, W.: Meßsteuergeräte spanender Werkzeugmaschinen. Berlin: VEB Verlag Technik. 1974.

Maschinen wird auch das Zubringen, Spannen und Ausbringen selbsttätig durchgeführt. Ein Sonderfall der Meßsteuerungen sind die *Paarungsschleifeinrichtungen*, die nach dem ermittelten Maß eines Gegenstückes (Bohrungsmaß) das Schleifmaß für die Werkstücke steuern (Herstellung eng tolerierter Paarungsmaße).

Beim *spitzenlosen Rundschleifen* (Abb. 367) wird das Werkstück w auf einer der Höhe nach einstellbaren Auflageleiste a zwischen die Schleifscheibe s und die Regelscheibe v gebracht. Die Regelscheibe v

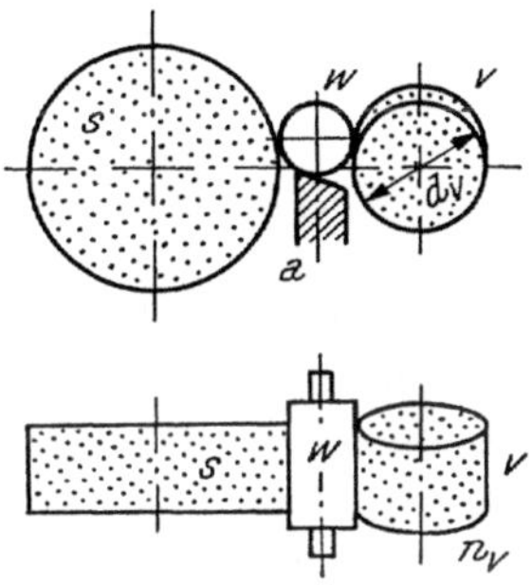

Abb. 367. Spitzenloses Schleifen. a Werkstückauflage, s Schleifscheibe, v Vorschubscheibe, w Werkstück, d_v Durchmesser der Vorschubscheibe, n_v Drehzahl der Vorschubscheibe

hat eine je nach Werkstückdurchmesser, Werkstoff und gewünschter Oberflächengüte einstellbare, wesentlich geringere Umfangsgeschwindigkeit als die Schleifscheibe s, die mit gleicher Umfangsgeschwindigkeit wie bei anderen Schleifverfahren umläuft. Die Scheiben sind gleich breit, so daß jede Durchbiegung vermieden wird. Da Spannen und Zentrieren entfallen, sind die Nebenzeiten gering. Die Werkstückaufnahme a ist eine hartmetallbestückte, waagrechte oder bis zu 35° gegen die Regelscheibe geneigte Schiene, die so eingestellt wird, daß die Werkstückmittelachse *über* der Verbindungslinie der beiden Scheiben liegt. Man unterscheidet Durchlauf-, Einstech- und Formschleifen:

Beim *Durchlaufschleifen* wird die Vorschubbewegung der zylindrischen Werkstücke durch Neigen der Regelscheibenachse gegen die Werkstückachse bis etwa 4° erzeugt. Mit den folgenden Bezeichnungen

n_v (U/min) .... Drehzahl der Vorschubscheibe
d_v (mm) ...... Durchmesser der Vorschubscheibe
d_w (mm) ...... Werkstückdurchmesser
n_w (U/min) ... Werkstückdrehzahl
s (mm/min) ... Vorschubgeschwindigkeit des Werkstückes
α .... Neigungswinkel zwischen den Achsen von Vorschubscheibe und Schleifscheibe

erhält man die Beziehungen:

$$0{,}95 \cdot n_v \cdot d_v = n_w \cdot d_w$$

$$s = 0{,}95 \cdot d_v \cdot \pi \cdot n_v \cdot \sin \alpha \quad \text{(mm/min)}$$

Der Faktor 0,95 berücksichtigt ein Gleiten des Werkstückes um 5%.

Kurze Werkstücke werden von Hand oder selbsttätig durch eine schräge Winkelrinne zugeführt, längere Werkstücke erfordern besondere Zu- und Abführeinrichtungen.

Beim *Einstechschleifen* erfolgt die Zustellung als Vorschubbewegung der Schleif- oder Regelscheibe senkrecht zur Werkstückachse. Das Werkstück wird durch die geneigte Regelscheibe gegen einen einstellbaren Anschlag geführt.

Das *Formschleifen* ist ein Einstechschleifen mit profilierter Schleifscheibe. Bei diesen Verfahren können die Werkstücke unmittelbar, oder mit einer Einlegevorrichtung von Hand oder bei großen Stückzahlen selbsttätig durch einen Greifer aus einem Magazin in Arbeitsstellung gebracht werden. Zustellung oder Rücklauf der Schleif- oder Regelscheibe können ebenfalls über Hebel von Hand oder selbsttätig gesteuert werden: Heranführen der Scheibe im Eilgang, Einstechen mit eingestellter Zustellgeschwindigkeit bis zum Anschlag, Ausfeuern nach eingestelltem Zeitrelais und Rücklauf der Scheibe. Aus Platzgründen wird erst das fertige Werkstück gemessen, dessen Maßabweichung den Zustellwert für die folgenden Werkstücke steuert. Um mit Bunden versehene Werkstücke einwandfrei zu- und abführen zu können, muß einer der Schleifscheibenschlitten eine Weitaushebung haben.

Auf *Walzenschleifmaschinen* kann man zylindrische, ballige und hohle Walzen schleifen (Nachformeinrichtungen). Die Walzen laufen dabei mit ihren Laufzapfen in besonderen Setzstöcken, die das Walzengewicht aufnehmen. Um die Baulänge der Maschine klein zu halten (bei der Nortonbauart müßte die Maschine länger als die doppelte Walzenlänge sein) und die hohen Massenkräfte beim Umsteuern des Tisches zu vermeiden wird die *Landis*-Bauart ausgeführt. Der Schlitten mit der Schleifscheibe macht dabei die Längsvorschub- und Zustellbewegung. Der Bedienungsstand befindet sich auf dem Schleifschlitten.

Kurbelwellenschleifmaschinen für die Serienfertigung arbeiten nach dem Einstechverfahren mit beiderseitigem Antrieb und besitzen besondere Zentrier- und Aufspannvorrichtungen.

7,43 Innenrundschleifen[1]

Beim Innenschleifen unterscheidet man das *Längs-*, *Einstech-* und *Seiten-(Stirn-)Schleifen.* Bei letzterem werden ausgesparte Schleif-

[1] ÖNORM M 4830 bis 4832 Schleifkörper für das Innenrundschleifen.

scheiben oder kleine Topfscheiben zum Schleifen von Bundflächen senkrecht zur Werkstückachse benützt (Abb. 368).

Man verwendet *auswechselbare Schleifspindeln* mit möglichst großen Schleifscheiben (Standzeit), möglichst großem Spindeldurchmesser und möglichst kleiner Ausladung (Starrheit). Wegen der bei den kleinen Durchmessern erforderlichen hohen Drehzahlen, wird die Schleifspindel *b*

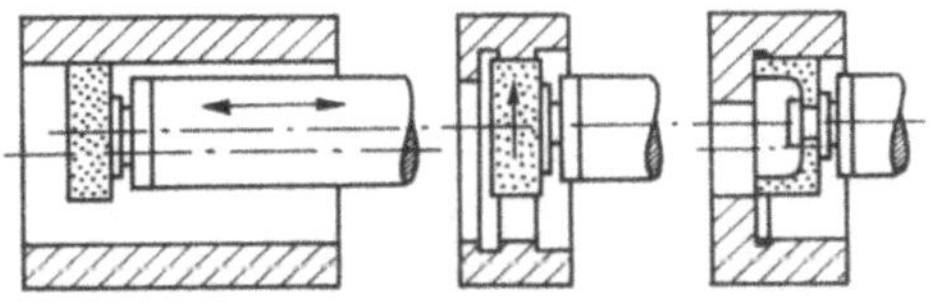

Abb. 368. Innenschleifen. *a* Vorschubschleifen, *b* Einstechschleifen, *c* Stirnschleifen

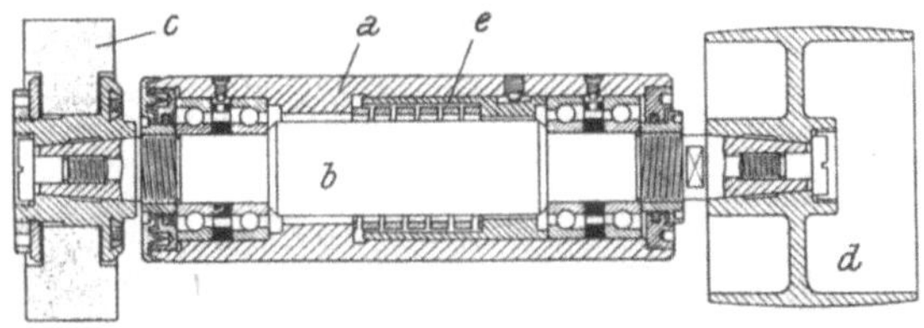

Abb. 369. Flanschspindel. *a* Spindelhülse, *b* Schleifspindel, *c* Schleifscheibe, *d* Antriebsscheibe, *e* Druckfeder

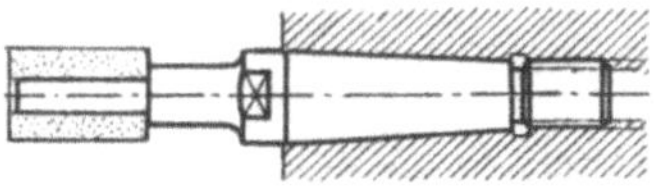

Abb. 370

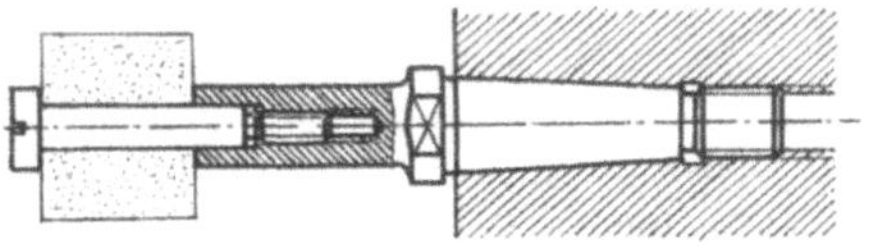

Abb. 371

Abb. 370 und 371. Verlängerungsspindeln

(Abb. 369) durch zwei Paare von einreihigen durch eine Feder *e* vorgespannte Schrägkugellager, hoher Laufgenauigkeit in der Schleifspindelhülse *a*, spielfrei gelagert. Die Schleifspindelhülse wird im Schleifspindelträger auf dem Schleifschlitten der Innenschleifmaschine befestigt. Ihr Antrieb erfolgt durch Flachriemenscheibe *d* oder einen direkt angebauten, mit Hochfrequenz betriebenen, Wechselstrommotor.

Flanschspindeln (Abb. 369) werden dort verwendet, wo man mit der Spindelhülse noch in die Werkstückbohrung einfahren kann.

Für das Schleifen kleiner Bohrungen, in die man mit der Hülse nicht mehr einfahren kann, verwendet man *Verlängerungsspindeln*. Bei diesen verwendet man verschiedene Kegeleinsätze, an die die Schleifscheiben gekittet (Abb. 370) oder geschraubt (Abb. 371) werden.

Innenschleifmaschinen werden mit *waagrechter* oder *senkrechter Schleifspindel* gebaut. Bei letzteren biegt sich die Schleifspindel durch das Eigengewicht nicht durch, das Aufspannen ist einfacher und der Schleifstaub kann frei abfallen.

Bei *Innenrundschleifmaschinen* für *kleine Werkstücke* führt die Schleifspindel die Drehung um ihre Achse, die Zustell- und Längsvorschubbewegung und das Werkstück die Rundvorschubbewegung aus.

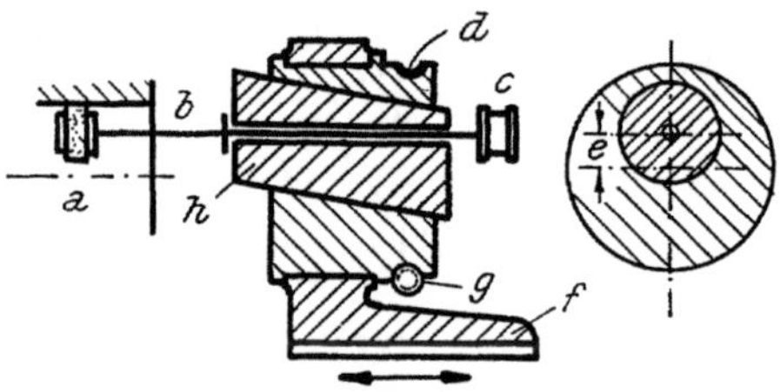

Abb. 372

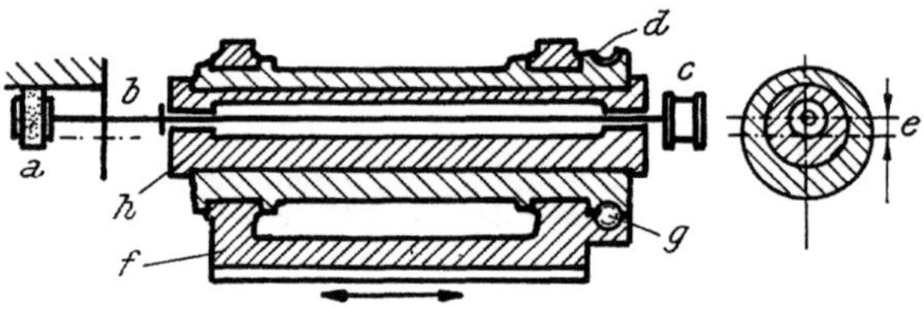

Abb. 373

Abb. 372 und 373. Planetenschleifmaschine (schematisch). *a* Schleifscheibe, *b* Schleifspindel, *c* Antriebsscheibe, *d* Rundvorschubzylinder mit Schneckenrad, *e* Exzentrizität, *f* Schlitten für Längsvorschub, *g* Schnecke, *h* exzentrische Spindellagerung

Bei den *Planetenschleifmaschinen* für *sperrige Werkstücke*, die nicht in Drehung gesetzt werden können (Pumpen-, Motorzylinder) wird das Werkstück fest, aber fein einstellbar gespannt und die Schleifscheibe führt die Längs- und Rundvorschubbewegung aus. Die Einstellung der Schleifscheibe erfolgt entweder durch Verschieben eines schiefen Zylinders in einer entsprechenden Bohrung (Abb. 372) oder durch Verdrehen eines Zylinders mit exzentrisch gelagerter Schleifspindel (Abb. 373). In beiden Fällen erfolgt die Rundvorschubbewegung über Schnecke und Schneckenrad und die Schnittbewegung über endlose Riemen.

Vollautomatische Innenschleifmaschinen für kleine Werkstücke haben Magazine zum selbsttätigen Beschicken und Laden. Wegen der geringen Standzeit der kleinen Schleifscheibe wird diese bei jedem Werkstück nach dem Schruppen etwas vorgeschoben und mit Diamant abgerichtet, wodurch immer die gleiche Ausgangsstellung erzielt wird. Dann erfolgt das Schlichten, Ausfeuern und der Eilrücklauf.

7,44 Flachschleifen[1]

Beim Flachschleifen unterscheidet man zwischen Umfangsschleifen und Stirnschleifen.

Beim *Umfangsschleifen* arbeitet man mit der Umfangsseite schmaler Flachscheiben. Die Scheibe berührt das Werkstück nur entlang einer

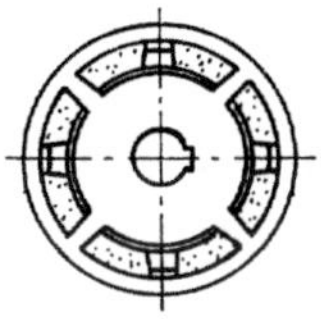

Abb. 374. Segmentschleifscheibe

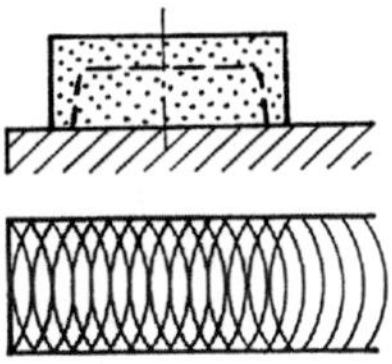

Abb. 375. Kreuzschliff

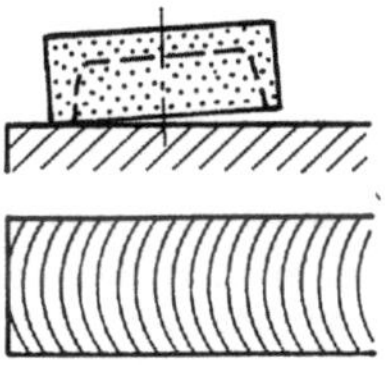

Abb. 376. Strahlenschliff

Linie, wodurch sich wegen geringer Erwärmung große Genauigkeit ergibt. Die Spanleistung ist nur beim Tiefschleifen groß.

Beim *Stirnschleifen* arbeitet man mit der Stirnseite von Topfscheiben, Schleifringen oder Segmentscheiben (Abb. 374). Steht die Schleifspindel senkrecht zur Arbeitsebene, so erhält man den *Kreuzschliff*, weil die Schleifkörner die Arbeitsebene zweimal (Abb. 375) berühren. Dabei ergeben sich leicht ballige Flächen, da die Schleifkörner an den Rändern längere und dichter liegende Schnittbögen durchlaufen. Beim Schruppen neigt man den Schleifkörper um etwa 1°, so daß der Schleifring nur beim Eintritt schneidet. Es entsteht der *Strahlenschliff* (Abb. 376). Wegen der großen Berührungsflächen erzielt man beim Stirnschliff hohe Spanleistungen.

[1] VDI 3391 Flachschleifen. — ÖNORM M 4810 bis 4850 Schleifkörper für das Flachschleifen.

Flachschleifmaschinen werden mit *senkrechter* (Stirnschliff) und *waagrechter* Spindel (Umfangsschliff) gebaut. Das Werkstück befindet sich auf *Lang-* oder *Rundtischen* und macht mit diesen die Vorschubbewegung.

Mit Umfangsschliff arbeiten die *Ständerschleifmaschinen* (Abb. 377). Auf dem Bett *a* befindet sich der aus Längsschlitten *b* und Querschlitten *c* ausgeführte Kreuzschlitten mit der Magnetplatte *d* zum Aufspannen der Werkstücke. Der Schleifspindelstock *e* mit der Schleif-

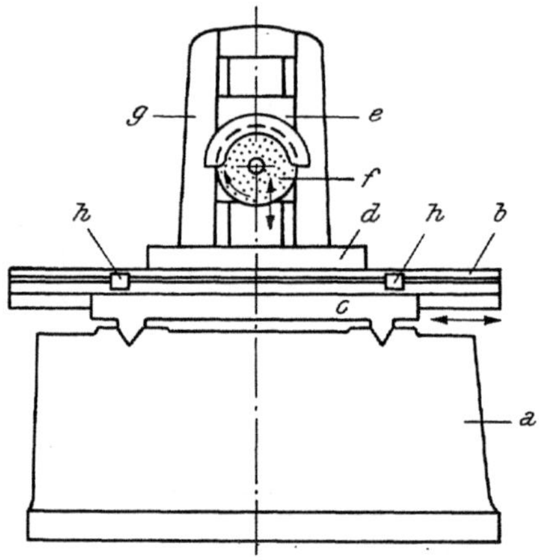

Abb. 377. Ständerflachschleifmaschine. *a* Bett, *b* Längsschlitten, *c* Querschlitten, *d* Magnetspannplatte, *e* Schleifspindelstock, *f* Schleifscheibe, *g* Ständer, *h* Anschläge

scheibe *f*, läßt sich zum Einstellen der Schnittiefe auf dem Ständer *g*, senkrecht verschieben. Die Längsvorschubbewegung wird in der Regel hydraulisch erzeugt. Anschläge *h* begrenzen den Schleifweg. Der Querschlitten kann von Hand oder an den Umkehrpunkten des Längsschlittens auch selbsttätig verschoben werden. Diese Maschinen kommen vorwiegend im Werkzeug- und Formenbau zur Verwendung.

Auf *Rundtischflächenschleifmaschinen* lassen sich kleinere und runde Werkstücke wirtschaftlich schleifen. Der Rundtisch mit einem Magnetfutter macht eine drehende Vorschubbewegung (Abb. 378). Es lassen sich mehrere Werkstücke gleichzeitig im Stirn- oder Umfangschleifverfahren bearbeiten.

Führungsbahnenschleifmaschinen zum Schleifen der Führungsbahnen von Werkzeugmaschinen sind *Langtischmaschinen* mit *schwenkbaren Schleifspindeln*. Sie arbeiten mit mehreren Flach- oder Topfscheiben, deren Achse entsprechend der Neigung der Führung schräggestellt wird, oder mit Profilscheiben, die entsprechend abgerichtet werden (Abb. 379). Den Vorschub führt das Werkstück mit dem Langtisch oder der Ständer mit den Schleifspindelschlitten aus.

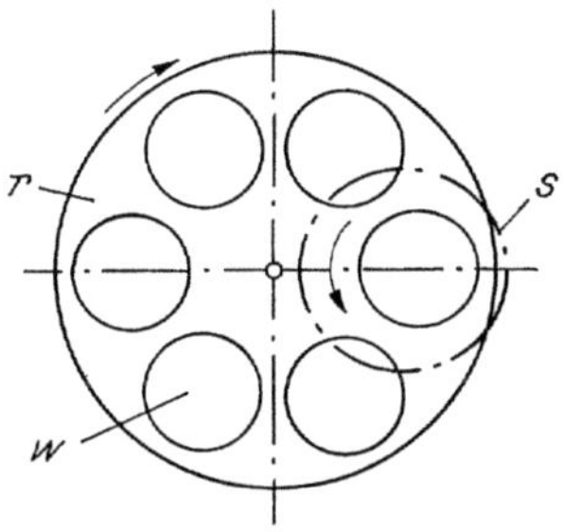

Abb. 378. Rundtischschleifen. *r* Rundtisch, *s* Schleifscheibe, *w* Werkstücke

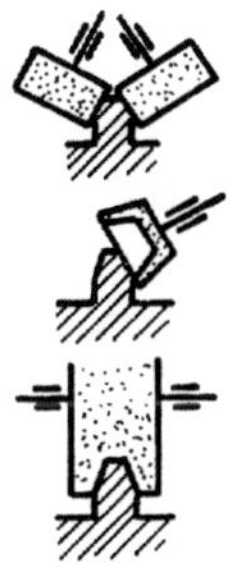

Abb. 379. Schleifen von Führungsbahnen

7,45 Werkzeugschleifen[1]

Werkzeuge müssen nachgeschliffen werden, wenn der Werkzeugverschleiß das zulässige Maß erreicht hat (siehe Abschnitt 1,3), die erzielte Oberflächengüte nicht mehr genügt oder die festgelegte Maßtoleranz des Werkstückes überschritten und ein Nachstellen des Werkzeuges unzweckmäßig ist.

Auf einfachen *Schleifböcken* können nur einfache Werkzeuge bei ausreichender Fachkenntnis geschliffen werden. Zur Überprüfung der Winkel verwendet man einfache Blechschablonen.

Dreh- und *Hobelstahlschleifmaschinen* machen es auch ungelernten Arbeitern möglich, die richtigen Werkzeugwinkel anzuschleifen. Sie besitzen Einspanneinrichtungen mit Einstellung nach Winkelteilungen in drei Ebenen. Es werden getrennte Schleifscheiben für Werkzeugstahl und Schnellstahl (Al_2O_3) und Hartmetall (SiC, Diamant) verwendet. Bei Werkzeugen mit hart aufgelötetem Plättchen soll der Schaft mit einer Korundscheibe bei ca. 2° Hinterschliff (Abb. 380) vorgeschliffen werden. Anschließend wird das Plättchen mit Scheiben aus SiC vor- und fertiggeschliffen, wobei man mit der Stirnseite von Topfscheiben arbeitet, um Hohlschliff zu vermeiden. Wegen der Gefahr der Schleifrißbildung soll mit *reichlichem Kühlmitteleinsatz* und zur Vermeidung von Schleifgraten *gegen* die Schneide geschliffen werden, Werkzeuge zur Feinstbearbeitung sollen anschließend einem Feinstschleifen mit Diamantschleifscheiben (Kunstharz-, Metall- oder keramische Bindung) unter-

[1] ÖNORM M 4850 bis 4852 Schleifkörper für das Werkzeugschleifen.

zogen werden. Beim Trockenschliff heißgewordene Werkzeuge mit hartaufgelöteter Hartmetallplatte dürfen *nicht in Wasser* abgekühlt werden, weil Spannungsrisse auftreten können.

Bei langspanenden Werkstoffen ist zur Erzielung eines günstigen Spanflusses (Richtung und Form des Spanes) die Anbringung von *Spanleitstufen*[1] zweckmäßig. Bei Werkzeugen mit Wendeschneidplatten kann die Spannplatte als Spanbrecher benutzt werden. In Werkzeuge mit aufgelöteter Hartmetallplatte müssen die Spanleitstufen einge-

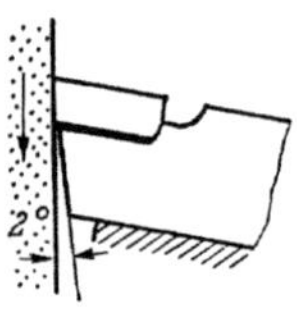

Abb. 380. Schleifen von Werkzeugen mit Hartmetallschneiden

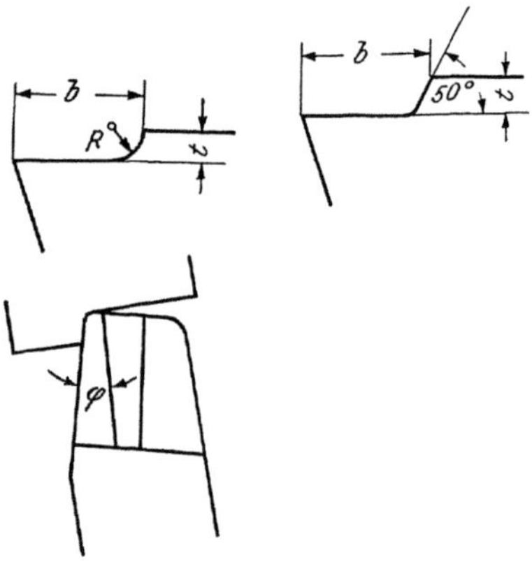

Abb. 381. Spanleitstufen. φ Öffnungswinkel, b und t Breite und Tiefe der Spanleitstufe, R Abrundungsradius

schliffen werden (Abb. 381). Die Breite b und die Tiefe t beeinflussen die Krümmung des Spanes. Die Spanleitstufen werden unter einem Winkel $\varphi = 8$ bis 15° angebracht, wenn die Späne in einer bestimmten Richtung ablaufen sollen. Öffnet er sich zum Schaft hin (positiv), so bewirkt er, daß die Späne von der Werkstückoberfläche fortgeleitet werden. Öffnet er sich in Richtung zur Schneidenecke (negativ), so laufen die Späne zur Werkstückoberfläche.

Sind größere Hartmetallmengen abzutragen oder genügend große Kontaktflächen vorhanden (bei der Erzeugung von Wendeschneidplatten), so wird auch das *elektrochemische Schleifen* (*Elysieren*) angewendet (siehe Abschnitt 14)[2]. Bei diesem verwendet man Diamantscheiben b

[1] VDI 3332 Spanleitstufen an hartmetallbestückten Drehmeißeln.

[2] VDI 3401, Bl. 1 Elektrochemische Bearbeitung (Formelysieren). — Marten, K., Heck, K.: Grundlagen und Praxis des elektrochemischen Schleifens von Hartmetall. Werkst. u. Betr. *1968*, 615—620. — Amrhein, H.: Über sinnvolle Kombinationen von elektrolytischem und konventionellem Schleifen. Ind. Diamond Rev. *1967*, 36—39.

mit Metallbindung, um den Strom zu leiten (Abb. 382). Diese sind isoliert gelagert *d* und durch Schleifbürsten *g* mit dem negativen Pol des Generators *e* verbunden. Durch eine Pumpe *h* wird aus dem Behälter *f* der Elektrolyt über Leitung *c* dem als Anode geschalteten Werkstück *a* zugeführt und von der Scheibe *b* in den Bearbeitungsspalt gezogen. Die Werkstoffabtragung erfolgt dabei in erster Linie chemisch (durch den Elektrolyten werden die in Jonen verwandelten Atome zu Salzen oder Oxiden verwandelt und abgeführt) und nur zu einem geringen

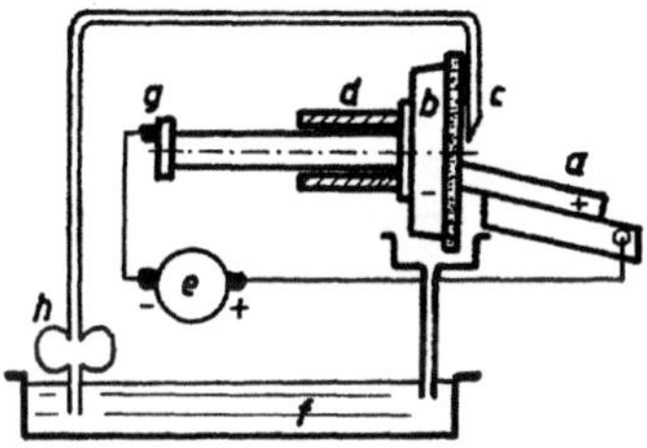

Abb. 382. Elektrochemisches Schleifen. *a* Werkstück, *b* metallgebundene Diamantscheibe, *c* Leitung für den Elektrolyten, *d* isoliertes Lager, *e* Gleichstromgenerator, *f* Elektrolytbehälter, *g* Schleifbürste, *h* Elektrolytpumpe

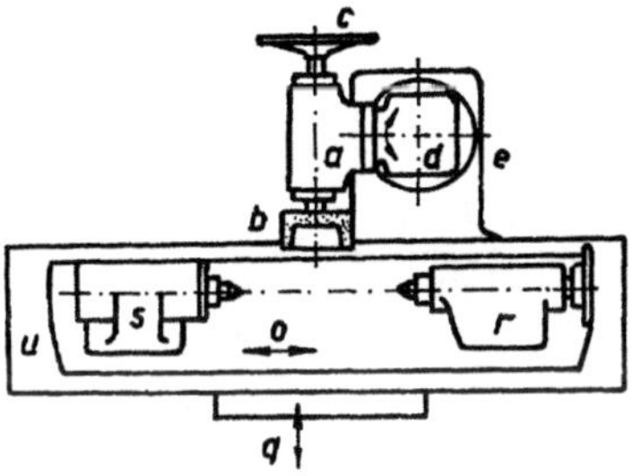

Abb. 383. Universal-Werkzeugschleifmaschine (Grundriß). *a* Schleifkopf, *b* Topfscheibe, *c* Tellerscheibe, *d* Drehteil, *e* Ständer, *o* Oberschlitten, *q* Querschlitten, *r* Reitstock, *s* Spindelstock, *u* Unterteil des Längsschlittens

Teil auf mechanischem Wege. Man erzielt dadurch hohe Oberflächengüte bei geringer Erwärmung und Schleifzeit. Um Funkenüberschläge bei kleinen Kontaktflächen zu vermeiden, kann in der Anschleifzeit ohne Strom geschliffen werden.

Universalwerkzeugschleifmaschinen (Grundriß Abb. 383) dienen zum Rund-, Innen-, Plan- und Scharfschleifen von Werkzeugen. Bei ihnen ist der Schleifkopf *a* um 360° um eine senkrechte Achse *d* drehbar, der Höhe nach verstellbar und trägt an beiden Enden je eine Schleifscheibe *b* und *c*, die ausgewechselt werden kann. Zum Schleifen von Kegeln ist der Oberteil des Längsschlittens *o* gegen den Unterteil *u* verschwenkbar.

Spitzverzahnte Fräser und *Reibahlen* werden auf der Freifläche mit einer Topfscheibe nachgeschliffen. Um ihre ganze Länge schleifen zu können, muß der wälzkörpergelagerte Längsschlitten, auf dem sie zwischen Spitzen von Spindelstock *s* und Reitstock *r* gelagert sind, hin und her bewegt werden. Bei den hiefür früher verwendeten Maschinen wurde die schräg abgerichtete Topfscheibe *a* (Abb. 384) um ca. 3° schräggestellt und der nachzuschleifende Zahn des Werkzeuges *c* durch einen um $r \cdot \sin\alpha$ unter Werkzeugmitte stehenden Finger *b* abgestützt.

Bei Werkzeugen mit geraden Nuten befindet sich der Finger am Längsschlitten, bei Werkzeugen mit schrägen Nuten am Ständer. Bei neueren Maschinen wird der Zahn des Werkzeuges *c* (Abb. 385) durch einen *auf Mitte* eingestellten Stützfinger *b* unterstützt und der Schleifkopf mit der Topfscheibe *a* in einer senkrechten Ebene um den Freiwinkel α gegen die Horizontale geschwenkt. Bei Werkzeugen mit Schraubennuten (Abb. 386) wird die Zahnstütze *b* zusammen mit dem Schleifkopf noch um den Drallwinkel λ geschwenkt. Da der der Schleifstelle gegen-

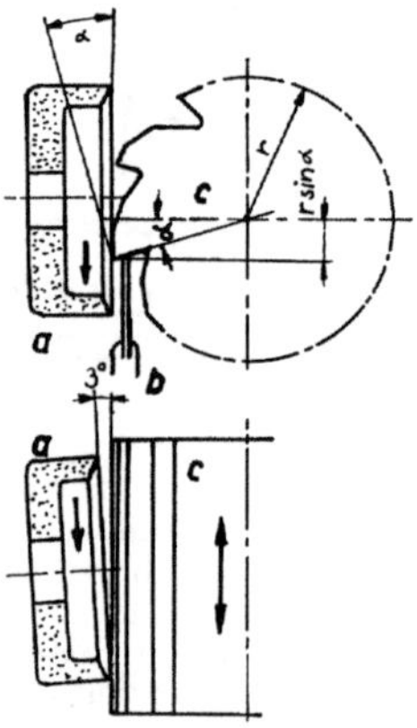

Abb. 384

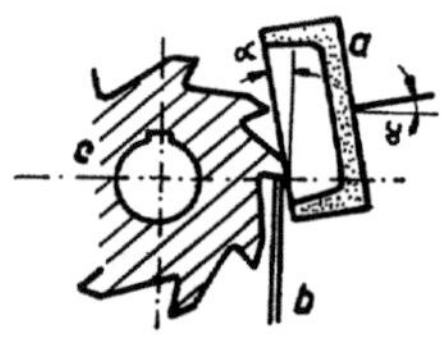

Abb. 385

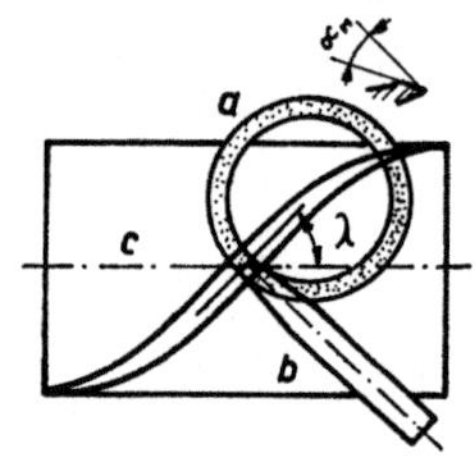

Abb. 386

Abb. 384 bis 386. Nachschleifen von Fräsern und Reibahlen mit gefrästen Zähnen. *a* Topfscheibe, *b* Zahnstütze, *c* Werkzeug, α Freiwinkel, λ Drall-(Schrägungs-) winkel, *r* Radius des Werkzeuges

überliegende Scheibenrand vom Werkstück absteht, erübrigen sich die Verschwenkung um 3°, die schräge Abrichtung der Schleifscheibe (dadurch höhere Standzeit) und das Ausrechnen der vom Werkzeugdurchmesser abhängigen Einstellhöhe des Fingers *b*. Die beim ersten Verfahren hohl ausfallende Freifläche wird hier eben und, da die Zahnstütze starrer ausgeführt werden kann, treten keine Rundlauffehler auf, so daß ein Rundschleifen meist entfallen kann. Bei den nach dem ersten Verfahren zuerst rund geschliffenen Werkzeugen soll nach dem Scharfschleifen noch eine kleine Fase zurückbleiben, an der man erkennen kann, daß alle Zähne gleichen Abstand haben. Bei Reibahlen wird nach dem Scharfschleifen noch durch *Wetzen* (Feinschleifen mit verringerter Umfangsgeschwindigkeit) eine weitere Fase mit kleinerem Freiwinkel erzeugt (Erhöhung der Bohrungsoberflächengüte).

Um spitzverzahnte Fräser auch zum Fräsen von Profilen verwenden zu können, wurden Schärfmaschinen gebaut, deren Schleiftisch sich mit einem Kopierstift an einer Schablone führt, die die genaue Form des Profiles besitzt.

Fräser und *Reibahlen* mit *hinterdrehten* Zähnen werden mit einer Tellerscheibe auf ihrer Spanfläche nachgeschliffen (Abb. 387). Der zu schleifende Zahn wird durch einen Finger unterstützt. Werkzeuge mit geraden Nuten können mit der ebenen, solche mit Schraubennuten mit der kegeligen Seite der Tellerscheibe nachgeschliffen werden. Bei ersteren

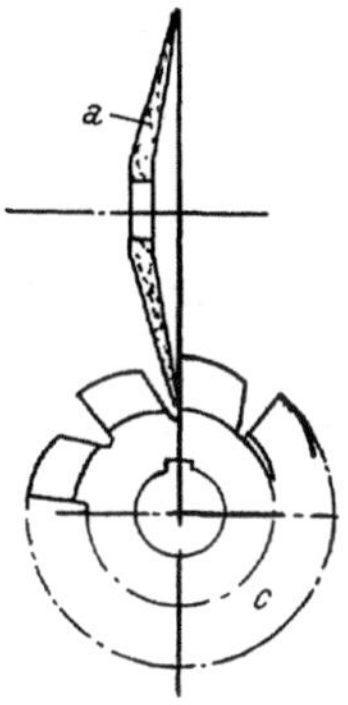

Abb. 387

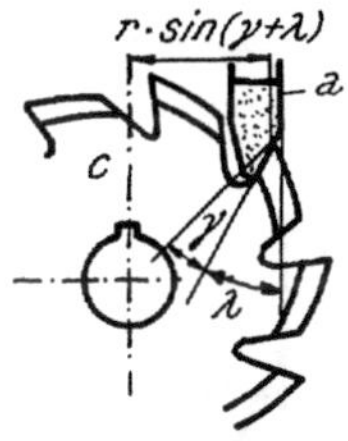

Abb. 388

Abb. 387 und 388. Nachschleifen hinterdrehter Fräser. *a* Schleifscheibe, *c* Fräser, *r* Fräserradius, γ Spanwinkel, λ Kegelwinkel der Schleifscheibe

(Abb. 387, $\gamma = 0$) wird der Werkzeugzahn um $r \cdot \sin\gamma$, bei letzteren um $r \cdot \sin\,(\gamma + \lambda)$ seitlich der Mitte eingestellt (Abb. 388). Zu dieser Einstellung verwendet man feste oder einstellbare Blechlehren.

Bei *Gewindebohrern* soll zunächst der Anschnitt mit einer kegelförmigen Schleifscheibe (Abb. 389), bei stärkerer Beschädigung auch die Spanfläche mit einer Tellerscheibe (Abb. 389) nachgeschliffen werden.

Auf *Wendelbohrerschleifmaschinen* (Abb. 390) oder Zusatzeinrichtungen wird der Bohrer von einem zentrisch spannenden, um 180° verdrehbaren Futter so aufgenommen, daß er stets den richtigen Frei- und Spitzenwinkel erhält. Die beiden Freiflächen sind Kegelflächen von 26° Öffnungswinkel, deren Achsen unter 45° zur Bohrermittellinie geneigt und deren Spitzen um 1,9 d bzw. d/15 von der Bohrerachse entfernt sind. Die kegelige Freifläche entsteht durch Schwenken der Vorrichtung um eine feste Achse.

Kreis- (Abb. 391) und *Bandsägeblätter* werden auf besonderen *Sägeschärfmaschinen* geschliffen. Der Vorschub um eine Zahnteilung wird bei diesen durch eine Klinke erzeugt. Dabei macht die Schleifscheibe eine auf- und abgehende Hubbewegung. Rundlauf und Teilung können durch Verwendung eines selbsttätigen Teilapparates verbessert werden.

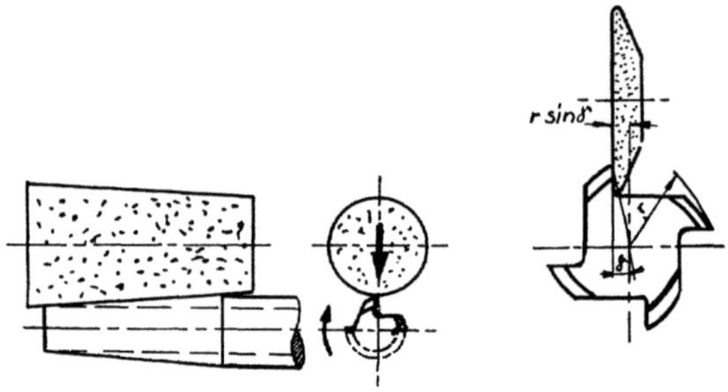

Abb. 389. Nachschleifen von Gewindebohrern. r Bohrerradius, γ Spanwinke

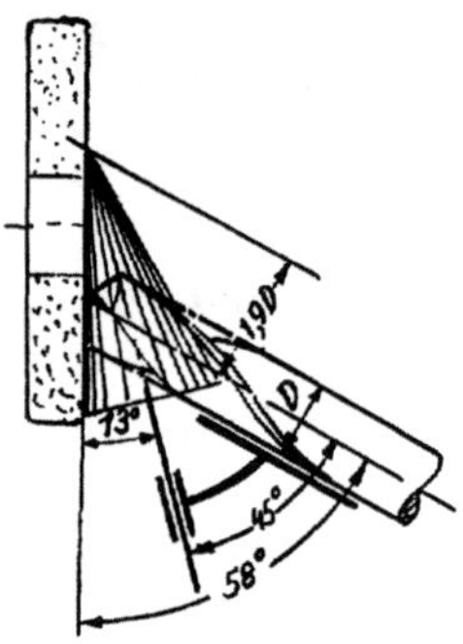

Abb. 390. Nachschleifen von Wendelbohrern. D Bohrerdurchmesser

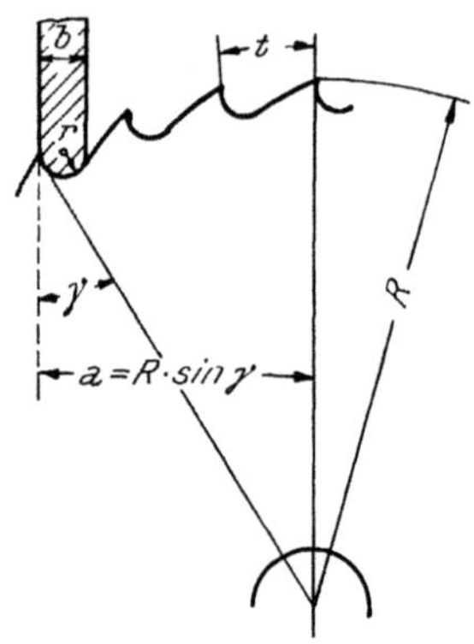

Abb. 391. Nachschleifen einer Kreissäge. a Scheibenabstand, $b = 2r$ Scheibenbreite, R Sägenradius, γ Spanwinkel, t Zahnteilung

7,46 Formschleifen

Dieses erfolgt durch Einstechen mit profilierten Scheiben (Zahnrad-, Gewindeschleifmaschinen) oder durch Führung entsprechender Scheiben relativ zum Werkstück (optische Profil-, Nockenwellen-, Polygon-, Handschleifmaschinen).

Beim *Gewindelängsschleifen* verwendet man *einprofilige*, mit Diamanten abgerichtete Schleifscheiben (für Gewindelehren, lange Gewindebohrer, Meßschrauben), welche in die mittlere Steigungsrichtung des Werkstückgewindes eingeschwenkt werden. *Mehrprofilige Scheiben mit kegeligem Anschnitt* (Abb. 392) besitzen größere Standzeiten. Ihre Drehachse wird parallel zur Werkstückachse eingestellt.

Beim *Gewindeeinstechschleifen* (Abb. 393) verwendet man zylindrische, *mehrprofilige* Schleifscheiben, die etwas breiter als das Werkstück (hochwertige Schrauben, kurze Gewindebohrer und -fräser) sind. Sie werden durch gehärtete Stahlrollen mit schrägen Nuten oder durch diamantbestückte Rollen abgerichtet.

Zum Schleifen von Außen- und Innengewinden dienen *Gewinde-*

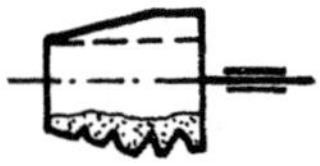

Abb. 392. Mehrprofilige Schleifscheibe zum Gewindelängsschleifen

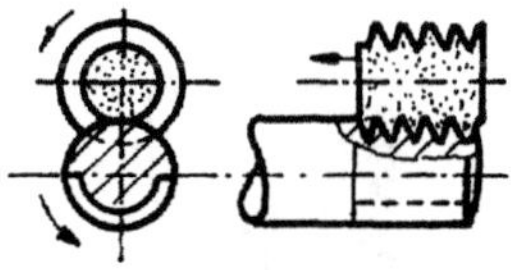

Abb. 393. Gewindeeinstechschleifen

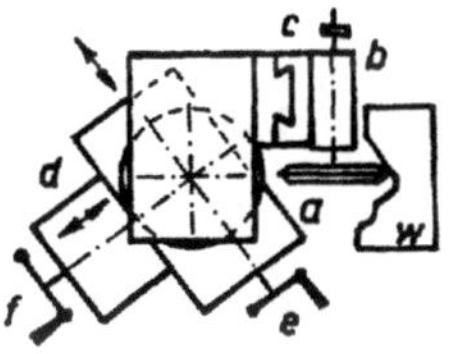

Abb. 394. Profilschleifmaschine (schematisch). *a* Schleifscheibe, *b* Schleifkopf, *c* Hubschlitten, *d* Kreuzschlitten, *e*, *f* Handräder, *w* Werkstück

schleifmaschinen (Lindner, Reishauer), deren Hauptteile das Bett, der Schleiftisch mit dem Werkstückspindelstock und Reitstock und der Schleifschlitten mit der Schleifscheibe und ihrem Antrieb sind und die meist Einrichtungen zum *Hinterschleifen* besitzen. Die Verschiebung des Schleiftisches um eine Ganghöhe je Werkstücksumdrehung erfolgt durch eine genaue, gehärtete und geläppte Leitspindel, die von der Werkstückspindel über Wechselräder angetrieben wird. Das Einschwenken in Steigungsrichtung beim Längsschleifen um eine waagrechte Achse erfolgt durch den Schleiftisch und/oder den Schleifschlitten. Da bei Gewinden mit Steigungswinkeln über 8°, Werkstück- und Schleifscheibenprofil nicht mehr übereinstimmen, ist eine Korrektur des Schleifscheibenprofiles durch Sonderabdreheinrichtungen erforderlich.

Die *optischen Profilschleifmaschinen* (Cincinnati, Loewe, PETEWE) dienen zum Schleifen sehr genauer Formstähle, Lehren und Schablonen mit Hilfe schmaler, punktförmig angreifender Schleifscheiben *a* (Abb. 394). Diese befinden sich auf einem Schleifkopf *b*, der zur Einstellung der

Schleifscheibe in die günstigste Lage zum Werkstück mit dem Hubschlitten *c* schwenkbar angeordnet ist. Dieser macht die längs des Werkstückes hin- und hergehende Vorschubbewegung und kann zur Erzeugung von Hinterschliffen in zwei Ebenen auf einem Kreuzschlitten *d*, geschwenkt werden. Mit diesem kann die Schleifscheibe durch zwei Handräder *e*, *f* so lange zugestellt werden, bis die Sollform des Werkstückes erreicht ist. Durch ein Linsensystem wird dabei ein vergrößertes Bild des Werkstückes auf einen Schirm geworfen und dort ständig mit einer Vorlagszeichnung verglichen. Das Werkstück *w*

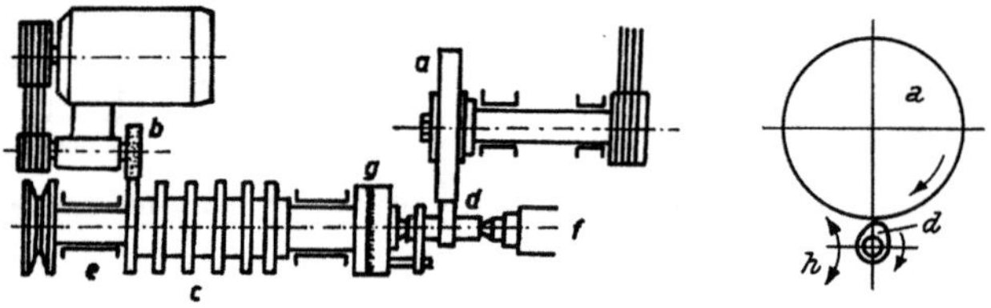

Abb. 395. Nockenwellenschleifmaschine beim Schleifen der Meisternocken. *a* Leitscheibe, *b* Schleifscheibe, *c* Meisternockensatz, *d* Urnocken, *e* Spindelstock, *f* Reitstock, *g* Teilkopf, *h* Schwenkbewegung des Tisches

wird auf einem in drei Richtungen einstellbaren Werkstückschlitten gespannt.

Auf *Nockenwellenschleifmaschinen* können Nockenwellen von Verbrennungsmotoren nach dem Rückkopierverfahren geschliffen werden (Abb. 395). Sie besitzen einen schwenkbaren Tisch, auf dessen linker Seite der Spindelstock *e* und auf dessen rechter Seite der Reitstock *f* angeordnet ist. Zwischen den Lagern des Spindelstockes befindet sich der Meisternockensatz *c*, der durch eine Schleifscheibe *b*, die auf der hinter dem Spindelstock befindlichen Rückkopiereinrichtung angeordnet ist, geschliffen werden kann. Dabei schwenkt der zwischen Spitzen gespannte Urnocken *d* durch sein Abrollen auf der Leitscheibe *a* den Schwenktisch von und gegen die Schleifscheibe *b*. Nach Fertigschleifen einer Meisternocke und Verstellen des Teilkopfes *g* wird jeweils die nächste geschliffen. Sind alle Meisternocken fertiggestellt, wird die Leitscheibe *a* durch eine Schleifscheibe gleichen Durchmessers, die Schleifscheibe *b* durch eine Leitrolle gleichen Durchmessers und die Urnocke *d* durch die zu schleifende Nockenwelle ersetzt. Beim Schleifen derselben wird nun durch Abrollen des Meisternockens dem Schwenktisch die zur Erzeugung der Nockenform notwendige Schwenkbewegung erteilt.

Polygonschleifmaschinen (Fortuna) dienen zum Schleifen von Exzentern, Ellipsen, Polygonprofilen usw. Es sind Rundschleifmaschinen, bei denen die Schleifscheibe die zur Erzeugung des Profils notwendige Hubbewegung ausführt (Abb. 396). Die Schleifspindel *b* mit der Schleifscheibe *a* ist in einer Parallelführung gelagert und wird durch die Horizontalbewegung der Schubstange *c* und die Vertikalbewegung des Spindelträgers *d* auf einer elliptischen Bahn bewegt. Das Werkstück *k* im Spindelstock dreht sich synchron zur Schleifscheibenbewegung (elektrische Welle). Der stufenlos einstellbare Exzenter *e* bestimmt die Größe der Schleifscheibenbahn, wobei die Horizontalbewegung unver-

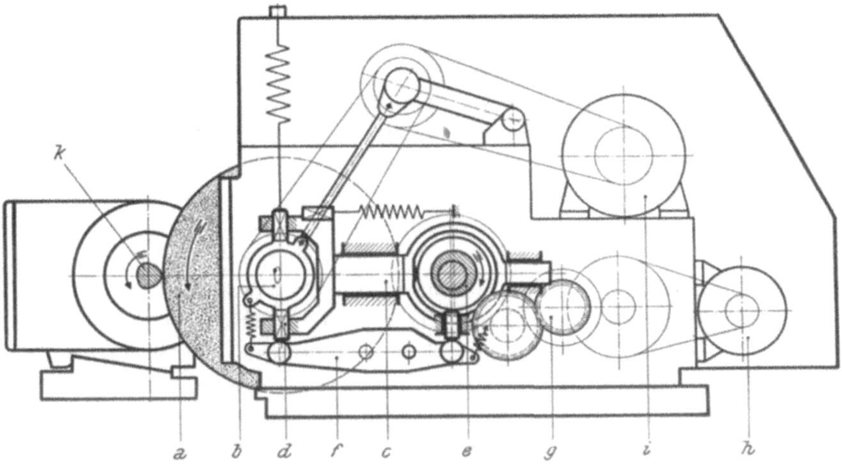

Abb. 396. Polygonschleifmaschine. *a* Schleifscheibe, *b* Schleifspindel, *c* Schubstange, *d* Spindelträger, *e* Exzenter, *f* Schwinghebel, *g* Rädergetriebe, *h*, *i* Antriebsmotore, *k* Werkstück

ändert bleibt, die Vertikalbewegung durch das einstellbare Hebelverhältnis des Schwinghebels *f* bestimmt wird. Je nach dem Übersetzungsverhältnis des Rädergetriebes *g* entstehen Exzenter, Ellipsen, Dreieck- oder Viereckpolygonprofile.

Durch mittelfrequenten Wechselstrom gespeiste elektrische *Handschleifmaschinen* mit Kunststoffgehäuse (geringes Gewicht, gute Isolierung) dienen zur Nachbearbeitung von Formen, Schnitten und Gesenken. Bei ihnen werden Schleifstifte und -scheiben verwendet, die der Werkstückform weitgehend angepaßt sind. In entsprechend robuster Bauart werden sie auch für grobe Zurichtearbeiten in Gußputzereien, Baustellen verwendet.

Zahnradschleifmaschinen werden ausführlich im Abschnitt 12 beschrieben.

Optische Koordinatenschleifmaschinen (Deckel) besitzen wie die Lehrenbohrmaschinen zwei in zueinander senkrechten Richtungen genau verstellbare Schlitten. Mit der Planetenbewegung des Schleifkopfes können Bohrungen, Außenzylinder und zusammengesetzte Formen senkrecht oder bis zu 3° kegelig an Werkzeugteilen geschliffen werden.

7,47 Grobschleifen

Grobschleifen wird in Gußputzereien zum Entfernen der Gußnähte, Eingüsse und Speiser, in Schweißereien zum Zurichten der Teile und Glätten der Schweißnähte, in Edelstahlwerken zum Entfernen der fehlerhaften Oberflächen an Blöcken und Halbzeugen und in Reparaturwerkstätten angewendet.

Für handliche Werkstücke wird das Grobschleifen als *Freihandschleifen* auf *Schleifböcken* durchgeführt. Diese bestehen aus einem Ständer, an dem rechts und links je eine fliegend angeordnete Schleifscheibe sitzt, zwischen denen der Antriebsmotor oder eine Riemenscheibe den gemeinsamen Antrieb übernimmt. Die Werkstücke liegen auf einer L-förmigen, unter Scheibenmitte liegenden Auflageplatte (vergl. Abb. 362), die höchstens 3 mm Abstand vom Schleifkörper haben darf. Auf beiden Schleifscheiben kann gleichzeitig gearbeitet werden.

Für das Schleifen unhandlicher Werkstücke (Nachschleifen geschweißter Schienenstöße, Zurichten vor dem Schweißen im Stahlbau, Putzen schwerer Gußstücke usw.) finden *Handschleifmaschinen* mit elektrischem Antrieb, Druckluftantrieb oder Antrieb durch biegsame Wellen Verwendung (siehe Abschnitt 5,66).

Zum Entfernen der Grate an schweren Guß- und Schmiedestücken und der Oberflächenfehler an Edelstahlhalbzeug dienen *Pendelschleifmaschinen*, an denen die Schleifscheiben mit Gewichtsausgleich pendelnd aufgehängt sind. Sie werden von Hand durch den Bedienungsmann gegen das Werkstück gedrückt.

Die verwendeten Schleifscheiben müssen eine Mindestdicke von einem Zehntel des Außendurchmessers besitzen. Kunstharzgebundene Schleifscheiben mit Faserstoffeinlagen werden bis 230 mm Durchmesser verwendet. Ihre Dicke muß über $^1/_{50}$ des Durchmessers betragen.

7,48 Trennschleifen

Durch Trennschleifen erfolgt eine Unterteilung und die Entfernung von Eingußtrichtern und Speisern bei harten Werkstoffen (Glas, Magnet- und Werkzeugstähle, keramische Baustoffe, Hartguß und andere verschleißfeste Gußeisensorten, Hartmetalle usw.).

Man verwendet kunstharzgebundene, meist gewebeverstärkte Schleifscheiben, deren Dicke $^1/_{40}$ bis $^1/_{100}$ des Außendurchmessers beträgt, um die Schnittarbeit und -verluste klein zu halten. Mit steigender Arbeitsgeschwindigkeit der Schleifscheibe (Hochgeschwindigkeitsschleifen) nimmt ihr Verschleiß stark ab. Die Höchstumfangsgeschwindigkeit von Vollscheiben mit Gewebeverstärkung ist aus Festigkeitsgründen mit ca. 100 m/s begrenzt. Bei neu entwickelten *Segmenttrennscheiben* wird eine Reihe von gewebearmierten, kunstharzgebundenen Einzelsegmenten mit Tägerblechen von einem Stahlkern getragen. Auf den Stahlkern

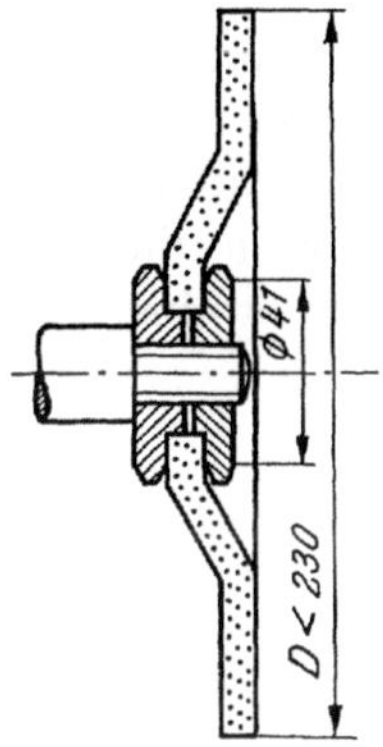

Abb. 397. Gewebeverstärkte Schleifscheibe mit versenkter Mitte nach ÖNORM M 4863

können nach dem Verbrauch der Segmente mehrmals neue Segmente aufgebracht werden (Tyrolit). Mit diesen Segmenttrennscheiben wurden bereits Umfangsgeschwindigkeiten von 120 m/s erreicht.

An unhandlichen großen Gußstücken verwendet man *Handtrennmaschinen*, die durch Elektromotor oder Druckluftmotor mit Schnittgeschwindigkeiten bis 80 m/s arbeiten.

Stangen und Rohre werden auf *ortsfesten Trennschleifmaschinen mit Wippe* unterteilt, bei denen die Schleifscheibe in einem schwenkbaren Arm gelagert ist und ihre Zustellung meist von Hand erfolgt. Bei Rohren und Hohlprofilen ist ein Rundlauf beim Schneiden zweckmäßig.

Zum Abtrennen von Speisern und Eingußtrichtern werden *Scheiben mit versenkter Mitte* (Abb. 397), in der der Befestigungsflansch untergebracht ist, verwendet. Mit ihnen kann man die Scheibe knapp am Gußstück führen, so daß keine Reste stehen bleiben.

Pendeltrennmaschinen dienen zum Entfernen von Eingußtrichtern und Speisern großen Querschnittes.

Bei den *Tischtrennmaschinen* wird das auf einem Tisch befestigte Werkstück mit diesem an die feststehende Spindel herangebracht.

7,49 Bandschleifen

Bandschleifmaschinen besitzen ein oder mehrere mit kunststoffgebundenen Schleifmitteln versehene Schleifbänder, die über zwei Rollen laufen, von denen eine angetrieben ist.

Sie dienen zum Abgraten von Preß-, Stanz- und Gußteilen und zum Blankschleifen und Aufrauhen von Teilen vor dem Lackieren und Kleben oder Glätten vor dem Galvanisieren. Ebenflächige Werkstücke werden gegen das durch eine ebene Auflage unterstützte Band, Werkstücke mit krummen Flächen gegen *Kontaktscheiben* (mit Gummi überzogene Scheiben) gedrückt. Beim *Freibandschleifen* unregelmäßig geformter Werkstücke paßt sich das Band der Fläche an.

Für die Bearbeitung ebenflächiger Werkstücke finden auch zugeschnittene Schleifbänder Verwendung, die auf rotierende Scheiben geklebt sind. Ausgeführt werden diese *Scheibenschleifmaschinen* mit einer oder zwei Scheiben oder mit einer Scheibe und einem Band.

8. Die Feinstbearbeitung

8,1 Allgemeines

Durch Feinstbearbeitung werden Werkstücke höchster geometrischer Formgenauigkeit, bester Oberflächengüte und hoher Maßhaltigkeit hergestellt.

Diese Eigenschaften sind vor allem an Lagern und sonstigen Gleitstellen sowie Paßteilen von großer Bedeutung. Geringe Oberflächenrauhheit verringert vor allem die Flächendrücke und Abnützung und verbessert die Gleiteigenschaften.

Zur Erzielung eines störungsfreien langen Betriebes von Fahrzeugmotoren waren früher lange Einfahrzeiten mit geringer Geschwindigkeit und Belastung erforderlich, während diese Einschränkungen nach Anwendung der verschiedenen Verfahren der Feinstbearbeitung kaum mehr bestehen.

Nach ÖNORM M 1115 Technische Oberflächen (DIN 4760 bis 4768) werden die Abweichungen der geometrischen (idealen), durch die Zeichnung vorgeschriebenen Oberfläche in 6 Ordnungen eingeteilt (siehe Tabelle auf Seite 316).

Die oben dargestellten Gestaltabweichungen erster bis vierter Ordnung überlagern sich zu der Ist-Oberfläche, wie sie im untersten Bild im Schnitt dargestellt ist.

Gestaltabweichungen erster und zweiter Ordnung bezeichnet man als *Formfehler*, Gestaltabweichungen dritter bis fünfter Ordnung als *Oberflächenrauheit*.

Für die Auswertung von Profilschnitten ist das *M-System* genormt (Abb. 398). Als Kenngrößen für die Gestaltabweichungen zweiter bis fünfter Ordnung dienen bei ihm:

Rauhtiefe R_t ist die maximale Rauhtiefe innerhalb der Rauhigkeitsbezugstrecke l.

Gestaltabweichung (als Profilschnitt überhöht dargestellt)		Beispiele für die Art der Abweichung	Beispiele für die Entstehungsursache
1. Ordnung: Formabweichungen 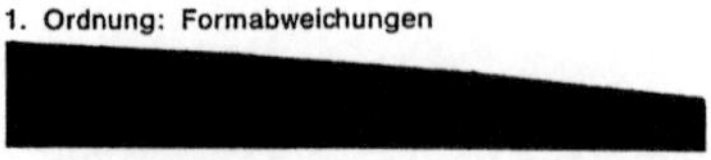		Unebenheit Unrundheit	Fehler in den Führungen der Werkzeugmaschine, Durchbiegung der Maschine oder des Werkstückes, falsche Einspannung des Werkstückes, Härteverzug, Verschleiß
2. Ordnung: Welligkeit 		Wellen	Außermittige Einspannung oder Formfehler eines Fräsers, Schwingungen der Werkzeugmaschine oder des Werkzeuges
3. Ordnung: 	Rauheit	Rillen	Form der Werkzeugschneide, Vorschub oder Zustellung des Werkzeuges
4. Ordnung: 	Rauheit	Riefen Schuppen Kuppen	Vorgang der Spanbildung (Reißspan, Scherspan, Aufbauschneide), Werkstoffverformung beim Sandstrahlen, Knospenbildung bei galvanischer Behandlung
5. Ordnung: nicht mehr in einfacher Weise bildlich darstellbar	Rauheit	Gefügestruktur	Kristallisationsvorgänge, Veränderung der Oberfläche durch chemische Einwirkung (z. B. Beizen), Korrosionsvorgänge
6. Ordnung: nicht mehr in einfacher Weise bildlich darstellbar		Gitteraufbau des Werkstoffes	Physikalische und chemische Vorgänge im Aufbau der Materie, Spannungen und Gleitungen im Kristallgitter
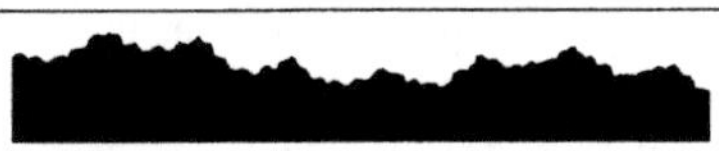		Überlagerung der Gestaltabweichungen 1. bis 4. Ordnung	

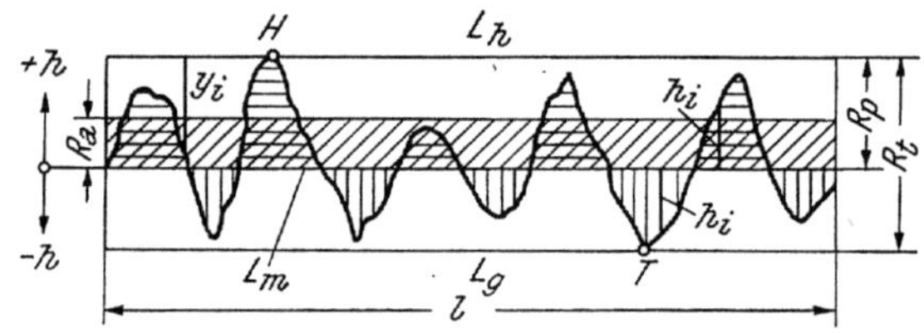

Abb. 398. M-System. H Höchster Punkt, durch ihn geht die Hüllinie L_h, T tiefster Punkt, durch ihn geht die Grundlinie L_g, L_m mittlere Linie hat die Form des geometrischen Profiles und liegt so, daß die Summe der waagrecht und senkrecht schraffierten Flächen gleich sind, l Rauhigkeitsbezugsstrecke, R_a Mittenrauhwert, R_p Glättungstiefe, R_t Rauhtiefe, h_i, y_i siehe Text

Mittenrauhwert R_a ist der arithmetische Mittelwert der absoluten Beträge der Abstände h_i des Istprofils von der mittleren Linie L_m:

$$R_a = \frac{1}{l} \int_{x=0}^{x=l} \left| h_i \right| dx$$

Glättungstiefe R_p ist der mittlere Abstand des Istprofils von der Hüllinie L_h:

$$R_p = \frac{1}{l} \int\limits_{x=0}^{x=l} y_i \cdot dx$$

Gemittelte Rauhtiefe R_z ist das arithmetische Mittel aus den Einzelrauhtiefen fünf aneinandergrenzender Rauhigkeitsbezugsstrecken.

Die Profilkurven entstehen durch einen zur Oberfläche winkelrechten Schnitt. Ein mechanischer Schnitt würde nicht nur das Werkstück zerstören, sondern auch die Kanten so verändern, daß eine genaue Beobachtung mit dem Mikroskop unmöglich wird. Zur Aufnahme des Profilschnittes bzw. zur Ermittlung der vorhin definierten Kenngrößen haben sich eine Reihe von Verfahren eingeführt, die im folgenden kurz angeführt werden sollen.

In den Werkstätten kann die Feststellung der Rauhtiefe einer Werkstückoberfläche durch Vergleich mit *Oberflächennormalen* erfolgen, die für jede Bearbeitungsart zur Verfügung stehen (z. B. in acht Probestücken mit R_a = 0,025, 0,05, 0,1 0,2, 0,4, 0,8, 1,6 und 3,2 μm, geometrische Reihe mit Stufensprung 2). Der Vergleich kann durch Abtasten mit dem Fingernagel, durch neben das Werkstück halten (subjektiv) oder durch einen kleinen elektrischen Taster erfolgen.

Beim *Lichtschnitt-Mikroskop* nach *Schmaltz* wird ein beleuchteter Spalt durch ein Mikroobjektiv stark verkleinert auf die zu untersuchende Werkstückoberfläche unter einem Winkel von 45° projiziert. Das Bild des Spaltes auf der Oberfläche wird durch ein senkrecht zur Projektionsrichtung des Spaltes stehendes, mit Meßokular ausgestattetes Mikroskop, betrachtet. Das Profil kann durch das Meßokular ausgemessen oder durch eine aufsetzbare Kamera fotografiert werden. Der Vorteil dieses Verfahrens besteht darin, daß keine Berührung und Beschädigung auftritt, sein Nachteil, daß die Vergrößerung in Höhen- und Längsrichtung gleich ist.

Die *Nadelverfahren* arbeiten mit einem Taster, der eine Saphir- oder Diamantspitze von 2 μm Radius besitzt. Beim *Nadelabtastverfahren* wird die Nadel seitlich über die Oberfläche bewegt, wodurch jedoch die Oberfläche geritzt und die Spitze abgenützt wird. Das vermeidet man bei den *punktweisen Verfahren*, bei welchen die senkrechtbewegliche Nadel mit sehr kleiner Meßkraft gegen die Oberfläche geführt wird. Die Stellung der Nadel kann an einem Feinmeßgerät abgelesen (Mikrokator nach Johansson) oder nach Umwandlung in eine elektrische Meßgröße (Brückenschaltung bei der der Widerstand, die Kapazität, die Kopplung oder die Selbstinduktion geändert wird) entsprechend verstärkt werden. Dann wird die Nadel angehoben, seitlich bewegt und aufs neue mit der Werkstückoberfläche in Berührung gebracht. Die elektronischen Geräte können die Rauhtiefe direkt angeben.

Bei den feinsten Bearbeitungsflächen, die den meisten der erwähnten Prüfverfahren nicht zugänglich sind, kann man sich als Maßeinheit der Wellenlänge des Lichtes, die sehr genau bekannt ist, bedienen (Interferenzerscheinungen).

Das einfachste Gerät zur Prüfung von Oberflächen, mit Hilfe der Interferenz von monochromatischem Licht, ist eine *Planglasplatte*. Diese aus Hartglas bestehende Scheibe besitzt eine bis auf 0,1 bzw. 0,2 μm genau polierte Oberfläche und wird auf die zu prüfende Oberfläche aufgelegt. Der kleine veränderliche Luftzwischenraum zwischen Oberfläche und Planglasplatte (Wegunterschied) erzeugt Interferenzstreifen (Gangunterschiede), deren Form genau die Beurteilung der Oberflächenbeschaffenheit der Probe zuläßt. Es entstehen Linien, die wie die Schichtenlinien einer Landkarte aussehen. Der Höhenunterschied der Werkstückoberfläche zwischen zwei benachbarten Interferenzstreifen beträgt genau eine halbe Wellenlänge des verwendeten Lichtes. Solche Planglasplatten dienen vornehmlich zur Prüfung der Ebenheit geläppter Meßflächen höchster Genauigkeit (Parallelendmaße, Rachenlehren).

Eine vollkommenere Betrachtung und Ausmessung der Interferenzstreifen ist mit dem *Interferenzmikroskop*[1] möglich, welches einen Meßbereich zwischen 0,03 bis 2 μm bei Vergrößerungen bis 480 besitzt.

In Zeichnungen wird die Oberflächenbeschaffenheit durch Oberflächenzeichen dargestellt. Die folgende Tabelle gibt einen Überblick über den Zusammenhang zwischen dem *Mittenrauhwert* R_a und den Oberflächenzeichen (5 Reihen entsprechend ÖNORM M 1115, Teil 4) (siehe Tabelle auf Seite 319).

Zu den Feinstbearbeitungsverfahren gehören das Feindrehen (siehe Abschnitt 4,426), das Feinbohren (siehe Abschnitt 5,62), das Fein- und Polierschleifen, das Langhubhonen, das Kurzhubhonen und das Läppen. In der angeführten Reihenfolge sinkt die Rauheit der entstehenden

---

[1] Schmaltz, G.: Technische Oberflächenkunde. Berlin: 1936. — Perthen, J.: Prüfen und Messen der Oberflächengestalt. München: 1949. — Die Oberflächenfeingestalt. ZVDI *1954*, 855—863. — Schmid, H.: Aufgaben und Durchführung der Oberflächenprüfung. Werkst. u. Betr. *1957*, 19—24. — Seeboth, F.: Prinzipien elektrischer Oberflächen-Meß- und -Prüfgeräte. ZVDI *1956*, 869—874. — Illig, W.: Oberflächenprüfung mit dem Interferenzmikroskop. Z. Metalloberfl. *1953*, 97—104. — Uhlig, M.: Das Zeiss-Interferenz-Mikroskop in der Praxis. Zeiss-Werkzeitschrift Nr. 30. — Kohaut, A.: Zur Praxis der Oberflächenprüfung mit dem Interferenz-Mikroskop. Werkst. u. Betr. *1953*, 725—731. — Zehender, E.: Ein Interferenzverfahren zur Untersuchung rauher Oberflächen. ZVDI *1952*, 456—458. — VDE/VDI 2603: Praktische Messung des Flächentraganteils. — VDE/VDI 2604: Rauheitsuntersuchung mittels Interferenzmikroskopie.

Oberflächen-zeichen	Zulässiger größter Mittenrauhwert R_a				
	Reihe 1	Reihe 2	Reihe 3	Reihe 4	Reihe 5
▽	50	25	12,5	6,3	3,2
▽▽	12,5	6,3	3,2	1,6	0,8
▽▽▽	3,2	1,6	0,8	0,4	0,2
▽▽▽▽		0,4	0,2	0,1	0,05

Oberflächen. Mit sinkender Oberflächenrauheit sinken im allgemeinen auch die Werte der erzielbaren *Maßtoleranzen*[1].

Beim *Feinschleifen* verwendet man feinkörnige Schleifscheiben und arbeitet mit kleinsten Zustellungen (1 bis 2 μm). Schleifscheiben, Werkstück und Schleifspindel müssen sehr gut ausgewuchtet sein (Verwendung von Schleifspindeln mit selbsttätiger dynamischer Auswuchtung). Es muß reichlich gekühlt werden und die Schneidflüssigkeit soll gut gefiltert werden, damit keine Schleifkörner oder -späne wieder an die Werkstückoberfläche gelangen. Die verwendeten Schleifmaschinen müssen sehr starr sein und so aufgestellt werden, das keine von anderen benachbarten Maschinen hervorgerufenen Schwingungen und Erschütterungen übertragen werden. Automatische stufenlose Regelung der Schleifscheiben- und Werkstückdrehzahl ist vorteilhaft.

8,2 Langhubhonen (Ziehschleifen)[2]

Das Langhubhonen dient vorwiegend zur Feinbearbeitung bereits feingebohrter Bohrungen (Motorzylinder). Die als Werkzeug verwendete *Honahle* macht eine gleichzeitig drehende und hin- und hergehende (schraubenförmige) Bewegung, so daß keine gleichgerichteten Bearbeitungsspuren entstehen. Anwendung finden Einleisten-, Mehrleisten- (Abb. 399), Großflächen- und elektrochemische Honwerkzeuge, mit Hand- (Abb. 399) oder hydraulischer Nachstellung, mit starrer oder pendelnder Aufspannung (Abb. 399). Sie sind im Prinzip einer Reibahle

---

[1] VDI 3219 Oberflächenrauheit und Maßtoleranz.

[2] VDI 3220 Gliederung und Begriffsbestimmungen der Fertigungsverfahren insbesondere für die Feinbearbeitung. — Strauß, W.: Elektrochemisches Honen von langen Bohrungen. Werkst. u. Betr. *1971*, 173—177. — Haasis, G.: Honen. ZVDI *1973*, 960—965. — VDI 3401, Bl. 1 Elektrochemische Bearbeitung, Formelysieren.

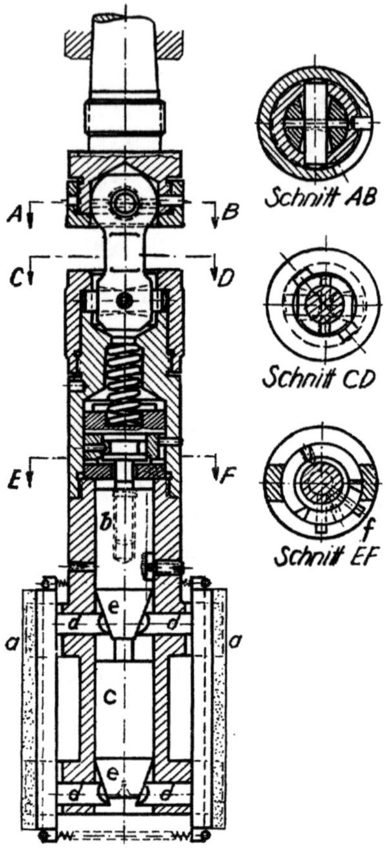

Abb. 399. Honahle. *a* Honsteine, *b* Stellschraube, *c* Bolzen mit Kegel *e*, *d* Stifte, *f* Kurvenscheibe

ähnlich, die statt der Messer Honsteine (Schleifkörper) enthält. Als Schleifmittel verwendet man Edelkorund oder Siliziumkarbid in keramischer oder Kunstharzbindung (mit Graphitzusatz beim Feinsthonen) und für sehr große Stückzahlen Diamant in metallischer Bindung.

Abb. 399 zeigt eine *pendelnde Honahle* mit *Handverstellung*. Die vier in Nuten der Aufnahmeteile eingekitteten Honleisten *a* können zur Anstellung und zur Einstellung des Schleifdruckes und zum Ausgleich der Abnützung verstellt werden. Durch Drehen der Schraube *b* wird der Bolzen *c* vorgeschoben und durch Kegel *e* die radialen Stifte *d* nach außen geschoben. Federn halten die Aufnahmeteile im Ahlenkörper fest. Das Anstellen und Rückziehen der Honleisten *a* erfolgt durch Drehen der Kurvenscheibe *f* (siehe Schnitt EF).

Verwendet man *Honahlen mit starrer Einspannung* in der Maschinenspindel, so muß das Werkstück in eine Vorrichtung mit Spiel quer zur Werkzeugachse eingelegt werden. Durch Aufweiten der Honahle in der Bohrung, wird das Werkstück zentriert und nach dem Werkzeug ausgerichtet. Dann wird es gegen Verdrehen gesichert und in der richtigen Lage festgehalten.

Honmaschinen werden mit *waagrechter* oder vorwiegend *senkrechter* Honspindel ausgeführt. In der Großserienfertigung werden auch *mehrspindelige* Honmaschinen verwendet. Die hin- und hergehende Bewegung der Honahle erfolgt meist hydraulisch, zur Einstellung auf Spindelmitte sitzt das Werkstück auf einem Kreuzschlitten. Zum Entfernen der feinen Späne und zum Kühlen verwendet man besondere Schneidflüssigkeiten.

Große Spanleistungen auch bei harten Werkstücken erzielt man durch *elektrochemisches Honen.* Elektrochemische Honwerkzeuge tragen den Werkstoff durch anodische Auflösung ab. Das Werkzeug bildet die Katode, das Werkstück die Anode, zwischen denen eine Elektrolytlösung strömt. Die Außenflächen am Werkzeugumfang sind zwischen den einzelnen Honleisten als Elektroden ausgebildet. Durch diese erfolgt der elektrochemische Abtrag, durch die Honsteine die mechanische Zerspanung. Der Elektrolyt gelangt durch kleine Bohrungen in den Honleisten in den Bearbeitungsbereich.

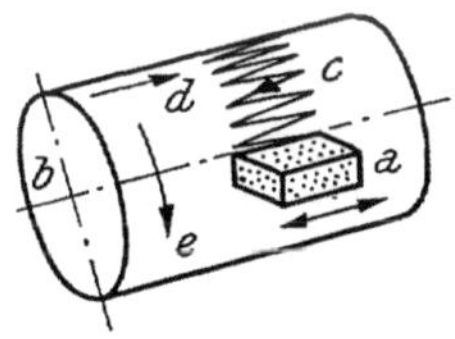

Abb. 400. Kurzhubhonen. *a* Honstein, *b* Werkstück, *c* oszillierende Bewegung von *a*, *d* Längsvorschubbewegung, *e* Rundvorschubbewegung von *b*

8,3 Kurzhubhonen (Superfinish, Feinziehschleifen usw.)

Beim Kurzhubhonen erzielt man Oberflächen kleinster Rauhtiefen (0,2 μm) durch Schleifkörper, die mit geringem Hub und hoher Frequenz auf der Werkstückoberfläche oszillieren. Diese werden durch Federn mit geringem Druck (1,5 bis 3 bar) auf die Werkstückoberfläche gedrückt. Außer bei runden Werkstücken (Abb. 400), die sich langsam drehen und langsam vorgeschoben werden, kann dieses Verfahren auch auf ebene Flächen angewendet werden.

Man verwendet keramisch gebundene, sehr feinkörnige, poröse, mittelharte Schleifkörper aus Edelkorund oder Siliziumkarbid, deren Schwingbewegung mechanisch, hydraulisch oder pneumatisch von Zusatzgeräten, die auf Dreh- oder Schleifmaschinen angebracht werden, erzeugt wird. Die Werkstücke können im Futter, zwischen Spitzen oder auf zwei Tragrollen (spitzenlos) aufgenommen werden.

An harten Werkstücken wird das Kurzhubhonen auch mit Schleifkörpern mit *metallisch gebundenem Diamantkorn elektrochemisch*[1] durchgeführt.

8,4 Läppen[2]

Durch Läppen erzielt man Werkstücke höchster Maß- und Formgenauigkeit und Oberflächengüte. Unter Verwendung lose aufgebrachter Schleifmittel gleiten Werkzeug und Werkstück ohne zwangläufige Führung und unter fortwährendem Richtungswechsel aufeinander. Die als ebene Scheibe, Hülse oder Dorn ausgebildeten Schleifmittelträger sind meist aus weichem, feinkörnigem Gußeisen, seltener aus Kupfer, Hartblei oder Weißmetall. Als Läppmittel werden Elektrokorund, SiC, Diamantpulver (Läppen von Hartmetall) oder Chromoxid und als Läppflüssigkeit Petroleum, Öl, Benzol usw. verwendet. Läppbar sind alle in sich verschiebbaren Flächen.

Nach der Form der geläppten Werkstücke unterscheidet man Flach-, Planparallel-, Innen- und Außenrundläppchen, nach der Durchführung das maschinelle und das Handläppen. Beim *Flachläppen* werden ebene Werkstückflächen durch eine ebene, meist horizontale Läppscheibe erzeugt. Beim *Planparallelläppen* werden zwei gegenüberliegende ebene Flächen, Zylinder- oder Kugelflächen, gleichzeitig durch zwei ebene Läppscheiben geläppt. Das *Außenrundläppen* erfolgt durch Läpphülsen, das *Innenrundläppen* durch Läppdorne mit drehender und hin- und hergehender Bewegung.

Zum Flachläppen von *Hand* verwendet man genau ebene, häufig auch geschabte Platten aus Grauguß, zum Läppen zylindrischer Bolzen Kluppen mit geschlitzten, nachstellbaren Backen aus Hartkupfer, zum Läppen zylindrischer Bohrungen auftreibbare Dorne aus Stahl mit einem Mantel aus Hartkupfer. In den beiden letzten Fällen spannt man die Werkstücke in ein Dreibackenfutter einer Drehmaschine und hält den Schleifmittelträger von Hand fest.

Zum *maschinellen* Flachläppen dienen Maschinen, die eine ebene umlaufende Scheibe aus Grauguß besitzen, auf welche das Läppmittel

---

[1] Bauer, E.: Superfinish-Bearbeitung. ZVDI *1973*, 966—967.

[2] Lätzig, W.: Läppen, Grundlagen und praktische Anwendung. München: Hanser. 1950.

aufgebracht und das Werkstück mit der zu läppenden Fläche angedrückt und hin- und herbewegt wird, um die ganze Scheibenbreite auszunützen.

Zum Bearbeiten *zylindrischer*, *kugeliger* oder *planparalleler Flächen* verwendet man *Läppmaschinen* nach Abb. 401 mit zwei ebenen Läppscheiben aus Grauguß *a* und *b*, zwischen denen sich die Werkstücke *d* rollend und gleitend bewegen. Die obere Läppscheibe *a* legt sich, vermöge ihrer gelenkigen Aufhängung, genau parallel zur unteren Läppscheibe *b* auf die Werkstücke *d* und ist in einem ausschwenkbaren Aus-

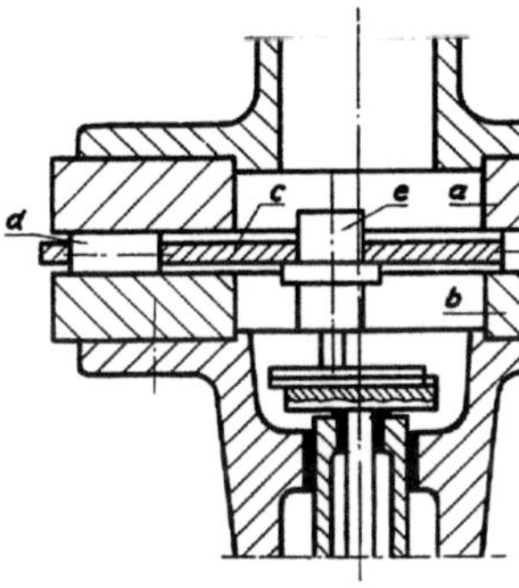

Abb. 401. Planparallelläppen. *a* Obere Läppscheibe, *b* untere Läppscheibe, *c* Werkstückkäfig, *d* Werkstücke, *e* exzentrischer Zapfen

leger angeordnet, der durch ein meist hydraulisch angetriebenes Hubwerk auf- und abbewegt werden kann. Die Werkstücke *d* liegen auf der Läppscheibe *b*, die angetrieben wird, und in einem Käfig *c*, der durch einen exzentrischen Zapfen *e* meist mit etwas kleinerer Geschwindigkeit, bewegt wird. Die obere Läppscheibe *a* wird entweder gegenläufig zur unteren Scheibe angetrieben oder ohne eigenen Antrieb mitgenommen. Zylindrische (Kolbenbolzen, Wälzlagerrollen, Kolben von Einspritzpumpen) und kugelige Werkstücke (Wälzlagerkugeln) erhalten eine rollende und gleitende Bewegung, Werkstücke mit ebenen Flächen (Parallelendmaße, Kolbenringe, Schiebelehren) nur eine gleitende Bewegung, deren Größe durch die Einstellung des Exzenters geregelt wird.

Das Läppen von Bohrungen (Zylindern von Einspritzpumpen) und zylindrischen Teilen (Kolben) erfolgt auf besonderen *Innen-* und *Außenrundläppmaschinen*. Zur Bearbeitung der Bohrungen verwendet man außen zylindrische Läpphülsen *a* (Abb. 402) aus Gußeisen, die genutet und geschlitzt sind und durch einen Dorn *b* mit Hilfe der Muttern *c* und *d* eingestellt und aufgetrieben werden können. Das Werkzeug erhält durch die Maschine eine drehende Bewegung, das Werkstück wird von Hand hin- und herbewegt.

Beim *Druckstrahlläppen* wird ein Läppmittelwassergemisch durch Preßluft aus einer Düse auf die Werkstückoberfläche geschleudert. Dadurch wird es mögliche, beliebige Oberflächenformen zu läppen (Nachbearbeitung von Schmiedegesenken, Ventilfedern, Walzen, Schrauben, . . .).

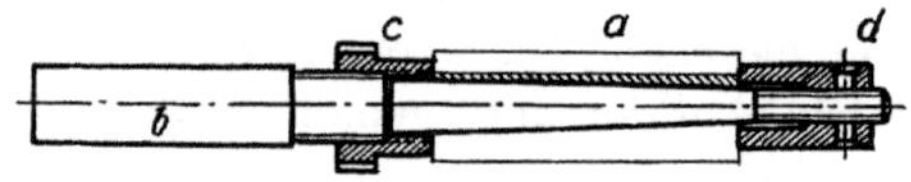

Abb. 402. Werkzeug zum Läppen von Bohrungen. *a* Läpphülse, *b* Dorn, *c*, *d* Stellmuttern

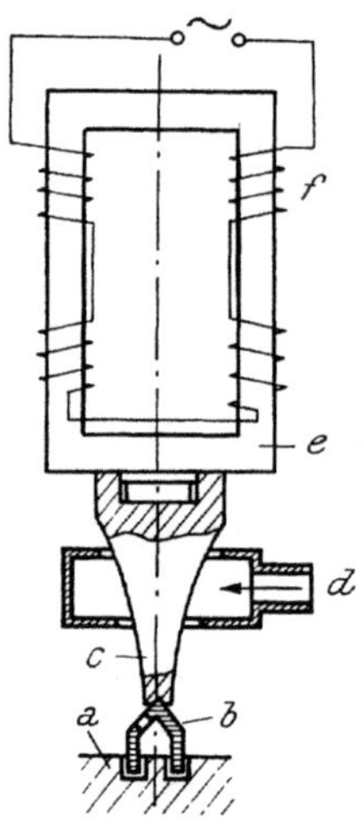

Abb. 403. Schwingläppen. *a* Werkstück, *b* Werkzeug an Rüssel *c* angelötet, *d* Wasser mit Läppmittel, *e* Blechpaket, *f* Wicklung

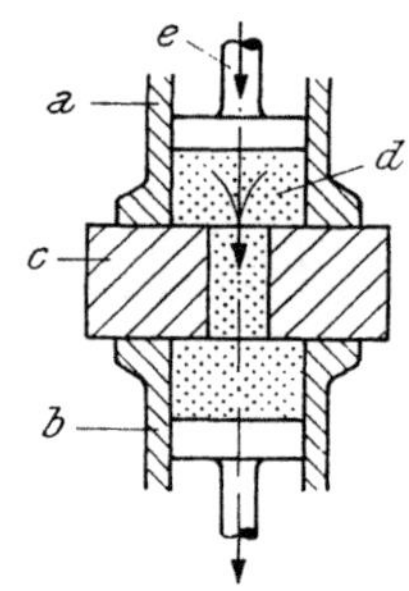

Abb. 404. Preßläppen. *a* Oberer, *b* unterer Mediumzylinder, *c* Werkstück, *d* Medium, *e* Preßstempel

Beim *Tauchläppen* werden die festgehaltenen Werkstücke in eine umlaufende, mit dem Läppmittelgemisch gefüllte Trommel getaucht.

Beim *Schwingläppen*[1] (Ultraschallbohren) wird ein Gemisch aus Läppmittel und Wasser durch ein mit Ultraschallfrequenz schwingendes Werkzeug zum Erzeugen von Vertiefungen oder Bohrungen in sehr harte Werkstoffe (Hartmetall, Glas, Edelsteine, Diamant) verwendet. Das Werkzeug *b* aus weichem Stahl (Abb. 403), dessen Stirnfläche der Form der Vertiefung im Werkstück *a* entspricht, ist an einen Rüssel *c* angelötet. Dieser ist über ein Kopplungsmittel an das Paket *e* aus

[1] Bezeichnung nach VDI-Richtlinie 3220.

lamellierten Nickelblechen angeschraubt, das unter dem Einfluß eines durch die Wicklung *f* erzeugten hochfrequenten (25 kHz) Magnetfeldes durch den *Magnetostriktionseffekt* longitudinale Resonanzschwingungen ausführt, die durch den Rüssel *c* verstärkt werden. Das feinkörnige Läppmittel wird durch das Werkzeug eingehämmert. Diese Wirkung kann man noch verstärken, indem man das Läppmittel unter höherem Druck durch den hohlen Rüssel zuführt.

Beim *Preßläppen*[1] wird eine mit Schleifkorn (SiC oder B_4C) angereicherte Paste unter Druck von einer Kammer durch das Werkstück in eine zweite Kammer und wieder zurück gedrückt (Abb. 404). Dieses Verfahren wird vor allem zum Polieren von durchgehenden Löchern in Matrizen und Düsen angewendet.

---

[1] Gosger, P.: Preßläppen zum Polieren und Entgraten. Werkst. u. Betr. *1975*, 687–689.

9. Das Hobeln und Stoßen

9,1 Allgemeines

Beim Hobeln und Stoßen arbeitet man mit geradliniger Schnittbewegung. Wegen des meist unausgenützten Rücklaufes und der notwendigen Überlaufwege verringert sich die Leistung gegenüber den Verfahren mit rotierender Schnittbewegung. Die Genauigkeit ist beim Schlichten etwas größer, Werkzeugkosten und Hauptzeiten sind bei langen schmalen Flächen geringer als beim Fräsen.

9,2 Hobel- und Stoßwerkzeuge

Zum Hobeln verwendet man grundsätzlich die gleichen Werkzeugformen wie zum Drehen. Man unterscheidet gerade, gebogene und gekröpfte, linke und rechte, Seiten-, Einstech- (siehe Abb. 156 bis 158) und Profilhobelstähle. Ein Stoßwerkzeug für Keilnuten zeigt Abb. 405. Bei dem Werkzeug mit Kröpfung nach rückwärts (Abb. 406) federt die Schneide an harten Stellen *aus* dem Werkstück (glatte Oberfläche). Bei vorwärts gekröpften Werkzeugen nach Abb. 407 federt die Schneide an harten Stellen *in* das Werkstück (rauhe Oberfläche). Man wendet diese nur an, wenn sonst kein Platz für die Spannschrauben *a* vorhanden ist. Zum Hobeln werden vorwiegend Werkzeuge aus Schnellstahl verwendet (Stoßbeanspruchung). Zur Verringerung der Werkzeugkosten werden auch Stahlhalter eingesetzt. Abb. 408 zeigt ein Stoßwerkzeug mit Befestigung des Messers *a* durch Keile *b*. Hobelwerkzeuge mit Schneiden aus Hartmetall werden nur für sehr schwer zerspanbare Werkstoffe (Hobeln von Schienen, Blöcken und Platten) verwendet. Auch Halter mit Wendeschneidplatten finden für diese Fälle Verwendung (negative Spanwinkel).

9,3 Spannen der Werkzeuge und Werkstücke

Hobelwerkzeuge sollen im Stichelhaus (Abb. 406, 407) *b* möglichst kurz eingespannt werden (starr). Bei Langhobelmaschinen werden zur Herabsetzung der Schnittzeit und Ausnutzung der hohen Antriebs-

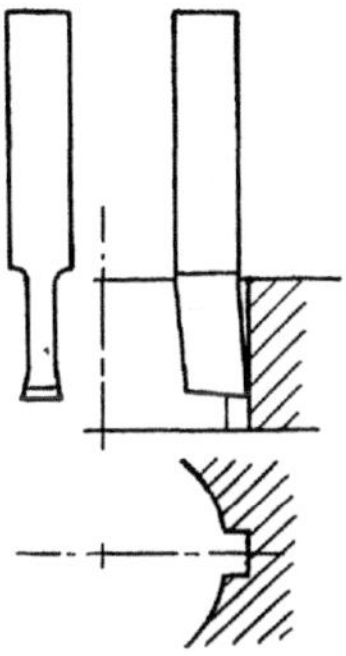

Abb. 405. Stoßwerkzeug für Keilnuten

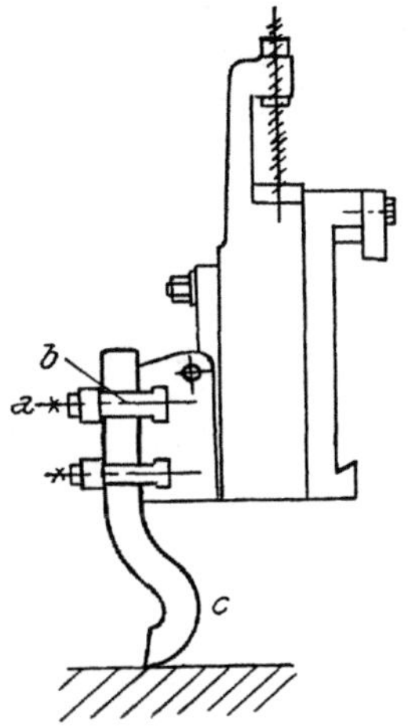

Abb. 406. Zurückgekröpftes Hobelwerkzeug. *a* Spannschrauben, *b* Stichelhaus, *c* Werkzeug

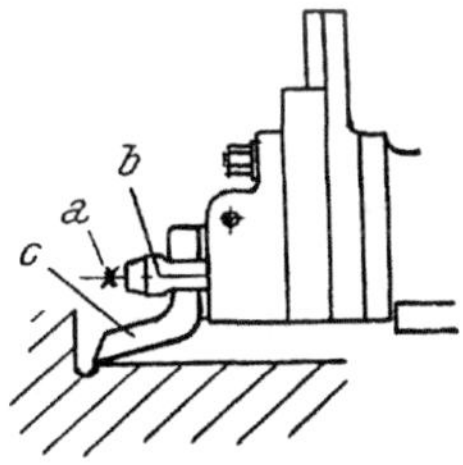

Abb. 407. Vorwärtsgekröpftes Hobelwerkzeug. *a* Spannschrauben, *b* Stichelhaus, *c* Werkzeug

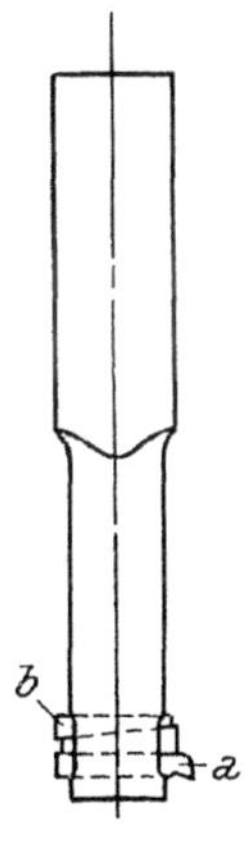

Abb. 408. Werkzeughalter zum Stoßen. *a* Messer, *b* Keile

leistung auch mehrere Werkzeuge aufgespannt[1]. Zweckmäßig ist für diese Fälle die Verwendung von *Schnellwechselhaltern*, auf denen die Werkzeuge außerhalb der Maschine mit optischen Geräten nach einer Einrichtezeichnung eingestellt werden. Beim *Räumhobeln* befinden sich die Werkzeugschneiden hintereinander.

[1] Hiersekorn, H.: Werkzeuganordnungen beim Hobeln. VDF-Mittlgn. Nr. 33, 51–57.

Kleine Werkstücke spannt man vorwiegend in *Maschinenschraubstöcke* (siehe Abschnitt 5,5 und 6,3, Abb. 294, 328). Gleiche Werkstücke können auch hintereinander auf dem Tisch befestigt werden. Dadurch verringern sich die Überlaufzeiten. Es muß jedoch jedes Werkstück für sich gespannt werden.

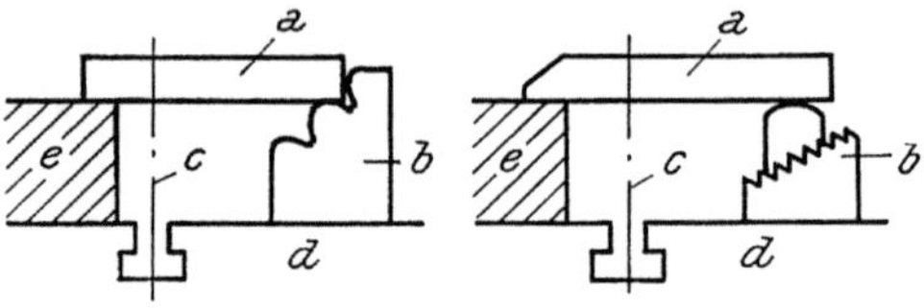

Abb. 409. Spannen mit Spanneisen. *a* Spanneisen, *b* Treppenbock, *c* Spannschraube, *d* Tisch, *e* Werkstück

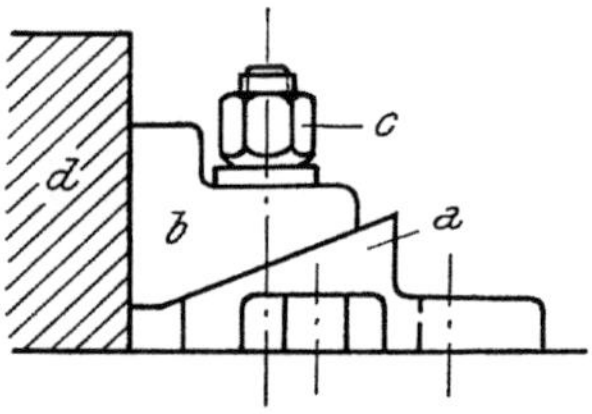

Abb. 410. Spannbacken. *a* Feste Backe, *b* bewegliche Backe, *c* Spannschraube, *d* Werkstück

Große Werkstücke werden durch *Spanneisen* (DIN 6314 bis 6316) direkt auf den Tisch gespannt. Die Schrauben müssen möglichst nahe beim Werkstück (Hebelgesetz) und in genügender Zahl angeordnet werden, um einen ausreichenden Reibungswiderstand zu erzeugen. Damit die Spannschrauben nicht zusätzlich auf Biegung beansprucht werden, müssen die Spanneisen waagrecht angeordnet werden. Dies wird durch stufenförmige oder verstellbare Unterlagen (Abb. 409, DIN 6318, 6326) erleichtert. Werkstücke, die keine Vorsprünge oder Flächen zum Anbringen der Spanneisen besitzen, spannt man mit besonderen Spannzeugen (Abb. 410), die auf der Keilwirkung beruhen.

9,4 Langhobelmaschinen

Bei diesen führt der Hobeltisch mit dem Werkstück die Schnittbewegung und das Werkzeug mit dem Hobelschlitten die Vorschubbewegung aus. Ihre Hauptteile (Abb. 411) sind das Bett *b* mit den Antriebsorganen und der Führung für den Hobeltisch *t*, ein oder zwei Ständer *s* mit dem Querbalken *l* mit Hobelschlitten *i* und mit Seitenschlitten *c*. *Zweiständer*hobelmaschinen sind starrer als *Einständer-*

hobelmaschinen (Abb. 411), die nur zur Bearbeitung sperriger Werkstücke dienen, die nicht zwischen den beiden Ständern Platz finden. Zur Abstützung besonders großer, schwerer Werkstücke besitzen letztere noch neben dem Bett eine besondere Rollbahn, deren Untersatz auf Spannschienen verschiebbar angebracht ist und auf welchem ein Spannschlitten auf Rollen mit Wälzlagern gleitet.

Abb. 411. Einständer-Langhobelmaschine. *a* Hängedruckknopftafel, *b* Bett, *c* Seitenschlitten, *d* Eilgangsmotor, *e* Flüssigkeitsgetriebe, *l* Querbalken, *i* Supporte, *s* Ständer, *t* Tisch

Das *Bett b*, das als kastenförmiger, durch Rippen versteifter Gußkörper ausgebildet ist, besitzt die doppelte Länge des Tisches *t*, um diesen in seiner ganzen Länge unterstützen zu können. Es ruht bei kleinen Maschinen auf Füßen und ist bei großen unmittelbar auf dem Boden aufgesetzt. Die Wangen des Bettes tragen die Führungsbahnen für den Tisch (V- oder Flachführung häufig mit Preßstoffgleitplatten belegt), in deren Vertiefungen federnde Rollen zur selbsttätigen Schmierung sitzen, und die Lagerstellen für die Getriebeteile des Tischantriebes.

Der *Tisch t* ist durch zahlreiche Längs- und Querrippen versteift, um ein Verziehen beim Aufspannen starrer Werkstücke zu vermeiden. Ein Abheben des Tisches wird durch Deckleisten, die am Bett befestigt werden, verhindert. Große Langhobelmaschinen haben drei bis vier Führungsbahnen.

Der Ständer *s* muß bei Einständerhobelmaschinen besonders starr ausgeführt werden (verrippter Hohlträger), da er auf Biegung und Verdrehung beansprucht wird. Auf ihm läßt sich der Querbalken *l* durch ein besonderes Gestänge während des Hobelns festklemmen.

Um die Maschine unter Beobachtung des Zerspanvorganges von jeder Stelle betätigen zu können, ist sie mit einer Hängedruckknopftafel *a* ausgerüstet.

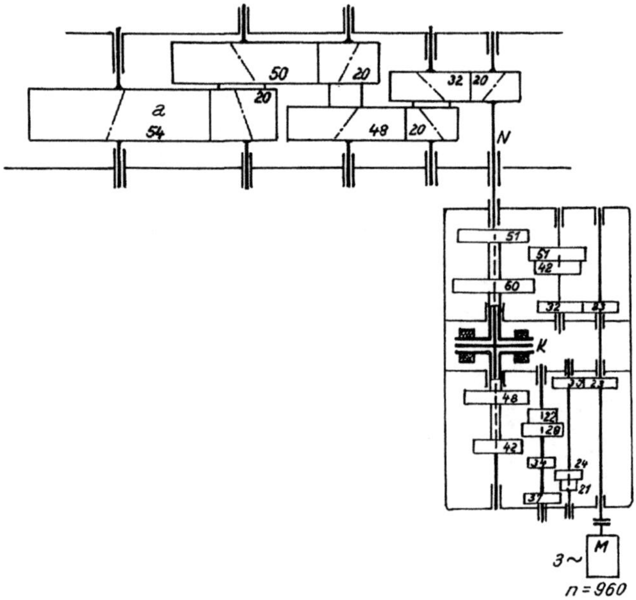

Abb. 412. Tischantrieb einer Langhobelmaschine durch Zahnrad *a* und Zahnstange mit Umsteuerung durch elektromagnetische Kupplung *k*

Die Umformung der rotierenden Bewegung des Antriebsmotors in die geradlinige Tischbewegung kann durch folgende Getriebe erfolgen:

Schraubenspindel und *Mutter* ergeben ruhigen Lauf, große Übersetzung und benötigen wenig Platz, so daß das Bett gut verrippt werden kann, weisen aber ungünstigen Wirkungsgrad und schlechte Schmierung auf, weshalb sie kaum mehr ausgeführt werden.

Der Antrieb durch im Bett gelagertes *großes Zahnrad* und am Tisch befestigte *Zahnstange* wird häufig ausgeführt. Um ruhigen Lauf zu erzielen wird Schrägverzahnung (Abb. 412) angewendet. Bei sehr großen Maschinen werden auch zwei Zahnstangen verwendet.

Hydraulischer Antrieb durch im Bett *b* befindlichen Zylinder 1 und am Tisch *t* (bzw. 3) befestigten Kolben (Abb. 411, 413) ermöglicht stufenlose Geschwindigkeitsregelung, hohe Oberflächengüte und benötigt im Bett wenig Platz.

Der Antrieb durch *Schnecke* und *Schneckenzahnstange* weist ähnliche Vor- und Nachteile wie Schraube und Mutter auf. Er wird bei kombinierten Hobel- und Fräsmaschinen verwendet.

Die *Bewegungsumkehr* wird vom Tisch durch Anschläge gesteuert und kann durch folgende Getriebe erfolgen:

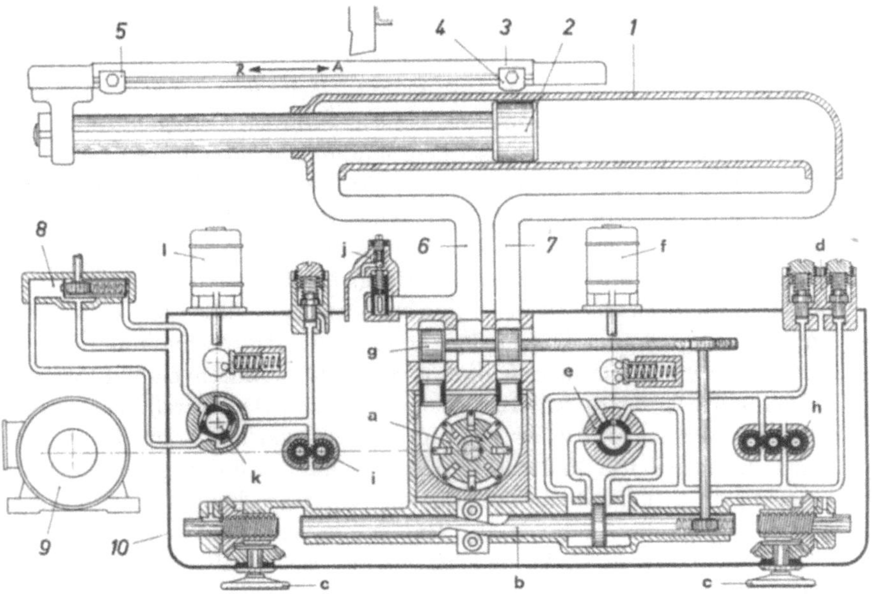

Abb. 413. Hydraulischer Tischantrieb (Waldrich, Coburg). *a* Regelbare Flügelzellenpumpe, *b* Verstellkolben, *c* Verstellglieder, *d* Sicherheitsventile, *e* Drehschieber, *f* Motor zum Antrieb von *e*, *g* Schieber, *h* Zahnradpumpe zur Verstellung von *a*, *i* Zahnradpumpe für Vorschubbewegung, *j* Sicherheitsventil, *k* Drehschieber, *l* Motor für *k*, *1* Arbeitszylinder, *2* Kolben mit dicker Kolbenstange, *3* Tisch, *4*, *5* Tischknaggen für Arbeitsgang und Rückgang, *6*, *7* Hauptrohrleitung für Arbeitsgang und Rückgang, *8* Vorschubschaltzylinder, *9* Hauptantriebsmotor, *10* Flüssigkeitsgetriebe

Zahnradumsteuerung (große Energieverluste und Stöße beim Umsteuern) und *Riemenumsteuerung* (wegen geringer Durchzugskraft nur für kleine Leistungen geeignet) werden wegen ihrer Nachteile nicht mehr ausgeführt.

Gleichstrommotore in *Leonardschaltung* (Abb. 44) ergeben feinstufige Drehzahlregelung bis 1 : 10 und Energierückgewinnung in der Bremsperiode.

Einen höheren Wirkungsgrad und geringeres Geräusch weist die Direktspeisung des *Gleichstrommotors* über *Thyristoren* aus dem Netz auf (Abb. 46), die bei größeren Leistungen verwendet wird.

Bei den *Kupplungsumsteuerungen* verwendet man *elektromagnetische* Kupplungen. Zwischen den beiden in entgegengesetzter Richtung umlaufenden Kupplungskörpern mit Wicklungen, denen der Strom durch Schleifringe zugeführt wird, befindet sich als Anker eine dünne Stahlscheibe (Abb. 412). Das Ausschalten der einen und Einschalten der zweiten Wicklung erfolgt durch Schalter, die von den Tischanschlägen betätigt werden. Die kinetische Energie der dünnen Stahlscheibe, die auf einer Antriebswelle sitzt, ist sehr gering.

Hydraulischer Antrieb über Kolben 2 und Zylinder 1 (Abb. 413) ergibt wegen Fehlens rotierender Massen nahezu stoßfreie Bewegungsumkehr. Die am Tisch 3 befestigten Knaggen 4 und 5 betätigen einen elektrischen Schalter, durch den der Motor *f* für den Drehschieber *e* und der Motor *l* für den Drehschieber *k* betätigt werden. Der Drehschieber *e* leitet das Öl der Steuerpumpe *h* zum Verstellkolben *b*, der die Exzentrizität der Hauptpumpe *a* verstellt. Durch *b* wird auch der Schieber *g* verstellt, wodurch das Öl der Flügelzellenpumpe *a* über die Leitungen 6 und 7 von und zum Kolben 2 gebracht wird. Durch die Handräder *c* werden Anschläge für den Kolben *b* verstellt, wodurch eine stufenlose Regelung der Tischgeschwindigkeit möglich wird. Der durch den Motor *l* betätigte Drehschieber *k* steuert den Ölstrom von der Zahnradpumpe *i* zum Vorschubschaltzylinder 8. In der gezeichneten Stellung befindet sich der Tisch in Stillstand, da die Flügelzellenpumpe keim Öl fördert und die Leitungen 6 und 7 durch den Schieber *g* abgeschlossen sind.

Der *Querbalken l* (Abb. 411 und 414) ist als Hohlgußkörper in Kastenform ausgebildet, um seine Formänderung möglichst klein zu halten. Er ist auf dem Ständer geführt und zur Grobeinstellung des Werkzeuges nach der Werkstückhöhe durch Spindel und Mutter senkrecht verstellbar. Bei modernen Maschinen erfolgt diese Verstellung durch einen besonderen Motor (Eilgang), bei älterem von Hand über zwei Kegelrädergetriebe.

Auf den Führungen des Querbalkens befinden sich ein oder zwei *Hobelschlitten* mit den Stahlhaltern. Sie sind als Kreuzschlitten ausgebildet, um waagrechte, senkrechte oder schräge Vorschübe ausführen zu können (Abb. 414). Der Unter- oder *Quer*schlitten *i* wird über eine auf ihm befestigte Mutter von der Leitspindel *a* in waagrechter Richtung auf dem Querbalken verschoben. Auf ihm befindet sich der Drehteil (Lyra) *n*, der in jede Lage gedreht und durch T-Schrauben in einer Ringnut befestigt werden kann. Auf ihm läßt sich der Oberschlitten *k* durch die Spindel *d* entweder von Hand oder von der Zugspindel *b* über zwei Kegelräderpaare auf- und abbewegen. Auf dem Oberschlitten ist der

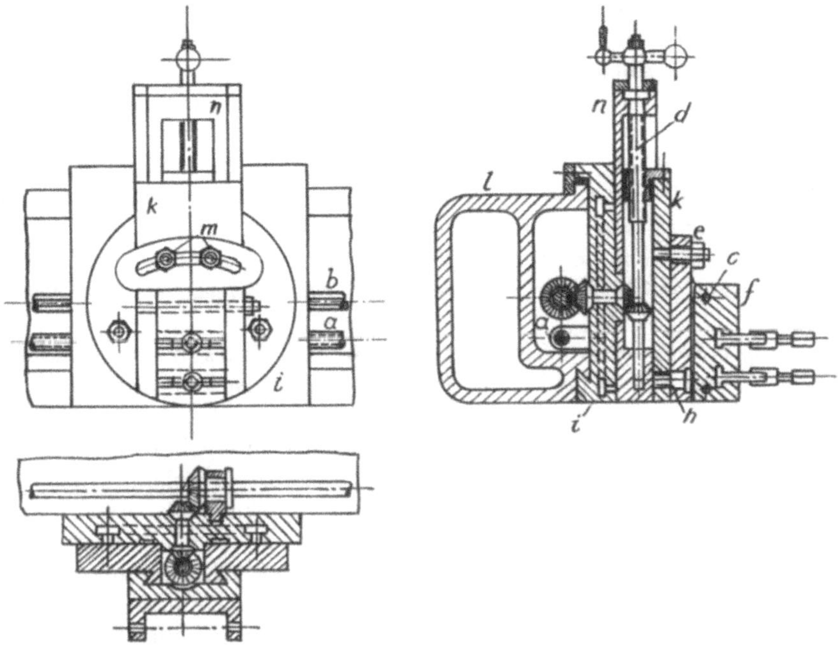

Abb. 414. Schlitten einer Langhobelmaschine. *a* Gewindespindel, *b* genutete Welle, *c* Klappenachse, *d* Verstellspindel, *e* Klappenträger, *f* Klappe, *h* Bolzen, *i* Querschlitten, *k* Oberschlitten, *l* Querbalken, *m* Muttern, *n* Drehteil

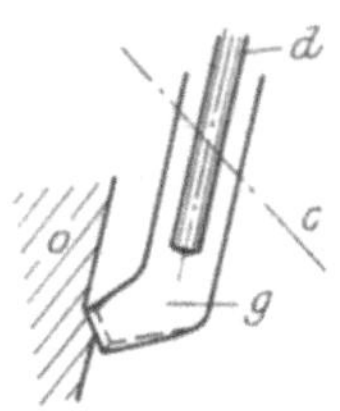

Abb. 415. Stellung von Spindel *d* und Klappenachse *c* beim Hobeln schräger Flächen *o*, *g* Hobelstahl

Klappenträger *e* um den Bolzen *h* schwenkbar und durch Muttern *m* festklemmbar angebracht. Auf der um eine waagrechte Achse *c* schwenkbaren Klappe *f* wird der Hobelstahl durch zwei Schrauben befestigt. Die Schwenkbarkeit ist zur Schonung des Werkzeuges beim Rücklauf des Tisches erforderlich. Sie erfolgt selbsttätig durch Kette, pneumatisch oder hydraulisch von der Schaltsteuerung. Bei der Senkrechtabhebung wird die Meißelklappe durch einen Schieber ersetzt, welcher während des Rücklaufes gehoben wird. Der Klappenträger ist verdrehbar, um die

Schwenkachse *c* der Klappe *f* stets in eine solche Lage zu bringen, daß der Stahl beim Rücklauf sich stets aus der zu bearbeitenden Fläche herausbewegt (Abb. 415).

Um die Durchzugskraft auch bei kleiner Bearbeitungszugabe ausnützen zu können, verwendet man mehrere, meist hintereinander angeordnete Werkzeuge. Durch besondere Ausbildung des Werkzeugträgers kann auch der Rücklauf ausgenutzt werden (Verwendung von zwei Klappen mit je einem Werkzeug oder einer Wendesäule).

Große Hobelmaschinen besitzen noch *Seitenschlitten c* auf dem Ständer zur gleichzeitigen Bearbeitung von Seitenflächen großer Werkstücke.

Der Vorschub des Werkzeuges muß in dem Zeitraum zwischen Abgleiten vom Werkstück beim Rücklauf und Ansetzen beim Vorlauf erfolgen.

Die Vorschübe werden von einer im Ständer untergebrachten Schaltwelle, die eine schwingende Bewegung ausführt, abgeleitet. Bei der Hobelmaschine nach Abb. 411 wird diese Schaltwelle hydraulisch betätigt (Abb. 413). Bei anderen Hobelmaschinen wird diese Schaltwelle über ein mechanisches Getriebe von einem besonderen Motor angetrieben, der durch einen von den Tischanschlägen betätigten Schalter gesteuert wird. Dieser Motor wird direkt am Querbalken angebracht, um die Massen des Übertragungsgestänges möglichst klein zu halten. Für die Eilgänge ist meist ein besonderer Motor vorhanden. Größe, Richtung, waagrechter und senkrechter Vorschub können direkt am Querbalken eingestellt werden.

Neuerdings werden die drehbaren Gewindespindeln zum Heben und Senken des Querbalkens feststehend gemacht. Die Muttern im Querbalken werden drehbar gelagert und können nach Bedarf zur Höhenverstellung des Querbalkens auf die Eilwelle geschaltet werden. Diese Anordnung bringt die Vereinfachung, daß die Senkrechtbewegung des Seitenschlittens am Ständer auf dieselbe Gewindespindel geschaltet werden kann.

Die *Hauptzeit* beim *Langhobeln* kann wie folgt berechnet werden:

$$\boxed{t_h = \frac{i \cdot B}{s \cdot n_L}} \quad \text{(min)}$$

i .... Anzahl der Schnitte
B (mm) .... Schaltweg (Breite) siehe Abb. 416
s (mm/Doppelhub) .... Vorschub des Werkzeuges
n_L (Doppelhübe/min) ... Anzahl der Doppelhübe

$$B = b_a + b + b_u \quad \text{(mm)}$$

b (mm) .... Breite des Werkstückes
b_a, b_u (mm) ... Anlauf bzw. Überlauf

$$n_L = \frac{1000 \cdot v_m}{2 \cdot L} \quad \text{(Doppelhübe/min)}$$

v_m (m/min) ... mittlere Tischgeschwindigkeit
L (mm) ...... Schaltweg (Länge), siehe Abb. 416
$L = l + l_a + l_u$

l (mm) Werkstücklänge
l_a, l_u (mm) ... Anlauf- bzw. Überlaufweg des Werkzeuges (durch entsprechende Werte wird die Schaltzeit berücksichtigt)

$$v_m = 2 \cdot \frac{v_A \cdot v_R}{v_A + v_R} \quad \text{(m/min)}$$

v_a (m/min) ... Arbeitsgeschwindigkeit des Tisches
v_R (m/min) ... Rücklaufgeschwindigkeit des Tisches.

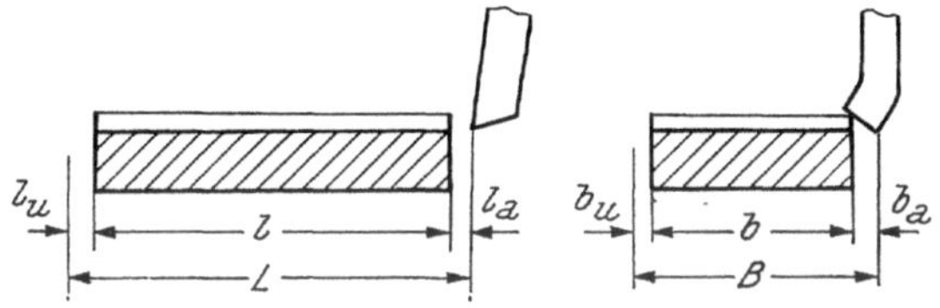

Abb. 416. Schaltwege beim Hobeln. b Werkstückbreite, B Schaltweg (Breite), l Werkstücklänge, b_a, b_u, l_a und l_u Anlauf- bzw. Überlaufweg des Werkstückes, L Schaltweg (Länge)

Beispiel 23. Auf einer Hobelmaschine mit 5000 mm Hublänge soll ein Gußkörper von 4800 mm Länge und 20 mm Breite bei 5 mm Schnitttiefe bearbeitet werden. Wie groß ist die Hauptzeit bei einem Vorschub von 1,6 mm/Doppelhub, einer Arbeitsgeschwindigkeit von 25 m/min und einer Rücklaufgeschwindigkeit von 60 m/min?

$$b_a + b_u = 5 \text{ mm}$$

$$t_h = \frac{i \cdot B}{s \cdot n_L} = \frac{1 \cdot 25}{1{,}6 \cdot 3{,}529} = 4{,}42\ min$$

$$B = b + b_a + b_u = 20 + 5 = 25 \text{ mm}$$

$$v_m = 2 \cdot \frac{v_A \cdot v_R}{v_A + v_R} = 2 \cdot \frac{25 \cdot 60}{25 + 60} = 35{,}29 \text{ m/min}$$

$$n_L = \frac{1000 \cdot v_m}{2 \cdot L} = \frac{1000 \cdot 35{,}29}{2 \cdot 5000} = 3{,}529 \text{ Doppelhübe/min}$$

Wird dieselbe Fläche gefräst, so erhält man eine Hauptzeit von

$$t_h = \frac{i \cdot L}{s} = \frac{4840}{150} = 32{,}2 \text{ min}$$

Dieses Beispiel zeigt, daß die Hobelmaschine für Werkstücke mit langen schmalen Flächen eine günstigere Hauptzeit als die Fräsmaschine ergibt.

Da auf Hobelmaschinen vielfach Einzelstücke und kleine Serien gehobelt werden, hat sich für komplizierte Werkstücke auch *numerische Steuerung* als wirtschaftlich erwiesen[1]. Diese Hobelmaschinen werden entsprechend starr ausgeführt. Die numerisch gesteuerten Supporte werden über Kugelrollspindeln hoher Genauigkeit mit vorgespanten Muttern angetrieben. Statt eines automatischen Werkzeugwechsels werden Schnellwechselstahlhalter mit voreingestellten Werkzeugen für den Werkzeugwechsel von Hand vorgesehen.

Zur besseren Ausnützung der Hobelmaschinen können diese durch Anbringung von Fräs- und Schleifsupporten auf dem Querbalken zu kombinierten Hobel-, Fräs- und Schleifmaschinen erweitert werden. Man benötigt dazu ein besonderes Reduziergetriebe für die Tischgeschwindigkeit.

Zum Hobeln von Werkstücken mit beliebigem Querschnittprofil können die Supporte mit einer elektrischen *Kopiereinrichtung* ausgestattet werden. Dazu werden elektromagnetische Kupplungen von dem am Hobelsupport aufgebauten *Kontaktfühler* gesteuert, der die am Querbalken befestigte *Schablone* abtastet (siehe Abschnitt 3,3).

9,5 Waagrecht-Stoßmaschinen

Bei diesen macht in der Regel das Werkzeug die Schnittbewegung und das Werkstück die Vorschubbewegung. Ihr Arbeitsgebiet ist vorwiegend die Einzelfertigung kleinerer Werkstücke (Werkzeugbau) und solcher, die für Fräser schlecht zugänglich sind.

Ihre Hauptteile (Abb. 417) sind der kastenförmige Ständer *a*, der auf seiner Vorderseite eine Führungsbahn *b* für einen Kreuzschlitten *q*, *s* und auf der Oberseite die Führung *c* für den Stößel (Hobelschlitten) *d* besitzt. Dieser besitzt U-förmigen Querschnitt und gleitet in Schwalbenschwanzführungen oder Flachführungen, die durch Leisten ein Abheben verhindern. Die Bewegung des Hobelschlittens erfolgt durch Getriebe, die eine vergrößerte Rücklaufgeschwindigkeit ergeben:

[1] Hiersekorn, H.: Boehringer-Hobelmaschinen mit numerischen Steuerungen. VDF-Mittlgn. Nr. 33, 31—47.

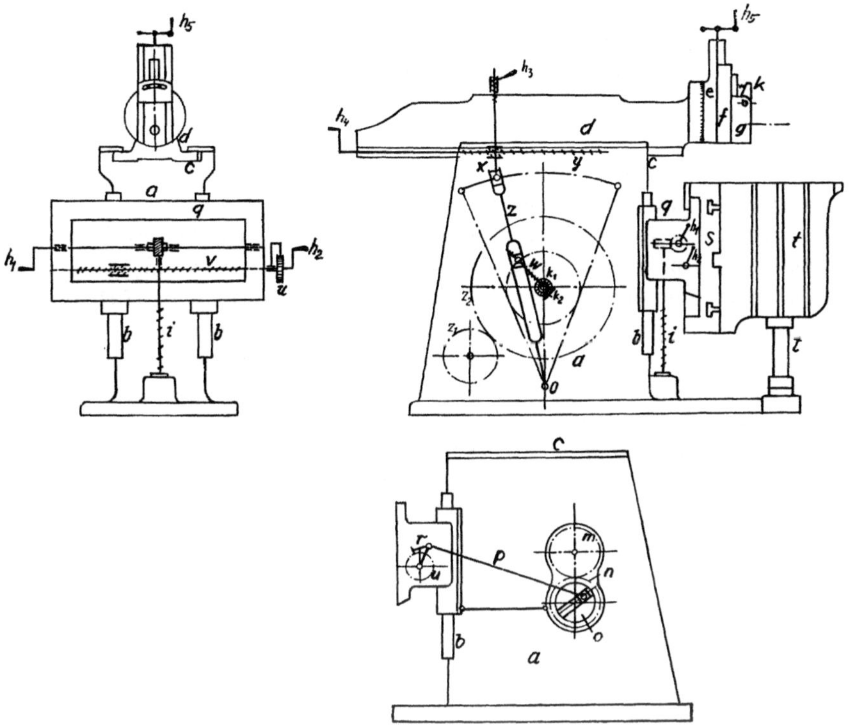

Abb. 417. Waagrecht-Stoßmaschine. a Ständer, b Führungsbahn für Schlitten q, c Führung für Stößel d, e Drehteil, f Schieber, g Klappenträger, h_1 Handhebel für Höhenverstellung von q, h_2 Kurbel für Seitenverstellung von Schlitten s, h_3, h_4 Handhebel zur Einstellung der Hublage von Stößel d, h_5 Handkurbel zur Höheneinstellung von Schlitten f, i Spindel zur Höhenverstellung von q, k Klappe, l einstellbarer Fuß, n, m schwenkbares Stirnradgetriebe, o Hubscheibe, p Schubstange, q Vertikalschlitten, r Klinke, s Sattel, t Tisch, k_1, k_2 Kegelräder, u Schaltrad, v Spindel zur Querverstellung von s, w Spindel zur Hubgrößeneinstellung, x Gleitstein, y Spindel zur Hublageneinstellung, z Schwinge, z_1, z_2 Stirnräder

Die *schwingende Kurbelschleife* (Abb. 417 und 418) hat die größte Verbreitung gefunden. Bei ihr behalten alle rotierenden Teile ihre Drehrichtung, so daß nur die Stößelmasse umgesteuert werden muß (nahezu stoßfreie Bewegungsumkehr). Die Einstellung der Hubgröße erfolgt durch Verstellung des Kurbelzapfens über eine Spindel w, Kegelräderpaar k_1, k_2 und eine zentrisch gelagerte Welle von außen. Die Verbindung zwischen der Schwinge z und dem Stößel d erfolgt durch Nut und Stein x (Bogenbewegung von z) und kann durch Spindel y und Klemmung der Mutter durch Hebel h_3 zur Einstellung der Hublage geändert werden. Da die Schnittgeschwindigkeit sich mit der Hubgröße ändert, ist eine weitgehende Drehzahlregelung durch Getriebe erforderlich. Der Nachteil dieses Antriebes ist, daß sich bei kleinen Hüben die Arbeitsgeschwindigkeit nur wenig von der Rücklaufgeschwindigkeit unterscheidet. (Abb. 418 zeigt die Geschwindigkeitsverteilung für Vorlauf und Rücklauf bei größeren Hüben.)

Die *rotierende Kurbelschleife* (Abb. 419) besitzt den Drehpunkt der Schwinge innerhalb des Kurbelkreises und wird nur für leichte und kurzhubige Maschinen (Zahnradstoßmaschinen) verwendet.

Der *hydraulische* Antrieb mit Kolben und Zylinder ergibt wegen Fehlens rotierender Massen stoßfreie Bewegungsumkehr, stufenlose Geschwindigkeitsregelung und konstantes Verhältnis von Arbeits- zu Rücklaufgeschwindigkeit unabhängig von der Hubgröße.

Am Stößel *d* befindet sich der Drehteil (Lyra) *e* mit dem Lyraschieber *f* (Abb. 420), dem Klappenträger *g* und der Klappe *k*, die denselben Zweck wie bei der Hobelmaschine erfüllt.

Der *Kreuzschlitten* (Abb. 417) besteht aus dem Vertikalschlitten *q*, der durch Handrad h_1, Schraubenräderpaar und Spindel *i* der Höhe nach verstellbar ist, und dem Sattel *s*, der selbsttätig oder durch Handkurbel h_2 über Gewindespindel *v* und Mutter verschoben wird. Die selbsttätige Schaltbewegung wird von der Antriebswelle der Schwinge über das schwenkbare Zahnradgetriebe *m*, *n*, die Hubscheibe *o*, Stange *p*, Sperrklinke *r* und Sperrad *u* auf die Spindel *v* übertragen (Abb. 417). Je nach der Stellung der Sperrklinke *r* erzielt man Links-, Rechtsgang oder Stillstand des Sattels. Auf dem Sattel *s* ist der Tisch *t* befestigt und in seiner Lage durch Nut und Feder gesichert. Sein Fuß *l* ist einstellbar und verhindert eine Durchbiegung. Bei abgenommenem Tisch können sperrige Werkstücke direkt auf dem Sattel mit Spanneisen befestigt werden. Kleine prismatische Werkstücke spannt man in einen Maschinenschraubstock. Unter Verwendung von *Rundhobelapparaten* können auch Teile von Zylinderflächen bearbeitet werden. Regelmäßig angeordnete Nuten werden mit Hilfe von *Teilapparaten* hergestellt.

Zur Bearbeitung sperriger Werkstücke werden Waagrecht-Stoßmaschinen mit *Vorschubschaltung des Stößels* verwendet. Der Stößel macht bei diesen die Haupt- und Quervorschubbewegung, so daß die Werkstücke nicht verschoben werden müssen. Zur Bearbeitung langer Werkstücke werden oft mehrere Stößel auf dem Kastenbett angebracht, so daß an mehreren Stellen gleichzeitig gehobelt werden kann.

Feinhobelmaschinen für den Werkzeugbau können durch Auswechseln des Hobelkopfes mit *ziehendem* und stoßendem Schnitt arbeiten. Beim ziehenden Schnitt ist es möglich, den Hobelstahl genau am Anriß anzusetzen, während beim stoßenden Schnitt die Gefahr besteht, daß mit dem Span auch der Anriß abgetrennt wird. Um sich das Auf- und Abspannen einzelner Vorrichtungen zu ersparen, ist der Maschinentisch als drehbarer *Revolvertisch* ausgebildet. (Das Aufspannen erfolgt zwi-

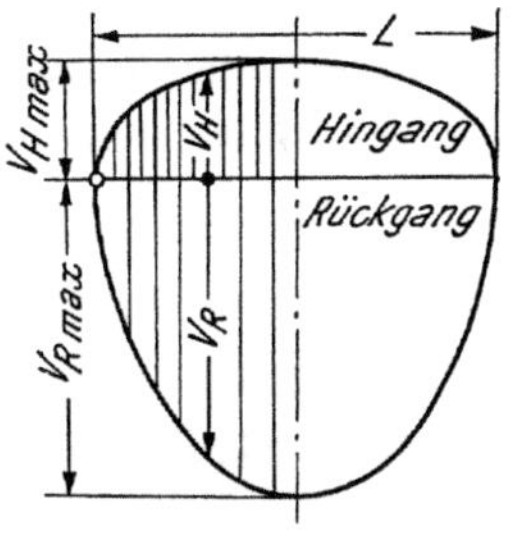

Abb. 418. Geschwindigkeiten für Arbeitsgang v_H und Rücklauf v_r bei der schwingenden Kurbelschleife

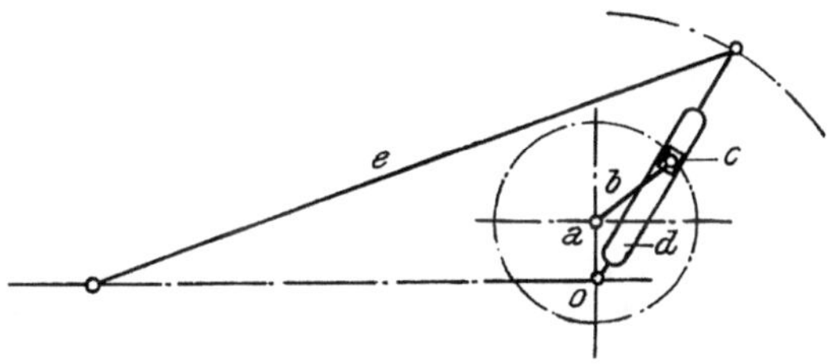

Abb. 419. Rotierende Kurbelschleife. *a* Kurbeldrehpunkt, *b* Kurbel, *c* Gleitstein, *d* Schwinge, *e* Schubstange, *o* Schwingendrehpunkt

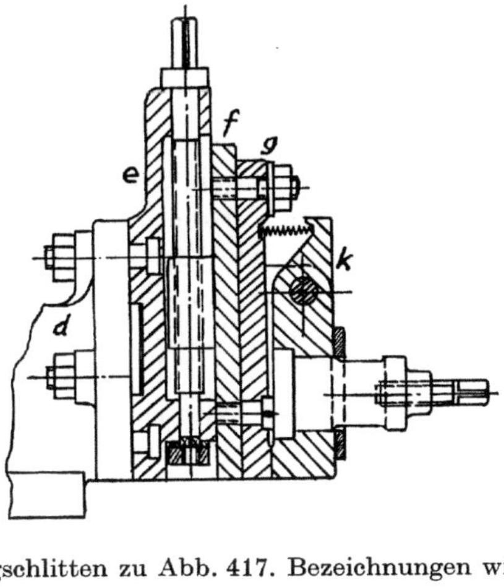

Abb. 420. Werkzeugschlitten zu Abb. 417. Bezeichnungen wie Abb. 417

schen den Spitzen von Teil- bzw. Rundhobelapparat, im Schraubstock oder durch Spanneisen.) Durch Verwendung eines *Schwenktisches* können auch keilförmige Werkzeuge genau gehobelt werden. Bei Benützung eines *Kehlhobelapparates* ist es möglich, Stempel mit gekehlten Köpfen zu bearbeiten, wodurch das Anstauchen der Stempel und Einpassen in die Kopfplatte entfällt.

9,6 Senkrecht-Stoßmaschinen

Diese werden vorwiegend zur Bearbeitung von Werkstücken verwendet, deren Arbeitsflächen durch keine anderen Maschinen bearbeitet werden können. Es sind dies Werkstücke mit schwer zugänglichen senkrechten oder schrägen Innenflächen und Flächen mit kurzem Auslauf oder kurzem Schnittweg (Vorrichtungs-, Werkzeugbau). Vorteilhaft sind die dazu verwendeten einfachen Werkzeuge.

Ihre Hauptteile (Abb. 421) sind der C-förmige Ständer *a* mit den Antriebsorganen für die Schnitt- und Vorschubbewegung, der Stößel *b* und der Kreuzschlitten *c* mit dem Rundtisch *d*.

Der Stößel *b* gleitet in langen Führungen und kann mit diesen zur Bearbeitung schräger Flächen nach vorne (meist bis zu 12°) ausgeschwenkt werden. Seine Schnittbewegung kann durch folgende Getriebe erzeugt werden:

Einfacher *Kurbeltrieb* wird nur bei kurzhubigen Maschinen verwendet (bei zentrischem Kurbeltrieb gleiche Vor- und Rücklaufgeschwindigkeit). Die Hubgröße wird durch Veränderung des Kurbelradius eingestellt.

Bei Verwendung einer *rotierenden Kurbelschleife* ist eine größere Rücklaufgeschwindigkeit möglich.

Bei Verwendung einer *Zahnstange* am Stößel und *Zahnrad* im Ständer erzielt man konstante Geschwindigkeiten über den ganzen Hub und kurze Umsteuerzeiten durch Verwendung eines *Leonard*antriebs. Vor- und Rücklaufgeschwindigkeit sind bei ihm stufenlos einstellbar. Dieser Antrieb wird für langhubige Stoßmaschinen angewendet.

Eine stufenlos einstellbare Regelung der Arbeits- und Rücklaufgeschwindigkeiten erzielt man auch durch Verwendung eines *hydraulischen Antriebes* mit Kolben und Zylinder.

Die selbsttätige *Vorschubbewegung* für den Kreuzschlitten und den Rundtisch wird vom Stößelantrieb abgeleitet. Sie muß im oberen Totpunkt des Stößels ruckweise durchgeführt werden. Dies erfolgt durch Klinkenrad mit Klinke, die von einer auf der Stößelantriebswelle befindlichen Kurventrommel gesteuert werden oder durch ein *Malteserkreuzgetriebe* (siehe Abb. 99).

Für den Eilgang ist ein besonderer Eilgangsmotor vorgesehen. Die Drehung des Rundtisches erfolgt durch ein im Oberschlitten eingebautes Schneckengetriebe. Eine Teilscheibe auf der Schneckenwelle ermöglicht genaue Teilbewegungen des Rundtisches.

Abb. 421. Senkrecht-Stoßmaschine. *a* Ständer, *b* Stößel, *c* Kreuzschlitten, *d* Rundtisch

Bei Senkrecht-Stoßmaschinen für *schwere sperrige Werkstücke* wird das Werkstück auf einer Aufspannplatte festgespannt und der Stößel macht außer seiner hin- und hergehenden Arbeitsbewegung mit einem am Ständer quer verschiebbaren Schlitten die Vorschubbewegung.

9,7 Sondermaschinen

Form- und *Stempelhobler* (Thiel) dienen zur Herstellung einteiliger Schneidstempel aus dem vollen Werkstoff. Bei ihnen macht der Stempel an die senkrechte geradlinige Schnittbewegung noch eine, durch eine

Kurventrommel mit zwei Kurven gesteuerte Schwenkbewegung gegen die Waagrechte.

Zum Ausschneiden und Bearbeiten von Schneid- und Führungsplatten, Schablonen, usw. finden *Feil-* und *Sägemaschinen* Verwendung. Bei ihnen wird das Werkzeug (Feile oder Säge) in einem Haltearm eingespannt, der mit Hilfe einer Hubscheibe auf- und abbewegt wird. Das Werkstück wird auf dem Tisch festgespannt, der als Kreuzschlitten ausgeführt sein kann.

Blechkantenhobelmaschinen dienen zum Hobeln der Kanten langer und sperriger Kessel- und Schiffsbleche. Zur Verringerung des Energieaufwandes und um eine kurze Baulänge der Maschine zu erzielen, macht bei ihnen das Werkzeug die Schnitt- *und* die Vorschubbewegung. Die Werkstücke werden auf einem Tisch durch Spannschrauben niedergespannt, die in einem Querbalken sitzen und hydraulisch oder elektrisch betätigt werden. Das Hobelwerkzeug befindet sich auf einem Schlitten, der auf einem langen Bett entlang der Blechkanten verfahren wird. Der Antrieb des Schlittens erfolgt durch Gewindespindel und Mutter über ein Wendegetriebe oder Zahnrad und Zahnstange von einem am Support angebrachten Umkehrmotor. Zur Ausnützung des Schlittenrücklaufes arbeitet man mit zwei Hobelwerkzeugen, wobei das nicht arbeitende Werkzeug jeweils abgehoben wird.

Keilnutenziehmaschinen dienen zur Herstellung durchgehender Nuten für Keile und Federn und ähnliche Ausnehmungen. Das Werkstück wird bei ihnen auf einem Tisch aufgelegt, zentriert und festgespannt. Das Werkzeug, dessen Schneidenbreite der Nut entspricht, macht eine ziehende Bewegung nach unten und wird bei der Aufwärtsbewegung selbsttätig abgehoben. Nach jedem Doppelhub erfolgt ein Vorschub des Werkzeuges um die Spanungsdicke. Der unter dem Tisch befindliche Werkzeugschlitten wird durch Kurbeltrieb oder hydraulisch angetrieben. Bei manchen Keilnutenziehmaschinen kann das Werkstück schräg aufgespannt werden, um Keilnuten mit Anzug zu erhalten.

10. Das Sägen

10,1 Allgemeines

Durch Sägen werden Werkstücke unterteilt. Man unterscheidet Bügelsägen, Kreissägen, Schmelz- oder Reibsägen und Bandsägen.

10,2 Sägewerkzeuge

Bei den Bügel- oder Hubsägen werden *Langsägeblätter*[1] verwendet. Diese werden für dickere Vollquerschnitte mit grober Teilung und geschränkten Zähnen, für dickwandige Rohre und Profile mit mittlerer

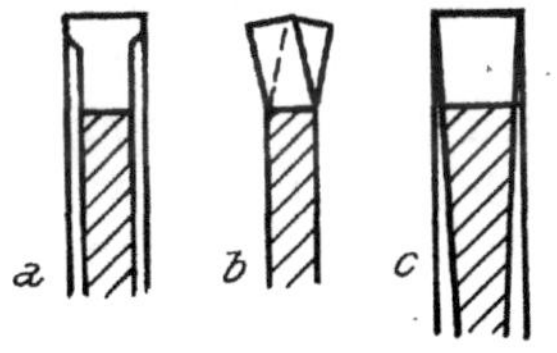

Abb. 422. Kreissägenzähne an Vollblättern. *a* Gestaucht, *b* geschränkt, *c* hohlgeschliffen

Teilung und geschränkten Zähnen, für Kupfer und Messing mit mittlerer Teilung und gewellten Zähnen und für dünnwandige Rohre und Profile mit feiner Teilung und gewellten Zähnen aus Werkzeugstahl und Schnellarbeitsstahl hergestellt.

Für *Warm*kreissägen und *Kalt*kreissägen werden besondere Sägeblätter verwendet.

Bei den *Kaltkreissägeblättern* unterscheidet man Vollblätter und Blätter mit eingesetzten Zähnen.

Damit die Zähne nicht seitlich klemmen, werden die *Vollblätter* mit *gestauchten* (Abb. 422 a), mit *geschränkten* Zähnen (Abb. 422 b) und als

[1] DIN 6495 Langsägeblätter für Bügelsägemaschinen.

verjüngt oder *hohlgeschliffene* Sägeblätter (Abb. 422 c)[1] ausgeführt. Sie werden aus niedrig legiertem Chromstahl und bei kleineren Blättern aus Schnellschnittstahl hergestellt. Nach dem Härten werden sie in Öl zwischen Platten aus Stahl, der sogenannten Quette, abgeschreckt, um ein Werfen zu verhindern.

Aus Gründen der Werkstoffersparnis werden größere Kreissägeblätter mit *eingesetzten Zähnen* aus Schnellschnittstahl hergestellt. Es werden entweder *Einzelzähne* (Abb. 423) oder *Zahnsegmente* (Abb. 424)[2]

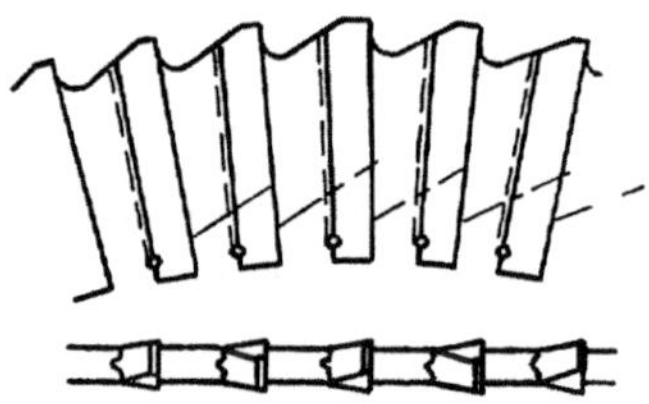

Abb. 423. Eingesetzte Einzelzähne für Kreissägen mit Wechselschliff

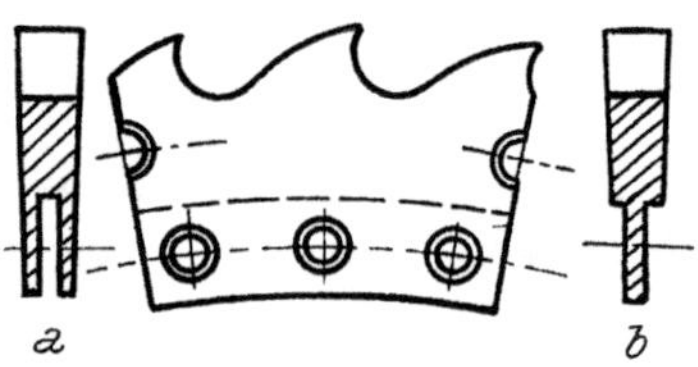

Abb. 424. Zahnsegmente für Kreissägen

eingesetzt. Beide werden, um seitliches Klemmen zu vermeiden, nach Art der hohlgeschliffenen Sägeblätter geschliffen. Einzelzähne benötigen zwar weniger Schnellarbeitsstahl, bewirken aber, daß beim Nachschleifen das Stammblatt mit angeschliffen wird. Dieses muß daher nach dem Verbrauch der eingesetzten Zähne neu eingefräst werden, wodurch es stets kleiner und schließlich unbrauchbar wird.

Die Zähne der Kreissägeblätter werden mit großem Spanwinkel γ und gekrümmter Spanfläche (Abb. 425) hergestellt, um ein gleichmäßiges Abfließen und Einrollen des Spanes zu erleichtern. Der Spanwinkel wird für Stahl je nach dessen Festigkeit und Härte mit 10 bis 25°, der Freiwinkel mit 5 bis 8° ausgeführt.

Durch Anbringen von *Spanbrechernuten* werden die Späne in Teile zerlegt, die nach der Mitte der Schnittfuge ausweichen können. Diese Nuten werden versetzt eingearbeitet. Die Spanteilung erreicht man auch durch den sogenannten *Wechselschliff* (Abb. 423), wobei von jedem Zahn eine Ecke bis etwa zur halben Spanbreite abwechselnd rechts und links weggeschliffen wird. Die Zahnteilung wird möglichst groß gewählt, damit die Späne auch in den Zahnlücken Platz finden.

Um die Schnittbreite möglichst klein zu bekommen (Werkstoffverlust), werden auch Stammblätter aus vergütetem Stahl hoher Festigkeit hergestellt.

---

[1] DIN 1837, 1838 und 1840 Metallkreissägeblätter.

[2] DIN 8576 Segmentsägeblätter für Kreissägemaschinen.

Damit alle Zähne gleichmäßig schneiden, muß das Sägeblatt genau rund laufen. Es wird durch eine *Spannscheibe* mit Mitnehmerstiften an den Sägenachsenflansch gepreßt, Abb. 426. Zum Absägen von Gußtrichtern kann das Sägeblatt auch ohne überstehenden Flansch mit versenkten Kopfschrauben aufgespannt werden, um Trichter dicht am Gußstück absägen zu können.

Zum Ausputzen der Zahnlücken während des Schnittes kann man ein vom Sägeblatt angetriebenes *Räumrädchen* benützen, dessen Zähne

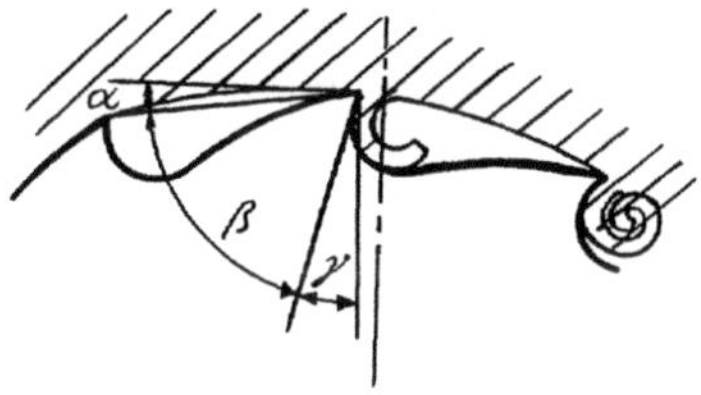

Abb. 425. Werkzeugwinkel an Kreissägen. α Freiwinkel, β Keilwinkel, γ Spanwinkel

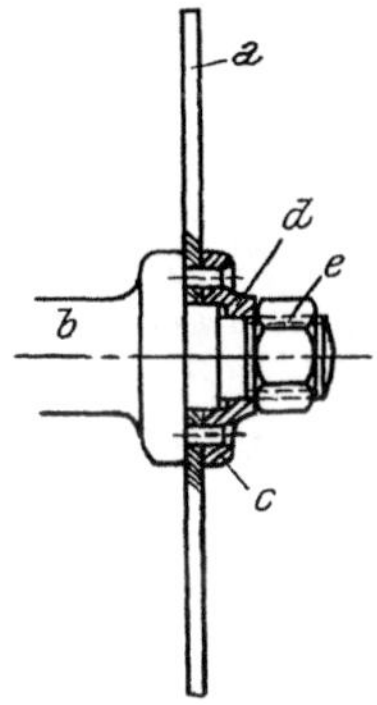

Abb. 426. Aufspannung der Kreissäge. *a* Kreissägenblatt, *b* Sägenachsenflansch mit Stiften *c*, *d* Spannscheibe, *e* Mutter

während der Drehung eine Querbewegung machen und dadurch die Zahnlücken von allen Spänen befreien.

Das Schleifen erfolgt auf besonderen Schleifmaschinen, wobei zur Erzeugung des richtigen Spanwinkels die Schleifscheibe seitlich von der Mitte des Sägeblattes wirken muß, Abb. 391. Damit alle Zähne gleich hoch werden, wird noch in einem zweiten Gang der Freiwinkel α angeschliffen.

Warmsägeblätter dienen in Hüttenwerken zum Zerschneiden der von den Walzenstraßen kommenden Stahlknüppel und Profile. (Scheren ergeben keine so saubere Schnittfläche.) Obwohl der starke Luftstrom $v = 100$ m/sek) viel zur Kühlung der Zähne beiträgt, ist eine gute Wasserkühlung des Sägeblattes beim Austritt aus der Schnittfuge sehr wichtig. Das Sägeblatt ist aus Kohlenstoffstahl von 800 bis 900 N/mm^2 Festigkeit und wird nicht gehärtet. Die Zähne führt man meist nach der Form der sogenannten Wolfszähne aus. Neben sogenannten schwarzen Blättern werden die Blätter zum Freischneiden (Verminderung der Reibung) auch verjüngt geschliffen.

Trennsägeblätter sind rasch rotierende ($v = 120$ m/sek) Scheiben, die durch die Reibungswärme ein Schmelzen der mit dem Scheibenumfang in Berührung stehenden Stoffteilchen bewirken. Sie erhalten oft noch eine Kordelung, wodurch die Reibungswärme vergrößert und durch Verbreitern des Scheibenrandes das Freischneiden verbessert wird. Die geschmolzenen Stoffteilchen werden herausgeschleudert und die Blätter durch den starken Luftstrom gekühlt. Man erzielt sehr geringe Schnittzeiten (I 45 in 55 sek) und wendet dieses Verfahren hauptsächlich auf Profile, aber auch auf gehärtete Stahlteile an. Trennsägeblätter werden aus zähem, weichem Stahl hergestellt, gerichtet und gut ausgewuchtet. Gußtrennblätter erhalten neben der Kordelung noch Einfräsungen am Umfang. Sie sind gegen Sandeinschlüsse weniger empfindlich als Kaltsägeblätter.

Metallbandsägen arbeiten mit Blättern aus Kohlenstoff- oder legiertem Stahl mit geschränkten Zähnen. Ein Spanabstreifer unterhalb des Tisches befreit das Sägeblatt von Spänen. Zum Schärfen und Schränken dienen selbsttätige Schärf- und Schränkmaschinen.

10,3 Bügelsägemaschinen

Bügelsägen haben den Vorteil geringer Anschaffungskosten von Werkzeug und Maschine und geringen Schnittverlust infolge der kleinen Sägeblattbreite und den Nachteil großer Schnittzeiten. Sie finden in der Einzelfertigung (Werkzeugmacherei) und zum Teilen kostbaren Werkstoffes (Schnellstahl, hochlegierte Stähle) Verwendung. Der Schnitt wird durch ein hin- und hergehendes Sägeblatt ausgeführt, das in einem Bügel *B* eingespannt ist, der mit Hilfe einer Kurbel angetrieben wird. (Abb. 427). Durch Änderung der Antriebsdrehzahl kann die Hubzahl, durch Verstellung des Kurbelzapfens die Hublänge geändert werden. Um das seitliche Verlaufen des Sägeblattes zu verhindern, wird der Bügel *B* in einem Schwingrahmen *A* geführt. Der Andruck des ziehend arbeitenden Sägeblattes an das Werkstück und das Abheben beim Vorlauf ist von größter Bedeutung für gute Spanleistung und Schonung des Sägeblattes. Bei einfachen Maschinen erhält das Sägeblatt seine Belastung durch den Bügel und ein einstellbares Zusatzgewicht. Das Abheben während des Vorlaufes wird durch eine Kurvenscheibe bewirkt. Das Blatt wird von Hand an das Werkstück angestellt und der Bügel nach dem Schnitt ebenfalls von Hand hochgehoben.

Neuere Bügelsägen haben hydraulische Steuerung, Pumpen- und Hubzylinder sind in einem Ölbehälter eingebaut, die durch eine Hahnsteuerung verbunden sind (Abb. 428). Durch Drehen des Hahnes 8 können vier verschiedene Wirkungen erzielt werden.

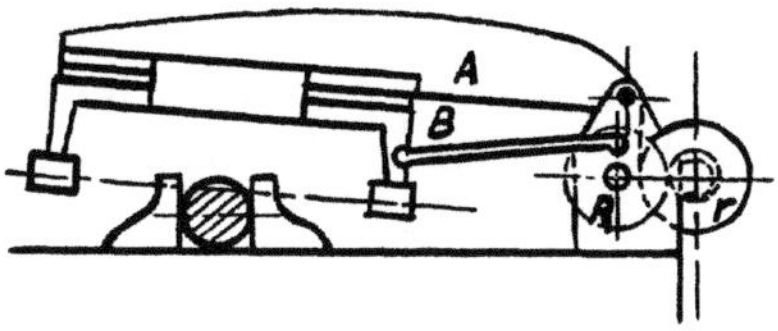

Abb. 427. Bügelsägemaschine. *A* Schwingrahmen, *B* Bügel in *A* geführt, *R* Kurbelscheibe, *r* Antrieb

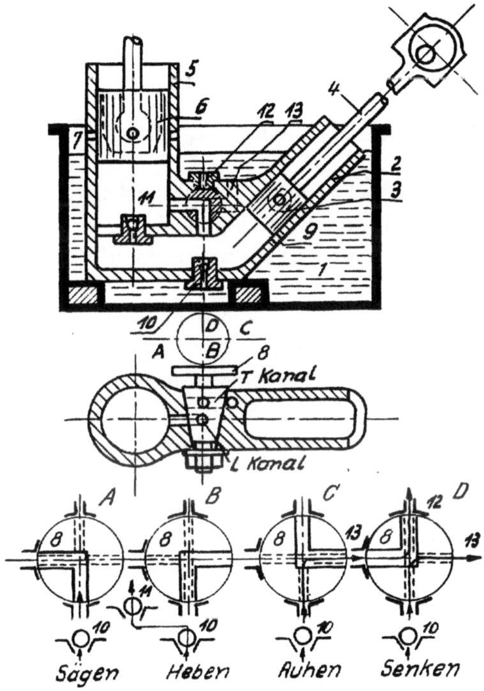

Abb. 428. Hydraulische Steuerung einer Bügelsägemaschine. *1* Ölbehälter, *2* Zylinder, *3* Kolben, *4* Schubstange für *3*, *5* Zylinder, *6* Kolben, *7* Bohrung in *5*, *8* Steuerhahn, *9* Bohrung in *2*, *10* und *11* Rückschlagventil, *12* und *13* Kanäle

Stellung A: Anheben und Senken des Bügels beim Hubwechsel (Sägen).

Stellung B: Heben des Bügels bis in die Höchststellung. Der Kolben 6 steigt, bis die Bohrung 7 frei liegt und bleibt dort stehen.

Stellung C: Festhalten des Bügels in jeder Stellung (Ruhen). Das durch 10 angesaugte Öl wird durch den *T*-Kanal wieder abgeführt.

Stellung D: Langsames Senken des Bügels. Das Öl wird wie bei C angesaugt und abgeführt.

Das Öl unter dem Kolben fließt durch die feine Düse 12 ab. Die Übereinstimmung zwischen dem Aufsetzen der Säge beim Beginn des Schneidhubes bzw. Vorlauf und Abheben wird durch Versetzen der Exzentrizität der Hubscheibe gegen die Kurbel und durch den Kanal 9 erreicht. Die Belastung der Säge ist auch hier eine Gewichtsbelastung.

Die größte Schonung des Sägeblattes ergibt die hydraulische Belastung, die durch eine zweite Pumpe betätigt und geregelt wird.

Die Werkstücke werden in einem drehbaren Schnellschraubstock festgehalten, so daß Schnitte bis 45° Neigung ausgeführt werden können. Zum Abschneiden gleicher Werkstücklängen ist ein einstellbarer Anschlag vorhanden.

10,4 Kreissägemaschinen

Kreissägen besitzen sehr hohe Schnittleistung, aber auch größere Schnittverluste als Band- und Bügelsägen.

Das Sägeblatt erhält Umfangsgeschwindigkeiten von 12 bis 30 m/min und ist mit seinem Antrieb in einem Schlitten eingebaut, der auf dem Bett geführt und hydraulisch vorgeschoben wird.

Für den hydraulischen Vorschub der Säge nach Abb. 429 wird eine nicht regelbare Pumpe mit Drosselregelung verwendet, wodurch sich die Vorschubgeschwindigkeit der Säge dem wechselnden Querschnitt (Vergleiche Abb. 430), der Schneidenschärfe und der Härte des Schnittgutes anpaßt, so daß eine Überlastung des Sägeblattes vermieden wird. Der Antrieb des Sägeblattes erfolgt über Keilriemen vom Antriebsmotor auf ein Stirnradgetriebe mit Schrägverzahnung, wobei man durch Schieberäder drei bis vier Schnittgeschwindigkeiten einstellen kann.

Das Festspannen des Werkstückes wird durch den Steuerschieber S_1 eingeleitet, indem dieser durch Handhebel in Spannstellung gebracht wird. Die Zahnradpumpe P drückt sodann ihre gesamte Förderung über den Steuerschieber S_1 in den Spannzylinder. Die hydraulische Druckwirkung auf die Kolben K_1 und K_2 wird von diesen durch je eine geeignete Hebelübersetzung auf die senkrechte und die waagrechte Druckspindel übertragen und somit das Werkstück durch die mit den Druckspindeln verbundenen Spannbacken festgespannt. Andererseits werden bei Stellung des Spannschiebers S_1 auf „Entspannen" die Kolben K_1 und K_2 entgegengesetzt beaufschlagt und somit das Werkstück an den Spannbacken frei. Das verdrängte Öl fließt ungehindert durch den Steuerschieber S_1 zum Ölbehälter zurück. Die Größe des Spanndruckes wird durch das Überdruckventil U begrenzt. Nachdem der Spanndruck erreicht ist, fließt Öl in das Druck- und Vorschubreglergehäuse D und V. Der in diesem sich einstellende Druck ist konstant und wird von dem zwischen 0 und 15 bar einstellbaren Druckregler D

begrenzt. Das unter Druck befindliche Öl fließt durch den die Vorschubgeschwindigkeit bestimmenden Vorschubregler *V* über den auf Vorschub gesteuerten Steuerschieber *S* auf die Arbeitsseite des Vorschubkolbens *K* und leistet dort die Vorschubarbeit. Zum Erzielen des bei Kaltsägen

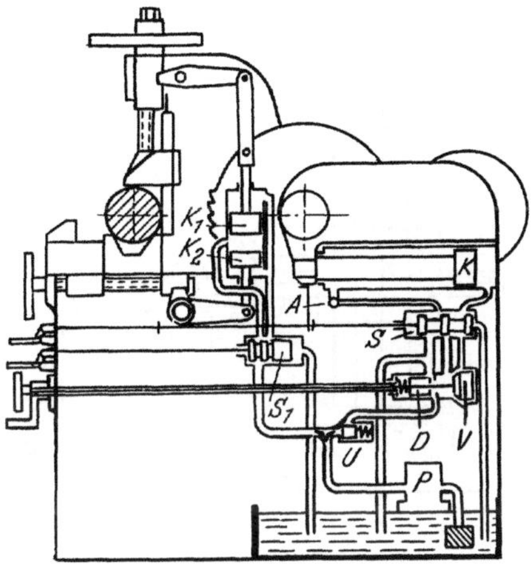

Abb. 429. Kreissägemaschine. *A* Gegendruckvorrichtung, *D* Druckregler, *K* Vorschubkolben, K_1 und K_2 Spannkolben, *P* Zahnradpumpe, *S*, S_1 Steuerschieber, *U* Überdruckventil, *V* Vorschubregler

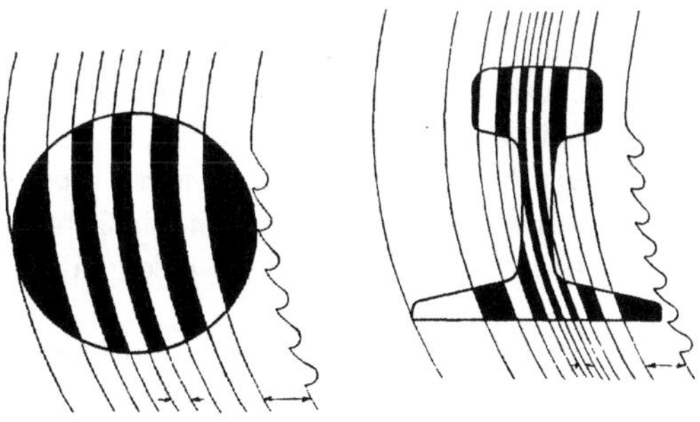

Abb. 430. Anpassung des Vorschubes an den Querschnitt

notwendigen Gegenhalterdruckes durchströmt das vom Vorschubkolben verdrängte Öl eine nur beim Vorschub wirkende Gegendruckvorrichtung *A*, die eine vorschnelle Schlittenbewegung bei plötzlicher Entlastung des Sägeschlittens verhindert. Alles nicht für den Vorschub benötigte Öl fließt über den Druckregler *D* frei zum Ölbehälter zurück. Der Steuerschieber *S* wird zur Bewegungsumkehrung des Sägeschlittens von Hand oder selbsttätig durch Anschläge gesteuert. Zum Rücklauf des Sägeschlittens wird die ganze Fördermenge der Pumpe in Anspruch genommen. Dadurch, sowie durch Verwendung einer dicken Kolbenstange wird eine hohe Rücklaufgeschwindigkeit erzielt; das dabei verdrängte Öl fließt ungehindert durch eine die Gegendruckvorrichtung *A* umgehende Leitung und durch den Steuerschieber *S* zurück zum Ölbehälter.

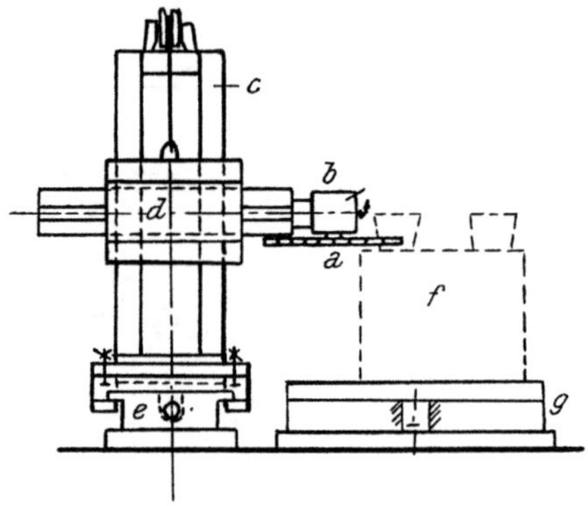

Abb. 431. Gießerei-Kaltkreissägemaschine. *a* Kreissägeblatt, *b* Sägekopf 360° um waagrechte Achse drehbar, *c* Ständer, *d* Schlitten, *e* Bett, *f* Werkstück, *g* Rundtisch

Sind mehrere Werkstücke gleicher Länge zu schneiden, so wird ein mit Maßstab versehener *Längsanschlag* verwendet.

Für größere Stückzahlen gleich langer Werkstücke kann das Sägen halb- oder vollautomatisch erfolgen.

Bei den *halbautomatischen* Maschinen wird das Werkstück von Hand nachgeschoben und der Spannhebel betätigt. Festspannen, Sägen, Eilrücklauf des Schlittens und Entspannen erfolgen selbsttätig (Folgesteuerung).

Sägeautomaten besitzen noch einen *Werkstoffvorschubschlitten* und *automatische Lademagazine*. Von letzteren werden die Werkstücke über Transporteinrichtungen (Ketten, Rollen, usw.) auf den Vorschubschlitten gebracht, vorgeschoben und nach Erreichen der elektronisch vorgewählten Länge gespannt und von der Säge abgeschnitten. Nach dem Schnitt läuft der Vorschubschlitten im Eilgang vor und wird nach Erreichen der vorgewählten Länge abgeschaltet. Die fertigen Abschnitte führt ein Förderband aus der Maschine. Ein Vorwählstückzähler schaltet die Maschine bei Erreichen der gewünschten Stückzahl ab.

Diese Sägeautomaten können mit weiteren Endbearbeitungsautomaten zum Bearbeiten der Wellenenden verbunden werden.

Sollen die Maschinen auch für *Schrägschnitte* bis 45° verwendet werden, so werden sie mit einem *Schrägspannstock* ausgerüstet. Dieser ist mit einer Skala für die verschiedenen Gehrungswinkel ausgerüstet.

Bei den *Schlittensägen* bewegt sich der Schlitten mit dem Sägeblatt in senkrechter Richtung.

Bei der *Arm-* oder *Hebelsäge* ist das Sägeblatt in einem schwenkbarem Arm gelagert, mit dem es sich auf das Werkstück senkt.

Bei den *Gießerei-Kaltkreissägemaschinen* (Abb. 431) zum Abschneiden von Eingußtrichtern, Speisern und verlorenen Köpfen an größeren Gußstücken ist der Sägekopf *b* mit dem Kreissägeblatt *a* um 360° drehbar, so daß beliebige schräge, senkrechte oder waagrechte Schnitte durchgeführt werden können. Der Sägekopf *b* befindet sich auf einem der Höhe nach auf einem Ständer *c* verschiebbarem Schlitten *d*. Der Ständer *c* kann auf einem Bett *e* quer verschoben werden. Das Werkstück *f* wird meist auf einem Rundtisch *g* gespannt.

10,5 Reib- oder Schmelzsägemaschinen

Diese werden ähnlich wie die Kreissägen aufgebaut. Sie werden vorwiegend zum Unterteilen größerer Walzprofile in Walzwerken verwendet (sehr kurze Schnittzeit). Kupfer ist wegen seiner guten Wärmeleitung mit ihnen nicht trennbar.

Nach dem gleichen Prinzip arbeiten die *Schmelzbandsägen*, bei denen ein mit großer Geschwindigkeit umlaufendes Bandsägeblatt durch die erzeugte Reibungswärme die Werkstoffestigkeit ganz wesentlich herabsetzt.

10,6 Bandsägemaschinen

Bandsägemaschinen werden mit senkrechter und waagrechter Bandsäge ausgeführt. Bei beiden verwendet man durch Widerstandsschweißen oder Hartlöten endlos gemachte Sägeblätter, die über zwei Scheiben laufen. Man arbeitet mit Schnittgeschwindigkeiten von 20 (Schnellarbeitsstahl) bis 700 m/min (Leichtmetalle).

Bei der Ausführung mit *senkrechter Bandsäge* (Abb. 432) läuft das Sägeblatt über zwei Rollen, die sich in einer senkrechten Ebene befinden. Die untere Rolle wird angetrieben, die obere, um den erforderlichen Gleichlauf zu erzielen, pendelnd gelagert. Das Spannen des Sägeblattes erfolgt mit Hilfe einer Feder oder eines Spanngewichtes. Die Abstützung des Sägebandes gegen die Schnittkraft am Rücken des Sägeblattes erfolgt durch eine mitlaufende Rolle, um ein Einarbeiten des Sägeblattes zu verhindern. Die Seitenführung erfolgt durch Rollen oder Backen, durch deren Spalt das Band läuft. Bei geschlossenen Schnitt-

Abb. 432. Senkrechte Bandsägemaschine

figuren wird zuerst ein Loch in das Werkstück gebohrt, dann das geöffnete Sägeband durchgefädelt und anschließend meist elektrisch geschweißt oder hartgelötet.

Diese Bandsägen werden zum Ausschneiden von Schneidplatten an Schneidwerkzeugen, zum Abschneiden von Speisern und Eingußtrichtern an Leicht- und Buntmetallgußstücken, zum Ausschneiden kleiner und mittlerer Stückzahlen von Formteilen und zum Herstellen von Werkzeugen verwendet.

Als Sonderzubehör werden *Feilketten* mit verschiedenen Profilen, *Rundschneide*einrichtungen, *Abläng-* und *Gehrungsschneide*einrichtungen und *Bandschleifeinrichtungen* verwendet.

Bandsägen mit *waagrechter Bandsäge* (Abb. 433) werden vorwiegend zum Unterteilen von Stangen und Profilen verwendet und haben zu diesem Zweck wegen ihrer kürzeren Schnittzeit die Bügelsägen weitgehend verdrängt. Die Bandsäge läuft auf zwei Rollen, die schräg gegen die Waagrechte geneigt sind, so daß das rücklaufende Band die Werkstoffzufuhr nicht behindert. Eine Rolle wird meist durch stufenlos

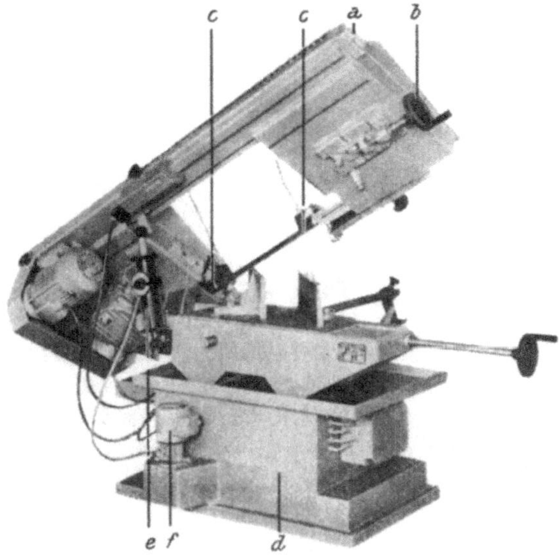

Abb. 433. Waagrechte Bandsägemaschine (Meteora). *a* Ein- und Ausschalter, *b* Sägeblattspannung, *c* Sägebandführung, *d* als Kühlmittelbehälter ausgeführter Maschinentisch, *e* Hydraulikzylinder zum stufenlosen Einstellen der Schnittkraft, *f* Kühlmittelpumpe

regelbare Getriebe angetrieben. Die Schnittkraft wird durch hydraulische, regelbare Einrichtungen erzeugt. Der Rahmen mit den beiden Rollen kann um eine waagrechte Achse geschwenkt werden. Das Sägeblatt wird vor und hinter dem Werkstück durch zwei Rollenpaare geführt.

11. Das Räumen

Man unterscheidet zwischen *Innen-* und *Außenräumen*. In beiden Fällen erfolgt die Spanabnahme durch eine *Räumnadel*, ein Werkzeug mit sehr vielen Zähnen, von denen jeder nur einen feinen Span abnimmt. Die Räumnadel besitzt daher sehr große Standzeit und ergibt sehr genaue Werkstücke. Wegen der hohen Werkzeugkosten kommt das Räu-

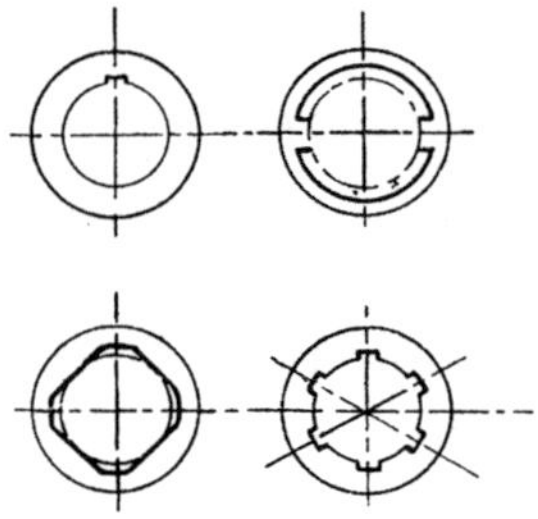

Abb. 434. Innengeräumte Profile

men nur für sehr große Stückzahlen in Frage. Es ergibt sehr kurze Arbeitszeiten (Fortfall der Aufspannung beim Innenräumen) und kann durch angelernte Arbeiter durchgeführt werden.

Das *Innenräumen* wird bei geschlossenen Umrissen der verschiedensten Form an nicht gehärteten Werkstücken, wie Vierkantlöchern, Keilnabenprofilen (Abb. 434), Innenverzahnungen und mehrnutigen Löchern auch mit gewundenen Nuten durchgeführt. Die Löcher sollen keine scharfen Kanten besitzen, um die Standzeit nicht übermäßig zu verringern.

Das *Außenräumen* wird zur Herstellung sehr großer Stückzahlen sehr genauer, profilierter Werkstücke wie Segmente und andere Außenverzahnungen von Sperr- und Zahnrädern, Maulöffnungen von Schraubenschlüsseln usw. verwendet.

Die *Räumnadel* (Abb. 435) besteht aus Schaft, Führung, Schneidenteil und Kalibrierteil. Wegen der einfachen Herstellung geht man vom runden Querschnitt aus. Der Schaft ist um 0,5 bis 1 mm dünner als das vorgebohrte Loch des Werkstückes. Die Führung muß die Länge des längsten zu räumenden Loches besitzen. Span- und Freiwinkel nach Abb. 436 sind vom zu räumenden Werkstoff abhängig. Der Spanraum muß die entstehenden Späne aufnehmen können. Die Spandicke beträgt 0,01 bis 0,02 mm. Die Länge der Räumnadel ist durch den Hub der

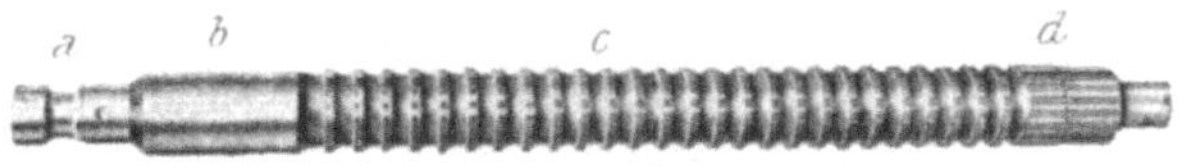

Abb. 435. Räumnadel. *a* Schaft, *b* Führungsteil, *c* Schneidenteil, *d* Kalibrierteil

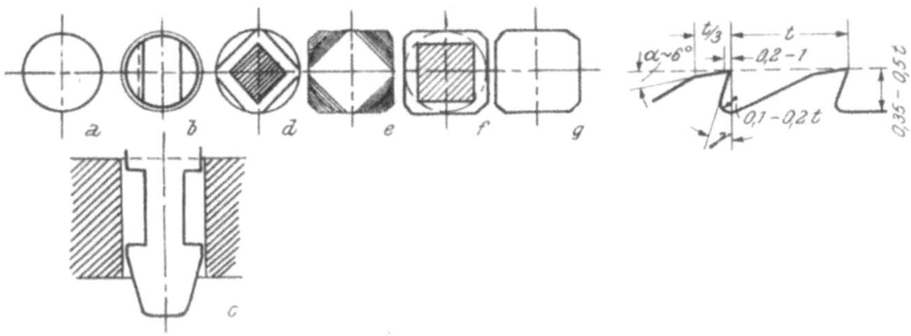

Abb. 436. Querschnitte, Schaft und Zahnform einer Räumnadel. *a* Vorgebohrtes Loch, *b*, *c* Schaft, *d* Querschnitt durch den ersten Räumnadelzahn, *e* Aufeinanderfolge der Schneiden, *f* Querschnitt durch den letzten Zahn, *g* fertiges Loch, *t* Teilung, α Freiwinkel, γ Spanwinkel

Räummaschine begrenzt. Im Bedarfsfall können mehrere Räumnadeln hintereinander angewendet werden. Zur Unterteilung der Späne werden Spanbrechernuten angebracht. An die Schneidzähne schließen sich vier bis sechs Kalibrierzähne, durch die eine genaue Lochform und eine große Lebensdauer der Räumnadel (mehrmaliges Nachschleifen möglich) erzielt wird. Die letzten Schneidzähne und die Kalibrierzähne besitzen keine Spanbrechernuten.

Abb. 436 zeigt Querschnitte durch eine Räumnadel zum Räumen eines Vierkantloches: *a* durch das vorgebohrte Loch, *d* durch die erste, *e* durch die übrigen, *f* durch die letzte Schneide der Räumnadel und *g* durch das fertig geräumte Loch. Bei der *Keilnuten*räumnadel schneidet nur ein Teil des Umfanges. Die Werkstücke werden in diesem Fall von *Aufnahmedornen* (Abb. 437) aufgenommen. Das Ende der Räummaschine *a* ist durch einen Klemmbolzen *f* zur Aufnahme der ebenfalls geschlitzten, gehärteten und geschliffenen Stahlbüchse b eingerichtet, in deren Bohrung der Dorn c durch f festgehalten wird. Die Räumnadel e wird in der Nut des Dornes c geführt. Das Werkstück d paßt auf den Dorn c.

Zum Räumen gerader Formlöcher benützt man *einfache Vorlagen v* (Abb. 438), die mit Schrauben am Maschinenende befestigt werden und in denen das Werkstück zentriert wird. Für gewundene Formlöcher

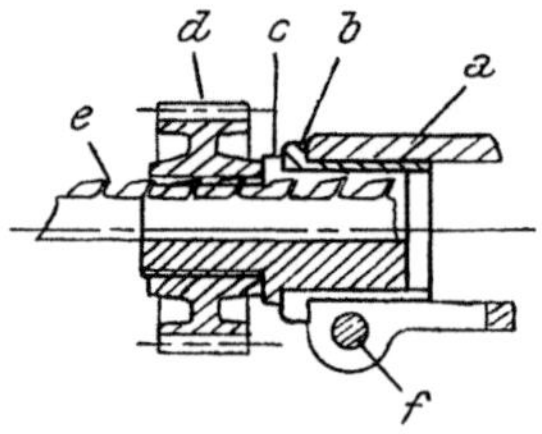

Abb. 437. Räumen von Keilnuten. a Maschinenende, b geschlitzte Büchse, c Aufnahmedorn, d Werkstück, e Räumnadel, f Klemmbolzen

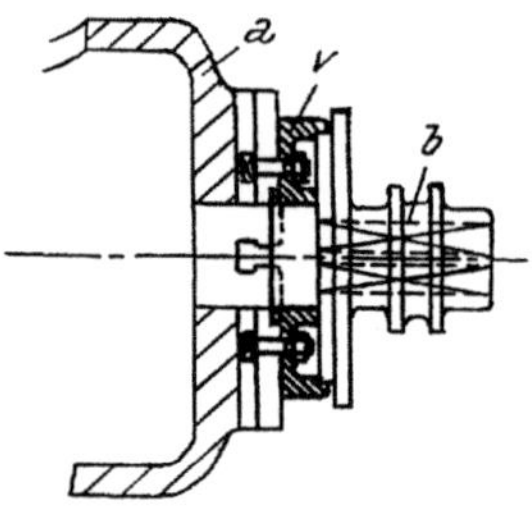

Abb. 438. Einfache Vorlage. a Maschinenende, b Werkstück, v Vorlage

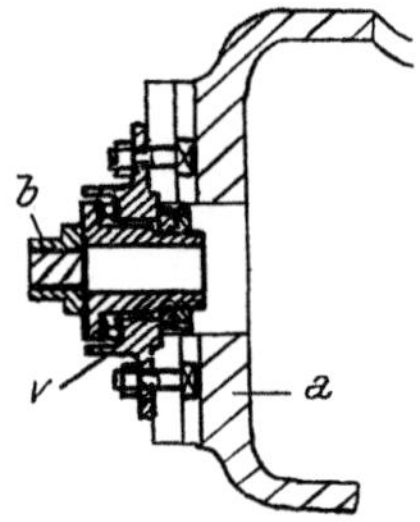

Abb. 439. Drallvorrichtung. a Maschinenende, b Werkstück, v wälzgelagerte Vorlage

verwendet man *Drallvorrichtungen* nach Abb. 439, die durch Zwischenschalten eines Wälzlagers drehbar sind. Die Verbindung der Räumnadel mit dem Schlitten der Räummaschine erfolgt durch Querkeil oder durch Klemmbacken, welche selbsttätiges Erfassen und Lösen derselben ermöglichen. Nach dem Schnitt wird die Räumnadel bei modernen Maschinen durch eine besondere Einrichtung zurückgebracht.

Ausgeführt werden *Waagrecht-* und *Senkrecht-Räummaschinen.* Letztere sind teurer, müssen erhöht aufgestellt werden oder im Boden eine Vertiefung besitzen, in der die Räumnadel in ihrer Endstellung Platz findet, besitzen jedoch geringeren Platzbedarf, bessere Schmiermittelzufuhr und ermöglichen eine Unterstützung der Räumnadel im Schwerpunkt. Außenräummaschinen werden auch mit Schwenktischen ausgerüstet, mit denen ein neues Werkstück gespannt werden kann, während das andere geräumt wird.

Der Antrieb des Räumnadelschlittens erfolgt heute fast ausschließlich *hydraulisch* durch Kolben und Zylinder. Man erzielt mit diesem stufenlose Regelung der Räumnadelgeschwindigkeit und Schutz der Räumnadel vor Überlastung (beim Abstumpfen steigt die Schnittkraft). Zu diesem Zweck besitzen die Maschinen ein Manometer das den Flüssigkeitsdruck mißt und die Zugkraft anzeigt und einstellbare elektrische Kontakte besitzt, die bei Überschreiten der eingestellten Zugkraft eine Abschaltung des Antriebes bewirken.

Senkrechträummaschinen besitzen noch Einrichtungen zum automatischen Zuführen und Abheben der Räumnadel. Der Bedienende muß die Räumnadel nicht mehr in die Hand nehmen, so daß die Räumnadel vor Beschädigungen geschützt wird. Mit dieser Einrichtung ergibt sich folgender Arbeitsablauf:

Zuführen der Räumnadel durch den Abheber, einfahren durch das Werkstück und spannen im Räumkopf,

Räumen,

Abnehmen des Werkstückes,

Einstoßen der Räumnadel in den Abheber und abheben und

Auflegen des nächsten Werkstückes.

Außenräummaschinen werden für große Stückzahlen als *Kettenräummaschinen* ausgeführt. Diese besitzen ein feststehendes Werkzeug und kontinuierlich bewegte Werkstücke, die von Werkstückträgern, die auf einer umlaufenden Kette angeordnet sind, aufgenommen werden. Die Kette läuft über zwei Kettenräder, von denen eines angetrieben wird. Diese Maschinen haben hohe Ausbringleistung, weil der Rückhub (Leerhub) entfällt und keine Zeiten für Anfahren und Abbremsen des Werkstückträgers nötig sind.

12. Die Herstellung von Verzahnungen

12,1 Allgemeines

Als Profilformen für die einzelnen Zähne werden Zykloiden und Evolventen verwendet. Die *Zykloidenverzahnung* hat Zykloiden im Bezugsprofil und Kreisbögen (Rollkreise) als Eingriffslinien, die den Wälzkreis = Teilkreis im Wälzpunkt berühren. Sie wird nur in Sonder-

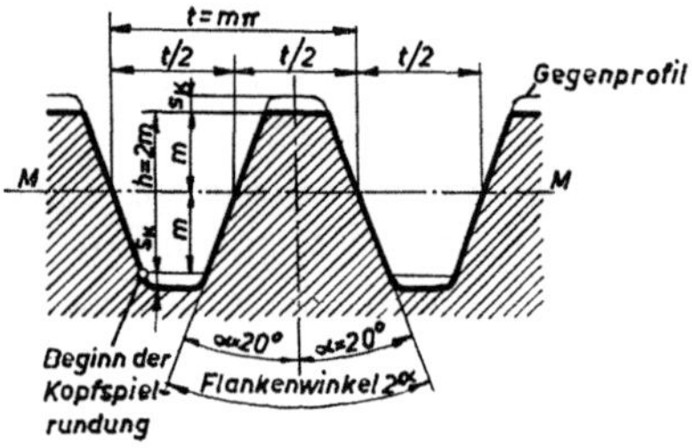

Abb. 440. Bezugsprofil für Stirnräder mit Evolventenverzahnung für den allgemeinen Maschinenbau nach ÖNORM M 6701 (DIN 867)

fällen verwendet und ist nicht genormt. Die genormte *Evolventenverzahnung* besitzt ein Bezugsprofil mit geraden Flanken (Abb. 440) und gerade Linien als Eingriffslinien. Der Eingriffswinkel ist mit $\alpha = 20°$ genormt. Die Evolventenverzahnung ist unempfindlich gegen unrichtigen Achsabstand und ermöglicht, wegen der größtenteils geraden Schneidkanten der Bearbeitungswerkzeuge und der relativ einfachen Bewegungsvorgänge in den Bearbeitungsmaschinen große Genauigkeit.

Grundsätzlich können die Zähne eines Zahnrades erzeugt werden nach dem *Formverfahren*, bei dem die Werkzeuge (Modell, Gußform, Schablone, Preßform, Gesenk, Ziehwerkzeuge, Matrize, Schneidplatte und -stempel, Hobelstahl, Scheibenfräser, Fingerfräser, Räumnadel usw.) die Form der Zahnlücke besitzen und nach dem *Wälz-* bzw. *Schraubverfahren*, bei dem die Werkzeuge als Wälzzahnrad, als Wälzzahnstange oder als Wälzschnecke ausgebildet werden und mit dem zu verzahnenden Werkstück im Rahmen der Werkzeugmaschine ein Wälz- bzw. Schraubgetriebe bilden. Die Wälzwerkzeuge arbeiten entweder mit dem vollen Profil, wodurch gleichzeitig Rechts- und Linksflanken erzeugt werden, oder als Einflanken- und Kantenwerkzeuge.

Spanlos können Zahnräder hergestellt werden durch:

Gießen, wobei infolge der harten Gußhaut bei Zahnrädern für Baumaschinen eine große Lebensdauer (Sandeinwirkung) erzielt wird,

Strangpressen von Zahnprofilstangen aus Nichteisenmetallen,

Ziehen von Zahnprofilstangen aus Stahl und Nichteisenmetallen für billige Uhren, Büromaschinen, Spielzeuge usw.,

Stanzen von Zahnscheiben,

Warmpressen in genau hergestellten Gesenken,

Warm- und *Kaltwalzen* zwischen Flachbacken und Rollen,

Pressen und *Sintern* aus Pulvern für sehr große Stückzahlen von Zahnrädern geringer Beanspruchung,

Spritzgießen von Zahnrädern aus Polyamiden für Büromaschinen, Kilometerzähler, Scheibenwischer, Waschmaschinen usw.

Spanabhebende Verfahren sind das *Fräsen*, *Hobeln* und *Stoßen*, *Schleifen*, *Räumen*, *Drehen*, *Schaben*, *Honen* und *Läppen*. Diese Verfahren werden in folgenden Abschnitten besprochen.

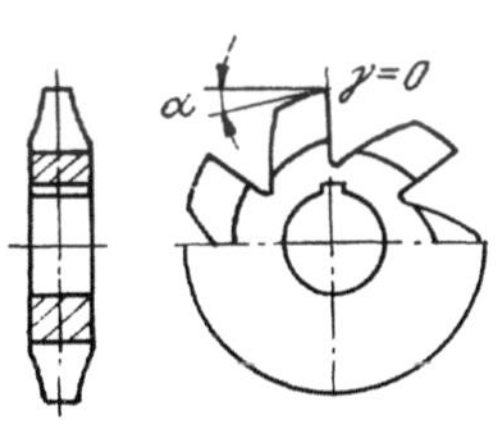

Abb. 441. Hinterdrehter Zahnradscheibenfräser. α Freiwinkel, γ Spanwinkel

Abb. 442. Hinterdrehter Fingerfräser

12,2 Die Herstellung von Stirn- und Schraubenrädern im Formverfahren

12,21 Das Fräsen

Beim Fräsen werden als Werkzeuge *hinterdrehte Scheibenfräser*, die das Profil der Zahnlücke besitzen (Abb. 441), oder *Fingerfräser* (für Pfeilräder oder Zahnräder sehr großen Moduls; Abb. 442) verwendet. Theoretisch müßte für jeden Modul und für jede Zähnezahl ein besonderer Fräser vorhanden sein. Um an Werkzeugkosten zu sparen, wurde nach ÖNORM M 6702 (DIN 780) eine Modulreihe genormt (Reihe I):

0,1 0,12 0,16 0,20 0,25 0,3 0,4 0,5 0,6 0,8 1 1,25
1,5 2 2,5 3 4 5 6 8 10 12 16 20 25 32 40 50 60

Man verwendet einen Fräser für eine Gruppe von Zähnezahlen. Je nach der Größe des Moduls und der gewünschten Genauigkeit sind 8-, 15- und 26teilige Frässätze zwischen $z = 12$ und unendlich üblich:

8teiliger Fräsersatz bis m = 10

Nr.	1	2	3	4	5	6
für Zähne	12, 13	14 .. 16	17 .. 20	21 .. 25	26 .. 34	35 .. 54

Nr.	7	8
für Zähne	55 .. 134	135 .. ∞

26teiliger Satz

Nr.	1	1½	2	2½	2¾	3	3¼	3½	3¾
für Zähne	12	13	14	15	16	17	18	19	20

Nr.	4	4¼	4½	4¾	5	5¼	5½
für Zähne	21	22	23	24, 25	26, 27	28, 29	30, 31

Nr.	5¾	6	6¼	6½	6¾	7
für Zähne	32 .. 34	35 .. 37	38 .. 41	42 .. 46	47 .. 54	55 .. 65

Nr.	7¼	7½	7¾	8
für Zähne	66 .. 79	80 .. 102	103 .. 134	135 .. ∞

Die Zahnform des Fräsers entspricht jeweils der kleinsten Zähnezahl der jeweiligen Gruppe.

Zur Ausschaltung des Härteverzuges werden die Scheibenfräser in der Regel nach dem Härten noch hinterschliffen. Damit ihre Lückenweite für den Schleifscheibenauslauf nicht zu groß ausgeführt werden muß (Verringerung der Zähnezahl und Standzeit), wird nur ein Teil der Zahnbreite hinterschliffen.

Sollen Zahnräder nur fallweise hergestellt werden, verwendet man eine *Universalfräsmaschine*. Bei dieser werden die Rohlinge zwischen Spitzen von Teilkopf und Reitstock auf einem Dorn gespannt. Ist die Fräsmaschine für Gleich- und Gegenlauffräsen geeignet, so kann beim Hin- und Rückgang des Tisches je eine Lücke gefräst werden, wenn nach dem Fräsen jedesmal geteilt wird. Sind mehrere gleiche Räder herzustellen, so sollen diese gemeinsam gefräst werden, um Leer- und Überlaufwege zu sparen. Durch Tauchfräsen (Fräservorschub in Richtung zur Radachse) ist eine weitere Verringerung der Fräszeit möglich. An das Tauchfräsen auf volle Zahntiefe schließt sich ein Längsvorschub über die Radbreite und ein Rücklauf um die Zahntiefe im Eilgang. Diese

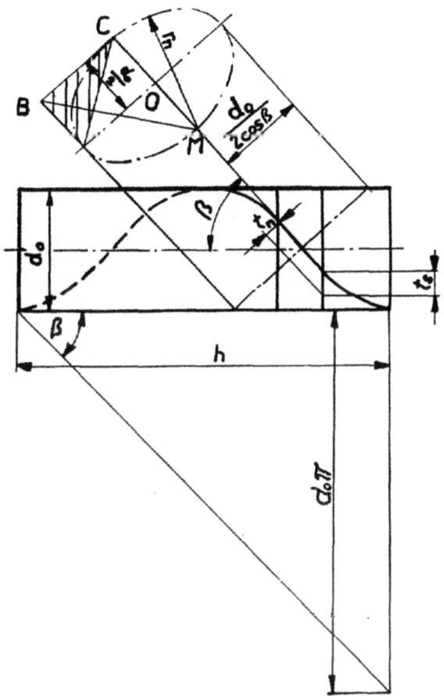

Abb. 443. Formfräsen von Schraubenrädern. d_0 Teilkreisdurchmesser, h Steigung, t_n Normalteilung, t_s Stirnteilung, r_n Krümmungsradius der Ellipse in Punkt C, β Schrägungswinkel

Bewegungen können bei entsprechender Maschine auch selbsttätig ablaufen.

Zur Herstellung von Schraubenrädern muß der Tisch der Fräsmaschine um den Schrägungswinkel β geschwenkt werden. Außer der Längsvorschubbewegung des Tisches erhält das Werkstück eine Drehbewegung um seine Achse, die durch Wechselräder erzeugt wird, die zwischen Tischvorschubspindel und Teilkopfantriebswelle angeordnet sind. Für die Wahl des zu verwendenden Fräsers ist das Verzahnungsbild senkrecht zur Steigung maßgebend (Abb. 443). Eine Ebene senkrecht zur Steigungsrichtung schneidet den Teilzylinder nach einer Ellipse. Die Verzahnung des Schraubenrades mit der Zähnezahl z und dem Stirnmodul m_s wird auf die eines Stirnrades mit dem Normalmodul $m_n = m_s \cdot \cos\beta$ und dem Krümmungsradius der Ellipse an dieser

Stelle $r_n = d_o/(2\cos^2\beta)$ zurückgeführt. Diesem Radius entspricht eine ideelle Zähnezahl des Stirnrades von $z_n = 2\,r_n/m_n = z/\cos^3\beta$. Es ist ein Scheibenfräser mit dem Normalmodul m_n für eine ideelle Zähnezahl z_n aus dem vorhandenen Fräsersatz zu wählen.

Abb. 444. Zahnradfräsmaschine. *a* Gegenhalter, *d* Drehteil, *f* Frässpindel, *g* Frässchlitten, *r* Rundtisch, *s* Ständer, *w* Werkstück

Beispiel 26. Auf einer Universalfräsmaschine ist ein rechtsgängiges Schraubenrad mit $\beta = 30°$, $z = 48$ und $m_n = 5$ zu fräsen. Die Steigung der Tischspindel beträgt 1/4″.

Der Tisch muß um 30° gegen den Uhrzeigersinn geschwenkt werden.
Stirnmodul $m_s = m_n/\cos\beta = 5/0{,}866 = 5{,}775$ mm;
Teilkreisdurchmesser $d_o = z \cdot m_s = 48 \cdot 5{,}775 = 277\ mm$;
Außendurchmesser $d_a = d_o + 2\,m_n = 277 + 10 = 287\ mm$;
benötigter Fräser $m_n = 5$, $z_n = z/\cos^3\beta = 48/0{,}866^3 = 74$;
Lochkreis der Teilscheibe $n = 40/48 = 5/6 = 25/30$ oder $15/18$.

25 Löcher von Lochkreis 30 oder 15 Löcher von Lochkreis 18. Steigung des Schraubenrades $h = d_o \cdot \pi/\tan\beta = m_n \cdot z \cdot \pi/\sin\beta = 5 \cdot 48 \cdot \pi/0{,}5 = 480 \cdot \pi$. Die Zähnezahlen der aufzusteckenden Wechselräder ergeben sich aus

$$\frac{40 \cdot s}{h} = \frac{z_1 \cdot z_2}{z_3 \cdot z_4} \quad \frac{40 \cdot 1 \cdot 25{,}4}{4 \cdot 480 \cdot \pi} = \frac{24 \cdot 32}{48 \cdot 95} \text{ mit } \frac{25{,}4}{\pi} = \frac{32 \cdot 24}{5 \cdot 19}$$

Das Rad mit 24 Zähnen ist auf die Tischspindel, das mit 95 Zähnen auf die Teilkopfantriebswelle zu stecken. Die beiden anderen Räder sitzen auf einem Bolzen der Wechselradschere, wobei das 48er Rad mit dem 24er und das 32er Rad mit dem 95er Rad kämmt.

Werden häufig Zahnräder hergestellt, so verwendet man die *Zahnradfräsmaschine* (Abb. 444). Diese besitzt einen der Höhe nach auf einem Ständer *s* verschiebbaren Frässchlitten *g*, auf dem sich die mit einem Drehteil *d* neigbare Frässpindel *f* befindet. Der Fräser macht die Arbeits- und Vorschubbewegung. Das Werkstück *w* wird auf dem mit einer Teileinrichtung versehenen Rundtisch *r* eines einstellbaren Schlittens, auf einem Dorn mit Gegenhalter *a* befestigt. Mit den Zahnradfräsmaschinen können Stirn- und Schraubenräder, Keilwellen, Ketten-, Sperr- und Schalträder nach dem Form- und Wälzverfahren, sowie Schneckenräder nach dem Wälzverfahren bis zu den größten Abmessungen gefräst werden.

Kammwalzen- und *Pfeilräderfräsmaschinen* arbeiten mit Fingerfräsern und sind im Aufbau der Drehmaschine ähnlich. Das Werkstück erhält die Drehbewegung, der auf einem Frässchlitten befindliche Fräser die Längs- und Schnittbewegung.

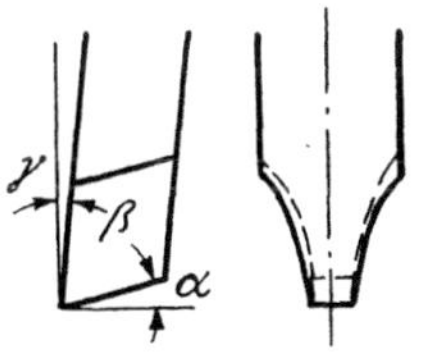

Abb. 445. Formstahl zum Hobeln von Zahnrädern. α Freiwinkel, β Keilwinkel, γ Spanwinkel

12,22 Das Hobeln und Stoßen

Zum Hobeln und Stoßen von Stirnrädern werden Formstähle verwendet, die das Profil der Zahnlücke besitzen (Abb. 445). Die verwendeten Hobel- und Stoßmaschinen müssen eine Teilvorrichtung besitzen. Durch Stoßen können auch Innenverzahnungen hergestellt werden. Gegenüber dem Fräsen hat es den Vorteil, daß nur ein kleiner Auslauf für das Werkzeug erforderlich ist.

12,23 Das Schleifen

Die Bearbeitung gehärteter Zahnräder erfolgt mit *Einflanken-* oder *Zweiflankenschleifscheiben* (Abb. 446), deren Profil mit Hilfe von Abrichtdiamanten auf besonderen Abrichtgeräten erzeugt wird. Zur Erzielung einer hohen Standzeit besitzen die Scheiben harte Bindung. Die Schleifmaschinen besitzen genaue Teilapparate. Um eine Überhitzung der Zahnflanken zu vermeiden, muß wegen der großen Berührungsflächen

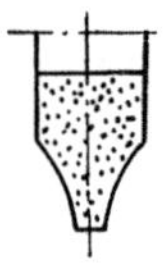

Abb. 446. Formschleifscheibe zum Schleifen von Zahnrädern

zwischen Zahnflanken und Schleifscheiben reichlich gekühlt werden. Die Vorbearbeitung muß so erfolgen, daß eine entsprechende Schleifzugabe übrigbleibt. Das Formverfahren ist zum Schleifen größerer Stückzahlen gleicher Zahnräder wirtschaftlich und ergibt große Genauigkeit und Oberflächengüte. Innenverzahnungen können nur im Formverfahren geschliffen werden.

12,24 Das Räumen

Große Stückzahlen kleinerer Innenverzahnungen können wirtschaftlich mit der *Räumnadel* auf Innenräummaschinen hergestellt werden.

Zahnsegmente und Zahnräder können durch Außenräumen bearbeitet werden. Zum Bearbeiten von Zahnrädern wird ein *Räumkopf* mit so viel Messern als das Zahnrad Lücken besitzt, verwendet (Shear-Speed-Verfahren; Michigan Tool Co.). Dieser Räumkopf wird im Oberteil der Maschine mit senkrechter Achse, das Werkstück im Unterteil aufgenommen. Bei jeder Hubbewegung werden die Messer durch eine Steuerung um den gleichen Betrag zur Radmitte vorgeschoben (etwa 0,2 mm je Hub). Bei der größten Zustellung der Messer gleicht der Räumkopf einem Innenzahnkranz, dessen Lückenprofil dem zu schneidenden Außenprofil entspricht.

12,3 Die Herstellung von Stirn- und Schraubenrädern nach Wälzverfahren

Bei den Wälz- bzw. Schraubverfahren bilden die Werkzeuge mit dem Werkstück ein Wälz- bzw. Schraubgetriebe. Die Evolvente des Zahnes wird von den relativen Lagen der Schneidkanten des Werkzeuges während der gegenseitigen Bewegung von Werkzeug und Werkstück eingehüllt. Die Schneidkanten bilden in jeder dieser Lagen Tangenten an das Evolventenprofil, so daß durch eine dichte Aufeinanderfolge der Schneidbewegungen die Evolvente genau hergestellt werden kann. Man kann bei diesen Verfahren mit einem einzigen Werkzeug (Kammstahl, Stoßrad, Schneckenfräser) Zahnräder sämtlicher Zähnezahlen eines Moduls (auch jede korrigierte Verzahnung) herstellen.

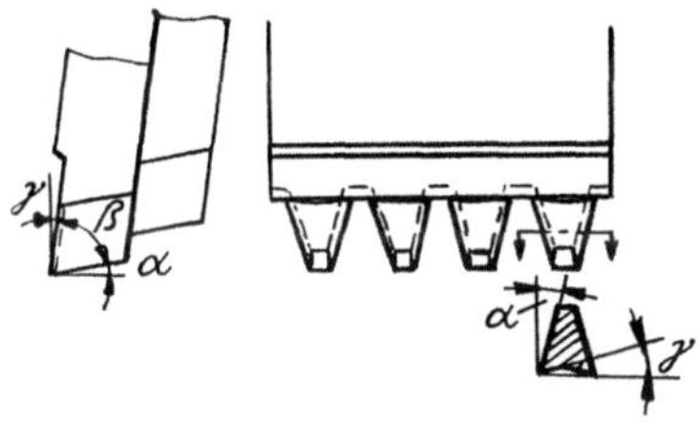

Abb. 447. Kammstahl zum Wälzhobeln von Stirnrädern. α Freiwinkel, β Keilwinkel, γ Spanwinkel

12,31 Das Hobeln mit dem Kammstahl

Der *Kammstahl* (Abb. 447) hat die Form einer Zahnstange, deren Profilhöhe um das Kopfspiel größer ist und der Frei- und Spanwinkel angeschliffen wurde. Damit auch die seitlichen Flanken der Zähne schneiden, werden sie durch eine kleine kegelstumpfförmige Schleifscheibe an der Spanfläche hohlgeschliffen. Da der Kammstahl auf einer kammförmigen Unterlage aufliegt, die die Biegebeanspruchung aufnimmt, kann er bis auf geringe Dicken nachgeschliffen werden. Durch richtiges Nachschleifen treten keine Profiländerungen auf. Da die geraden Flanken des Werkzeuges ein genaues Schleifen nach dem Härten und somit die Beseitigung jedes Härteverzuges ermöglichen, ist der Kammstahl das genaueste und einfachste Abwälzwerkzeug. Es werden Schrupp-, Schlicht- und Schleifstähle (für Räder, die nachträglich geschliffen werden sollen) verwendet. Das Werkzeug wird in den Stößel einer Zahnradhobelmaschine gespannt und macht eine auf- und abgehende Schnittbewegung. Beim Rücklauf des Stößels erfolgt ein Zurückweichen und die Wälzbewegung des Werkstückes, das auf einem Schlitten gespannt ist. Die Wälzbewegung entspricht der Bewegung eines längs einer Zahnstange (Kammstahl) abrollenden Zahnrades (Werkstück), besteht also aus einer Verschiebung und Drehung des Werkstückes.

Für kleine Zahnräder besitzt der Kammstahl so viel Zähne wie dieses. Bei größeren Zahnrädern besitzt der Kammstahl weniger Zähne und muß durch eine entsprechende Verschiebung des Werkstückes mit diesem wieder in Eingriff gebracht werden. Zu diesem Zweck wird die Wälzbewegung unterbrochen und das Werkstück um eine entsprechende Anzahl von Teilungen zurückbewegt. Diese Zusatzbewegung muß so oft ausgeführt werden, bis sämtliche Zahnlücken bearbeitet sind.

Die Wälzbewegung der Wälzhobelmaschinen für kleine Zahnräder erfolgt durch ein Wälzgetriebe, das aus einem Lehrzahnrad und einer Lehrzahnstange besteht (Maag). Das Lehrzahnrad entspricht genau dem herzustellenden Werkstück, die Lehrzahnstange dem Kammstahl, der in diesem Falle so viel Zähne wie das Werkstück besitzt. Bei Wälzhobelmaschinen für größere Zahnräder erfolgt die Drehung des Werkstückes durch Schnecke und Schneckenrad und die Verschiebung durch eine Schraubenspindel, die über zwei Wechselrädersätze mit der Schnecke in Verbindung steht.

Zur Herstellung von *Schraubenrädern* muß die Führung des Werkzeugstößels um den Schrägungswinkel β des Werkstückes schräggestellt werden und dieses eine zusätzliche Drehbewegung erhalten. Für Verzahnungen mit geringem Werkzeugauslauf werden Kammstähle mit schrägen Zähnen (von gleicher Zahnschräge wie das zu verzahnende Werkstück) verwendet. Diese werden so in eine drehbare Klappe eingespannt, daß ihre Planebene parallel zur Stirnradebene verläuft.

Pfeilräder mit geschlossenen Spitzen werden auf Maschinen hergestellt (Sunderland), die mit zwei Kammstählen arbeiten, die wechselweise die rechts- und linksgängige Radseite bearbeiten. Der Hub jedes Werkzeuges endet jeweils in der Radmitte, so daß der in der Grenzlage entstehende Grat vom Gegenwerkzeug beseitigt wird. Die Kammstähle haben entsprechend dem Schrägungswinkel geneigte Zähne.

12,32 Das Stoßen mit dem Stoßrad

Das *Stoßrad* (Abb. 448) hat die Form eines Zahnrades, dessen Kopfhöhe um das Kopfspiel und dessen Zahndicke um das Flankenspiel größer ist als bei einem normalen Zahnrad und dem ein Freiwinkel α und ein Spanwinkel γ angeschliffen sind. Es wird auf der Spanfläche nachgeschliffen, so daß seine Flankenform erhalten bleibt.

Das Stoßrad wird in den Stößel einer Zahnradstoßmaschine eingespannt und macht eine auf- und abgehende Bewegung. Beim Rücklauf weicht das Werkstück etwas zurück und Stoßrad und Werkstück wälzen sich so aufeinander ab, als ob sie als Zahnräder miteinander kämmen würden. Zu diesem Zweck besitzt die Stoßradspindel eine als Rotationskörper ausgebildete Zahnstange, die durch einen Schwinghebel mit Zahnsegment auf- und abbewegt wird.

Für das Stoßen von *Schraubenrädern* müssen die Zähne der Schneidräder um den gleichen Schrägungswinkel geneigt sein und bei Außenverzahnung entgegengesetzten, bei Innenverzahnung gleichgerichteten Steigungssinn wie die herzustellende Verzahnung haben. Der Schneid-

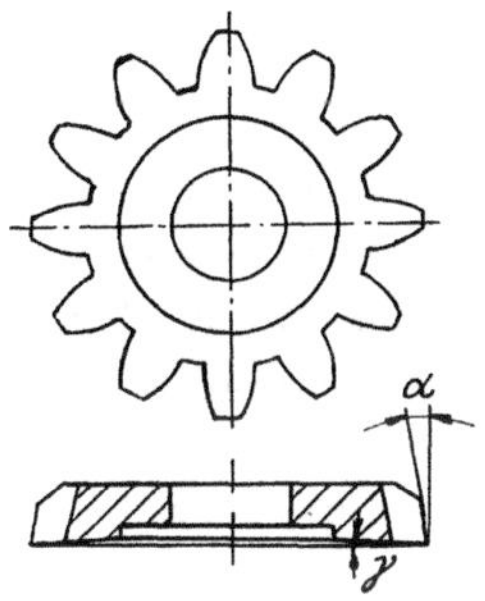

Abb. 448. Stoßrad. α Freiwinkel, γ Spanwinkel

radspindel wird während des Hubes durch eine Führungskurve eine schraubenförmige Zusatzbewegung erteilt, so daß sie sich bei Außenverzahnung entgegengesetzt, bei Innenverzahnung gleichsinnig wie das Werkstück dreht.

Das Stoßen mit dem Stoßrad ist das einzige Abwälzverfahren, mit dem auch Innenverzahnungen hergestellt werden können. Gegenüber dem Hobeln mit dem Kammstahl besitzt es eine einfachere Abwälzbewegung, jedoch ein teureres Werkzeug. Gegenüber dem Fräsen benötigen beide Verfahren einen geringeren Auslauf für die Werkzeuge (Herstellung von Räderblöcken aus einem Stück möglich) und bessere Oberflächengüte der Zahnflanken (größere Zahl von Hüllflächen).

Auf Sondermaschinen (Lorenz, Sykes) können auch *Pfeilräder* gestoßen werden. Sie arbeiten mit zwei Schneidrädern, die wechselweise schneiden und während des unbelasteten Rückhubes zur Schonung abgehoben werden. Die Zähne der Schneidräder müssen einander genau gegenüberstehen.

12,33 Das Fräsen mit dem Schneckenfräser

Der *Abwälzfräser* (Abb. 449) besteht aus einer Schnecke, in die senkrecht zur Steigung Nuten eingefräst werden, wobei die entstehenden Zähne noch an der Stirnseite und den beiden Flanken hinterdreht bzw.

hinterschliffen werden. Der Achsenschnitt der Schnecke entspricht dem Zahnstangenprofil mit einer um das Kopfspiel vergrößerten Kopfhöhe und einer um das Flankenspiel vergrößerten Profilbreite. Die Fräser sind in der Regel eingängig, um die mit wachsender Steigung zunehmende Profilverzerrung klein zu halten. Sie werden auf der Spanfläche nachgeschliffen.

Die Abwälzbewegung (Abb. 450) besteht in einer zwangsläufigen Drehbewegung von Werkzeug f und Werkstück w, die durch ein Getriebe so erzeugt wird, als ob eine Schnecke (Fräser) mit einem Schneckenrad (Rohling) kämmen würde. Ein eingängiger Abwälzfräser muß während einer Umdrehung des Werkstückes z Umdrehungen ausführen (z = Zähnezahl des Rohlings). Bei Stirnrädern mit *geraden Zähnen* muß die Achse des Abwälzfräsers um seinen Steigungswinkel γ gegen die Radebene geneigt werden. Außer der Wälzbewegung ist noch eine Vorschubbewegung des Fräsers parallel zur Werkstückachse erforderlich. Sollen nur wenige Räder hergestellt werden, so kann man an Stelle des teuren Abwälzfräsers einen Fräserdorn mit eingesetzten *Schlagzähnen* (Abb. 451) verwenden, die die Form eines Zahnstangenzahnes besitzen (größere Arbeitszeit).

Ausgeführt wird das Fräsen auf *Zahnradfräsmaschinen* (Abb. 444), die für Gleichlauffräsen eingerichtet sind und auch Tauchfräsen gestatten. Da der größte Teil der Zerspanungsarbeit nur von einem oder wenigen Zähnen des Abwälzfräsers übernommen wird und dadurch die Abnützung der Fräserschneiden sehr ungleichmäßig ist, besitzen die Maschinen *automatische Fräserverschiebungseinrichtungen* oder arbeiten nach dem *Diagonalfräsverfahren.* Beim ersteren wird der Fräser nach jedem gefrästen Werkstück selbsttätig in seiner Achsrichtung um einen einstellbaren Betrag verschoben, wodurch die Standzeit wesentlich erhöht wird. Beim *Diagonalfräsen* macht der Fräser eine zur Werkstückachse parallele *und* eine an das Werkstück tangential gerichtete Bewegung, so daß jeder Fräserzahn seine Schnittstellen diagonal über die Zahnflanken verlagert. Außer einer höheren Standzeit des Fräsers erzielt man eine bessere Oberflächengüte der Zahnflanken. Die Tangentialverschiebung des Wälzfräsers muß durch ein Differentialgetriebe wieder ausgeglichen werden.

Beim Fräsen von *Schraubenrädern* muß die Achse des Wälzfräsers um den Winkel $(\beta - \gamma)$, wenn Fräser f und Werkstück w gleiche Gangrichtung (Abb. 452), oder um den Winkel $(\beta + \gamma)$ gegen die Radebene geschwenkt werden, wenn Fräser und Werkstück verschiedene Gangrichtung aufweisen. Der Wälzfräser erhält eine Vorschubbewegung in Richtung der Werkstückachse. Da diese aber nicht mit der Richtung der Zahnlücke zusammenfällt, muß entweder das Werkstück eine zusätzliche Drehbewegung erhalten oder der Fräser in seiner Verschraubung entsprechend beschleunigt werden. Bei modernen Maschinen erhält das Werkstück durch ein Differentialgetriebe eine zusätzliche Drehbewegung.

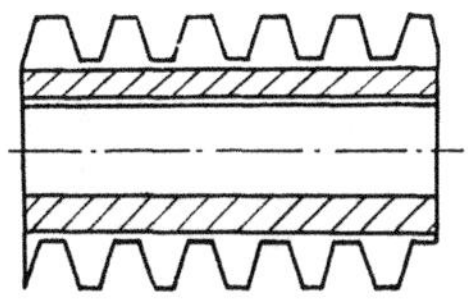

Abb. 449. Abwälzfräser (Kreuzriß wie Abb. 440)

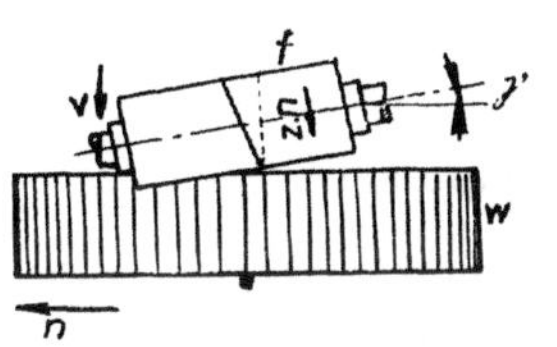

Abb. 450

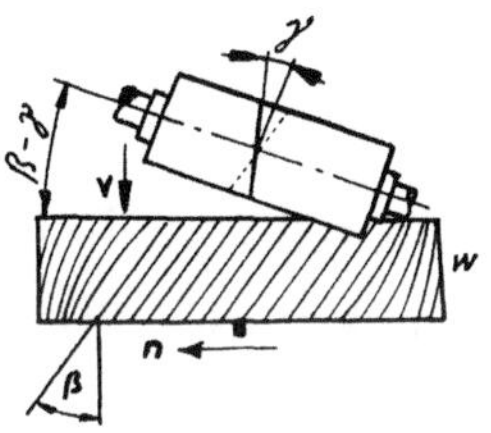

Abb. 452

Abb. 450. Abwälzfräsen von Stirnrädern mit geraden Zähnen. *f* Fräser, *n* Drehbewegung des Werkstückes *w*, *v* Vorschubbewegung des Fräsers, *z* Zähnezahl des Werkstückes, *z.n* Drehzahl des Fräsers, β Schrägungswinkel des Schraubenrades, γ Steigungswinkel des Fräsers
Abb. 452. Abwälzfräsen von Schraubenrädern

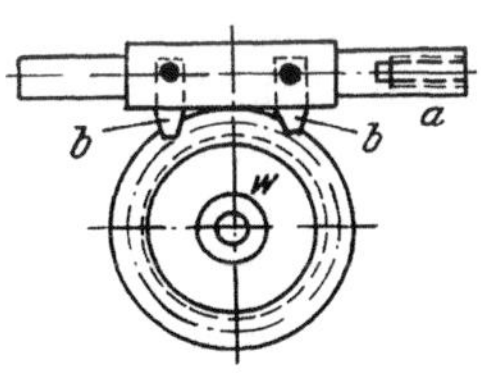

Abb. 451. Fräserdorn mit zwei Schlagzähnen. *a* Dorn, *b* Schlagzahn, *w* Werkstück

12,34 Das Tauchfräsen mit zwei Messerköpfen

Bei diesem Verfahren (Klingenberg, Heidenreich und Harbeck, Gleason) bilden zwei große, sich drehende Messerköpfe, deren Zähne kammartig ineinandergreifen, den Zahn einer Zahnstange (Abb. 453), ohne eine Vorschubbewegung längs der Zahnbreite zu machen. Da dadurch ein hohler Zahngrund entsteht, ist das Verfahren nur für schmale Räder geeignet. Die Wälzbewegung erhält der Rohling durch ein Wechselradgetriebe. Nach Fertigstellen einer Zahnlücke wird geteilt. Um ballige Zahnflanken zu erzeugen, werden die Fräserschneiden nach einem stumpfen Innenkegel angeschliffen (strichlierte Linien nach Abb. 453). Mit dem gleichen Fräsersatz können mehrere Modulgrößen bearbeitet werden.

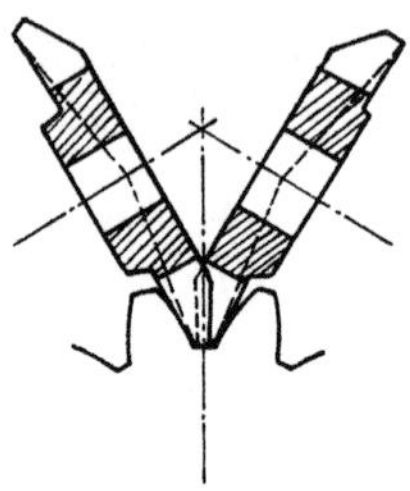

Abb. 453. Tauchfräsen mit zwei Messerköpfen

12,35 Die Schleifverfahren

Zahnräder hoher Beanspruchung werden oberflächengehärtet. Um den Härteverzug zu beseitigen, werden alle Zahnräder für Hochleistungsgetriebe, bei denen es auf große Genauigkeit ankommt, nach dem Härten geschliffen. Zu diesem Zweck müssen die Vorbearbeitungswerkzeuge eine Schleifzugabe an den Zahnflanken zurücklassen. Bei allen Abwälzverfahren werden die geraden Erzeugenden der Schleifscheibenflächen durch Diamanten abgerichtet.

Beim Verfahren von *Maag* (Abb. 454) werden zwei Tellerscheiben t mit ca. 2 mm breiten Schleifrand verwendet, die die Flanken eines Zahnstangenzahnes bestreichen. Sie führen nur eine Drehung um ihre Achse aus. Ihre Abnützung wird durch einen automatischen Nachstellapparat ausgeglichen. Bei diesem tastet ein Fühlhebel mit einem Abrichtdiamanten alle 4 Sekunden die Schleifebene ab und schließt bei Abnützung mit seinem anderen Ende einen Hilfsstromkreis, der das Nachstellen der Schleifspindel bis zum Ausgleich der Abnützung bewirkt. Die Schleifscheibe berührt den zu schleifenden Zahn nur an zwei Punkten, so daß jede schädliche Erwärmung auch ohne Wasserkühlung unterbleibt. Der vordere und hintere Rand hinterläßt eine Schleifspur (Kreuzschliff, Abb. 455).

Wälz- und Vorschubbewegung werden bei Maschinen für kleine Zahnräder dem Werkstück erteilt. Bei Maschinen für sehr große Zahnräder sitzen die beiden Schleifscheiben auf einem Schlitten, der sich in Richtung der Flanken bewegt (schweres Werkstück muß nicht verschoben werden). Zur Erzeugung der Wälzbewegung werden vier Wälzbänder a und b (je zwei nebeneinander) verwendet, die mit einem Ende auf dem Rollbogen c, mit ihrem zweiten Ende auf dem Ständer d befestigt sind (Abb. 454). Das zu schleifende Werkstück und der Rollbogen sind gemeinsam auf einem Dorn *e* befestigt, der auf einem Schlitten *s* sitzt, der durch eine Hubscheibe in Richtung I verschoben wird. In der Regel ist der Ständer *d* fest auf dem Längsschlitten *l* montiert, der durch eine Schraubenspindel die Vorschubbewegung in Richtung der Werkstückachse erhält. Der Durchmesser des Rollbogens *c* muß dann gleich groß

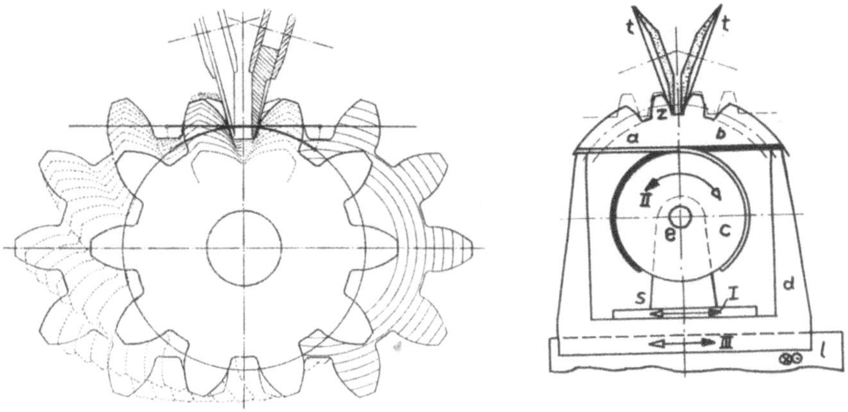

Abb. 454. Schleifverfahren von Maag. *a*, *b* Wälzbänder, *c* Rollbogen, *d* Ständer, *e* Aufspanndorn, *l* Längsschlitten, *s* Schlitten, *t* Schleifscheiben, *z* Zahnrad (Werkstück), *I*, *II* Wälzbewegung, *III* Zusatzbewegung

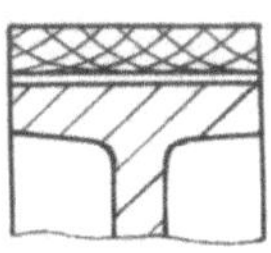

Abb. 455. Kreuzschliff des Maag-Verfahrens

wie der Teilkreisdurchmesser des Zahnrades *z* sein. Für jeden Teilkreisdurchmesser muß somit ein eigener Rollbogen vorhanden sein. Nach ein oder zwei Durchgängen wird bei ausgefahrenen Scheiben durch Wechselräder und Teilscheibe geteilt.

Um Zahnräder verschiedenen Teilkreisdurchmessers mit einem einzigen Rollbogen abwälzen zu können, finden Sondermaschinen Verwendung, bei denen der Ständer *d* auf dem Längsschlitten *l* verschiebbar gelagert ist und durch einen Ausgleichshebel in Abhängigkeit vom Schlitten *s* bewegt wird. Ist der Rollbogen kleiner als der Teilkreis des Zahnrades, so muß die Bewegung III des Ständers *d* mit der Bewegung des Schlittens *s* gleichsinnig, ist er größer, gegensinnig sein.

Zum Schleifen von *Schraubenrädern* wird der Schleifscheibenträger entsprechend dem Schrägungswinkel verschwenkt. Außerdem muß der Wälzschlitten *d* vom Vorschubschlitten *l* gelöst werden, damit er bei dessen Längsbewegung durch eine Führungsleiste und eine Gleitbahn senkrecht zum Vorschubschlitten verschoben werden kann. Durch diese Bewegung werden Rollbogen und Zahnrad *z* gedreht und zwangsläufig in einer Schraubenbewegung an den Schleifscheiben vorbeigeführt. Dabei kann jedoch der Ausgleichshebel zur Anpassung des Rollbogens an verschiedene Teilkreisdurchmesser nicht verwendet werden.

Neuere Zahnflankenwälzschleifmaschinen für Stirnräder arbeiten nach dem *0°-Schleifverfahren*, bei dem die Schleifebene der Schleifscheiben parallel zueinander angeordnet sind. Durch eine Verkürzung

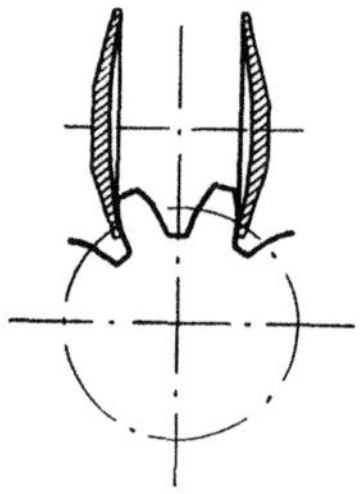

Abb. 456. 0°-Verfahren

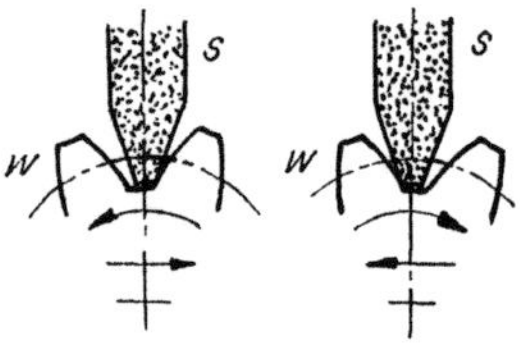

Abb. 457. Verfahren der Niles-Werke. *s* Schleifscheibe, *w* Werkstück

des Wälzweges erzielt man dabei wesentlich kürzere Schleifzeiten. Da die Schleifscheibe die Zahnflanke nur mehr in einem Punkt berührt, entsteht kein Kreuzschliff (Abb. 456).

Beim Verfahren der *Niles*-Werke befindet sich das Werkstück auf einem drehbaren Rundtisch mit senkrechtem Aufspanndorn (keine Durchbiegung durch das Eigengewicht) und macht die Abwälzbewegung (Drehung um seine Achse und Querverschiebung), die durch Wechselräder erzeugt wird. Die Schleifscheibe (Abb. 457) hat das Profil eines Zahnstangenzahnes mit etwas geringerer Breite, so daß von ihr nur eine Flanke des Werkstückes berührt wird. Sie macht eine auf- und abgehende Bewegung. Eine Flanke wird im Vorwärts-, die andere im Rückwärtsgang geschliffen. Der Übergang zum Schleifen der anderen Flanke erfolgt nach dem Umschalten, indem die Querbewegung des Rundtisches stillgesetzt wird, bis sich dieser so weit verdreht hat, daß die nächste Flanke die Schleifscheibe berührt. Nach Fertigstellen einer Lücke wird durch eine Teilscheibe und ein Planetengetriebe geteilt. Zwischen den geraden Flächen der Schleifscheibe und der Zahnoberfläche besteht Linienberührung. Die Reibungswärme wird durch Kühlung abgeführt.

Beim Verfahren von *Kolb* (Abb. 458) befindet sich das Werkstück *w* auf einem waagrechten Dorn *d* oberhalb der Schleifscheibe *s*, die das Profil eines Zahnstangenzahnes besitzt und bei jedem Durchlauf beide Flanken einer Lücke schleift. Die vom Werkstück allein durchgeführte Wälzbewegung erfolgt durch Rollbogen und Wälzbänder. Der Vorschub wird von der Schleifscheibe *s* ausgeführt, die von drei Diamanten gleichzeitig abgerichtet wird. Die Teilung erfolgt nach Absenken der Schleifscheibe entweder nach Fertigschleifen einer Lücke oder nach jedem Scheibendurchgang. Durch gleichzeitiges Schleifen zweier einander gegenüberliegender Flanken zweier verschiedener Zähne (Abb. 459) ergeben sich wesentlich geringere Wälzwege und Bearbeitungszeiten.

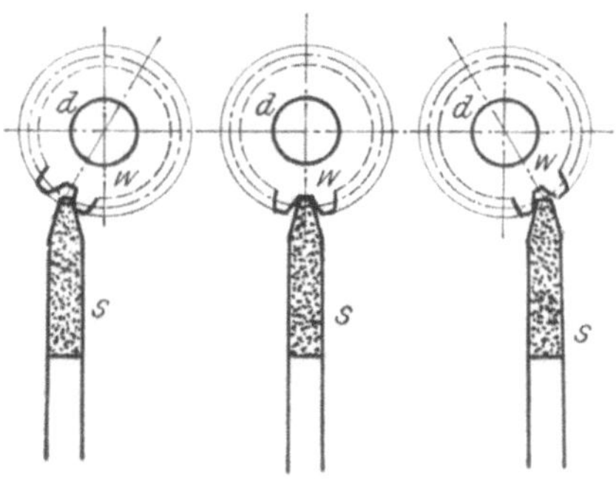

Abb. 458. Verfahren von Kolb. *d* Waagrechter Dorn, *s* Schleifscheibe, *w* Werkstück

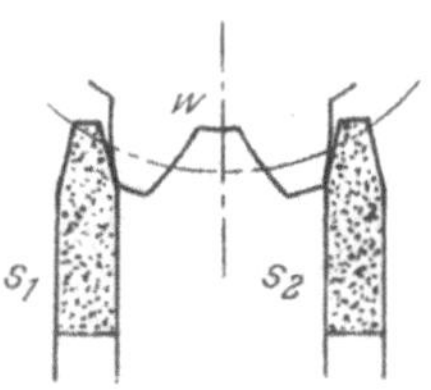

Abb. 459. Verfahren von Kolb mit zwei Schleifscheiben. s_1, s_2 Schleifscheiben, *w* Werkstück

Zum Schleifen von *Schraubenrädern* wird der Schleifschlitten mit der Scheibe um den Schrägungswinkel geschwenkt.

Beim *Tauch*schleifen nach *Lees-Bradner* mit zwei großen Tellerscheiben, die den Zahn eines Zahnrades verkörpern und keine Vorschubbewegung in Richtung der Zahnbreite ausführen, können die nach dem Verfahren 12,34 gefrästen Zahnräder geschliffen werden. Wegen der großen Werkzeugdurchmesser ist ein großer Auslauf erforderlich.

Nach dem *Schraubwälzverfahren* mit einer eingängigen *Schleifschnecke* arbeiten die Schleifmaschinen von Reishauer und der Birmingham Tool and Gauge (Abb. 460). Im Gegensatz zum Wälzfräsen entsteht die Zahnform durch unendlich viele Hüllschnitte. Schleifschnecke *s* und Werkstück *w* werden durch Synchronmotoren (Reishauer) bzw. Wechselräder angetrieben. Die Drehzahl der Schleifschnecke *s* ist *z*-mal so groß ($z =$ Zähnezahl des Werkstückes) wie die des Werkstückes *w*. Die Maschine arbeitet kontinuierlich *ohne Teilen*. Der Schlitten mit dem

Werkstück macht eine auf- und abgehende Bewegung. Die Beistellbewegung wird vom Schleifschlitten ausgeführt. Beim Schleifen geradeverzahnter Werkstücke muß er um den Steigungswinkel γ der Schleifschnecke gegen die Waagrechte (Abb. 460) beim Schleifen von Schraubenrädern gleicher Steigungsrichtung wie die Schleifschnecke um den Winkel $\beta - \gamma$ (Abb. 461), bei entgegengesetzter Steigungsrichtung um den Winkel $\beta + \gamma$ gegen die Waagrechte geschwenkt werden. Zur Erhöhung der Standzeit der Schleifschnecke ist diese in ihrer Achse verstell-

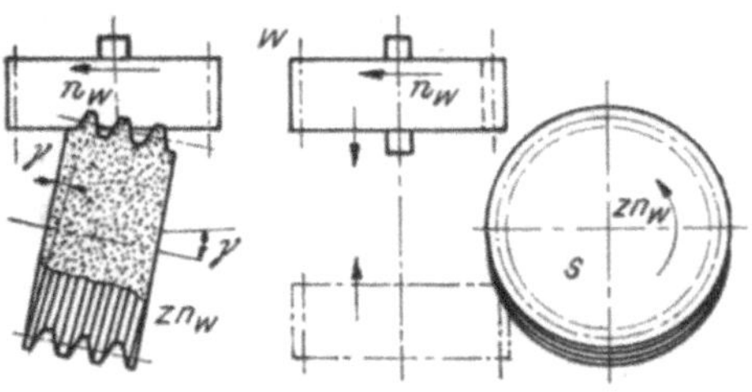

Abb. 460

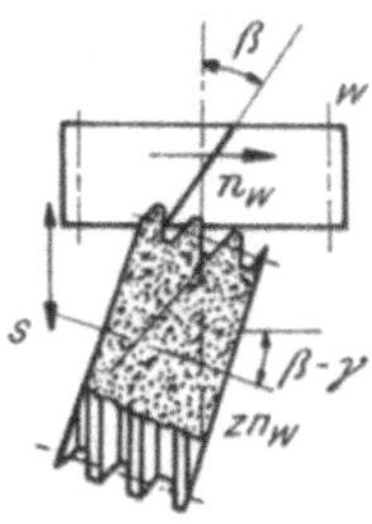

Abb. 461

Abb. 460 und 461. Schraubwälzverfahren mit Schleifschnecke. s Schleifschnecke, w Werkstück, n_w Drehzahl des Werkstückes, z Zähnezahl des Werkstückes, β Schrägungswinkel des Werkstückes, γ Steigungswinkel der Schleifschnecke, $z.n_w$ Drehzahl der Schleifschnecke

bar. Zum Ausgleich dient ein Differentialgetriebe. Man verwendet Scheiben mit harter Bindung und reichliche Kühlung.

Das Profilieren der Schleifscheiben erfolgt auf der Schleifmaschine selbst oder auf besonderen Abrichtmaschinen. Es umfaßt: Vorprofilieren mit mehrrilligen Preßrollen aus gehärtetem Stahl, Einstechen der Kernpartie durch Einstechrollen, Abrichten der Schneckenflanken mit Diamanten und Überdrehen des Scheibenaußendurchmessers durch Diamanten. Dabei dreht sich die Schleifschnecke langsam.

12,4 Die Herstellung von Schnecken und Schneckenrädern

Von den drei Arten von Schneckengetrieben Zylinderschneckentrieb (zylindrische Schnecke mit Globoidrad), Globoidschneckenzylinderradtrieb und Globoidschneckentrieb (Globoidschnecke und Globoidrad) wird der erste vorzugsweise verwendet. Das Bezugsprofil für den Schneckentrieb ist der Achsschnitt der Schnecke. Dieser entspricht hinsichtlich Zahnhöhe, Kopfspiel und Zahndicke dem Bezugsprofil nach Abb. 440. Eingriffswinkel und Flankenform sind vom Herstellungsverfahren abhängig. Ist die erzeugende Linie eine Gerade, so sind folgende *Flankenformen* möglich: *A* entsteht, wenn ein trapezförmiger Drehstahl mit achsparalleler Spanfläche im Achsenschnitt eingestellt wird. Sie wird angenähert auch durch Wälzschneiden mit evolventischen Schneidrädern erzeugt. *N* entsteht, wenn ein trapezförmiger Drehstahl schneidet, der unter dem mittleren Steigungswinkel um die Mitte der Zahnlücke geschwenkt ist. Sie wird angenähert durch Fräsen mit einem Fingerfräser erzeugt. *K* entsteht, wenn ein Scheibenfräser oder eine Schleifscheibe mit trapezförmigem Querschnitt das Profil erzeugt, wenn sie in die mittlere Steigungsrichtung der Schnecke eingeschwenkt werden. *E* (Evolventenschnecke) entspricht der Flankenform von Stirnrädern mit Evolventenzähnen und sehr großem Schrägungswinkel und kann durch Wälzfräsen und Wälzstoßen erzeugt werden.

Die Form der Schneckenradzähne ergibt sich aus der Zahnform des als Schnecke hergestellten Wälzwerkzeuges.

Schnecken werden wie Gewinde nach den bereits früher besprochenen Verfahren hergestellt. *Vielgängige Schnecken* lassen sich wie Schraubenräder durch Wälzfräsen herstellen. *Schnecken geringer Gangzahl* können auch nach dem Schälverfahren auf Wälzfräsmaschinen hergestellt werden. Dabei wird an Stelle des Wälzfräsers die Schnecke und an Stelle des Werkstückes das Schneidrad (Abb. 448) gespannt. Für Schnecken, deren Profil im Achsschnitt angegeben ist, verwendet man schrägverzahnte Schälräder, deren Zahnschrägungswinkel dem Steigungswinkel der Schnecke entspricht (Stirnschnitt des Schälrades entspricht dem Achsschnitt der Schnecke). Die Schneckenachse steht in diesem Fall senkrecht zur Schälradachse. Für Schnecken, deren Profil im Normalschnitt angegeben ist, verwendet man geradverzahnte Schneidräder. Die Schneckenachse wird um den Steigungswinkel gegen die Schälradebene verschwenkt. Mit diesem Werkzeug lassen sich Schnecken verschiedener Steigungswinkel bearbeiten.

Schneckenräder werden nach dem Prinzip der Einzelverzahnung hergestellt. Dabei wird als Werkzeug ein *hinterdrehter Schneckenfräser* nach Abb. 449 verwendet, dessen Abmessungen genau der herzustellenden Schnecke entsprechen. Dieser Schneckenfräser arbeitet den Raum im Schneckenrad aus, den die Schnecke für einen einwandfreien Lauf benötigt. Da der Fräser beim Nachschleifen seinen Durchmesser verringert, muß auch die zugehörige Schnecke in ihren Abmessungen dem Fräser angepaßt werden. Schnecken und Schneckenräder sind somit nicht untereinander austauschbar. Schneckenräder werden auf der *Zahnradfräs*maschine (Abb. 444) nach dem Radial- und Axialverfahren und behelfsmäßig, aber genau auf der *Universalfräs*maschine hergestellt.

Beim *Radial-Verfahren* (Abb. 462) wird der Schneckenfräser (Abb. 449) verwendet. Die Abwälzbewegung besteht in einer Drehbewegung von Werkzeug und Werkstück, deren Drehzahlen sich wie die Zähnezahl des Werkstückes zur Gangzahl der Schnecke verhalten. Der Fräser, dessen Achse senkrecht zur Achse des Schneckenrades steht, wird radial gegen das Rad vorgeschoben, bis die gewünschte Tiefe erzielt ist. Bei diesem Verfahren entstehen geringe Profilverzerrungen, die man bei Schneckensteigungswinkeln unter 12° vernachlässigen kann.

Beim *Axial-Verfahren* (Abb. 463) wird ein konischer Schneckenfräser als Werkzeug verwendet, der ähnlich wie ein Gewindestrehler arbeitet und in Richtung seiner Achse gegen das Werkstück vorge-

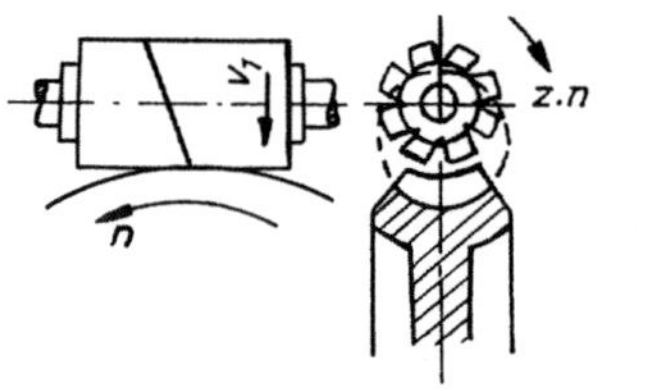

Abb. 462. Radialverfahren.
n Drehzahl des Schneckenrades,
v_1 radialer Vorschub,
z Zähnezahl des Schneckenrades,
$z.n$ Drehzahl des Schneckenfräsers

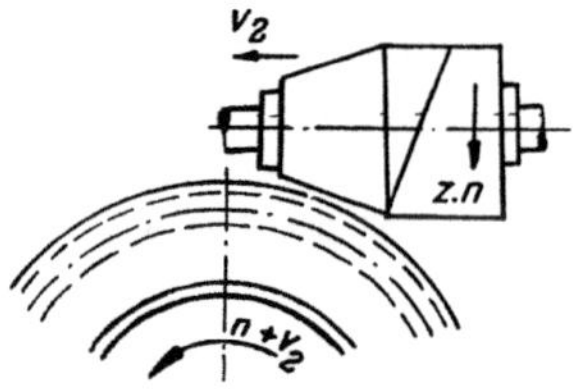

Abb. 463. Axialverfahren.
n Drehzahl des Schneckenrades,
v_2 axialer Vorschub des Fräsers,
z Zähnezahl des Schneckenrades,
$z.n$ Drehzahl des Schneckenfräsers

schoben wird. Um die Abwälzbewegung nicht zu stören, muß die Vorschubbewegung noch der Drehbewegung des Werkstückes hinzugefügt werden (Differentialgetriebe im Werkstückantrieb). Dieses Verfahren wird für Steigungswinkel der Schnecke über 12° angewendet.

Die Herstellung von Schneckenrädern auf der Universalfräsmaschine erfolgt in zwei Arbeitsgängen. Zum *Vorfräsen* wird ein scheibenförmiger Stirnradfräser mit gleichem Durchmesser wie die Schnecke verwendet, der genau über Werkstückmitte eingestellt wird. Das Werkstück befindet sich zwischen den Spitzen von Teilkopf und Reitstock, die mit dem Tisch der Fräsmaschine um den mittleren Steigungswinkel der Schnecke geschwenkt werden. Durch Aufwärtsbewegung des Winkeltisches erhält das Werkstück die Tiefenvorschubbewegung. Nach Fertigstellen einer Zahnlücke wird der Winkeltisch gesenkt, dann geteilt und hierauf die nächste Zahnlücke gefräst. Um Profilverzerrungen zu vermeiden, erfolgt das Vorfräsen nicht auf volle Zahntiefe. Das *Nachfräsen* des so vorgefrästen Schneckenrades erfolgt mit einem Schneckenfräser gleicher Gestalt wie die zugehörige Schnecke. Auf dem Tisch, der wieder in seine Nullage geschwenkt wird, befindet sich das Werkstück freilaufend zwischen Spitzen von Teilkopf und Reitstock, so daß es durch den

Abwälzfräser auf dieselbe Weise wie durch die Schnecke gedreht wird. Der Winkeltisch macht dabei eine allmähliche Aufwärtsbewegung bis auf die richtige Zahntiefe.

12,5 Die Herstellung von Kegelrädern

12,51 Allgemeines

Kegelräder werden für sich schneidende und sich kreuzende Achsen verwendet.

Kegelräder können nicht als Satzräder verwendet werden, da jeder Übersetzung bestimmte Wälzkegelwinkel entsprechen. Wird ein Rad des Kegelradgetriebes festgehalten, so bewegen sich alle Punkte der Zahnflanken des zweiten Rades auf Kugeloberflächen. An die Stelle der ebenen Evolventen der Stirnräder treten bei den Kegelrädern die *Kugelevolventen.* Die Kugelevolventen des Planrades sind am Fuß ballig und am Kopf hohl, demnach keine Geraden mehr. Die Eingriffslinie ist ein Kugelkreis mit der Neigung α zu Planradteilebene. Die Kugelevolvente des Planrades kann nur durch Kopieren nach Schablonen oder durch Abwälzen mit einem Spitzstichel hergestellt werden.

Man verzichtet daher auf die Kugelevolventenzahnform und verwendet an ihrer Stelle die *Oktoidenzahnform,* die entsteht, wenn ein geradflankiges Werkzeug die Zahnformen der zusammengehörigen Kegelräder durch Hüllkurven in einem Wälzverfahren erzeugt. Dabei verkörpern die Schneidkanten des Werkzeuges die Zähne eines Planrades, das auf dem Wälzkegel des Werkstückes abwälzt. Die entstehende Verzahnung wird nach der Form der Eingriffslinie, einer achtförmigen Kugellemniskate, *Oktoide* genannt, bezeichnet.

Bei der zeichnerischen Untersuchung wird auf die Darstellung der Zahnform auf einer Kugeloberfläche verzichtet und die Verzahnung des Kegelrades auf die eines Stirnrades zurückgeführt, dessen Teilkreishalbmesser R_1 (Abb. 464) den Mantellinien des Ergänzungskegels entspricht (Tredgoldsche Annäherung). Die ideelle Zähnezahl dieser Stirnradverzahnung ergibt sich zu $z_n = z/\cos\delta_0$. Kegelräder mit einem Spitzenwinkel von 180° heißen *Planräder* (Abb. 465). Nach der Form der Flankenlinien dieser Planverzahnung unterscheidet man *Geradzahn*kegelräder, wenn die Flankenlinien zum Mittelpunkt laufen, *Schrägzahn*kegelräder *a* (Abb. 465) und *Kurvenzahn*kegelräder *b*, *c* mit kreisförmiger, zyklischer oder evolventischer Flankenlinie (*Spiral*kegelräder). Kegelräder mit geraden Zähnen eignen sich nur für kleine Belastungen und Geschwindigkeiten. Zur Herstellung von Kegelrädern verwendet man Form-, Kopier- und Wälzverfahren.

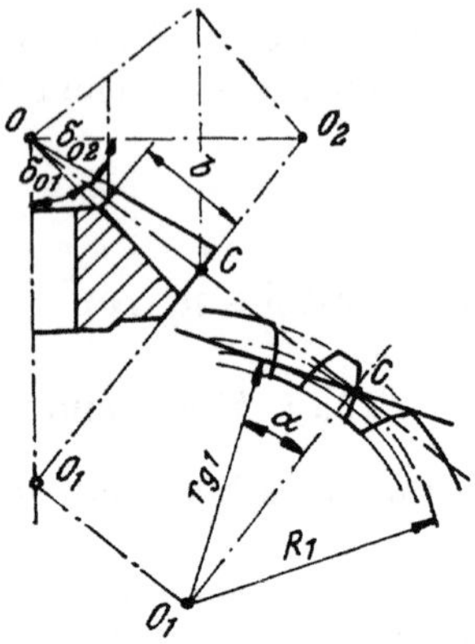

Abb. 464. Tredgoldsche Annäherung. b Breite des Kegelrades, r_{g1} Grundkreisdurchmesser des Ersatzstirnrades, δ_{01}, δ_{02} Wälzkegelwinkel, C Wälzpunkt, $\overline{OC}$ Erzeugende des Kegelrades, $\overline{O_1C}$ Erzeugende des Ergänzungskegels, R_1 Teilkreishalbmesser des Ersatzstirnrades, O Kegelradspitze, O_1 Mittelpunkt des Ersatzstirnrades

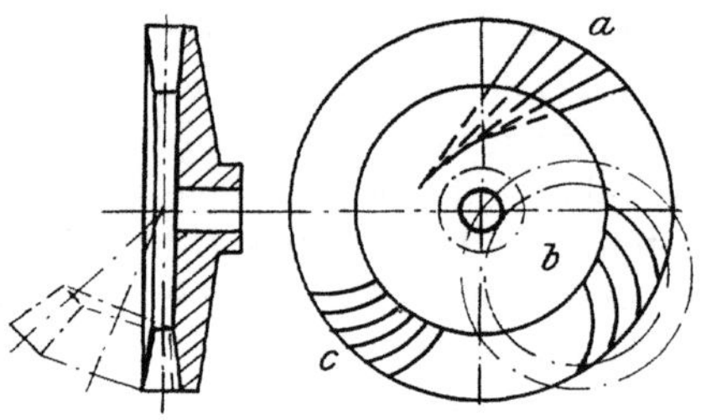

Abb. 465. Plankegelrad. *a* Schräge Zähne, *b* Kreisbogenzähne, *c* Bogenzähne

12,52 Die Formverfahren zur Herstellung von Geradzahnkegelrädern

Auf der *Universalfräsmaschine* können Kegelräder mit geraden Zähnen entweder nur vorgefräst oder nur mit angenähert richtiger Zahnform bearbeitet werden, da sich die Gestalt der Zahnlücke gegen die Spitze des Kegelrades verjüngt. Als Werkzeug wird ein Scheibenfräser verwendet, der das Profil der größten und die Breite der kleinsten Lücke besitzt (für $z_n = z/\cos \delta_0$). Die Werkstücke werden fliegend auf die Spindel eines Teilkopfes gespannt, die um den Fußkegelwinkel nach oben geneigt wird. Zuerst wird vorgefräst, wobei die Achse der Teilkopfspindel in der Symmetrieebene des Fräsers steht. Dann werden nacheinander alle rechten und linken Flanken der Zähne gefräst, so daß sie gegen die Spitze des Rohlings laufen. Die bei diesem Verfahren auftretenden Fehler sind umso größer, je kleiner die Zähnezahl und je größer die Zahnbreite des herzustellenden Kegelrades sind.

Beim *Gleason-Revacycle-Verfahren* (Abb. 466) werden sehr große Stückzahlen (teures Werkzeug) gleicher, schmaler Kegelräder mit geraden Zähnen hergestellt. Als Werkzeug dient eine *Räumscheibe* b, an deren Umfang Schrupp-, Vorschlicht- und Schlichtmesser mit konkaven Schneidkanten eingesetzt sind, die zwecks einfacher Herstellung

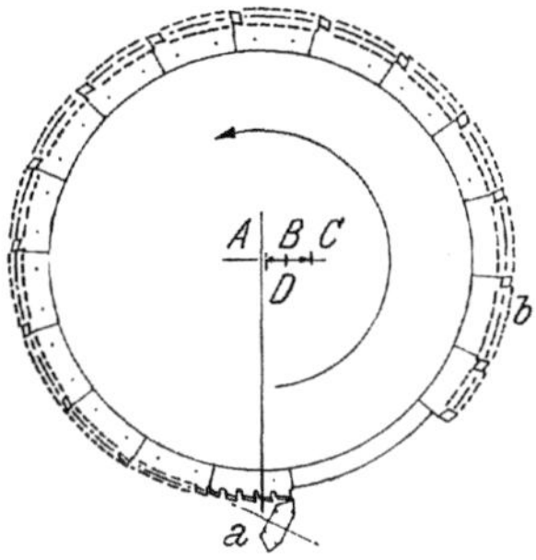

Abb. 466. Gleason-Revacycle-Verfahren. a Werkstück, b Räumscheibe

als Kreisbögen gleichen Radius ausgebildet sind (keine Oktoidenverzahnung). Der Räumkopf wird ohne Tiefenvorschub mittels einer Kurve geradlinig am feststehenden Rohling a vorbeigeführt. Bei jeder Umdrehung werden die Flanken einer Zahnlücke aus dem Vollen fertigverzahnt. Der Mittelpunkt der sich gleichförmig drehenden Räumscheibe wandert während des Schruppens von A nach B und zum Vorschlichten von B nach C. In C werden die Flanken durch einen Schlagzahn entgratet, die Verschiebungsrichtung umgekehrt und bis D geschlichtet. Während des Vorbeilaufens der Lücke (Weg D bis A) wird anschließend geteilt.

12,53 Das Kopierverfahren zur Herstellung von Geradzahnkegelrädern

Dieses Verfahren wird bei Geradzahnkegelrädern mit großem Modul und Durchmesser angewendet. Die beiden Zahnflanken einer Lücke werden bei stillstehendem Werkstück gleichzeitig durch zwei gegen die Kegelspitze vor- und zurücklaufende Hobelstähle, die von einer Schablone gesteuert werden, erzeugt. Zuerst werden mit zwei Stufenstählen die Lücken vorgearbeitet (Abb. 467 a; Heidenreich und Harbeck) und dann nach der Schablone geschruppt (b) und geschlichtet (c). Nach Fertigstellen einer Lücke wird geteilt. Der Hobelstahl arbeitet nur mit seiner abgerundeten Spitze, so daß bei entsprechender Schablone jede

Zahnform (auch Kugelevolventen und Zykloiden) hergestellt werden kann. In der Regel wird die Schablone nach der Tredgoldschen Näherung entworfen. Damit sich die Fehler der Schablone *d* aus Stahlblech nur im verkleinerten Maßstab auf das Werkstück übertragen (Abb. 468), wird sie vergrößert. Der auf der Schablone *d* gleitende Führungsstift *c* ist starr mit den beiden Führungsbahnen der Hobelstähle *a* verbunden. Das Werkstück *b* ist auf einem Dorn *e* befestigt, auf welchem sich auch

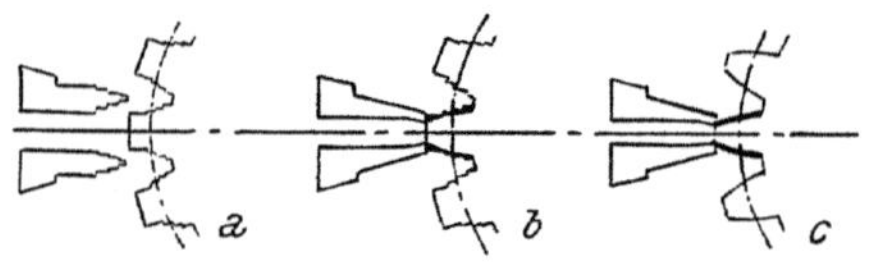

Abb. 467. Werkzeuge zum Kopieren von Kegelradzähnen. *a* Vorschruppen mit Stufenstählen, *b* Schruppen nach Schablone, *c* Schlichten nach Schablone

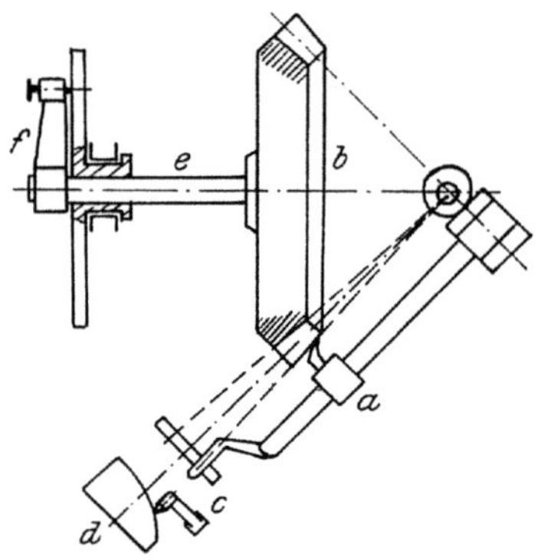

Abb. 468. Kopieren der Zähne von Geradzahnkegelrädern. *a* Führungsbahn, *b* Werkstück, *c* Taststift, *d* Schablone, *e* Dorn, *f* Teilvorrichtung

eine Teilvorrichtung *f* befindet. Theoretisch ist für jeden Teilkegelwinkel eine besondere Schablone erforderlich, praktisch genügt jedoch eine Stufung von 20 bis 30 Schablonen. Der Modul hat keinen Einfluß auf die Schablonenform. Die Leistungsfähigkeit dieses Verfahrens ist gering, jedoch ist es auch möglich ballige Zähne herzustellen.

12,54 Die Wälzverfahren zur Herstellung von Geradzahnkegelrädern

Durch Wälzverfahren lassen sich Kegelräder mit geraden, schrägen und gekrümmten Zahnflanken (Spiralräder) herstellen. Das Werkzeug bestreicht die Flanken eines gedachten Plankegelrades, das sich mit dem herzustellenden Rohling abwälzt. Die Abwälzbewegung besteht aus einer Drehung von Rohling und Planrad um ihre Achsen, deren Drehzahlen sich umgekehrt wie ihre Zähnezahlen verhalten. Da es nur auf die Relativbewegung ankommt, kann sich das Werkstück auch bei stillstehendem Planrad um dessen Achse und seine eigene Achse drehen. Als Werkzeuge finden Hobelstähle, Schleifscheiben, Fräser und Messerköpfe Verwendung.

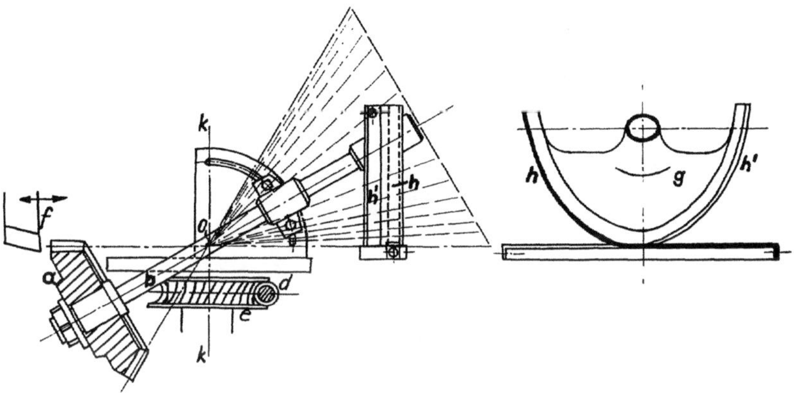

Abb. 469. Einmeißelwälzhobeln. *a* Werkstück, *b* Aufspanndorn, *d* Schnecke, *e* Schneckenrad, *f* Hobelstahl, *g* Rollbogen, *h*, *h'* Wälzbänder, $\overline{kk}$ Planradachse, *o* Planradmittelpunkt

Beim *Einmeißelwälzhobeln* (Bilgram; Reinecker) ist das Werkzeug *f* ein Hobelstahl mit geraden Flanken (Abb. 469), dessen Breite kleiner ist als diejenige der schmalen Lücke und der von einer Waagrechtstoßmaschine hin- und herbewegt wird. Er verkörpert die Flanke eines Planradzahnes, der stillsteht, so daß das Werkstück eine Drehbewegung um seine eigene Achse und die Planradachse ausführen muß. Es wird auf dem entsprechend dem Teilkegelwinkel einstellbaren, durch den Mittelpunkt *o* des Planrades gehenden Dorn *b* befestigt. Auf diesem befindet sich noch eine nicht dargestellte Teilvorrichtung und ein Rollbogen *g* mit zwei Wälzbändern *h* und *h'*, die in der Teilebene des gedachten Planrades befestigt sind. Bei der durch die Schnecke *d* und Schneckenrad *e* erzeugten Drehung des Dornes *b* um die Achse des Planrades $\overline{kk}$ erzeugt der Rollbogen *g* die erforderliche Drehung um die Achse des Werkstückes *a*. Nach jedem Stößelhub wird geteilt und nach je *z* Stößelhüben (*z* = Werkstückzähnezahl) weiter gewälzt, wobei die Arbeitsstellung des Hobelstahles vom Kopf zum Fuß wandert. Der ganze Zerspanungsvorgang wird in Mittel- (Schrupp-), rechten und linken Flankenschnitt unterteilt. Für jeden Schnitt wird ein entsprechender

Stahl (Abb. 470 a, b) im Werkzeughalter befestigt und das Werkstück in Mittel-, rechte und linke Seitenstellung geschwenkt. Bei Kegelrädern mit *geraden* Zähnen läuft der Hobelstahl zur Kegelspitze, bei Kegelrädern mit *schrägen* Zähnen tangential an einen Kreis.

Beim *Zweimeißelwälzhobeln* (Barth; Heidenreich und Harbeck, Gleason) bearbeiten *zwei* trapezförmige Hobelstähle wechselweise gegenläufig die beiden Flanken eines Zahnes, wodurch Arbeitszeit eingespart wird. Die Hobelstähle *a* (Abb. 471) sind auf je einem Schlitten *b* befe-

Abb. 470. Hobelstähle zum Einmeißelwälzhobeln. *a* Für Mittelschnitt, *b* für Flankenschnitt

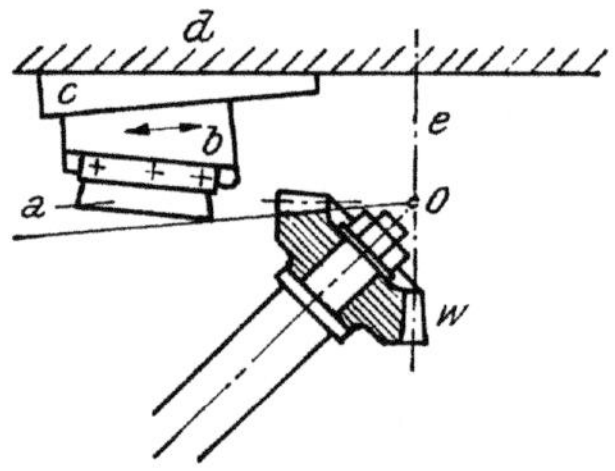

Abb. 471. Zweimeißelwälzhobeln. *a* Hobelstahl, *b* Werkzeugschlitten, *c* Führungsbahn für *b*, *d* Wälztrommel, *e* Achse des gedachten Planrades und der Wälztrommel, *o* Kegelspitze, *w* Werkstück

stigt, der wechselweise in Gleitbahnen *c* einer Wälztrommel *d* gleitet, und werden beim Rücklauf leicht abgehoben. Die Kegelspitze *o* des zu verzahnenden Werkstückes *w* liegt auf der Drehachse *e* der Wälztrommel, die der Achse des gedachten Planrades entspricht. Die Wälzbewegung, aus einer Drehung des Werkstückes *w* um seine Achse und der Werkzeuge *a* um die Achse *e* der Wälztrommel *d* bestehend, wird bei kleinen Kegelrädern durch Wälzbogen und Wälzbänder (Heidenreich und Harbeck) und bei großen Kegelrädern durch Wechselräder erzeugt. Stets wird ein Zahn des Werkstückes fertiggestellt und dann geteilt. Es können Gerad- und Schrägzahnkegelräder und durch besondere Einrichtungen längsballige Zahnflanken erzeugt werden. Zum Vorverzahnen kann die Wälzbewegung ausgeschaltet und mit Einstech- oder Stufenstählen eingestochen oder auf besonderen Maschinen vorgefräst werden.

Mit den *Kegelradschleifmaschinen* (Maag) können Gerad- und Schrägzahnkegelräder geschliffen werden. Sie arbeiten wie die Stirnradschleifmaschinen mit zwei Tellerscheiben mit schmalem Rand, die die beiden Flanken eines Planradzahnes verkörpern. Sie bewegen sich gegenläufig in Längsrichtung der beiden Flanken einer Lücke und werden automatisch abgerichtet. Die Wälzbewegung, bestehend aus einer Drehung des Werkstückes um seine Achse und einer Schwenkung des Wälzständers um die Achse des gedachten Planrades erfolgt durch Rollbogen und Wälzbänder. Geteilt wird mit Wechselrädern (angenähert) und Teilscheibe (genau) nach jedem Durchgang der Tellerscheiben. Durch besondere Einrichtungen kann eine Längs- und Höhenballigkeit erzeugt werden.

Wälzfräs- bzw. *-schleif*maschinen arbeiten mit zwei Messerköpfen wie in 12,34 bzw. mit zwei Tellerscheiben, wie in 12,35 beschrieben, bei der Herstellung schmaler Geradzahnkegelräder. Da die Fräserachsen feststehen, erhält der Rohling allein die Wälzbewegung durch Wechselradgetriebe (Brown und Sharpe, Gleason, Klingenberg, Heidenreich und Harbeck, Lees Bradner).

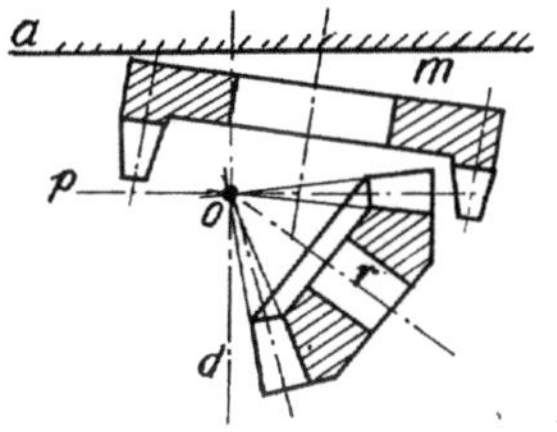

Abb. 472. Fräsen von Kegelrädern mit Kreisbogenverzahnung. *a* Wälztrommel, *d* Achse der Wälztrommel und des gedachten Planrades, *m* Messerkopf, *o* Kegelspitze, *p* Ebene des gedachten Planrades, *r* Rohling

12,55 Die Wälzverfahren zum Herstellen von Kegelrädern mit Kreisbogenzähnen

Für die Herstellung von Kegelrädern mit *Kreisbogenzähnen* wird auf der Maschine von Gleason ein *Messerkopf mit eingesetzten*, auswechselbaren *Messern* verwendet, der sich um seine Achse dreht. Die Einstellung der Spiralsteigung des Werkstückes erfolgt durch entsprechende Verlagerung des Messerkopfmittels aus der Maschinenmitte. Nach dem Fertigstellen einer Lücke wird geteilt. Bei kleinem Modul werden beide Zahnflanken in einem Arbeitsgang (Duplex-Verfahren), bei großem Modul getrennt bearbeitet. Verwendet werden Maschinen für Oktoidenverzahnung und das sogenannte Formate-Verfahren.

Bei der Herstellung von *Oktoiden*verzahnungen bilden die geraden Schneidkanten des Messerkopfes *m* (Abb. 472) den Zahn eines gedachten Planrades. Die Wälzbewegung besteht aus einer Drehung des Rohlings *r* um seine Achse und einer Schwenkung der Wälztrommel *a* um ihre Achse *d*, die der Achse des gedachten Planrades *p* entspricht. Das richtige Verhältnis dieser Bewegungen wird durch Wechselräder bestimmt.

Das *Formate*-Verfahren beruht auf dem Prinzip der Einzelverzahnung, wie es auch bei der Herstellung der Schneckenräder gebräuchlich ist. Der verwendete Single-Cycle-Fräskopf ist eine Scheibe, die auf ihrem Umfang eine Anzahl Messer trägt, die wie bei einem Räumwerkzeug in Höhe und Form voneinander abweichen, so daß eine Zahnlücke während einer Umdrehung des Werkzeuges fertigbearbeitet wird. Das Teilen erfolgt während des Durchlaufes einer Lücke zwischen dem letzten und dem ersten Messer, so daß nach jeder Fräserumdrehung eine Zahnlücke fertig wird. Das Tellerrad wird durch diesen Messerkopf ohne Wälzbewegung erzeugt. Das zugehörige Ritzel wird durch den gleichen Messerkopf durch Abwälzen erzeugt, wobei dessen Schnittkanten den Zahn des Tellerrades verkörpern. Das Verfahren ist sehr leistungsfähig, aber auf Übersetzungen über 2,5 beschränkt.

Das *Schleifen* der Kegelräder mit *Kreisbogenzähnen* erfolgt mit *topfförmigen Schleifscheiben* durch Abwälzen nach den gleichen Grundsätzen wie bei den vorhin besprochenen Abwälzfräsmaschinen. Bei kleinem Modul werden beide Flanken einer Lücke gleichzeitig (Duplex-Verfahren), bei großem Modul getrennt geschliffen. Das Abrichten der Scheiben wird in einem bestimmten Zyklus durch drei Diamanten automatisch durchgeführt.

Die im folgenden beschriebenen Verfahren zur Herstellung von Spiralkegelrädern ergeben konstante Zahnhöhe über die ganze Breite des Werkstückes und arbeiten ohne unterbrochene Teilbewegung.

12,56 Die Wälzverfahren zur Herstellung von Kegelrädern mit Bogenzähnen ohne unterbrochene Teilbewegung

Beim *Spiromatik*-Verfahren (Oerlikon) wird als Werkzeug ebenfalls ein sich drehender Messerkopf verwendet, der bei entgegengesetzter Drehrichtung von Werkzeug und gedachtem Planrad in demselben *Epizykloiden* als Zahnlängskurven erzeugt. Die Messerköpfe besitzen auf Spiralen angeordnete Messergruppen, deren jede aus einem Vorschneider zum Einstechen der Lücke, einem Fertigschneider für die konvexe und einem Fertigschneider für die konkave Zahnflanke besteht. Jede dieser Messergruppen arbeitet fortlaufend in je einer folgenden Zahnlücke (in Abb. 473 sind nur die beiden Fertigschneider angedeutet). Die drei Messer sind auf verschiedenen, zur Frässermitte konzentrischen Kreisen angeordnet. Die Kinematik dieses Verfahrens besteht aus drei ununterbrochenen, voneinander abhängigen, sich überlagernden Bewegungen (Abb. 473) der Schneidbewegung des Messerkopfes *c*, der Teil- und Abwälzbewegung des Werkstückes und der Abwälz- oder Vorschubbewegung des Messerkopfes. Jede Messergruppe verkörpert in ihrer Bewegung den Zahn eines gedachten Planrades. Durch Anordnung der einander entsprechenden Messer auf konzentrischen Kreisen entspricht der Messerkopf einer dreigängigen Planschnecke. Beim Verzahnen

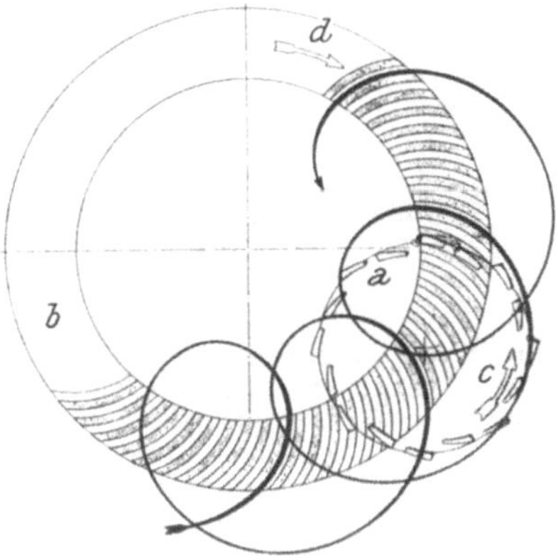

Abb. 473. „Spiromatik"-Verfahren (Oerlikon). *a* Fräsmesser, *b* gedachtes Planrad, *c* Schneidbewegung des Messerkopfes, *d* Drehung des gedachten Planrades

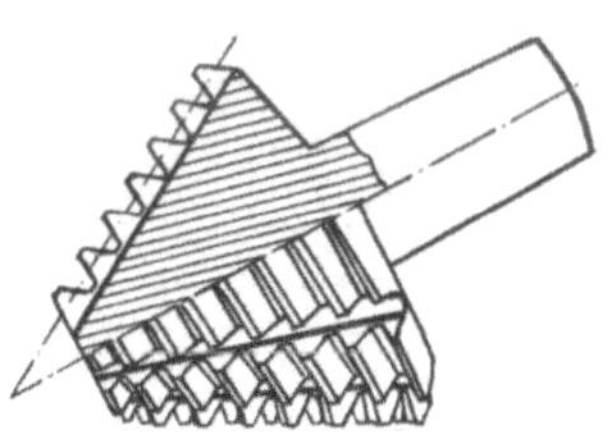

Abb. 474. Kegelschneckenfräser

beginnt der Vorschneider, dessen Schneidkanten auf dem Kreis mit dem größten Durchmesser liegen, zu arbeiten, gefolgt von dem Innenflankenschneider, der weiter innen, und dem Außenflankenschneider, der auf dem innersten Kreis liegt. Dadurch entstehen längsballige Zahnflanken.

Beim *Wälzfräsen* mit dem *Kegelschneckenfräser* (Klingenberg) hat das Werkzeug die Form einer kegeligen Evolventenschnecke (Abb. 474), die im Achsialschnitt das Profil einer Zahnstange besitzt und mit dem Werkstück ein Wälzschraubgetriebe bildet. Zum besseren Verständnis sei zunächst das entsprechende Abwälzschraubfräsverfahren für Stirnräder beschrieben. Bei diesem verwendet man einen zylindrischen

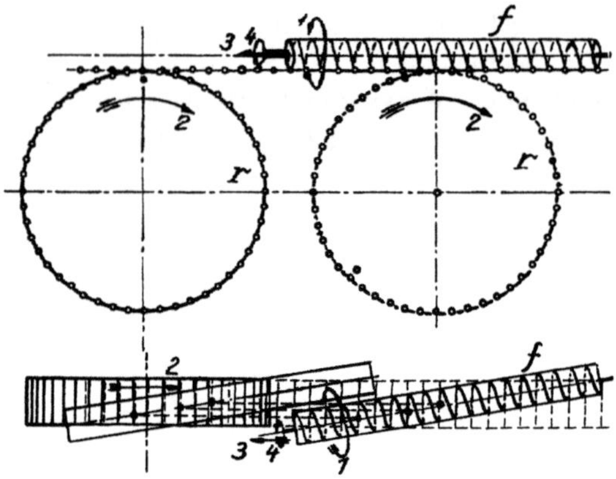

Abb. 475. Abwälzschraubfräsverfahren für Stirnräder. *f* Fräser, *r* Rohling, *1* Drehbewegung des Fräsers *f*, *2* Drehbewegung des Rohlings *r*, *3* Vorschubbewegung des Fräsers *f*, *4* Zusatzdrehung des Fräsers *f*

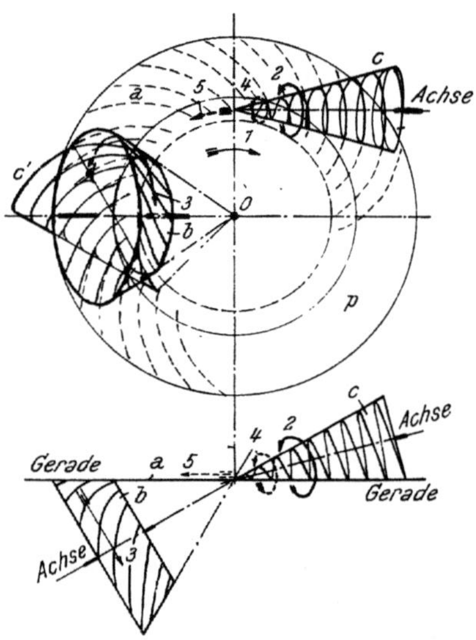

Abb. 476. Fräsen von Kegelradzähnen mit dem Kegelschneckenfräser. *a* Ebene des gedachten Planrades, *b* Rohling, *c* Kegelschneckenfräser, *1* Drehung des gedachten Planrades *p*, *2* Drehung des Fräsers *c*, *3* Drehung des Rohlings *b*, *4* Zusatzdrehung des Fräsers *c*, *5* Schwenkbewegung des Fräsers *c* um die Achse *o* des Planrades

Schneckenfräser *f* (Abb. 475), dessen Länge so groß sein muß, daß er bei einer Neigung um seinen Steigungswinkel gegen die Radebene, den Rohling *r* der ganzen Breite nach bestreicht. Die Wälzbewegung besteht aus einer Drehung 1 des Fräsers *f* und einer Drehung 2 des Rohlings *r*. Um die Verzahnung über die ganze Radbreite zu erzeugen, führt der Fräser *f* noch eine Vorschubbewegung 3 in Richtung der Radebene aus, die durch eine Zusatzdrehung 4 kompensiert werden muß, um seine Verschraubung mit dem Rohling nicht zu stören.

Die Wälzbewegung beim Fräsen der Kegelräder besteht analog aus (Abb. 476) einer Drehung 3 des Rohlings *b* und einer Drehung 2 des Fräsers *c*, der sich dadurch mit dem in Richtung 1 drehenden gedachten Planrad *p* verschraubt. Um die Lücken über die ganze Breite des Rohlings zu fräsen, erhält der Fräser *c* noch eine Schwenkbewegung 5 um die Achse des gedachten Planrades 0 und eine, diese kompensierende Zusatzdrehung 4 um die eigene Achse. Als Zahnlängskurven entstehen verkürzte Evolventen. Durch Schwenken der Fräserachse in einer zur Planradachse senkrechten Ebene erhält man ballige Zahnflanken.

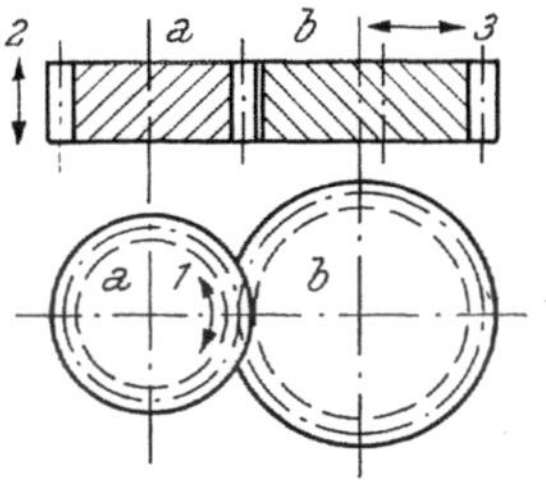

Abb. 477. Dreifachläppverfahren für Stirnräder. *a*, *b* Stirnräderpaar, *1* Drehung, *2* oszillierende axiale Verschiebung, *3* oszillierende radiale Verschiebung

12,6 Das Läppen der Zahnräder

Bei den durch Abwälzen hergestellten Zahnrädern bestehen die Flanken aus Hüllschnitten, bilden also keine stetigen Kurven. Dazu kommen noch die Spuren der Bearbeitungswerkzeuge, so daß die Oberflächengüte dieser Zahnräder häufig nicht genügt. Während man früher die Räder zur Verbesserung der Oberflächengüte mit Schmirgelpulver einlaufen ließ, findet heute das Läppen, Schaben und Honen Verwendung.

Da beim normalen Lauf am Wälzkreis keine Gleitbewegungen auftreten, erhalten die Zahnräder beim Läppen zusätzliche Bewegungen, welche auch am Wälzkreis eine Läppwirkung ergeben.

Beim *Dreifachläppverfahren* für *Stirnräder* (Abb. 477) bestehen diese

Zusatzbewegungen außer der Drehung 1 der beiden Räder in einer Verschiebung längs 2 und quer zur Achse 3, wobei gleichzeitig eine Läppflüssigkeit mit einem Läppmittel (Korund, SiC) zwischen die Flanken gebracht wird. In der Regel erfolgt ein paarweises Läppen zweier im Eingriff stehender Räder, da die Verwendung eines Meisterrades den Nachteil hat, daß dieses wegen der hohen erforderlichen Genauigkeit zu oft ersetzt werden muß. Da durch das Läppen nur eine sehr geringe Werkstoffabnahme erfolgt, dürfen Verzahnungsfehler und Härteverzug nur sehr gering sein.

Bei den *Kegelradläppmaschinen*[1] (Gleason, Klingenberg) können drei Zusatzbewegungen des Tellerrades vertikal, horizontal parallel zur Ritzelachse und horizontal parallel zur Radachse erzeugt werden. Die Übereinstimmung der Horizontalbewegung mit der Vertikalbewegung erfolgt durch ein einstellbares Getriebe aus Gelenken, Rollen und Gleitsteinen. Dies ist notwendig, um ein einwandfreies Tragbild an den Zahnflanken zu erzielen.

12,7 Das Schaben der Zahnräder[2]

Durch Schaben werden die Flanken von Zahnrädern, die durch Wälzverfahren hergestellt wurden, vor dem Härten durch Abheben feinster Späne geglättet. Da dabei die oberste Schicht mit den Eigenspannungen entfernt wird, verziehen sich geschabte Zahnräder beim Härten nur wenig. In der Serienfabrikation hat das Schaben vor dem Härten das Schleifen nach dem Härten weitgehend verdrängt.

Das als Werkzeug verwendete *Schaberad* (Abb. 478 und 482) ist ein parallel zu seinen Seitenflächen durch zahlreiche Nuten mit feinen Schneiden versehenes, sehr genau verzahntes Schraubenrad aus Schnellstahl mit gleichem Normalmodul und Eingriffswinkel wie das Werkstück. Die Zähne des Schaberades erhalten am Zahnfuß eine genügend große Aussparung, um einerseits dem Werkzeug, das die Nuten einschneidet, einen Auslauf zu ermöglichen und andrerseits später beim Bearbeiten den Spänen und dem Schneidöl einen guten Durchlauf zu ermöglichen. Die Schneidnuten werden mit einem Kammstahl vom Zahnkopf zum Zahnfuß verlaufend eingestoßen. Durch geradlinige Ausführung wird die Ausführung vereinfacht (*a* in Abb. 478), bei evolventisch gekrümmten Nuten wird die Zahl der möglichen Nachschliffe erhöht (*b* in Abb. 478). Die Aussparungen am Zahnfuß werden in der Regel gebohrt.

Die Achse des Schaberades ist gegen die Werkstückachse bei Stirnrädern mit geraden Zähnen um seinen Schrägungswinkel α geneigt, so

---

[1] Rohmert, J., Wiegand, R.: Zahnflankenläppen spiralverzahnter Kegelräder. Werkst. u. Betr. *1976*, 229–234.

[2] Sauer, L.: Zahnradschaben. Werkst. u. Betr. *1969*, 865–873.

daß es mit diesem ein Schraubwälzgetriebe bildet. Durch die Gleitbewegung in Längsrichtung der Zähne werden feinste Späne abgehoben. Durch ein Schaberad können im allgemeinen mehrere Tausend Werkstücke geschabt werden.

Beim *Parallelschaben* (Abb. 479) macht das Werkstück außer einer drehenden Antriebsbewegung eine hin- und hergehende Bewegung,

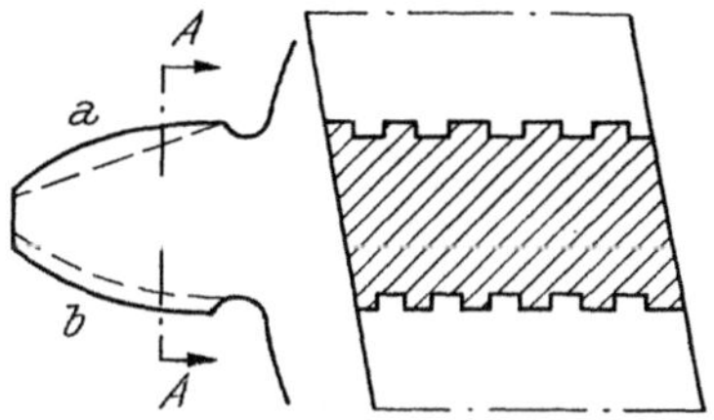

Abb. 478. Zahnform des Schaberades. *a* Geradlinige Schneidnuten, *b* evolventenförmige Schneidnuten

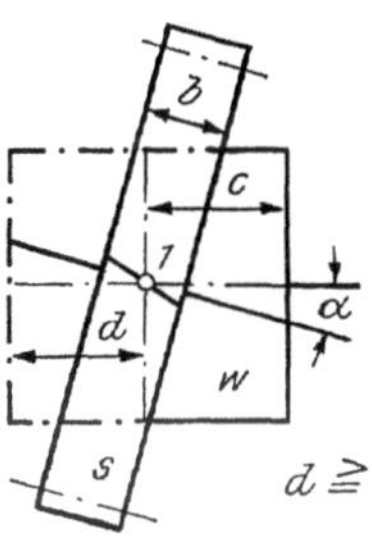

Abb. 479

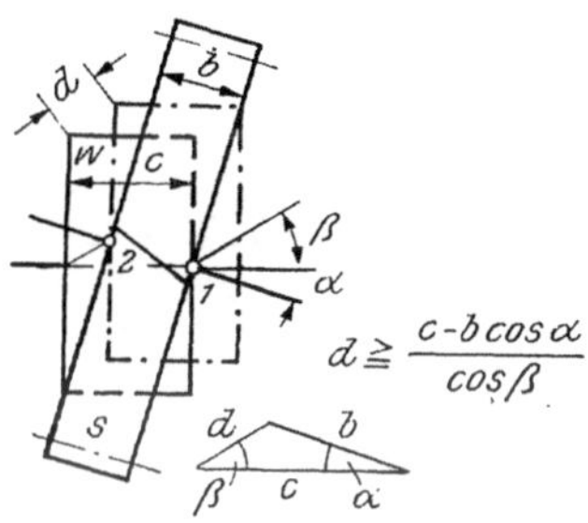

Abb. 480

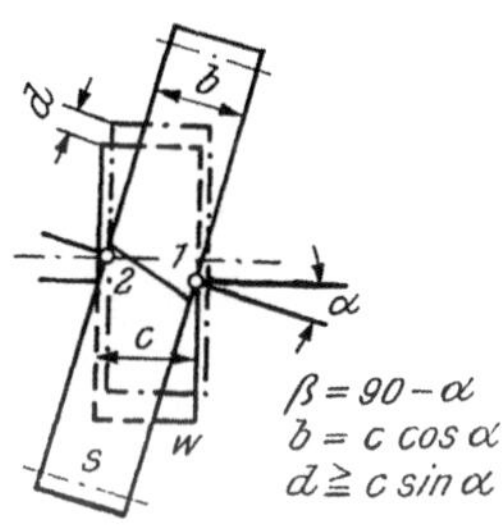

Abb. 481

Abb. 479, 480 und 481. Parallel-, Diagonal- und Querschaben. *b* Breite des Schaberades *s*, *c* Breite des Werkstückes *w*, *d* Verschiebeweg des Werkstückes *w*, α Achsenkreuzungswinkel, β Diagonalwinkel, *1*, *2* Achsenkreuzungspunkt

entsprechend seiner Breite in Achsenrichtung und eine Beistellbewegung senkrecht zu dieser. Das Schaberad *s* besitzt einen Zahnschrägungswinkel, der beim Schaben von Stirnrädern gleich dem Achsenkreuzungswinkel α ist (meist 15°) und kämmt spielfrei ohne Antrieb unter Flankenpressung mit dem Werkstück *w*. Beim Parallelschaben wird das Schaberad schlecht ausgenützt, da es nur in der Ebene des Achsenkreuzungspunktes arbeitet. Durch Verschieben des Schaberades auf seiner Achse kann eine größere Standzeit erzielt werden. Da der Werkstückhub *d* größer als die Werkstückbreite *c* sein muß, ist die Arbeitszeit relativ lang.

Beim *Diagonalschaben* (Abb. 480) erfolgt bei gleicher Anordnung von Schaberad *s* und Werkstück *w* wie beim Parallelschaben die Hin-

und Herbewegung des Werkstückes unter dem Diagonalwinkel β. Da der Achsenkreuzungspunkt die ganze Breite von Schaberad und Werkstück durchläuft, wird jenes besser ausgenützt. Durch den kleineren Verschiebeweg d wird die Arbeitszeit verkürzt. Zwischen Diagonalwinkel β, Achsenkreuzungswinkel α, Schaberadbreite b und Werkstückbreite c besteht die Beziehung:

$$b \cdot \sin \alpha = \tan \beta \cdot (c - b \cdot \cos \alpha).$$

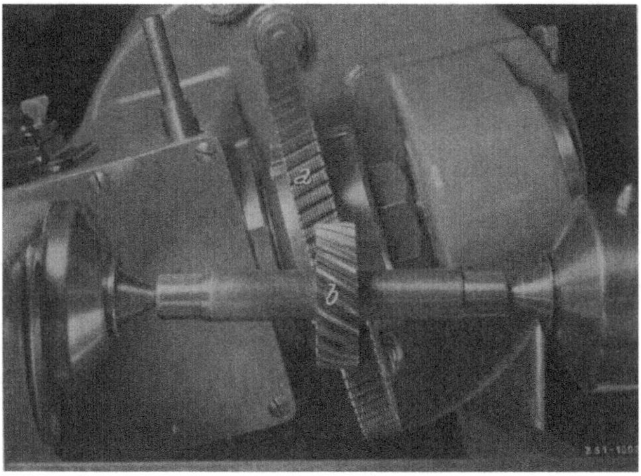

Abb. 482. Schaben eines Schraubenrades. *a* Schaberad, *b* Werkstück

Beim *Querschaben*, einem Sonderfall des Diagonalschabens, wird das Werkstück senkrecht zur Schaberadachse bewegt. Dadurch ist sein Weg noch kleiner und die Bearbeitungszeit noch geringer. Es muß: $b = c \cdot \cos \alpha$ sein. Dieses Verfahren findet für schmale Räder und Räder mit geringem Auslauf Verwendung (Abb. 481).

In der Regel wird das Schaben auf besonderen *Zahnradschabemaschinen* (Abb. 482) durchgeführt. Zwecks Herabsetzung der Kosten kann es jedoch bei großen Zahnrädern auch auf Abwälzfräs- und -stoßmaschinen vorgenommen werden, wenn diese einen besonderen Tischantrieb für die beim Schaben erforderlichen hohen Umfangsgeschwindigkeiten (über 100 m/sek) erhalten. Am Ständerschlitten wird an Stelle des Drehteiles ein Schabeapparat befestigt, dessen Aufspanndorn für das Schaberad, entsprechend dem Achsenkreuzungswinkel α eingeschwenkt werden kann. Da das Werkstück in derselben Aufspannung wie beim Fräsen oder Stoßen geschabt wird, erzielt man genauen Rundlauf ohne neuerliches Ausrichten.

Außer Schaberädern (Red Ring, Hurth, Fellow, ...) finden noch auf besonderen Maschinen *Schabezahnstangen* (Michigan Tool Company) und *Schabeschnecken* (David Brown) Verwendung.

12,8 Das Honen der Zahnräder

Beim Honen werden die Flanken *gehärteter* Zahnräder durch ein Honrad feinst bearbeitet (größte Abtragung 5 μm).

Das *Honrad* ist ein durch Gießen über einen Stahlgrundkörper genau hergestelltes Zahnrad aus Kunststoff, in das SiC-Teilchen eingebettet sind. Es greift wie das Schaberad in das Werkstück ein, wobei ständig ein Kühlmittel zugeführt wird, um die abgeschliffenen Teilchen abzuführen. Dem umlaufenden Honrad wird das Werkstück während eines vollen Arbeitsganges langsam radial zugeführt.

12,9 Das Entgraten der Zahnräder

An Stelle der früher verwendeten Feile verwendet man heute für diese Arbeit *Zahnradentgratmaschinen*, die eine schnellaufende, in Zahnform und Modul mit dem Werkstück übereinstimmende Schleifschnecke besitzen. Ihre Zähne greifen in die Lücken des Werkstückes, das lose auf einem Dorn sitzt, und bewegen es gleichmäßig weiter, wodurch sich sehr kurze Stückzeiten ergeben.

In der Serienfertigung wird vielfach auch das *elektrochemische Entgraten* (siehe Abschnitt 14) angewendet. Es läßt sich so automatisieren, daß die dafür zur Verfügung stehenden Anlagen verkettet in den Fertigungsfluß eingegliedert werden können.

13. Die elektroerosive Metallbearbeitung[1]

Man unterscheidet *Lichtbogenerodieren* (stationäre elektrische Entladungen, die durch Berührung der Elektroden eingeleitet werden, mit Spannungen unter 20 V während des Entladungsvorganges, 5000 A/cm², 4000 °C), das vorwiegend für Instandsetzungsarbeiten, und *Funkenerodieren* (nichtstationäre elektrische Entladungen bei über 20 V; 30000 A/cm², 11000 °C), das hohe Ansprüche an Maß- und Formgenauigkeit und Oberflächengüte erfüllt und zur Herstellung von Extruder- und Strangpreßmatrizen, Spritz- und Druckgießformen, Schmiedegesenken, Schneid-, Stanz-, Zieh-, Tiefzieh-, Preß-, Fließpreß- und Prägewerkzeugen aus hartem Stahl und Hartmetall und Werkstücken aus anderen elektrisch leitenden Werkstoffen verwendet wird. Bei diesem steht einer *Werkzeugelektrode* eine *Werkstückelektrode* in einem *Arbeitsmedium* (Petroleum, Trafoöl) gegenüber. Die Funkenüberschläge, die jeweils an den Stellen des kleinsten Abstandes zwischen den Elektroden erfolgen, bewirken eine Werkstoffabtragung an beiden Elektroden durch Verdampfen, was aus dem kugelförmigen Metallkondensat zu erkennen ist.

Der Vorteil dieses Verfahrens liegt darin, daß mit ihm Innenformen, die durch andere Bearbeitungsverfahren entweder überhaupt nicht oder nur durch sehr aufwendige Methoden erzeugt werden können, sich durch Werkzeugelektroden herstellen lassen, die auf einfache Weise herstellbar sind.

Die Form der Werkzeugelektroden hängt vom angewendeten Bearbeitungsverfahren ab. Man unterscheidet:

Elektroerosives *Bohren* zur Herstellung von Durchbrüchen gleichen oder veränderlichen Querschnitts (Abb. 483),

Elektroerosives *Gravieren* (Abb. 484) zur Herstellung von Raumformen,

---

[1] VDI 3400 Elektroerosive Bearbeitung. — Schadach, P.: Elektroerosionsmaschinen. ZVDI *1971*, 918—919 u. *1973*, 965—966. — Schuhmacher, B.: Neue technische und wirtschaftliche Gesichtspunkte zur Anwendung der Funkenerosion im Werkzeugbau. Gießerei *1969*, 719—727.

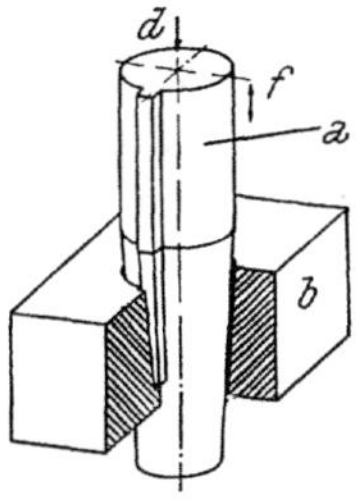

Abb. 483

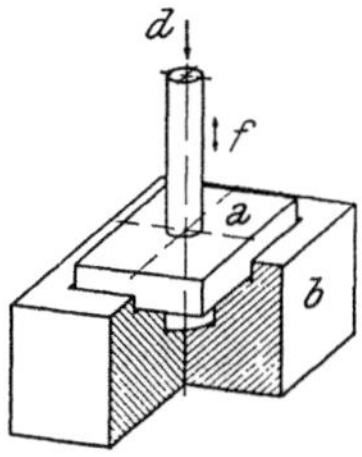

Abb. 484

Abb. 483 und 484. Elektroerosives Bohren (links) und Gravieren (rechts). *a* Werkzeugelektrode, *b* Werkstückelektrode, *d* Vorschub, *f* Schwingbewegung

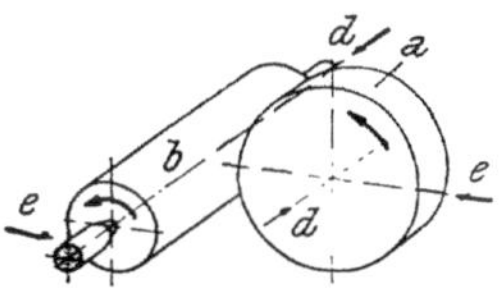

Abb. 485

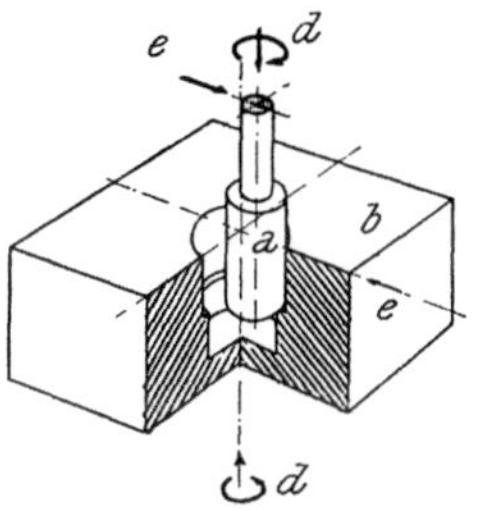

Abb. 486

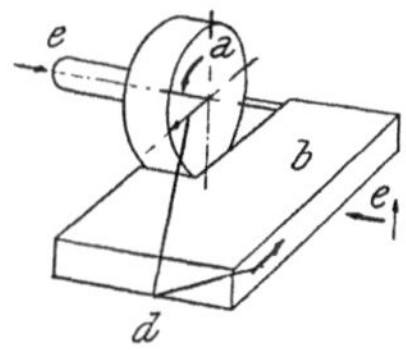

Abb. 487

Abb. 485 bis 487. Elektroerosives Schleifen. *a*, *b*, *d* wie Abb. 483, *e* Zustellung

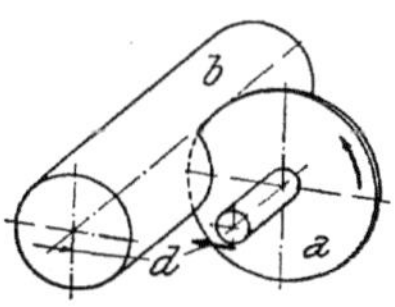

Abb. 488

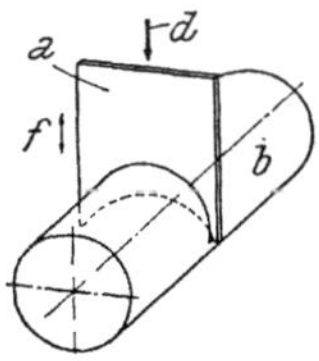

Abb. 489

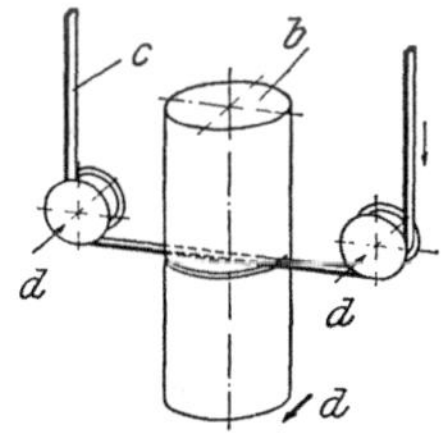

Abb. 490

Abb. 488 bis 490. Elektroerosives Schneiden. *a*, *b*, *d* wie Abb. 485, *c* Bandelektrode

Elektroerosives *Schleifen* (Abb. 485 bis 487), bei dem die Werkzeugelektrode oder das Werkstück eine Drehbewegung ausführen,

Elektroerosives *Schneiden* (Abb. 488 bis 490), bei dem mit einer Scheiben-, Flach-, Band- oder Drahtelektrode als Werkzeug, Werkstückteile abgeschnitten werden können. Außer der Vorschubbewegung der Werkzeugelektrode kann eine zusätzliche Relativbewegung zwischen Werkzeug und Werkstück stattfinden.

Die Werkzeugelektroden müssen selbsttätig vorgeschoben werden, da bei Vergrößerung des Spaltes der Überschlag aufhört. Der abgetragene Werkstoff muß durch Spülen entfernt werden, damit kein Kurzschluß entsteht. Die Werkstückelektroden müssen mit Rücksicht auf den erforderlichen Arbeitsspalt ein Untermaß erhalten. Sie werden aus elektrisch und thermisch gut leitenden Werkstoffen mit hohem Schmelzpunkt hergestellt: Graphit, Kupfer, Messing, durch Sintern der in Pul-

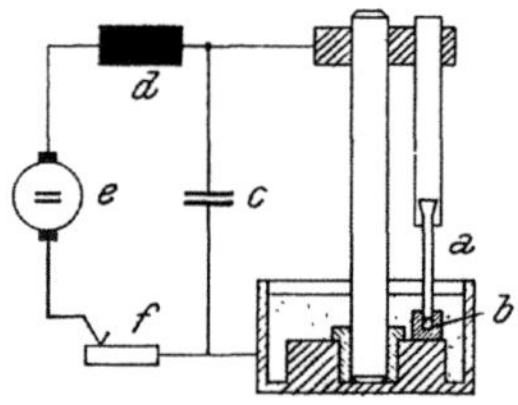

Abb. 491. Schwingkreisgenerator. *a* Werkzeugelektrode, *b* Werkstückelektrode, *c* Kapazität, *d* Induktivität, *e* Gleichstromgenerator, *f* Widerstand

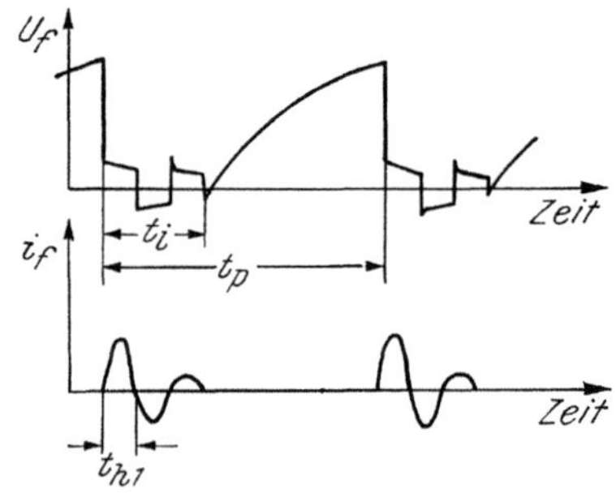

Abb. 492. Strom- und Spannungsverlauf zu Abb. 491. t_{h1} Halbwellendauer, t_i Impulsdauer, t_p Impulsperiode, i_f, U_f Strom bzw. Spannung der Entladestrecke

verform vorliegenden Komponenten hergestellte CuW-, NiW-, AgW- und Cu-Graphit-Verbundwerkstoffe. Die Wahl der Verfahren zu ihrer Herstellung ist von der Stückzahl und der geforderten Genauigkeit abhängig: Gießen, Metallspritzen, Sintern, Galvanoplastik, Prägen, Stauchen, Ziehen, Spanen, usw.[1] Fertigteile oder Halbzeuge können, wenn sie den Anforderungen genügen, ebenfalls als Werkzeugelektroden verwendet werden. Dadurch erübrigt sich die Herstellung besonderer Werkzeugelektroden.

Besonders wirtschaftlich ist die Herstellung beliebig profilierter Durchbrüche (Schneidstempel, Schneidplatten, usw.) durch zweidimensionale Vorschubbewegung einfacher Drahtelektroden[2]. Man verwendet Messing-, Kupfer- oder Wolframdrähte von 0,04 bis 0,2 mm Durch-

[1] VDI 3400 Elektroerosive Bearbeitung. — Schadach, P.: Elektroerosionsmaschinen. ZVDI *1971*, 918—919 u. *1973*, 965—966. — Schuhmacher, B.: Neue technische und wirtschaftliche Gesichtspunkte zur Anwendung der Funkenerosion im Werkzeugbau. Gießerei *1969*, 719—727.

[2] Ullmann, W., Schmidt, H.: Drahterodieren — jetzt mit numerischer Bahnsteuerung. Techn. Rdsch. *1969*, Nr. 27, 33—37. — Schumacher, B.: Bahngesteuertes funkenerosives Schneiden mit Drahtelektroden — Technologie und Anwendung. Werkst. u. Betr. *1975*, 499—505.

messer. NC-Drahtelektroden-Erodiermaschinen ermöglichen es, die Bahn in x- und y-Koordinaten auf einem Lochstreifen zu speichern.

Elektroerosive Werkzeugmaschinen besitzen einen Kreuzschlitten zum genauen Einstellen des Werkstückes, einen einstellbaren Kopf zum Spannen und Vorschieben der Werkzeugelektrode, eine Wanne mit Pumpe für das Dielektrikum und Filteranlage zum Ausschneiden der abgetragenen Werkstück- und Elektrodenteilchen und einen Funken-

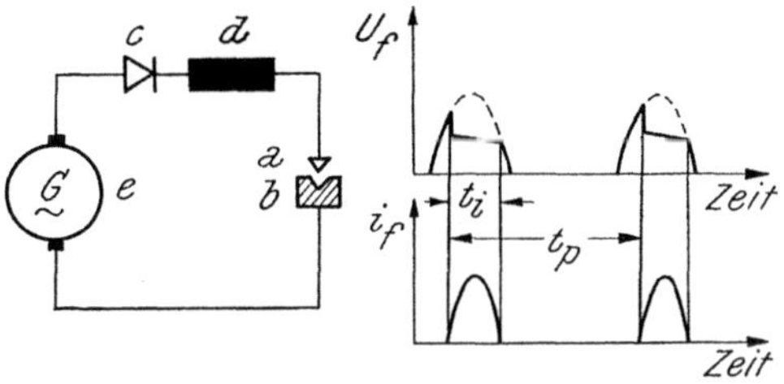

Abb. 493. Rotierender Impulsgenerator. *a* Werkzeugelektrode, *b* Werkstückelektrode, *c* Gleichrichter, *d* Induktivität, *e* Generator, t_i Impulsdauer, t_p Impulsperiode, i_f, U_f Strom bzw. Spannung der Entladestrecke

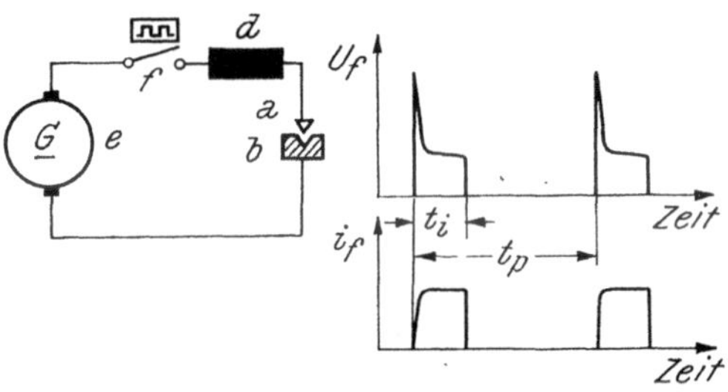

Abb. 494. Statischer Impulsgenerator. *a*, *b*, *d*, *e*, t_i, t_p, i_f und U_f wie Abb. 493, *f* gesteuertes Schaltelement

generator mit Steuer- und Regelelementen für den Elektrodenvorschub. Man verwendet folgende drei verschiedene *Bauarten* von Funkengeneratoren:

Speicher-(Kipp- oder *Schwingkreis-)Generatoren* (Abb. 491) besitzen selbsttätige Zündung, vorzugsweise schwingende Entladung und Relaxation. Als Speicherglieder dienen Kapazitäten *c*, Induktivitäten *d* oder Kombinationen (RC-, RLC- und LC-Typen), die einen Schwingkreis bilden, der von einer Gleichspannungsquelle *e* über den Entladewiderstand *f* mit Energie beliefert wird. Abb. 492 zeigt schematisch den Strom- und Spannungsverlauf.

Bei den *Maschinen-(rotierenden Impuls-)Generatoren*, deren Spannung unmittelbar oder nach Gleichrichtung an die Entladestrecke geführt wird (Abb. 493), sind Dauer und Folge der Entladeimpulse vorzugsweise durch die Auslegung der Maschine bestimmt.

Bei den *speicherlosen* (*statischen Impuls-*)*Generatoren* (Abb. 494) ist die Spannungsquelle durch gesteuerte Schaltelemente (Thyristoren, Transistoren) mit der Entladestrecke verbunden. Dauer und Folge der nach der Zündung bewirkten Entladungen hängen im wesentlichen von den Schaltvorgängen ab. Da bei den statischen Impulsgeneratoren in den Impulspausen keine Spannung an den Elektroden liegt, ist kein isolierendes Arbeitsmedium erforderlich, so daß auch Wasser oder schwache Elektrolyten als Spülflüssigkeit verwendet werden können.

14. Die elektrochemische Metallbearbeitung[1]

Bei der elektrochemischen Metallbearbeitung (*Elysieren*) erfolgt ein *anodisches Abtragen* (Auflösen) von metallischen Werkstücken, die als Anode in einem Elektrolyten gepolt sind, durch eine äußere Stromquelle. Abb. 495 zeigt das Prinzip. Das Metall (Anode) wird durch den elektrischen Ladungsaustausch oxidiert. Die oxidierten Atome gehen als Ionen in die Elektrolytlösung und bilden dort eine chemische Verbindung. An der Phasengrenze Werkstück/Elektrolyt und Elektrolyt/Katode findet ein Stoffumsatz statt. An der Katode wird gasförmiger Wasserstoff entwickelt.

Im Gegensatz zur elektroerosiven Metallbearbeitung findet kein Abtrag der Werkzeugelektrode (Katode) statt. Zur Aufrechterhaltung eines konstanten Wirkspaltes zwischen Werkstück und Werkzeugelektrode erfolgt eine entsprechend gesteuerte oder geregelte Relativbewegung zwischen diesen beiden.

Als Elektrolyten werden vorwiegend $NaCl$, $NaCO_3$ und einige weitere und deren Mischungen verwendet.

Die Werkzeugelektrode soll elektrisch gut leitend, fest, korrosionsbeständig und gut bearbeitbar sein. Anwendung finden Kupfer, Messing, Kupfer-Graphit, Wolfram-Kupfer, rostfreier Stahl und Titan.

Die wichtigsten Verfahren sind das Elysier-Senken, -Schleifen, -Honen, -Läppen, -Markieren und -Entgraten.

Durch *Elysier-Senken* (Abb. 496) werden Durchbrüche oder Raumformen hergestellt. Bei hoher Abtragleistung und Oberflächengüte erfolgt bei diesem keine thermische und mechanische Gefügebeeinflussung. Die Bearbeitungszeit ist durch die Vorschubgeschwindigkeit der Werkzeugelektrode bestimmt. Die während der Bearbeitung auftretenden hohen Elektrolytdrücke von 5 bis 50 bar ergeben große Maschinenkräfte.

Elysier-Senken wird für Schmiedegesenke und Fließpreßwerkzeuge,

---

[1] VDI 3401, Bl. 1 u. Bl. 2 Elektrochemische Bearbeitung. — Kubeth, H.: Fortschritte beim elektrochemischen Senken. Werkst. u. Betr. *1971*, 178—182.

Teile von Strömungsmaschinen und der Raketentechnik, gehärtete Werkstücke und Hartmetallwerkzeuge verwendet.

Das *Elysier-Schleifen* (siehe auch Abschnitt 7,45) ist eine Kombination von elektrochemischen Abtragen und mechanischem Zerspanen durch Schleifmittel. Es ergibt hohe Abtragleistung, hohe Standzeit der Schleifscheibe, geringe Wärmeentwicklung (keine Wärmespannungen oder Wärmespannungsrisse) und geringe Kräfteeinwirkung auf das

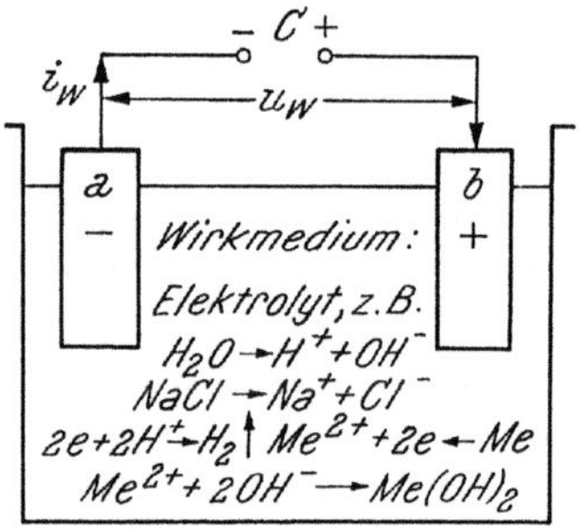

Abb. 495. Anodisches Auflösen mit äußerer Stromquelle. *a* Katode, *b* Anode (Werkstück), *c* Stromquelle, i_w Wirkstrom, u_w Wirkspannung

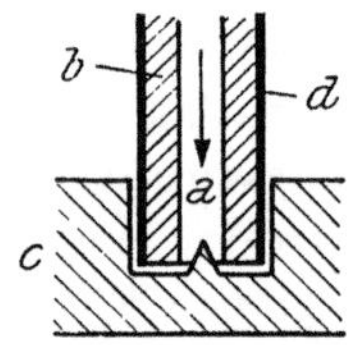

Abb. 496. Elysiersenken. *a* Elektrolytströmung, *b* Werkzeugelektrode, *c* Werkstück, *d* Isolation

Werkstück. Die Werkzeugelektrode, meist eine metallisch gebundene Diamantschleifscheibe, macht die drehende Hauptbewegung und das Werkstück in der Regel die Vorschubbewegung. Die Schleifspindel ist isoliert gelagert. Zum Schutz vor Funkenbildung bei Schleifbeginn wird zuerst nur rein mechanisch geschliffen und erst dann die Stromquelle zugeschaltet.

Das Elysierschleifen wird vorwiegend zum Herstellen von Hartmetallwendeschneidplatten, gelöteten Hartmetallwerkzeugen, usw. verwendet, wobei große Kontaktflächen eine Voraussetzung für hohe Abtragleistung darstellen (Abb. 382).

Das *Elysier-Honen* (siehe auch Abschnitt 8,2) ist ebenfalls eine Kombination von elektrochemischen und mechanischen Abtragen und weist dieselben Vorteile wie das Elysier-Schleifen auf. Die dabei verwendete Honahle *a* (Abb. 497) entspricht einer konventionellen Honahle, an der zusätzliche Elektrodenflächen *d* befestigt oder vom Werkzeugkörper selbst gebildet werden, die als Katode wirken. Der Elektrolyt wird entweder durch das Werkzeug zugeführt und verläßt auf oder vor den Elektrodenflächen das Werkzeug oder wird an einem Bohrungsende zugeführt und strömt längs des Werkzeuges. Der Werkzeugwerkstoff muß korrosionsfest gegenüber dem Elektrolyten sein. Im Gegensatz zum konventionellen Honen können keine metallisch gebundenen Honsteine eingesetzt werden.

Elysier-Läppen ist eine Kombination von elektrochemischen und mechanischem Abtragen durch loses, dem Elektrolyt beigefügtes Läppkorn. Es wird vorwiegend für Tief- und Tauchläppoperationen an hartmetallbestückten Werkzeugen eingesetzt. Da das Läppkorn im

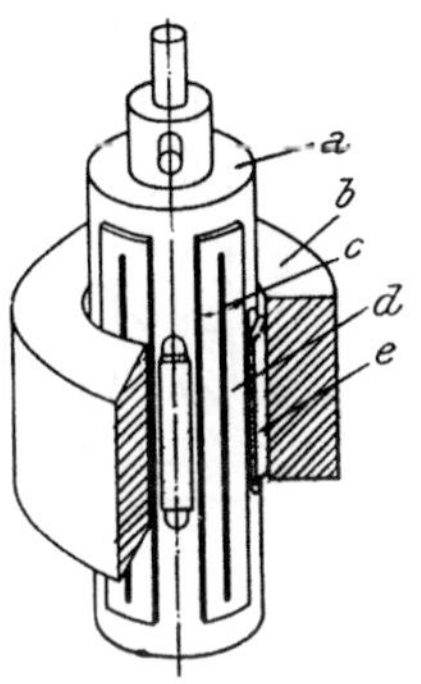

Abb. 497. Elysierhonen. *a* Honahle, *b* Werkstück, *c* Elektrolytzuführungsspalte (Pfeile zeigen Strömungsrichtung des Elektrolyten), *d* Elektrodenfläche, *e* Honstein

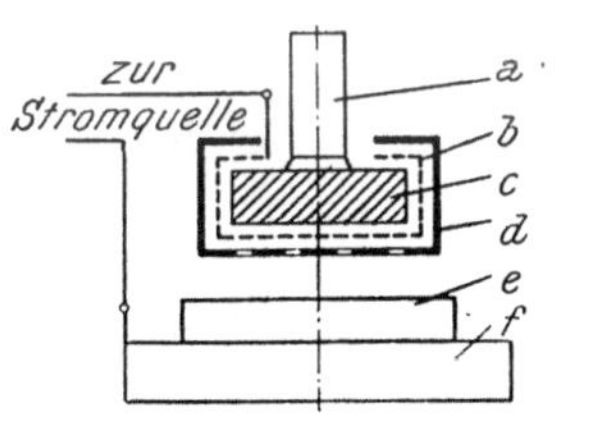

Abb. 498. Elektrochemisches Markieren. *a* Stempel, *b* Elektrode, *c* Elektrolytbehälter, *d* Schablone, *e* Werkstück, *f* leitende Unterlage

Elektrolyt in Schwebe gehalten werden muß, darf der Elektrolytkreislauf keine Stellen aufweisen, an denen sich das Korn absetzen kann.

Durch *elektrochemisches Markieren* werden metallische Werkstücke gekennzeichnet (Abb. 498). Die Werkzeugelektrode besteht aus Stempel *a*, Elektrolytbehälter *c* und Schablone *d*. Die Schablone *d* dient zur Abdeckung nicht zu markierender Werkstückpartien und besteht aus Wachspapier oder Kunststoffolie, die mechanisch, photomechanisch oder durch Ätzen an der zu markierenden Stelle ausgespart sind. Die Elektrode *b* besteht vorzugsweise aus einem Drahtnetz aus rostfreiem Stahl oder besonderen porösen oder perforierten Graphitsorten.

Angewendet wird dieses Verfahren zum Kennzeichnen von Eßbestecken, Werkzeugen, Meßzeugen, Rasierklingen, Maschinenteilen, usw.

Beim *elektrochemischen Entgraten* (Abb. 499) wird mit im Wirkspalt gezielt strömenden Elektrolyt entgratet. Grundsätzlich sind alle metallischen Werkstoffe entgratbar. Anodisch unlösbare Gefügebestandteile wie Graphit, Silizium, Karbide werden nicht abgetragen und beeinflussen Oberflächengüte und Abtragleistung. Die Werkstücke müssen

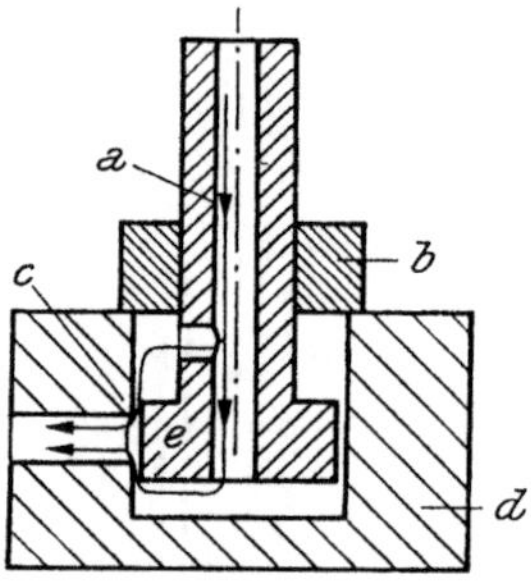

Abb. 499. Elektrochemisches Entgraten. *a* Elektrolytlösung, *b* Abdichtung, *c* Gratkante, *d* Werkstück, *e* Werkzeugelektrode

durch Entfetten und Entfernen von losen Spänen vorbehandelt und durch Entfernen der Elektrolytrückstände nachbehandelt werden, um Korrosion zu verhindern.

EC-Anlagen bestehen aus einer *EC-Maschine*, der Stromquelle und der Elektrolytversorgung.

Als *Stromquelle* dient eine Gleichrichteranlage. Die *Elektrolytversorgung* besteht aus Elektrolyttank, Elektrolytförderpumpe, Elektrolytfilter und einer Leitfähigkeits- bzw. Temperaturregelung der Elektrolytlösung.

Die Anlagekosten sind demnach höher als bei entsprechenden konventionellen Anlagen. Die elektrochemische Bearbeitung wird daher vorwiegend in der Serienfertigung für Werkstücke angewendet, die durch andere Verfahren nur schwer oder auf unwirtschaftliche Weise bearbeitbar sind.

15. Bearbeitungszentren, Baueinheiten, Maschinenstraßen

Bearbeitungszentren sind einspindelige Maschinen auf denen Werkstücke in einer Aufspannung durch aufeinanderfolgendes Bohren, Senken, Reiben, Gewindeschneiden, Ausdrehen, Fräsen, usw. ohne Verwendung besonderer Vorrichtungen bearbeitet werden können. Sie finden für Einzelstücke und kleine Serien genauer Werkstücke Verwendung. Es sind Bohr- und Fräswerke mit NC-Steuerungen und besonderen *Werkzeugmagazinen.* Diese sind konstruktiv sehr verschieden ausgeführt und können bis zu 100 Werkzeuge aufnehmen. Der verwendete Lochstreifen enthält nicht nur die erforderlichen Weginformationen für mehrere Koordinaten, Schaltinformationen für Drehzahlen und Vorschübe und Hilfsfunktionen, sondern bewirkt auch den programmierten selbsttätigen Wechsel der jeweils benötigten Werkzeuge.

Zur richtigen Werkzeugwahl sind zwei Ordnungssysteme möglich:

Es sind die *Werkzeugmagazine kodiert,* wobei darauf geachtet werden muß, daß jedes Werkzeug in das richtige Magazin kommt oder es sind die *Werkzeuge selbst kodiert* (sie besitzen auf ihren Schäften entsprechende Ringe oder andere Kennzeichen) und werden beliebig in das Magazin gesteckt.

Ein Abtaster tastet dann Magazin oder Werkzeug ab, bis das im Lochstreifen angegebene gefunden wird und gibt dann das Kommando, das Werkzeug aus dem Magazin zu nehmen und mit dem Werkzeugwechsler in die Spindel einzusetzen.

Beim Aufbau der Bearbeitungszentren werden die bereits früher besprochenen Konstruktionselemente verwendet: starre Ständer und Schlitten mit Führungsbahnen, die den stick-slip-Effekt vermeiden und gegen das Eindringen von Spänen abgedeckt werden, Kugelumlaufspindeln usw.

Abb. 500 zeigt ein *Bearbeitungszentrum mit horizontaler Spindel* und einem Werkzeugmagazin zur Aufnahme von 24 Werkzeugen mit Steilkegel und Bahnsteuerung für drei Achsen. Bei ihm erfolgt die Werkzeugvorwahl während des Bearbeitungsganges.

Abb. 501 zeigt die Vorgänge beim Werkzeugwechsel. Sie bestehen aus folgenden Schritten:

Ein Fräswerkzeug befindet sich in der Arbeitsspindel, ein Bohrwerkzeug wird gewählt und durch den oberen Greifer des Werkzeugwechslers erfaßt (Abb. 501a) und aus dem Magazin herausgezogen. Dann geht der Schwenkarm nach unten in Wartestellung, die Arbeitsspindel wird stillgesetzt, in die richtige Lage gedreht (indexiert) und der Spindelstock fährt nach oben in die Werkzeugwechselposition. Dann wird das Fräswerkzeug vom Greifer erfaßt, gelöst und herausgezogen (Abb. 501b). Hierauf wird der Werkzeugwechselarm um 180° gedreht (Abb. 501c) und das Bohrwerkzeug in die Spindel eingeführt und gespannt (Abb. 501d). Jetzt wird der Werkzeugwechselarm zurückgezogen, die Arbeitsspindel fährt in Arbeitsstellung, das Magazin wird gedreht und das Fräswerkzeug von dem nach oben gefahrenen Greifer eingesetzt (Abb. 501e).

Das Spannen der Werkzeuge erfolgt über eine Zugstange, die auf den Werkzeugkegel aufgeschraubt wird. Während des Werkzeugwechsels wird der Hohlkegel der Spindel mit Preßluft ausgeblasen, damit der Aufnahmekegel sauber bleibt und die Werkzeuge einwandfrei sitzen. Damit sich die Werkzeuge zum Wechsel jeweils in einer bestimmten Lage befinden, ist die Spindel mit einer automatischen Orientierung versehen.

Der Arbeitstisch besteht aus einem Drehtisch *e* und zwei Endstücken zwischen denen der Drehtisch eingebaut ist. Der Drehtisch wird numerisch durch Hilfsfunktionen gesteuert und fixiert.

In der *Großserienfertigung* sind Universalmaschinen zu teuer, können nicht ausgenützt werden und nicht die Forderung erfüllen, mit möglichst vielen Werkzeugen gleichzeitig an mehreren Stellen die Werkstücke zu bearbeiten. Da es auch nicht wirtschaftlich wäre, jeweils für ein bestimmtes Werkstück eine für dieses bestgeeignete Werkzeugmaschine zu konstruieren, wurde ein *Baukastensystem* entwickelt, das aus Einzelteilen (*Baueinheiten*) besteht, aus denen eine Sondermaschine aufgebaut werden kann.

Mit diesen Baueinheiten kann man nicht nur *Sondermaschinen*, sondern ganze *Maschinenstraßen* zusammenstellen, die den besonderen Erfordernissen bei der Fertigung eines bestimmten Werkstückes sehr gut angepaßt sind. Durch Normung der Hauptanschlußmaße dieser Baueinheiten wird eine wirtschaftliche Erzeugung derselben gewährleistet.

Unterteile (Betten, Ständer)[1], sind wie Betten und Ständer kon-

[1] DIN 69516 Baueinheiten für Werkzeugmaschinen; Seiteneinheiten. DIN 69518 —; Konsoleinheiten. DIN 69525 —; Ständereinheiten. DIN 69526 —; Schlittenständereinheiten.

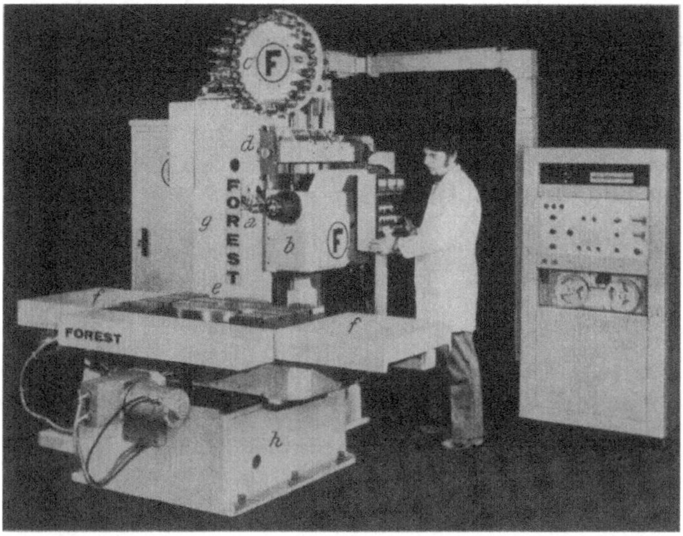

Abb. 500. Bearbeitungszentrum. *a* Spindel, *b* Spindelschlitten, *c* Werkzeugmagazin, *d* Werkzeugwechselarm, *e* Drehtisch, *f* Führungsabdeckungen, *g* Ständer, *h* Bett

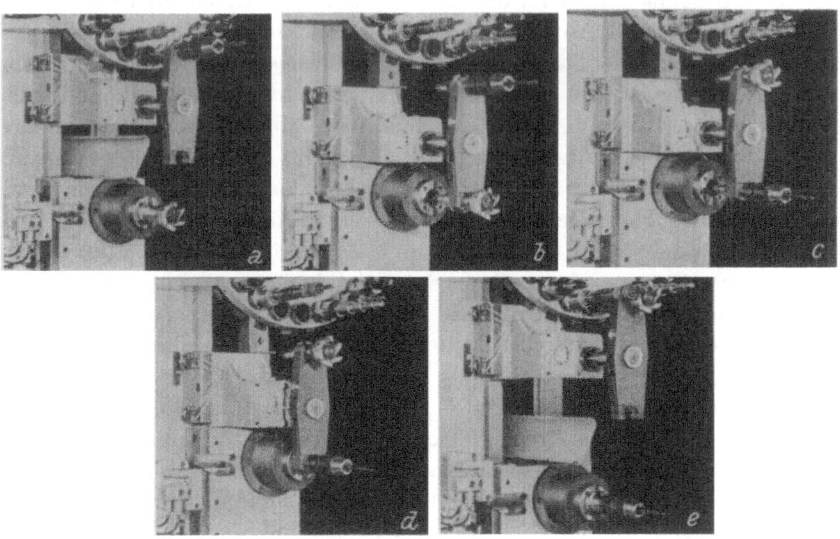

Abb. 501. Werkzeugwechsel an Bearbeitungszentrum Abb. 500. *a*, *b*, *c*, *d* und *e* siehe Text

ventioneller Werkzeugmaschinen gegossen oder geschweißt und lassen sich mit anderen Unterteilen verschrauben (Abb. 502a, b). In ihrem Inneren können Getriebe, Behälter für hydraulische Flüssigkeiten und Pumpen u. ä. untergebracht werden.

Anpaßteile (Abb. 502c) ermöglichen eine entsprechende Höhe oder Neigung der Schlitteneinheiten.

Mitteneinheiten (DIN 69512) ermöglichen den Längstransport und verbinden die Unterteile (Abb. 502g).

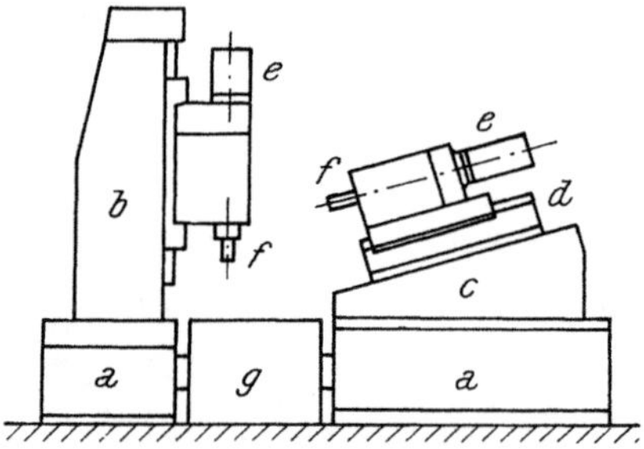

Abb. 502. Baueinheiten. *a* Bett, *b* Ständer, *c* Anpaßteil, *d* Schlitteneinheit, *e* Antriebseinheit, *f* Spindeleinheit, *g* Mitteneinheit

Schlitteneinheiten (DIN 69572, Abb. 502d) bestehen aus einem auf dem Unterteil oder Anpaßteil verschraubten Führungsteil und dem auf demselben verschiebbaren Schlitten. *Vorschubeinheiten* sind am Führungsteil befestigt und bewirken mechanisch, hydraulisch, pneumatisch oder elektrisch den Vorschub der Schlitten. Man verwendet besondere Vorschub- und Eilgangsmotoren mit Abschalt- oder Folgesteuerungen.

Antriebseinheiten (Abb. 502e) bestehen aus Antriebsmotor und Getriebe. Die Hauptgetriebe können sehr einfach ausgeführt werden, da die Spindel in der Regel nur eine Drehzahl besitzt, da für jeden Arbeitsschritt eine besondere Spindeleinheit vorgesehen ist. Eine spätere Änderung der Drehzahl bei anderweitiger Verwendung läßt sich einfach durch Auswechseln der Zahnräder oder Keilriemenscheiben erzielen.

Spindeleinheiten (Abb. 502f)[1] sind dem Arbeitsverfahren entsprechend ausgebildet (Bohren, Fräsen, Drehen). Beim Bohren kann der Vorschub durch die Pinole der Spindeleinheit oder durch den Schlitten erfolgen. Es werden vorwiegend *Mehrspindelbohrköpfe* vorgesehen[2], um alle Bohrungen in einer Richtung gleichzeitig bohren zu können.

[1] DIN 69631 —; Bohreinheiten mit Pinolenvorschub. DIN 69641 —; Bohrspindeleinheiten. DIN 69642 —; Drehspindeleinheiten. DIN 69643 —; Frässpindeleinheiten.

[2] DIN 69637 —; Flansche zur Aufnahme von Mehrspindelbohrköpfen.

Durch Aneinanderreihen aller für die Bearbeitung eines Werkstückes (z. B. Zylinderblock, Bremstrommel, Statorgehäuse, Nähmaschinengehäuse usw.) erforderlichen Werkzeugmaschinen meist in Form von Baueinheiten, entstehen *Maschinenstraßen*. Erfolgt die Anordnung im Kreis, so spricht man von *Rundtischmaschinen* (bei waagrechter Achse des Tisches von *Trommelmaschinen*), erfolgt sie in einer Reihe von *Transferstraßen*.

Rundtischmaschinen (Abb. 503) ermöglichen auf verhältnismäßig

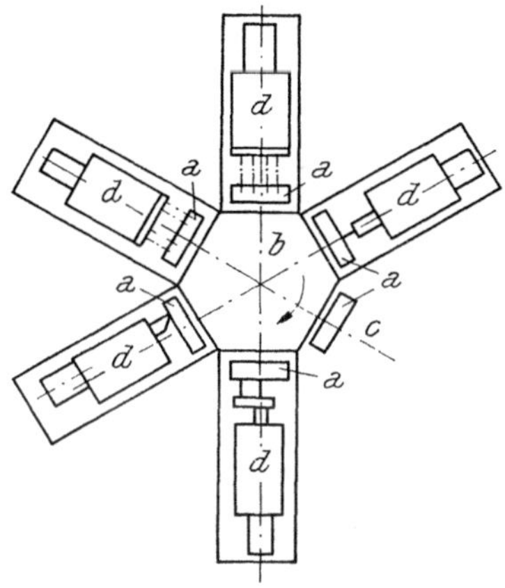

Abb. 503. Rundtischmaschine. *a* Werkstück, *b* Werkstückaufnahme, *c* Spannstation, *d* Spindeleinheiten

kleinem Raum eine größere Anzahl von Bearbeitungsstationen. Das Werkstück *a* wird in der ersten Station *c* auf einer Werkstückaufnahme *b* gespannt und gelangt am Ende der Bearbeitung wieder in die Ausgangslage zurück. Ein- und Ausspannen können von Hand oder mit an das Werkstück angepaßten Greifern erfolgen, die das Werkstück aus Magazinen entnehmen, die vom Bedienungsmann gefüllt werden. In letzterem Fall können mehrere Maschinen von einem Mann bedient werden. Bei den Rundtischmaschinen ist jedoch die Anzahl der Stationen begrenzt, und die Werkzeuge sind bei größerer Stationenzahl schlecht zugänglich.

Bei den *Transferstraßen* werden die Baueinheiten rechts und links eines Mittelteiles, auf dem die Werkstücke transportiert werden, angeordnet (vgl. auch Abb. 502). Dadurch kann man die einzelnen Arbeitsgänge auf entsprechend viele Arbeitsplätze aufteilen, da man in der Länge nicht beschränkt ist. Bei sehr vielen Arbeitsgängen können die Transferstraßen auch geteilt werden und zwischen ihnen Wende- und Speicherstationen eingebaut werden.

Die Werkstücke werden bei ihnen mit oder ohne Vorrichtung durch die Straße transportiert.

Bei Verwendung von Vorrichtungen müssen diese in größerer Anzahl vorhanden sein und nach dem letzten Arbeitsgang wieder zur Ausgangsstation zurückgebracht werden. Dies erfordert einen großen Aufwand. Außerdem sind die Aufspannflächen des Werkstückes der Bearbeitung nicht zugänglich.

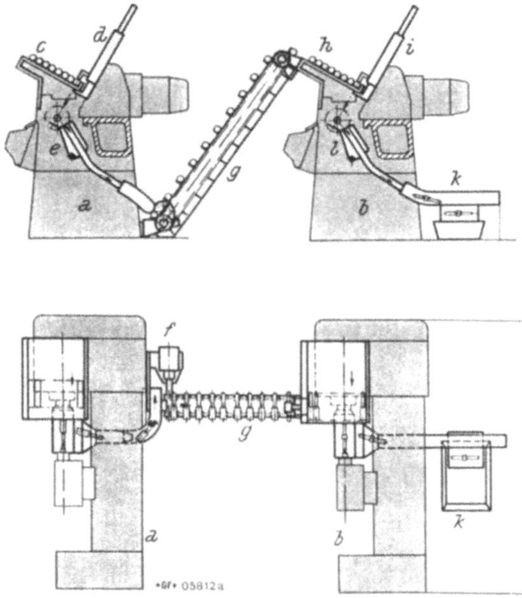

Abb. 504. Lose Verkettung zweier Nachformdrehmaschinen (GF). *a*, *b* Nachformdrehmaschinen, *c*, *h* Speicher, *d*, *i* Ladeautomaten, *e*, *l* Entnahmevorrichtung, *f* Lader, *g* Förderkette, *k* Sammelbehälter

Arbeitet man ohne Vorrichtungen, so werden die Werkstücke auf Schienen verschoben und dann auf jeder Bearbeitungsstation gesondert gespannt. Dies ist billiger. Es müssen aber genügend Auflage- und Spannflächen vorhanden sein. Dafür ist aber nach entsprechendem Wenden auf besonderen Wendestationen die Bearbeitung aller sechs möglichen Flächen eines Werkstückes möglich.

Die Transferstraßen arbeiten als *Taktstraßen*, d. h. das Zubringen der Werkstücke zur jeweils nächsten Station kann erst erfolgen, wenn alle Bearbeitungseinheiten ihre Arbeitsgänge erledigt haben. Die Fertigungszeit besteht aus der eigentlichen Arbeitszeit und der Zubringezeit zur nächsten Maschine. Alle Bearbeitungsoperationen an einem

Werkstück müssen so geplant werden, daß sie ungefähr die gleiche Arbeitszeit beanspruchen, da für den Arbeitstakt die längste Arbeitszeit maßgebend ist. Dies ist eine schwer erfüllbare Forderung, die besondere Maßnahmen und Erfahrung verlangt.

Da die Transferstraßen vollautomatisch arbeiten, sind besondere Steuerungen (Folgesteuerungen) und vielfach besondere Meß- und Prüfstationen erforderlich.

Transferstraßen machen sich nur bei sehr großen Stückzahlen von Teilen (Automobilbau, Haushaltmaschinen, Armaturen, Elektromotoren usw.) bezahlt, wenn längere Zeit keine Konstruktionsänderungen dieser Erzeugnisse zu erwarten sind. Sie sind relativ stark anfällig auf Störungen an irgendeiner Stelle (Bruch von Werkzeugen, Wechsel von Werkzeugen, mangelhafter Späneabfluß, fehlerhafte Werkstückspannung usw.), durch welche alle Stationen betroffen werden.

Im Gegensatz zur *starren Verkettung* der Transferstraßen ergibt die *lose Verkettung* von Einzelmaschinen, bei welcher zwischen den einzelnen Maschinen Werkstückpuffer gebildet werden, die Möglichkeit, bei Störungen an einer Maschine auf der anderen davon nicht betroffenen von oder auf einen Speicher zu arbeiten.

Abb. 504 zeigt als Beispiel die Verkettung zweier Nachformdrehmaschinen (Georg Fischer) *a* und *b*. Aus einem Speicher *c* werden Rohteile über den Ladeautomaten *d* zur ersten Maschine *a* gebracht. Von dieser werden die gedrehten Stücke über eine Entnahmevorrichtung *e* nach unten gerollt und durch den Lader *f* in die Förderkette *g* geschoben, von wo sie geordnet über das Magazin *h* und den Ladeautomaten *i* der zweiten Nachformdrehmaschine *b* zugeführt werden. Die fertigen Werkstücke gelangen schließlich in einen Sammelbehälter *k*.

16. Der Vorrichtungsbau

16,1 Allgemeines

Vorrichtungen sind ergänzende Hilfsmittel, um in der Serienfertigung die Fertigungskosten durch Herabsetzen bzw. Beseitigen der Nebenzeiten für Spannen, Anreißen, Messen usw. zu verringern, die Austauschbarkeit der Werkstücke ohne Nacharbeit zu gewährleisten, den Bedienungsmann von schwerer Arbeit zu entlasten, Fachkräfte durch Hilfskräfte zu ersetzen, den Verschleiß der Werkzeuge zu verringern und die Werkzeugmaschinen besser auszusnützen bzw. hochwertige teure Maschinen durch einfache, billigere Maschinen zu ersetzen.

Für kleine Stückzahlen ist durch die Verwendung von NC-Maschinen die Vorrichtung weitgehend überflüssig geworden. Einzel- und Musterstücke werden in der Regel ebenfalls ohne Verwendung von Vorrichtungen auf Koordinatenbohrmaschinen und Bearbeitungszentren hergestellt.

Der Vorrichtungsbau ist ein sehr umfangreiches Gebiet, das in besonderen Fachbüchern[1] ausführlich behandelt wird. Im Rahmen dieses Buches ist es nur möglich die Grundlagen und einige Beispiele zu bringen.

Eine Einteilung der Vorrichtungen kann erfolgen:

a) Nach dem *Arbeitsverfahren* in Anreiß-, Bohr-, Dreh-, Fräs-, Hobel-, Löt-, Räum-, Schweiß-, Stoß-, Zentriervorrichtungen usw.

b) Nach der *Anzahl* der untergebrachten Werkstücke in *Einfach-* und *Mehrfachvorrichtungen.*

c) Nach der *Verwendung* für *allgemeine* und *besondere Zwecke* in Gemein- und Sondervorrichtungen. *Gemein*vorrichtungen sind handelsüblich und wurden bereits in den Abschnitten Spannen der Werkstücke, bei den einzelnen Bearbeitungsverfahren beschrieben. *Sonder*vorrichtungen werden für ein bestimmtes Werkstück erzeugt und sind

[1] VDI-Richtlinie 2027 Vorrichtungen. — Schreyer, K.: Werkstückspanner. Berlin-Heidelberg-New York: Springer. 1969. — Mauri, H.: Vorrichtungsbau I, II und III, Werkstattbücher, Band 33, 35 und 42. Berlin-Heidelberg-New York: Springer. 1968—1971.

Gegenstand dieses Abschnittes. Vielfach werden jedoch auch durch zusätzliche Bauteile zu den vorhandenen Gemeinvorrichtungen, wie z. B. Anfertigung besonderer Backen für Drehmaschinenfutter oder Maschinenschraubstöcke Sondervorrichtungen für spezielle Werkstücke geschaffen.

d) Vorrichtungen zum *abwechselnden* und zum *stetigen* Bearbeiten. Erstere sind mit zwei oder mehreren Werkstückaufnahmen versehen, die abwechselnd der Bedienungsseite zugeführt werden. Die Bearbeitung ist während der Dauer der Zuführung unterbrochen. Letztere sind mit mehreren Werkstückaufnahmen versehen, die der Bearbeitungsstelle stetig zugeführt werden. Die Vorrichtung wird während der Bearbeitung beschickt, so daß die Nebenzeit völlig in die Hauptzeit fällt.

In der Regel hat eine Vorrichtung mehrere Aufgaben gleichzeitig zu erfüllen. Das Werkstück muß in der Vorrichtung bestimmt (zentriert), festgehalten und unterstützt werden. Die Vorrichtung muß die Schnittkraft und die Spannkräfte aufnehmen, die Werkzeuge führen (Bohrvorrichtungen) und in einzelnen Fällen die Werkstücke auswerfen. Zur Erfüllung dieser Aufgaben dienen Elemente, die immer wiederkehren und teilweise genormt sind. Sie werden zunächst beschrieben.

16,2 Elemente der Vorrichtungen

Durch *Zentrieren* und *Bestimmen* wird das Werkstück in der Vorrichtung in die richtige Lage zum Werkzeug bzw. zur Maschine gebracht. Die Schwierigkeit besteht darin, daß die Werkstücke innerhalb der Toleranzen der roh- oder vorgearbeiteten Teile verschieden sind. Diese Toleranzen sind bei Guß-, Preß- und Gesenkschmiedeteilen immer noch relativ groß.

Zentriert müssen die Werkstücke vor allem bei der Rundbearbeitung (Drehen, Rundschleifen usw.) werden. Man unterscheidet Außen- und Innenzentrieren. In den Abschnitten 4,32 bis 4,34 (zentrieren durch Körnerspitzen, Drehmaschinenfutter, feste und verstellbare Dorne) wurde bereits eine große Zahl von Gemeinvorrichtungen zum Zentrieren und Spannen runder Werkstücke angeführt. Sie unterscheiden sich vorwiegend durch die Genauigkeit mit welcher die Zentrierung erfolgt und durch die zulässigen Toleranzen der Werkstücke. Abb. 505 zeigt die Ausführung von *Spannzangen* (siehe Abb. 202—204) zum Zentrieren und Spannen gezogener *quadratischer* und *sechskantiger* Stangen.

Bei runden Werkstücken wird das von der Schnittkraft herrührende Drehmoment vorwiegend durch die Reibung zwischen Werkstück und Vorrichtung übertragen. Dazu benötigt man große Spannkräfte und bei dünnwandigen Teilen (Rohren) entsteht die Gefahr der Verspannung. Für diese Fälle verwendet man Sonderspannfutter oder Gemeinspannfutter mit entsprechenden Zusatzteilen.

Abb. 506 zeigt ein *Dreibackenfutter mit Sonderbacken a*, in deren Nuten das Werkstück, ein dünnwandiges Rohrstück *r* eingesetzt wird.

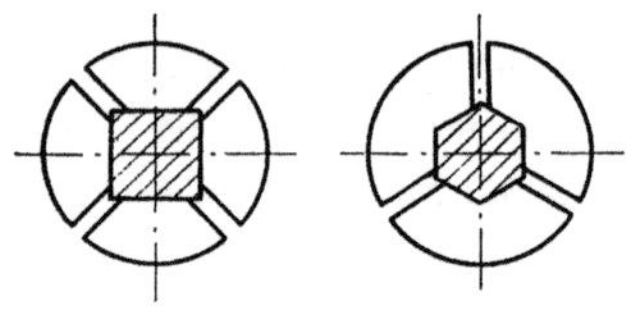

Abb. 505. Spannzangen für Stangen mit quadratischem und sechskantigem Querschnitt

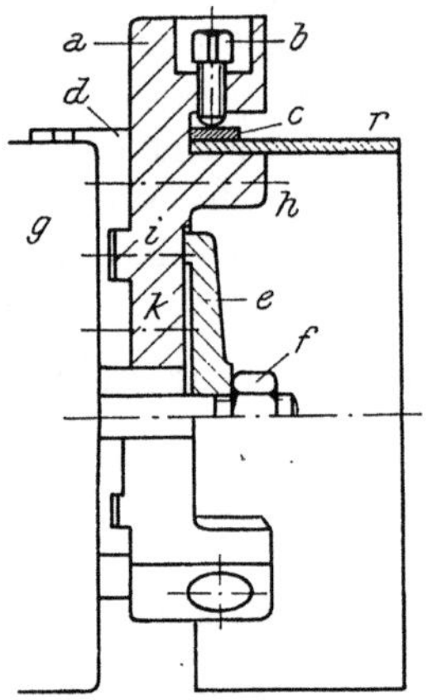

Abb. 506. Selbstzentrierendes Drehmaschinenfutter mit Sonderspannbacken. *a* Sonderbacke, *b* versenkte Spannschraube, *c* Beilage, *d* Grundbacke, *e* Spannscheibe, *f* Spannmutter, *g* Futterkörper, *h*, *i* und *k* Schrauben zum Befestigen von *a* auf *d*, *r* dünnwandiges Rohrstück

Diese Sonderbacken *a* sind auf den drei Grundbacken *d* des Futters mit den drei Schrauben *h*, *i* und *k* befestigt. In die Ausnehmung von *a* wird *r* eingeschoben und durch vorsichtiges Auseinanderbewegen zentriert. Dann erfolgt das Festschrauben des Rohrstückes *r* durch die Spannschrauben *b*, welche zur Verhinderung von Unfällen in *a* versenkt sind. Dann werden die Grundbacken zur Entlastung ein wenig gelockert. Schließlich werden die drei Backen *a* durch eine Spannscheibe *e*, welche durch eine Spannmutter *f* angepreßt wird, fixiert. Dadurch entsteht eine starre Verbindung mit dem Futterkörper *g*, der Schnittkraft und Drehmoment aufnimmt.

Beim Bohren von Löchern in Flanschen erfolgt die Zentrierung der Bohrschablonen durch einen zylindrischen Ansatz (Abb. 507—510). Ist nur ein Loch zu bohren, dessen Winkellage beliebig ist und ist die große Bohrung des Werkstückes eng toleriert, so ist die einfachste Ausführung einer Bohrschablone nach Abb. 507 möglich. Sie wird nur lose aufgelegt. Sind unter den gleichen Voraussetzungen zwei oder mehr Bohrungen mit einer Einspindelbohrmaschine herzustellen, so verwendet man nach Fertigstellen der ersten Bohrung einen Steck-

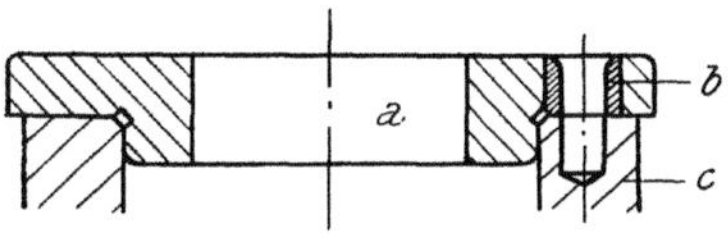

Abb. 507

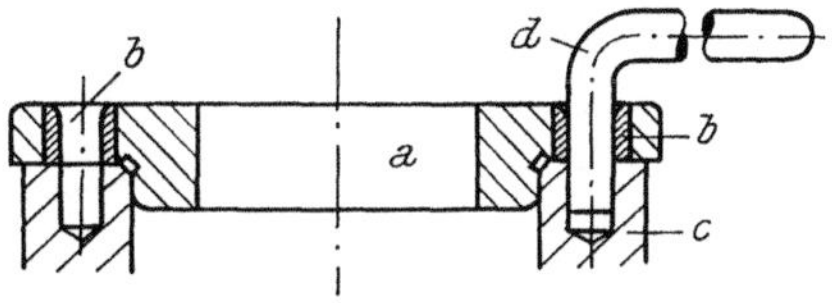

Abb. 508

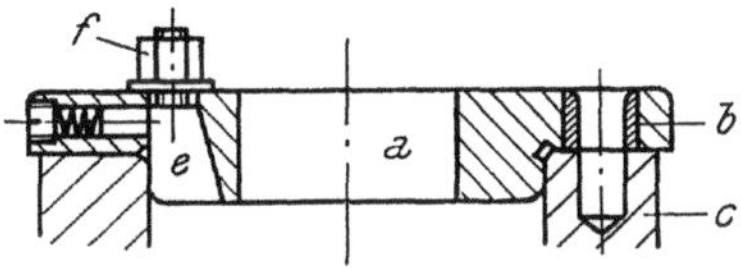

Abb. 509

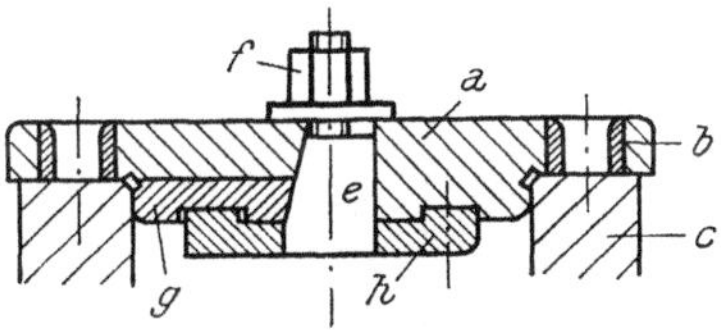

Abb. 510

Abb. 507 bis 510. Bohrschablonen. *a* Bohrschablone mit Zentrieransatz, *b* Bohrbuchse, *c* Werkstück, *d* Steckstift, *e* Keilschraube, *f* Spannmutter, *g* drei um 120° versetzte Spannleisten, *h* Haltescheibe

stift *d*, durch den Werkstück und Bohrschablone zueinander festgelegt werden (Abb. 508).

Wenn mehrere Löcher gleichzeitig auf Vielspindelbohrmaschinen gebohrt werden sollen, so muß die Bohrschablone mit dem Werkstück verspannt werden, damit sie nicht durch das Drehmoment der Bohrer bei nicht ausreichender oder durch Erschütterungen unterbrochener Reibung mitgenommen wird. Dies kann durch eine Keilschraube *e* (Abb. 509) oder falls die Lage der Löcher besonders genau sein muß, durch eine Keilschraube *e* und drei unter 120° angeordnete Spannleisten *g* erfolgen (Abb. 510).

Eine besonders gute Zentrierung erzielt man durch Voll- und Hohlkegel. Beim Drehen zwischen Spitzen wird das Werkstück zwischen den Körnern von Spindelstock und Reitstock zentriert (Abb. 194). Die Körner besitzen kegelige Schäfte, die in kegeligen Bohrungen sitzen (Abb. 194, 213 und 226). Werkstücke mit Bohrungen werden auf kegeligen Dornen zentriert (Abb. 207 und 208). Mit einem kurzen Kegel wird auch der Futterflansch der Drehmaschinenfutter auf der Spindel zentriert (Abb. 213).

Bestimmen ist das Festlegen der zu bearbeitenden Werkstückoberfläche in bezug zum Werkzeug. Je nach der vorliegenden Bearbeitungsaufgabe wird in einer, zwei oder drei Ebenen bestimmt (Abb. 511 bis 513).

Nur ausnahmsweise wird mit dem freien Auge oder durch das Tastgefühl, vorzugsweise jedoch durch Teile der Vorrichtung bestimmt.

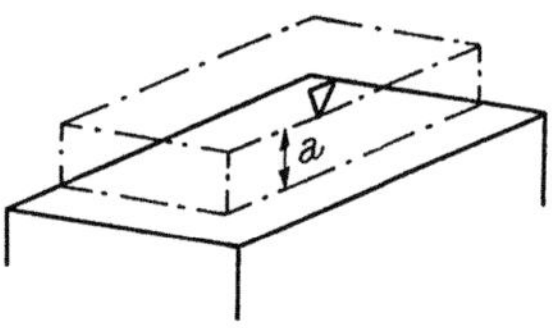

Abb. 511

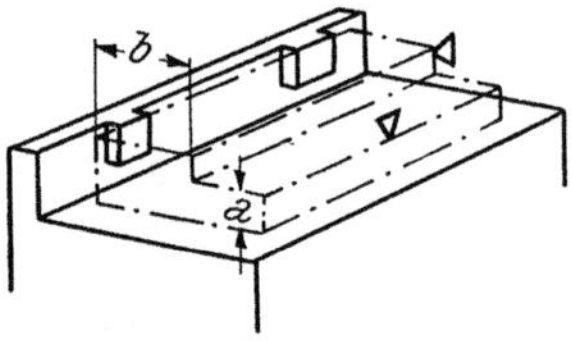

Abb. 512

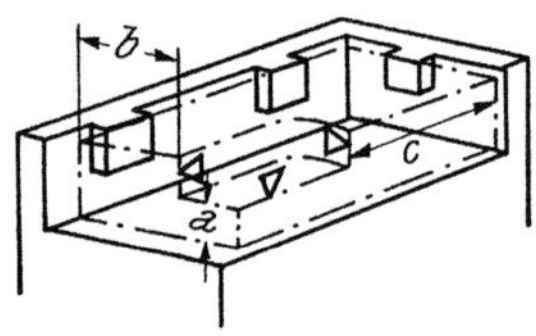

Abb. 513

Abb. 511 bis 513. Bestimmen nach einer, zwei und drei Ebenen. *a, b, c* einzuhaltende Maße

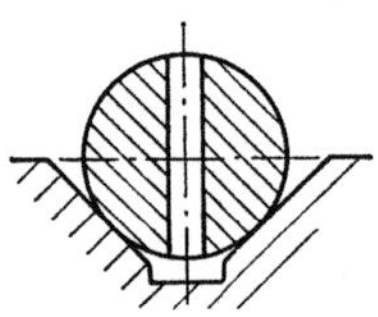

Abb. 514

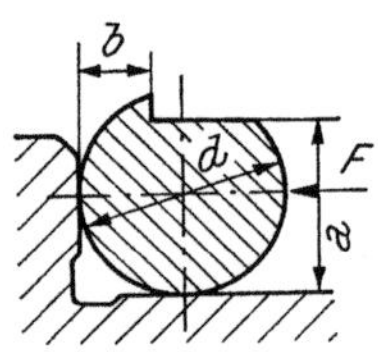

Abb. 515

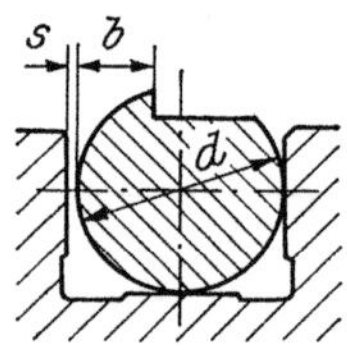

Abb. 516

Abb. 514 bis 516. Bestimmen runder Werkstücke durch V- und U-Prisma links und Mitte kraftschlüssig, rechts formschlüssig. *a, b* einzuhaltende Maße, *d* Durchmesser, *s* Spiel

Es muß stets von der Fläche aus bestimmt werden, von der das Maß für die Bearbeitung ausgeht (Abb. 511—513). Dabei ist die Hauptbestimmfläche nach Möglichkeit als erste zu bearbeiten und von dieser die nachfolgenden Arbeitsgänge zu bestimmen.

Die erste Bestimmungsebene kann durch eine Fläche oder drei in einer Ebene liegende Punkte, die zweite Bestimmungsebene durch eine Linie oder zwei auf dieser liegende Punkte und die dritte durch einen Punkt gegeben sein. Beim Bestimmen nach rohen Flächen sind Ebene und Linie stets durch punktförmige Stützflächen zu ersetzen, die zweckmäßig kugelförmig ausgeführt werden. Diese werden einstellbar gehalten, so daß die Lage der Bestimmfläche dem Werkstück angepaßt werden kann. Ein Verstellen der Bestimmteile wird meist nach gewissen Serien von Rohteilen nötig sein.

Zylindrische Körper werden vorteilhaft durch Prismen bestimmt (Abb. 514). Eine *kraftschlüssige* Bestimmung (Abb. 515) verhindert die bei *formschlüssiger* Bestimmung durch das Spiel auftretenden größeren Toleranzen (Abb. 516).

Durch *Schmutzrillen*, *Schmutznuten* oder *Schmutzräume* muß die Beeinträchtigung der Bestimmung durch Späne, Grate und Schmutz beseitigt werden (Abb. 517—523). Aus demselben Grund werden größere Auflageflächen freigespart (Abb. 524), falls es die Steifheit des Werkstückes erlaubt oder durch eine Reihe eingepreßter Zylinderstifte gebildet, die nach dem Einpressen überschliffen werden (Abb. 525).

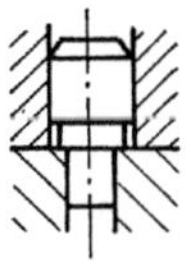

Abb. 517

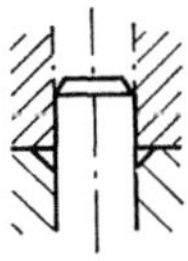

Abb. 518

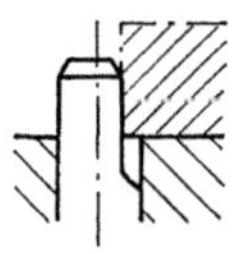

Abb. 519

Abb. 517 bis 519. Schmutzrillen und Schmutzräume an Aufnahmestiften

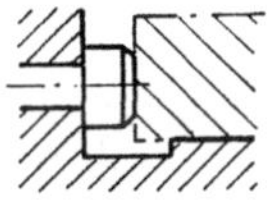

Abb. 520

Abb. 521

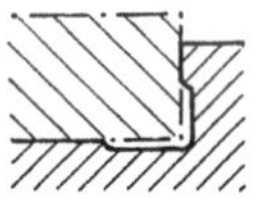

Abb. 522

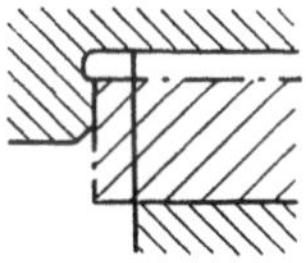

Abb. 523

Abb. 520 bis 523. Schmutznuten

Seitliche Bestimmflächen können für untergeordnete Flächen und geringe Seitenkräfte durch zylindrische Stifte mit linienförmiger Auflage (Abb. 526), andernfalls durch abgeflachte, eingepreßte Paßstifte gebildet werden (Abb. 527).

Seitliche Anlageleisten können durch einen Ansatz (Abb. 528), durch zwei möglichst weit auseinanderliegende Paßstifte (Abb. 529) oder durch eine Paßfeder (Abb. 530, teuer) festgelegt werden.

Durch *Spannen* wird das Werkstück mit der Vorrichtung und der Werkzeugmaschine verbunden und gegenüber der Arbeitskraft festgehalten. Durch möglichst wenig Bedienstellen und kurze Spannwege werden die Spannzeiten niedrig gehalten und die Kräfte des Bedienungsmannes geschont.

Das Spannen kann durch Muskelkraft (Hand- oder Fußkraft), Schwerkraft, Federkraft, Magnetkraft, Luft- oder Öldruck erfolgen. Nahezu starr ist ein Spannen durch Schraube, Spirale, Exzenter, Hebel, Öldruck und Keil, weitgehend elastisch durch Feder, Magnetkraft und Preßluft. Durch elastisches Spannen ergibt sich bei Nach-

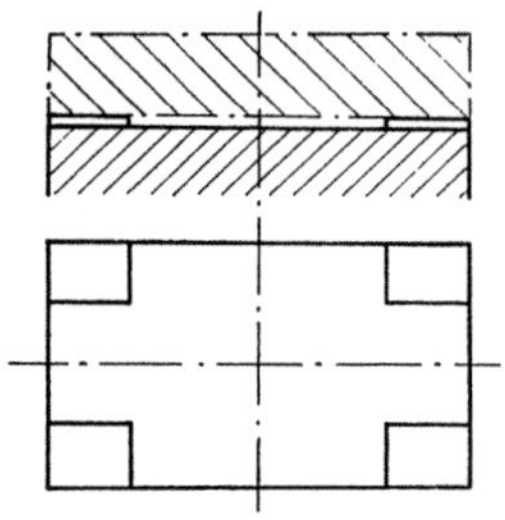

Abb. 524. Freigesparte Auflagefläche

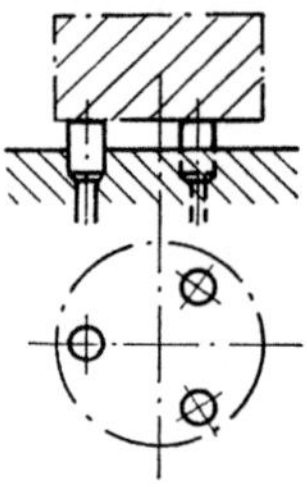

Abb. 525. Auflagefläche durch drei Zylinderstifte

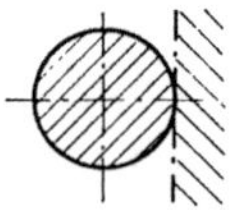

Abb. 526

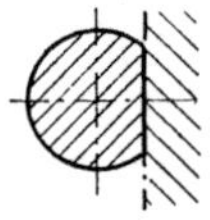

Abb. 527

Abb. 526 und 527. Linienförmige und flächenförmige Anlage an Zylinderstiften

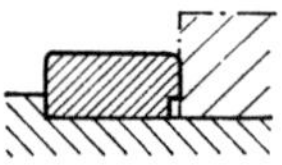

Abb. 528

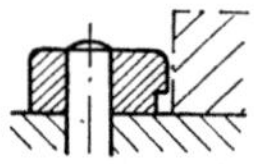

Abb. 529

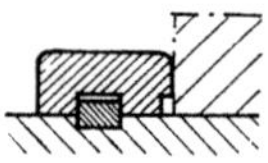

Abb. 530

Abb. 528 bis 530. Festlegen von Anlageleisten durch Ansatz, zwei Paßstifte und Paßfeder

geben der Spannstelle oder bei Ausdehnen des Werkstückes durch Erwärmung, keine oder nur eine geringe Änderung der Spannkraft. Diese ist unabhängig von der Kraft des Bedienenden in ihrer Größe einstellbar.

Richtiges Spannen ermöglicht eine hohe Zerspanleistung bei Schonung der Werkzeugschneide und ergibt hohe Maßgenauigkeit und Oberflächengüte des Werkstückes.

Spannkraft und Arbeitskraft sollen nach Möglichkeit in der gleichen Richtung wirken (Ausnahme Abb. 549, teilweise 550) und das Werkstück nicht aus der bestimmten Lage bringen. Ein unbeabsichtigtes

Verformen durch Spannen ist zu verhindern (Abb. 506). Bei Anordnung mehrerer Spannstellen sollen nach Möglichkeit alle Spannkräfte in gleicher Richtung wirken. Wirkt die Spannkraft senkrecht zur Arbeitskraft, so wird diese nur durch den Reibungswiderstand aufgenommen und muß deshalb entsprechend groß sein.

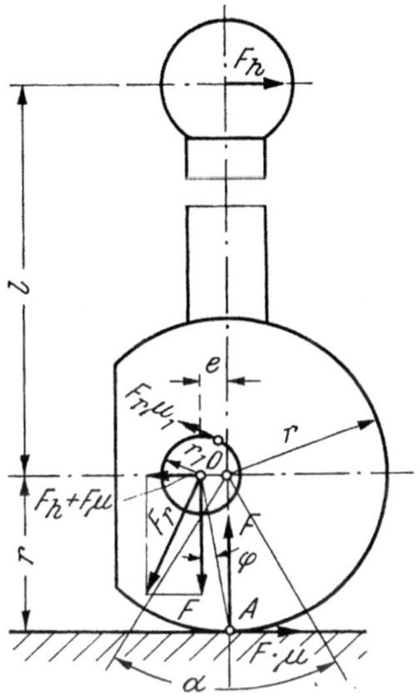

Abb. 531. Kräfte am Kreisexzenter. e Exzentrizität, l Hebellänge, r Radius der exzentrischen Zylinderfläche, r_1 Zapfenradius, α zu bevorzugender Spannbereich, φ Steigungswinkel, μ, μ_1 Reibungszahlen, F Normalkraft, F_h Handkraft zum Spannen, F_r resultierende Kraft am Zapfen

Handbetätigte Spannelemente müssen *selbsthemmend* sein, damit nach Aufhören der Muskelkraft die Spannung weiterhin aufrecht bleibt.

Spannhebel allein werden wegen der geringen ausübbaren Kraft nur für leichte Arbeiten verwendet. In der Regel dienen sie nur zur Betätigung anderer Elemente wie Schrauben, Exzenter usw.

Spannkeile können unmittelbar von Hand (eine Betätigung durch Hämmer soll vermieden werden), durch Schrauben (Abb. 509, 510 und 548), durch Zahnrad und Zahnstange (Abb. 205), durch Hebel, Exzenter, Feder, Druckluft (Abb. 540) und Drucköl betätigt werden. Wenn keine Erschütterungen auftreten genügt eine Neigung von 1 : 10 für die Selbsthemmung, andernfalls 1 : 15 bis 1 : 20. Eine Selbsthemmung der Keile ist nicht erforderlich, wenn sie durch selbsthemmende Spannteile (Schraube Abb. 509, 510 und 548) oder elastische Spannmittel betrieben werden (Abb. 540).

Spannspiralen werden nach einer archimedischen Spirale ausgeführt. Sie besitzen großen Spannbereich und gleichmäßige Anpreßkraft, ihre Herstellung ist jedoch sehr aufwendig (Abb. 200, selbstzentrierendes Spannfutter mit Planspirale).

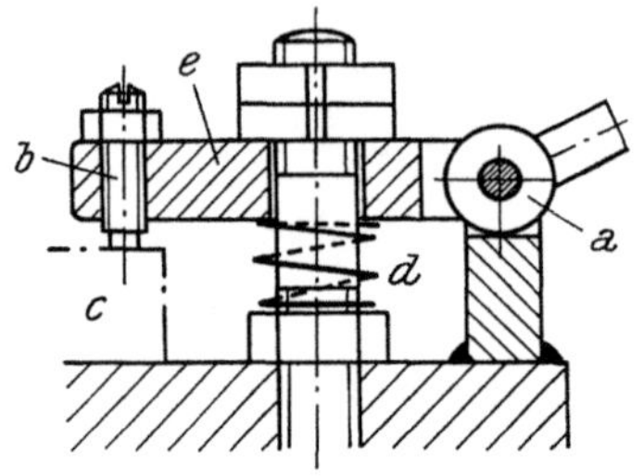

Abb. 532. Nachstellbare Exzenterspannung. *a* Druckexzenter, *b* Stellschraube, *c* Werkstück, *d* Feder, *e* Spanneisen

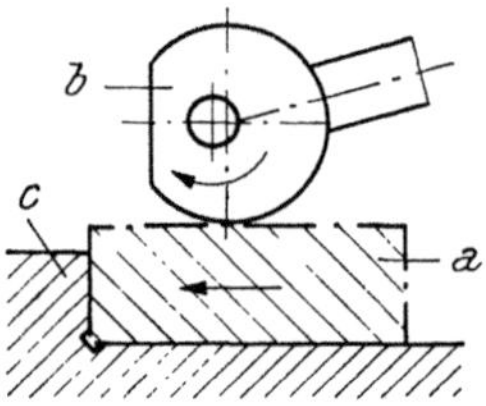

Abb. 533. Spannbewegung gegen die Anlage. *a* Werkstück, *b* Druckexzenter, *c* Vorrichtungskörper

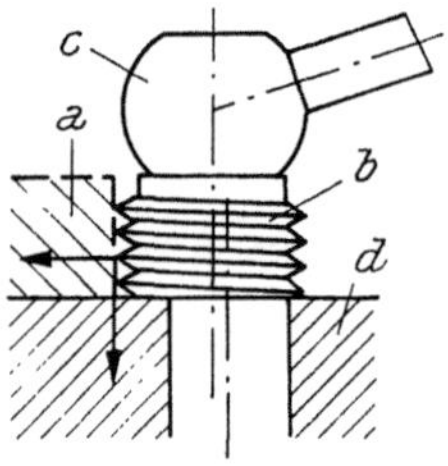

Abb. 534. Spannexzenter mit schraubenförmiger Spannfläche. *a* Werkstück, *b* als Gewinde ausgeführte Exzenterfläche, *c* Kugelgriff, *d* Vorrichtungskörper

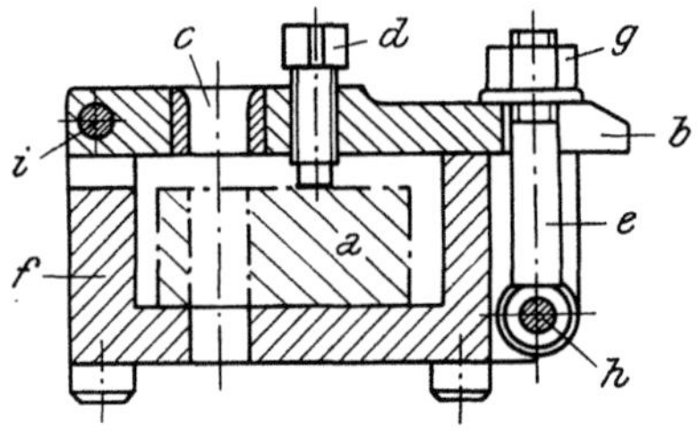

Abb. 535. Bohrvorrichtung mit Bohrklappe. *a* Werkstück, *b* Bohrklappe, *c* Bohrbuchse, *d* Stellschraube, *e* Augenschraube, *f* Vorrichtungskörper, *g* Spannmutter, *h*, *i* Schwenkachsen

Spiralexzenter besitzen als Spannkurve ebenfalls eine archimedische Spirale. Im Gegensatz zu den Kreisexzentern besitzen sie gleichbleibende Übersetzung für alle Winkelstellungen. Zur Erzielung von Selbsthemmung muß ihr Steigungswinkel kleiner als der Reibungswinkel sein.

Die vorwiegend verwendeten *Kreisexzenter* besitzen als Spannfläche eine exzentrisch liegende Zylinderfläche (Abb. 531). Sie sind einfacher als Spiralexzenter herstellbar und werden als *Druckexzenter* (Abb. 531, 533 und 534), *Exzenterwelle* (Abb. 225 und 550) und *Zugexzenter* (Abb. 551) ausgeführt.

Am Kreisexzenter herrschen in einer mittleren Stellung folgende Kraftverhältnisse (Abb. 531):

Zum Spannen benötigt man die Kraft F_{h1}

$$F_{h1} = \frac{F \cdot (e + \mu \cdot r) + F_r \mu_1 \cdot r_1}{l}$$

Zum Lösen benötigt man die Kraft F_{e2}

$$F_{e2} = \frac{F \cdot \mu \cdot r + F_r \cdot \mu_1 \cdot r_1 - F \cdot e}{l}$$

Selbsthemmung tritt demnach ein für $e = \mu \cdot r + \frac{F_r}{F} \cdot \mu_1 \cdot r_1$

Mit $F_r \sim F$, $\mu_1 \sim 0{,}3 \cdot \mu$ (weil geschmiert) und $r_1 \sim 0{,}25 r$ wird

$$e = \mu \cdot r \cdot (1 + 0{,}075) \text{ oder } \frac{e}{r} = 1{,}075 \cdot \mu$$

Mit $\mu = 0{,}18$ (durch Versuche ermittelt) ist bei $r = 10\,e$ noch eine doppelte Sicherheit gegen Lösen des Exzenters im gesamten Spannbereich, bei $r < 10\,e$ in einem begrenzten Spannbereich vorhanden.

Um die Abnützung des Exzenters auszugleichen ist es vorteilhaft eine Nachstellung vorzusehen (Stellschraube *b* in Abb. 532). Durch richtige Wahl der Spannbewegungsrichtung soll das Werkstück gegen die Anlage gedrückt werden (Abb. 533). Durch Anordnung von Gewindegängen im Exzenter (Abb. 534) kann das Werkstück gegen Anlage und Auflage gedrückt werden.

Mit drei Exzentern, die gleichzeitig zentrieren und spannen arbeitet der selbsttätige Minehmer nach Abb. 197.

Spannschrauben und *Spannmuttern* sind die am häufigsten verwendeten Spannmittel. Alle mit metrischen Gewinden versehenen Schrauben sind selbsthemmend. Die Verwendung von Schrauben in Gemeinvorrichtungen zeigen die Abb. 201 (Keil- bzw. Zahnstangenfutter), Abb. 226 (Klemmen der Pinole des Reitstockes), Abb. 294 (Verschieben der beweglichen Backe des Maschinenschraubstockes) und Abb. 409 und 410 (Spannen mit Spanneisen).

Abb. 535 zeigt die Verwendung einer Augenschraube zum Festhalten der Bohrklappe einer schwereren Bohrvorrichtung. Die Spannmutter *g* ist als Bundmutter mit 1,5 d Höhe (nach DIN 6331) ausgeführt, da eine lose Unterlagscheibe beim Öffnen der Klappe jeweils herunterfallen und dadurch die Bedienzeit erhöhen würde. Bei Vorrichtungen an denen nur kleinere Kräfte erforderlich sind, verwendet man an ihrer Stelle Flügelmuttern, Muttern *mit Kreuzgriff* (DIN 6335) aus Metall (Abb. 536a) oder Kunststoff (Abb. 536b), mit *Sterngriff* (DIN 6336) aus Metall (Abb. 536c) oder Kunststoff (Abb. 536d), mit

Kugelgriff (DIN 6337, Abb. 536e und f), *Rändel*muttern (DIN 6303, Abb. 536g), *Knebelmuttern mit festem Knebel* (DIN 6305, Abb. 536h) und Knebelmuttern mit *losem Knebel* (DIN 6307, Abb. 536i). An Stelle von festen Schrauben mit diesen Muttern können auch *Gewindestifte mit Druckzapfen* (DIN 6332, Abb. 536k) und *Druckscheiben* (DIN 6312,

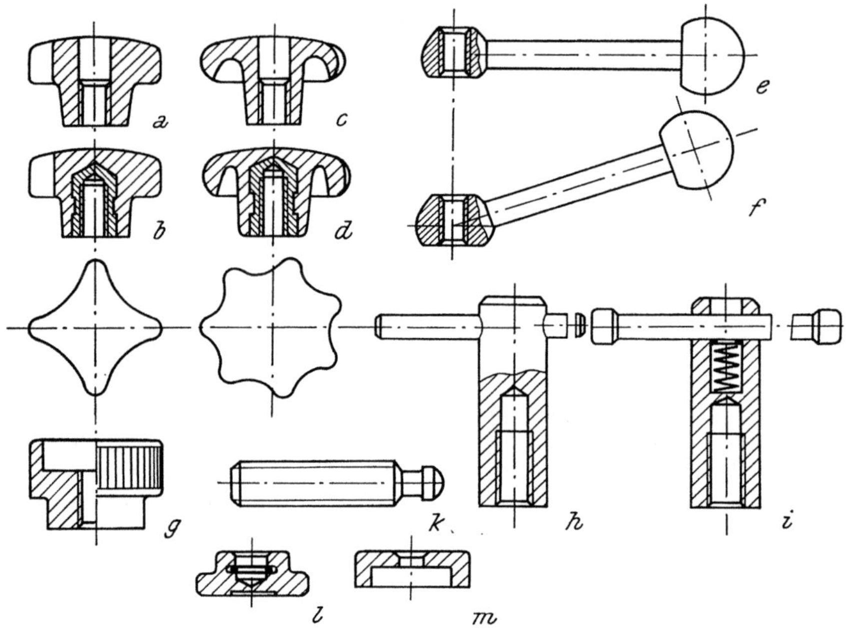

Abb. 536. Genormte Spannmuttern, Gewindestifte, Druckstücke und Druckscheiben für Vorrichtungen. *a* Mutter mit Kreuzgriff aus Metall, *b* aus Kunststoff, *c* mit Sterngriff aus Metall, *d* aus Kunststoff, *e* und *f* Kugelgriffe, *g* Rändelmutter, *h* Knebelmutter mit festem Knebel, *i* mit losem Knebel, *k* Gewindestift mit Druckzapfen, *l* Druckstück, *m* Druckscheibe

Abb. 536l) oder *Druckstücken* (DIN 6311, Abb. 536m) mit Kreuz-, Stern-, Kugel- oder Kegelgriff (DIN 99), Flügel- oder Rändelmuttern, *Knebelschrauben mit festem Knebel* (DIN 6304) und *losem Knebel* (DIN 6306) verwendet werden. Durch Verwendung dieser für Vorrichtungen genormten Elemente wird die Spannzeit gegenüber dem Anziehen einer Sechskantmutter mit Schraubenschlüssel herabgesetzt.

Am häufigsten werden Spannschrauben und -muttern in Verbindung mit *Spanneisen* verwendet. Um diese rasch bedienen zu können ist das gelöste Spanneisen durch Feder oder Eigengewicht vom Werkstück abzuheben. Um die Werkstücke in die Vorrichtungen rasch einlegen und entfernen zu können, werden die Spanneisen vielfach *schwenkbar* (Abb. 537) oder *rückziehbar* (Abb. 538) angeordnet.

Kraftbetätigtes Spannen ist vorzuziehen bei hohem Anteil der Spannzeit an der Stückzeit und bei sehr häufigem Spannen (bei halb- und vollautomatischer Fertigung). Die Sicherheit ist bei Spannen durch

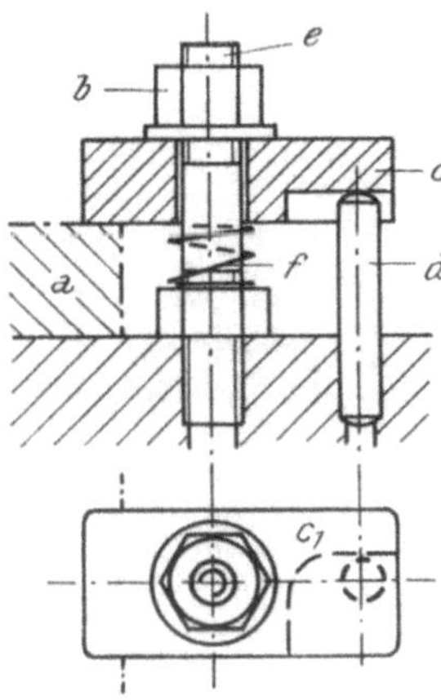

Abb. 537

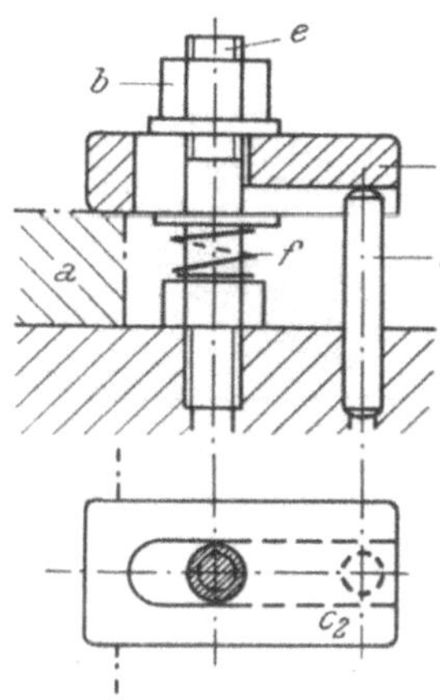

Abb. 538

Abb. 537 und 538. Schwenkbares und verschiebbares Spanneisen. *a* Werkstück, *b* Spannmutter nach DIN 6331, c_1 schwenkbares Spanneisen, c_2 verschiebbares Spanneisen, *d* Zylinderstift als Widerlager, *e* Schraube, *f* Feder

Federkraft und Entspannen durch Druckluft, Drucköl oder Magnetkraft größer.

Druckluftspanner ergeben eine konstante Spannkraft. Der Bedienungsmann wird entlastet, da er nur die Steuerorgane betätigen muß (siehe Abschnitt 3,5 und Abb. 153). Abb. 206 zeigt die Anordnung eines Druckluftzylinders mit Kolben zur Betätigung eines Drehmaschinenfutters. Einfachwirkende Druckluftspanner besitzen eine Rückholfeder (Abb. 151). Bei senkrechter Spannrichtung ist auch ein Rückholen durch Eigengewicht möglich. Abb. 539 zeigt einen *Druckluft-tiefspannstock*, der die Druckluft zum Öffnen und Schließen (doppeltwirkend) verwendet. In Abb. 540 ist ein *Druckluftspanner* mit *Keilübersetzung* für Innenspannung dargestellt.

Druckluftspanner können durch von Hand, durch Fuß oder durch Nocken oder Kurven von der Maschine betätigte Ventile gesteuert werden.

Vakuumspanner verwenden den atmosphärischen Druck der Außenluft zum Festhalten. Sie finden zum Spannen dünnwandiger Teile aus nichtmagnetisierbaren Werkstoffen Verwendung. Bei ihnen wird aus einer Reihe von Gummilufttaschen die Luft abgesaugt.

Hydraulische Spanneinrichtungen[1] verwenden Öl oder plastische Massen als Arbeitsmittel. In Abb. 209 ist ein hydraulisch betätigter Dehndorn dargestellt. Abb. 541 zeigt die grundsätzliche Anordnung um viele Spannstellen mit gleicher Spannkraft von einer Stelle aus zu betätigen.

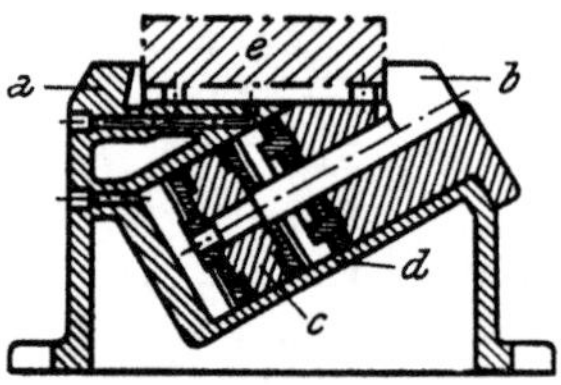

Abb. 539. Druckluft-Tiefspannstock. *a* Grundkörper mit fester Backe, *b* Kolbenstange mit beweglicher Backe, *c* Kolben, *d* Zylinder, *e* Werkstück

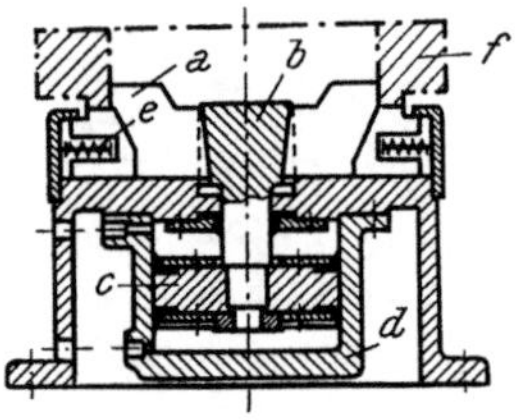

Abb. 540. Druckluftspanner mit Keil für Innenspannung. *a* Spannbacken, *b* Keil mit Kolbenstange, *c* Kolben, *d* Zylinder, *e* Rückholfedern, *f* Werkstück

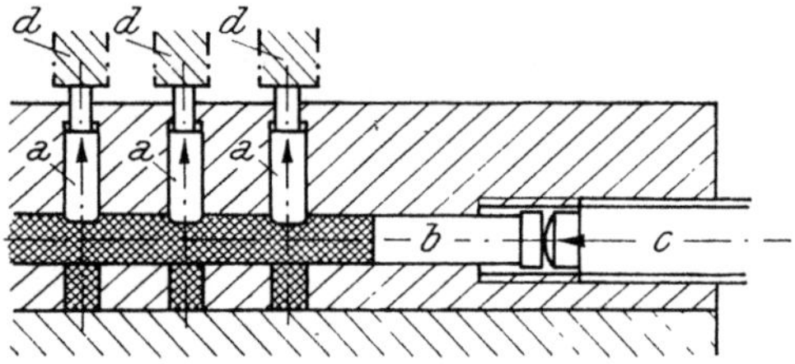

Abb. 541. Hydraulische Mehrfachspannung. *a* Spannkolben, *b* Druckkolben, *c* Spannschraube, *d* Werkstücke

Magnetspanneinrichtungen werden für kleine Werkstücke aus magnetisierbaren Werkstoffen mit ebener Spannfläche verwendet. Sie kommen vorwiegend als Gemeinvorrichtungen (siehe Abschnitt 7,3) beim Rund- und Flachschleifen zur Verwendung. Permanentmagnetische Haftmagnete in Form zylindrischer Stäbe oder Platten werden in Vorrichtungen eingepaßt, eingeschrumpft oder durch Kleben, Löten oder Einschrauben befestigt. Sie benötigen wenig Raum und sind billig.

[1] Ferling, W.: Hydraulische Werkstückspanner. Werkstattb., H. 122. Berlin-Heidelberg-New York: Springer. 1961.

16,3 Führen von Bohrwerkzeugen

In Bohrvorrichtungen dienen gehärtete Buchsen zum Führen von Wendelbohrern, Bohrstangen, Aufbohrern, Senkern usw. Durch die Führung der Werkzeuge wird die Lage desselben zum Werkstück, also der Abstand der Bohrung von einer Bezugskante oder einer anderen Bohrung bestimmt. Dadurch entfällt die durch Anreißen verbundene Fehlermöglichkeit (man erzielt Austauschbarkeit der Werkstücke) und

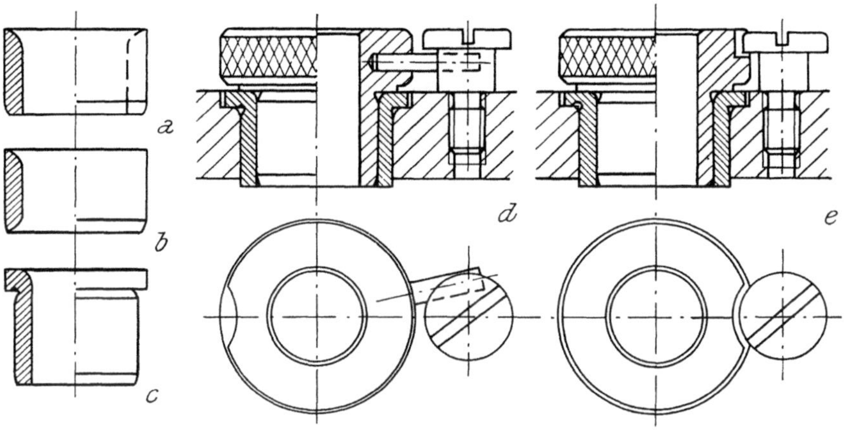

Abb. 542. Genormte Bohrbuchsen. *a* Bohrbuchse an einem Ende gerundet, *b* Bohrbuchse an beiden Enden gerundet, *c* Bundbohrbuchse, *d* Schnellwechselbuchse, *e* Auswechselbuchse

die dazu erforderliche Arbeitszeit. Die Genauigkeit der Abstände ist durch das Spiel zwischen Werkzeug und Bohrbuchse begrenzt.

Bohrbuchsen sind genormt. Ihre Führungs- und Paßflächen werden feinstbearbeitet (R_t = 6,3 μm) und gehärtet (HV 10 = 780 ± 40).

Feste Bohrbuchsen (DIN 179) werden in die Bohrplatte eingepreßt. Sie besitzen an einer Seite (Abb. 542a) oder falls sie in Bohrvorrichtungen, mit denen in zwei Richtungen gebohrt werden soll verwendet werden, an beiden Seiten eine Rundung (Abb. 542b). Sie werden auch als *Bundbohrbuchsen* ausgeführt (DIN 172, Abb. 542c). Der Bund dient als Versteifung, als Werkzeuganschlag und sichert durch Anliegen an der Stirnfläche die genaue Achslage.

Die Stirnseite der Bohrbuchsen muß in der Vorrichtung entweder direkt auf dem Werkstück sitzen (Abb. 507—510, 549 und 550), damit die Späne in den Nuten der Wendelbohrer durch die Buchse abgehen, oder bei Gußeisen einen Mindestabstand von 0,5 d (Abb. 535, 551, 552 und 558) und bei Stahlwerkstücken einen Mindestabstand von d besitzen, damit die Späne unterhalb der Buchse austreten können. Bei zu kleinen Abständen besteht die Gefahr, daß die Buchsen, insbesondere Steckbuchsen, aus der Bohrplatte hinausgedrückt werden.

Steckbohrbuchsen werden verwendet, wenn Werkzeuge verschiedenen Durchmessers (Wendelbohrer, Aufbohrer, Senker, Reibahlen und Gewindebohrer) nacheinander zum Einsatz kommen müssen, ohne daß die Bohrvorrichtung gewechselt wird. Sie werden in Grundbuchsen

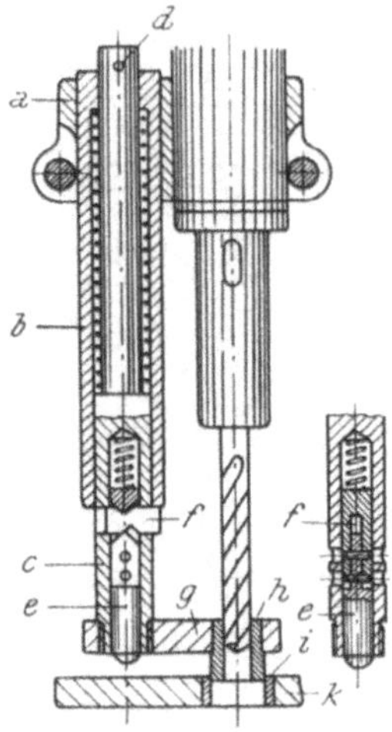

Abb. 543. Steckbuchse mit besonderem Halter. *a* Klemmstück auf der Bohrmaschinenspindelhülse befestigt, *b* axial verstellbare Federhülse, *c* unter Federkraft stehende Haltestange, *d* Anschlagstift, *e* Auslösebolzen, *f* Riegel, *g* Bohrbuchsenhalter, *h* Steckbohrbuchse, *i* Grundbuchse, *k* Vorrichtungskörper

eingesetzt. *Schnellwechselbuchsen* (DIN 173, Bl. 1, Abb. 542d) besitzen einen eingepreßten Stift, der sich an einer Bundschraube abstützt, so daß die Buchse nicht durch die Späne abgehoben wird, aber rasch ausgewechselt werden kann. Mit Reibahlen und Gewindebohrern arbeitet man in der Regel bei entfernter Steckbuchse. Gehören zu derselben Grundbuchse mehrere Steckbohrbuchsen, so ist die Verwendungsfolge zu kennzeichnen (Rillen im Bund).

Auswechselbuchsen (DIN 173, Bl. 2, Abb. 542e) besitzen nur eine runde Ausfräsung, in die der Kopf einer Zylinderschraube mit Ansatz eingreift, so daß sie festgehalten werden. Sie bleiben in der Bohrplatte und können erst nach Lösen der Schraube entfernt werden.

Bei sehr großen Stückzahlen spielen die Nebenzeiten zum Wechseln der Steckbohrbuchsen bereits eine große Rolle. Für diese Fälle verwendet man Steckbohrbuchsen, die in einem *besonderen Halter auf der Bohrspindel* befestigt sind (Abb. 543) und gleichzeitig mit dem Werkzeug in die Grundbuchse der Vorrichtung eingeführt werden. Bevor gebohrt werden kann, muß die Buchse *h* vollständig in die Grundbuchse *i* der Bohrvorrichtung *k* eingeführt werden. In der tiefsten Stelle von *h* löst sich durch den Bolzen *e* das Sperrstück *f*, so daß ein Vorschieben des Bohrers möglich wird. Für größere Löcher wird der Halter *a* doppelseitig ausgeführt.

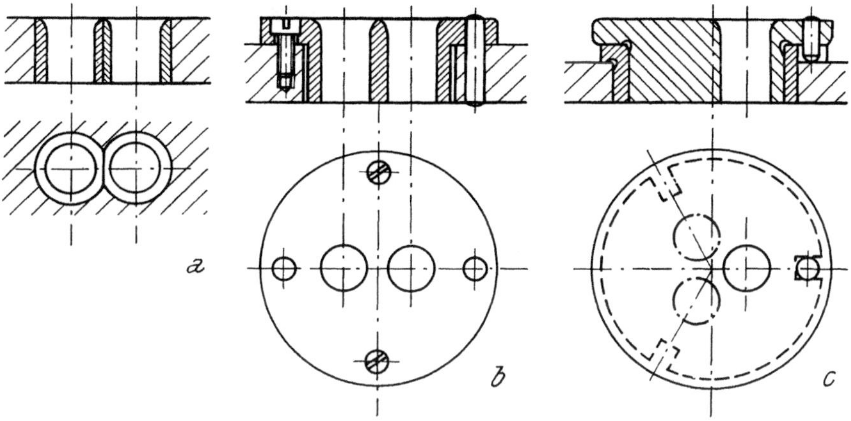

Abb. 544. Sonderformen von Bohrbuchsen für dicht beieinanderliegende Bohrungen. *a* Zwei abgeflachte Bohrbuchsen, *b* zwei Bohrungen in einer Bohrbuchse, *c* schwenkbare Bohrbuchse für drei Bohrungen

Befinden sich zwei Löcher im Werkstück nahe beisammen, so kann die Bohrvorrichtung mit zwei abgeflachten Bohrbuchsen (Abb. 544a) versehen werden. Da in diesem Falle ein genauer Bohrungsabstand schwer einzuhalten ist, ist die Ausführung nach Abb. 544b mit beiden Bohrungen in einer Bohrbuchse vorzuziehen. *Schwenkbare Bohrbuchsen* (Abb. 544c) verwendet man für Bohrungen, die so dicht nebeneinander liegen, daß sie in derselben Bohrbuchse nicht untergebracht werden können. Nach Fertigstellen der ersten Bohrung wird die Buchse angehoben und zur nächsten Bohrstelle geschwenkt und abgesenkt, so daß der Stift in die nächste Nut der Grundbuchse einrastet.

Spannbohrbuchsen dienen außer zum Führen des Werkzeuges zum Spannen des Werkstückes. Verschiedene Ausführungen für die Führung und die Ausbildung der Spannfläche zeigen die Abb. 545a, b und c. Wird die Buchse nur durch das Gewinde geführt (Abb. 545a) so ergeben sich ungenaue Bohrungsabstände. Eine Führung durch einen Zylinder (Abb. 545b) oder zwei Zylinder (Abb. 545c) ergibt genauere Bohrungsabstände bei höheren Herstellungskosten. Die Spannfläche kann je nach dem zu spannenden Werkstück eben (Abb. 545a), kegelig (Abb. 545b) oder kugelig ausgeführt werden (Abb. 545c).

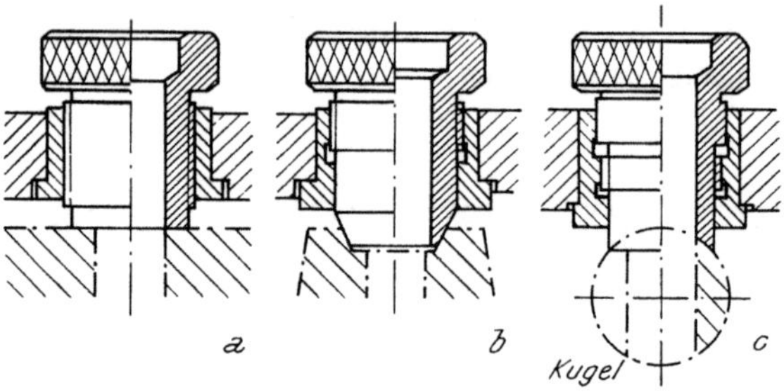

Abb. 545. Spannbohrbuchsen. *a* Nur in Gewinde geführt mit ebener Spannfläche, *b* einfache zylindrische Führung mit kegeligem Ansatz zum Einmitten, *c* doppelte zylindrische Führung mit Kugelfläche zum Zentrieren auf einer Kugel

16,4 Ausgeführte Vorrichtungen

16,41 Allgemeines

Unter Vorrichtungen werden in diesem Abschnitt nur diejenigen Hilfseinrichtungen behandelt, die zum Spannen der Werkstücke (Werkstückspanner) bei spanender Bearbeitung dienen. Es handelt sich also um Spannvorrichtungen, die man nach ihrem Verwendungszweck in solche für Rundbearbeitung, für Langbearbeitung und Bohrspannvorrichtungen unterteilen kann. Als abkürzende Bezeichnung wird im folgenden von Vorrichtungen gesprochen.

Aus wirtschaftlichen Gründen ist vor der Konstruktion einer neuen Vorrichtung zu untersuchen, ob die gestellte Aufgabe nicht durch eine der vielen vorhandenen Gemeinvorrichtungen unmittelbar oder durch Anbringen zusätzlicher Bauteile an diesen gelöst werden kann. Bei der Konstruktion ist vor allem die Stückzahl der aufzunehmenden Werkstücke von entscheidender Bedeutung. Je größer diese ist, desto aufwendiger kann die Vorrichtung ausgeführt werden, um die Nebenzeiten zu verringern oder wie dies bei Mehrfachspannvorrichtungen möglich ist, ganz zu beseitigen.

Im folgenden können nur einige wenige Beispiele für verschiedene Vorrichtungen gebracht werden. Zahlreiche weitere Beispiele sind in dem eingangs erwähnten Schrifttum zu finden. In diesem befinden sich noch weitere Schrifttumsnachweise.

16,42 Vorrichtungen für Rundbearbeitung

Diese laufen mit der Arbeitsspindel der Werkzeugmaschine um (Dreh-, Rundschleifvorrichtungen usw.). Sie sollen daher möglichst leicht gebaut und ausgewuchtet sein bzw. einfache Möglichkeiten zum Auswuchten aufweisen. Zur Vermeidung von Unfällen müssen Hebel Schrauben und Griffe innerhalb einer Umlauffläche angeordnet sein.

Benötigen die Werkstücke eine Bearbeitung um mehrere Drehachsen, so sind, um alle Flächen in einer Aufspannung bearbeiten zu

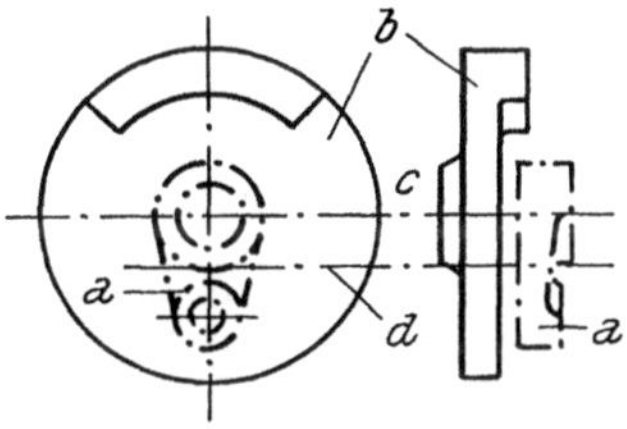

Abb. 546. Schwenkbare Drehvorrichtung für eine Stirnkurbel. *a* Kurbel, *b* Vorrichtungskörper, *c* Drehachse, *d* Schwenkachse

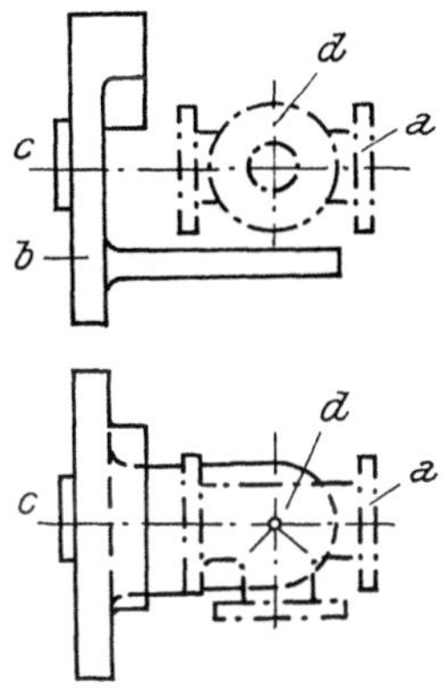

Abb. 547. Schwenkbare Drehvorrichtung für ein T-Stück. *a* T-Stück, *b* Vorrichtungskörper, *c* Drehachse, *d* Schwenkachse

können, schwenkbare Spannvorrichtungen erforderlich. Das ergibt eine Herabsetzung der Nebenzeiten und eine Verbesserung der Austauschbarkeit.

Abb. 546 zeigt schematisch eine Vorrichtung *b* zur Drehbearbeitung der beiden Bohrungen einer *Stirnkurbel a*, die eine Schwenkachse *d* parallel zur Drehspindel (Drehachse) *c* besitzt und Abb. 547 schematisch die Vorrichtung *b* zur Drehbearbeitung der drei Flanschen eines *T-Stückes a*, die eine Schwenkachse *d* senkrecht zur Drehachse *c* benötigt. Beide Vorrichtungen besitzen entsprechend angeordnete Gegengewichte, um die Drehspindel und ihre Lager von wechselnden Trägheitskräften zu entlasten.

Werkstücke mit durchgehenden Bohrungen werden auf den in Abschnitt 4,34 (Abb. 207—211) beschriebenen Dornen gespannt. Hohlkörper mit Böden (Kolben, topfförmige Werkstücke) benötigen Spreizdorne, die durch die hohle Drehspindel vom linken Ende der Drehmaschine bedient werden müssen. Dies kann mit der in Abb. 206 dargestellten, mit Preßluft betätigten Einrichtung erfolgen. Bei Handbetätigung eines solchen Dornes ist es günstiger diesen rechts vom Spindelstock zu bedienen, damit der Bedienungsmann seinen Standort nicht verlassen muß.

Abb. 548 zeigt einen für diesen Zweck geeigneten *Spanndorn mit Keilschraube*, der durch die Spannmutter *k* bedient wird. Bei diesem ist der Futterkörper *b* wie bei den Gemeinvorrichtungen am Futterflansch *l* zentriert und angeschraubt. In diesem befindet sich der Spanndorn *a*, der durch den nicht selbsthemmenden Spannkeil *c* durch die Spannmutter *k* zum Spannen und durch die Feder *d* zum Entspannen

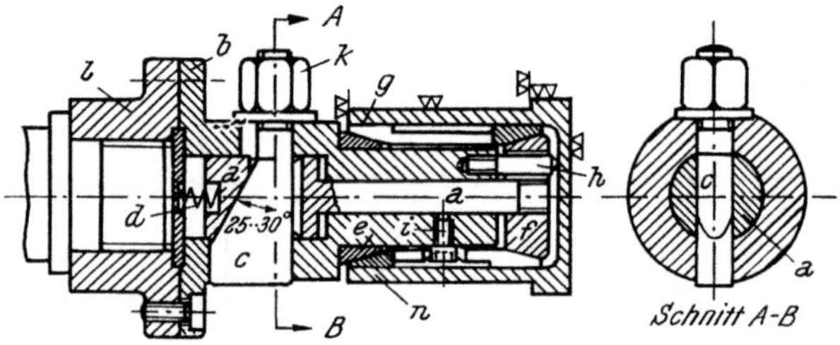

Abb. 548. Spanndorn mit Keilschraube. *a* Spanndorn durch Spannkeil *c* oder Feder *d* in Grundkörper *b* bewegt, *e* fester Spreizkegel, *f* beweglicher Spreizkegel, *g* mehrfach geschlitzte Spannhülse, *h* Anschlagbolzen, *i* Mitnehmerstift, *k* Spannmutter, *l* Futterflansch, *n* Werkstück

bewegt wird. Die mehrfach geschlitzte Spannhülse *g* wird durch den festen, nicht selbsthemmenden Spreizkegel *e* und den beweglichen, ebenfalls nicht selbsthemmenden Spreizkegel *f* beim Verschieben von *a* gegen das Werkstück *n* gepreßt, das durch ein bis drei Stifte *h* in axialer Richtung bestimmt wird.

Zu den Vorrichtungen für Rundbearbeitung gehören auch die beim Fräsen, Schleifen (siehe Abb. 378) usw. auf Rundtischen aufgebauten, bei denen die Vorrichtung während der Zerspanung beladen wird, so daß die Nebenzeiten vollständig entfallen. Um Leerlauf zu vermeiden, müssen die Werkstücke möglichst dicht aneinandergereiht werden. Um Unfälle zu vermeiden, erfolgt der Werkstückwechsel immer an der von dem umlaufenden Werkzeug entferntesten Stelle. Für Bestimmen und Spannen an diesen Vorrichtungen gelten die bereits angeführten Gesichtspunkte (siehe auch Abschnitt 16,44).

16,43 Bohrvorrichtungen

Die einfachsten Bohrvorrichtungen sind die *Bohrschablonen*, die vom Werkstück aufgenommen werden (Abb. 507—510). Sie dienen vorzugsweise zum Bohren in einer Richtung und werden zur Herabsetzung des Gewichtes auch aus Leichtmetallen oder Kunststoffen (Hartpapier, Hartgewebe) hergestellt. Sie haben den Vorteil, daß das Werkstück zunächst auf dem Maschinentisch abgestellt und erst danach die leichte Schablone auf das Werkstück aufgelegt werden kann.

Vorrichtungen, die bei jedem Arbeitsgang bewegt werden müssen, werden zumeist mit Füßen versehen. Sie stehen auf diesen eindeutiger und können die Späne besser beiseite schieben. Vier Füße sind vorzuziehen, da bei ihnen Auflagefehler durch Wackeln erkannt werden, während eine Vorrichtung mit nur drei Füßen auf jeden Fall sicher steht, auch, wenn sich unter einem Fuß Späne befinden.

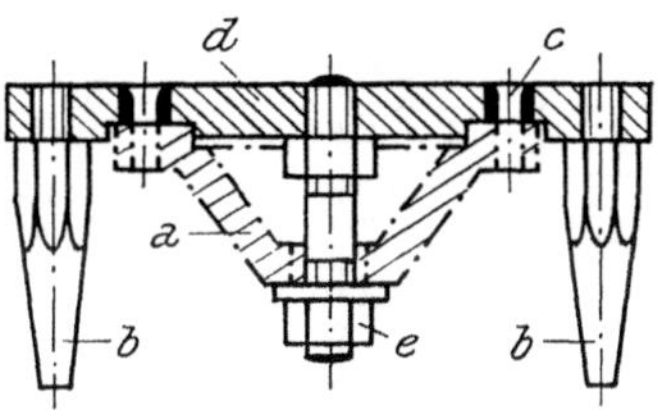

Abb. 549. Plattenförmige Bohrvorrichtung mit Füßen. *a* Werkstück, *b* Füße nach DIN 6320, *c* Bohrbuchsen, *d* Bohrplatte, *e* Spannmutter

Die Füße sind so anzubringen, daß die auftretenden Kräfte (Gewicht, Vorschubkraft) kein Kippen verursachen. Sie können mit dem Vorrichtungskörper aus einem Stück sein (Abb. 550, 552), eingepreßt werden (Auflagebolzen nach DIN 6321, Abb. 535 und 551) oder eingeschraubt werden (Füße nach DIN 6320, Abb. 549).

Abb. 549 zeigt eine *plattenförmige Bohrvorrichtung* mit Füßen, bei welcher das Werkstück *a* durch eine Spannmutter *e* gegen die Bohrplatte *d* entgegen der Vorschubkraft gespannt wird.

Müssen Bohrungen in mehreren Richtungen bearbeitet werden, so verwendet man *Kippbohrvorrichtungen*, die nicht zu schwer ausgeführt werden dürfen, da sonst der Bedienungsmann zu sehr ermüdet. Größere Kippbohrvorrichtungen werden daher häufig als Schweißkonstruktion oder aus Leichtmetall-Legierung hergestellt.

Abb. 550 zeigt eine Kippbohrvorrichtung für ein Rohrstück mit zwei Flanschen *a*, die beide mit je vier Bohrungen versehen werden müssen. Die Bohrbuchsen *b* sitzen in einer festen mit dem Vorrichtungskörper *c* verbundenen und einer beweglichen Bohrplatte *d*. Diese wird durch zwei lange zylindrische Bolzen *g* geführt. Das Spannen erfolgt durch den Kugelgriff *f* über eine lange Exzenterwelle *e*, welche auf die halbe Dicke abgeflacht ist, um das Werkstück *a* ein- und ausbringen zu können. Nach dem Entspannen wird die Bohrplatte *d* durch die Federn *h* gehoben.

Für kleine Werkstücke werden *Bohrvorrichtungen mit Klappe* sehr häufig verwendet.

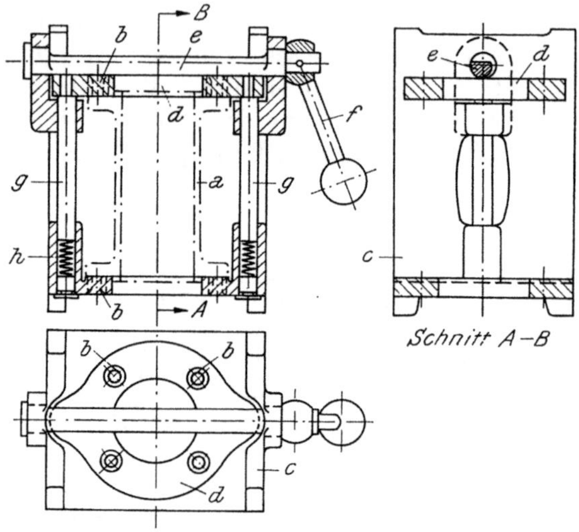

Abb. 550. Kippbohrvorrichtung für Rohrstück mit Flanschen. *a* Werkstück, *b* Bohrbuchsen, *c* Vorrichtungskörper, *d* bewegliche Bohrplatte, *e* Exzenterwelle, *f* Kugelgriff (DIN 6337), *g* Führungsbolzen, *h* Feder

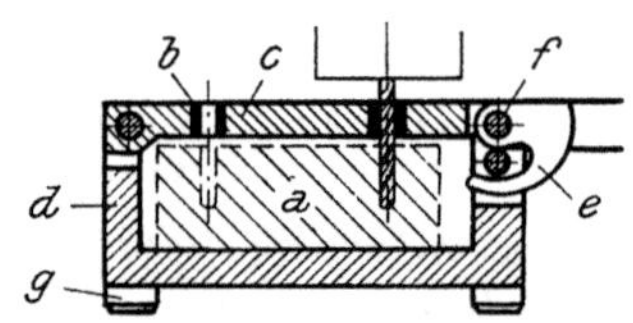

Abb. 551. Klappbohrvorrichtung mit Exzenterverschluß. *a* Werkstück, *b* Bohrbuchse, *c* Bohrklappe, *d* Grundkörper, *e* Zugexzenter, *f* Drehachse für *e*, *g* Füße nach DIN 6321

In der Bohrvorrichtung nach Abb. 535 ist das Werkstück *a* durch nicht dargestellte eingepreßte Zylinderstifte (siehe Abb. 517—519, 526 und 527) bestimmt. Die Bohrbuchse *c* sitzt in einer, um die Achse *i* schwenkbare Klappe *b*, die durch die auf der um die Achse *h* schwenkbaren Augenschraube *e* befindliche Spannmutter *g* gegen den U-förmigen Vorrichtungskörper *f* gespannt wird. Die Schraube *d* zum Niederhalten des Werkstückes wird entweder nur eingestellt oder nur leicht angezogen, damit die Klappe nicht durchgebogen und die Richtung der erzeugten Bohrung abgelenkt wird. An Stelle der Spannmutter *g* ist

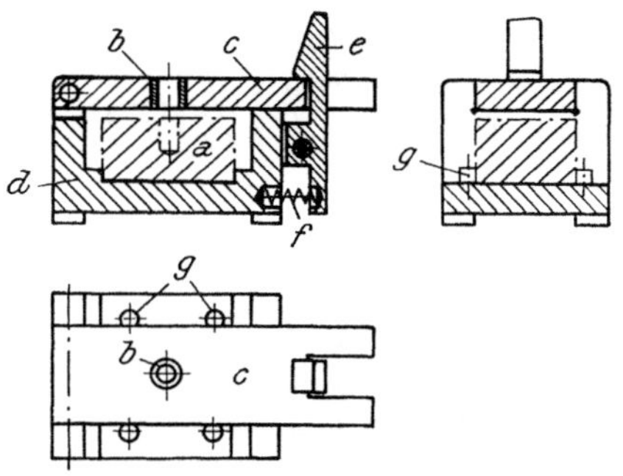

Abb. 552. Klappbohrvorrichtung mit Schnappverschluß. *a* Werkstück, *b* Bohrbuchse, *c* Bohrklappe, *d* Grundkörper, *e* Schnapper nach DIN 6310, *f* Druckfeder, *g* abgeflachter Zylinderstift

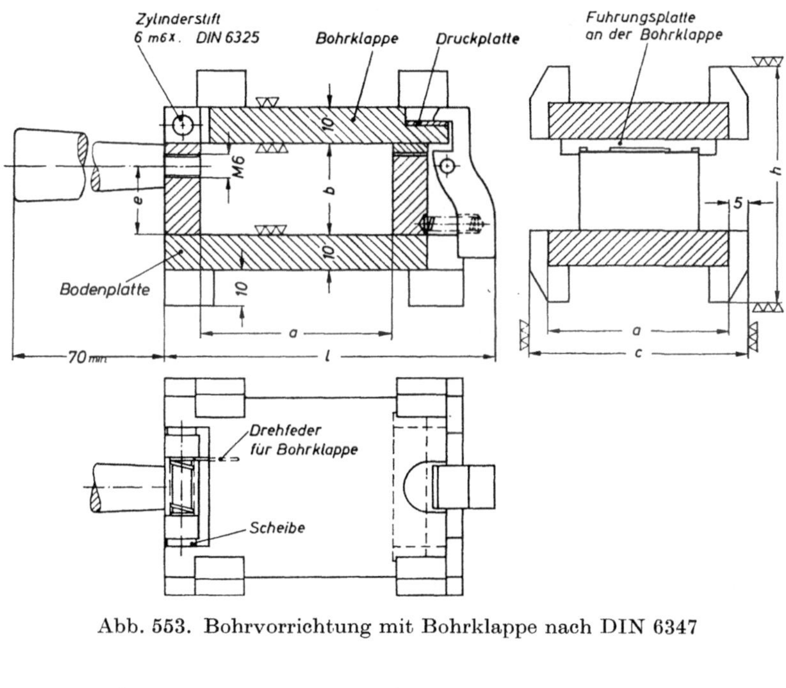

Abb. 553. Bohrvorrichtung mit Bohrklappe nach DIN 6347

die Verwendung einer direkt von Hand bedienbaren Mutter mit Stern- oder Kreuzgriff (siehe Abb. 536a bis d) und an Stelle der Schraube *d* die einer Rändelschraube vorzuziehen.

Bei der *Klappbohrvorrichtung* nach Abb. 551 wird die Bohrklappe *c*, in der sich die Bohrbuchse *b* befindet, durch einen um die Achse *f* schwenkbaren Zugexzenter *e* gegen den Vorrichtungskörper *d* gespannt. Die Lagebestimmung des Werkstückes *a* erfolgt wieder durch einge-

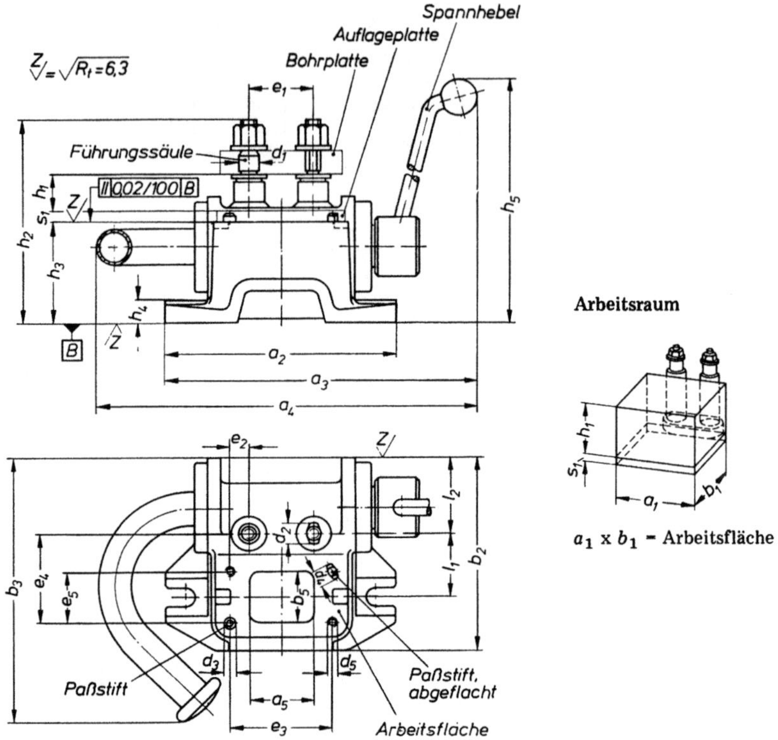

Abb. 554. Schnellspannende Bohrvorrichtung nach DIN 6348, Baugrößen 60 × 32, 80 × 50, 100 × 60 und 100 × 60 × 115

preßte, nicht dargestellte Zylinderstifte. Das Werkstück *a* wird durch zwei in der Klappe angebrachte nicht dargestellte federnde Stifte auf die Auflage gedrückt. Bei Werkstücken aus Stahl muß, so wie in Abb. 535 der Abstand der Klappe vom Werkstück mindestens gleich dem Lochdurchmesser sein, damit die Späne seitlich gut austreten können.

An Stelle von Spannschrauben und Spannexzentern genügt zum Fixieren der Bohrklappe in den meisten Fällen ein *Schnappverschluß* (DIN 6310, Abb. 552).

Für Werkstücke, die von mehreren Seiten gebohrt werden müssen, darf der Schnapper oben nicht vorstehen. Abb. 553 zeigt eine nach DIN 6347 in mehreren Größen (siehe Tabelle 4) genormte Bohrvorrichtung mit Bohrklappe aus Stahl oder Leichtmetall.

Nach Druck auf den Unterteil des Schnappers springt die Bohrklappe durch die Drehfeder auf und das Werkstück kann eingelegt bzw. entnommen werden. Durch Druck auf die Klappe wird die Vorrichtung

Tabelle 4. *Bezeichnung einer Bohrvorrichtung von $a = 50$ mm, $b = 25$ mm, mit Grundkörper und Bohrklappe aus Stahl sowie Füße gehärtet:*

Bohrvorrichtung 50 × 25 DIN 6347

a		*50*			*65*			*80*			*100*		
b		*16*	*25*	*40*	*16*	*25*	*40*	*16*	*25*	*40*	*16*	*25*	*40*
c		*60*			*75*			90			110		
e		10	19	34	10	19	34	10	19	34	10	19	34
h		56	65	80	56	65	80	56	65	80	56	65	80
l		90			105			120			140		
Gewicht[1] kg ≈	St	0,91	0,93	0,98	1,18	1,2	1,25	1,63	1,65	1,7	2,23	2,25	2,3
	Al	0,6	0,62	0,67	0,66	0,68	0,73	0,81	0,83	0,88	0,93	0,95	1,0

[1] Die Zuordnung der Gewichte unterscheidet nach Werkstoff für Bohrklappe und Bodenplatte, die aus Stahl (St) oder Aluminium (Al) sein können.

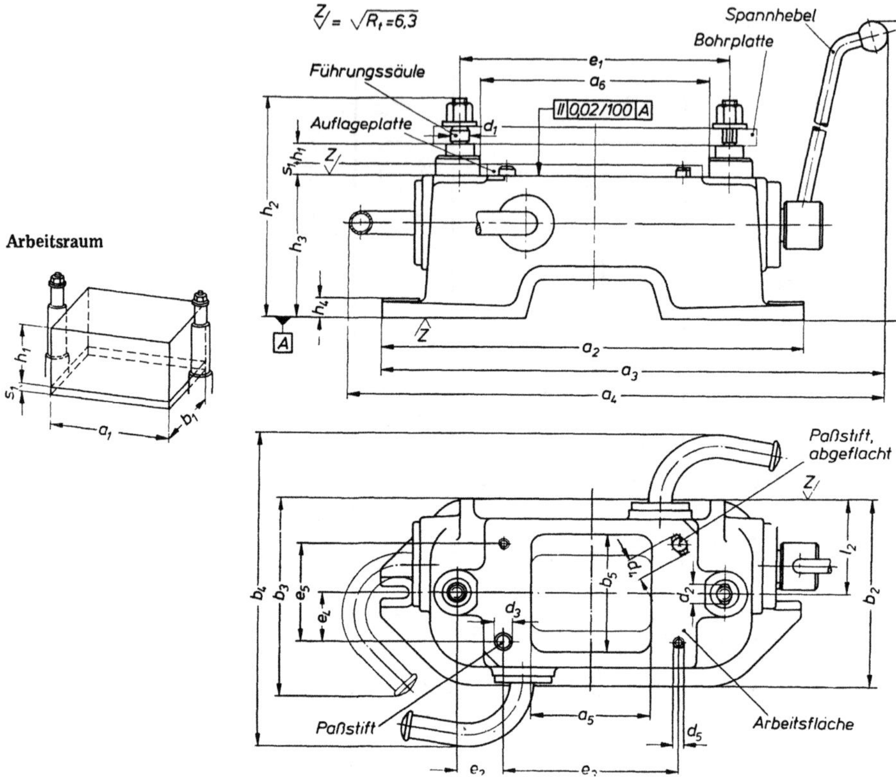

Abb. 555. Schnellspannende Bohrvorrichtung nach DIN 6348, Baugrößen 100 × 125, 200 × 160, 300 × 190 und 400 × 215

verschlossen. Diese Bohrvorrichtungen werden serienmäßig in diesen verschiedenen Abmessungen hergestellt und können für die verschiedensten Werkstücke, die von einer bis vier Seiten gebohrt werden müssen, eingerichtet werden. Zu diesem Zweck können außer dem Boden und der Bohrklappe einzubauende Seitenwände Bohrbuchsen erhalten. Zum Bestimmen der Werkstücke dienen eingepreßte Zylinderstifte (siehe Abb. 517—519, 526 und 527), zum Festhalten im Deckel anzubringende Federstifte.

Abb. 554 und 555 zeigen die nach DIN 6348 in acht Baugrößen (siehe Tabelle 5 und 6) genormte *schnellspannende Bohrvorrichtung*, die aus einem Vorrichtungskörper mit Auflageplatte und zwei Säulen besteht, auf denen eine Bohrplatte befestigt werden kann.

Die beiden Säulen besitzen unten eine Zahnstangenverzahnung und werden durch eine Welle mit zwei Zahnrädern von einem Spannhebel

Tabelle 5. *Bezeichnung einer Bohrvorrichtung von Baugröße 100×60 ohne Auflage- und Bohrplatte:*

Bohrvorrichtung 100×60 DIN 6348

Baugröße	a_1	a_2	a_3	a_4	a_5 ≈	b_1	b_2	b_3	b_5 ≈	d_1 g6	d_2 g6	d_3 g6	d_4 g6	d_5 6H	e_1 ±0,01	e_2 ±0,01
60×32	64	85	120	—	—	32	85	—	—	10	9	4	5	M 4	24	13
80×50	80	150	212	277	40	50	132	208	30	14	14	10	8	M 6	28	16
100×60	100	180	243	296	50	60	152	208	40	16	16	10	8	M 6	50	51
100×60×115																

Baugröße	e_3 ±0,01	e_4 ±0,01	e_5 ±0,01	h_1[1] min.	h_1[1] max.	h_1[1] Bereich	h_2 min.	h_2 max.	h_3	h_4	h_5 ≈	l_1	l_2 ±0,03	s_1	Gewicht kg
60×32	50	40	18	2	28	26	72	98	41,5	7	100	31	35	6	1,5
80×50	60	46	20	8	50	42	121	163	70	15	227	36	55	10	4,3
100×60	80	70	40	8	60	52	138	190	80	18	235	50	60	10	6,5
100×60×115				63	115				25						6

[1] h_1 erfaßt den Verstellbereich zwischen Bohrplatte und Auflageplatte. Die Tabellenwerte berücksichtigen dabei eine Auflageplatte von der Dicke s_1.

Tabelle 6. *Bezeichnung einer Bohrvorrichtung von Baugröße 200 × 160: Bohrvorrichtung 200 × 160 DIN 6348*

Baugröße	a_1	a_2	a_3	a_4	a_5 ≈	a_6	b_1	b_2	b_3	b_4	b_5 ≈	d_1 g6	d_2 g6	d_3 g6	d_4 g6	d_5 6H	e_1 ±0,02
100 × 125	90	270	386	438	55	95	125	155	223	—	55	20	18	14	10	M 6	132
200 × 160	190	400	500	540	110	195	160	195	244		110					M 8	236
300 × 190	280	530	665	—	150	285	190	238	—	397	150	24	22	20	18	M 8	335
400 × 215	385	660	802		195	390	215	258		414	160	26	24			M 12	460

Baugröße	e_2 ±0,01	e_3[2] ±0,01	e_4 ±0,01	e_5 ±0,01	h_1[1] min.	h_1[1] max.	Bereich	h_2 min.	h_2 max.	h_3	h_4	h_5	l_2 ±0,03	s_1	Gewicht kg
100 × 125	36	60	37,5	75	10	80	70	194	264	130	24	420	80	10	15
200 × 160	43	150	50	100		95	85	223	308	150		435	100	15	22
300 × 190	57,5	220	62,5	125	15	115	100	255	355	180	24	643	120	15	40
400 × 215	60	340	90	180	12	112		260	360		27	645	132	18	63

[1] h_1 erfaßt den Verstellbereich zwischen Bohrplatte und Auflageplatte. Die Tabellenwerte berücksichtigen dabei eine Auflageplatte von der Dicke s_1.

[2] Zur Verschraubung der Auflageplatte hat die Bohrvorrichtung 400 × 215 DIN 6348 zwei zusätzliche Gewindelöcher, die zu den beiden Aufnahmestiften einen Abstand von 40 mm aufweisen.

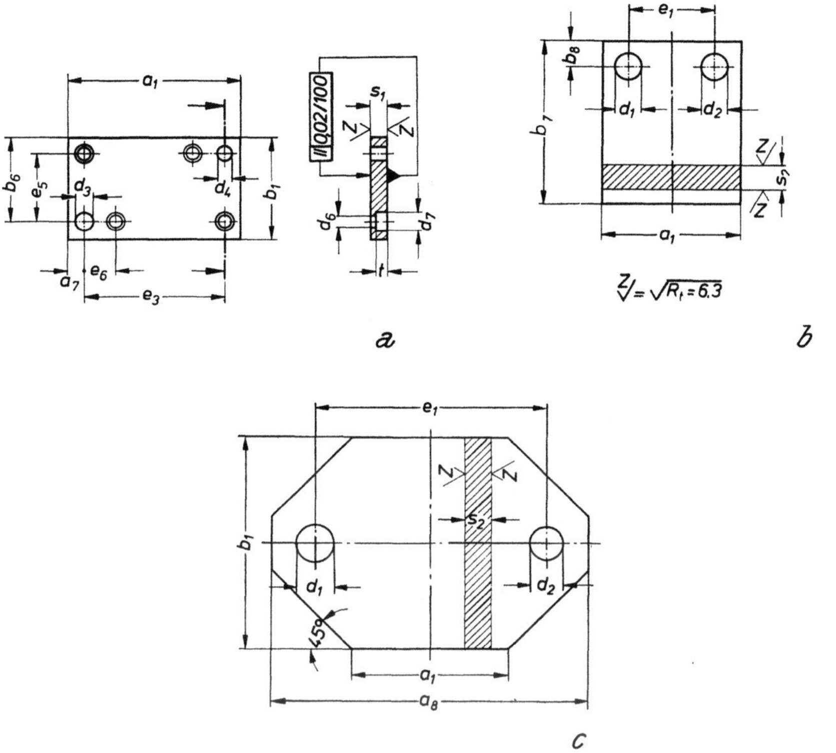

Abb. 556. Auflageplatte und Bohrplatten für die schnellspannende Bohrvorrichtung nach DIN 6348. *a* Auflageplatte, *b* Bohrplatte bis Baugröße 100 × 60, *c* Bohrplatte ab Baugröße 100 × 125

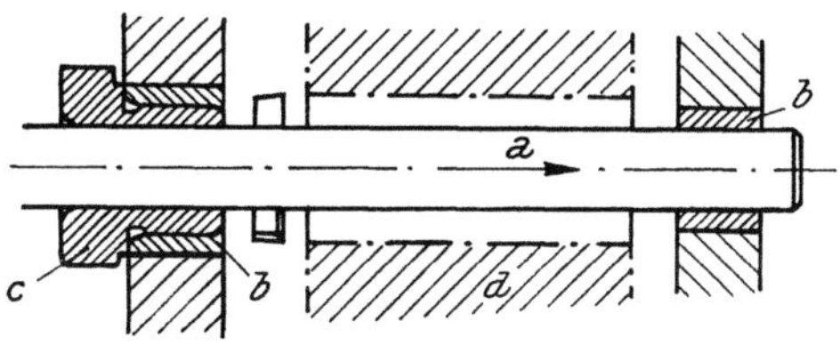

Abb. 557. Genaue Führung einer Bohrstange durch zwei Bohrbuchsen vor und hinter dem Werkstück. *a* Bohrstange, *b* feste Bohrbuchse, *c* Steckbohrbuchse, *d* Werkstück

Tabelle 7. *Bezeichnung einer Auflageplatte (A) zur Bohrvorrichtung von Baugröße 100 × 60:*

Auflageplatte A 100 × 60 DIN 6348

Baugröße	a_1	a_7	b_1	b_6	d_3 H7	d_4 H7	d_6	d_7	e_3	e_3 zul. Abw.	e_5	e_5 zul. Abw.	e_6[1]	s_1	t[2]
60 × 32	64	7	32	25	4	5	4,8	8	50	±0,01	18	±0,01	—	6	4,5
80 × 50	80	10	50	30	10	8	7	11	60		20		—	10	7
100 × 60[3]	100	10	60	50	10	8	7	11	80		40		—	10	7
100 × 125	90	15	125	100	14	10	7	11	60	±0,015	75	±0,015	—	10	7
200 × 160	190	20	160	130			9,5	14,5	150		100		—	15	9
300 × 190	280	30	190	175,5	20	18			220		125				
400 × 215	385	22,5	215	197,5			14	20	340		180		40	18	13

[1] Zur Verschraubung der Auflageplatte hat die Bohrvorrichtung 400 × 215 DIN 6348 zwei zusätzliche Gewindelöcher, die zu den beiden Aufnahmestiften einen Abstand von 40 mm aufweisen.

[2] Für Innensechskantschraube nach DIN 912.

[3] Gilt gleichzeitig für Bohrvorrichtungen von Baugröße 100 × 60 × 115.

mit Rücklaufgesperre mit der Bohrplatte auf das Werkstück gedrückt, das auf der Auflageplatte bestimmt wird. Durch Einbau von Federn zwischen Spannhebel und Welle erzielt man eine vom Bedienungsmann unabhängige, gleichmäßige Spannkraft. Die Bohrvorrichtung wird mit einem Griff unter die Bohrspindel geschoben und festgehalten. Wird sie mit zwei Schrauben am Bohrtisch befestigt, so muß dieser bei mehr als einer Bohrung verschiebbar sein oder man muß eine Auslegerbohrmaschine verwenden.

Tabelle 8. *Bezeichnung einer Bohrplatte (B) zur Bohrvorrichtung von Baugröße 100 × 60:*

Bohrplatte B 100 × 60 DIN 6348

Baugröße	a_1	a_8	b_1	b_7	b_8	d_1 H7	d_2 H7	e_1	zul. Abw.	s_2
60 × 32	64	—	—	60	13	10	9	24	±0,01	8
80 × 50	80	—	—	72	15	14	14	28		11
100 × 60[1]	100	—	—	95	15	16	16	50		14
100 × 125	90	182	125	—	—	20	18	132	±0,02	16
200 × 160	190	286	160					236		
300 × 190	280	395	190	—	—	24	22	335		20
400 × 215	385	530	215			26	24	460		27

[1] Gilt gleichzeitig für Bohrvorrichtungen von Baugröße 100 × 60 × 115.

Solche Bohrvorrichtungen sind handelsüblich und können für zahlreiche kleine bis mittelgroße Werkstücke durch Austauschen der *Bohrplatten* (Abb. 556b und c, Tabelle 8) mit den Bohrbuchsen und der *Auflageplatte* (Abb. 556a, Tabelle 7) mit den Elementen zur Lagebestimmung eingerichtet werden.

Das Einrichten auf ein anderes Werkstück erfordert bei diesen Bohrvorrichtungen einen erheblich geringeren Aufwand als die Neuanfertigung.

Bei den bisher beschriebenen Bohrvorrichtungen wird durch die Bohrbuchsen vor allem der Abstand gegen bestimmte Kanten des Werkstückes oder der gegenseitige Abstand der Löcher bestimmt. Sollen auch die Richtungen der einzelnen Bohrungen sehr genau sein, so ist dies nur durch Verwendung genauer und starrer Bohrmaschinen erzielbar. Sind diese nicht vorhanden, so muß durch genaue Führung des Werkzeuges *durch zwei möglichst weit auseinanderliegende Bohrbuchsen* eine Festlegung der Richtung erfolgen (Abb. 557 und 558).

In diesen Fällen muß das Werkzeug mit der Bohrspindel unstarr (durch ein Pendelfutter) verbunden sein.

Entscheidend für die *Wirtschaftlichkeit* von Bohrvorrichtungen ist nicht nur ihre *Konstruktion*, sondern auch die *Arbeitsweise* mit ihnen.

Bei kleinen Bohrvorrichtungen für Werkstücke mit relativ kleinen Bohrungen genügt die Reibung an der Auflagefläche und die an einem nicht zu kleinen Griff wirkende Handkraft zur Aufnahme des Drehmomentes.

Bei Kippbohrvorrichtungen für Werkstücke mit größeren Bohrungen muß das Drehmoment durch zwei gegenüberliegende, möglichst weit

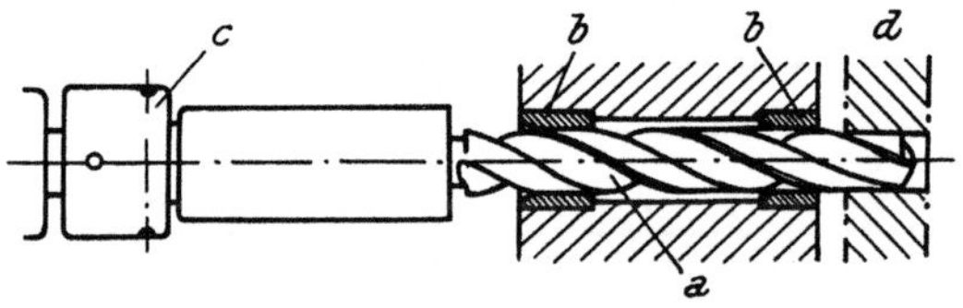

Abb. 558. Genaue Führung eines Wendelbohrers durch zwei Bohrbuchsen vor dem Werkstück. *a* Wendelbohrer, *b* feste Bohrbuchsen, *c* Pendelfutter, *d* Werkstück

auseinanderliegende Anschläge auf dem Bohrmaschinentisch aufgenommen werden. Denselben Zweck erfüllen zwei parallele Schienen. Die Anbringung nur eines Anschlages ist nicht ausreichend, da durch das wirkende Drehmoment eine Kraft den Bohrer verbiegen würde.

Beim Bohren großer Löcher und beim Reiben entstehen bei der Aufwärtsbewegung der Werkzeuge aufwärts wirkende Kräfte. In diesen Fällen müssen die Vorrichtungen auch gegen Anheben gesichert werden.

Problemlos ist das Arbeiten mit Vorrichtungen für Werkstücke die nur eine mit einem einzigen Werkzeug herzustellende Bohrung besitzen.

Sollen mehrere Bohrungen in einem Werkstück hergestellt oder auch bei einer Bohrung mehrere Werkzeuge nacheinander eingesetzt werden (Bohren, Aufbohren, Reiben, Gewindeschneiden usw.), so gibt es mehrere Möglichkeiten.

Hohe Nebenzeiten ergeben sich beim Arbeiten auf Einspindelbohrmaschinen wegen des erforderlichen Wechsels der Bohrwerkzeuge, auch bei Verwendung von Schnellspanneinrichtungen. Dazu kommen noch die Zeiten zu den bei verschiedenen Lochdurchmessern erforderlichen Änderungen der Drehzahlen und Vorschübe.

Wirtschaftlicher ist die Verwendung von *Mehrspindel*-(Reihen-) Bohrmaschinen, bei denen für jedes Werkzeug eine Spindel mit richtiger Drehzahl und richtigem Vorschub zur Verfügung steht. Sind bei den Bohrvorrichtungen mehrere Bohrbuchsen notwendig, so läßt sich das zeitraubende Auswechseln von Steckbuchsen vermeiden, wenn man die Bohrbuchsen durch besondere Halter an der Maschinenspindel anbringt (Abb. 543). Für schwere Bohrvorrichtungen müssen Einrichtungen zum leichteren Verschieben vorgesehen werden.

Besitzt das Werkstück mehrere Bohrungen in gleicher Richtung und in genügendem Abstand voneinander, so ist die Verwendung von *Vielspindelbohrmaschinen* mit *Mehrfachbohrvorrichtungen* am wirtschaftlichsten. Diese werden so ausgeführt, daß die Bohrvorrichtung zwei Werkstücke aufnehmen kann, von denen das eine gebohrt und das

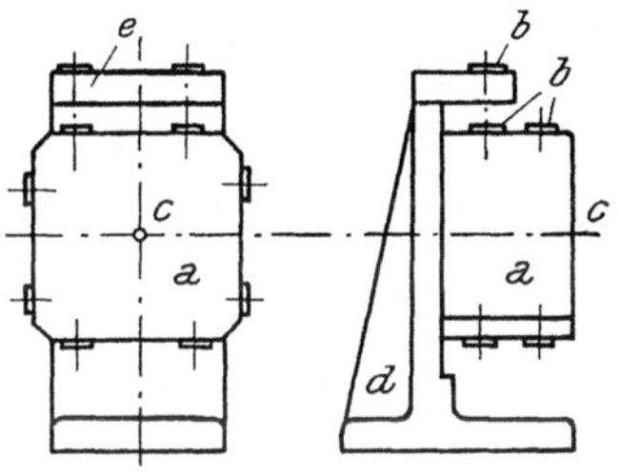

Abb. 559. Schwenkbare Bohrvorrichtung. *a* Schwenkkörper mit Werkstück, *b* Bohrbuchsen, *c* Schwenkachse, *d* fester Ständer, *e* Bohrplatte (wahlweise)

andere gleichzeitig gewechselt und gespannt wird, so daß die Nebenzeit in die Bohrzeit fällt. Dazu werden sie auf einer besonderen Unterlage entweder verschoben oder um 180° gedreht und dadurch abwechselnd in Arbeitsstellung gebracht.

Bei großen Vorrichtungen für schwere Werkstücke ist es vielfach für den Bedienungsmann nicht mehr möglich die ganze Vorrichtung zu verschieben oder zu kippen. Sind Bohrungen nur in einer Richtung herzustellen, so kann die Bohrvorrichtung fest aufgespannt werden (*Standbohrvorrichtung*) und die Werkzeuge müssen zur Bohrung gebracht werden. In diesem Fall benötigt man Radialbohrmaschinen, bei denen ein Werkzeugwechsel erforderlich ist.

Sind Bohrungen in mehreren Richtungen erforderlich, so müssen, falls die Bohrvorrichtungen zum Kippen zu schwer oder unhandlich sind, *schwenkbare* Vorrichtungen verwendet werden.

Abb. 559 zeigt schematisch eine solche *schwenkbare Bohrvorrichtung* mit *einer* Schwenkachse. Besitzen die Bohrungen gleiche Größe und annähernd gleichen Abstand von der Drehachse und liegen sie in einer Ebene, so kann die Führung des Werkzeuges am festen Ständer angeordnet werden (Bohrplatte *e* in Abb. 559).

16,44 Vorrichtungen für Langbearbeitung

Zu diesen gehören die Fräs-, Flachschleif-, Hobel-, Stoß- und Räumvorrichtungen. Auch für diese Bearbeitungsverfahren gibt es eine Menge handelsüblicher Gemeinvorrichtungen, die entweder unverändert oder durch zusätzliche Bauteile abgewandelt, verwendet werden können (siehe Abschnitt 6,3, 7,3, 9,2 usw.).

Beim Fräsen und Hobeln erzielt man eine Herabsetzung der Hauptzeiten, vor allem für kurze Werkstücke, indem man viele derselben hintereinander aufspannt, weil dann die Überlaufwege nur einmal erforderlich sind (siehe Berechnungsbeispiele). Am wirtschaftlichsten können auf diese Weise Werkstücke bearbeitet werden, die ohne Zwischenräume in Arbeitsrichtung aneinander gereiht werden können (*Blockspannung*). Durch Verwenden von *Ladekäfigen* bei kleinen, entsprechend vorbearbeiteten Werkstücken, kann die Nebenzeit für das Auf- und Abspannen erheblich verkürzt werden. Man benötigt zwei Ladekäfige, von denen immer einer außerhalb der Maschine auf besonderen Ladeplätzen während der Hauptzeit beschickt wird.

Ist dies beim Fräsen wegen der Sperrigkeit der Werkstücke nicht möglich (zu großer Abstand der Bearbeitungsflächen) und erlaubt es die Antriebsleistung der Maschine, so können auch mehrere Werkstücke nebeneinander durch mehrere Fräser, bzw. Fräsersätze bearbeitet werden. Für diese Fälle sind Mehrfachspannvorrichtungen zu verwenden, bei denen eine Herabsetzung der Nebenzeit durch Bedienung der Vorrichtung während der Fräszeit möglich ist (siehe Abschnitt 6,41, Pendelfräsen). Es wird je eine Vorrichtung vor und hinter dem Fräsersatz angeordnet. Dieser arbeitet dann sowohl beim Vorlauf als auch beim Rücklauf des Tisches (Gleichlauffräsmaschinen erforderlich).

Abb. 560 zeigt eine Fräs-(Hobel-)Vorrichtung zum Einarbeiten einer Nut in einer prismatischen Leiste *a*. Diese wird durch zwei Stifte *g* bestimmt. Lange Leisten werden gehobelt, kurze gefräst. Gegen die Schnittkraft wird das Werkstück durch eine an der Stirnseite am Tisch befestigte Leiste abgesichert. Werden mehrere Werkstücke hintereinander angeordnet, so ist jedes derselben mit zwei Spanneisen zu spannen. Will man dabei die Spannzeit herabsetzen, so ist eine hydraulische Mehrfachspannvorrichtung nach dem Prinzip der Abb. 541 zu verwenden.

Werkstücke mit kleinen Toleranzen können mit *Klemmvorrichtungen* gespannt werden. Abb. 561 zeigt eine solche zum Einfräsen eines Schlitzes in den Kopf eines Bolzens. Eine Paßfeder *c* bestimmt die Vorrichtung in einer Nute des Fräsmaschinentisches.

Bei der Fräsvorrichtung für prismatische Werkstücke nach Abb. 562 wirkt die Schnittkraft gegen den festen Teil *f* der Vorrichtung. Als

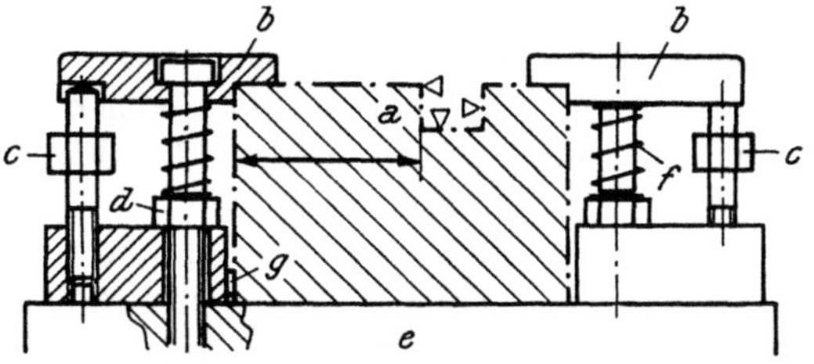

Abb. 560. Fräs-(Hobel-)Vorrichtung. *a* Werkstück, *b* Spanneisen, *c* Spannschraube, *d* Stützschraube, *e* Grundkörper, *f* Feder, *g* Bestimmungsstifte

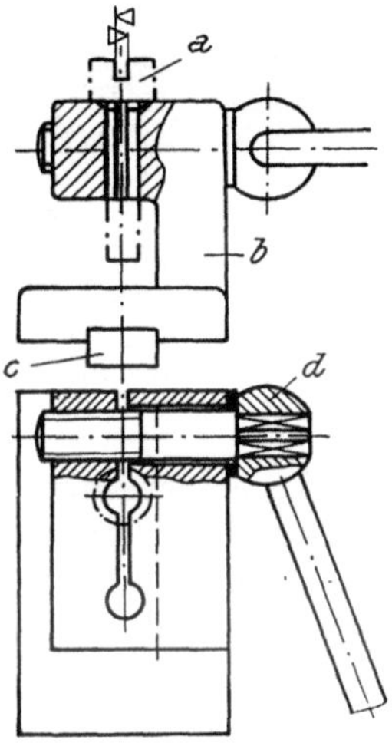

Abb. 561. Klemmfräsvorrichtung. *a* Werkstück, *b* Vorrichtungskörper, *c* Paßfeder, *d* Spannschraube mit Kugelgriff nach DIN 6337

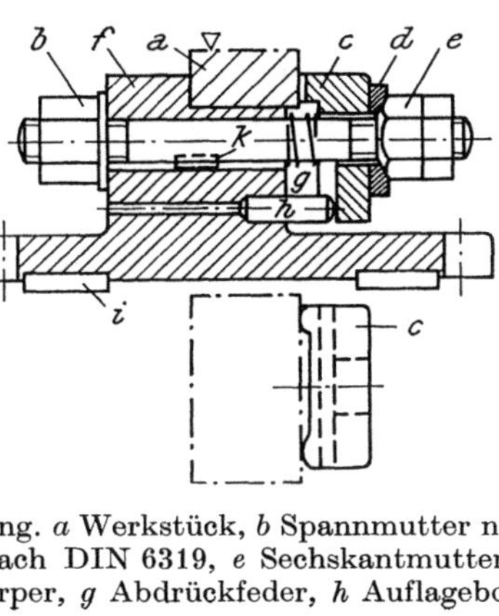

Abb. 562. Fräsvorrichtung. *a* Werkstück, *b* Spannmutter nach DIN 6331, *c* Spannbacke, *d* Kegelpfanne nach DIN 6319, *e* Sechskantmutter mit Kugelfläche nach DIN 6330, *f* Grundkörper, *g* Abdrückfeder, *h* Auflagebolzen, *k*, *i* Gleitfedern

Widerlager für das Spanneisen *c*, daß das Werkstück *a* an zwei Punkten spannt, dient ein zylindrischer Stift *h*. Durch die Feder *g* wird das Spanneisen *c* nach Öffnen der Spannmutter *b* abgehoben, so daß das Werkstück leicht ein- und ausgebracht werden kann. Die auf Zug beanspruchte Spannschraube wird durch eine Gleitfeder *k* und eine Nut im Vorrichtungskörper *f* am Mitdrehen gehindert. Die linke Gegenmutter *e* wird mit kugeliger Auflagefläche (DIN 6330) verwendet und stützt sich gegen eine Kegelpfanne *d* (DIN 6319).

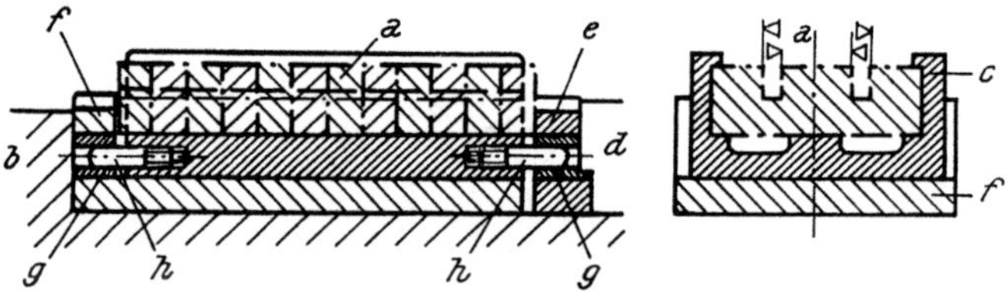

Abb. 563. Fräs-(Hobel-)Vorrichtung mit Ladekäfig in Maschinenschraubstock. *a* Werkstücke, *b* feste Backe von Abb. 294, *c* Ladekäfig, *d* bewegliche Backe von Abb. 294, *e* Sonderbacke an *d* befestigt, *f* Sonderbacke auf Schraubstockunterteil (*a* in Abb. 294) befestigt, *g* Führungsbuchsen, *h* Führungsbolzen

Abb. 563 zeigt einen Maschinenschraubstock, der mit zwei Sonderbacken *e* und *f* als Fräs-(Hobel-)Vorrichtung eingerichtet wurde. Gefräst werden zwei Nuten in gezogene Teile *a* mit parallelen Flächen (*Blockspannung*). Die Werkstücke *a* werden außerhalb der Maschine in einen *Ladekäfig* *c* eingebracht. Dieser führt sich mit Führungsbolzen *h* in den Buchsen *g* in den beiden Sonderbacken *e* und *f*. Gespannt wird mit der Spindel des Maschinenschraubstockes (siehe Abb. 294).

Zum Abschluß wird noch auf die bereits in Abschnitt 11 gezeigten *Räumvorrichtungen* hingewiesen, die sehr einfach sind, weil das Werkstück nicht gespannt werden muß. Befinden sich die Schneiden der Räumnadel nur auf einer Seite, so soll diese oben liegen, damit sich die Zähne nicht durch das Eigengewicht der Räumnadel in das Werkstück einarbeiten (Abb. 437).

Sind Keilnuten mit schrägem Nutengrund zu räumen, so kann das Werkstück durch eine entsprechende Vorlage schräg aufgenommen werden.

Zum Räumen schraubenförmiger Nuten wird das Werkstück von einer drehbaren Vorrichtung aufgenommen (Abb. 439). Diese muß nur bei sehr kleinen Steigungswinkeln der Nut von der Maschine angetrieben werden.

Namen- und Sachverzeichnis

GPSR Compliance

The European Union's (EU) General Product Safety Regulation (GPSR) is a set of rules that requires consumer products to be safe and our obligations to ensure this.

If you have any concerns about our products, you can contact us on ProductSafety@springernature.com

In case Publisher is established outside the EU, the EU authorized representative is:

Springer Nature Customer Service Center GmbH
Europaplatz 3
69115 Heidelberg, Germany

Batch number: 10577878

Printed by Printforce, the Netherlands